W. Brockmann, P. L. Geiß,
K. Klingen, B. Schröder

Klebtechnik

Weitere empfehlenswerte Bücher:

Dittmeyer, R., Keim, W., Kreysa, G., Oberholz, A. (Hrsg.)

Winnacker/Küchler: Chemische Technik

Prozesse und Produkte

5. Auflage

8 Bände

2005

ISBN 3-527-30430-4

Gierenz, G., Karmann, W.

Adhesives and Adhesive Tapes

2001

ISBN 3-527-30110-0

Walter Brockmann, Paul Ludwig Geiß,
Jürgen Klingen, Bernhard Schröder

Klebtechnik

Klebstoffe, Anwendungen und Verfahren

WILEY-VCH

WILEY-VCH Verlag GmbH & Co. KGaA

Bibliografische Information Der Deutschen Bibliothek
Die Deutsche Bibliothek verzeichnet diese Publikation in der Deutschen Nationalbibliografie; detaillierte bibliografische Daten sind im Internet über <http://dnb.ddb.de> abrufbar.

Gedruckt auf säurefreiem Papier.

Satz TypoDesign Hecker GmbH, Leimen

Grafik-Design Gunter Schulz, Fußgönheim

ISBN-13: 978-3-527-31091-3

CPI Group (UK) Ltd, Croydon, CR0 4YY

C9783527310913_300626

Bevollmächtigter Vertreter des Herstellers gemäß EU-Produktsicherheitsverordnung ist die Wiley-VCH GmbH, Boschstr. 12, 69469 Weinheim, Deutschland, E-Mail: Product_Safety@wiley.com.

Inhalt

Klebtechnik. W. Brockmann, P. L. Geiß, K. Klingen und B. Schröder

ISBN: 3-527-31091-6

Vorwort

Die wissenschaftlich fundierten Kenntnisse über die Grundlagen des Klebens und seine vielfältigen Anwendungsmöglichkeiten sind wegen der Interdisziplinarität des Fachgebiets in der internationalen und auch in der deutschsprachigen Literatur leider breit gestreut und damit oft schwer auffindbar. Bis heute bestehen aber noch einige wesentliche Wissenslücken – speziell im Bereich der adhäsiven Wechselwirkungen und bezüglich des Langzeitverhaltens der polymeren Klebstoffe unter mechanischen und gleichzeitig einwirkenden physikalischen und chemischen Beanspruchungen. Die Konzeption zuverlässiger Klebungen, insbesondere für Langzeiteinsätze, erfordert daher heute noch neben Grundlagenkenntnissen aus langjähriger Beschäftigung mit dem Kleben empirisch gewonnenes Wissen, das die vorhandene Literatur nur unzureichend vermittelt.

Das vorliegende Buch zeigt in kompakter und leicht verständlicher Weise, was die Klebtechnik heute und in Zukunft in den verschiedenartigen Anwendungsbereichen leisten kann. Dazu haben sich Fachleute mit langjähriger klebtechnischer Erfahrung aus der angewandten Forschung und der Industrie zusammengetan, um ihr Wissen über das Kleben in übersichtlicher Form zusammenfassend zu dokumentieren. Basierend auf den wichtigsten Grundlagen führt das Buch den Leser in praxisrelevante Fragestellungen, wie z.B. die Auswahl geeigneter Prüfverfahren, und dann in sehr unterschiedliche Anwendungsgebiete der strukturellen Hochleistungsklebtechnik des Flugzeug- und Fahrzeugbaus sowie des Bauwesens, ebenso wie die der nichtstrukturellen Klebtechnik, beispielsweise im Verpackungsbereich oder in der Kaschiertechnik. Beschrieben werden raffinierte Klebtechniken der Natur und adhäsive Verbindungen, etwa zwischen Stahl und Gummi, die wir alle nutzen, über die aber fast niemand nachdenkt, wenn er seine Autoreifen aufpumpt oder von seinem komfortabel leisen Auto erzählt; auch die gezielte Lösbarkeit geklebter Verbindungen findet Aufmerksamkeit. Diese für das Kleben typische Vielfalt ist bisher nicht zusammenhängend betrachtet worden, obwohl das sehr lehrreich und spannend ist.

Der Leser erfährt, dass die oft skeptisch betrachtete Klebtechnik, bei richtiger Entwicklung und Ausführung der Klebungen, eine ungemein leistungsfähige Fügetechnik ist und bekommt Hilfestellung, klebtechnische Aufgaben erfolgreich zu bearbeiten.

Klebtechnik. W. Brockmann, P. L. Geiß, K. Klingen und B. Schröder

ISBN: 3-527-31091-6

Wir danken dem Verlag für seine Bereitschaft und große Hilfe zur Veröffentlichung dieses Buches und hoffen, dass es ein nützlicher Beitrag zum Fortschritt der Klebtechnik sein wird.

März 2005 *Die Verfasser*

Autoren

Prof. Dr. Walter Brockmann
Brunnenstr. 71
67661 Kaiserslautern
Kapitel 1, 2, 3, 4; Abschnitte 5.2, 5.4, 5.9, 5.10, 5.11, 7.2.6, 7.2.8, 7.3, 7.4, 7.5, 8.2.1, 8.2.2 Einführung, 8.2.3, 8.2.4, 8.16.4, 8.16.5, 9.2

Prof. als Juniorprofessor
Dr. Paul Ludwig Geiß
TU Kaiserslautern
AWOK
Postfach 3049
67653 Kaiserslautern
Kapitel 6; Abschnitte 7.1, 7.2.1, 7.2.3, 7.2.4, 7.2.5, 7.2.7, 7.2.8, 8.1, 8.3, 8.16.2, 9.1

Dr. Jürgen Klingen
3 M Deutschland GmbH
Corporate Research Laboratory
Carl-Schurz-Str. 1
41453 Neuss
Abschnitte 5.1, 5.6, 5.8, 8.6, 8.7, 8.12, 8.16.1

Dr. Bernhard Schröder
Naturwissenschaftlich und
Medizinisches Institut (NMI) an der
Universität Tübingen
Marktwiesenstr. 55
72770 Reutlingen
Kapitel 10, Abschnitte 5.3, 5.5, 8.9, 8.14, 8.16.3, 8.16.5.2

Klebtechnik. W. Brockmann, P. L. Geiß, K. Klingen und B. Schröder

ISBN: 3-527-31091-6

Unter weiterer Mitarbeit von:

Dr. Jürgen von Czarnecki
Wehrwissenschaftliches Institut für
Werk-, Explosiv- und Betriebsstoffe
(WIWEB)
Landshuter Str. 70
85435 Erding
Abschnitt 7.6

Dr. Stanislav Gorb
Max-Planck-Institut für
Metallforschung
Evolutionary Biomaterials Group
Heisenbergstr. 3
70569 Stuttgart
Abschnitt 8.15

Dr. Jens Kiesewetter
Mehler Industrietextilien GmbH
Edelzeller Str. 44
36043 Fulda
Abschnitt 8.10

Stefan Mattle
APM Technica AG
Max-Schmidheiny-Str. 202
9435 Heerbrugg
Schweiz
Abschnitt 8.8

Dipl.-Chem. Jörg Naß
Wellomer GmbH
Röntgenstr. 9
67133 Maxdorf
Abschnitt 5.6

Dr. Herrmann Onusseit
Henkel KGaA
Henkelstr. 67
40191 Düsseldorf
Abschnitt 8.5

Dr. Willi Schwotzer
Collano AG
6203 Sempach-Station
Schweiz
Abschnitt 8.4

Dr. Detlef Symietz
Dow Automotive
Wollerauer Str. 15–17
8807 Freienbach
Schweiz
Abschnitt 8.2.2.1

Dr. Stefanie Wellmann
Wellomer GmbH
Röntgenstr. 9
67133 Maxdorf
Abschnitt 5.7

1
Position der Klebtechnik im Bereich der Verbindungsverfahren

Unter Kleben versteht man das flächige Verbinden gleicher oder verschiedenartiger Werkstoffe unter Verwendung einer meist artfremden Substanz, die an den Oberflächen der zu verbindenden Teile haftet und die Kräfte von einem Fügeteil in das andere überträgt. Mit dem Begriff Klebstoff wird gemäß DIN EN 1692 ein nichtmetallischer Stoff bezeichnet, der Werkstoffe durch Oberflächenhaftung (Adhäsion) so verbinden kann, dass die Verbindung eine ausreichende innere Festigkeit (Kohäsion) besitzt. Das Kleben zählt zu den stoffschlüssigen und im klassischen Sinne nicht ohne Zerstörung lösbaren Verbindungstechniken. In jüngster Zeit sind Entwicklungen zu einer gezielten Lösbarkeit geklebter Verbindungen unter bestimmten Bedingungen zu beobachten (s. Abschnitt 8.16.5). Beispiele sind das Kleben als Montagehilfe ohne spätere Funktion oder auch der Aspekt des stofftrennenden Recyclings, der zunehmend an Interesse gewinnt.

Das Kleben ist das mit Abstand universellste Verbindungsverfahren. Durch Kleben lassen sich praktisch alle technisch nutzbaren Werkstoffe miteinander und untereinander flächig und stoffschlüssig verbinden.

Die Klebtechnik bietet dem Konstrukteur gestalterische Freiheit und lässt sich in nahezu allen Bereichen der Industrie in vorhandene Fertigungsabläufe der Einzel- oder Massenproduktion problemfrei integrieren. Der Durchbruch zur Hochleistungs-Verbindungstechnik gelang durch den Ersatz der ursprünglich benutzten natürlichen Bindemittel-Ausgangsstoffe durch synthetische Stoffe. Mit der Einführung der Phenolharz-Klebstoffe gegen Ende der 1920er Jahre und der Entwicklung der Epoxidharze und Polyurethane in den 1940er Jahren wurde es möglich, Klebstoffe synthetisch herzustellen (s. Kapitel 2).

Die sich heute noch immer weiter entwickelnde Polymerchemie ermöglicht den gezielten Aufbau von Klebstoffen, die mit organischen und anorganischen Materialien eine feste adhäsive Bindung eingehen können. Diese Klebstoffe erfüllen hinsichtlich Festigkeits- und Verformungseigenschaften genau definierte Anforderungen, die sich aus der Konfiguration der Klebverbindung ergeben. Die Probleme mit der Klebstoffaushärtung, die bei hochfesten Systemen oftmals längere Zeiten erforderte, wurden von der Klebstoffchemie weitestgehend überwunden. Skepsis gegenüber der Langzeitbeständigkeit geklebter Verbindungen unter schädigenden Umwelteinflüssen ist bei fachgerechter Konzeption nicht mehr gerechtfertigt.

Klebtechnik. W. Brockmann, P. L. Geiß, K. Klingen und B. Schröder

ISBN: 3-527-31031-6

Das Kleben tritt nur selten in Konkurrenz zu anderen in der Industrie üblichen Verbindungstechniken. Der Bau einer stählernen Brücke mit Hilfe der Klebtechnik macht ebenso wenig Sinn wie das Kleben eines Krangerüstes. Für den Leichtbau von Autokarosserien mit Stahl, Aluminium, Glas und Kunststoffen bieten sich allerdings außerordentlich interessante Anwendungsmöglichkeiten der Klebtechnik. Insbesondere bietet sich die Klebtechnik zum großflächigen Verbinden verschiedener Werkstoffe an, beispielsweise bei der Herstellung von Sandwich-Strukturen.

Die Möglichkeiten der Klebtechnik und deren Vor- und Nachteile im Vergleich zu anderen Verbindungstechniken sind in Tabelle 1 zusammengefasst.

Ein Vorteil des Klebens ist, dass zum Herstellen der Verbindung keine oder nur wenig Wärme benötigt wird. Die stoffliche Struktur der zu verbindenden Fügeteile wird durch den Klebprozess makroskopisch nicht beeinflusst und durch Wärmeeinbringung hervorgerufene Verformungen oder Eigenspannungen treten selten auf. Auch oberflächenveredelte oder beschichtete Werkstoffe lassen sich ohne Wärmezufuhr problemlos verbinden. Einer beliebigen Kombination von Werkstoffen sind daher unter diesen Gesichtspunkten keine Grenzen gesetzt.

Die im Vergleich zu anorganischen Werkstoffen wie Metallen oder Glas relativ geringe Wärmebeständigkeit der Klebfuge ist ein wichtiger Nachteil dieses Fügeverfahrens. Für Klebungen hoher Leistungsfähigkeit ist eine stoffgerechte Fertigungstechnik unerlässlich. Dies gilt sowohl für die Fertigungsabläufe als auch für

Tabelle 1 Eigenschaften von Klebverbindungen

Vorteile	Nachteile
keine Wärmebeeinflussung der Fügeteile	begrenzte Warmfestigkeit
gleichmäßige Spannungsverteilung	Veränderung der Klebfugen-Eigenschaften bei Langzeiteinsätzen möglich
flächige Verbindungen möglich	Reinigung und Oberflächenvorbehandlung der zu verbindenden Teile in vielen Fällen erforderlich
unterschiedliche Werkstoffe verbindbar	präzises Einhalten der Fertigungsbedingungen erforderlich
Verbinden sehr dünner Fügeteile	oft spezielle Klebvorrichtungen zum Fixieren der Verbindung erforderlich
gas- und flüssigkeitsdichtes Fügen, keine Spaltkorrosion	zerstörungsfreie Qualitätsprüfung nur bedingt möglich
Verhinderung von Kontaktkorrosion	
keine präzisen Passungen der Fügeflächen erforderlich	
gute Dämpfungseigenschaften der Verbindung, hohe dynamische Festigkeit	

die Umgebung, in der Klebverbindungen hergestellt werden, da die Adhäsion in der Regel erst während des Fertigungsprozesses entsteht und die Fertigungsparameter einen entscheidenden Einfluss auf die Güte einer Klebung ausüben können. Gleiches gilt fast immer auch für die Kohäsion der Klebschicht, deren technische Eigenschaften sich (außer bei selbstklebenden Haftklebstoffen) erst während des Fertigungsprozesses nach einem unterschiedlich gearteten Erstarrungsvorgang herausbilden. Hier wirken sich die Fertigungsparameter in den meisten Fällen ebenfalls deutlich auf die Qualität des endgültigen Verbundes aus. Dadurch unterscheidet sich das Kleben deutlich von anderen klassischen Verbindungstechniken, beispielsweise den Schraubverbindungen, deren Qualität nur in geringem Umfang vom eigentlichen Fügeprozess beeinflusst wird.

Weil die Adhäsionsmechanismen und die Langzeiteigenschaften der Klebstoffe noch nicht vollständig bekannt sind, lassen sich Klebverbindungen bis heute rechnerisch nicht exakt modellieren, was allgemein als Nachteil empfunden wird. Unter Berücksichtigung der vorhandenen Erfahrungswerte ist mittlerweile aber die sichere Konzeption geklebter Strukturen mit ausreichender Zuverlässigkeit möglich.

2
Geschichtliche Entwicklung

Die Klebtechnik ist, soweit man weiß, eines der ältesten Verbindungsverfahren, die der Mensch benutzt. Seit etwa 4000 v. Chr. verwendeten die Mesopotamier Asphalt zu Bauzwecken. 3000 v. Chr. stellten die Sumerer Leim aus tierischen Häuten her und nannten dieses Produkt Segin. Etwa 1000 Jahre später existierten in Ur geklebte Figuren, was anhand einer gefundenen Widderstatue aus Holz dokumentiert wird, die mit Asphaltklebstoff und Goldbeschichtung versehen ist. 1475 v. Chr. war nachweislich in Ägypten das Leimen bekannt, da sich im Grab des Rekhmara in Theben ein Gemälde aus dieser Zeit befindet, in dem der Leimprozess dargestellt wird. Damals wurden vermutlich tierische Leime benutzt. Auch im Grab von Nehanon und lpuki aus der gleichen Zeit ist das Verleimen eines Schreins bildlich dargestellt.

In der Felsenkammer oberhalb des Totentempels der Hatschepsut in Der-el-bahari (Grab des Tut Ench Amun) fand sich eine Leimtafel, deren Eigenschaften man in den 1920er Jahren untersuchte. Sie zeigte absolut das gleiche Verhalten wie der Hautleim, der zur Zeit der Studie noch produziert wurde, obwohl die Tafel 3500 Jahre alt war. Daraus kann man den Schluss ziehen, dass die Klebstoffe über Jahrtausende hinweg bis auf wenige Ausnahmen nur geringfügig weiterentwickelt wurden.

In der Sammlung der Gesetze und religiösen Überlieferungen des nachbiblischen Judentums, dem Talmud, wird erwähnt, dass die Israeliten der damaligen Zeit bereits Casein als Bindemittel für Pigmente benutzten. Caseine wurden erst später im größeren Umfang als Leime eingesetzt.

Auch in Griechenland war der Leim bekannt. Die berühmte Sage von Dädalus und Ikarus, deren Handlung zwischen 2000 und 1600 v. Chr. spielt, basiert auf dem Versagen von Klebverbindungen, wobei hier als Klebstoff Wachs genannt wird (Abbildung 1). 371 bis 268 v. Chr. erwähnt Theophrast in seiner »Geschichte der Gewächse« Folgendes: »Bei der Zimmermannsarbeit hält der Leim am besten die Fichte zusammen. Man sagt, dass sie nicht einmal reiße, wenn sie geleimt sei.«

Gaius Sekundus Plinius d. Ä. schreibt in seinem Buch »Naturalis Historiae« im Jahr 79 n. Chr., die Türen des Tempels der Diana/Artemis in Ephesus, nach dem Brand 356 v. Chr. wieder aufgebaut 324 v. Chr., seien nach 400 Jahren »wie neu« gewesen. »Es ist zu vermerken, dass die Türflügel vier Jahre in der Leimzwinge gestanden haben.« Auch an anderen Stellen macht er bemerkenswerte Notizen über Leime [1]. Im Buch XVI sagt er beispielsweise in Verbindung mit der Beschreibung

Klebtechnik. W. Brockmann, P. L. Geiß, K. Klingen und B. Schröder

ISBN: 3-527-31031-6

Abbildung 1 Der Sturz des Ikarus. Kupferstich zu Ovids »Metamorphosen« aus dem 18. Jahrhundert (Bildarchiv Preußischer Kulturbesitz, Berlin)

von Holzarten: »Magna autem et glutinatio propter ea, quae sectilibus laminis aut alio genere operiuntur.« (»Wichtig ist aber auch das Verleimen wegen der Dinge, die mit geschnittenen Brettern oder auf andere Weise bedeckt werden.«) Kurz darauf folgt die tiefgründige und noch heute bedenkenswerte Feststellung: »Quaedam et inter se cum aliis insociabilia glutino, sicut robur, nec fere cohaerent nisi similia natura, ut si quis lapidem lignumque coniungat.« (»Einige (Hölzer) lassen sich sowohl untereinander als auch mit anderen nicht verleimen, wie z. B. die Steineiche, und sie haften fast nie aneinander, außer wenn sie von Natur aus ähnlich sind. Dies gilt auch für Stein und Holz.«)

Im Altgriechischen bezeichnete man den Holzleim als Xylokolla (ξυλοκολλα), den Stierleim als Taurokolla (ταυροκολλα), den Fischleim als Ichthykolla (ιχθυκολλα) und den Leimsieder als Kollepsos (κολλεπσος). Theodorus von Samos erwähnt bereits 530 v. Chr. das »Zusammenleimen der Metalle«, was wahrscheinlich bildhaft für eine feste Verbindung gemeint ist. Man kann daraus aber schließen, dass die Erfahrung mit Klebstoffen recht gut war.

Theophilus, vermutlich ein schreibkundiger Mönch, erwähnt in seinen Unterlagen im Jahre 950 n. Chr. den Caseinleim, der offenbar schon den alten Israeliten bekannt gewesen ist. Verwendet wurde dieser Leim auch noch in ersten geklebten technischen Konstruktionen der Neuzeit, beispielsweise beim Bau der Starrluftschiffe von Schütte-Lanz zwischen 1908 und 1919. Die Luftschiffe besaßen eine mit Casein geklebte Holzkonstruktion als Traggerüst. Einen Eindruck davon vermitteln die Abbildungen 2 und 3.

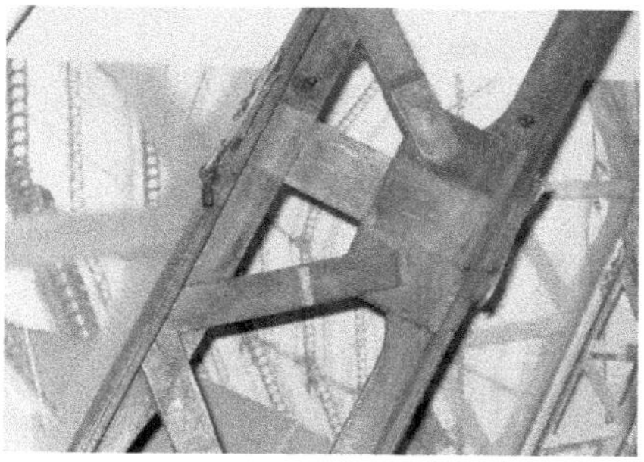

Abbildung 2 Luftschiffträger aus verleimtem Aspenholz. Bauart Schütte-Lanz um 1915

Abbildung 3 Knoten zwischen räumlichem Ring- und Längsträger in geklebter Holzbauweise. Bauart Schütte-Lanz um 1915

Die Leimverbindungen versagten oft im rauen, feuchten Betrieb der Marineluftschiffer. Auch das Räuchern der geleimten Teile in Formalindämpfen zur nachträglichen Vernetzung (s. Abschnitt 5.9.3.2) sowie zusätzliche Schutzlackierungen brachten nur geringfügige Verbesserungen.

Theophilus beschreibt auch gemahlenes Hirschhorn als Füllstoff für Tierleime und den Hausenblasenleim, von dem in späteren Jahren die Beluga-Qualität besonders gelobt wurde. Erwähnt sei vielleicht noch ein Zitat zur Klebtechnik aus dem frühen Mittelalter, das sich in den »Merseburger Zaubersprüchen« findet: »Bein ze beine, bluot ze bluote sollen sie gelimida sin.« Beschrieben wird eine medizinisch-klebtechnische Reparatur im Sinne der allgemeinen Verbindung.

Die Klebstoffindustrie begann sich im 17. und 18. Jahrhundert zu entwickeln (Abbildung 4). Eine besonders interessante Darstellung von Henry Louis Duhamel du Monceau, »Le arte de faire differents sorts de collées«, Paris 1771, wurde ein Jahr später in Deutschland in der preußischen Akademie der Wissenschaften unter dem Titel »Die Kunst verschiedene Arten von Leim zu machen« publiziert. Duhamel du Monceau nennt verschiedene Rezepte für unterschiedliche Leime und weist auch darauf hin, dass man Knoblauch auf Holz als Haftvermittler verwenden könne, indem man das Holz vor dem Klebstoffauftrag mit Knoblauch abreibt. Haftvermittler hat es also auch schon früh gegeben. Der chemische Aufbau des Knoblauchextraktes lässt gute Wirksamkeit vermuten (s. Abschnitt 5.10.2).

Alles in allem entwickelten die Klebstoffe sich also langsam, wenngleich sie vielfältig genutzt wurden. Größere Fortschritte folgten im 19. Jahrhundert. Selbstklebende Massen und Pflaster für medizinische Anwendungen wurden ab Mitte des Jahrhunderts entwickelt und eingesetzt [2]. Als Erfinder der auf Naturkautschuk basierenden Haftklebstoffe gilt Horace H. Day. Ein entsprechendes US-Patent von William H. Shecut und Horace H. Day über die Verbesserung von Klebstoffpflastern stammt aus dem Jahre 1845 [3]. Ein deutsches Patent für ein Pflaster, beschichtet mit auf Naturkautschuk basierendem Haftklebstoff, wurde im Jahre 1882 an den Drogisten Paul C. Beiersdorf erteilt.

Abbildung 4 Leimfabrik um die Mitte des 18. Jahrhunderts nach Duhamel du Monceau.

Obwohl sich die Eigenschaften der frühen Haftklebstoffe durch diese Erfindungen und durch verschiedene zusätzliche Entwicklungsaktivitäten verbesserten, konnten die Anforderungen für industrielle Anwendungen lange nicht erfüllt werden. Der Durchbruch dazu gelang Richard G. Drew von der amerikanischen Minnesota Mining and Manufacturing Company (3M) in den 1920er Jahren. Er entwickelte das erste auf Krepppapier basierende Abdeckklebeband für den Lackierprozess in der Automobilindustrie [4]. Im Jahre 1926 eröffnete Drew das erste 3M-Klebebandlabor und entwickelte später ein Cellophan-Klebeband für Verpackungsanwendungen. Dieses gilt als das erste transparente Klebeband auf dem Markt, das vielfältige Anwendungen in Büro und Haushalt fand [5]. Obwohl Haftklebstoffe bis in die 1950er Jahre eher ein wenig beachtetes Dasein fristeten, sind sie heute die Klebstoffgruppe mit den größten Wachstumsraten (s. Abschnitt 5.1).

In der Zwischenzeit hatte 1889 Ferdinand Sichel in Hannover den ersten gebrauchsfertigen Pflanzenleim erfunden. 1909 begann das Zeitalter synthetisch hergestellter Polymere mit Leo Hendrik Baekelands Phenolharz-Patent. Die Herstellung von Polyvinylacetat, einem bis heute vielfältig verwendeten synthetischen Rohstoff für Klebstoffe, wurde 1914 von Victor Rollett und Fritz Klatte patentiert. Kommerzielle Bedeutung erlangte Polyvinylacetat erst in den 1920er Jahren. Seit 1919 ist Harnstoffharz bekannt, das aber erst seit 1929 in Klebstoffen eingesetzt werden konnte, nachdem ein Verfahren zur Härtung entwickelt worden war. Seit den 1930er Jahren werden Carboxymethyl- und Methylcellulose als Malerleime und Tapetenkleister verwendet. 1931 publizierte Wallace Hume Carothers die Herstellung von Polychlorbutadien, das aber erst in den 1950er und 1960er Jahren Bedeutung gewann.

Einige alte Rezepte werden auch von Alexander Matting [6] wiedergegeben. Besonders berühmt war der so genannte Marineleim, der aus Kautschuklösungen mit Schellack- oder Asphaltzusätzen hergestellt wurde. Ein weiteres interessantes Rezept ist das zur Herstellung von Kitten aus 60% Bleiglätte (PbO), 30% flüssigem Phenolformaldehydharz und 10% Magnesiumcarbonat, womit man nach heutigen Kenntnissen sehr beständige Klebfugen erzeugen konnte.

Berühmt in der Geschichte der Klebstoffe ist auch das so genannte »Atlas-Ago-Verfahren« in der Schuhherstellung, das 1912 patentiert wurde. Dabei werden Klebstoffe auf Celluloidbasis verwendet. Der heute noch bekannte »Kauritleim« (BASF) – ein Harnstoff-Kondensationsprodukt, das sich heiß und kalt aushärten ließ – wurde ab Ende der 1920er Jahre von den damaligen IG Farben produziert. Seit 1928 gibt es den Klebstoff »Tegofilm« (Goldschmidt) auf Phenolharzbasis. Mit diesem vollsynthetischen, heiß härtenden Klebstoff ließ sich vor allem Sperrholz absolut wasserbeständig verbinden. Dies gelang später auch mit kalt härtenden Systemen ähnlicher Art und ist heute noch üblich (s. Abschnitt 5.4). Damit wurden die alten Casein- und Blutalbuminleime weit gehend verdrängt.

Ein Durchbruch im Sinne des konstruktiven Klebens nicht nur von Holz, sondern auch von Metallen gelang Anfang der 1940er Jahre Norman Adrian de Bruyne mit der Erfindung der polyvinylformal-modifizierten Phenolharz-Klebstoffe [7], die einen erheblichen Beitrag zur Verbesserung von Flugzeugstrukturen leisteten und wegen der ausgezeichneten Alterungsbeständigkeit besonders für Aluminiumklebungen noch heute geschätzt werden (s. Abschnitt 8.2.1). Ihr Name »REDUX« leitet sich aus Research at Duxford (dem Ursprungsort) her. Bemerkenswert in den Konzepten von de Bruyne ist die Kombination unterschiedlicher Polymersysteme in Klebstoffen, die vorher nur in Haftklebstoffen systematisch genutzt worden war.

Der Name »Araldit« (CIBA) für Epoxidharze hat mittlerweile ebenfalls historischen Wert. Er ist mit Eduard Preiswerk verbunden, der 1944 die vielfältigen Verklebungsmöglichkeiten auch von Metallen mit dem 1937 von Pierre Castan synthetisierten, mit Phthalsäureanhydrid gehärteten Epoxidharz herausfand [8]. Castan wollte seine Epoxidharze für zahnärztliche Zwecke einsetzen, gab die Versuche aber dem Vernehmen nach wegen unzureichender Wasserbeständigkeit der Adhäsion der Harze zu anderen Werkstoffen auf. Epoxidharz-Klebstoffe zählen bis heute sowohl als kalt härtende als auch als warm härtende Systeme zu Standardprodukten der strukturellen Klebtechnik (s. Abschnitt 5.5.1).

Zu nennen sind als Markstein in der Klebstoffgeschichte schließlich die von Otto Bayer bereits 1937 patentierten Polyurethane. Beachtung in der Klebstoffherstellung fanden sie erst in den 1950er Jahren. Heute gehören sie wegen ihrer vielfältigen Modifikationsmöglichkeiten zu den wichtigsten Basisstoffen in der Klebstoffindustrie (s. Abschnitt 5.6).

Ein interessanter Kommentar zur frühen Klebtechnik findet sich in einem 1933 herausgegebenen Buch [9]: »Besitzer wirklich guter Rezepturen von Spezialklebstoffen werden sich hüten, sie urbi et orbi bekanntzugeben.« Dabei ist die Klebstoffindustrie bis heute geblieben.

Diese kurze geschichtliche Rückschau kann naturgemäß nur unvollständig sein. In den nachfolgenden Kapiteln finden sich detailliertere Informationen zur Entwicklung und zu den Eigenschaften der jeweiligen Klebstoffgruppen.

3 Adhäsion

3.1 Einführung

Adhäsion, d. h. das makroskopisch zweidimensionale (flächige) Aneinanderhaften artgleicher oder artfremder Substanzen, ist eines der wichtigsten stofflichen Phänomene in Natur und Technik. Begrenzt man die Betrachtung auf die Technik, so hält Adhäsion zwischen Mörtel und Ziegelstein ein Gebäude aus römischer Zeit bis heute zuverlässig zusammen. Ein Autoreifen funktioniert nur, wenn das Gummi mit dem Gewebe aus organischen Stoffen oder Stahldrähten adhäsiv absolut sicher zusammenhält; Korrosionsschutz durch Lacke auf unseren Autos wäre ohne Adhäsion nicht möglich und auch das Papier, auf dem Bücher immer noch gedruckt werden, ist ein adhäsiv gebundener Faserverbundwerkstoff. Betrachtet man die Adhäsion als conditio sine qua non für alle Arten der Klebtechnik, erscheint es vernünftig, den Gesamtkreis adhäsiver Phänomene einzugrenzen und sich auf die nähere Betrachtung meist höhermolekularer organischer Substanzen (die meisten Klebstoffe) sowie auf technisch nutzbare anorganische Werkstoffe wie Metalle, Glas, Stein und Keramiken sowie organische Stoffe, d. h. Kunststoffe, Holz und Textilien, zu beschränken.

Die Erfahrung aus langjähriger Adhäsionsforschung lehrt, dass es sinnvoll ist, die Entstehung adhäsiver Verbindungen und ihr Verhalten im Verbund differenziert zu betrachten. Der Grund dafür ist, drastisch ausgedrückt, dass adhäsive Systeme praktisch niemals dort trennbar sind oder versagen, wo die Adhäsion tatsächlich entstanden ist. Den viel zitierten so genannten Adhäsionsbruch gibt es nicht, wenn die adhäsiven Partner bei der Entstehung der Adhäsion einander nahe genug gekommen sind, um interatomare oder intermolekulare Wechselwirkungen im Sinne eines belastbaren Verbundes aufzubauen.

Damit ist im Grunde genommen bereits konstatiert, dass mechanische »Verzahnung« als Ursache der Haftung, die beispielsweise beim Verkleben von Holz oder Papier, porösen oder quellbaren Stoffen durchaus nützlich sein kann, nicht im Vordergrund unserer Betrachtung stehen soll, weil sie – wie man heute sehr genau weiß – für die meisten nicht porösen, technisch nutzbaren Werkstoffe praktisch bedeutungslos ist.

Technisch nutzbare Wechselwirkungskräfte zwischen Atomen und Molekülen treten nur auf, wenn die beteiligten Bindungspartner sehr nahe zusammen kom-

Klebtechnik. W. Brockmann, P. L. Geiß, K. Klingen und B. Schröder

ISBN: 3-527-31031-6

Tabelle 2 Wechselwirkungskräfte in Grenzschichten

Wechselwirkungskräfte in Grenzflächenschichten

Kräfte	physikalische Bindungen			Wasserstoffbrücken-Bindungen	chemische Bindungen		
	permanente Dipole	induzierte Dipole	Dispersionskräfte		kovalente		ionische
Reichweite	0,3–0,5 nm			0,3–0,5 nm	0,1–0,2 nm		
Bindungsenergie (KJ/mol)	<20 (Keesomenergie)	<2 (Debyeenergie)	0,1–40 (Londonenergie)	<50	60–700		600–1000
theoretisch berechnete Adhäsionskräfte (MPa)	200–1750	35–300	60–360	500	17500	5000	30
Experimentell gemessene Verbundfestigkeiten (MPa)	15–25						

men. Ihre Reichweite beschränkt sich, wie in Tabelle 2 gezeigt, auf einen Bereich von kleiner als 1 nm.

Allenfalls adhäsive Wechselwirkungen in Form von Ladungsverschiebungen, die zu einer elektrischen Doppelschicht beitragen, können über etwas größere Abstände wirksam sein. Die für physikalische Bindungen, Wasserstoffbrückenbindungen und chemische Bindungen messbaren Bindungsenergien sind bekannt und in Tabelle 2 jeweils mit ihrer Größenordnung angegeben. Errechnet man aus ihnen die theoretisch möglichen Adhäsionskräfte bezogen auf eine Flächeneinheit in Megapascal, ergeben sich meistens Werte, die deutlich höher sind als die Festigkeiten von Klebstoffen auf organischer Basis. Deren theoretische Festigkeit, errechnet aus der Bindungsenergie von Kohlenstoff-Kohlenstoff-Bindungen bei dichtester Packung im Polymer, sollte in der Größenordnung von 500 MPa liegen. Natürlich sind die tatsächlich messbaren Festigkeitswerte für adhäsive Verbunde und auch die für polymere Werkstoffe kleiner als die theoretisch errechneten, weil ideale Stoffkombinationen und Strukturen nicht zu erwarten sind. Geht man aber davon aus, dass das Verhältnis zwischen theoretischen und praktischen Werten für Adhäsion und Klebstoff etwa gleich ist, wird bereits hier klar, dass die meisten möglichen adhäsiven Wechselwirkungen für einen zuverlässigen Verbund eines geklebten Systems ausreichen müssen. Dieses sehr einfache Postulat bestätigt sich in der langjährigen Erfahrung der Klebtechnik dadurch, dass, wie bereits erwähnt, in belasteten adhäsiven Verbunden die (eigentliche) Adhäsion praktisch niemals versagt. Streng genommen könnte man die Betrachtung des Phänomens Adhäsion mit dieser Feststellung beschließen, würde dann allerdings das oft sehr komplexe Verhalten adhäsiver Systeme weder verstehen noch systematisch optimieren können, was heute in vielen Fällen durchaus möglich ist. Dies allerdings erfordert zusätzliche Grundkenntnisse, die im Folgenden vermittelt werden sollen.

Stellt man Klebverbindungen her, wird von außen in der Regel keine oder nur wenig Energie zugeführt. Der Klebstoff kommt in diesem Fall den zu verbindenden Festkörpern nur nahe genug, wenn er ihn benetzt. Als Benetzung bezeichnet man das oft gut beobachtbare Phänomen eines Flüssigkeitstropfens auf einer Festkörperoberfläche. Abhängig vom Zustand der Oberfläche, der Art der Flüssigkeit und (wie oft vergessen) auch von der in der Umgebung vorhandenen Materie, bildet dieser Tropfen einen Randwinkel zwischen Tropfenoberfläche und Festkörperoberfläche aus, der theoretisch zwischen 0 °C (vollständige Spreitung) und 180 °C (vollständige Nichtbenetzung) liegen kann (Abbildung 5).

Bestimmt wird dieser Randwinkel thermodynamisch exakt durch die beim Zur-Ruhe-Kommen des Tropfens wirkenden Grenzflächenspannungen des Festkörpers zur Umgebung, der Flüssigkeit zur Umgebung und der Grenzflächenspannung zwischen Flüssigkeit und Festkörper, die im Falle des ruhenden Tropfens im Gleichgewicht sein müssen. Technisch nutzbare Adhäsion zwischen der benetzenden Flüssigkeit und dem Festkörper, d. h. genügende molekulare oder atomare Nähe im Sinne des oben Gesagten, entsteht nur, wenn dieser Randwinkel 90° oder kleiner ist. Dieses Kriterium ist nur dann erfüllt, wenn die Grenzflächenspannung des Festkörpers zur Umgebung gleich oder größer als diejenige des Tropfens zur Umgebung ist. Vorweg sei hier angemerkt, dass die Oberflächenspannungen gebräuchlicher organischer Klebstoffe zwischen 30 und 60 mN/m liegen; Wasser hat eine Oberflächenspannung von 72 mN/m, während anorganische Werkstoffe wie Glas und Metalle durch Oberflächenspannungen oberhalb von

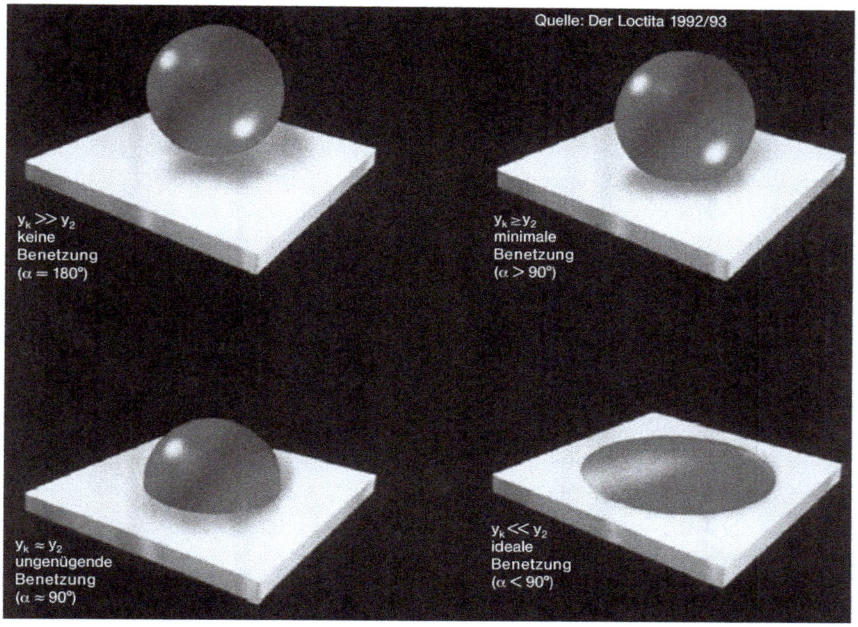

Abbildung 5 Prinzip der Benetzung

Tabelle 3 Oberflächenspannungen verschiedener Stoffe

Werkstoff	σ^d [mN/m]	σ^p [mN/m]	σ [mN/m]
Metalle	–	–	1000–5000
Eisen	–	–	1400
Keramik	–	–	500–1500
Quecksilber	–	–	484
Glas	–	–	300
Glimmer	27,3	39,8	67,1
PA6	36,8	10,7	47,5
PVC	37,7	7,5	45,2
POM	36,0	6,1	42,1
PS	41,4	0,6	42,0
PETP	37,8	3,5	41,3
PE-HD	35,0	0,1	35,1
Epoxidharz	19,5	13,2	32,9
PP	30,5	0,7	31,2
Paraffinwachs	25,5	0	25,5

500 mN/m gekennzeichnet sind und unpolare organische Materialien, zu denen auch das Polyethylen und das Polypropylen zählen, bei Werten unterhalb von 30 mN/m liegen. Polytetrafluorethylen (PTFE) ist der Festkörper mit der niedrigsten bekannten Oberflächenspannung überhaupt (17 mN/m). Eine Konsequenz aus diesen Werten ist, dass einige Kunststoffe von Klebstoffen ohne Hilfsmaßnahmen nicht benetzt werden und damit als schwer klebbar einzustufen sind. Einige andere, beispielsweise Epoxidharze, Phenolharze und Polyester mit Oberflächenspannungen im Bereich von 60 mN/m, sind unter dem Aspekt der Benetzung bereits klebbar; anorganische Substanzen sind, vorausgesetzt, dass sie nicht von spannungsarmen Verunreinigungen bedeckt werden, im Hinblick auf das Benetzungskriterium unproblematisch. Tabelle 3 vermittelt einen Überblick über die Oberflächenspannungen verschiedener Stoffe. Die nichtpolaren und polaren Anteile sind der Vollständigkeit halber mit angegeben, sollen aber erst später diskutiert werden.

Für den Bereich der Klebtechnik kann zunächst also festgehalten werden: Eine Benetzung des Festkörpers durch den Klebstoff ist ein notwendiges Kriterium für das Entstehen der Adhäsion. Damit wird auch klar, dass einfache Benetzungsmessungen an einem Festkörper mit unbekannter Oberflächenspannung in Verbindung mit Flüssigkeiten definierter Oberflächenspannung erste Hinweise geben können, ob eine Adhäsion möglich ist oder nicht. Es muss allerdings bereits hier konstatiert werden, dass die Benetzung keinesfalls als hinreichende Voraussetzung für die Adhäsion gelten darf, was die nachfolgenden Betrachtungen verdeutlichen werden.

3.2 Klassische Adhäsionstheorien

Im Folgenden werden zunächst kurz die teilweise seit langem bekannten und immer wieder zitierten Betrachtungsweisen zur Entstehung der Adhäsion kritisch dargestellt, da sie auch in der neueren Literatur immer wieder zur Deutung bestimmter Phänomene herangezogen werden. Noch einmal soll hier hervorgehoben werden, dass diese theoretischen Betrachtungsweisen nur bedingt Verständnishilfen für das tatsächliche Verhalten von adhäsiven Verbindungen sein können. In Abbildung 6 sind diese wichtigsten Vorstellungen zur Adhäsion zusammenge-

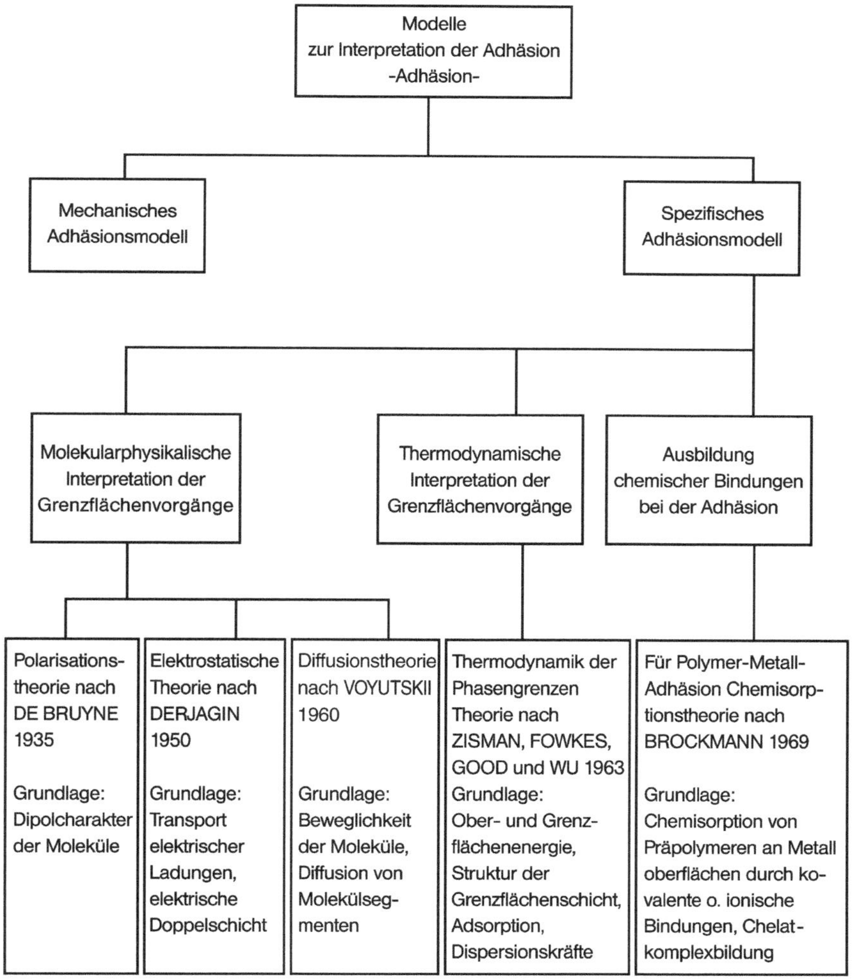

Abbildung 6 Übersicht über die Adhäsionstheorien

fasst. Der Vollständigkeit halber erscheint hier auch die mechanische Verklammerung, obwohl sie wegen ihrer geringen Bedeutung für die heutige Klebtechnik nicht weiter betrachtet werden soll. Alle anderen adhäsiven Phänomene, die auf physikalischen und chemischen Wechselwirkungen beruhen, fasst man unter dem Begriff »spezifische Adhäsion« zusammen.

Als die Naturwissenschaft begann, das Phänomen der Haftung analytisch zu erforschen, lagen über die zwischen den Bausteinen der Materie wirkenden physikalischen und chemischen Wechselwirkungen noch keine allgemein gültigen Erkenntnisse vor. Es bestand daher nur die Möglichkeit, die beim Benetzen von Festkörpern durch Flüssigkeiten auftretenden makroskopisch messbaren Eigenschaften zu idealisieren und zu versuchen, den Vorgang hinsichtlich seines Energiehaushaltes rechnerisch zu verfolgen. Diese thermodynamische Betrachtungsweise ist möglich, weil die Oberflächenspannungen von Flüssigkeiten und Festkörpern im physikalischen Sinne Energien sind, d. h. Arbeitsleistungen, die zur Erzeugung der Oberfläche des Stoffes aufgebracht werden müssen und zunächst für Flüssigkeiten, später auch für Festkörper messtechnisch zugänglich wurden.

Als Grundlage für Berechnungen der Adhäsion diente der bereits erwähnte Randwinkel eines Tropfens niedrigviskoser Flüssigkeit auf einem Festkörper. Befindet sich ein solches System in seinem umgebenden Gas, das mit dem Dampf der Flüssigkeit gesättigt sein muss, im Gleichgewicht, d. h. in Ruhe, so lassen sich mit Hilfe der Oberflächenspannungen der Stoffe die bekannten Young'schen Gleichungen für die Benetzung aufstellen [1]. Da die Oberflächenspannungen Energiegrößen sind, ist nach Dupré [2] eine Adhäsionsarbeit zu errechnen, die frei wird, wenn eine Flüssigkeit einen Festkörper benetzt. Die Dupré-Gleichung ist in späterer Zeit um den Begriff der freien Energie der Festkörperoberfläche präzisiert worden [3]. Darüber hinaus lässt sich die Gestalt der Festkörperoberfläche, die den Randwinkel ebenfalls beeinflusst, berücksichtigen, indem ein Rauheitsfaktor in die Gleichung eingeführt wird, den Wenzel [4] entwickelte. Er errechnet sich aus dem Verhältnis der wahren (auf dem Mikrogebirge einer Oberfläche wirklich vorhandenen) zur makroskopisch ausmessbaren Oberflächengröße.

Ziel dieser Rechnungen war es, aus der Adhäsionsarbeit auf die Festigkeit des adhäsiven Verbundes zurückzuschließen. Dies ist zulässig, wenn als Grundvoraussetzung für die Rechnungen gilt, dass beim Benetzen keine Vermischung der Stoffe stattfindet, dass also keine Durchdringung abläuft und auch keine chemischen Wechselwirkungen ausgebildet werden, sodass der Benetzungsprozess reversibel bleibt. In diesem Fall muss zum Trennen der Stoffe nach dem Benetzen die gleiche Arbeit aufgewendet werden, die beim Benetzen frei geworden ist. Diese Arbeit lässt sich wiederum (unter der vereinfachenden Annahme, dass sie über eine bestimmte Reichweite konstant ist) in Festigkeiten umrechnen, die durchaus im Bereich der heute messbaren liegen können. Derartige Energiebilanzen zur Entstehung und zur Wiederherstellung von Oberflächen bzw. Grenzflächen können allerdings in der Realität auch dann nicht angewendet werden, wenn man die Grenzflächenspannungen noch in so genannte polare und disperse unterteilt, da die postulierte Reversibilität im thermodynamischen Sinne praktisch nie gegeben ist: Die ursprünglichen Oberflächen mit definierten Oberflächenenergien entstehen beim Trennen nicht wieder, was messtechnisch leicht nachzuvollziehen ist. Härtet man beispielsweise einen Tropfen Epoxidharz auf Polyethylen aus, hat er an seiner luftzugewandten Seite eine Oberflächenspannung von etwa 35 mN/m. Hebt man ihn vom Polyethylen ab, liegt die Oberflächenspannung dort in der Nähe des Polyethylens, weil vermutlich trotz schlechter Benetzung beim Ablösen einige lockere Polyethylenmoleküle von der Festkörperoberfläche am Tropfenmaterial hängen geblieben sind.

Außerdem operieren grenzflächenenergetische Betrachtungen mit Oberflächenenergien gewissermaßen in Form von Stoffkonstanten. Flüssigkeit und Festkörper haben vor der Benetzung bestimmte Oberflächenspannungen, die nach der gedachten Trennung wieder vorhanden sein müssen. Diese Forderung ist nach heutigen Kenntnissen für viele Werkstoffgruppen selbst dann unrealistisch, wenn nicht Bestandteile vom einen Stoff am anderen hängen geblieben sind, weil insbesondere Polymere über ein deutlich erkennbares Umstrukturierungsvermögen verfügen, wie in neueren Arbeiten immer wieder gezeigt wird [5]. Damit ist die Fähigkeit gemeint, den Oberflächenzustand und damit auch die Oberflächenenergie auch im festen Zustand mehr oder weniger schnell den Umgebungsbedingungen anzupassen. Hinzu kommt die Tatsache, dass eine Oberfläche jedes beliebigen Werkstoffes, wie immer man sie auch definiert, von der Geschichte ihrer Entstehung abhängen muss. Damit ist die Unterstellung konstanter Oberflächeneigenschaften auch im Sinne einer bestimmten Oberflächenenergie in sich, vorsichtig ausgedrückt, nicht schlüssig.

Verdeutlichen kann man dieses an einem einfachen Denkmodell. Füllt man einen konischen Behälter mit geschmolzenem Polyethylen, lässt dieses abkühlen und hebt den Konus aus dem Behälter wieder heraus, weist der Körper bereits zwei verschiedene Oberflächen auf, nämlich die am Behälter entstandene und die an Luft frei erstarrte. Eine dritte kann man gedanklich erzeugen, wenn man den Konus mit einem Messer zerschneidet. An den Behälteroberflächen haben sich die Polyethylenketten der Kontur des Behälters folgend in Schlaufenform zurechtgelegt, an der freien Oberfläche in Gegenwart von Luft weisen sie praktisch keine Rauheit auf; dort sind sie gegebenenfalls durch den Luftsauerstoff leicht anoxidiert, was im geschmolzenen Zustand aufgrund der besseren Energiezufuhr schneller verläuft. An der geschnittenen Oberfläche hingegen konnten sich die Moleküle nicht zurechtlegen. Sie wurden im erstarrten Zustand getrennt, und diejenigen Moleküle, die das Messer getroffen hat, wurden kurzzeitig zu Radikalen, bevor sie durch Reaktionen mit Resten vom Messer oder Luft zu stabilen Systemen abgesättigt wurden.

Demgemäß haben die erzeugten Polyethylenstücke mindestens drei verschiedene Oberflächenspannungen. Führt man diesen Versuch in gleichförmigen Behältern aus unterschiedlichen Materialen, beispielsweise Teflon oder Silber, aus, wird der Wandbereich des Polyethylens zum Behälter hin in Abhängigkeit vom Behältermaterial wiederum unterschiedliche Oberflächenspannungsarten haben, da sich einige durchaus vorhandene polare Gruppen im Polyethylen im Falle des Silberbechers sicherlich zu diesem hin ausgerichtet haben, im Falle des Teflonbehälters dagegen zum Werkstoffinneren hin.

Die einfache Betrachtungsweise mit dem oben genannten thermodynamischen Denkmodell postuliert also die Adhäsion als Zweikörperproblem ohne gegenseitige Beeinflussung der beteiligten Partner, was, wie wir bereits gesehen haben, nicht der Realität entspricht.

Grenzflächenenergetische Messungen können also auf keinen Fall als Erklärung der Adhäsion herangezogen werden. Einige wichtige grenzflächenenergetische Größen, die messtechnisch leicht zugänglich sind, können aber erste Aussagen über die Entstehung der Adhäsion oder auch deren Hindernisse durchaus auf schnelle Weise liefern.

3.2.1
Polarisationstheorie

Dass sich glatte Metalloberflächen mit organischen Klebstoffen unter bestimmten Voraussetzungen hochfest miteinander verbinden lassen, war gegen Ende der ersten Hälfte des vorigen Jahrhunderts zwar bekannt, hat der Adhäsionsforschung aber große Probleme bereitet, da man lange Zeit die Entstehung chemischer Wechselwirkungen zwischen den artfremden Materialien für unmöglich hielt. Allerdings wusste man schon seit Ende des 19. Jahrhunderts, dass neben den chemischen Wechselwirkungen in der Materie auch physikalische, intermolekulare Kräfte wirksam sein müssen, ohne deren Existenz man viele gut bekannte Phänomene, beispielsweise den hohen Siedepunkt des Wassers oder auch die Tatsache, dass H_2O bis 100 °C überhaupt eine Flüssigkeit ist, nicht erklären konnte. Kurz gesagt lassen sich diese intermolekularen Wechselwirkungen auf die Existenz von permanenten oder oszillierenden Dipolen in chemisch abgesättigten Systemen zurückführen, die miteinander wechselwirken, aber in anderen Materialien auch Dipole induzieren, was bei metallischen Partnern besonders leicht einleuchtet.

Diese Wechselwirkungen sind in der Regel durch geringere Bindungsenergien gekennzeichnet als die chemischen Wechselwirkungen und verändern die Natur der Materie weniger. Allerdings können sie zwischen artfremden Stoffen unabhängig von ihrer chemischen Kompatibilität wirksam werden, woraus insbesondere de Bruyne [6] die Polarisationstheorie als wichtige Basis für das Verständnis der Adhäsion formulierte. Man bezeichnet die intermolekularen Wechselwirkungen heute auch als physikalische Bindungen und teilt diese in drei wichtige Gruppen ein. Permanente Dipole existieren in Molekülen, in denen ein Atom mit höherer Kernladungszahl, beispielsweise Sauerstoff mit einem solchen niedrigerer Kernladungszahl, beispielsweise Wasserstoff, homöopolar verbunden ist, weil die statistische Aufenthaltswahrscheinlichkeit der Elektronen im Bindungsorbital zum größeren Kern hin verschoben wird, woraus sich Elektronegativität und damit ein Dipol ergibt. Dieser permanente Dipol kann zu einem anderen in Form der Dipol-Wechselwirkung Anziehungskräfte elektrostatischer Art aufbauen, deren Energie sich berechnen lässt. Zu diesen Dipolbindungen gehören die in Tabelle 2 zwischen den physikalischen und chemischen Bindungen genannten Wasserstoffbrückenbindungen, die man wegen ihrer relativ hohen Bindungsenergie und den sich daraus ergebenden Konsequenzen heute als nahe der Wirksamkeit chemischer Wechselwirkungen betrachtet. Die Wasserstoffbrücke wird von einem Wasserstoffatom gebildet, das sich zwischen zwei stark elektronegativen Atomen befindet, zu denen im Bereich der organischen Chemie im Wesentlichen nur der Stickstoff, der Sauerstoff und das Fluor gehören, wenn diese an einer ihrer Valenzen ein Wasserstoffatom angelagert haben [7].

Permanente Dipole können in benachbarten Molekülen ohne eigene permanente Polarität Gegendipole induzieren und mit diesen statische Anziehungskräfte mit im Vergleich zu Dipol-Dipol-Bindungen geringerer Bindungsenergie erzeugen. Insbesondere dieser Denkansatz spielt im Zusammenhang mit der Adhäsion organischer Substanzen mit polaren Gruppen auf blanken Metalloberflächen, wie erwähnt, eine Rolle.

Schließlich verbleiben die auch zwischen nicht permanent dipolaren Molekülen existierenden Dispersionskräfte. Man führt sie darauf zurück, dass schwache oszillierende Dipole zwischen den beteiligten Atomen existieren, weil zumindest in Abhängigkeit von der Zeit die statistische Aufenthaltswahrscheinlichkeit der Bindungselektronen nicht ganz gleichmäßig ist. Dies wiederum kann zu schwachen Wechselwirkungen führen, die zwischen allen Stoffen, z. B. auch gleichartigen Gasmolekülen wirksam sind. Ihre Bindungsenergie ist normalerweise kleiner als die der permanenten Dipolbindungen.

Die Gültigkeit der Polarisationstheorie für adhäsive Phänomene ist unstrittig, weil man leicht beobachten kann, dass beispielsweise organische Polymere mit permanenten Dipolen (so genannten polaren Gruppen, z. B. Polyvinylchlorid oder Epoxidharz) auf blanken Metalloberflächen besser haften als unpolare Moleküle (Bausteine etwa von Polyethylen oder Polypropylen). Umgekehrt kann man auch leicht feststellen, dass ein Klebstoff, der in der Regel polare Gruppen enthält, auf einem polaren Grundwerkstoff oder Festkörper, beispielsweise einem ausgehärteten Epoxidharz, besser haftet als auf einem unpolaren, beispielsweise Polytetrafluorethylen.

Man kann also davon ausgehen, dass Dipolwirkungen an allen adhäsiven Prozessen im Bereich der spezifischen Adhäsion beteiligt sind. Allerdings reicht in einigen Fällen ihre Bindungsenergie zur Deutung sehr hochfester Adhäsion nur gerade eben aus und man muss sich darüber klar sein, dass diese für eine physikalische Adsorption verantwortlichen Bindungen gelöst werden können, wenn in das System Stoffe höherer Polarität eindringen, die die existierenden adhäsiven Bindungen durch Ersatzadsorption lösen können und sich selber an den Platz der polaren Gruppe des Klebstoffs setzen. Zu diesen hochpolaren Substanzen zählt insbesondere das Wasser, das wegen seiner geringen Moleküldimensionen und seiner extremen Polarität in alle Polymere in bestimmten Mengen eindringen kann, auch zur adhäsiven Zone wandert und dort die Adhäsion auf physikalischer Bindungsbasis merklich beeinträchtigen kann oder sogar vollständig zerstört, was makroskopisch auch oft zu beobachten ist.

Da zwischen sehr artfremden Substanzen aber auch Adhäsion hoher Wasserbeständigkeit existieren kann und oft existiert, muss man davon ausgehen, dass zusätzliche Bindungsformen existieren müssen, die der Angriff des Wassers weniger oder gar nicht beeinflusst. Zu diesen zählen in erster Linie die später zu diskutierenden chemischen Wechselwirkungen.

Physikalisch unbestreitbar ist, dass sich zwischen eng kontaktierten Stoffen unterschiedlicher Elektronenkonfiguration, beispielsweise einem Festkörper aus organischen Materialien und Metall, eine elektrische Doppelschicht ausbildet, die bisweilen, etwa bei einer Polyethylenschicht auf Metall, als Elektronenanreicherung im Polyethylen sogar sichtbar gemacht werden kann [8]. Mit raffinierten Rechnungen lässt sich zeigen, dass die beim Zusammenbruch dieser Doppelschicht im Falle der Trennung der adhäsiven Partner notwendige Energie in der Größenordnung von gemessenen Haftenergien liegen kann. Dass beim Trennen adhäsiver Systeme elektrostatische oder auch Lumineszenzvorgänge ablaufen, ist leicht nachweisbar.

Schält man beispielsweise einen einfachen einseitigen Haftklebfilm, wie er in jedem Haushalt gebräuchlich ist, in der Nähe eines Taschenradios bzw. dessen Antenne von einem festen Substrat ab und bleibt bei der Senderwahl im Bereich der Mittelwelle, so liefert der Lautsprecher interessante Informationen: Es knackt beim Schälen; zieht man schneller oder langsamer, knackt es anders; klebt man die Verbindung wieder zusammen und zieht erneut, knackt es nicht mehr. Öffnet man in einem dunklen Raum einen modernen Briefumschlag, dessen Kleblaschen ebenfalls mit Haftklebstoffen zusammengefügt sind (s. Abschnitt 8.5), kann man mit bloßem Auge teilweise deutliche Lichterscheinungen beobachten. Wissenschaftlicher lässt sich dies mit autographischen Fotomethoden zeigen [9].

Allerdings lässt sich eine tatsächliche Wirksamkeit der Doppelschicht für die Adhäsion bis heute nicht zweifelsfrei nachweisen. Wäre die Doppelschicht dominant, müssten Klebverbindungen, die in starken elektrischen Feldern hergestellt oder geprüft werden, andere Haftfestigkeiten aufweisen als in neutralen Umgebungen. Dies ist, soweit bekannt, nicht der Fall [10]. Die Doppelschicht ist also ohne Frage vorhanden, dominiert aber die Adhäsionsfestigkeit in den meisten Fällen wahrscheinlich nicht.

3.2.2
Diffusionstheorie

Ein Sonderfall der Adhäsion ist in gewissem Umfang die oft zu beobachtende sehr hohe Adhäsion zwischen gleichartigen oder auch ungleichartigen eng anliegenden Oberflächen polymerer Werkstoffe, aus deren Struktur sich physikalische Wechselwirkungen niedrigerer Energie herleiten lassen, chemische dagegen kaum. Das Phänomen erklärte in den 1960er Jahren Voyutskii [11] mit seiner Diffusionshypothese; diese geht, was oft vergessen und übersehen wird, davon aus, dass polymere Werkstoffe insbesondere im wenig oder nicht vernetzten Zustand keineswegs statische Systeme im Sinne der molekularen Anordnung ihrer Grundbausteine sind, sondern gewissermaßen lebendige Gebilde, in denen sich Molekülketten zwischen Verschlaufungspunkten zumindest oberhalb der Glasübergangstemperatur durchaus heftig in Form von atomaren Rotationen bewegen können, weil das freie Volumen dafür ausreicht, obwohl sich das Polymer selbst als

Werkstoff steif und fest verhält. Bei diesen Bewegungen ist nicht auszuschließen, dass Molekülbereiche auch über die ursprüngliche Oberfläche austreten und in ein benachbartes Polymer hineindiffundieren können.

Beweisen lässt sich dies sehr einfach. Legt man beispielsweise ein modernes Radiergummi aus hochflexibilisiertem Kunststoff mit Füllstoffen für die Reibung ohne die vom Hersteller angebrachte Schutzhülle auf ein billiges Kugelschreibergehäuse oder, falls man ihn entbehren kann, auf einen älteren Füllfederhalter aus Celluloid und überlässt die Anordnung der segensreichen Einwirkung der Zeit, dann kann man, zumindest im Falle des kostbaren Celluloidteils mit Erschrecken, beobachten, dass die Teile gewissermaßen von alleine nach einem halben Jahr vollkommen miteinander verschweißt sind.

Das Zusammenfügen von gut abgelüfteten Fügeteilen, die mit Kontakt- oder Dispersionsklebstoffen auf beiden Seiten beschichtet sind, funktioniert am besten, wenn zumindest kurzzeitig hoher Anpressdruck aufgebracht wird, weil dann die thermoplastischen Polymerschichten mit den aus der Flüssigkeit entstandenen, sehr glatten Oberflächen eng aneinander liegen und die Moleküle nahtlos ineinander diffundieren (s. Abschnitt 4.2). Es entsteht damit Anfangshaftfestigkeit, die im Laufe der Zeit über Stunden oder Tage noch deutlich steigt, weil die Diffusion ein verhältnismäßig langsamer Vorgang ist. Auch Haftklebstoffe, die durch hohe molekulare Beweglichkeit ausgezeichnet sind, bauen nach Ausbildung einer schon guten Anfangshaftfestigkeit im Laufe von Stunden, Tagen oder sogar Wochen die Adhäsion sowohl durch Nachfließvorgänge an rauen Oberflächen als auch Diffusionsprozesse an Polymeren weiter auf, was sich in Steigerungen der Schälfestigkeit von 50–70 % äußert.

Einige interessante Adhäsionsphänomene lassen sich also mit der beschriebenen Diffusionstheorie schlüssig erklären. Es wird später noch zu erläutern sein, dass die von Voyutskii richtig postulierte molekulare Beweglichkeit im Festkörperzustand der Polymeren wahrscheinlich auch für andere Adhäsionssysteme von hoher Bedeutung sein kann (s. Abschnitt 3.4).

3.2.3
Chemische Wechselwirkungen bei der Adhäsion

Im Jahre 1927, d. h. lange vor der Entwicklung unserer modernen industriellen Hochleistungsklebverfahren, veröffentlichten W. McBain und W. B. Lee [12] die Ergebnisse folgender Versuche: Polierte Stahl- und Aluminiumteile wurden mit einem organischen Klebstoff verbunden, der aus 50 Gewichtsteilen Schellack, 5 Gewichtsteilen Kreosot (aus Holzteer gewonnenes Öl), 0,5 Gewichtsteilen Ammoniak und 2 Gewichtsteilen Terpentin bestand. Mit diesem aus heutiger Sicht zweifellos kuriosen Bindemittel erreichten McBain und Lee zwischen Stahlteilen Zugfestigkeiten von 31,71 N/mm^2 und Scherfestigkeiten von 24,15 N/mm^2. Zwischen Aluminiumoberflächen ergab sich eine Zugfestigkeit von 11,73 N/mm^2 und eine Scherfestigkeit von 16,05 N/mm^2. Die Autoren konstatierten praktisch in allen Fällen einen so genannten Kohäsionsbruch im Klebstoff; die Adhäsion hatte sich also als fester erwiesen. Sie deuteten damals die erstaunlich hohen Festigkeitswerte, die mit dünnen Klebschichten im Bereich von 0,1 mm deutlich höher waren als bei dickeren Klebschichten, mit einer von der Oberfläche beeinflussten Kettenstruktur ihres Bindemittels, die tief in die Struktur der Klebschicht hineinreichen müsse. Chemische Wechselwirkungen zum Metall als Ursache für die hohe Haftung erwähnten sie zumindest nicht explizit.

Schaut man sich aus heutiger Sicht die chemische Zusammensetzung des wichtigsten Klebstoffbestandteils Schellack an, so findet man als wesentliche Bestandteile eine langkettige aliphatische, mit OH-Gruppen besetzte organische Säure, die Aleuritinsäure, und zusätzlich die hochgradig kompakte Schellolsäure, deren innere cyclische Struktur außen mit zwei organischen Säuregruppen, einer CH_2-Gruppe, einer OH-Gruppe und einer CH_3-Gruppe besetzt ist. Kreosot besteht zu großen Teilen aus Guajacol und anderen Phenolen und Phenolethern. Heute kann man vermuten, dass diese Substanzen zur Chelatkomplexbildung mit Metalloxiden oder Hydroxiden befähigt sind oder zumindest die Ringstrukturen der Schellolsäure aufgrund der Elektronenkonfiguration zu einem festen chemischen Verbund mit Metalloberflächen geeignet sein könnten.

Diese Veröffentlichung wurde lange Zeit vergessen oder bewusst nicht erwähnt, weil bis Anfang der 1960er Jahre chemische Wechselwirkungen als Ursachen der Adhäsion – zumindest zwischen organischen höhermolekularen Substanzen und Metallen – als nahezu unmöglich angesehen wurden.

Das ist aus der Rückschau insofern nur schwer verständlich, als man Chelatkomplexe des Aluminiums, die nach heutigem Wissen über Hydroxidbelegung des Metalls entstehen, als Haftvermittler beim Färben von Bauwolle beispielsweise mit Indigo (so genannten Küpenfarbstoffen) seit Anfang des vorigen Jahrhunderts durchaus nutzte. Auch die berühmte Eisengallustinte ist ein Chelatkomplex des Eisens mit Gallussäure, und es lässt sich in sehr einfachen Versuchen zeigen, dass ein solcher Chelatkomplex auch an metallischen Oberflächen in leidlich gereinigtem Zustand entstehen kann. Taucht man ein Stück gut entfetteten Stahl in eine Lösung von etwa 10 g Gallussäure in 250 ml Ethanol, nimmt es wieder heraus und lässt es an Luft einige Minuten liegen, färbt sich, wie Plinius es in seiner »Historia Naturalis« bereits beschrieben hat, diese Oberfläche bläulich grau und zeigt damit, dass eine organometallische Verbindung entstanden ist, die auf der Oberfläche auch vorzüglich haftet. Schließlich kannte man auch die Chromatografie insbesondere an Aluminiumoxid, mit der sich chemische Verbindungen voneinander trennen ließen und bei der man aus hohen Retentionszeiten auf chemische Wechselwirkungen schloss. Man war sich ebenfalls, trotz relativ rudimentärer Kenntnisse über den Oberflächenzustand von Metallen, darüber klar, dass diese praktisch immer mit Oxidschichten überzogen sind und auch Hydroxide in feuchten Umgebungen entstehen, die chemisch im Sinne der chromatographischen Kapazität durchaus reaktiv sein können.

Anfang der 1960er Jahre änderte sich allerdings das Bild der chemischen Wechselwirkungen in Adhäsionsbereichen, wobei wiederum in vielen Fällen die Haftung an Metalloberflächen untersucht wurde, weil diese in der aufkommenden Hochleistungsklebtechnik besonders interessierte. So beobachteten Sandstede und andere [13], dass aus der Dampfphase an Aluminium adsorbierte Essigsäure sich nur zu einem kleineren Teil wieder desorbieren ließ, d. h. im Langmuir'schen Sinne der Adsorptionsisothermen-Betrachtung irreversibel gebunden ist, was chemische Wechselwirkungen voraussetzt. Geringe Desorbierbarkeit von Aminoamid, das an oxidiertem Eisen adsorbiert worden war, fanden auch Kautsky und Barusch [14] und Dunken [15] mit Hilfe eines speziell für Grenzflächenuntersuchungen entwickelten infrarotspektroskopischen Messverfahrens (FTIR gab es damals noch nicht), dass sich nach Adsorption von Stearinsäure an Kupfer mit großer Wahrscheinlichkeit Kupferstearat bildet. Dimter und Thinius [16] veröffentlichten die Ergebnisse, die beim Aufbringen von Phenolformaldehydresol auf Aluminium gefunden wurden. Sie maßen dort bei Temperaturen von etwa 130 °C eine an der Temperatursteigerung erkennbare exotherme Reaktion, die sie als Entstehung von Aluminiumphenolat erklärten.

Als ein weiterer Beweis für die Wirkung chemischer Bindungen in den Grenzflächen zwischen Metallen bzw. deren Oxiden und organischen Substanzen konnte die Tatsache gelten, dass sich die Adhäsion schlecht haftender Kunststoffe, z. B. Polypropylen, an Metallen wesentlich verbessern ließ, wenn man dem Polypropylen chemisch reaktive Gruppen wie Dihydroxyboranyl- oder Epoxygruppen aufpfropfte [17], was A. F. Lewis und L. J. Forrestal 1964 bereits berichteten.

Die hier genannten Beispiele für eine chemisorptive Bindung organischer Stoffe an Metallen erlaubt den eindeutigen Schluss auf chemische Grenzflächenreaktionen, weil es theoretisch gelingt, der irreversiblen Sorption chemische Hauptvalenzbindungen zu Oberflächenatomen zugrunde zu legen [14]. Das ist auch dann berechtigt, wenn die messbaren Adsorptionswärmen unter den Energien chemischer Bindungen liegen, da chemisch aktive Adsorbatmoleküle vor der Anlagerung zunächst dissoziieren müssen, wozu ein Teil der frei werdenden Bindungsenergie verbraucht wird.

Die beim Entstehen chemischer Bindungen zunächst aufzubringende Aktivierungsenergie wird vermutlich von der Adsorptionswärme geliefert. Das bedeutet, dass einer Chemisorption oder einer chemischen Adhäsion eine exotherme Adsorption vorauszugehen hat, weil andere Energiequellen im Falle des Klebstoffauftrages praktisch nicht zur Verfügung stehen. Die Adsorption verläuft relativ schnell (in wenigen Minuten) während für den Vorgang der Chemisorption längere Zeiten (20 Minuten bis 1 Stunde) benötigt werden [3]. Die zum Lösen chemischer Bindungen erforderliche Energie liegt wesentlich über der physikalischen Bindungsenergie. Die durch weitere Adsorption entstehende Wärme reicht demnach zum Lösen chemischer Bindungen nicht aus. Damit ist verständlich, dass chemisorbierte Mengen im Sinne der Langmuir'schen Adsorptionsvorstellungen nicht zu desorbieren sind [18].

Die Übertragung dieser Ergebnisse aus Adsorptions- bzw. Chemisorptionsversuchen, die im Wesentlichen auf der Messung von Sorptionsisothermen beruhten, in den Bereich der Adhäsion in Klebverbindungen gelang Ende der 1960er Jahre Brockmann [19]. Er zeigte deutliche Analogien zwischen den Sorptionseigenschaften niedermolekularer Phenolharze an Metalloberflächen und dem Festigkeitsverhalten der Adhäsion auf und wies damals schon nach, dass bei der makroskopisch adhäsiven Trennung der metallischen Fügeteile vom ausgehärtetem Phenolharzklebstoff kein wirklicher Adhäsionsbruch entsteht, sondern sich auf dem Metall gut messbare, nahezu flächig verteilte Reste des Klebstoffs befanden. Er begründete dies mit chemischen Wechselwirkungen, die er in einer späteren Arbeit auch für Epoxidharze auf Aluminiumoberflächen feststellte, allerdings in weniger großem Umfang [20] als bei den Phenolharzen. Auf diesen Ergebnissen aufbauend wies er auch nach, dass sich die Wasserbeständigkeit der Adhäsion durch gezielte Verwendung chelatkomplexbildender Substanzen (Morin, Hydroxychinolin), die er vor dem Klebstoffauftrag an den Metalloberflächen aus alkoholischen Lösungen adsorbierte, merklich verbessern lässt [21].

Dass chemische Wechselwirkungen zumindest zwischen chemisch reaktiven, d. h. in der Klebfuge aushärtenden Klebstoffen und Festkörperoberflächen entstehen können, wurde auch in vielen späteren Arbeiten beispielsweise unter Verwendung der Fourier-Transformations-Infratrotspektroskopie nachgewiesen und gilt heute als Selbstverständlichkeit. Inwieweit chemische Wechselwirkungen zwischen nicht reaktiven Klebstoffen und Festkörperoberflächen für die Adhäsion dominant sein können, ist nicht eindeutig geklärt. Die Langmuir'schen Untersuchungsmethoden gestatteten lediglich den Nachweis einer generellen Existenz chemischer oder chemisorptiver Bindungen, während die heutigen Analysetechniken es auch ermöglichen, zumindest in einigen Fällen die Natur der Bindung zu ermitteln. Diese muss für die Festigkeit der Adhäsion im einfachen Vorstellungsmodell zwar nicht wichtig sein, da die Bindungsenergie hoch genug ist; für die Beständigkeit gegen Feuchtigkeit kann sie, wie schon angedeutet wurde, allerdings entscheidend sein. Bilden sich nämlich zwischen dem polymeren Klebstoff und der Festkörperoberfläche Säure-Base-Bindungen, alkoholische Bindungen (z. B. zwischen einem aufbrechenden Epoxidring und einem Aluminiumoxid) oder Salzbindungen (Phenolate), nützt die chemische Reaktivität der Feuchtigkeitsbeständigkeit nicht, weil diese Bindungen wasserlöslich sind. Chemie im Grenzschichtbereich kann also nur von Nutzen sein, wenn hydrolysebeständige Bindungsformen, etwa Chelatkomplexe, entstehen. Dies ist bei der Verwendung von Phenolharzen ohne Hilfsmittel der Fall, weil das Hydroxymethylphenol als wesentlicher niedermolekularer Bestandteil dieses Klebstoffs beispielsweise mit Aluminiumoxiden oder Hydroxiden von sich aus Chelatkomplexe bilden kann, was nicht zuletzt Ursache für die hohe Beständigkeit von mit Phenolharz geklebten Aluminiumverbindungen angesehen wird (s. Abschnitte 5.5.3 und 8.2.1).

Mit Hilfe chemischer Überlegungen lässt sich Adhäsion also fast systematisch optimieren, wenn bekannt ist, welche chemischen Stoffe auf der zu klebenden Oberfläche zugegen sind; mit den heutigen Analysetechniken ist das durchaus möglich. Besonders geeignet ist die oberflächensensitive XPS-Analyse, die nicht nur das Vorhandensein von bestimmten Atomgruppen zu detektieren vermag, sondern auch Schlüsse auf Bindungsformen zulässt, die man kennen muss, um chemische Reaktivität mit einem Bindemittel vorauszusagen.

Ein klassisches Beispiel für den gezielten Einsatz der Chemie zur Optimierung der Adhäsion und ihrer Beständigkeit ist der Werkstoff Glas, dem man für adhäsive Zwecke seit fast 50 Jahren reaktive Silane aufpfropft. Diese enthalten auch organoreaktive Gruppen, denen man unterstellt, dass sie mit dem nachkommenden

Polymer chemische Reaktionen eingehen können, wenn sie sich mit ihren Silanolgruppen am Glas fest angelagert haben [22]. Ähnliche Vorgehensweisen sind auch an anderen Werkstoffen erfolgreich, beispielsweise an Zink. Sowohl reaktive Silane als auch Chelatkomplexbildner (Stearate) verbessern die Adhäsion und ihre Beständigkeit deutlich, was auch dazu führte, dass man heute vielen Klebstoffen für anorganische Fügeteile reaktive Silane als Haftvermittler zumischt [23] (s. Abschnitt 5.10).

Ob allerdings solche Haftvermittler ihre adhäsionsverbessernde Wirkung einfach dadurch ausüben, dass sie mit dem Festkörper und dem Klebstoff über ihre Bifunktionalität gezielt wasserbeständige Bindungen ausbilden, ist nicht absolut sicher. Sie weisen nämlich auch dann beständigkeitsverbessernde Eigenschaften auf, wenn sie keine reaktiven Gruppen für den Klebstoff enthalten. So wirken Organosilane auf Glas im Sinne der Adhäsionsverbesserung auch ohne organofunktionelle Gruppen, wenn sie also mit dem Polymer nicht chemisch reagieren können. Ähnliches kann man auch Chelatkomplexbildnern, beispielsweise dem schon genannten Hydroxychinolin oder auch Alizarin unterstellen, wenn man als Klebstoffe Epoxidharze verwendet. Die positive Wirkung im Sinne höherer Beständigkeit kann dann vielleicht darin gesehen werden, dass sie durch die Reaktion mit den thermodynamisch instabilen Festkörperoberflächen des Glases und auch der Metalle deren Instabilität reduzieren, was recht einfach beispielsweise auf oxidiertem Aluminium nachgewiesen werden kann: Erzeugt man auf gebeiztem oder anodisiertem Aluminium einen Alizarin-Chelatkomplex, lässt sich mit rasterelektronenoptischen Methoden zeigen, dass die Chelatbildung in feuchten Umgebungen die Neigung des Oxides zur Hydratation als eine wesentliche Ursache für das Versagen der Adhäsion drastisch herabsetzt.

Damit wird bereits deutlich, dass die Adhäsion und ihre Beständigkeit nicht nur als Problem der adhäsiven Bindung selbst angesehen werden kann. Ins Spiel kommt insbesondere im Falle anorganischer Werkstoffe die Instabilität der Deckschichten auf dem Grundwerkstoff, die nicht nur durch Chelatbildung verringert, sondern auch durch Acidität oder Basizität des verwendeten Klebsystems gesenkt (oder gesteigert) werden kann. Aluminiumoxide sind im schwach sauren Bereich gegen Hydratation relativ stabil. So fördert die schwache Acidität auch ausgehärteter Phenolharzklebstoffe neben der Chelatkomplexfähigkeit die Stabilität im Verbund im Sinne einer Verbesserung der Widerstandsfähigkeit der Oxide. Ähnliches ist von Eisenoxiden zu berichten, die im alkalischen Bereich von pH 10–11 sehr hydratationsstabil sind. Dies ist die Ursache dafür, dass die Adhäsion des Betons an Moniereisen so lange widerstandsfähig ist, wie kein saurer Regen in das System eindringt und den pH-Wert unter 10 oder 9,5 verschiebt; in diesem Bereich hydratisiert das Oxid leicht, was die Adhäsion zerstört. Dies ist der wesentliche Grund für die heute oft beobachteten Langzeitschäden in Betonkonstruktionen.

3.3
Das Verhalten adhäsiver Verbindungen

Mit den zitierten klassischen Adhäsionstheorien lassen sich das reale Verhalten und die tatsächlichen Versagensformen in vielen Fällen nicht voraussagen. Einige Beispiele aus den Erfahrungen des Autors, die mit Literaturstellen deshalb nicht belegt werden, mögen dieses verdeutlichen.

Erstens sei der adhäsiv hochinteressante Werkstoff Gold genannt, der nach landläufigen Vorstellungen ein edles, d. h. reaktionsträges Metall ist und trotzdem hinsichtlich seiner Adhäsionseigenschaften faszinieren kann. Packt man ein Goldblech in normales Schreibpapier ein, beobachtet man nach längerer Lagerzeit, dass sich auf der Goldoberfläche Leimreste aus dem Papier fest angelagert haben und sich ohne mechanische Beeinträchtigung des Metalls nicht mehr entfernen lassen. Dieses Phänomen scheint seit langem bekannt zu sein. Die bei der Blattgoldverarbeitung übliche Lagerung des Metalls erfolgt seit vielen Jahrhunderten mit Zwischenlagen aus Japanpapier, das keinen bindenden Leim enthält. Das Blattgold haftet andererseits auf den bei der Aufbringung eingesetzten Legelacken, die man vor dem Auftrag des Goldes weit gehend trocknen lässt. Sie bestehen aus Naturstoffen, die auch in schlechter Witterung sehr lange halten. Eine Neuvergoldung von Denkmälern ist nur dann erforderlich, wenn das weiche und wenig widerstandsfähige Gold durch Erosion beschädigt worden ist, während die Adhäsion auch in feuchten Umgebungen sich als widerstandsfähig erweist (s. Abschnitt 8.16.4). Dies ist mit klassischen Adhäsionsvorstellungen nicht zu erklären. Denkbar wäre allenfalls, dass aus der Goldschlägerhaut (einer Rinderdarmoberhaut, zwischen der das Blattgold geschlagen wird) bereits bei der Herstellung tribochemisch so viele organische Reste an das Blattgold gebunden werden, dass die Adhäsion bei der Verlegung auf dem Legelack durch Polymerdiffusion erfolgt.

Ein zweites Beispiel mag der folgende leicht nachvollziehbare Versuch sein: Schmilzt man vorsichtig Polyethylen, ohne den Schmelzpunkt wesentlich zu überschreiten (wodurch man eine Oxidation an der Oberfläche vermeidet), und beschichtet mit diesem geschmolzenen Polyethylen eine gut gereinigte Aluminiumoberfläche, so wird diese, wie zu erwarten, gut benetzt. Das Polyethylen lässt sich, ebenfalls wie zu erwarten, leicht vom Aluminiumblech wieder abziehen und makroskopisch bleiben keine Polyethylenreste auf dem Blech zurück. Führt man allerdings auf diesem Aluminiumblech im benetzten Bereich und außerhalb des benetzten Bereiches Messungen der Oberflächenspannung durch, stellt man fest, dass im benetzten Teil die Oberflächenspannungen in der Größenordnung von ungefähr 30 mN/m^2 liegen, während außerhalb mindestens Werte von adsorbiertem Wasser (72 mN/m^2 oder mehr) messbar bleiben. Es muss also davon ausgegangen werden, dass trotz der leichten Ablösbarkeit Polyethylenreste auf dem Aluminium verblieben sind, die Trennung also als grenzschichtnaher Kohäsionsbruch im Polyethylen verlaufen ist, was mit keiner der vorher zitierten Adhäsionstheorien auch nur annähernd erklärt werden kann. Hiermit bestätigt sich, was auch früher bereits beobachtet wurde [20, 21]: Adhäsionsbrüche treten tatsächlich nur selten auf; die Eigenschaften des Verbundes werden in den meisten Fällen dadurch gesteuert, dass die Oberfläche den grenzschichtnahen Polymerzustand beeinflusst.

Als letztes Beispiel sei Glas als Fügewerkstoff genannt, das zumindest mit reaktiven Strukturklebstoffen ohne Haftvermittler nicht langzeitbeständig geklebt werden kann. Man führt dies heute darauf zurück, dass sich die Glasoberfläche durch korrosive Vorgänge, gegebenenfalls durch den Klebstoff beschleunigt, im Grenzschichtbereich bei Präsenz von Feuchtigkeit irreversibel verändert und dadurch makroskopisch erkennbare Adhäsionsbrüche entstehen [22]. Klebt man aber Glasoberflächen mit Haftklebstoffen auf Acrylatbasis, so erzielt man auch ohne Haftvermittler eine sehr hohe Wasserbeständigkeit. Dies ist schwer verständlich, wenn man die Adhäsion (wie meist üblich) als statischen Stoffzustand beschreibt. Sensibilisiert durch die auch sonst oft überraschend hohe Beständigkeit von Klebungen mit Haftklebstoffen (Pressure Sensitive Adhesives) auf anderen schwer klebbaren Werkstoffen, wie unbehandeltem Aluminium, rostfreiem Stahl oder relativ niederenergetischen Polymeroberflächen, kann man heute aber sicherlich vermuten, dass die Pressure Sensitives zwar keine festen chemischen Bindungen zu den Festkörpern ausbilden (was sie aufgrund ihres makromolekularen und gesättigten Zustandes eigentlich auch nicht können sollten) sondern nur durch physikalische Wechselwirkungen verschiedener Art adhäsiv binden. Ein gewisser Einfluss der Polaritäten der Fügestoffe auf die Haftfestigkeit ist durchaus messbar. Physikalische Wechselwirkungen können allerdings, wie früher erwähnt, durch Eindringen des Wassers gelöst werden. Als Erklärung für die guten adhäsiven Eigenschaften der Pressure Sensitives verbleibt dann die Annahme, dass diese aufgrund ihrer hohen molekularen Beweglichkeit auch im festen Zustand adhäsive Bindungen, die durch Wasser gelöst worden sind, nach und nach wieder aufbauen können, gewissermaßen also gegen die Zerstörung kämpfen. Man bezeichnet diese Fähigkeit heute als »dynamische Adhäsion«, deren Existenz sich in makroskopisch geführten Festigkeits- und Beständigkeitsversuchen nachweisen lässt [24]. So bestehen zwischen dem Grad der molekularen Beweglichkeit, der sich durch gezielte Vernetzung steuern lässt, und der Wasserbeständigkeit eindeutige Beziehungen. Weiterhin kann man zeigen, dass zeitlich abhängiger Adhäsionsaufbau und Regeneration der Adhäsion, die bei Pressure Sensitives sehr ausgeprägt sein können, die Gültigkeit der dynamischen Adhäsionshypothese stützen.

3.4
Neue Denkansätze zur Adhäsion

Mit dem Gesagten wird klar, dass neue Denkansätze zum Verständnis des Verhaltens adhäsiver Verbunde notwendig sind, weil die bisherigen theoretischen Betrachtungen über die Entstehung der Adhäsion dafür nicht ausreichen.

Insbesondere die Polymerdynamik, die bei der Haftung von Pressure Sensitives ganz offenbar deren Adhäsionsfähigkeit dominiert, ist vermutlich auch in Kontaktklebstoffen und Schmelzklebstoffen, die in der Regel nicht oder nur sehr lose vernetzt werden, ein für die Adhäsion wesentlicher Faktor, da man diesen Klebstoffen eigentlich keine chemische Reaktivität zusprechen kann.

Dass polymerdynamische Effekte auch in Reaktionsklebstoffen zusätzlich zu den chemischen Bindungen deren adhäsives Gesamtverhalten mitbestimmen, lassen neuere Untersuchungen vermuten [25, 26, 27]. So findet man beispielsweise in Epoxidharzklebstoffen im Grenzbereich zum Fügeteil eindeutig eine Beeinflussung der Vernetzungskinetik und der Vernetzungsdichte durch den Oberflächenzustand. Dabei fällt auf, dass (zumindest soweit bekannt) auf Oberflächen, die gute Alterungsbeständigkeit des Verbundes bringen, wie mit Korund gestrahlte Stahl- und Aluminiumoberflächen, die Vernetzungsdichte des Polymers im Grenzschichtbereich geringer ist, als auf Oberflächen, die schlechtere Alterungsbeständigkeit im Verbund erbringen. Man führt diesen Effekt nicht auf die Morphologie der Oberfläche zurück, sondern auf die chemischen Eigenschaften, die durch Kontamination der Oberfläche mit dem Strahlgut beeinflusst werden.

Dass bei verminderter Vernetzungsdichte bessere, beständigere Adhäsion entstehen kann, wiederspricht klassischen Vorstellungen, da im Bereich geringerer Vernetzung mit einiger Wahrscheinlichkeit mit höheren Wassertransportgeschwindigkeiten gerechnet werden muss.

Diese Polymerbeeinflussung durch die Oberflächen wurde zwar lange Zeit vermutet und in manchen Fällen auch deutlich nachgewiesen; in allen Einzelheiten verstanden ist sie bis heute noch nicht [26], allerdings lässt sich im Falle schwächerer Vernetzung bessere polymere Beweglichkeit postulieren, die dann wiederum im Sinne der zitierten dynamischen Adhäsion stabilisierend wirksam sein kann. Laufende wissenschaftliche Arbeiten [28] lassen erkennen, dass auch Korrosionsmechanismen in adhäsiven Systemen durch oberflächenbedingte Zustandsänderungen des Polymers gesteuert werden. Es wird immer deutlicher, dass das gesamte Verformungsverhalten der Klebschichten im ungealterten, gealterten oder auch wieder rückgetrockneten Zustand deutlich von den Fügeteiloberflächen beeinflusst wird.

Für die Bedeutung der dynamischen Effekte spricht die Beobachtung, dass vielfach »weichere«, d. h. hochelastische Klebstoffe mit plastischem Verformungsvermögen unter den Aspekten der Alterungsbeständigkeit besser sein können als starre Systeme. Des weiteren erkennt man auch mehr und mehr, dass die Schwächung der Adhäsion durch Feuchtigkeit, die man früher meistens als irreversibel betrachtete, keineswegs absolut irreversibel sein muss. Bei längeren Erholungszeiten nach Alterungsprozessen findet man nämlich vielfach eine Rückverbesserung [29].

Man führt die Beeinflussung des Polymers im Grenzschichtbereich heute auf chemische Effekte von Seiten der Oberfläche zurück, [25, 26, 28]. Sicher ist, dass die mikroskopisch messbare Rauheit der Oberflächen Einfluss weder auf diese Mechanismen noch auf die Langzeitbeständigkeit von Klebungen hat [25].

Allerdings ist auch bekannt, dass nanostrukturierte Oberflächen, die sich besonders gut durch Beizprozesse am Aluminium und durch Anodisierprozesse auch beispielsweise an Zink oder rostfreiem Stahl erzeugen lassen, bei gleichen chemischen Zusammensetzungen wie nicht nanostrukturierte Oberflächen großen Einfluss auf die adhäsive Festigkeit und insbesondere Beständigkeit nehmen können [28]. Das ist mit einfachen Mitteln, beispielsweise dem Postulat der mikromechanischen Adhäsion, nicht zu klären, da solche Verbunde keineswegs im Bereich der Nanostrukuren versagen, sondern wiederum im grenzschichtnahen Polymer. Man kann also davon ausgehen, dass es auch morphologische Steuerungseffekte gibt, die nicht nur im Sinne sterisch behinderter Adsorption oder auch Entmischung in den Nanostrukturen zu erklären ist, sondern auch durch Orientierungseffekte. Ergebnisse hierzu finden sich in Abschnitt 7.5.

Aus dem vorher Gesagten wird klar, dass man sich bei den Bemühungen um das Verständnis von Entstehung und Verhalten der Adhäsion in einem Bereich bewegt, der zwischen der molekularen Dimension und der Dimension von Materie liegt, deren charakteristische technische Eigenschaften erst bei einer Gesamtmenge zum Tragen kommen, die ungefähr zwei Größenordnungen über der molekularen Dimension liegt. Dieser Bereich wurde erst in den letzten Jahren analytisch besser zugänglich. Es ist daher vorauszusehen, dass die heute noch mitunter unbefriedigende Unsicherheit hinsichtlich des Verhaltens adhäsiver Systeme in den nächsten Jahren beseitigt wird.

3.5
Schlussfolgerungen

Obwohl das Phänomen der Adhäsion in den Verbindungen also bis heute wissenschaftlich nicht ganz durchdrungen ist, lassen sich aus dem bereits vorhandenen Wissen doch einige für die Technik wichtige, einfache Schlussfolgerungen ziehen:

Die Benetzung der Fügeteiloberflächen durch den Klebstoff ist für die Entstehung der Adhäsion eine notwendige, aber nicht hinreichende Bedingung. Benetzungsversuche können erste Hinweise auf die Klebbarkeit einer Oberfläche und deren Polarität liefern, wobei Letztere schon ein Anhaltspunkt für die Qualität der entstehenden Adhäsion sein kann. Die exakten Eigenschaften der Adhäsion lassen sich in Benetzungsmessungen aber nicht ermitteln.

Wünschenswert für gute Adhäsion sind neben den physikalischen besonders die chemischen Wechselwirkungen insbesondere zwischen Reaktionsklebstoffen und Fügeteiloberflächen. Ihr Entstehen kann durch Oberflächenvorbehandlung, Einsatz von Haftvermittlern und gezielte Formulierung der Klebstoffe gefördert werden.

Chemische Wechselwirkungen verändern die Natur des Klebstoffs und der Fügeteiloberflächen im Grenzschichtbereich. Dies kann beispielsweise durch Stabilisierung der Metalloxide infolge chemischer Reaktionen oder durch Veränderung der Polymerdynamik im grenzschichtnahen Klebstoffbereich positive Auswirkungen etwa auf die Feuchtigkeitsbeständigkeit adhäsiver Verbindungen haben.

Adhäsion versagt fast nie genau dort, wo sie entstanden ist. Der so genannte »Adhäsionsbruch« verläuft fast immer im von der Entstehung der Adhäsion beeinflussten grenzschichtnahen Bereich des Fügeteils oder des Klebstoffs.

Die mikroskopische Rauheit der Fügeteiloberfläche hat praktisch keinen Einfluss auf die Qualität der Adhäsion.

Nanostrukturen oder -morphologien auf den Fügeteilen können die Qualität der Adhäsion verbessern. Die Ursachen dafür sind noch nicht genau bekannt.

4
Übersicht über Klebstoffe und Primer

Eine systematische Übersicht über die verfügbaren Klebstoffe bezüglich ihrer Eigenschaften, vor allem der technischen Leistungsfähigkeit und Verarbeitbarkeit, die den potenziellen Anwender in erster Linie interessiert, existiert bis heute leider nicht. Sie ist vermutlich prinzipiell unmöglich, obwohl es immer wieder Versuche der Systematisierung gab. Im Gegensatz zu anderen Verbindungshilfsmitteln, z. B. Schweißelektroden, sind Klebstoffe deshalb auch nicht genormt, was im Übrigen nach derzeitiger Kenntnis die Entwicklung behindern würde.

4.1
Klassifizierung von Klebstoffen

Heute steht eine unüberschaubare Vielzahl verschiedener Klebstoffe zur Verfügung, die sich in ihren Verarbeitungseigenschaften und ihren Festigkeits- und Beständigkeitseigenschaften oftmals wesentlich unterscheiden. Eine Substanz muss, um als Klebstoff wirksam zu sein, zwei Grundvoraussetzungen erfüllen:

Der Klebstoff benötigt zu einem bestimmten Zeitpunkt des Fügevorgangs eine hohe molekulare Beweglichkeit, d. h. die Eigenschaften einer mehr oder weniger viskosen Flüssigkeit, um sich den Unebenheiten der Fügeoberflächen bis auf molekulare Dimensionen (Nanometerbereich) annähern zu können und so einen Stoffschluss mit den starren Fügeteiloberflächen zu ermöglichen.

In der Klebschicht soll der Klebstoff später eine so geringe molekulare Beweglichkeit haben, dass er Zug-, Scher- und Schälkräfte übertragen kann, dass er sich also im technischen Sinne wie ein Festkörper verhält.

In den folgenden Abschnitten wurden die wichtigsten Klebsysteme nach den Verfestigungsmechanismen (oder auch »Härtungsmechanismen«) geordnet beschrieben. Tabelle 4 und Abbildung 7 fassen die Darlegungen zusammen.

Klebtechnik. W. Brockmann, P. L. Geiß, K. Klingen und B. Schröder

ISBN: 3-527-31031-6

Tabelle 4 Übersicht über die Klebstoffe

Art der Aushärtung	Klebstoffart	Typisches Basisharz (Beispiel)	Charakteristische Eigenschaften
Keine	Haftklebstoffe	EVA	– schnelle Verarbeitung – umweltfreundlich
Physikalische Verfestigung	Kontaktklebstoffe	Neoprenkautschuk	– einfache Verarbeitung – niedriger Preis – lösungsmittelhaltig
	Klebdispersionen	ähnlich wie Kontaktklebstoffe	– einfache Verarbeitung – lange Ablüftzeit – Lösungsmittelgehalt sehr gering
	Heißsiegelklebstoffe	PVC-Copolymere	– schnelle Verarbeitung – Energie zur Aktivierung erforderlich – lösungsmittelhaltig – Dispersion in Wasser möglich
	Schmelzklebstoffe	Polyamid	– sehr schnelle Verarbeitung – lösungsmittelfrei
Physikalische und chemische Verfestigung	Haftklebstoffe mit Nachvernetzung	silanvernetzte Polyester	(in Entwicklung)
	Kontaktklebstoffe mit Härterzusatz	Neoprenkautschuk mit Isocyanathärtern	– einfache Verarbeitung – niedriger Preis – lösungsmittelhaltig
	Schmelzklebstoffe mit Nachvernetzung	PUR, EP	– sehr schnelle Verarbeitung mit Nachvernetzung – lösungsmittelfrei
Chemische Reaktionen (Polyreaktion) nach Mischen verschiedener Komponenten	Zwei- und Mehr komponenten-Klebstoffe	EP, PU, UP	– aufwendige Verarbeitung – hoher Preis – lösungsmittelfrei – reaktive Ausgangssubstanzen – keine Wärmezufuhr für Härtung nötig
Durch Wärmezufuhr	Einkomponenten-Reaktionsklebstoffe	EP, Phenolharz	– höchste Beanspruchbarkeit aller Klebstoffe – hoher Preis – lösungsmittelfrei – weniger reaktive Substanzen im ungehärteten Zustand im Vergleich zu Zweikomponenten-Systemen
Durch Bedingungen, die nur in der Klebfuge herrschen	schnell härtende Einkornponenten-Klebstoffe	Cyanacrylate, Acrylsäurediester	– schnelle Verarbeitung – hoher Preis – reaktive Ausgangssubstanzen – keine Wärmezufuhr nötig

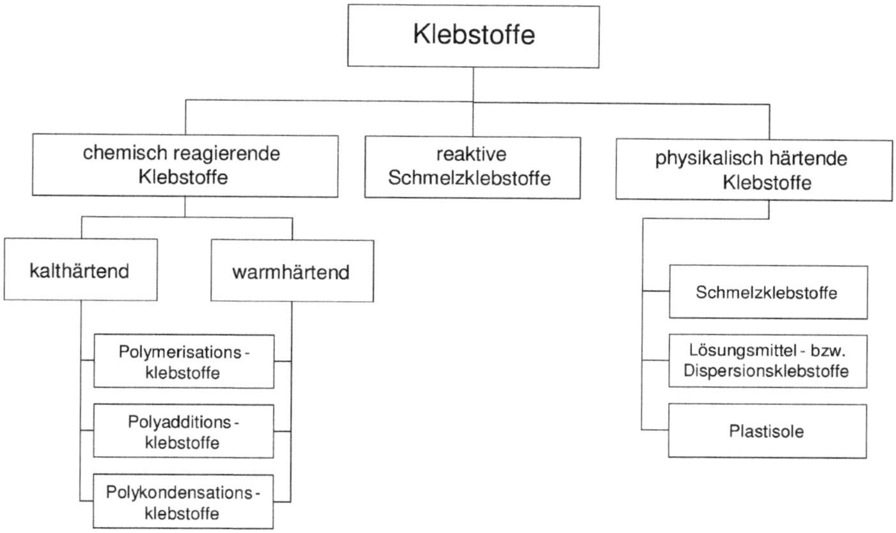

Abbildung 7 Einteilung der Klebstoffe nach ihrem Aushärtungsmechanismus

4.2 Physikalisch härtende Klebstoffe

Physikalische Härtung ist dadurch definiert, dass der Übergang des Klebstoffs vom niedrigviskosen und damit benetzungsfähigen Zustand in einen Festkörper nur durch physikalische Vorgänge wie Verdampfung, Erstarrung aus Schmelzen oder Diffusionsvorgänge geschieht, ohne dass sich die polymeren Komponenten im chemischen Sinne verändern.

4.2.1 Kontaktklebstoffe

Kontaktklebstoffe bestehen aus polymeren Komponenten, die bereits hochmolekular, aber chemisch nicht vernetzt sind. Zur Benetzung der Festkörperoberfläche werden sie durch Zugabe von Lösungsmitteln in einen niedrigviskosen Zustand gebracht. Kontaktklebstoffe müssen auf beide Fügeteile aufgetragen werden. Der Erstarrungsprozess erfolgt durch Trocknen vor dem Zusammenfügen. Die Fügeteile werden zusammengepresst, nachdem sich die Klebeschichten nicht mehr klebrig anfühlen.

Während des Anpressens und noch danach läuft ein Diffusionsprozess zwischen den Klebstoffmolekülen beider Schichten ab, der die Fügeteile fest miteinander verbindet. Ist mindestens ein Fügeteil porös, kann die Klebung vor oder auch nach einem nur teilweisen Trocknen des Lösungsmittels zusammengefügt werden, weil das verbleibende Restlösungsmittel durch das poröse Fügeteil entweichen kann. In diesem Fall ist es auch möglich, nach dem Zusammenfügen der Fügeteile Nachpositionierungen vorzunehmen, weil der Klebstoff im halbtrockenen Zustand noch weitgehend die Eigenschaften einer Flüssigkeit besitzt.

Im getrockneten oder gehärteten Zustand liegt die Klebschicht in der Regel im thermoplastischen, das heißt molekular nicht räumlich vernetzten Zustand vor, sodass Wärmebeständigkeit und Kriechfestigkeit der aufgetragenen Klebstoffschichten diejenigen von chemisch härtenden Klebstoffen nicht erreichen. Allerdings ist es möglich, diesen Polymersystemen langsam wirkende Härter zuzusetzen, die eine räumlich weitmaschige Vernetzung des Systems im Verlauf einiger Tage bewirken. Die Verarbeitungseigenschaften der Kontaktklebstoffe verändern sich dadurch nicht. Die Beständigkeit und auch die Festigkeit des ausgehärteten Systems können allerdings durch Zugabe von Härtern in erheblichem Maße gesteigert werden. Ein Nachteil dieser Kontaktklebstoffe besteht im oftmals sehr hohen Lösungsmittelgehalt (bis zu ca. 80 % Gewichtsanteil), sodass bei ihrer Verarbeitung entsprechende Schutzmaßnahmen zu treffen sind.

Lösungsmittelhaltige Kontaktklebstoffe werden deswegen heute wenn möglich durch so genannte Dispersionsklebstoffe (Klebstoff in Wasser dispergiert) ersetzt. Dispersionsklebstoffe haben jedoch den Nachteil, dass der Trocknungsprozess des Wassers in der Regel wesentlich länger dauert als der von Lösungsmitteln. Eine Beschleunigung kann nur durch Zufuhr von Wärme erreicht werden, was zusätzliche Energie erfordert. Weiterhin entwickeln Dispersionsklebstoffe während des Trocknens nur unzureichend die oftmals erwünschte Eigenschaft einer Oberflächenklebrigkeit, im Englischen als »Tack« bezeichnet. Schließlich sind auch die Festigkeit und die Beständigkeit der getrockneten Klebschichten meistens nicht so gut wie die lösungsmittelhaltiger Kontaktklebstoffe, weil die entstehende Polymerschicht nicht ganz homogen ist und unter dem Einfluss feuchter Medien zum Redispergieren neigt.

4.2.2
Plastisole

Eine weitere Gruppe der physikalisch härtenden Klebstoffe sind die Plastisole, die insbesondere im Karosseriebau weite Verbreitung gefunden haben. Ein Plastisol ist ein in Weichmachern dispergiertes Polymer, meistens Polyvinylchlorid (PVC), das während der Erwärmung bei der Härtung die als Lösungsmittel wirkenden Weichmacher in sich aufnimmt und sich damit in weiches PVC umwandelt. Die ausgehärtete Klebschicht liegt im thermoplastischen Zustand vor, sodass die Wärmebeständigkeit und die Kriechfestigkeit nicht so hoch sein können wie bei chemisch härtenden Systemen. Eine Steigerung der Wärmebeständigkeit kann erreicht werden, wenn den Plastisolen chemisch härtende Komponenten, beispielsweise Epoxidsysteme, zugesetzt werden. Plastisole sind verhältnismäßig preisgünstig und erreichen auch auf nicht vorbehandelten Stahloberflächen oder auf zum Korrosionsschutz eingeölten Karosserieblechen hohe Haftung und Beständigkeit.

4.2.3
Schmelzklebstoffe

Die Schmelzklebstoffe zählen ebenfalls zu den physikalisch härtenden Klebstoffen. Sie liegen im festen, hochmolekularen Zustand vor und enthalten keine Lösungsmittel. Diese Klebstoffe werden zunächst geschmolzen und dann aufgetragen oder als Pulver bzw. Folien zwischen die Fügeteile gebracht und dort unter Kontaktdruck und Wärme in den schmelzflüssigen Zustand überführt, um die Fügeteile ausreichend benetzen zu können. Sofort nach der Abkühlung sind sie in der Lage, Kräfte zu übertragen.

Insbesondere beim Kleben von Metallen ist darauf zu achten, dass wegen der guten Wärmeleitfähigkeit der Fügeteile der Schmelzklebstoff im Grenzschichtbereich nicht zu schnell erstarrt und damit die vollständige Benetzung der Oberflächen verhindert wird. Es empfiehlt sich daher, beim Einsatz derartiger Bindemittel die Fügeteile vorzuwärmen. Eine Steigerung der Festigkeit und auch der Langzeitbeständigkeit von Schmelzklebstoffen kann erreicht werden, wenn diesen durch Zusätze oder speziellen Aufbau der Polymere die Eigenschaft gegeben wird, nach Erreichen der Schmelztemperatur weiterhin zu vernetzen. Dies gelingt sowohl mit Epoxidharz-Systemen als auch mit den heute am weitesten verbreiteten Polyurethan-Schmelzklebstoffen mit Nachvernetzung, in denen die nachträgliche chemische Reaktion durch von außen einwirkende Feuchtigkeit initiiert wird (s. Abschnitt 5.6.1). Mit derartigen Systemen werden heute zum Beispiel im großen Umfang Windschutzscheiben in Kraftfahrzeug-Karosserien eingeklebt (s. Abschnitt 8.2.2.1).

Naturgemäß kann ein Schmelzklebstoff ohne Nachvernetzung nur bis maximal zu seiner Erstarrungstemperatur wärmebeständig sein. Der Vorteil einer solchen Klebung liegt darin, dass sie durch Wärme gelöst und auch wiederhergestellt werden kann. Die nachvernetzenden Schmelzklebstoffe können bei relativ geringen Temperaturen (ca. 60–80 °C) aufgebracht werden und widerstehen im ausgehärteten Zustand durchaus Temperaturen von 120–150 °C.

4.2.4
Permanent klebrige, nicht härtende Klebstoffe (Haftklebstoffe)

Im Bereich Haftklebstoffe hat in den vergangenen Jahren eine sehr umfangreiche Entwicklungsarbeit zu einem erfolgreichen Einsatz im Flugzeug- und Karosseriebau sowie in vielen anderen Bereichen geführt [1]. Haftklebstoffe sind hochviskose Polymersysteme, die in ihrem Endzustand zumindest teilweise Eigenschaften einer Flüssigkeit behalten. Dadurch kann sich der Haftklebstoff der durch die Rauheit der Fügeteile gegebenen Oberflächenkontur vollständig anpassen, sodass adhäsive Bindungen entstehen.

Haftklebstoffe kommen heute nicht nur in Form von Klebebändern, die einseitig oder zweiseitig mit Bindemitteln beschichtet sind, zum Einsatz, sondern auch als so genannte Transfersysterne. Diese werden mit einem Trägermaterial auf den Festkörper aufgetragen, das anschließend abgezogen wird. Haftklebstoffe können zudem aus der Schmelze bei Temperaturen von etwa 80 °C aufgetragen werden und sind daher bereits bei der Anwendung lösungsmittelfrei. Eine weitere Möglichkeit besteht darin, sie als wässrige Dispersionen auf das Fügeteil aufzutragen und anschließend die wässrige Komponente abdampfen zu lassen. Schließlich sind heute auch Haftklebstoffe lieferbar, die als lösungsmittelfreie oder auch lösungsmittelhaltige, niedrigviskose Systeme auf die Oberflächen aufgetragen werden und anschließend durch kurzzeitige Bestrahlung mit ultraviolettem Licht oder Erwärmung in den klebfähigen Zustand gebracht werden können, (s. Abschnitt 5.7.2.6).

Haftklebstoffe werden in der Regel auf eine der beiden zu verklebenden Flächen aufgetragen. Eine gute Klebung wird nur durch gleichmäßiges und kurzzeitiges Aneinanderpressen der Fügeflächen erreicht. Deren Positionierung muss exakt erfolgen, weil die Klebung sofort nach dem Anpressen eine relativ hohe Festigkeit besitzt. In der Regel stellt sich nach Stunden oder Tagen eine weitere Festigkeitssteigerung von 50 bis 100 % der Anfangsfestigkeit ein.

Haftklebstoffe haben sehr gute Schälfestigkeiten und im Vergleich zu chemisch härtenden Systemen relativ niedrige Scherfestigkeiten. Die spontane Klebrigkeit (Tack) muss nicht mit der sich später einstellenden Schälfestigkeit in direktem Zusammenhang stehen. So können beispielsweise Systeme mit relativ wenig Klebrigkeit im Endzustand sehr hohe Schälfestigkeit haben und umgekehrt. Im Vergleich zu vielen anderen Klebsystemen, auch chemisch härtenden Hochleistungs-Klebstoffen, entwickeln Haftklebstoffe oftmals auch auf schwierig klebbaren Oberflächen eine sehr gute Alterungsbeständigkeit. Die Gründe hierfür sind erst seit kurzer Zeit bekannt [2].

Haftklebstoffe sind im Allgemeinen lösungsmittel- und fast monomerenfrei. Ihre Verarbeitung ist einfach, die Empfindlichkeit gegenüber Verarbeitungsfehlern relativ klein. Hilfswerkzeuge werden häufig nicht benötigt. Die Verarbeitung kann beliebig schnell erfolgen. Nach dem Zusammenfügen ist die so geschaffene Verbindung sofort mechanisch belastbar.

4.3 Chemisch härtende Klebstoffe

Die große Gruppe der chemisch härtenden Klebstoffe enthält zunächst niedermolekulare und damit fließfähige oder niedrigviskose Substanzen, in denen reaktive chemische Gruppen vorhanden sind, die unter bestimmten Bedingungen miteinander reagieren können, (s. Abschnitte 5.4 bis 5.8). Dabei entstehen aus niedermolekularen Systemen polymere Stoffe hoher Molekularmasse und hoher mechanischer Widerstandsfähigkeit [3].

Bei chemischen Härtungsprozessen darf der Festigkeitsaufbau durch chemische Reaktionen erst nach dem Auftragen des Klebstoffs und dem Zusammenfügen der Teile stattfinden, da der Klebstoff sonst die Fähigkeit zur Benetzung verlieren würde. Die chemische Reaktion kann dadurch gestartet werden, dass kurz vor dem Klebstoffauftrag zwei oder mehr reaktionsfähige Komponenten miteinander gemischt werden, die sich dann bei Raumtemperatur nach dem Auftrag in der Klebschicht in eine makromolekulare Substanz umwandeln. Bis diese zumindest teilweise entstanden ist, müssen die Fügeteile fixiert werden, da der Klebstoff im niedermolekularen Zustand keine Kräfte übertragen kann. Die zur Härtung notwendige Zeit kann in den meisten Fällen durch Zufuhr von Wärme verkürzt werden.

Der chemische Aufbau der reaktiven Komponenten kann auch so ausgeführt werden, dass die Reaktion nur unter Zufuhr von Wärme oder bestimmten anderen Bedingungen in der Klebfuge einsetzt. Man bezeichnet diese Klebstoffe als Einkomponenten-Bindemittel, obwohl sie vom chemischen Standpunkt her meistens aus zwei oder mehr reaktionsfähigen Komponenten bestehen.

4.3.1
Zweikomponenten-Klebstoffe

Zu dieser Gruppe zählen in erster Linie Polyester, kalthärtende Epoxidharze, Polyurethane und auch die Acrylatklebstoffe. Die üblichen Zweikomponenten-Bindemittel müssen vor dem Auftrag in einem bestimmten Verhältnis aus verschiedenen Komponenten angemischt werden. Bei den Acrylatklebstoffen der zweiten Generation ist es möglich, jeweils eine Komponente auf eine der Fügeteiloberflächen aufzutragen, die Teile dann zusammenzufügen und somit die Härtung zu initiieren.

Bei Zweikomponenten-Klebstoffen, die angemischt werden müssen, ist sowohl auf die Einhaltung des vorgeschriebenen Mischungsverhältnisses als auch auf die so genannte Topfzeit, ein von Klebstoffart und Ansatzmenge abhängiger Zeitraum zwischen dem Anmischen und Auftragen, zu achten. Da bereits während der Topfzeit der Vernetzungsprozess langsam beginnt und die Viskosität des Bindemittels sich entsprechend erhöht, führt ein Überschreiten der Topfzeit zu mangelnder Benetzung der Festkörperoberflächen und demgemäß schlechten Adhäsionseigenschaften in der Klebfuge. Da die Vernetzung von Zwei- oder Mehrkomponenten-Klebstoffen fast immer exotherm erfolgt, erwärmt sich das Bindemittel durch diese Reaktion. Kleine Ansatzmengen erwärmen sich langsamer als große, bei denen das Verhältnis von Volumen zu Wärme abgebender Oberfläche schlechter ist. In diesem Effekt liegt insofern eine besondere Gefahr, als die beginnende Vernetzung des gemischten Klebstoffs oft deswegen nicht anhand der Viskosität zu erkennen ist, weil die Erwärmung gegenläufig zur Vernetzung die Viskosität herabsetzt. Wird ein solches erwärmtes System auf die kalten Fügeteile aufgetragen, verfestigt sich das bereits teilweise vernetzte System sofort und benetzt dementsprechend schlecht.

4.3.2
Warmhärtende Einkomponenten-Klebstoffe

Einkomponenten-Systeme lassen sich wesentlich einfacher als Zweikomponenten- oder Mehrkomponenten-Bindemittel verarbeiten, jedoch muss meistens Wärme zugeführt werden. Einkomponenten-Klebstoffe bestehen aus niedermolekularen und plastifizierenden Substanzen. Als Basisharze dienen Phenolharze, Epoxidharze und für hochwarmfeste Klebstoffe auch Polybenzimidazole und Polyimide.

Im Falle der Phenolharze und Polyimide verläuft der Vernetzungsprozess in Form einer Polykondensation. Daher muss die Klebfuge während des Härtungsvorgangs und der Wärmezufuhr einem zusätzlichen Druck ausgesetzt werden, durch den das Wasser aus der Klebfuge entfernt wird. Dieser Druck muss höher sein als der Dampfdruck des Wassers bei der Härtetemperatur. Er sollte in der Regel größer als 500 kPa sein.

Anpressdruck ist demgegenüber beispielsweise bei warmhärtenden Epoxidharzen nicht unbedingt erforderlich, da die Härtungsreaktion als Polyaddition abläuft. Nur bei großflächigen Klebungen ist für Kontaktdruck der Teile zu sorgen, da im ungehärteten Zustand auch diese Bindemittel keine mechanischen Kräfte übertragen und Verformungen der Fügeteile zu einem Ablösen im geklebten Bereich führen können.

4.3.3
Kalthärtende Einkomponenten-Klebstoffe

Neben der Klebstoffhärtung durch Wärmezufuhr können auch andere physikalische Effekte zur Auslösung der Härtungsreaktion eingesetzt werden. Am gebräuchlichsten sind einkomponentige Klebstoffsysteme, bei denen die Aushärtung durch Bestrahlung (zum Beispiel UV-Licht), in Abwesenheit von Sauerstoff (anaerob) oder unter Feuchtigkeitseinfluss einsetzt. Besonders die UV- oder lichthärtenden Systeme, meist auf der Basis von Acrylaten und Epoxidharzen, kommen aufgrund der präzise zu kontrollierenden Aushärtung vermehrt zur Anwendung. In den niedermolekularen Basisharzen sind so genannte Photoinitiatoren gelöst oder chemisch eingebaut, die unter Bestrahlung mit UV- oder sichtbarem Licht die Vernetzung veranlassen. Man unterscheidet zwischen nur unter kontinuierlicher Bestrahlung vernetzenden Klebstoffen (radikalischer Reaktionsmechanismus) und solchen, bei denen die Vernetzung durch kurze Bestrahlung der offenen Klebschichten angestoßen wird und dann nach Zusammenfügen ohne weitere Strahlung weiterläuft (ionischer Reaktionsmechanismus, Abschnitt 5.7.2.6).

Durch Feuchtigkeit vernetzende, kalt härtende Einkomponenten-Klebstoffe wie beispielsweise Einkomponenten-Polyurethan- und Siliconharz-Systeme werden häufig als Dichtmassen eingesetzt. Sie liegen im nicht ausgehärteten Zustand niedermolekular und nicht vernetzt vor. In der Klebfuge härten diese Systeme durch Einwirken von Feuchtigkeit, die von außen eindiffundiert, zu einem dreidimensional chemisch vernetzten, hoch verformbaren System aus. Siliconharze besitzen hohe Verformbarkeit und die charakteristische Eigenschaft, ihre Festigkeits- und Verformungseigenschaften im Temperaturbereich von –55 bis +250 °C praktisch nicht zu ändern (s. Abschnitt 5.8)

4.3.4 Mikroverkapselte Klebstoffe

Eine weitere Sondergruppe sind die mikroverkapselten, chemisch härtenden Klebstoffsysteme, die vorzugsweise als Schrauben-Sicherungsmittel verwendet werden. Sowohl anaerob aushärtende Klebstoffe (Diacrylsäureester) als auch Zweikomponenten- oder Mehrkomponenten- Reaktionssysteme können mikroverkapselt werden. So lassen sich diese Komponenten beispielsweise in einer Latexlösung auf die Fügeteile auftragen. Erst durch relativ hohen mechanischen Druck werden die Kapseln zerstört, und die in ihnen enthaltenen reaktiven Systeme härten bei Raumtemperatur zu Polymeren aus. Im Falle von Schrauben bzw. Gewinden kann das mikroverkapselte System bereits vom Hersteller auf die Fügeteile aufgetragen werden.

4.4 Primer

Als Primer bezeichnet man Beschichtungssysteme, die vor dem Klebstoffauftrag zusätzlich auf eine zu verklebende Oberfläche aufgebracht werden können, um diese gegen unkontrollierte Veränderungen durch die Umwelt zu schützen oder auch die Adhäsion des später aufzubringenden Klebstoffs zu verbessern. Primer sind in der Regel stark verdünnte Polymerlösungen, die die Oberflächen gut benetzen und unter Umständen kleinere Verunreinigungen beseitigen. Unter dem Aspekt der Lösungsmittelproblematik verwendet man heute aber auch Systeme in Form von wässrigen Dispersionen oder sogar trockene Pulver, die z. B. elektrostatisch aufgebracht werden können. Primer werden üblicherweise in Trockenschichtdicken von wenigen Mikrometern aufgetragen.

Primer können chemisch den Klebstoffen ähneln, d. h. auch getrennt ausgehärtet werden, wenn Reaktionsklebstoffe eingesetzt werden. Sie dienen dann lediglich zur Verbesserung der Benetzung und zum Schutz der Oberflächen bis zum Klebstoffauftrag. Insbesondere mit gehärteten Primern beschichtete Fügeteile können vor dem Klebstoffauftrag bis zu drei Wochen oder auch länger ohne Beeinträchtigung der Adhäsionsqualität gelagert werden. Nachträgliche Kontaminationen auf dem Primer sind erfahrungsgemäß weniger kritisch als z. B. auf frisch behandelten Metalloberflächen. Außerdem können sie, falls notwendig, ohne Verschlechterung der Klebeigenschaften mit milden Reinigungsmitteln entfernt werden. Primer dieser Art sind also nützliche Hilfsmittel, um die Fertigungsschritte beim Kleben zeitlich zu entkoppeln.

Primer können aber chemisch auch andersartig zusammengesetzt sein als die Klebstoffe, um eine gezielte Beeinflussung der Adhäsion und der Korrosionsbeständigkeit der Verbunde zu erreichen. Da die Primerschichten dünn sind, spielen die Verformungseigenschaften des Primers im Gesamtverbund keine dominierende Rolle. In den Primer kann man daher Komponenten integrieren, die den Klebstoff negativ beeinflussen würden. Hierzu zählen anorganische Pigmente oder auch spröde Harzbestandteile sowie Haftvermittler zur Adhäsionsverbesserung (s. auch Abschnitt 5.10). Der Einsatz von Primern kann auch wirtschaftlich interessant sein, weil die unter Umständen höheren Kosten seiner Komponenten wegen der geringen Primermengen weniger ins Gewicht fallen. Als Beispiel hierfür seien härtende Primer auf Epoxidharzbasis genannt, auf denen man später billigere und gut verformbare Polyurethanklebstoffe aufbringt, die ohne den Primer insbesondere auf Aluminium- und Stahllegierungen Schwächen in der Wasserbeständigkeit der Adhäsion aufweisen können.

Die vielfachen Optimierungsmöglichkeiten, die Primer prinzipiell bieten, werden häufig nicht richtig erkannt. Sie können den Nachteil des zusätzlichen Fertigungsschrittes im Klebprozess bei weitem überwiegen.

4.5
Allgemeine Verarbeitungshinweise

Polymere, die in den Klebschichten als feste Substanzen vorliegen, sind zumindest in kurzzeitigem Kontakt mit dem Menschen als wenig oder völlig unbedenklich zu betrachten. Enthalten die Bindemittel vor der Aushärtung jedoch niedermolekulare Substanzen, ist grundsätzlich ein erhöhtes Gefährdungspotenzial gegeben. Dies sollte auch beim Umgang mit lösungsmittelhaltigen Kontaktklebstoffen immer beachtet werden. Für chemisch härtende Systeme gilt dies in besonderem Maße. Sie sind im ungehärteten Zustand chemisch häufig reaktiv, einige Komponenten können unter Umständen toxisch sein. Beispiele hierfür sind Aminhärter von Epoxidharzen oder Isocyanathärter von Polyurethanen und Acrylaten der zweiten Generation. Neben der Atmungstoxizität muss in manchen Fällen bei Hautkontakt mit allergischer Sensibilisierung oder Verätzungsgefahr gerechnet werden. Monomere Substanzen oder niedermolekulare Substanzen können sich leicht verteilen und damit das Gefährdungspotenzial erhöhen. Sowohl die Reaktivität als auch diese Verteilungsmöglichkeit, beispielsweise in Form von Dämpfen, sind nicht zuletzt auch Ursachen für die Vorschrift, chemisch reaktive Klebstoffreste im ungehärteten Zustand generell als Sondermüll zu behandeln. Ausgehärtete Klebstoffe hingegen gelten als Hausmüll.

Für niedermolekulare organische Systeme ist in der Regel auch die Brandgefahr größer als für polymere Stoffe. Für Toxizität, ökologische Gefährdungspotenziale und Brandgefahr bestehen heute Klassifizierungsvorschriften. In genormten oder standardisierten Datenblättern müssen diese Eigenschaften vom Hersteller des Klebstoffs angegeben werden.

5
Aufbau und Eigenschaften der Klebstoffe und Primer

5.1
Haftklebstoffe

5.1.1
Einführung

Haftklebstoffe sind Materialien, die bei Raumtemperatur permanente Klebrigkeit aufweisen und sich durch geringes Andrücken durch den Finger oder die Hand mit unterschiedlichen Oberflächen fest verkleben lassen. Sie benötigen keine Aktivierung durch Wasser, Lösungsmittel oder Hitze, um einen starken Verbund zu Oberflächen wie Papier, Kunststoffen, Glas, Holz oder Metallen aufzubauen. Weiterhin weisen einige dieser Produkte eine genügende innere Festigkeit auf, um den Verbund mit glatten Oberflächen ohne Klebstoffrückstand trennen zu können. Im Gegensatz zu hitze-, strahlungs- oder feuchtigkeitsaktivierten Systemen haften sie, ohne ihren chemischen Zustand zu verändern. Haftklebstoffe benötigen deshalb eine ausreichende Verformbarkeit zur Anpassung an raue Oberflächen, eine ausreichende Benetzungsfähigkeit zu den entsprechenden Oberflächen, um einen Verbund zu gewährleisten und eine ausreichende innere Festigkeit, um größeren Belastungen über längere Zeit zu widerstehen [1].

Diese Klebstoffe werden heute in einer Vielfalt von Anwendungen eingesetzt, meist in Form beschichteter Produkte, die in Rollenform, als Blätter bzw. Zettel oder als Stanzteile angeboten werden. In vielen Industriezweigen sowie in Haushalt, Büro und beim Hobby lösen Haftklebstoffe vielfältige Probleme. Im Handel sind sie als:

- einseitige Klebebänder (zum Beispiel zum Befestigen, Abdecken, Schützen, Verpacken)
- doppelseitige Klebebänder (zum Verbinden, Fixieren, Montieren, Spleißen)
- selbstklebende Etiketten zum Kennzeichnen,
- wiederlösbare so genannte Haftnotizzettel zum Beschreiben mit Informationen und
- selbstklebende Spezialprodukte (zum Beispiel wiederlösbare Befestigungssysteme, selbstklebende Dämpfungsprodukte, elektrisch/ thermisch leitfähige Klebebänder).

Klebtechnik. W. Brockmann, P. L. Geiß, K. Klingen und B. Schröder

ISBN: 3-527-31031-6

Bei der Entwicklung neuer moderner Haftklebstoff-Produkte konzentrierte man sich auf die Schaffung zusätzlicher Funktionalität als dritte Eigenschaft neben der Schälkraft und der Scherfestigkeit. Ziel ist es, parallel zur Festigkeit unter anderem thermische, elektrische oder auch optische Leitfähigkeit in die Haftklebstoffe zu integrieren. Ein weiterer Schwerpunkt ist die Entwicklung von Hochleistungs-Verbindungssystemen, die nicht nur auf Glas, Metall, Keramik oder hochwertigen Kunststoffen haften, sondern auch auf niederenergetischen, oft strukturierten Werkstoffen, wie es die modernen Kunststoff-Materialien meist sind, eine gute Verklebung ermöglichen.

5.1.2
Chemie der Haftklebstoffe

Eine Vielzahl von Elastomeren findet heute Verwendung in Haftklebstoffen. Für eine lange Zeit dominierten auf Naturkautschuk basierende Haftklebstoffe die Anwendungen. Chemisch ist Naturkautschuk das 1,4-cis-Polyisopren (Abbildung 8).

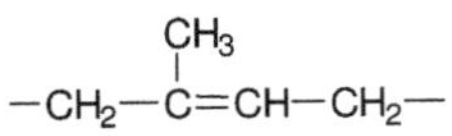

Abbildung 8 Isopreneinheit

Um die notwendige Klebrigkeit und Adhäsion zu erreichen, wird das Basispolymer mit klebrig machenden Harzen und anderen Zusatzstoffen gemischt, um dann beschichtet zu werden. Vorteile dieser Formulierungen sind hohe Adhäsion und insbesondere, im Einsatz als Abdeckklebebänder im Lackierprozess, exzellente Ablösbarkeit nach der Härtung der Lacke. Jedoch neigen auf Naturkautschuk basierende Haftklebstoffe wegen der enthaltenen Doppelbindungen im Basispolymer zur Vergilbung und Vernetzung, was bis zur Versprödung führen kann. Obwohl durch Verwendung von Antioxidanzien dieser Nachteil abgeschwächt werden konnte, sind diese Klebstoffe nicht in der Lage, Langzeiteinflüssen zu widerstehen. Dies führte zur Entwicklung einer Reihe von Basismaterialien, die diesen Nachteil nicht aufweisen [2].

Durch die Verknappung von Naturkautschuk während des Zweiten Weltkrieges wurde es notwendig, alternative Materialien für Haftklebstoffe zu erschließen. Schon seit 1929 war bekannt [3], dass die Polymere von Alkylacrylatestern die für Haftklebstoffe notwendige Klebrigkeit aufwiesen. Wenig später erkannte man, dass Polyalkylvinylether ebenfalls die Anforderungen an Haftklebstoffe erfüllen. Die Knappheit von Naturkautschuk leitete einen rasanten Aufschwung dieser neuen Materialien ein, die gegenüber den bisherigen Formulierungen außerdem den Vorteil hatten, transparent und farblos zu sein und zudem eine ausgezeichnete Beständigkeit gegenüber Alterungsprozessen aufwiesen. Obwohl erste auf Polybutylacrylat und Polyisobutylether basierende Formulierungen nicht die notwendige Klebrigkeit und die innere Festigkeit zeigten, haben sich heute, nach Jahren der erfolgreichen Weiterentwicklung, besonders die Acrylatcopolymere für Hochleistungs-Klebebänder durchgesetzt (Abbildung 9).

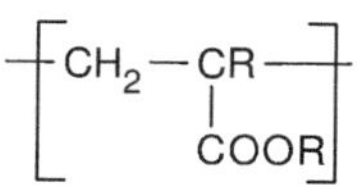

Abbildung 9 Acrylatestereinheit

Für Haftklebebänder werden bevorzugt 2-Ethylhexylacrylat und Isooctylacrylat als Basis eingesetzt. Polymere, die ausschließlich aus diesen Monomeren bestehen, wären jedoch als Haftklebstoffe nicht geeignet. Anfang der fünfziger Jahre fanden Forscher heraus, dass das Leistungsvermögen dieser Materialien erheblich durch den Zusatz von Acrylsäure verbessert werden kann [4].

In der Regel benötigen Acrylatklebstoffe keine klebrig machenden Harze, um das Anforderungsprofil eines Haftklebstoffs zu erfüllen. Ihr Charakter resultiert aus den physikalischen Eigenschaften des Acrylatcopolymers. Acrylatbasierte Haftklebstoffe werden heute in vielfältigen Anwendungen eingesetzt. Beispiele sind transparente, medizinische, Büro- und Schaumklebebänder für Hochleistungs-Anwendungen in der Industrie.

Naturkautschuk- und acrylatbasierte Haftklebstoffe müssen chemisch vernetzt werden, um die für die entsprechenden Anwendungen notwendige innere Festigkeit einzustellen. Andere für Haftklebstoffe entwickelte Basiselastomere erfüllen diese Anforderung durch Phasenseparation. Diese in den 1960er Jahren eingeführten Elastomere sind A-B-A-Blockcopolymere von Isopren mit Styrol oder Butadien mit Styrol. Die Struktur des S-I-S-Blockpolymers ist in Abbildung 10 gezeigt.

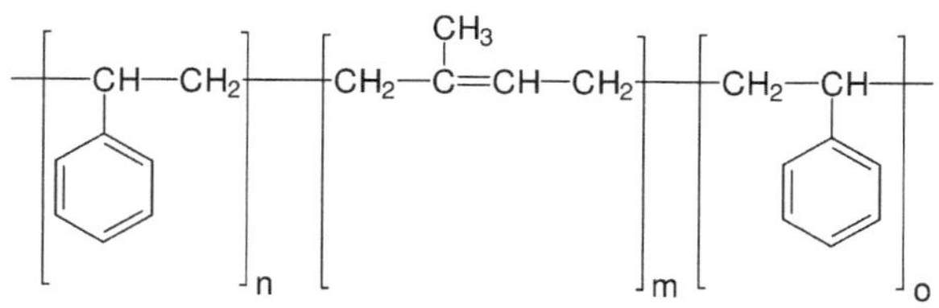

Styrol-Isopren-Styrol- (SIS) Blockcopolymer

Abbildung 10 Struktur des S-I-S-Blockcopolymers

Die glasartigen Styrolblöcke formen nach der Beschichtung aufgrund der Unverträglichkeit mit dem anwesenden Elastomer (Polyisopren oder Polybutadien) eine diskontinuierliche Phase in der Elastomermatrix (Abbildung 11).

Dies führt zu einer physikalischen Vernetzung. Auf Blockcopolymeren basierende Haftklebstoffe werden heute für eine Vielzahl von Anwendungen eingesetzt. Ein besonders wichtiges Einsatzgebiet sind Verpackungsklebebänder. Die Klebstoffe

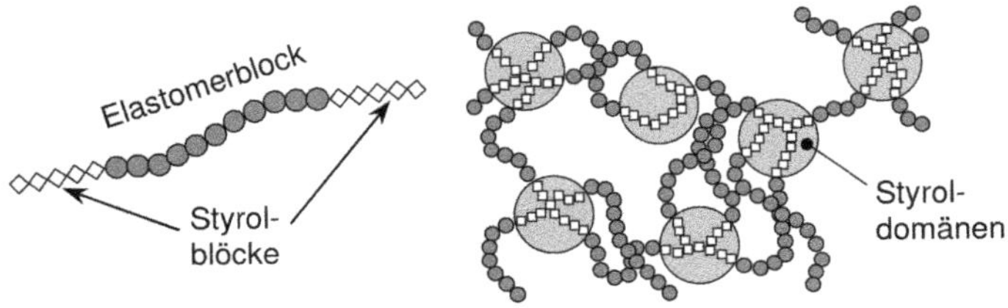

Abbildung 11 Morphologie der S-I-S- und S-B-S-Blockcopolymere

sind auf Grund der Doppelbindungen im B-Block ebenso wie auf Naturkautschuk basierende Haftklebstoffe nicht resistent gegenüber oxidativen Angriffen.

Weil Elastomere eine sehr niedrige Klebrigkeit und Adhäsion zu den gewöhnlich eingesetzten Oberflächen aufweisen, müssen auf Naturkautschuk und A-B-A-Blockcopolymeren basierende Haftklebstoffe mit klebrig machenden Harzen formuliert werden. Dazu führt man die viskose Komponente in das elastische Polymer ein. Acrylate, deren Basispolymer schon die für einen Haftklebstoff relevanten viskoelastischen Eigenschaften aufweisen, werden trotzdem gelegentlich mit klebrig machenden Harzen versetzt, um die Adhäsion insbesondere zu niederenergetischen Oberflächen wie zum Beispiel Polyethylen oder Polypropylen zu verbessern. Ein klebrig machendes Harz muss folgende Anforderungen erfüllen [5]:

- ausreichende Kompatibilität mit dem Basiselastomer
- sehr niedrige Molekülmasse im Vergleich zum Basiselastomer
- höhere Glasübergangstemperatur als das Basiselastomer

Die Zugabe eines klebrig machenden Harzes führt zu einem Anstieg der Glasübergangstemperatur des Haftklebstoffs und gleichzeitig zu einer Absenkung seines Plateau-Moduls. Abbildung 12 zeigt den Einfluss eines klebrig machenden

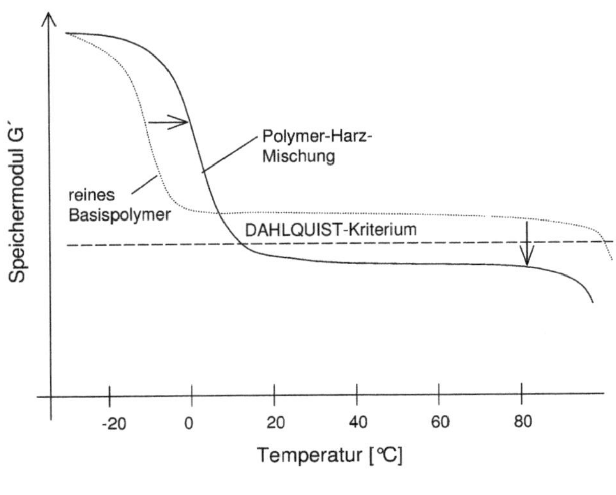

Abbildung 12 Einfluss eines klebrig machenden Harzes auf den Speichermodul des Polymers; zur Erklärung des Dahlquist-Kriteriums s. Abschnitt 5.1.5

Harzes auf den Speichermodul eines Elastomers. Wie man sieht, erniedrigt der Harzzusatz den Plateau-Modul in einem Maße, dass das Polymer jetzt das Dahlquist-Kriterium für Haftklebstoffe erfüllt (s. Abschnitt 5.1.5).

Die heute eingesetzten Harze sind meist Materialien mit niedriger Molekularmasse und einer Glasübergangstemperatur von –20 °C bis +70 °C. Gewöhnlich verhalten sie sich bei Raumtemperatur wie spröde Gläser. Grob lassen sich die klebrig machenden Harze in zwei Hauptklassen einteilen, Kohlenwasserstoff- und Naturharze.

5.1.3
Physikalische Eigenschaften der Haftklebstoffe

Haftklebstoffe benötigen eine charakteristische Kombination rheologischer Eigenschaften. Um einen guten Verbund herstellen zu können, müssen sie in der Lage sein, die zu verklebenden Oberflächen schnell und vollständig zu benetzen. Dabei hängt die Qualität der Benetzung nicht nur von dem viskoelastischen Verhalten des Haftklebstoffs, sondern auch von den Oberflächenspannungen des Klebstoffs und der zu verklebenden Fügeteile ab.

Während des Verklebens soll ein Haftklebstoff eine ausreichende Fließfähigkeit haben, um sich der Oberflächenstruktur der zu verklebenden Substrate anzupassen. Der Verbundaufbau kann langsam ablaufen und der Klebstoff hat Zeit zu deformieren, gewöhnlich eine Sekunde oder mehr. Um ein Wiederablösen von der Fügeteiloberfläche zu verhindern, ist es notwendig, dass mechanische Spannungen, die beim Andrücken entstehen, durch Relaxation im Klebstoff abgebaut werden. Nach dem Aufbau des Verbundes soll die Klebverbindung den auftretenden Schäl- und Scherkräften im Gebrauch widerstehen.

Während der Aufbau des Verbundes bei geringen Deformationsgeschwindigkeiten abläuft, ist das Zerstören der Verbindung, beispielsweise beim Abziehen des Klebstoffs, ein vergleichsweise schneller Vorgang. Die Zeit, die dem Klebstoff für Fließvorgänge bleibt, bewegt sie sich typisch in der Größenordnung einer zehntel Sekunde. In einem Schältest können noch wesentlich höhere Deformationsgeschwindigkeiten auftreten. Das Verhalten in einem Schertest wiederum hängt von dem Kriechverhalten des Klebstoffs bei relativ geringer Belastung über einen großen Zeitraum ab. Diese widersprüchlichen Eigenschaften lassen sich nur in einem Material mit komplexem viskoelastischem Verhalten, wie es Haftklebstoffe aufweisen, realisieren.

Durch Synthese oder Formulierung müssen die physikalischen Eigenschaften der Klebstoffe möglichst so eingestellt werden, dass eine ausgewogene Kombination von Tack, Schälwiderstand und innerer Festigkeit (Kohäsion) entsteht.

5.1.4
Zeitabhängiges Verhalten von Haftklebstoffen

Eine gebräuchliche Methode, das viskoelastische Verhalten eines Haftklebstoffs über einen großen Temperaturbereich zu untersuchen, ist die Dynamisch-Mechanische Analyse (DMA). Sie erlaubt, die reversible (elastische) und irreversible (viskose) Reaktion eines Polymers auf eine Deformation abhängig von der Temperatur oder der Deformationsrate zu ermitteln [6]. Hierbei wird der Klebstoff mit einem sinusförmig oszillierenden mechanischen Signal angeregt. Aus der Amplitude und der Phasenverschiebung der Spannungs-Dehnungs-Kurve (Stress-Strain-Kurve) werden die elastische und die viskose Komponente des Moduls ermittelt (s. Abschnitt 7.2.7).

Die viskoelastischen Eigenschaften des Haftklebstoffs werden durch den Speichermodul G' (elastischer Anteil) und den Verlustmodul G'' (viskoser Anteil) charakterisiert. Der Phasenwinkel tan δ ist das Verhältnis aus G'' und G' und beschreibt das Verhältnis der verlorenen zur gespeicherten Energie pro Zyklus. Bei einer Untersuchung über einen Temperaturbereich ist das Maximum von tan δ ein Indikator für die dynamisch definierte Glasübergangstemperatur des untersuchten Klebstoffs.

DMA-Spektren von Haftklebstoffen, aufgezeichnet in Abhängigkeit von den verwendeten Prüffrequenzen, erlauben es, Aussagen über das viskoelastische Verhalten in den für die Anwendung relevanten Temperatur- und Geschwindigkeitsbereichen zu machen. Abbildung 13 zeigt den Speichermodul (G') eines Haftklebstoffs bei den für das Anbringen, Abschälen, Kriechen und der Hot-Melt-Verarbeitung relevanten Frequenzen. Die Dynamisch-Mechanische Analyse ist ein nützliches Hilfsmittel für Entwickler von Haftklebstoffen, aber auch für Anwender entsprechender Produkte.

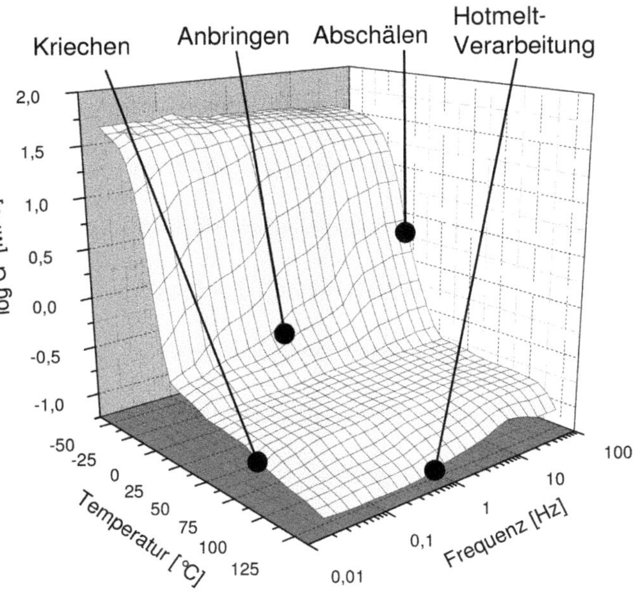

Abbildung 13 DMA-Spektrum eines Haftklebstoffs

5.1.5
Klebrigkeit (Tack)

Unter dem »Tack« eines Haftklebstoffs versteht man die Fähigkeit, unmittelbar nach dem Kontakt mit der zu verklebenden Oberfläche einen Verbund aufzubauen, wonach dann eine größere Kraft benötigt wird, um die Verbindung zu spalten (s. Abschnitt 7.3.4.1). Die Abspaltung sollte sauber sein, ohne sichtbare Klebstoffrückstände an der Oberfläche. Zwei Prozesse sind für den Tack relevant: der Verbindungsaufbau und das Lösen der Verbindung. Ein guter Haftklebstoff sollte in der Phase des Verbindungsaufbaus sehr gut verformbar sein und sich wie eine Flüssigkeit verhalten. Beim Lösen der Verbindung jedoch sollte er einen hohen Modul aufweisen und sich wie ein Festkörper verhalten. Haftklebstoffe mit ausreichendem Tack benötigen einen Modul von 0,1 bis 1 MPa bei der für den Verbindungsaufbau entscheidenden Relaxationszeit von 1 bis 100 s. Diese Anforderung ist die Voraussetzung für Tack und nach dem Wissenschaftler, der dieses Phänomen studierte, als »Dahlquist-Kriterium für Tack« benannt [7].

5.1.6
Schälwiderstand

Der Schälwiderstand ist eine wichtige Eigenschaft eines Haftklebstoffs. Er wird als Kraft gemessen, die benötigt wird, den Klebstoff in Form eines Klebebands mit einer definierten Geschwindigkeit in einem definierten Winkel von einer festen Oberfläche abzuschälen (s. Abschnitt 7.3.4.6). Der Schälwiderstand hängt von der Adhäsion zur Oberfläche, dem viskoelastischen Verhalten des Klebstoffs bzw. des Trägermaterials, der Separationsgeschwindigkeit und der Temperatur ab.

Betrachtet man die Kraft in Abhängigkeit von der Schälgeschwindigkeit, so kann man drei Schälzustände bei Haftklebstoffen unterscheiden. Bei sehr niedrigen Schälgeschwindigkeiten wird ein kohäsiver Bruch in der Klebstoffschicht beobachtet. Erhöht man die Geschwindigkeit, stellt sich bald ein Übergang von einem kohäsiven zum adhäsiven Trennen der Verbindung ein, begleitet von einem abrupten Abfall der Kraft, die dann aber bei weiterem Anstieg der Geschwindigkeit wieder zunimmt. Im dritten Schälzustand fällt die Kraft bei steigender Geschwindigkeit stark ab. Hier zeigt der Klebstoff ein glasartiges Verhalten und ein ruckartiges Abschälen stellt sich ein. Der Klebstoff wird nicht mehr gleichmäßig von der Oberfläche abgezogen, sondern beginnt periodisch abzureißen (Slip-stick-Effekt).

5.1.7
Kriechverhalten (Creep)

Die Resistenz gegenüber dem Kriechen ist ein wichtige Anforderung an einen Haftklebstoff (s. Abschnitt 7.3.4.7). Sie wird durch den Anwender festgelegt und hängt stark von der Art der Nutzung ab. So müssen Haftklebstoffe in der Lage sein, Scherkräften über einen sehr kurzen Zeitraum bei hohen Temperaturen zu widerstehen (wie bei Abdeckklebebändern, die Abdeckpapier während des Härtevorgangs halten) oder über einen sehr langen Zeitraum bei Raumtemperatur (etwa bei Objekten, die mit doppelseitigem Klebeband an die Wand montiert werden).

Das Kriechen eines Haftklebstoffs kann durch höheres Molekulargewicht des Basispolymers oder durch Vernetzung minimiert werden. Es ist jedoch zu beachten, dass es hier praktische Grenzen gibt, da die molekulare Beweglichkeit eine wichtige Voraussetzung ist für die Fähigkeit zur Benetzung der beteiligten Oberflächen bei dem Aufbau des Verbundes, damit wieder für die Klebeigenschaften eines Haftklebstoffs und nicht zuletzt für die Langzeitbeständigkeit.

5.2 Kontaktklebstoffe

5.2.1 Zusammensetzung der Kontaktklebstoffe

Klassische Basispolymere für Kontaktklebstoffe sind Polyvinylacetate, Chloroprenkautschuke, Polyethylen-Copolymerisate (mit polaren Anteilen) Polyvinylchlorid-Derivate und heute auch Acrylate. Die Lösungsmittel sind oft Gemische unterschiedlichen Dampfdrucks, um zum Beispiel ein Fadenziehen beim Auftrag oder eine zu schnelle Hautbildung beim Trocknen zu verhindern. Zum Kleben von einigen thermoplastischen Kunststoffen, etwa PVC, setzt man den Kontaktklebstoffen auch Lösungsmittelbestandteile zu, die die Fügeteile anquellen oder lösen können, um neben der Adhäsion molekulare Diffusion zwischen Bindemittel und Feststoff im Sinne einer Verschweißung zu erreichen. Dies kann allerdings bei spannungsrissempfindlichen Fügeteilen, etwa Polymethylmethacrylat, Polycarbonat oder Polystyrol, zur späteren Mikrorissbildung (so genannten Crazes) führen. Damit bezeichnet man zunächst lokale Polymerzonen mit hoher molekularer Verstreckung und hohem freien Volumen, aus denen sich durch Eindringen von Fremdmedien später Risse bilden können.

Im Feststoffanteil von Lösungsmittel-Kontaktklebstoffen, der bei ca. 10–30 % liegt (der Rest ist Lösungsmittel), sind in den meisten Fällen noch mehrere Zusätze enthalten. Dies sind zum Beispiel Wachse oder gelöstes Kolophonium, um einen gewissen Tack der getrockneten offenen Klebschichten zu erreichen, sowie Alterungsschutzmittel, etwa Metalloxide zum Abbau von HCl-Kontaminationen aus geschädigten chlorhaltigen Basisharzen, Fungizide und UV-Stabilisatoren. Schließlich setzt man den Basisharzen auch langsam und schwach vernetzende Präpolymere, zum Beispiel Phenolharze in geringen Konzentrationen, oder auch als zweite Komponente vor dem Auftrag Isocyanate zu, die die langfristigen Kriecheigenschaften verbessern [8].

5.2.2 Verhalten und Anwendungen der Kontaktklebstoffe

Die Verarbeitung von Kontaktklebstoffen ist einfach. Sie können vergossen, gespritzt oder gerakelt werden. Das kurze Ablösen eines Fügeteils zum Nachpositionieren ist oft möglich, wenn noch nicht das ganze Lösungsmittel beim Fügen poröser Werkstoffe abgelüftet war. Diese Eigenschaft wird besonders in der Textilverarbeitung und im Sattlereibereich, etwa im Fahrzeugbau, geschätzt.

Die Alterungsbeständigkeit von Kontaktklebstoffen kann, je nach Formulierung, sehr gut sein, was etwa siebzigjährige Erfahrungen lehren. Auch die Adhäsionseigenschaften der Kontaktklebstoffe zu klebtechnisch nicht problemlosen Oberflächen, zum Beispiel rostfreiem Stahl, sind meist gut. Die oft hohe Wasserbeständigkeit der Adhäsion steht nicht im Einklang mit klassischen Adhäsionstheorien (s. Kapitel 3). Das liegt mit einiger Sicherheit an der Fähigkeit dieser Klebstoffe zur so genannten dynamischen Adhäsion (s. Abschnitt 3.4).

Allerdings ist der hohe Lösungsmittelgehalt der Kontaktklebstoffe von bis zu 80 % heute kaum noch tolerierbar, wenn nicht komplette Abluftanlagen mit Rückkondensation der Lösungsmittel vorhanden sind. Diese wiederum haben jedoch einen hohen Energiebedarf. Einen Ausweg bieten hier die zunehmend eingesetzten Dispersions-Kontaktklebstoffe. In ihnen ist das eigentliche Klebmittel in Form von kleinen Partikeln (Nanometerbereich) mit Hilfe von Dispergiermitteln als zähflüssige Suspension in Wasser aufgeschlämmt. Der zur Dispersion im flüssigen Zustand notwendige Wasseranteil von 30–40 % enthält meist noch kleine Mengen (5 %) organischer Lösungsmittel, um die Filmbildung beim Trocknen zu verbessern und die Diffusion zwischen den Partikeln zu fördern. Die Stabilität der flüssigen Dispersion wird durch grenzflächenaktive Stoffe (Tenside) aufrechterhalten. Diese Tenside können sich zwischen den Partikeln anreichern und so zu Inhomogenitäten führen. Dadurch kann besonders die spätere Wasserbeständigkeit beeinträchtigt werden.

Die oft milchig aussehenden Dispersionen werden analog zu lösungsmittelbasierten Kontaktklebstoffen ebenfalls auf beide Fügeteil-Flächen aufgetragen und das Wasser aus den Klebschichten anschließend abgedampft, bis sich diese im so genannten Fingertest als praktisch trocken und klebfrei erweisen. Erkennbar ist dieser zum Verkleben geeignete Zustand bisweilen am Verschwinden der weißlichen Dispersionsfärbung und am Durchsichtigwerden der Klebschicht. Nach dem Verdunsten des Wassers werden dann die Fügeteile, ähnlich wie bei den lösungsmittelhaltigen Kontaktklebstoffen, kurzzeitig mit hohem Druck aneinander gepresst. Ist zumindest ein Fügeteil porös, kann die Resttrocknung im gefügten Zustand erfolgen. Der im Vergleich zu organischen Lösungsmitteln hohe Siedepunkt des Wassers und seine hohe Verdampfungsenergie führen zu langsamen Trocknungsvorgängen, die nur durch Energiezufuhr verkürzt werden können.

Bei Dispersionsklebstoffen ist es im Gegensatz zu Lösungsmittelklebstoffen während des Übergangs vom flüssigen in den festen Zustand praktisch nicht möglich, eine Nachpositionierung vorzunehmen. Dies wird z. B. in der Textilindustrie und im Sattlerbereich als Nachteil empfunden. Auch das Einkleben von Isoliermatten im Kraftfahrzeugbereich wird dadurch erschwert.

Alle bisher verwendeten Kontaktklebstoffe sind, wenn ihnen nicht im Falle von Lösungsmittelsystemen Härter (Vernetzer) zugesetzt werden, im ausgehärteten Zustand Thermoplaste, wodurch ihre Wärme- und Lösungsmittelbeständigkeit begrenzt ist. Die Haupteinsatzgebiete der Kontaktklebstoffe sind das Einkleben von Verkleidungen im Fahrzeugbau, die Herstellung von Verbundplatten im Möbel- und Isolierbereich und nicht zuletzt die Textil- und Lederindustrie.

Es sollte noch erwähnt sein, dass es heute gelingt, lösungsmittelfreie und wasserfreie Kontaktklebstoffe auf der Basis von MS-Polymeren (MS: modifiziertes Silan), zum Beispiel silanmodifizierten Polyurethanen, herzustellen. Sie sind im Ausgangszustand hochviskos, besitzen aber Tack, sodass eine frische Klebung nach Anpressen eine gewisse Eigenfestigkeit hat. Die Klebschicht härtet später über Polykondensationsreaktionen der Silanendgruppen aus, wenn aus der Umwelt Feuchtigkeit in die Klebfuge eindiffundiert.

5.3
Schmelzklebstoffe

Schmelzklebstoffe erfüllen die Anforderungen an Adhäsion und Kohäsion in spezieller Weise. Im Applikationszustand bilden sie eine Schmelze, die durch einen intensiven Kontakt mit der zu klebenden Oberfläche eine gute Adhäsion ausbilden kann. Nach dem Abkühlen sind die Klebstoffe fest und erfüllen die Bedingung der Kohäsion. Im englischen Sprachraum werden diese Klebstoffe wegen der Anwendung als Schmelze »Hot Melts« genannt. Die Schmelzklebstoffe lassen sich in physikalisch und chemisch abbindende Klebstoffe unterteilen. Die physikalisch abbindenden Klebstoffe sind Thermoplaste, die chemisch abbindenden bilden Duroplaste, d. h. dreidimensionale Netzwerke. Beide Arten der Schmelzklebstoffe sind im Applikationszustand flüssig und liegen bei Raumtemperatur in fester Form vor.

Vorteile und Nachteile der Schmelzklebstoffe gegenüber chemisch reagierenden und lösungsmittelhaltigen Klebstoffen sind in Tabelle 5 gegenübergestellt.

Die begrenzte Wärmestandfestigkeit der Schmelzklebstoffe lässt sich durch Nachvernetzung oder Vergrößerung der Klebfläche überwinden.

Tabelle 5 Vor- und Nachteile von Schmelzklebstoffen

Vorteile	Nachteile
Keine Lösemittel, da Schmelze	hohe Viskosität und Wärmebelastung der Fügeteile
Keine Dosier- und Mischvorgänge	Aufschmelzanlagen notwendig
Kurze Abbindezeiten	
Thermisch lösbare Klebungen	geringe Wärmestandfestigkeit (Neigung zum Kriechen bei höheren Temperaturen oder Dauerbelastung)

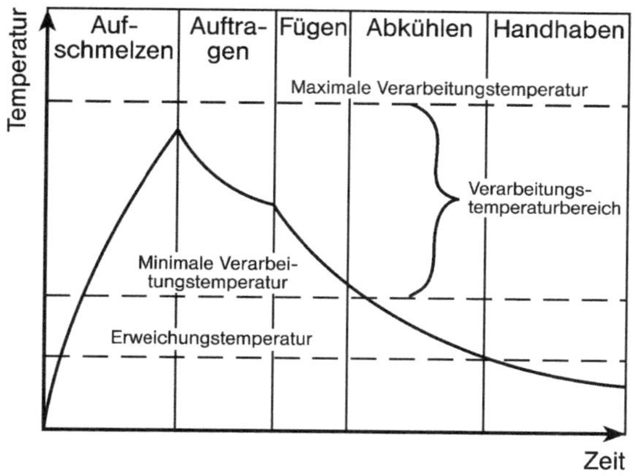

Abbildung 14 Schmelzklebstoffe Klebstofftemperatur bei der Verarbeitung als Funktion der Zeit

Die Beurteilung der Anwendungsmöglichkeiten der unterschiedlichen Schmelzklebstoffe ergibt sich aus der Funktion der Klebstofftemperatur in Abhängigkeit von der Zeit [9] (Abbildung 14).

Bei der Erweichungstemperatur verformt sich zunächst der Schmelzklebstoff, um dann bei steigender Temperatur (Temperaturintervall) in eine Schmelze überzugehen. Sobald die Klebstoffschmelze eine genügende Viskosität besitzt, ist eine optimale Benetzung der Fügeteiloberflächen ohne Schädigungen der Schmelze möglich. Typische Viskositäten bei den Verarbeitungstemperaturen von Schmelzklebstoffen liegen zwischen 20 Pa s (Polyamid) und 10000 Pa s (Ethylen-Vinylacetat-Copolymere). Die Klebschichtfestigkeit steigt mit der zunehmenden Schmelzviskosität bei der Verarbeitungstemperatur, die Schmelzviskosität mit wachsender Molekularmasse der Polymere [10]. Die Verarbeitungstemperaturen sind von der Art des Grundstoffs abhängig und liegen im Bereich zwischen 120 und 240 °C. Hochschmelzende Schmelzklebstoffe auf der Basis von Polyimiden haben eine Verarbeitungstemperatur von über 260 °C. Die maximale Verarbeitungstemperatur ist durch die Widerstandsfähigkeit der Schmelze gegen thermischen und oxidativen Abbau gegeben. Die thermische Stabilität wird durch Zusatz von Stabilisatoren und Antioxidanzien erreicht. Nach dem Fügen erstarrt der Klebstoff. Die Erstarrungsgeschwindigkeit ist ein Kriterium für die mechanische Belastbarkeit der Fügung.

5.3.1 Thermoplastische Schmelzklebstoffe

Die wichtigsten für physikalisch abbindende Schmelzklebstoffe eingesetzten Polymere sind Polyamidharze, gesättigte Polyester, Ethylen-Vinylacetat-Copolymerisate (EVA), Polyolefine, Blockcopolymere (Styrol-Butadien-Styrol oder Styrol-Isopren-Styrol) und Polyimide [11].

Polyamide, Polyester und Polyimide werden in so genannten Hochleistungs-Schmelzklebstoffen, Ethylen-Vinylacetat-Copolymere und Polyolefine in so genannten Massen-Schmelzklebstoffen verwendet.

Hochleistungs-Schmelzklebstoffe werden im Apparatebau bei schwierigen Klebungen (lackierten und beschichteten Oberflächen), in der Kraftfahrzeugindustrie (beheizbare Sitze, Hutablagen, Dachhimmel), im Bauwesen (Fensterbau, Akustikdecken) und in der Textilindustrie (Textileinlagen) eingesetzt. Massen-Schmelzklebstoffe findet man vorwiegend in der Papier- und Verpackungsindustrie (auf Abpackmaschinen zum Aufrichten und Verschließen von Verpackungen, auf Faltschachtel-Klebemaschinen, für Zigarettenpapier), als Etikettenkleber (Adressaufkleber), in der Buchbinderei (Klebbindung) und zur Herstellung von Hygieneartikeln (Babywindeln) (s. Kapitel 8).

Die eigentlichen Eigenschaften der Klebschicht in Bezug auf Adhäsion, Kohäsion und Temperaturverhalten werden von den Polymeren bestimmt, wobei zur Gewährleistung der Funktionalität oder zur Erzielung weiterer spezieller Eigenschaften verschiedene Zusätze benötigt werden (Tabelle 6) [12].

Tabelle 6 Formulierungszusätze für Schmelzklebstoffe

Zusatz	Funktion
Harze wie hydriertes Kolophonium, Tallharz oder kürzerkettige Kohlenwasserstoffharze	Erhöhung der Klebrigkeit der Schmelze bei der Verarbeitungstemperatur (»Hitzeklebrigkeit«, »Hot Tack«)
Langkettige (Dibutyl- oder Nonyl-) Phthalsäureester	Weichmacher für nicht ausreichend flexible Polymere
Aromatische Amine oder Phenole	Stabilisatoren oder Antioxidanzien als Radikalfänger gegen oxidative Veränderungen während der Verarbeitung der Schmelze unter Sauerstoffeinfluss
Kreide, Schwerspat oder Titandioxid	Festigkeitserhöhung und als Streckmittel zur Kostenreduzierung
Wachse	Viskositätsregulanzien

5.3.2
Heißsiegel-Klebstoffe

Heißsiegel-Klebstoffe sind Dispersionen oder Lösungen auf der Basis von Polyvinylidenchlorid, Polyvinylacetat und Polyacrylaten. Nach Verdampfen des Wassers oder der Lösungsmittel entstehen auf den Substraten (bedruckter Karton) heißsiegelfähige Beschichtungen. Auch Schmelzklebstoffe (Grundstoffe im Allgemeinen Ethylen-Vinylacetat-Copolymere) können als Heißsiegel-Klebstoffe verwendet werden. Sie werden im Walzenauftrag oder auch durch Extrusion auf dem Substrat abgeschieden. Heißsiegel-Beschichtungen werden überwiegend im Bereich der Verpackungsindustrie (Blisterverpackungen und bei der Folienkaschierung) angewendet. Der Klebvorgang (Heißsiegelung) ist dem der Verarbeitung von Schmelzklebstoffen sehr ähnlich. Zunächst wird die Klebschicht durch ein erwärmtes Siegelwerkzeug zusammen mit dem Blister bis zum Erweichungspunkt der Beschichtung aufgeschmolzen. Nach der Benetzung der Fügeteiloberflächen erfolgt eine sofortige Verfestigung bei Abkühlung unter Druck [13].

5.3.3 Plastisole

Plastisol-Klebstoffe sind in einer sehr hoch siedenden Flüssigkeit (Weichmacher) dispergierte Polymere (PVC), die zusammen mit niedermolekularen, hitzereaktiven Substanzen eine Paste bilden. Plastisole werden wie Schmelzklebstoffe durch Erwärmen in einen benetzungsfähigen Zustand gebracht. Die Polymerteilchen lösen sich im Weichmacher unter Bildung eines zähharten bis zähelastischen Kunststoffmaterials. Plastisole werden als Metallklebstoffe im Automobilbau eingesetzt [14].

5.3.4 Schmelzkleblacke

Schmelzkleblacke dienen vorwiegend zur Herstellung kernloser, frei tragender Spulen für die Elektronikindustrie und enthalten einen gelösten thermoplastischen Klebstoff auf der Basis von Copolyamiden. Zur Herstellung der Spulen werden Drähte zunächst mit Schmelzkleblacken beschichtet, dann das Lösungsmittel abgedampft, die Drähte in Spulenform gebracht und thermisch verklebt. Die Spulen kommen in Bauteilen zum Einsatz, die erhöhten Ansprüchen an Formstabilität und Festigkeit genügen müssen [15].

5.3.5 Reaktive Schmelzklebstoffe auf Polyurethanbasis

Diese feuchtigkeitshärtenden, reaktiven Schmelzklebstoffe, im englischen Sprachraum als »reactive hot melts« (RHM) bezeichnet, entstehen, wenn zur Herstellung des Polyurethan-Präpolymers anstelle eines flüssigen Ausgangspolymeren ein festes eingesetzt wird. Für die Herstellung von RHMs werden vorwiegend Polyesterpolyole genutzt [16].

Nach der Applikation der reaktiven Schmelzklebstoffe entsteht beim Erstarren sehr rasch eine genügende Anfangsfestigkeit zum Transport und zur Weiterverarbeitung der gefügten Teile. Mit zunehmender Zeit reagiert der Klebstoff mit Feuchtigkeit unter fortgesetztem Aufbau der molaren Masse und unter Vernetzung. Die Festigkeit der Verbindung und ihre Wärmebeständigkeit wird wesentlich höher als bei thermoplastischen Schmelzklebstoffen.

Klebstoffherstellern steht eine große Zahl verschiedener Ausgangspolymere zur Verfügung. Diese können untereinander auch in unterschiedlichen Verhältnissen kombiniert werden, um die Eigenschaften der RHMs über einen sehr breiten Bereich zu variieren [14]. Reaktive Schmelzklebstoffe werden insbesondere beim Buchbinden (Klebbindung), in der Möbelindustrie (Kantenumleimer, Furniere), in der Verpackungsindustrie (Transportkartons) und im Fahrzeugbau (Direktverglasung) eingesetzt.

5.3.6
Reaktive Epoxidharz-Schmelzklebstoffe

Reaktive Epoxidharz-Schmelzklebstoffe werden ebenfalls schmelzflüssig appliziert, bilden nach der Verfestigung jedoch ein duromeres, nicht wieder schmelzbares Polymernetzwerk. In englischen Sprachraum nennt man die reaktiven Epoxidharz-Schmelzklebstoffe ebenfalls »reactive hot melts«. Sie besitzen im Vergleich zu den thermoplastischen Schmelzklebstoffen eine wesentlich höhere innere Festigkeit. Einsatz finden diese Systeme vorwiegend im Automobilbau.

Diese Klebstoffe werden als einkomponentige, reaktionsfähige Präpolymersysteme mit langen Topfzeiten geliefert. Die Aushärtung bei Raumtemperatur wird entweder durch ein erst bei höherer Temperatur wirksames Katalysatorsystem oder durch Auswahl einer erst bei höherer Temperatur reaktionsfähigen zweiten Amin-Komponente verhindert. Die reaktiven Epoxidharz-Schmelzklebstoffe werden direkt vor der Verarbeitung in der jeweilig benötigten Menge aufgeschmolzen und bei Temperaturen zwischen 60 und 80 °C aufgetragen. Bereits während der Verfestigung der Klebstoffe bei der Abkühlung ist eine Handhabung möglich. Die endgültige Festigkeit wird anschließend, etwa in der Automobilindustrie, in den Öfen zur Trocknung der Karosseriegrundierung und des Lacksystems erreicht [17].

Die unterschiedliche Nucleophilie der funktionellen Gruppen ($-NH_2 > -NH > -OH$) bewirkt unterschiedliche Reaktionsgeschwindigkeiten der Polyadditionsreaktionen, die sich gezielt für den Aufbau reaktiver Epoxidharz-Systeme heranziehen lassen. Die Umsetzung sekundärer Diamine mit bifunktionellen Epoxiden im molaren Verhältnis von beispielsweise 1:2 führt bei Kaltaushärtung durchweg zu thermoplastischen schmelzbaren Aminoalkohol-Polymerverbunden. Eine weitere Reaktion bei Raumtemperatur kann wegen der geringen Reaktivität der Hydroxylgruppen ausgeschlossen werden. Erst höhere Temperaturen bewirken eine Vernetzung der noch verbliebenen Epoxidgruppen über diese Hydroxylgruppen zu einer unschmelzbaren Polymerstruktur [18].

5.3.7
Trends in der Schmelzklebstoff-Technik

Seit Anfang 2000 werden für den Papier und Verpackungsbereich Schmelzklebstoffe so formuliert, dass sie schon bei Temperaturen um 100 °C verarbeitet werden können. Durch diese Temperaturabsenkung konnte eine wesentlich geringere thermische Belastung der Schmelzklebstoffe und der zu verklebenden Substrate erreicht werden [19] (s. Abschnitt 8.5).

Sehr kurze Abbindezeiten bei der Anwendung von Schmelzklebstoffen bedingen in der Regel eine Verschlechterung der Adhäsion, da die Klebstoffschmelze die Substratoberfläche nicht optimal benetzen kann. Bei Applikationen in der grafischen Industrie wurde deshalb ein System mit zwei nacheinander aufgebrachten Schmelzklebstoffen entwickelt. Der erste Schmelzklebstoff ist adhäsionsoptimiert zur Verklebung der Blattkante, der zweite soll nur den Umschlag flächig ankleben und erlaubt durch seine Formulierung eine hohe Produktionsgeschwindigkeit [19]. Eine neue Art UV-reaktiver Schmelzklebstoffsysteme ist aus UV-härtenden Polyacrylaten entstanden, die in den vergangenen Jahren vermehrt zur Etiketten- und Klebebandproduktion eingesetzt wurden. Der aus der Klebstoff-Schmelze applizierte Klebstofffilm kann durch Regulierung der Intensität der UV-Bestrahlung sehr unterschiedliche Adhäsions- und Kohäsionseigenschaften erreichen [20]. Für wieder verwendbare Kunststoffflaschen wurde ein wasserlösbarer Schmelzklebstoff für Etiketten entwickelt, der das Recycling solcher Flaschen erleichtert.

Ein Beispiel für neue Funktionalitäten sind die in Wasser quellfähigen Schmelzklebstoffe, die beispielsweise in Kommunikationskabeln eingesetzt werden. In Kontakt mit Wasser quellen sie auf und dichten das Kabel in Längsrichtung ab [19].

5.4 Phenolharz-Klebstoffe

5.4.1 Chemie der Phenolharz-Klebstoffe

Grundmonomere für Phenolharze sind Phenol und Formaldehyd bzw. Paraformaldehyd, die man in einer »vorsichtigen« Additionsreaktion unter sauren Bedingungen zunächst zu noch niedermolekularen sogenannten Novolaken (Abbildung 15), danach unter alkalischen Bedingungen zu Resolen (Abbildung 16) umsetzen kann.

Novolake und Resole im noch schmelzbaren bzw. löslichen Zustand sind die Ausgangsprodukte für Phenolharze und Phenolharz-Klebstoffe. Die weiteren Reaktionen laufen dann als Polykondensation unter Abspaltung von H_2O ab. Novolake kondensieren (härten) unter weiterer Zugabe von Formaldehyd oder von Formaldehyd abspaltenden Stoffen wie Hexamethylentetramin – das bei der Abspaltung auch die kondensationsfördernde Alkalität (Ammoniak) liefert – bei milden Bedingungen zu einem harten, spröden Duromer. Sie lassen sich mit Epoxidgruppen (über die OH-Gruppen des Phenols) ausrüsten und erhöhen dann die Wärmebeständigkeit von Epoxidharz-Klebstoffen. Novolake können als niedrigtemperaturhärtende Basisharze auch zur Herstellung von Holzklebstoffen eingesetzt werden [21].

Wichtiger für die Klebstoffherstellung sind die Resole, die nach der Vorkondensation unter alkalischen Bedingungen zunächst neutralisiert werden und später bei Erwärmung auf ca. 150 bis 170 °C in einer Selbstkondensation aushärten. Diese läuft im Wesentlichen unter Umsetzung der Hydroxymethylgruppen mit ortho- oder paraständigen Wasserstoffatomen anderer Phenolkerne unter Abspaltung von Wasser. Die früher postulierten Dimethylenetherbrücken zwischen zwei Hydroxymethylgruppen zweier Phenolringe entstehen in üblichen Phenolharz-Klebstoffen nicht. Vielmehr dominieren Methylenbrücken [22]. Es entsteht ohne Modifikationen ebenfalls ein hartes, sprödes Duromer sehr hoher Beständigkeit, das seit etwa 1930 zum Verbinden von Holz eingesetzt wird.

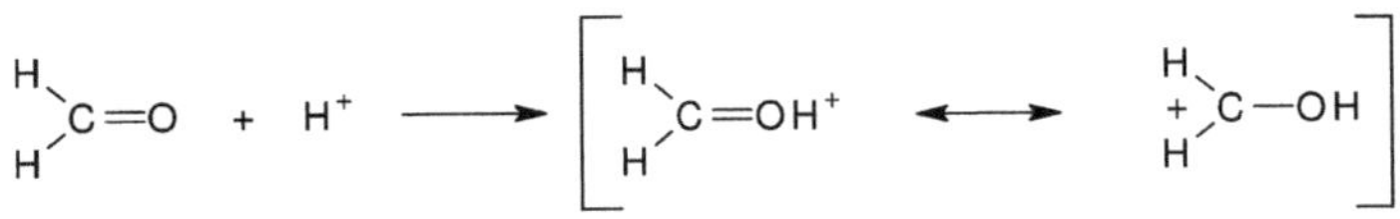

Protonierung von Formaldehyd

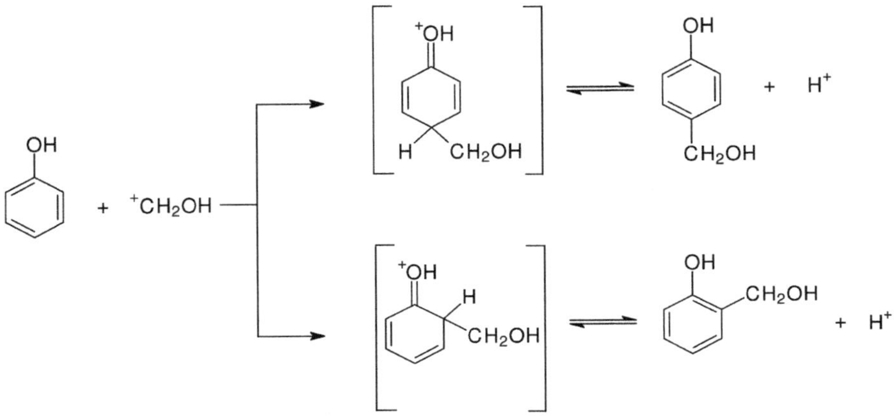

Darstellung von Methylolphenol mit Unterscheidung von *para* und *ortho*-Stellung

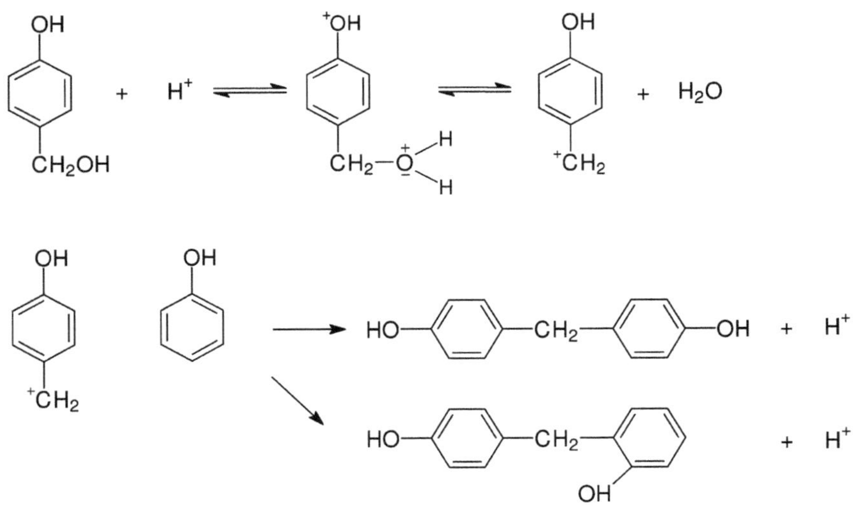

Darstellung von Novolak anhand von *p*-Methylolphenol

Abbildung 15 Darstellung von Novolak

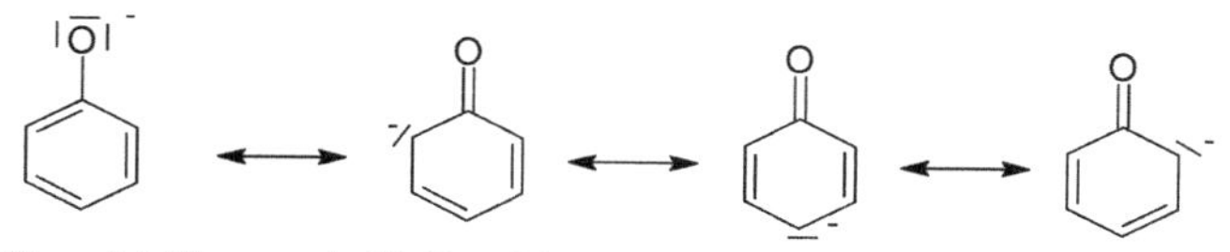

Phenolat-Mesomerie für Resoldarstellung

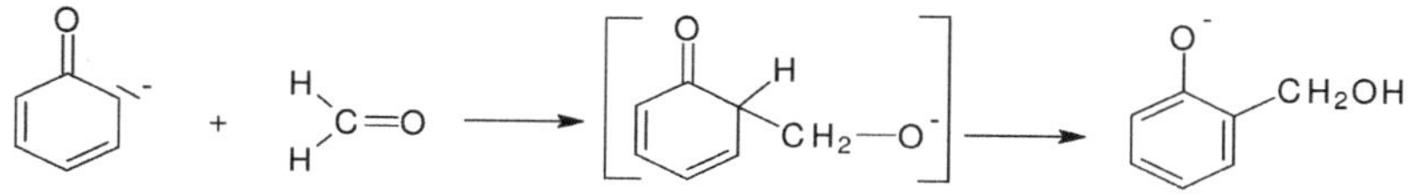

Addition von Formaldehyd in *ortho*-Stellung

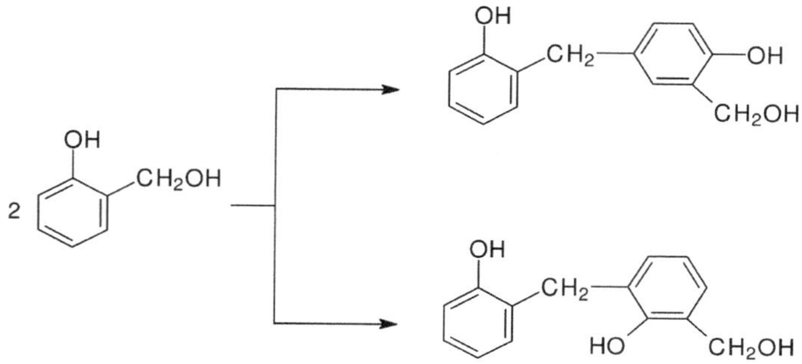

Darstellung von Resol in *para* und *ortho*-Stellung

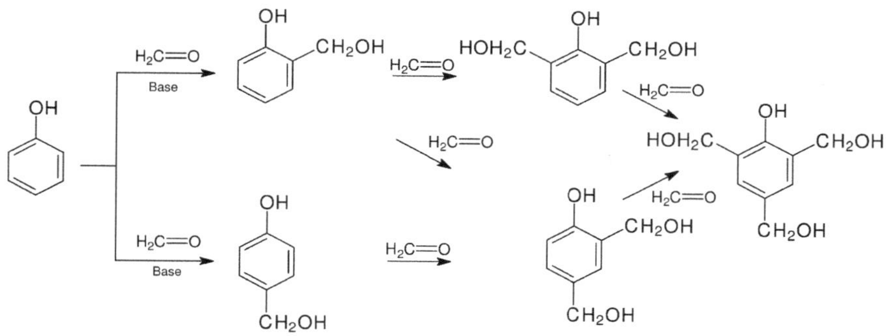

Weiterreaktion von Methylolphenol zum Di- bzw. Trimethylolphenol mit Unterscheidung von *ortho*- und *para*-Stellung

Abbildung 16 Darstellung von Resol

Ein wesentlicher Durchbruch in der Entwicklung vielseitig verwendbarer Phenolharz-Klebstoffe für unterschiedliche Werkstoffe, auch erstmals für Metalle, gelang Anfang der 1940er Jahre de Bruyne [23]. Er setzte dem spröden Phenolharz verhältnismäßig große Mengen (75 %) bereits hochpolymeren Polyvinylformals (PVF) schon im Resolzustand zu. Nach anschließender Härtung, bei der das bei

Raumtemperatur feste PVF schmilzt, entsteht ein hoch leistungsfähiger Klebstoff mit guten Verformungseigenschaften, der unter dem Namen »REDUX« in die Geschichte der Klebtechnik eingegangen ist und bis heute zum Beispiel in Teilbereichen des Flugzeugbaus Verwendung findet (s. Abschnitt 8.2.1).

Die plastifizierende Wirkung des PVF basiert einerseits auf einer gewissen sterischen Behinderung der Resolkondensation. Andererseits aber, was zunächst nicht völlig verstanden wurde, bildet das als grobes Pulver in das Resol eingebrachte PVF bei der Härtung Domänen, mischt sich also nicht homogen, wodurch im Festzustand ähnlich wie bei ABS-Kunststoffen die Rissausbreitung unter Last eingegrenzt bzw. kontrolliert wird. Reagiert das Resol mit dem PVF zu sehr oder mischt man Resole mit PVF in Ethanol-Dichlormethan-Mischungen vor dem Härten homogen, geht ein großer Teil des Plastifizierungseffekts verloren.

5.4.2
Verhalten und Anwendungen der Phenolharz-Klebstoffe

Phenolharz-Klebstoffe lassen sich als Flüssig-Fest-Produkte oder auch als vorkonfektionierte Klebfilme mit oder ohne Trägervliese herstellen. Beide härten bei Temperaturen oberhalb 150 °C unter Anpressdruck von mehr als 4 bar aus, was naturgemäß hohen apparativen Aufwand wie Heizpressen oder Autoklaven erfordert. Der Druck ist notwendig, um das bei der Kondensation als Dampf im Klebstoff entstehende Wasser auszupressen.

Bei der Flüssig-Fest-Verarbeitung wird zunächst die Resol-Lösung aufgetragen und PVF als Pulver aufgestreut. Der Überschuss an PVF, der nicht an der etwas klebrigen Resolbeschichtung haftet, wird danach einfach abgeblasen. Der zur Plastifizierung notwendige, sehr hohe PVF-Anteil schränkt die den reinen Phenolharzen eigene hohe Wärmebeständigkeit ein. Die maximale Einsatztemperatur des Gemischs liegt zwischen 60 und 80 °C. Die erreichbaren Plastifizierungseffekte hinsichtlich Schlagzähigkeit sind jedoch im Vergleich zu modifizierten Epoxidharz-Klebstoffen nur begrenzt. Auch andere, neuere Plastifizierungskomponenten wie zum Beispiel Nitrilkautschuk, der in Formulierungen für Bremsbelag-Klebstoffe eingesetzt wird, erbringen kaum Verbesserungen hinsichtlich der plastischen Verformbarkeit von Phenolharz-Klebstoffen.

Phenolharz-PVF-Klebstoffe sind jedoch im ausgehärteten Zustand außerordentlich beständig und haben dazu die fast einzigartige Eigenschaft, ohne Additive zu Metallen, vorzugsweise zu Aluminiumlegierungen, nach entsprechender oxidativer Vorbehandlung eine bisher unerreicht gute und wasserbeständige Adhäsion aufbauen zu können. Dies hat drei Gründe: Erstens sind die Molekülmassen der Resolkomponente zunächst klein (ein- oder zwei-, gelegentlich dreikernige Moleküle) und die Molmassenverteilung ist schmal. Damit können die Moleküle leicht in nanostrukturierte Aluminiumoxide eindringen, ohne sich stöchiometrisch zu entmischen. Zweitens kann die in ortho-Stellung vorhandene Hydroxymethylgruppe im Zusammenspiel mit der phenolischen OH-Gruppe mit auf dem Aluminiumoxid befindlichen Hydroxylgruppen absolut wasserbeständige Chelatkomplexe bilden. Drittens schließlich behält das gehärtete Phenolharz seinen schwach sauren Charakter, der bei Eindringen von Feuchtigkeit die Aluminiumoxide gegen Hydratation stabilisiert [24] (s. Abschnitt 3.2.3).

Dies sind die wesentlichen Gründe dafür, dass Phenolharz-Klebstoffe trotz mancher Nachteile besonders im von Aluminium dominierten Flugzeugbau seit den 1950er Jahren in sehr großem Umfang praktisch ohne Langzeitprobleme eingesetzt wurden und teilweise noch gebräuchlich sind. Auch bei der heutigen Nutzung der besser verformbaren Epoxidharze mit niedrigeren Härtungstemperaturen (120 °C) sind phenolharzhaltige Primer unerlässlich und allgemein üblich. Trotzdem sind Phenolharz-Klebstoffe, abgesehen vom Holzbau (s. Abschnitt 8.4), und der Reibbelag-Klebung, heute wegen der recht schwierigen Verarbeitbarkeit – Härtungstemperaturen von 170 °C über 30 Minuten verändern bereits die Dauerfestigkeit ausgehärteter Aluminiumlegierungen –, der oft problematischen Sprödigkeit und schließlich auch wegen oft konstatierter Toxizitätsprobleme von anderen Klebsystemen verdrängt worden. Wichtige Weiterentwicklungen dieser Klebstoffe waren in den vergangenen 30 Jahren nicht zu erkennen, obwohl es sich durchaus lohnen könnte, zum Beispiel mit neuen Ansätzen der Nanopartikel-Plastifizierung zu attraktiven Bindemitteln zu gelangen.

5.5 Epoxidharz-Klebstoffe

5.5.1 Chemie der Epoxidharze

Epoxidharze sind relativ niedermolekulare Substanzen. Sie sind gekennzeichnet durch die Epoxidfunktion, in der ein Sauerstoffatom mit zwei Kohlenstoffatomen einen dreigliedrigen Oxiranring bildet (Abbildung 17):

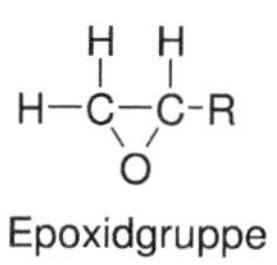

Abbildung 17 Epoxidgruppe

Es gibt zahlreiche Epoxidverbindungen auf dem Markt. Die mit großem Abstand wichtigste Familie der Epoxidharze leitet sich vom Bisphenol A ab. Der Benzolring verleiht diesem Epoxidharz eine besondere Stabilität. Gleichzeitig besitzt das Harz aber wegen seiner Elektronenanordnung eine relativ hohe Polarität. Die Epoxidharze werden aus Bisphenol A durch Umsetzung mit Epichlorhydrin hergestellt. Es entsteht dabei als flüssiges Harz der Diglycidether des Bisphenols, der in sehr großem Umfang zur Klebstoffherstellung eingesetzt wird (Abbildung 18).

In Kontakt mit menschlicher Haut erzeugt der Diglycidether allergische Reaktionen (Juckreiz, Entzündungen, Ausschläge).

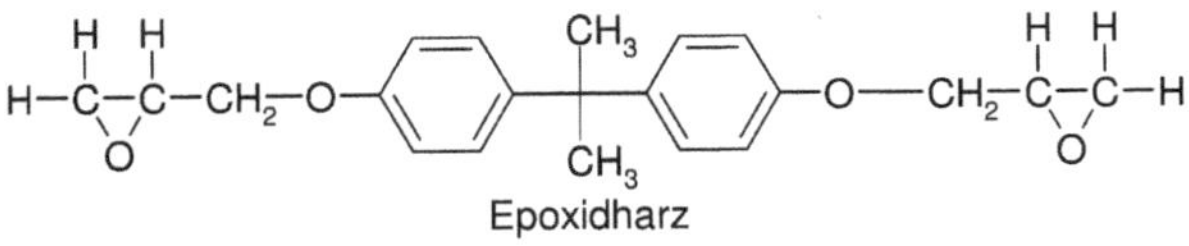

Abbildung 18 Diglycidether von Bisphenol A

Die Reaktion zwischen Bisphenol A und Epichlorhydrin kann auch so durchgeführt werden, dass einige Moleküle des Bisphenols miteinander zu Oligomeren reagieren, die dann jeweils an ihren Enden die Epoxidgruppierung aufweisen. Diese festen Epoxidharze zeigen keine sensibilisierende Wirkung mehr. Die Bisphenol-A-Einheit verleiht den Harzen hohe Steifigkeit und sehr gutes Adhäsionsverhalten. Andere häufig verwendete Epoxidharze sind cycloaliphatische Diepoxide, die wegen des kürzeren Abstandes zwischen den reaktiven Gruppen bei der Härtung sehr starke Quervernetzungen ausbilden. Diese führen bei einem Einsatz dieser Epoxidharze in Klebstoffen zu einer hohen Warmformbeständigkeit der Klebschicht.

5.5.2
Reaktionen von Epoxidharzen

Epoxide können auf zwei grundsätzlich verschiedenen Weisen mit polaren Molekülen reagieren, wobei die Reaktion jedoch immer mit einer Öffnung des Oxiranrings verbunden ist.

Additionspolymerisation Die für Klebstoffe wichtigere Reaktion ist die Anlagerung einer stark polaren Gruppe (Härter) unter gleichzeitiger Ringöffnung (Abbildung 19) [25, 26].

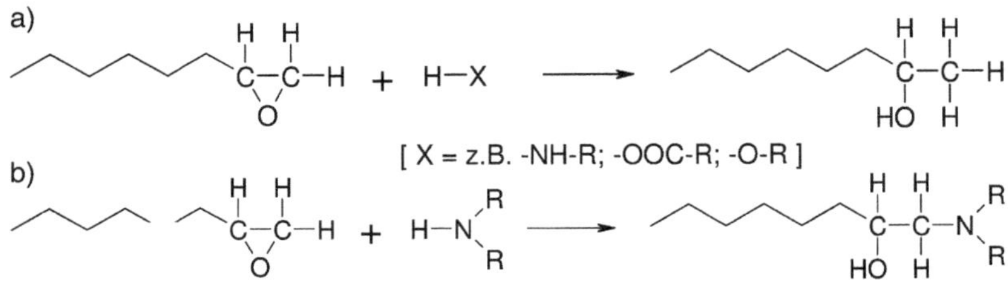

Abbildung 19 Additionsreaktionen am Epoxid, a) Addition von polaren Gruppen; b) Addition von Aminen

Diese Reaktion läuft bevorzugt mit einer Aminogruppe ab. Das Reaktionsprodukt enthält nun zwei Gruppen mit hoher Polarität, –NH– und –OH. Beide begünstigen das Adhäsionsverhalten dieser Substanz. Geht man von einem Diepoxid und einem Diamin aus, spricht man entsprechend von einer »Additionspolymerisation«. Der wichtigste Härter ist Dicyandiamid, das bei Raumtemperatur in flüssigen Epoxidharzen unlöslich ist und daher nicht zu Härtungsreaktionen führen kann. Erst bei Erhöhung der Temperatur (bei 150 °C) geht Dicyandiamid in Lösung und die Härtungsreaktion setzt ein (Abbildung 20).

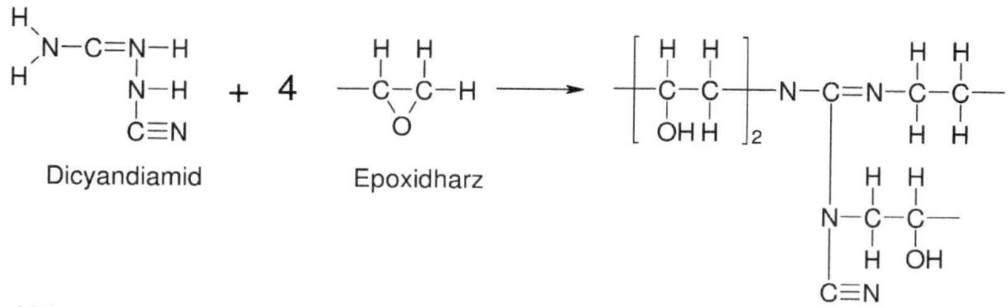

Abbildung 20 Epoxidharz-Härtung mit Dicyandiamid

Andere bevorzugt verwendete Härter sind flüssige, niedermolekulare Polyamide, die an beiden Enden der Moleküle Aminogruppen besitzen (Polyaminoamide). Sie sind weit gehend ungiftig, haben einen nur geringen Eigengeruch und reagieren etwas langsamer als die Amine und unter geringerer Wärmeentwicklung.

Da bei diesen Materialien das optimale Mischungsverhältnis mit Epoxidharzen ungefähr bei 1:1 liegt, lassen sie sich auch mit einfachen Geräten verarbeiten. Verwendet man Diamine zur Härtung, ist die fünf- bis zehnfache Menge an Epoxidharz erforderlich.

Ringöffnungs-Polymerisation Die zweite Reaktionsmöglichkeit der Epoxide ist die so genannte Ringöffnungs-Polymerisation des Oxiranrings. Die Ringöffnung wird durch eine Substanz eingeleitet, die sich an den Oxiranring anlagert und ihn zum Öffnen aktiviert. Im Gegensatz zu dem Reaktionsprodukt mit einem Amin kann dieser geöffnete Ring einen weiteren Oxiranring öffnen. Diese Ringöffnung schreitet in einer Kettenreaktion fort. Während bei der Additionspolymerisation ein definiertes Mengenverhältnis der Reaktionspartner notwendig ist, genügt bei der Ringöffnungs-Polymerisation eine kleine Menge des Initiators. Das entstehende Polymer hat wesentlich weniger polare Gruppen und damit weniger günstige Adhäsionseigenschaften als das durch Additionspolymerisation aus Diaminen und Diepoxiden entstandene. Dazu kommt, dass die Ringöffnungs-Polymerisation nach Zugabe von kleinen Mengen des Initiators schnell abläuft. Dabei verbleibt nach der Zugabe nur ein sehr kurzer Zeitraum für die Verarbeitung. Die Additionspolymerisation hat daher als Härtemethode für Epoxidharz-Klebstoffe wesentlich größere Bedeutung erlangt als die Ringöffnungs-Polymerisation.

Die Ringöffnungs-Reaktion wird in Form der kationischen Strahlenhärtung technisch genutzt. Verschiedene Verbindungen setzen bei Bestrahlung mit energiereicher Strahlung, wie zum Beispiel ultraviolettem Licht, Spezies (meistens ein Kation) frei, die die Ringöffnungs-Polymerisation initiieren (Abbildung 21).

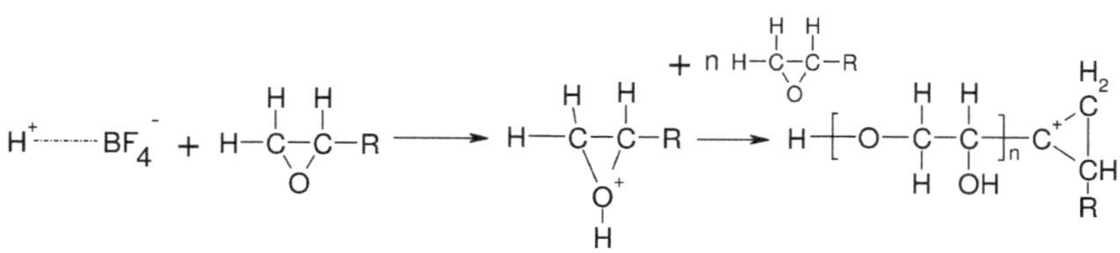

Abbildung 21 Epoxidharz-Härtung durch kationische Photoinitiatoren

Diese Epoxidharz-Klebstoffe enthalten also im Prinzip einen blockierten Initiator, der durch Bestrahlung deblockiert wird.

5.5.3
Eigenschaften von Epoxidharz-Klebstoffen

Bei der Verarbeitung durchläuft die Klebstoffmischung verschiedene Phasen, die üblicherweise in den jeweiligen Verarbeitungsrichtlinien angegeben und beschrieben werden (Abbildung 22) [27].

Die Zeitspanne, die für die Verarbeitung der mehrkomponentigen Epoxidharz-Klebstoffe nach Herstellung der Mischung zur Verfügung steht, nennt man »Topfzeit«. Nach Ablauf einer weiteren Zeitspanne wird der so genannte Gelpunkt erreicht. Der Klebstoff beginnt hier, vom flüssigen in den festen Zustand überzugehen. Er ist bei Erreichen des Gelpunkts zwar fest, sodass gelierte Epoxidharze nicht mehr für Klebungen einsetzbar sind. Die Polymerisation läuft aber noch einige Zeit weiter. Die beim Gelpunkt erst geringe Kohäsion wächst beträchtlich weiter an, bis die Endfestigkeit erreicht wird, was je nach der Reaktivität des Harz-/Härter-Sytems unterschiedlich lange dauern kann. Der allgemeine Verlauf gilt aber für jedes System. Dies bedeutet, dass ein schnell härtendes System prinzipiell eine kurze, ein langsam härtendes eine entsprechend lange Topfzeit hat.

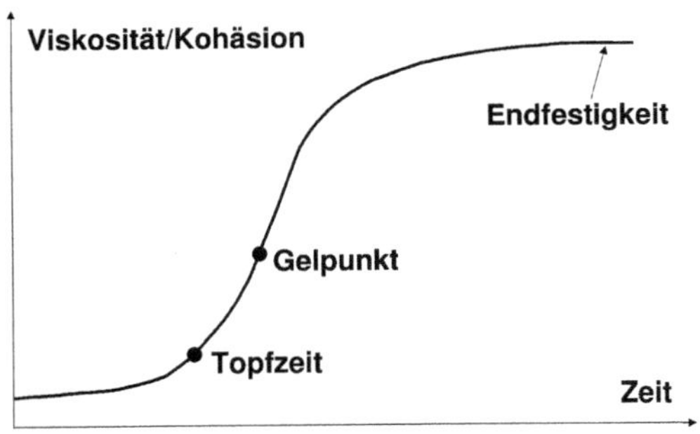

Abbildung 22 Topfzeit und Gelpunkt

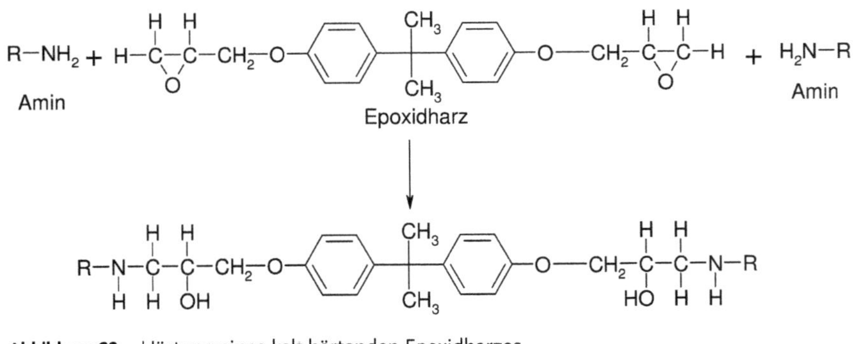

Abbildung 23 Härtung eines kalt härtenden Epoxidharzes

Für die industrielle Verarbeitung schnell härtender Epoxidharz-Klebstoffe mit entsprechend kurzer Topfzeit werden Zweikomponenten-Verarbeitungsgeräte eingesetzt. Diese Geräte dosieren die Reaktionskomponenten und vermischen sie erst unmittelbar vor dem Auftrag auf die Fügeteile. Als Härter für Zweikomponenten-Epoxidharz-Klebstoffe dienen Di- und Polyamide, vor allem aber die flüssigen Polyaminoamide. Zweikomponenten-Epoxidharz-Klebstoffe werden überwiegend bei Raumtemperatur gehärtet (Abbildung 23).

Eine Erhöhung der Temperatur bewirkt in der Regel eine Beschleunigung der Härtung und führt zu einer gegenüber der Kalthärtung erhöhten Endfestigkeit.

Die einkomponentigen Systeme benötigen Wärme (üblicherweise zwischen 125 und 180 °C) oder UV-Licht zur Härtung. Einkomponenten-Systeme besitzen meist höhere Festigkeiten sowie eine bessere Medienbeständigkeit als die zweikomponentigen Epoxidharz-Klebstoffe und sind diesen außerdem hinsichtlich der Temperaturbelastbarkeit überlegen. Einkomponentige Epoxidharz-Klebstoffe werden für strukturelle Klebungen eingesetzt, da Zugfestigkeiten bis 50 MPa und kurzfristige Temperaturbeständigkeiten bis 180 °C erreicht werden können. Die zweikomponentigen Systeme müssen in einem vorgegebenen Verhältnis gemischt werden und härten bei Raumtemperatur innerhalb einiger Stunden. Um den Härtungsprozess zu beschleunigen, können sie noch zusätzlich erwärmt werden. Die erreichbaren Zugfestigkeiten liegen hier bei 30 MPa, der Temperatureinsatzbereich erstreckt sich bis maximal 120 °C [14, 28].

5.6 Polyurethanklebstoffe

5.6.1 Chemie der Polyurethane

Die Chemie der Isocyanate und deren Reaktivität wird ausführlich in Lehrbüchern der organischen Chemie behandelt. Deswegen sind an dieser Stelle nur für Polyurethanklebstoffe relevante Reaktionen beschrieben. Die Reaktivität von Isocyanaten wird hauptsächlich durch den elektrophilen Charakter des Kohlenstoffatoms in dem kumulierten Doppelbindungssystem der Isocyanatgruppe geprägt, deren mesomere Grenzstrukturen in Abbildung 24 gezeigt sind.

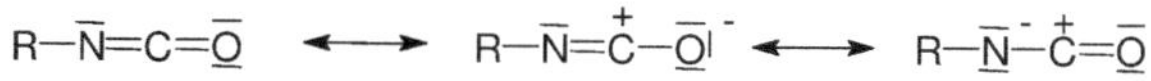

Abbildung 24 Mesomere Grenzstrukturen der Isocyanatgruppe

Isocyanate können mit anderen Substanzen sowohl in einer Addition als auch in einer Kondensation reagieren. Für die bei der Herstellung von Polyurethanklebstoffen verwendete Addition werden Substanzen mit einer wasserstoffaktiven Gruppe benötigt, deren Reaktivität von der Nucleophilie dieser Gruppe abhängig ist. Die Reaktivität der angreifenden Gruppe nimmt in der folgenden Reihenfolge ab: Aliphatische Amine > aromatische Amine > Alkohole > Phenole > Thiophenole. Ein weiterer Effekt, der die Reaktivität der nucleophilen Reagenzien beeinflusst, ist die sterische Hinderung der Moleküle. Zum Beispiel nimmt die Reaktivität von primären zu tertiären Alkoholen hin ab. Wohl die bekannteste, am besten untersuchte und kommerziell genutzte Umsetzung zu Polyurethanen ist die von Di- bzw. Polyisocyanaten mit primären Mono-, Di- und Polyalkoholen (Abbildung 25).

Neben der Polyurethanbildung selbst kommt es in Gegenwart von Feuchtigkeit zu einer weiteren Reaktion, in der im ersten Schritt eine instabile Carbamidsäure gebildet wird und im zweiten Schritt die Carbamidsäure unter Kohlendioxidabspaltung in ein Amin überführt wird (Abbildung 26). Das Amin reagiert mit einer weiteren Isocyanatgruppe zu einer Harnstoffgruppe. Die Harnstoffgruppe wiederum kann, da ihre Reaktivität wesentlich höher ist als die der Urethangruppe, schon bei Raumtemperatur mit freien Isocyanaten unter Vernetzung der Polymerketten zu Biureten reagieren [24].

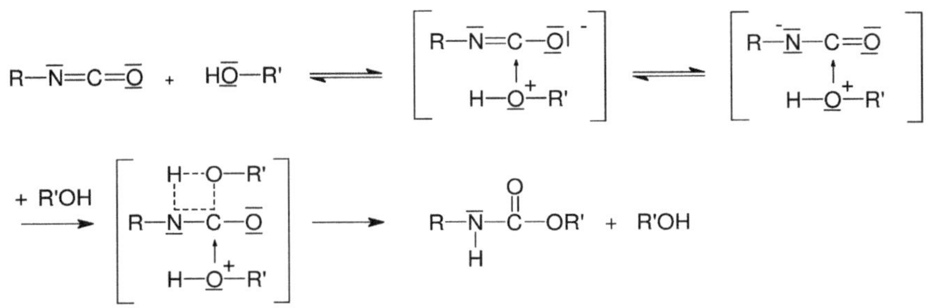

Abbildung 25 Reaktion der Isocyanatgruppe mit Alkoholen

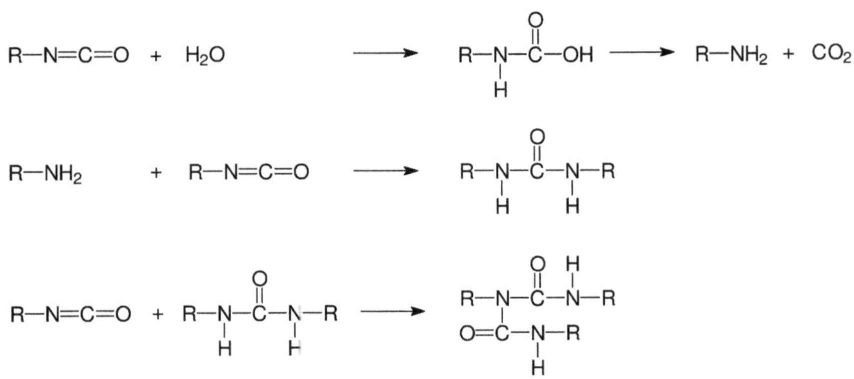

Abbildung 26 Reaktion der Isocyanatgruppe mit Wasser und Folgereaktionen

5.6.2
Verwendete Rohstoffe

5.6.2.1 Isocyanate

Für die Polyurethansynthese werden sowohl aromatische als auch aliphatische Isocyanate eingesetzt. Zu den am meisten verwendeten aromatischen Isocyanaten gehören 2,4-Toluoldiisocyanat (TDI; Isomerengemisch aus 2,4- und 2,6-Toluoldiisocyanat im Isomerenverhältnis 80/20 oder 65/35), 4,4'-Diphenylmethandiisocyanat (MDT) und als oligomere Form von MDI ein phosgeniertes Anilin-Formaldehyd-Kondensat. Zu den hauptsächlich verwendeten aliphatischen und cycloaliphatischen Diisocyanaten gehören Hexamethylendiisocyanat, Isophorondiisocyanat, 2,2,4-Trimethylhexamethylendiisocyanat und 2,4,4-Trimethylhexamethylendiisocyanat. In Abbildung 27 sind einige Strukturen von Diisocyanaten dargestellt. Zur Produktion von Polyurethanen werden aromatische gegenüber (cyclo-)aliphatischen Diisocyanaten bevorzugt, da sie preiswerter und zudem UV-stabiler sind.

5.6.2.2 Polyole

Als Ausgangsstoffe für Polyurethanklebstoffe werden hauptsächlich Polyether- und Polyesterpolyole verwendet. Die Synthese der Polyetherpolyole erfolgt über eine Ringöffnungspolymerisation von Ethylen-, Propylen- und Butylenoxiden mit einem wasserstoffaktiven Initiator in Anwesenheit einer starken Base.

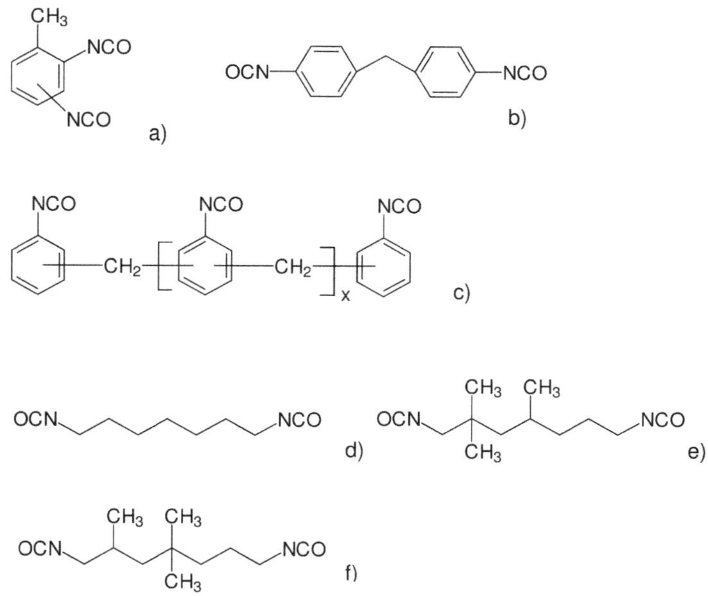

Abbildung 27 Kommerziell genutzte aromatische und aliphatische Diisocyanate: a) TDI, b) MDI, c) oligomeres MDI, d) Hexamethylendiisocyanat, e) 2,2,4-Trimethylhexamethylendiisocyanat, f) 2,4,4-Trimethylhexamethylendiisocyanat

Über die Syntheseführung können Polyetherpolyole mit unterschiedlichen Funktionalitäten, molaren Massen und hydrophoben Eigenschaften erhalten werden. Die wichtigsten Eigenschaften der Polyetherdiole sind die niedrige Viskosität, die gute Flexibilität bei niedrigen Temperaturen und die Resistenz gegenüber alkalischer Hydrolyse. Die Polyesterpolyole werden allgemein durch die Umsetzung von Adipinsäure mit unterschiedlichen Glycolen dargestellt. Die Vorteile der Polyesterpolyole gegenüber den Polyetherpolyolen sind ihre größere Zugfestigkeit und höhere Wärmebeständigkeit.

5.6.2.3 Katalysatoren

Für die Beschleunigung der Reaktion von Isocyanaten mit nucleophilen, wasserstoffaktiven Substanzen werden tertiäre Amine wie Triethylamin, N-Methylmorpholin und Triethylendiamin oder Metallsalze wie Tributylzinnacetat und Dibutylzinndilaurat verwendet [29–31]. Die Zinnverbindungen zeigen dabei eine höhere katalytische Aktivität als die tertiären Amine.

5.6.3 Struktur und Eigenschaften der Polyurethanklebstoffe

Eine charakteristische Besonderheit von Polyurethanklebstoffen ist das Vorhandensein von harten und weichen Segmenten in der Polymerstruktur. Die weichen Segmente werden durch die langkettigen Polyetherpolyole gebildet, die eine niedrige Glasübergangstemperatur aufweisen und bei Raumtemperatur im entropieelastischen Dispersionsbereich vorliegen. Die harten Segmentbereiche entstehen durch Vernetzung von Diisocyanaten mit kurzkettigen Diolen oder Diaminen. Die Hartsegmente assoziieren miteinander zu Bereichen mit hohen Glasübergangstemperaturen, wobei es teilweise sogar zu Kristallbildungen kommt. Hierdurch ergibt sich die Möglichkeit, Polyurethanklebstoffe mit zwei Glasübergangstemperaturen darzustellen.

Eine genaue Abgrenzung der Polyurethanklebstoffe zu anderen Klebstoffsystemen in Verhalten und Anwendung ist aufgrund der Vielfalt an Variationsmöglichkeiten zur Einstellung werkstoffmechanischer Eigenschaften nicht leicht. Generell gilt, dass die Polyurethane einen höheren Glasübergangsbereich als die Silicone, aber einen niedrigeren als die hochvernetzten strukturellen Epoxidharz-Klebstoffe haben. Sie unterscheiden sich somit von den beiden Klebstoffgruppen auch in ihrem werkstoffmechanischen Verhalten. Die Polyurethanklebstoffe können in Ein- und Zweikomponenten-Systeme eingeteilt werden.

5.6.3.1 Einkomponenten-Polyurethanklebstoffe

Feuchtigkeitsvernetzende Polyurethanklebstoffe weisen in der Präpolymerstruktur noch Isocyanate auf und reagieren mit Feuchtigkeit aus der Umgebung nach der Reaktionsgleichung in Abbildung 26 unter Quervernetzung zu Polyharnstoffen oder Biureten. Heute werden feuchtigkeitsvernetzende Polyurethane im Bereich der Möbelindustrie, Campingwagen-Herstellung und in der Automobilindustrie als Scheibenklebstoff eingesetzt.

Unter Hydroxypolyurethanen versteht man thermoplastische Produkte mit einem Gehalt an Hydroxylgruppen von 0,05–1,0 %. Sie entstehen bei der Reaktion von MDI mit Polyesterdiolen und haben typischerweise mittlere molare Massen von 50 000 bis 200 000 g mol^{-1}. Für die Besohlung von Schuhen werden Hydroxypolyurethane mit einem Lösungsmittel endmodifiziert.

Werden die Hydroxypolyurethane mit Polyisocyanaten gemischt, erhält man die feuchtigkeitsvernetzenden thermoplastischen Polyurethan-Schmelzklebstoffe. Durch die bei Raumtemperatur stattfindende Quervernetzung wird die Wärmebeständigkeit der Klebstoffe erhöht.

Wässrige PU-Dispersionsklebstoffe werden durch Emulgieren oder Dispergieren von linearen Polymeren in Wasser hergestellt. Dies wird durch die Zugabe von Emulgatoren oder Einbau von hydrophilen Gruppen oder langen hydrophilen Polyolsegmenten in das Polymergrundgerüst verwirklicht. Anwendung finden die Dispersionsklebstoffe in der Verpackungs- und Textilindustrie.

5.6.3.2 Zweikomponenten-Polyurethanklebstoffe

Zweikomponenten-Polyurethanklebstoffe bestehen im Gegensatz zu den Einkomponenten-Polyurethanklebstoffen aus niedermolekularen Polyisocyanaten oder Präpolymeren, die mit niedermolekularen Polyolen oder Polyaminen gehärtet werden. Sie werden in der Automobilindustrie für das Kleben von Metallen mit Kunststoffen, für das Beschichten von Schäumen mit Textilien und für das Kleben von PVC-Folien auf Holz in der Möbelindustrie verwendet.

5.6.4 Füllstoffe und Additive bei Polyurethanklebstoffen

Eine Formulierung von Polyurethanklebstoffen ist (im Gegensatz zu anderen Klebstoffen) ohne Einsatz von Füllstoffen nicht möglich. Diese werden zur Verbesserung der Rheologie, der physikalischen Eigenschaften und zur Kostensenkung verwendet. Hauptsächlich kommen Calciumcarbonat, Talk, Kieselerde und Ton zum Einsatz. Neben den Füllstoffen werden den Klebstoffen häufig noch Plastifizierer wie Phthalsäureester, Phosphate und aromatische Öle zugegeben. Durch die Plastifizierer wird die Viskosität erniedrigt oder die Einfrierstabilität der Isocyanatkomponenten verbessert [32].

5.7 Acrylatklebstoffe

5.7.1 Physikalisch härtende Acrylate

5.7.1.1 Lösungsmittelhaltige Klebstoffe

Als lösungsmittelhaltige Acrylatklebstoffe werden meist thermoplastische Methylmethacrylat-Copolymere verwendet, welche in den gängigen organischen Lösemitteln gelöst sind. Nachdem das Lösemittel verdampft oder in das Substrat migriert ist, erreicht der Klebstoff seine Festigkeit. Die Hauptanwendungen findet man bei der Verklebung von Pappe und Papier sowie beim Diffusionskleben (Quell- und Kaltschweißen) von Thermoplasten wie PVC.

5.7.1.2 Dispersionsklebstoffe

Aufgrund des zunehmenden Umweltbewusstseins gewinnen lösungsmittelarme oder lösungsmittelfreie Klebstoffsysteme immer größere Bedeutung. Acrylatdispersionen lassen sich dank der großen Rohstoffauswahl den meisten Anwendungen anpassen. Die gute Alterungsbeständigkeit und geringe Vergilbungsneigung sind weitere Vorteile. Eingesetzt werden sie unter anderem als Haftklebstoffe für die Herstellung von Etiketten, Klebebändern und als Permanentklebstoffe für Fliesen, Boden- und Wandbeläge.

5.7.1.3 Kontaktklebstoffe

Kontaktklebstoffe auf Acrylatbasis lassen sich nach dem Auftragen auf die Fügeteile und anschließender Trocknung durch Druck in sehr kurzer Zeit zu einer Klebschicht mit relativ großer Festigkeit vereinigen. Diese Klebstoffe sind in lösemittelhaltiger Form oder als Dispersion erhältlich. Neben den klassischen Materialien wie Chloropren- oder Butadien-Acrylnitril-Kautschuken kommen auch hier Acrylate in homo- und copolymerisierter Form zum Einsatz. Ein Anwendungsbeispiel ist die Verklebung von Fußbodenbelägen mit Hilfe von Acrylat-Styrol-Copolymeren. Diese sind im Allgemeinen hoch flexibel, besitzen jedoch geringe Zug-Scherfestigkeiten. Weitere Einsatzbereiche für acrylatbasierte Kontaktklebstoffe finden sich unter anderem in der Automobilindustrie sowie bei der Matratzen- und Schuhherstellung.

5.7.2 Chemisch härtende Acrylate

Reaktive Acrylat- und Methacrylatklebstoffe sind lösungsmittelfreie 100%–Systeme. Zu den reaktiven Acrylat/Methacrylatklebstoffen zählen die Einkomponenten- und die Zweikomponenten-Systeme sowie die anaeroben und die UV-Klebstoffe. Durch die Bezeichnung »reaktiv« grenzen sich diese Acrylat-/Methacrylatklebstoffe grundsätzlich von den physikalisch härtenden ab, obwohl diese eine ähnliche chemische Basis besitzen.

Acrylate und Methacrylate sind Monomere bzw. Präpolymere mit vinylständiger Doppelbindung. Über diese Doppelbindung können durch Radikale Polymerisationsreaktionen auf verschiedene Weise gestartet werden (Abbildung 28).

Die Monomere sind klare, farblose und mobile Flüssigkeiten, die Präpolymere hochviskose bis feste Harze, die als Homopolymerisat charakteristische Eigenschaften besitzen, welche zur Einstellung der Endeigenschaften eines Klebstoffsystems genutzt werden. Mittlerweile stehen dem Entwickler sehr zahlreiche Monomer- und Präpolymertypen zur Verfügung, sodass die Endeigenschaften exakt auf eine Anwendung zugeschnitten werden können.

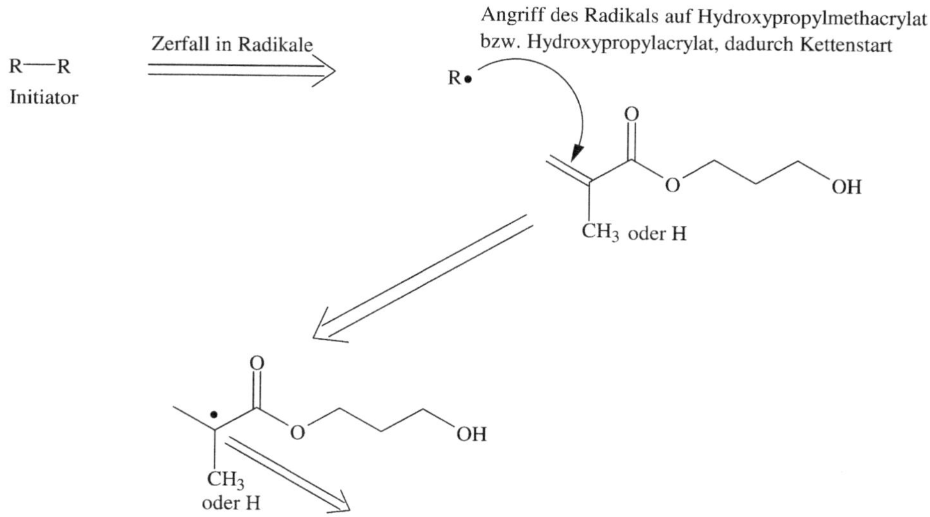

Abbildung 28 Prinzip der radikalischen Polymerisation von Acrylaten/Methacrylaten

Chemisch gesehen unterscheiden sich die Methacrylate von Acrylaten durch eine zusätzliche Methylgruppe (Abbildung 29).

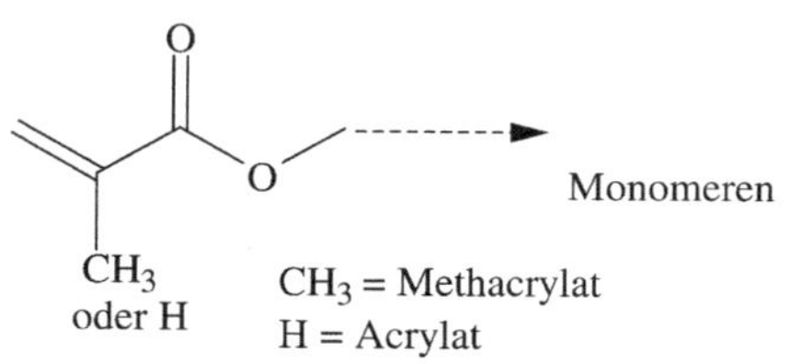

Abbildung 29 Struktur der Acrylate und Methacrylate

Die physikalischen Eigenschaften der Homopolymerisate der Methacrylate im Vergleich zu den baugleichen Acrylatpolymeren unterscheiden sich jedoch drastisch. Die wesentlichen Unterschiede sind in Tabelle 7 hervorgehoben.

Tabelle 7 Qualitativer Vergleich von Acrylatpolymeren mit den entsprechenden baugleichen Methacrylatpolymeren

Physikalische Eigenschaft	Acrylatpolymer	Methacrylatpolymer
Reaktionsgeschwindigkeit	hoch	niedrig
Glasübergangstemperatur	oft niedriger	hoch
Festigkeit	hoch	sehr hoch
Chemische Beständigkeit	gut	sehr gut
Flexibilität	gut	mäßig
Preis der Monomere	hoch	niedrig

Der wesentliche Unterschied zwischen den 1K- bzw. 2K-Acrylat-/Methacrylatklebstoffen und UV-Klebstoffen auf der einen Seite und den anaeroben Klebstoffen andererseits ist die Funktionalität der Monomere. Während anaerobe Klebstoffe meistens auf di-, tri- und tetrafunktionellen Systemen basieren, werden bei den 1K-, 2K- und UV-Klebstoffen überwiegend monofunktionelle Bausteine eingesetzt. Durch die hohe Funktionalität reagieren die anaeroben Systeme zu hochvernetzten, spröden Polymeren mit hoher dimensionaler Stabilität. Die Polymere der 1K-, 2K- und UV-Systeme sind so eingestellt, dass die Eigenschaften von hochfest und schlagzäh bis zu hochflexibel reichen. Deshalb zählen diese Systeme auch zu den strukturellen Klebstoffen [33–35].

5.7.2.1 **Monomere**

Bei den 1K-, 2K- und anaeroben Klebstoffen werden überwiegend Methacrylate eingesetzt, während in UV-Klebstoffen überwiegend Acrylate die Basis sind. Der Grund hierfür ist, dass die UV-Klebstoffe sehr schnell härten müssen, während die 1K- und 2K-Systeme oft als Hochleistungsklebstoffe eingesetzt werden und hier die Härtungsgeschwindigkeit den mechanischen Eigenschaften untergeordnet wird. Als wesentliches Merkmal bei der Auswahl der Monomere wird die Glasübergangstemperatur herangezogen, die einen Kennwert für die mechanische Leistungsfähigkeit bei unterschiedlichen Temperaturen darstellt. Durch geeignete Kombinationen können Flexibilität, Festigkeit sowie Beständigkeiten eingestellt werden. Ein Ausschnitt aus der Vielfalt der Monomere mit den dazugehörigen Glasübergangstemperaturen ist in Tabelle 8 gegeben.

Tabelle 8 Glasübergangstemperaturen verschiedener Monomere [36]

Produkt	**Glasübergangstemperatur (°C)**
Polybutadiendimethacrylat	−75
Tridecylacrylat	−55
Tridecylmethacrylat	−40
Polyethylenglycol(400)dimethacrylat	−21
Polyethylenglycol(400)diacrylat	+3
2-Phenoxyethylacryat	+5
Tetraethylenglycoldiacrylat	+23
Glycidylmethacrylat	+41
1,6-Hexandioldiacrylat	+43
Trimethylolpropantriacrylat	+62
Triethylenglycoldiacrylat	+70
Isobornylacrylat	+88
Isobornylmethacrylat	+110

In den nachfolgenden Abschnitten werden die Acrylat-/Methacrylatklebstoffgruppen im Einzelnen beschrieben.

5.7.2.2 **2K-Acrylate/Methacrylate**

Das typische Basismonomer dieser Klebstoffgruppe ist das Methylmethacrylat (MMA). MMA hat sehr gute Benetzungseigenschaften; es kann Kunststoffe leicht anlösen und deshalb ideale Diffusionsklebungen erzeugen, benetzt aber auch Metalle und Glas. Als Homopolymer besitzt es herausragende mechanische Eigenschaften und ist dazu noch witterungsbeständig. Um die Sprödigkeit herabzusetzen, werden diese Klebstoffsysteme häufig mit Acrylnitril-Butadien-Copolymeren, flüssigen Isopren-Kautschuksystemen oder chlorsulfonierten Kautschuksystemen schlagzähmodifiziert [37]. In dieser Schlagzähmodifizierung erreichen die Klebstoffe leicht eine Zugscherfestigkeit auf Metallen von 30 N/mm^2. Als Härterkomponente wird typischerweise ein Peroxid (z. B. Dibenzoylperoxid oder t-Butylperbenzoat) in Kombination mit einem Amin (z. B. N,N-Dimethyl-p-toluidin) als Beschleuniger eingesetzt (Abbildung 30) [38].

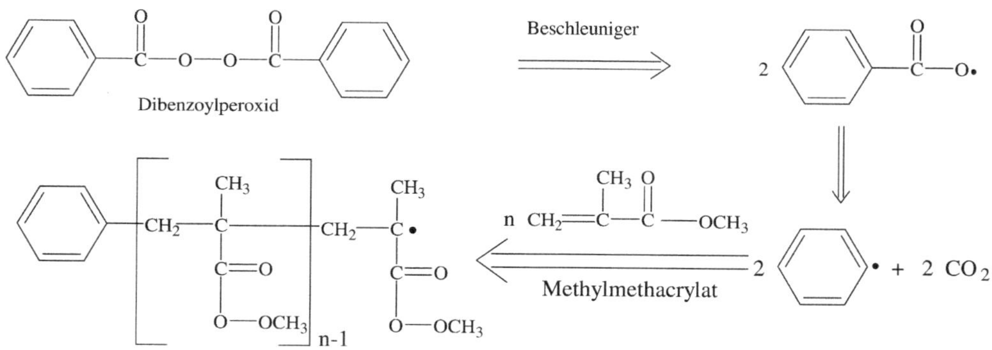

Abbildung 30 Reaktion von MMA mit Dibenzoylperoxid

Die Klebstoffe werden gebrauchsfertig in Doppelkammerkartuschen im Verhältnis 1:1 oder 10:1 angeboten. Aus diesen Kartuschen werden die Komponenten über ein statisches Mischrohr gemischt und können so quasi als 1K-System aufgetragen werden. Da als Reaktionsmechanismus eine Polymerisation und keine Polyaddition zugrunde liegt, sind die Systeme gegenüber Mischungsfehlern tolerant. Für automatisierte Anwendungen können die Komponenten über 2K-Dosieranlagen verarbeitet werden. In der Regel ist die Topfzeit von diesen Systemen recht kurz; das heißt, nach dem Anmischen muss der Klebstoff schnell verarbeitet werden (Abbildung 31).

Weiterhin gibt es 2K-Systeme als so genannte »No Mix«-Klebstoffe. In dieser Variante wird der Härter auf die eine, das Harz auf die andere Substratoberfläche aufgetragen. Beim Fügen der Substrate werden die Komponenten gemischt und härten dabei aus. Der Vorteil dieser Systeme ist, dass hierbei keine Topfzeit beachtet werden muss, der Nachteil, dass diese Verklebung nur in dünnen Schichten einwandfrei funktioniert.

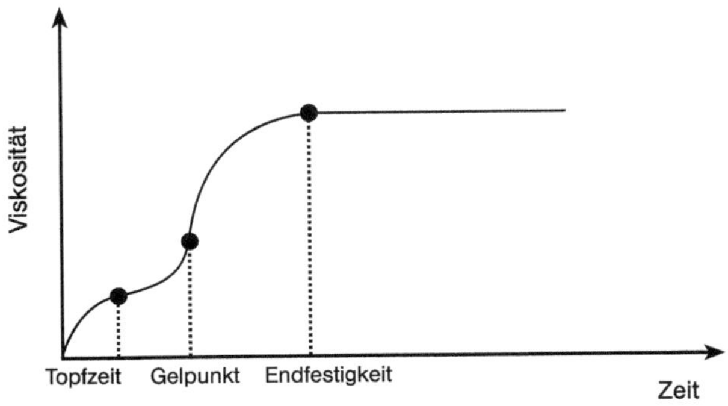

Abbildung 31 Zusammenhang zwischen Topfzeit, Gelpunkt und Endfestigkeit; der Klebstoff sollte nur innerhalb der Topfzeit verarbeitet werden

5.7.2.3 1K-Acrylate/ Methacrylate

Bei den einkomponentigen Acrylat-/Methacrylatklebstoffen wird die Reaktion so wie bei den 2K-Systemen durch Peroxide initiiert. Die Peroxide zerfallen bei den 1K-Systemen nicht unter der Einwirkung des Härters, sondern unter Temperatureinwirkung. Hierbei besteht ein Kompromiss aus Lagerstabilität und gewünschter Reaktionstemperatur. Bei den gängigen Systemen erfolgt die Härtung ab 120 °C, um die Klebstoffe unter Normalbedingungen lagern und transportieren zu können. Die Reaktionstemperatur wird durch die Halbwertszeit des Peroxids kontrolliert. In Tabelle 9 sind die Halbwertszeiten verschiedener Peroxide angegeben.

Tabelle 9 Temperatur für eine Halbwertszeit bei 10 Stunden von unterschiedlichen Peroxiden [39]

Produkt	Zerfallstemperatur (Halbwertszeit bei 10 Std.)
Dilauroylperoxid	62 °C
Dibenzoylperoxid	72 °C
tert.-Amylperoxyneodecanoat	47 °C
tert.-Butylperoxybenzoat	104 °C

Je niedriger die gewünschte Reaktionstemperatur ist, umso weniger lagerstabil wird der Klebstoff.

5.7.2.4 Anwendungsbeispiele

Die 2K- und 1K-Acrylate werden überwiegend für strukturelle Klebungen eingesetzt. Typische Eigenschaften sind die sehr gute Haftung auf Metallen, Glas und Kunststoffen, die Toleranz gegenüber leicht verschmutzten und verölten Oberflächen sowie die relativ kurze Härtungszeit verglichen mit Reaktionsklebstoffen auf Epoxidharz- oder Polyurethanbasis. Typische Anwendungen sind in Tabelle 10 angegeben.

Tabelle 10 Anwendungsbeispiele für Zwei- und Einkomponenten-Acrylate

Industriezweig	Anwendung
Elektromotoren	Fixieren und Verkleben von Magneten
Glas	Verkleben von Solarzellen, Türscharnieren, Glasmöbeln, Spiegeln
Audio	Kleben von Lautsprechern und Zubehör
Automobil	Einkleben von nachträglich montierten Sonnendächern, Verkleben von Bremslichtern
Nutzfahrzeuge	Kleben von Paneelen im Bus- und Schienenfahrzeugbau, Kleben von Verstärkungsteilen im Schiffsbau

MMA-basierte Klebstoffe können über einen Temperaturbereich von –50 °C bis 100 °C eingesetzt werden. Kurzzeitig vertragen diese Systeme sogar eine Belastung bis zu 180 °C. Gemischte 2K-Methacrylate können je nach Viskositätseinstellung größere Spalte überbrücken und sind einfach in der Elastizität einstellbar.

5.7.2.5 Anaerob härtende Acrylate

Anaerobe Klebstoffe sind seit 1953 auf dem Markt. Der erste anaerob härtende Klebstoff wurde von Vernon Krieble (USA) 1953 auf Dimethacrylatbasis entwickelt und unter dem Namen Loctite auf den Markt gebracht [40]. Die Anwendung dieser Acrylate in der Klebstofftechnologie war verantwortlich für den frühen Erfolg der Loctite Company, die heute der führende Hersteller dieser Klebstofftypen ist.

Die Bezeichnung »anaerob« ist der Biologie entlehnt und soll verdeutlichen, dass der Klebstoff in Anwesenheit von Luftsauerstoff flüssig bleibt und erst unter Luftabschluss sowie in Gegenwart von Metallionen, wie in einer metallischen Klebfuge gegeben, zu einem Polymer aushärtet. Typische Anwendungsgebiete sind das Sichern von Schrauben und Gewinden, das Befestigen von Fügeteilen, Kugellagern und Buchsen sowie das Dichten von Flächen. Weiterhin gibt es anaerobe Klebstoffe mit verbesserter Temperaturbeständigkeit und der Fähigkeit, Öl aufzunehmen, die auch den Einsatz im Motorenbereich erlauben. Als Einkomponenten-Klebstoffe können die Anaeroben einfach und ökonomisch aufgetragen werden. Der Klebstoff härtet nur in der Fuge und unausgehärteter Klebstoff kann leicht entfernt werden. Aufgrund der niedrigen Aktivierungsenergie des Härtungsprozesses erfolgt die Polymerisation bei Raumtemperatur. Da in der Regel höher funktionalisierte Ausgangssysteme eingesetzt werden, weisen die Polymere einen hohen Vernetzungsgrad auf und haben eine sehr gute Medien- und Temperaturbeständigkeit.

Die Katalyse der Metallionen aus der Substratoberfläche spielt eine essentielle Rolle. Voraussetzung für eine erfolgreiche Härtung ist die Anwesenheit von metallischen Substratoberflächen. Hierbei gibt es aktive und weniger aktive Metallionen, welche die Härtungsgeschwindigkeit unterschiedlich stark beeinflussen (Kupfer > Messing/Bronze > Eisen > Stahl > Zink > Aluminium > Edelstahl). Häufig verwendete Ausgangsmonomere sind Tri- oder Tetraethylenglycoldimethacrylat (Abbildung 32).

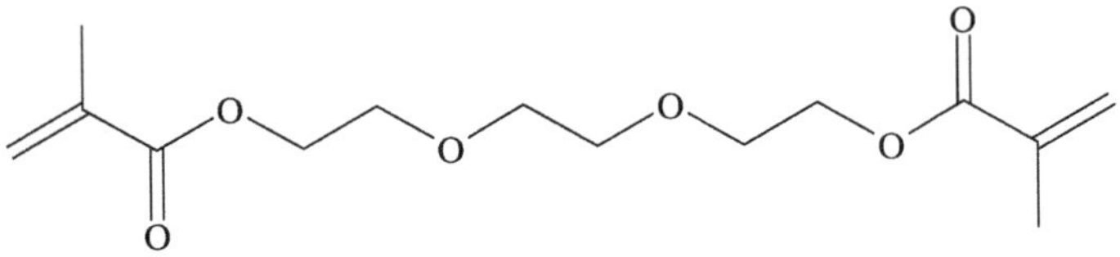

Abbildung 32 Triethylenglycoldimethacrylat als Ausgangsmonomer

Zum Aushärten wird auf Härtungssysteme zurückgegriffen, die auf tertiären Aminen, Sulfimiden und Hydroperoxiden basieren. Ein gängiges System hierfür besteht aus Saccharin, N,N-Dimethyl-p-toluidin und Cumolhydroperoxid (Abbildung 33).

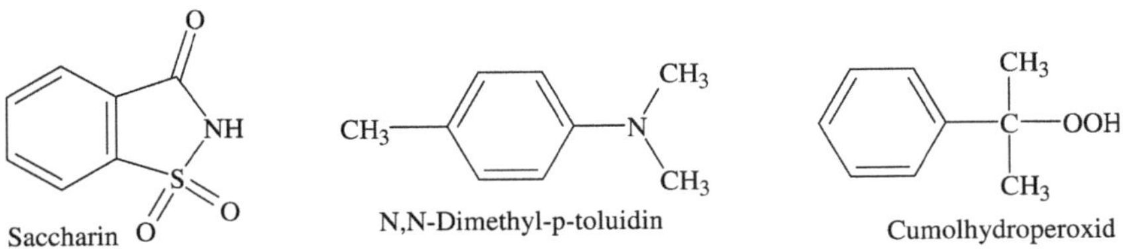

Abbildung 33 Komponenten des Härtungssystems

Die Härtung dieser Klebstoffe erfolgt radikalisch, wobei das Cumolhydroperoxid als Radikalstarter dient. Die Komponenten Saccharin und Amin dienen dazu, besonders aktive Metallionen in einem Kreisprozess zu regenerieren, sodass eine schnelle und vollständige Härtung erfolgen kann (Abbildung 34).

Bedingt durch die Eigenschaften der Polymere werden die anaeroben Klebstoffe hauptsächlich als zusätzliche chemische Verzahnung, weniger als Klebstoff genutzt. Allerdings besteht auch hier die Möglichkeit der Schlagzähmodifizierung, sodass der Einsatz als Klebstoff für flächige Klebungen in sehr engen Spalten möglich ist. Ein erweitertes Anwendungsgebiet finden die anaeroben Klebstoffe als kombinierte UV-/anaerob härtende Systeme, die unter anderem im nächsten Abschnitt besprochen werden.

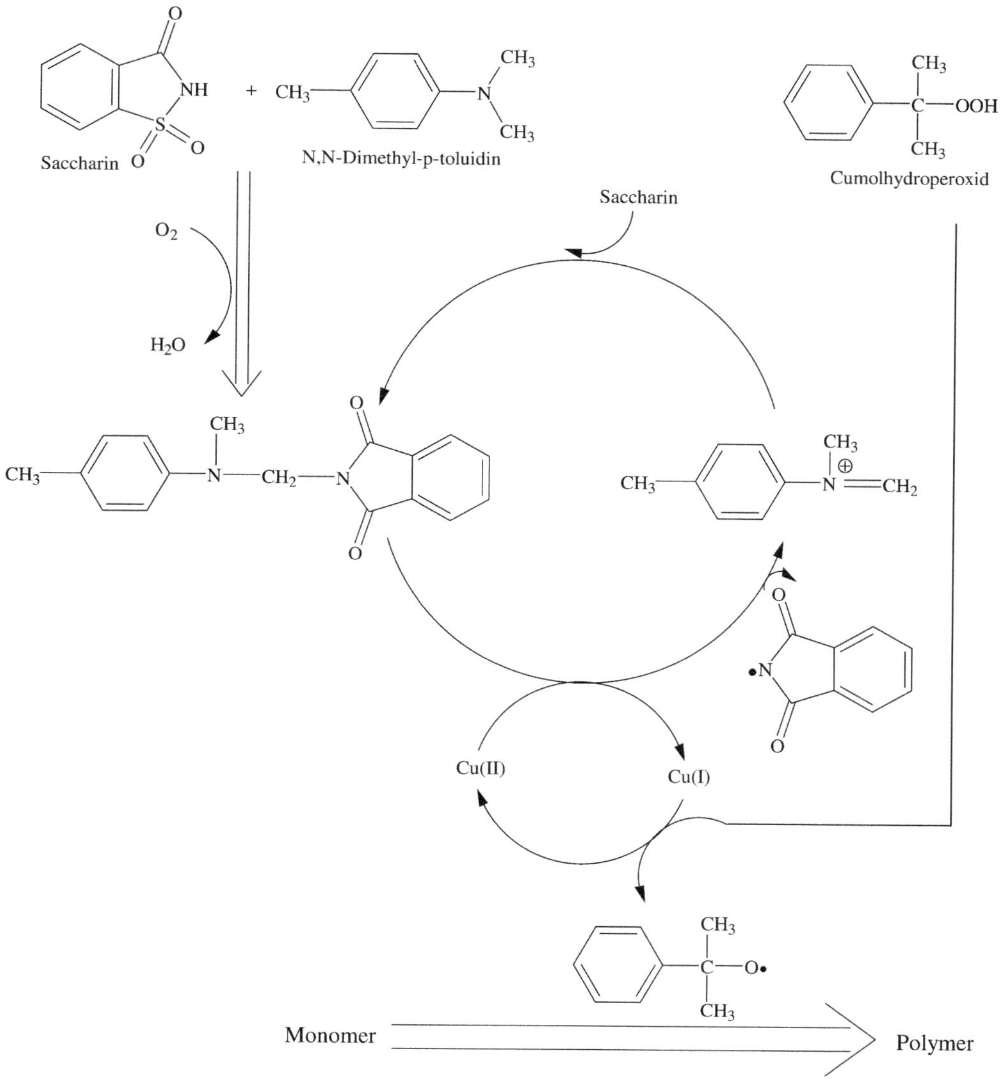

Abbildung 34 Härtungsmechanismus anaerober Klebstoffe

5.7.2.6 UV-härtende Acrylatklebstoffe

UV-härtende Acrylatklebstoffe sind ebenfalls radikalisch initiierte Systeme. Ein wesentliches Unterscheidungsmerkmal zu den anderen Klebstoffen ist die Härtungsgeschwindigkeit, die bei den UV-Systemen extrem hoch ist; sie liegt in der Regel im Sekunden- bis Millisekundenbereich [41]. Deshalb ist diese Fügetechnologie für die Herstellung von Produkten, die in großer Stückzahl mit hoher Präzision und Qualität hergestellt werden, prädestiniert. Die Realisierung einer solch hochautomatisierten Fertigung ist Voraussetzung für beispielsweise die Elektronikindustrie, um der rasanten Weiterentwicklung standhalten zu können.

Strahlenhärtung Im elektromagnetischen Spektrum (Abbildung 35) lassen sich einzelne Strahlungsbereiche festlegen: Sehr langwellige Strahlen wie Radio- oder Mikrowellen sind energiearm. Kurzwellige Strahlen wie Röntgenstrahlen oder kosmische Strahlen sind hingegen sehr energiereich. Je energieärmer elektromagnetische Strahlung ist, desto weniger wird Materie durch sie beeinflusst.

Mikrowellen und Infrarotstrahlen haben einen beschleunigenden Effekt auf chemische Reaktionen, da sie Rotationen bzw. Schwingungen von Molekülen anregen. Deshalb werden diese Technologien eingesetzt, um Aushärtungsreaktionen von beispielsweise klassischen Epoxidharzklebstoffen zu beschleunigen bzw. zu starten. Weiter links von der Infrarotstrahlung kann die energiereichere UV-Strahlung bereits Elektronenanregungen verursachen. Initiatoren, die bestimmte Wellenlängen im UV/VIS-Bereich absorbieren, werden in einen energiereichen Zustand versetzt und können sehr schnell chemische Reaktionen starten. Diese Technologie wird bei UV-härtenden Klebstoffen eingesetzt, die hier im Detail besprochen werden.

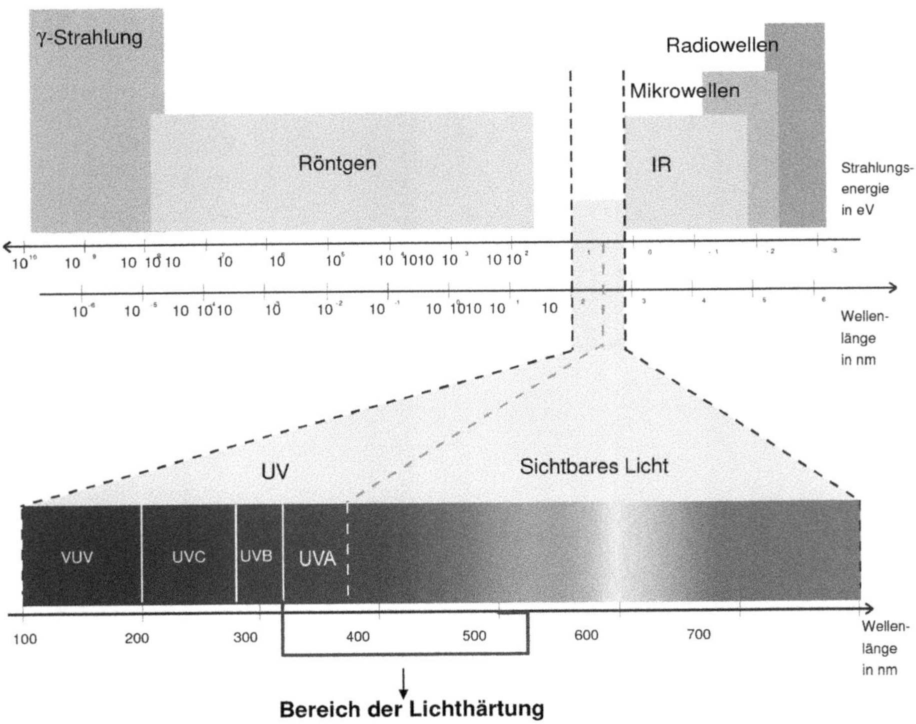

Abbildung 35 Elektromagnetisches Spektrum [41]

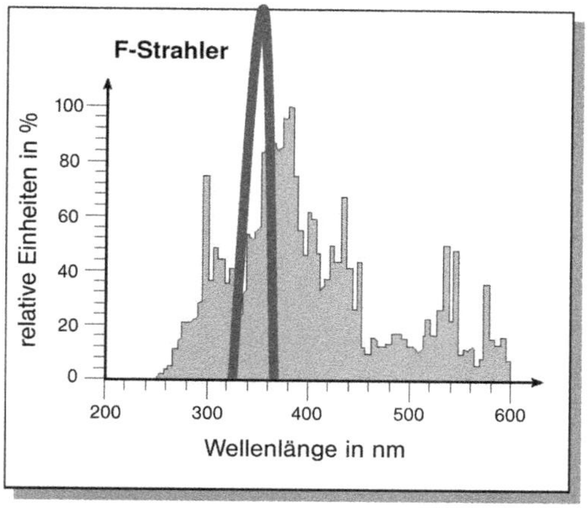

Abbildung 36 Emissionsspektrum einer Eisen-dotierten Gasentladungslampe und Absorptionsmaximum eines Photoinitiators [41]

Absorption und Reaktion Bei der Härtung von UV-Klebstoffen ist es erforderlich, dass die Absorptionswellenlänge des Initiators im Klebstoff mit der Wellenlänge der emittierten Strahlung der UV-Lichtquelle möglichst genau übereinstimmt, um einen effektiven Härtungsverlauf zu erreichen.

Aus Abbildung 36 ist ersichtlich, dass von dem breiten Spektrum einer Lichtquelle nur ein kleiner Bereich genutzt wird, in dem sich die Absorption des Photoinitiators mit der emittierten Strahlung überlappt. Deshalb ist es sehr wichtig, dass Lichtquelle und Klebstoff optimal aufeinander abgestimmt sind, um einen möglicht hohen Wirkungsgrad zu erreichen.

Weiterhin zu beachten ist der Einfluss des Substrates. Metallische Substrate beispielsweise reflektieren die Strahlung und können so die Reaktion beschleunigen und die Vernetzungsdichte in Substratnähe beeinflussen. Im sichtbaren Bereich transparente Substrate sind nicht unbedingt durchlässig für UV-Strahlung. Polycarbonat und Plexiglas (PMMA) enthalten beispielsweise UV-Stabilisatoren, welche die UV-Härtung verlangsamen oder gar blockieren.

Wie in Abbildung 37 dargestellt, werden durch eine 5 mm dicke Plexiglasscheibe 60 % der UVA-Strahlung, 10 % des sichtbaren Lichts und 100 % der UVB-/UVC-

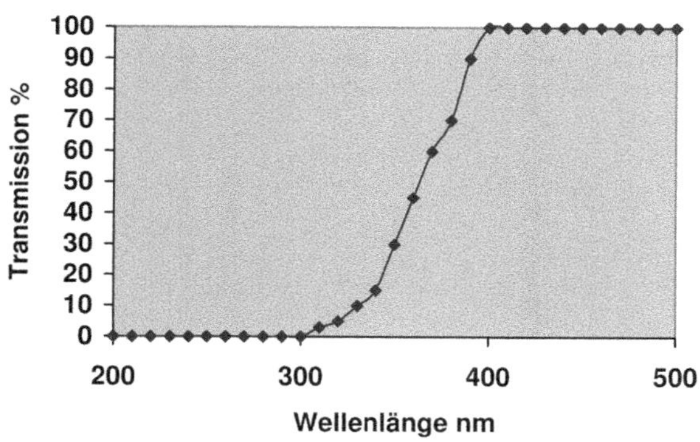

Abbildung 37 Transmissionskurve einer 5 mm dicken Plexiglasscheibe; gemessen mit UVAPrint 100 CV1, Plexiglas von Röhm

Strahlung absorbiert. UV-Klebstoffe, die durch solche Substrate gehärtet werden sollen, müssen also sehr stark im sichtbaren Bereich des Spektrums absorbieren.

Reaktionsmechanismus Beim Einsatz radikalisch härtender Acrylate muss mindestens ein Substrat für UVA-/UVB-Licht durchlässig sein, denn der Klebstoff härtet nur dann aus, wenn eine Bestrahlung erfolgt. Sobald die Lichtquelle ausgeschaltet wird, stoppt die Reaktion (Abbildung 38).

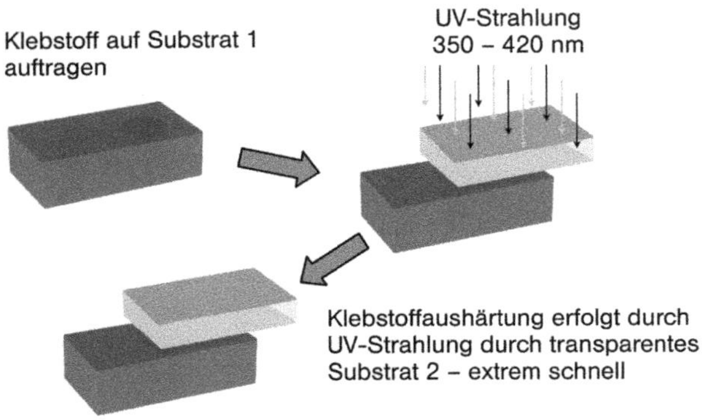

Abbildung 38 Schemazeichnung der radikalisch härtenden UV-Acrylate

Das heißt, eine ausreichende Bestrahlungszeit muss ermittelt werden, um eine vollständige Reaktion zu erhalten. Vorteile der radikalisch härtenden Systeme sind die sehr hohe Härtungsgeschwindigkeit sowie die nahezu stufenlos einstellbaren Eigenschaften wie Viskosität, Farbe, Flexibilität, Härte und Festigkeit.

Ein UV-Klebstoff kann seine besten Eigenschaften nur in Kombination mit einer geeigneten Strahlungsquelle erreichen. Auch im Bereich der Lichttechnologie wur-

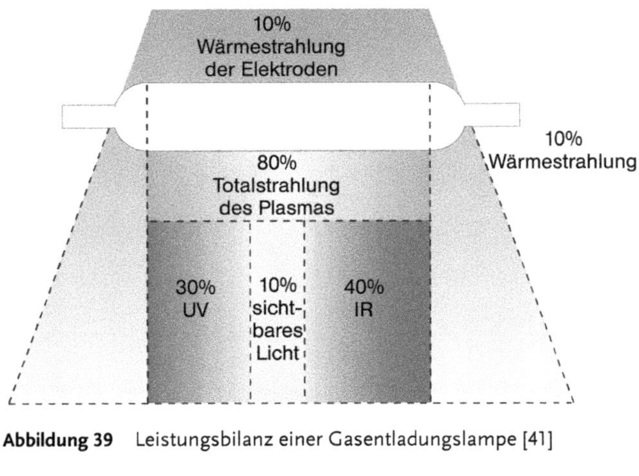

Abbildung 39 Leistungsbilanz einer Gasentladungslampe [41]

den in der letzten Zeit viele verbesserte Systeme entwickelt. So stehen dem Anwender heute verschiedene Lampengeometrien zur Verfügung, außerdem kann der verwendete Wellenlängenbereich eingegrenzt werden. In der Regel wird die UV-Strahlung durch Gasentladungslampen erzeugt, durch spezielle Reflektoren gebündelt und in eine homogene oder fokussierte Strahlung umgewandelt. Ein wesentlicher Nachteil der Gasentladungslampen ist der hohe Anteil an IR-Strahlung.

Manche Substrate (besonders Kunststoffe) können durch den hohen IR-Anteil geschädigt oder deformiert werden. Um die IR-Strahlung zu reduzieren, gibt es bestimmte Reflektoren, die eine bis zu 50% geringere Substrattemperatur bei gleichbleibender UV-Intensität ermöglichen. Wichtige Kenngrößen bei der UV-Härtung gibt Tabelle 11 an.

Bei der Definition von Aushärtungsparametern für Klebstoffsysteme sollten Kenndaten, wie in Tabelle 11 dargestellt, angegeben werden. Mit der Angabe der UV-Dosis kennt man die Energiedichte, die notwendig ist, um einen Klebstoff zu härten. Genauere Informationen erhält man jedoch über die Angaben der UV-Intensität in Abhängigkeit von den verschiedenen Spektralbereichen und Bestrahlungszeiten.

Anwendungsbeispiele UV-Klebstoffe können sehr vielseitig eingesetzt werden. Aufgrund der kurzen Aushärtezeiten können hohe Produktionsgeschwindigkeiten und kurze Taktzeiten realisiert werden. Bedingt durch den radikalischen Aushärtemechanismus lässt sich die UV-Härtung sehr einfach mit einer Warmhärtung durch den Zusatz von Peroxiden oder mit der anaeroben Härtung kombinieren. Durch die Kombinationshärtung können UV-Klebstoffe auch in Anwendungen eingesetzt werden, bei denen Schattenbereiche vorliegen und die Klebestelle nicht vollständig der UV-Strahlungsquelle zugänglich ist. UV-Klebstoffe sind besonders für die in Tabelle 12 zusammengefassten Industriezweige geeignet.

Tabelle 11 Kenngrößen der UV-Härtung

UV-Dosis	berechnet aus Intensität × Bestrahlungszeit	Einheit: mJ/cm^2
UV-Intensität	abhängig vom Abstand zum Substrat, von der Art des Substrats, vom Lampenreflektor und dem Alter der Lampe	Einheit: mW/cm^2

Tabelle 12 Einsatzgebiete für UV-Klebstoffe

Industriezweig	Anwendung
Elektronik	Fixieren und Schützen von elektronischen Bauteilen
Optik	Verkleben von Linsen, optischen Filtern
Glas	Verkleben von Möbeln, Vitrinen, Tischen
Audio	Kleben von Lautsprechern und -zubehör
Automobil	Abdichten von Sensoren
Design und Mode	kratzfeste Beschichtungen
Medizintechnik	Kleben von Einwegartikeln

Beim Einsatz der UV-Klebstoffe in den benannten Industriezweigen müssen die Klebstoffe neben der schnellen Aushärtung die in Tabelle 13 genannten Kriterien erfüllen.

Aus den Anforderungsprofilen ist zu ersehen, dass moderne UV-Klebstoffe in der Lage sind, sehr anspruchsvolle und vielfältige Funktionen zu übernehmen, wodurch sich die Einsatzgebiete in Zukunft noch erweitern werden.

Tabelle 13 Anforderungen an UV-Klebstoffe in unterschiedlichen Marktsegmenten

Industriezweig	Anforderungen an Klebstoff
Elektronik	gute Haftung auf Edelmetallen, Ferriten, FR4, Polyamid Ionenreinheit Beständigkeit in Lötprozessen niedriger thermischer Ausdehnungskoeffizient kontrolliertes Fließverhalten Dosierfähigkeit definierte dynamisch-mechanische Eigenschaften
Optik	definierter Brechungsindex definierte Transmission niedriger Schrumpf hohe Temperaturbeständigkeit
Glas	hohe Transparenz UV-Beständigkeit Klebstoff übernimmt tragende Funktion, daher hohe Festigkeit und Beständigkeit auf Glas und auf Glas in Kombination mit anderen Werkstoffen Ausgleich von Spannungsunterschieden
Audio	gute Haftung auf ungewöhnlichen Oberflächen wie getränkten Papieren keine negative Beeinflussung der akustischen Eigenschaften
Automobil	Beständigkeit in unterschiedlichen Medien wie Öl, Benzin Beständigkeit über einen großen Temperatureinsatzbereich (z. B. −40 °C bis +150 °C) Witterungsbeständigkeit definierte dynamisch mechanische Eigenschaften
Design/ Mode	hohe Transparenz UV-Beständigkeit hohe Abrasions- und Kratzbeständigkeit
Medizintechnik	Biokompatibilität hohe Transparenz gute Haftung auf Kunststoffen Kompatibilität mit Sterilisationsmethoden

5.7.2.7 **Cyanacrylate**

Bei den als Sekundenkleber bekannten Cyanacrylaten initiiert die an den Fügeteilen adsorbierte Feuchtigkeit die Härtung des Bindemittels in der Klebfuge, die in wenigen Sekunden bis Minuten abläuft. Cyanacrylate sind einfach zu verarbeiten, können jedoch Fugen von mehr als 0,1 mm kaum überbrücken. Im gehärteten Zustand liegen sie als Thermoplaste vor und lassen sich nicht oder nur gering plastifizieren. Sie eignen sich daher im Wesentlichen zum Fügen starrer Kleinteile. Aber auch einige Elastomere lassen sich zum Beispiel zur Herstellung von Dichtungsringen mit Cyanacrylatklebstoffen sehr gut verbinden.

Die Struktur des Monomers und die anionische Polymerisation der Cyanacrylate sind in Abbildung 40 dargestellt. Die Doppelbindung ist auf Grund der Nachbarschaft zu zwei Elektronen ziehenden Gruppen (der Nitril- und der Estergruppe) extrem empfindlich gegenüber nucleophilen Angriffen. Diese Eigenschaft macht man sich bei der Härtung zunutze, die schon durch schwach nucleophile Substanzen wie Wasser eingeleitet wird. Verschiedene Basen eignen sich zur Induzierung der Polymerisation von Cyanacrylaten, wogegen Säuren den Prozess inhibieren. Die extreme Reaktivität des Monomers führt zum schnellen Aushärten. Die Cyanacrylatmonomere können Methyl-, Ethyl- Isobutyl- und Ethoxyethyl-Estergruppen enthalten. Den Basismonomeren werden zur Viskositätserhöhung häufig in Cyanacrylatmonomeren lösliche Acrylate oder Methacrylate mit hoher Molekülmasse zugesetzt.

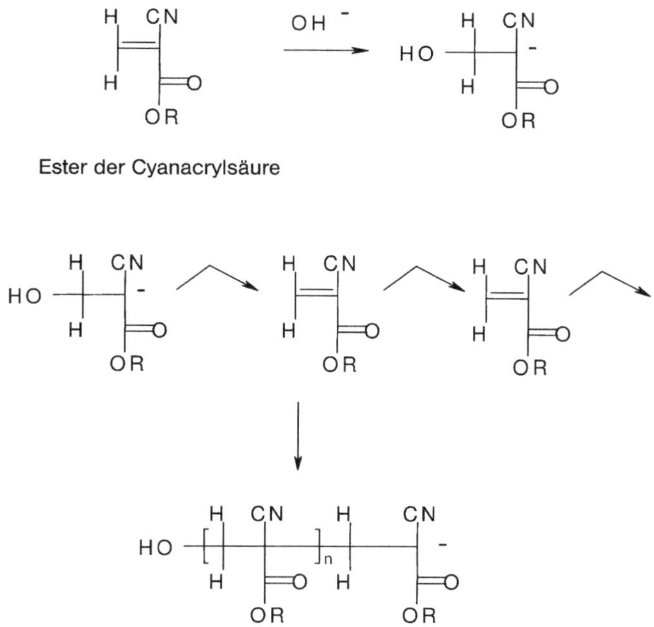

Abbildung 40 Struktur und anionische Polymerisation der Cyanacrylate

Beim Einsatz von Cyanacrylaten ist zu beachten, dass diese beim Aushärten zu Thermoplasten reagieren, die in der Anwendung hohe Kriechwerte aufweisen können und nicht besonders resistent gegen den Angriff von Feuchtigkeit sind. Um diesen Nachteil zu kompensieren, werden die Formulierungen gelegentlich durch Zugabe von Vernetzern oder thermisch stabilen Polymeren modifiziert.

1957 wurden in den USA erstmals Cyanacrylate entwickelt und unter dem Namen Eastman 910 vertrieben. Drei Jahre später folgte die Einführung in Deutschland unter dem Namen Sicomet der früheren Firma Sichel, heute ein Markenzeichen der Henkel Gruppe. Cyanacrylate werden für vielfältige Anwendungen eingesetzt, besonders für die industrielle Verklebung von Kunststoffen und Gummimaterialien. Auch finden sie als Gewebeklebstoffe in der Medizin oder als Sekundenkleber in Haushalten Verwendung.

5.8
Silicone

5.8.1
Einkomponenten-Systeme

Diese Systeme sind unter der Bezeichnung RTV-1 (RTV: Raum-Temperatur-Vernetzung) bekannt. Sie bestehen aus einem Polyorganosiloxan mit endständigen –OH-Gruppen und einem Vernetzer (zum Beispiel Methyltriacetoxysilan), der hydrolyseempfindlich ist, das heißt, er wird durch Wasser gespalten. Nach dem Aufbringen des Silicons reagiert der Vernetzer mit Feuchtigkeit aus der Luft. Das entstandene Silanol reagiert dann mit den freien –OH-Gruppen des Basispolymers, wodurch das Netzwerk entsteht. Diese Reaktion ist in Abbildung 41 dargestellt. Falls Methyltriacetoxysilan als Vernetzer Verwendung findet, wird Essigsäure bei der Reaktion freigesetzt. Dieser Geruch ist vielen Anwendern bekannt, die einkomponentige Silicone im Haushalt oder Beruf einsetzen.

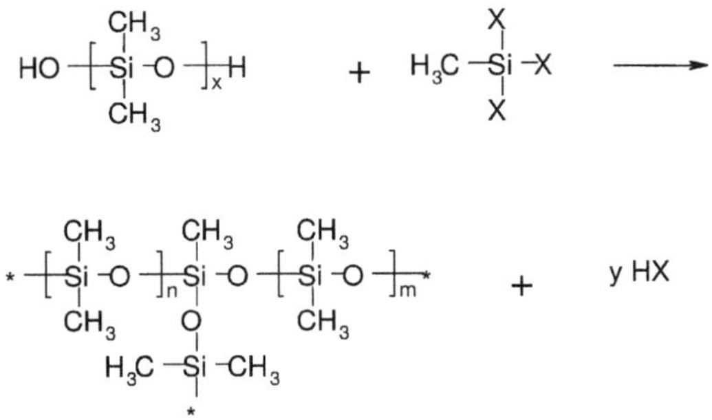

Abbildung 41 Reaktionsmechanismus eines Silicon-Einkomponentensystems

Bei den RTV-1-Systemen agiert das Wasser der Umgebung als reaktionsauslösende Komponente. Die Reaktionsgeschwindigkeit dieser Systeme ist eine Funktion der Luftfeuchtigkeit, Temperatur und Schichtdicke. Die vollständige Vernetzung wird, abhängig von diesen Einflussgrößen, in einem Zeitraum von wenigen Stunden bis zu mehreren Tagen erreicht.

5.8.2 Zweikomponenten-Systeme

Diese Systeme werden mit RTV-2 bezeichnet. Sie kommen in den Anwendungen zum Einsatz, wo auf Grund der Schichtdicke, Temperatur und Luftfeuchte die RTV- 1 Systeme zu lange Aushärtezeiten hätten. Die Vernetzung kann sowohl über eine Kondensations- als auch Additionsreaktion bewerkstelligt werden und benötigt keine Feuchtigkeit.

5.8.2.1 Kondensationsvernetzung

Bei diesem Reaktionstyp werden im Gegensatz zur Additionsreaktion bei der Aushärtung Reaktionsprodukte freigesetzt. Kondensationssilicone lassen sich mit einer größeren Vielfalt von Substratoberflächen verkleben und die Gefahr der Inhibierung der Vernetzungsreaktion ist kleiner als bei den Additionssystemen.

Unter der Verwendung eines Hydroxypolysiloxans und eines Kieselsäureesters entstehen, unter Abspaltung des entsprechenden Alkohols, stark verzweigte Silicone. Zinnorganische Verbindungen werden als Katalysatoren eingesetzt. Die Vernetzungsgeschwindigkeit wird bei gleichbleibender Basisformulierung durch die Temperatur, den pH-Wert und die Katalysatorkonzentration beeinflusst.

5.8.2.2 Additionsvernetzung

Additionssilicone für Kleb- und Dichtanwendungen wurden nach den Kondensationssiliconen entwickelt. Diese modernen Systeme bestehen aus einem Siloxan mit endständiger Vinylgruppe und einem Siloxan mit einem Wasserstoffatom, das direkt am Silicium gebunden ist. Die exotherme Additionsreaktion wird durch Platinverbindungen katalysiert (Abbildung 42). Sie kann bei Raumtemperatur ablaufen (bis zur vollständigen Aushärtung in zum Beispiel 24 h), wird jedoch durch Temperaturerhöhung stark beschleunigt (etwa auf 10 min bei 150 °C). Durch den Zusatz von Inhibitoren können Formulierungen bereitgestellt werden, die bei Raumtemperatur stabil sind und erst bei erhöhter Temperatur aushärten.

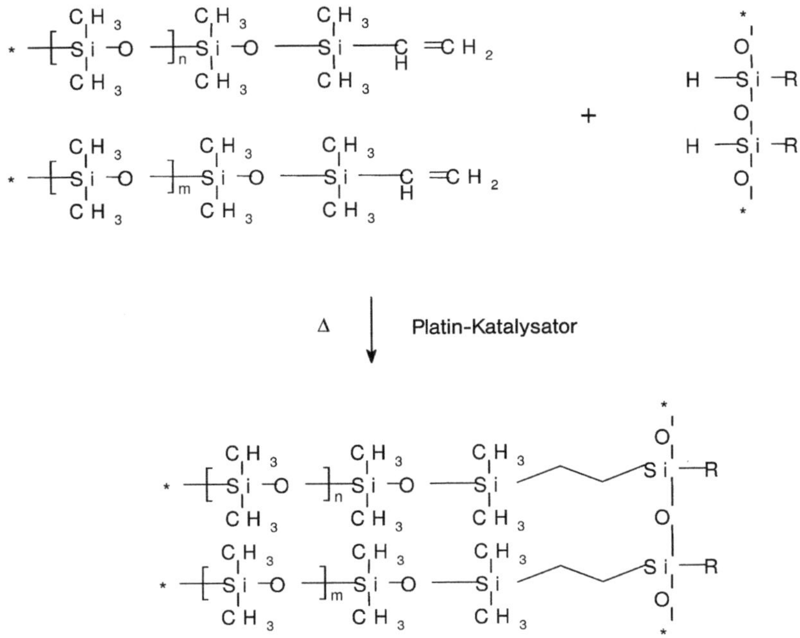

Abbildung 42 Additionsmechanismus eines Silicon-Zweikomponentensystems

5.9
Klebstoffe auf Naturstoffbasis

5.9.1
Einführung

Naturstoffe sowohl anorganischer als auch organischer Art waren bis in die 1930er Jahre die wichtigsten Rohmaterialien für Klebstoffe und wurden erst im Zuge der rasanten Entwicklung der Polymerchemie zunehmend durch synthetische Ausgangsprodukte ersetzt. Die Natur regte mit ihren vielfältigen Beispielen effektiver Klebtechnik den Menschen vermutlich an, sich dieses flexiblen Verbindungsverfahrens schon in sehr alten Zeiten zu bedienen. Man kann davon ausgehen, dass die Klebtechnik eines der ältesten Fügeverfahren ist, das der Mensch sich nutzbar machte. Wichtige Rohstoffe waren in früheren Zeiten Pech, Bitumen und organische Polymere, die man aus Knochen und Tierhäuten gewann, später Casein und nicht zuletzt die Stärke. Anorganische Ausgangsstoffe, die man zur Herstellung von Kitten einsetzte, sollen hier nicht betrachtet werden, da sie keine wesentliche Bedeutung mehr besitzen.

Mit der Einführung synthetischer Rohstoffe in die Klebstoffherstellung konnte die Leistungsfähigkeit der Bindemittel in vielen Fällen dramatisch verbessert werden, was insbesondere unter dem Aspekt der Festigkeit und der Langzeitbeständigkeit betrachtet werden muss, die bei Klebstoffen auf Naturstoffbasis den zunehmenden Anforderungen der Industrie in vielen Fällen nicht mehr genügen. Aus dieser Zeit stammt das Vorurteil, dass Kleben als konstruktive Verbindungstechnik nicht geeignet sei. Aus dem Jahr 1916 sind bitterböse Briefe des Leiters der Marineluftschiffabteilung an die Admiralität erhalten, in denen dieser sich beklagt, dass die Strukturen der damals auch von der Marine verwendeten Schütte-Lanz-Luftschiffe, deren Gerüst aus formverleimtem Aspenholz bestand und zu deren Verklebung kalthärtende Caseinklebstoffe eingesetzt worden waren, in den feuchten Umgebungen der Luftschiffhallen in Norddeutschland delaminierten. Wären damals schon die heute zum Herstellen von Sperrholz üblichen Phenolharze verwendet worden, könnte man diese Luftschiffgerüste sicher immer noch benutzen.

Allerdings überlebten Klebstoffe auf Naturstoffbasis in einigen Anwendungsgebieten bis heute. Etwa 6 % der momentan in Deutschland hergestellten Gesamtklebstoffmenge basieren auf natürlichen Rohstoffen, und es könnte sein, dass sich dieser Anteil in Zukunft aus ökonomischen oder auch ökologischen Gründen wieder etwas erhöht. Die dafür möglichen Gründe sind kurz in Tabelle 14 zusammengefasst, in der die Vorteile dieser Klebstoffgruppe ihren Nachteilen gegenübergestellt sind. Unter den Vorteilen ist die CO_2–Vermeidung sicherlich weniger wichtig, da die Herstellung der Gesamtklebstoffmenge in der Welt nicht einmal 1 % der mineralischen organischen Rohstoffe in Anspruch nimmt. Wichtiger sind zweifellos die physiologische Verträglichkeit und auch die biologische Abbaubarkeit und die ebenfalls genannte Möglichkeit, Klebverbindungen durch enzymatischen Abbau des Klebstoffs gezielt wieder zu lösen, was allerdings ziemlich großen Zeitaufwand erfordert und deshalb industriell im Rahmen der Abfallwirtschaft Schwierigkeiten bereiten wird.

Natürliche Polymere haben meistens den Nachteil, nicht sehr beständig zu sein, weil die Natur das Recyclingsystem der Verwesung effektiv nutzt; dies setzt eine gewisse Zerstörbarkeit der natürlichen Materialien voraus, worüber man meistens bei der Argumentation über natürliche Rohstoffe nicht nachdenkt. Auf die nicht überragenden Langzeiteigenschaften von Klebverbindungen mit natürlichen Klebstoffen wurde bereits hingewiesen. In einigen Fällen lässt sich jedoch, wie später erläutert wird, durch Zugabe von Härtersubstanzen im Sinne einer Vernetzung der polymeren Ausgangsstoffe eine Optimierung erreichen. Manchen mag es er-

Tabelle 14 Vor- und Nachteile natürlicher Klebstoffe

Vorteile	Nachteile
• CO_2-Vermeidung (Kreislauf)	• Rohstoffqualität
• oft bessere physiologische Verträglichkeit	• Lagerfähigkeit (bakterielle Schädigung)
• biologische Abbaubarkeit	• Langzeiteigenschaften der Klebungen
• Strukturviskosität!	• Formulierungsgrenzen
• gezielte (enzymatische) Lösbarkeit	• Wirtschaftlichkeit (z.B. Rohstoffpreis)

staunen, dass der Aspekt der Wirtschaftlichkeit zu den Nachteilen gezählt wird. Natürliche Rohstoffe können im Prinzip billiger sein als synthetische. Allerdings unterscheiden sich natürliche Rohstoffe oftmals sehr stark in ihrer Qualität, die von den Entstehungsbedingungen der Rohstoffe abhängen kann. Wirtschaftliche Probleme können auch entstehen, wenn das Angebot natürlicher Rohstoffe und der Rohstoffpreis am Weltmarkt schwankt, was bei der Kalkulation der Klebstoffpreise zu erheblichen Schwierigkeiten führen kann.

5.9.2
Klebrohstoffe aus der Natur

Die in Naturklebstoffen eingesetzten höhermolekularen organischen Ausgangsmaterialien lassen sich im Prinzip unter den Aspekten ihres chemischen Grundaufbaus in vier Gruppen unterteilen, die in Tabelle 15 zusammengefasst sind. Proteine zählen zu den wichtigsten natürlichen Aufbaustoffen von lebenden Zellen des Tier- und Pflanzenreichs. Sie werden auch als Eiweißstoffe in der älteren Literatur bezeichnet. Proteine sind hochmolekulare, kolloide Naturstoffe, die sich aus einer größeren Zahl verschiedener Alpha-Aminosäuren als Grundbausteine zusammensetzen und in denen die Aminosäuren jeweils über die Peptidbindung zu langen Ketten miteinander verbunden sind. Die so genannten Makropeptide, wie Proteine auch genannt werden, enthalten über hundert Aminosäuren. Ein für die Klebstoffherstellung besonders wichtiges Protein ist das Collagen, das u.a. den Hauptbestandteil des Stütz- und Bindegewebes der Sehnen, Bänder, Knorpel und der organischen Knochensubstanz bildet. Collagen geht beim Kochen mit Wasser, namentlich bei Zusatz von Säuren, in den kolloidlöslichen Knochenleim über. Reinigt man diesen Knochenleim weiter, erhält man die farblose Gelatine, die im warmen wässrigen Medium starkes Quellungsvermögen besitzt und beim Erkalten zu einer Gallerte erstarrt. Zu den Proteinen zählt auch eine weitere wichtige Rohstoffgruppe zur Herstellung von Naturklebstoffen, das Casein. Dies ist ein lösliches Calciumsalz, das in der Milch enthalten ist. In dieser Proteinart ist eine Phosphorsäure esterartig an eine freie OH-Gruppe gebunden. Auch das Albumin in Form des so genannten Blutalbumins zählt zu den Proteinen.

Tabelle 15 Grundbausteine von Naturklebstoffen

- Proteine (z.B. Elastin, Fibronectin, Keratin, Kollagen)
- Polysaccharide (z.B. Cellulose, Stärke, Gummiarabicum)
- Polyphenole (z.B. Lignin, Urushiol)
- Lipide (z.B. Terpene, Terpenharze)

Die zweite Gruppe, Polysaccharide, umfasst u.a. die für die Klebstoffherstellung nicht unwichtige Cellulose und insbesondere die Stärke, aus der die später noch zu erwähnenden Dextrinleime hergestellt werden, die heute noch vielfältig zur Anwendung gelangen (s. Abschnitt 8.5). Als historisch interessantes Beispiel sei das Gummiarabicum genannt, auch als Akaziengummi oder Sudangummi bekannt.

Es handelt sich um ein Alkalisalz der Arabinsäure, das als Polysaccharid aus Rinden von Acazia arabica gewonnen wird. Dieses Polysaccharid ist in warmem Wasser löslich, in Alkohol dagegen nicht. Gummiarabicum lässt sich als wässrige Lösung auftragen und trocknen und ist durch Wiederzuführung von Wasser reaktivierbar, d. h. wieder klebbar zu machen. Aus diesem Grunde wurde es früher häufig als feuchtigkeitsaktivierbarer Klebstoff für Briefmarken eingesetzt, der an seinem schwach süßlichen Geschmack sehr gut erkennbar war und daher bei Briefmarkensammlern heute noch geschätzt wird. Als Klebstoff hat Gummiarabicum mittlerweile praktisch keine Bedeutung mehr, wenngleich es in kleinen Mengen nach wie vor als Papierklebstoff am Markt ist. Eine interessante Anwendung findet Gummiarabicum als Bindemittel bei der Tablettenherstellung, wodurch bis heute ein Weltverbrauch von 50 000 t pro Jahr besteht.

Natürliche Polyphenole, zu denen beispielsweise das Lignin gehört, das bei der Holzverarbeitung gewonnen wird, haben im Bereich der Klebstoffherstellung keine große Bedeutung mehr. Die Lipide oder auch eine Untergruppe, die Lipoide (insbesondere in der Form von Terpenen und Terpenharzen, zu denen auch im weiteren Sinne das Kolophonium gehört), sind hingegen von Interesse, da auch der Naturkautschuk als Polyisopren im weiteren Sinne zu dieser Stoffgruppe gehört. Lipide sind Glycerinester der geradzahligen Fettsäuren. Zu dieser Grundstoffgruppe zählen auch die so genannten Wachse, die oft als Zusatzstoffe in modernen Klebstoffen noch Verwendung finden. Hierbei handelt es sich um mit höheren einwertigen Alkoholen veresterte Fettsäuren. Kolophonium war in einer Mischung mit Naturkautschuk der erste wirklich brauchbare Haftklebstoff zur Herstellung von Pflastern. Ebenfalls zu den Terpenen ist im weiteren Sinne der Schellack zu zählen, den eine indische Lackschildlaus in Form eines Sekrets produziert und dessen Hauptbestandteile aliphatische und aromatische Hydrocarbonsäuren sind. Schellack lässt sich in Alkohol lösen oder auch als Schmelzklebstoff mit Schmelztemperaturen von 65–85 °C einsetzen. Man benutzte ihn in alten Zeiten zum Einkleben von Rubinlagern in die Platinen von Uhrwerken.

Genannt seien auch beispielhafte Kombinationen der vier Rohstofftypen, darunter zunächst das uns noch vertraute Celluloid, das aus nachnitrierter, mit Campher plastifizierter Naturcellulose besteht. Celluloid gilt heute, nachdem es als Klebstoff nicht mehr eingesetzt wird, als kostbarer Rohstoff für Kämme. Celluloidderivate werden wegen ihres ungemein sympathischen haptischen Verhaltens als Füllfedergehäuse bei Nobelmarken eingesetzt.

Der ebenfalls bekannte Marineleim, den man vor allem zum Dichten von Holzschiffen (Kalfatern), aber auch sonst zum Kleben unterschiedlicher Materialien verwendete, war eine Mischung aus Kautschuk, Asphalt und Petroleum und konnte zusätzlich Schellack enthalten. Eine typische Rezeptur besteht aus 100 Gewichtsteilen Kautschuk, in 120 Gewichtsteilen Petroleum (während etwa 2 Wochen) gelöst; in diese Lösung werden 20 Gewichtsteile geschmolzener Bitumen eingetragen. Eine Variante bestand darin, etwa 50 g zerstückelten Kautschuk in 200 g Schwefelwasserstoff und 130 g Organschellack in 300 ml hochprozentigem Alkohol zu lösen und beide Lösungen zu einem Leim zu vermischen. Dieser Marineleim muss unter Luftabschluss aufbewahrt werden und lässt sich warm verarbeiten. Er haftet vorzüglich auf Holz, Stein, Glas und auch Metall.

Ein weiteres klassisches Rezept für einen Schmelzklebstoff betrifft den Siegellack. Die alten Rezepturen verlangten als Bestandteile Kolophonium, Schellack, Terpentin und Zinnober; heute verwendet man ein Gemisch aus Schellack, Zinnober, Kreide, Gips und Terpentin. Es mag verwunderlich sein, dass dieser Siegellack hier unter den Naturklebstoffen genannt wird. Der Grund dafür ist, dass er als sehr guter Schmelzklebstoff mit sehr angenehmen Fließeigenschaften beispielsweise zum Verkleben von Glas verwendet werden kann und vakuumdichte (bis 10^{-6} Torr) Fugen ermöglicht.

In Tabelle 16 sind die Klebstofftypen aufgelistet, dies sich auf Naturstoffbasis herstellen lassen. Es ist klar erkennbar, dass praktisch alle in Abschnitt 4 besprochenen Klebstoffarten sich, falls gewünscht, auch aus reinen Naturrohstoffen herstellen lassen. Lösungsmittelhaltige Kontaktklebstoffe, die die Natur nicht kennt, kann man beispielsweise aus Schellack in Alkohol herstellen. Damit lassen sich, was Restauratoren wissen, zerbrochene Schildpattteile gut wieder zusammenfügen. Einen natürlichen Dispersionsklebstoff kann jeder zu Hause prüfen: Man schneide von Ficus benjamini, einer beliebten Zimmerpflanze, einen Zweig ab und entferne die dann austretende Kautschukdispersion mühsam wieder von der Schere, nachdem das Wasser bereits verdunstet ist. Als wasserreaktivierbare Festklebstoffe existieren neben dem bereits genannten Gummiarabicum heute noch Kautschukdextrinmischungen, die man beispielsweise als Verschlussklebstoffe für Briefumschläge einsetzt (s. Abschnitt 8.5). Natürliche Schmelzklebstoffe für die Uhrenmontage bestehen, wie bereits erwähnt, aus Schellack. Auch Kolophonium kann als Schmelzklebstoff zum Einsatz gelangen. Viele Jahre lang verwendete die optische Industrie Kanadabalsam als Bindemittel für Linsen, da er glasklar ist und die Brechungseigenschaften der Grenzflächen verschiedener Gläser nicht beeinflusst. Pech oder Bitumen als Klebstoff verwendet man heute noch in manchen Bereichen des Bauwesens, etwa zum Verbinden von Dachpappe; Wachse, die im alten Ägypten zum Befestigen von Goldbeschichtungen auf Holzstaturen dienten, haben heute zwar als Klebstoffe keine Bedeutung mehr, werden allerdings als Zuschlagstoffe nach wie vor genutzt. Am Schluss sei als Kuriosum der immer noch in größeren Mengen gewonnene Bernstein genannt, der sich durch einen Schmelzpunkt von 380 °C auszeichnet. Auf die zuletzt genannten lösbaren Kleb-

Tabelle 16 Klebstofftypen auf Naturstoffbasis

- Lösungsmittelhaltige Kontaktklebstoffe (z.B. Schellack/Alkohol)
- Dispersionsklebstoffe (Ficus Benj.)
- Wasseraktivierbare Festklebstoffe (Kautschuk/Dextrin, Gummiarabicum)
- Schmelzklebstoffe (Kolophonium, Bernstein, Schellack)
- Wasserhaltige Strukturklebstoffe (Casein, Blutalbumin, Glutin) ohne chemische Vernetzung (Strukturviskosität)
- Wasserhaltige Strukturklebstoffe (z.B. Glutin/Formalin) mit Vernetzung
- Haftklebstoffe (PSA) (Kautschuk-Kolophonium)
- Lösbare Klebstoffe (Seepocke)

stoffe, wie sie beispielsweise die bei Seefahrern unbeliebte Seepocke benutzt, um sich an Schiffsrümpfen widerstandserhöht zu befestigen, wird in Abschnitt 8.15 eingegangen [42–45].

5.9.3 Moderne Klebstoffe auf Naturstoffbasis

Die bisher genannten Beispiele für natürliche Klebstoffe könnten den Eindruck vermitteln, dass diese nur noch in speziellen Nischen der Klebtechnik erfolgreich eingesetzt werden. Im Folgenden soll daher gezeigt werden, dass Naturklebstoffe auch für den großindustriellen Einsatz durchaus in Frage kommen und nicht immer Gründe bestehen, sie durch synthetische Produkte zu ersetzen. Dies gilt für warm verarbeitbare Glutinleime, kalt verarbeitende Caseinleime und die ebenfalls kalt zu verarbeitenden Dextrinleime. Der Ausdruck Leime wird in diesem Abschnitt bewusst beibehalten, weil er in den typischen Anwendungsbereichen, nämlich der Papier und Holz verarbeitenden Industrie, noch immer gebräuchlich ist (s. Abschnitte 8.4 und 8.5).

5.9.3.1 Glutinleim

Ausgangsstoff für den Glutinleim ist das bereits erwähnte hochmolekulare Protein Collagen, das im Rohzustand wasserunlöslich ist, entsprechend seiner Herkunft jedoch unterschiedliche mechanische Eigenschaften haben kann. So ist Hautcollagen hochelastisch während Knochencollagen eine hohe Härte aufweist.

Um Collagen wasserlöslich zu machen, überführt man es durch Zusatz von Calciumhydroxid oder durch Einwirken von Wasserdampf in das wasserlösliche Glutin. Dabei werden im Collagen bestehende Querverbindungen zwischen den Ketten gelöst und teilweise auch die Kettenlänge reduziert. Im Anschluss daran dampft man die Lösung im Vakuum schonend bei Temperaturen unter 100 °C zu höheren Konzentrationen ein. Die erstarrte Leimbrühe wird in Plättchen, Würfel oder andere kleine Formen geteilt, die anschließend bis auf 12–15 % Restfeuchtigkeitsgehalt getrocknet werden.

Dieses trockene Leimmaterial, das noch bakterielle Schutzmittel enthalten kann, wird kurz vor dem Auftrag bei Temperaturen von etwa 60 °C wiederum mit Wasser zu einer 35–50 %gen Leimlösung angemischt, die eine Viskosität von 500–2000 Pa hat und deren Viskosität durch geringfügige Überhitzung bis zu 100 °C kurzzeitig abgesenkt werden kann, was den Auftrag erleichtert. Die Lösung wird gewöhnlich bei etwa 60 °C aufgetragen und erstarrt bei Erreichen von 40 °C nahezu schlagartig zu einem Festkörper, der dann noch nachgetrocknet werden muss. Es ist möglich, dieses Glutinsystem durch Zusatz von Paraformaldehyd heißhärtbar zu machen, d. h. auch räumlich zu vernetzen und damit die Wasserbeständigkeit des Endproduktes zu erhöhen.

Der besondere Vorteil ist der schnelle Umschlag der Viskosität bei etwa 40 °C, der Glutinleime bei geringer Auftragstemperatur bei sehr schnellen Klebprozessen, beispielsweise der Buchbinderei, schwer ersetzbar erscheinen lässt.

Der Vorzug der warm verarbeitbaren Glutinleime gegenüber anderen Naturklebstoffen besteht insbesondere in ihrer guten Verformbarkeit im ausgehärteten Zustand. Nicht zuletzt deswegen setzt man sie für Rückenverklebungen bei der Buchbindung ein und auch in Holzverbunden, die nach dem Klebprozess noch umgeformt werden sollen (s. auch die Abschnitte 8.4 und 8.5).

5.9.3.2 Caseinleime

Caseinleime werden heute noch in einigen Bereichen der Holzverarbeitung in Form so genannter Kaltleime verwendet. Der Grundstoff Casein ist, wie bereits erwähnt, ein Phosphorprotein, das in reiner Form wasserunlöslich ist und in Gegenwart von Wasser lediglich quellen kann. Nur durch Zusatz von alkalischen Stoffen, beispielsweise der Natronlauge, wird Casein so weit hydratisiert, dass es in Wasser gelöst werden kann.

Eine typische Rezeptur für kalt härtenden Caseinleim besteht darin, 100 g Casein in 250 g Wasser quellen zu lassen und anschließend 11 g NaOH hinzuzugeben. Setzt man dann noch 20 g Calciumhydroxid $Ca(OH)_2$ zu, wird eine höhere Wasserbeständigkeit des getrockneten Leims erreicht, als sie beispielsweise mit einfachen Glutinleimen zu realisieren ist. Das angesetzte Gemisch bleibt sechs Stunden lang brauchbar. Wenn hier von Wasserbeständigkeit gesprochen wird, ist aus der Sicht moderner Strukturklebstoffe allerdings Vorsicht geboten. Beispielsweise können mit Caseinleimen hergestellte Holzverbindungen im Außenbereich, d. h. unter Bewitterung, nicht eingesetzt werden. Eine gewisse Erhöhung der Wasserbeständigkeit lässt sich mit der folgenden modifizierten Rezeptur erreichen: 100 g Casein quellen zunächst wieder in 250 g Wasser; daneben wird eine Calciumhydroxidlösung (20–30 g in 100 g Wasser) hergestellt, schließlich werden beide Lösungen vermischt. Dieser Mischung werden nun noch 70 g Wasserglas ($Na_2O \cdot n\ SiO_2$) zugesetzt, was zu einer deutlichen Verbesserung der Feuchtigkeitsbeständigkeit führt. Auch diese Rezeptur erreicht allerdings die Wasserbeständigkeit heute üblicher Phenolharzklebstoffe in Holzverbindungen nicht, weshalb Caseinleimen in der Zukunft wohl nur noch eine untergeordnete Bedeutung zugesprochen werden kann.

5.9.3.3 Dextrinleime

Dextrinleime bestehen aus in Wasser gequollener (nicht gelöster) Stärke, die in sehr unterschiedlichen Qualitäten am Markt verfügbar ist. Stärke-Wasser-Mischungen mit einem Stärkegehalt von etwa 10–20% haben die interessante Eigenschaft, bei 50–70 °C unter etwa 100facher Volumenvergrößerung mit drastischem Viskositätsanstieg zu »verkleistern«. Diese so genannte Verkleisterungstemperatur lässt sich durch Hydratation z. B. mit Calciumchlorid absenken. Außerdem zeigen Stärke-Wasser-Gemische ausgeprägte Strukturviskosität, d. h. einen starken Viskositätsabfall mit zunehmender Verformungsgeschwindigkeit und zusätzlich auch eine hohe Thixotropie. Man kann deshalb Stärkeklebstoffe mit sehr geringen Stärkegehalten und entsprechend niedriger Anfangsviskosität herstellen, die sich sehr schnell verarbeiten lassen. Erhitzt man Stärke auf etwa 110 °C unter Zugabe kleinerer Mengen von Salpetersäure, bilden sich Dextrine, ebenfalls

Saccharide, die wasserlöslich sind, aber weniger verdickend wirken und daher in hoher Konzentration (bis zu 60 %) gelöst werden können. Die ungewöhnlichen Viskositätseigenschaften sind der Grund dafür, dass Stärke bzw. Dextrinklebstoffe nach wie vor (teils neben Casein) zur Herstellung von Wellpappe und im Etikettierungsbereich eingesetzt werden. Erwähnt wurde bereits, dass sich Dextrin mit Kautschuk mischen lässt, woraus sich feuchteaktivierbare Umschlagverklebungen realisieren lassen, was auch mit Mischungen aus Polyvinylacetat und Dextrin gelingt.

5.9.3.4 Haftklebstoffe auf Naturstoffbasis

Es wurde bereits erwähnt, dass Mischungen aus Terpenharzen, zu denen auch das Kolophonium gehört, und Naturkautschuk als Haftklebstoffe in der zweiten Hälfte des 19. Jahrhunderts eingeführt und zunächst zur Herstellung von Heftpflastern und einfachen Klebebändern eingesetzt wurden (s. Abschnitt 5.1). Die Mischungen stellt man in geeigneten organischen Lösungsmitteln her, die nach dem Klebstoffauftrag abdampfen. Zurück bleibt eine selbstklebefähige Masse, die dadurch gekennzeichnet ist, dass das Terpenharz im Naturkautschuk nicht ganz homogen gelöst ist, sondern im hochangereicherten Zustand Domänen bildet, in denen nur geringfügige Kautschukanteile vorhanden sind. Diese Domänen gewährleisten den Tack (die Anfangshaftfestigkeit). Der Kautschukrest bildet als Elastomer die kraftübertragende Klebstoffsubstanz, die allerdings noch so fließfähig ist, dass sie Oberflächenrauigkeiten auch nach dem Aufbringen eines zweiten Fügeteils in gewissem Grade ausfüllen kann. Das Phänomen des Tack ist molekular bis heute nicht völlig geklärt.

Im medizinischen Bereich werden solche Kautschuk-Terpen-Mischungen zum Teil noch verwendet, während in anderen industriellen Bereichen der Naturkautschuk durch Synthesekautschuk ersetzt wird, der mit Styrol copolymerisiert ist, sodass er bei der Erstarrung tragfähige Domänen bildet.

Selbstklebegummierungen werden auch für Briefumschlagsverschlüsse eingesetzt. Sie basieren auf Naturkautschuklatices, mit denen beide Seiten des Verschlusses beschichtet werden. Die Verklebung erfolgt durch Zusammendrücken der beiden Schichten und die dabei erfolgende Diffusion (s. Abschnitt 8.5).

5.9.4 Zukünftige Entwicklungen

Klebstoffe auf Naturstoffbasis haben also bis heute durchaus industrielle Bedeutung. Weiterentwicklungen deuten sich an, weil es jetzt gelingt, über die Gentechnik Naturstoffe gezielt zu beeinflussen und damit zu Klebsystemen zu gelangen, die die Natur bereits kennt, die dem Menschen allerdings noch nicht zur Verfügung stehen. Die Seepocke kann sich unter Wasser, d. h. in feuchter Umgebung, an Schiffsoberflächen festkleben und dort wasserbeständig haften. Sie ist aber auch in der Lage, diesen Klebstoff gezielt (vermutlich enzymatisch) wieder zu lösen, wenn sie ihren Platz wechseln will. Die Chemie dieser Klebstoffe ist nur teilweise bekannt und außerordentlich komplex.

Es sollte in diesem Zusammenhang auch darauf hingewiesen werden, dass die heute modernen Aspekte der Ökologie für den Bereich der Klebstoffe nur begrenztes Gewicht haben, nicht zuletzt, weil der Klebstoffanteil in Produkten mengenmäßig häufig sehr gering ist, sodass sowohl die Rohstofffragen als auch Fragen des Recyclings nicht überbewertet werden dürfen. Beispielsweise befinden sich in einem großen Flugzeug ungefähr 100 kg Strukturklebstoff, in einer geklebten Karosserie etwa 7–15 kg. Mengenmäßig lohnt sich deshalb eine Rückgewinnung in der Regel nicht. Beachtet werden muss nur, dass beim Recycling der ursprünglich verklebten Teile dort verbleibende Klebstoffreste die Eigenschaften der Nachfolgeprodukte nicht wesentlich negativ verändern. Grundsätzlich sind organische Naturstoffe, wie bereits eingangs erwähnt, für das Recycling zum Originalstoff nicht geeignet, weil ihre Beständigkeit bei den nachfolgenden Bearbeitungsvorgängen gewöhnlich zu einer inakzeptablen Verschlechterung der Produkteigenschaften führt. Andererseits kann man bei Naturprodukten davon ausgehen, dass bei Recyclingvorgängen anfallende Abspaltprodukte und Reste ökologisch in der Regel unkritisch sind. Es kann also erwartet werden, dass im Bereich der Klebstoffe auf Naturstoffbasis in Zukunft interessante Spezialitäten entwickelt werden, deren großindustrieller Einsatz aber vermutlich auf die genannten Bereiche beschränkt bleiben wird.

5.10
Aufbau der Primer und Haftvermittler

Die fertigungstechnischen und adhäsionsbeeinflussenden Funktionen von Primern ebenso wie ihr prinzipieller Aufbau sind in Abschnitt 4.4 beschrieben. Dort wurde auch erwähnt, dass Primer spezielle Haftvermittler enthalten können, deren direkte Zugabe zum Klebstoff zwar möglich, aus verschieden Gründen aber nicht immer sinnvoll ist. Eine klare Differenzierung zwischen Primern und Haftvermittlern ist nicht ganz einfach, weil z. B. auch Haftvermittler in Lösungen, wie sie beim Kleben von Glas etwa zum Einsatz kommen, oft als Primer bezeichnet werden. Beschränkt man sich bei der Betrachtung aber auf das Gebiet der Klebtechnik und die dort üblichen Primer und Haftvermittler, kann man diese leidlich exakt definieren. Primer sind hier im applizierten Zustand polymergebundene, dünne Schichten auf dem zu verklebenden Fügeteil, die dem Klebstoff ähnliche oder auch andersartige Komponenten enthalten können. Haftvermittler sind meistens niedermolekulare organische Substanzen mit speziellen reaktiven Gruppen, die mit der Fügeteiloberfläche einerseits und mit dem Klebstoff andererseits chemische Bindungen eingehen können, was später an Beispielen erläutert wird.

5.10.1
Primer

Polymerchemisch unterscheiden sich Primer im Bereich der Klebtechnik von den Klebstoffen prinzipiell nicht. Im einfachsten Fall handelt es sich um Klebstofflösungen, die die Benetzung verbessern und im trockenen oder ausgehärteten Zustand die Oberfläche schützen. Letzen Endes wandelt der Primer die Fügeteiloberfläche in eine Polymeroberfläche um, die klebtechnisch besonders unter dem Aspekt der Langzeitbeständigkeit weniger Probleme bereitet als anorganische Oberflächen. Voraussetzung dafür ist allerdings, dass das bindende Polymer zumindest polare Gruppen oder auch Restreaktivitäten für gute adhäsive Anbindung des Klebstoffs enthält. Klassisches Beispiel für Primer dieser Art ist die seit vielen Jahren im Flugzeugbau im Zusammenhang mit Phenolharzklebstoffen eingesetzte Primerlösung, die Resole, Polyvinylformal und als Lösungsmittel z. B. Ethanol und Dichlorethan enthält. Im getrockneten Zustand unterscheidet dieser Primer sich vom Klebstoff chemisch nicht. Allerdings ist die Mischung der Komponenten homogener als beim Klebstoff (s. Abschnitt 5.4). Damit kann der Primer spröder sein, was aber wegen seiner geringen Schichtdicke in der Klebung nicht ins Gewicht fällt ist. Es mag hier erwähnt sein, dass dieser Phenolharzprimer im ausgehärteten Zustand auch ein vorzüglicher Haftgrund für Epoxidharzklebstoffe sein kann, was Fokker viele Jahre erfolgreich im Bereich der Längsnähte in Flugzeugrumpf nutzte. Hier wurden die mit Phenolharz geprimerten Bauteile unter Einsatz von kalthärtenden Zweikomponentenklebstoffen als lebensdauerverlängerndes Hilfsmittel vernietet und der Klebstoff dann mit Heizkissen bei 60 °C nachgehärtet.

Vom Klebstoff abweichende Primerformulierungen musste man im Flugzeugbau einsetzen, sobald man die schwer verarbeitbaren und recht spröden Phenolharzklebstoffe gegen Epoxidharzsysteme mit niedrigerer Härtetemperatur und besserer Verformbarkeit austauschte (s. Abschnitt 8.2.1). Deren Adhäsion allein oder in Kombination mit artgleichen Primern entsprach den hohen Anforderungen der Flugzeugbauer nicht. Man entwickelte daher die heute noch gebräuchlichen so genannten korrosionshemmenden Primer. Diese enthalten monuronbeschleunigte Epoxidharze, wiederum Resole, bisweilen spezielle Härterzusätze für beide und beispielsweise Strontiumchromat als funktionellen Teil. Die Resole setzte man aus der Erfahrung heraus zu, dass Phenolharze in Resolform ohne Hilfsmittel gute Adhäsion am Aluminium gewährleisten, was man heute durch ihre Fähigkeit zur Chelatkomplexbildung mit den Aluminiumoberflächen und ihrer schwachen Acidität im polymeren Zustand erklären kann (s. Kapitel 3). Das Strontiumchromat beschleunigt die Härtung und verbessert die Korrosionsresistenz der Klebung dann, wenn es mit Wasser in Verbindung kommt, beispielsweise an Kanten oder bei Beschädigungen. Es geht in Lösung und stabilisiert, vereinfachend gesagt, die Aluminiumoxide gegen elektrolytische Veränderungen, die zur Bondline Corrosion führen können (s. Abschnitt 7.5).

Artfremde Primer z. B. auf Epoxidharzbasis verwendet man, wie in Abschnitt 4.4 erwähnt, auch in Verbindung mit Polyurethanklebstoffen zur Verbesserung der Beständigkeit. Sie enthalten heute bereits chromatfreie korrosionshemmende Pigmente.

Da man den Primern Komponenten zusetzen kann, die im Klebstoff stören würden, ergeben sich vielfältige Möglichkeiten zur Optimierung der Adhäsion auch zu schwer klebbaren Oberflächen, zu denen u.a. die unpolaren Kunststoffe zählen.

Für diese existieren derzeitig Primer, die das Fügeteil anquellende oder anlösende Bestandteile enthalten und somit ohne gesonderte oxidative Vorbehandlung zur molekularen Vermischung und damit zu guter Adhäsion führen. Man kann solche Zusätze beispielsweise in Form reaktiver Lösungsmittel zwar auch dem Klebstoff zusetzen, was aber formulierungstechnisch schwierig ist und zur Folge hat, dass der Klebstoff dann auf anderen Fügewerkstoffen unter Umständen nicht haftet.

Ohne hier weitere Details der Primerchemie zu diskutieren, die von den Herstellern ebenso wie die Klebstoffchemie als Geschäftsgeheimnis gehütet werden, wird doch klar, das im System Primer vielfältige Entwicklungsmöglichkeiten stecken. Das gilt besonders, wenn es gelingt, die noch notwendigen Lösungsmittel zu beseitigen und die Chromatproblematik zu überwinden.

5.10.2
Haftvermittler

Der Einsatz von Haftvermittlern ist seit langem bekannt. So erwähnt der in Kapitel 3 genannte Henry Duhamel du Monceau im 18. Jahrhundert bereits, dass man die Haftung von Leimen auf Holz dadurch verbessern könne, dass man das Holz vorher mit Knoblauch einreibe. Aus dem Stadium der spekulativen Empirie führen allerdings die im Bereich der Haftvermittler heute als Klassiker anzusehenden reaktiven Organosiloxane [46], deren Chemie und Wirkungsweisen umfassend beschrieben sind, sodass hier eine Beschränkung auf das für die Klebtechnik Wichtigste erlaubt ist.

Organosiloxane oder Organosilane sind bifunktionelle Siliciumverbindungen, in denen am Si-Atom erstens drei organische Reste sitzen, die durch Hydrolyse in OH-Gruppen umgewandelt werden können, und zweitens ein organisches, meist kettenförmiges Molekülteil, das an seinem dem Si-Atom abgewandten Ende eine reaktive Gruppe zur Bindung von Klebstoffmolekülen enthält. Reaktionsschema und adhäsiver Mechanismus sind in Abbildung 43 gezeigt.

Die für die Anlagerung am Substrat notwendigen Hydroxylgruppen sind, wie in Abbildung 43 erkennbar, auch zur Kondensation mit einem anderen Silanmolekül zu einem Silicon befähigt. Diese Reaktion startet ohne Katalysator und muss vor dem Einsatz als Haftvermittler verhindert werden. Deshalb wird das Silan zunächst mit den im Bild oben angegebenen organischen Resten (–OR) blockiert. So bleibt es lagerstabil; erst kurz vor dem Auftrag wird es durch Zutritt von Wasser hydrolytisch aktiviert. Katalysatoren können diesen Prozess beschleunigen. Die Neigung zur Polykondensation beim Auftrag oder in der applizierten Schicht kann nicht ganz verhindert werden, was bei zu großen Auftragsmengen zu einer ungewollten, siliconartigen Zwischenschicht im Verbund führen und dessen Tragfähigkeit negativ beeinflussen kann.

Silan-Haftvermittler können hinsichtlich der Molekülbereiche zwischen den reaktiven Gruppen (Spacer) sehr unterschiedlich aufgebaut sein. Die Art und auch die Länge der Spacer beeinflussen die Reaktivität und Funktionalität des Silans in großem Umfang.

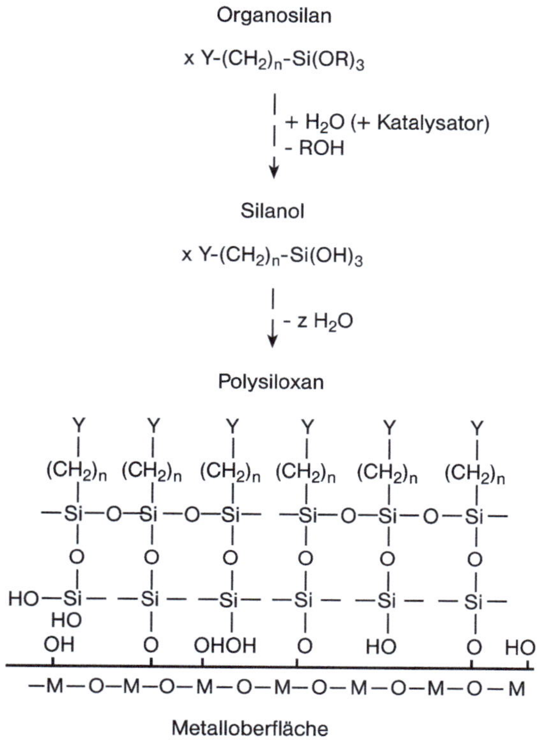

Abbildung 43 Hydrolyse und Kondensation eines Alkoxysilans an einem anorganischen Substrat

Silan-Haftvermittler werden hauptsächlich beim Kleben von Glas eingesetzt und ermöglichen hier erst die hohe Beständigkeit der Adhäsion. Aber auch an anderen anorganischen Oberflächen, besonders auf Metallen, auf denen Hydroxylgruppen zur Anlagerung praktisch immer vorhanden sind, erbringen sie oft eine Steigerung der Langzeitbeständigkeit der Klebungen [47].Gegen korrosive Unterwanderung der Klebschicht, die so genannte Bondline Corrosion, die für Metallklebungen gefährlich sein kann (s. Abschnitt 7.5) sind Silan-Haftvermittler allerdings wirkungslos.

Es bestand und besteht aus vielerlei Gründen daher Anlass, sich über andersartige Haftvermittler Gedanken zu machen, ohne das Prinzip der gezielten Bifunktionalität aufzugeben. Ein wesentlicher Ansatz besteht darin, anstelle der Silanolkonfiguration Molekülgruppen zu verwenden, die zur Chelatkomplexbildung mit Metalloberflächen bzw. den auf ihnen präsenten Oxiden oder Hydroxiden befähigt sind. Diese Chelatkomplexe können hohe Wasserbeständigkeit haben. Ein Beispiel für eine solche Bindung zeigt Abbildung 44.

Dass bereits einfache Chelatkomplexbildner, wie das in Abbildung 44 dargestellte Hydroxychinolin oder auch Morin, aus dünnen Lösungen in Alkohol an Alu-

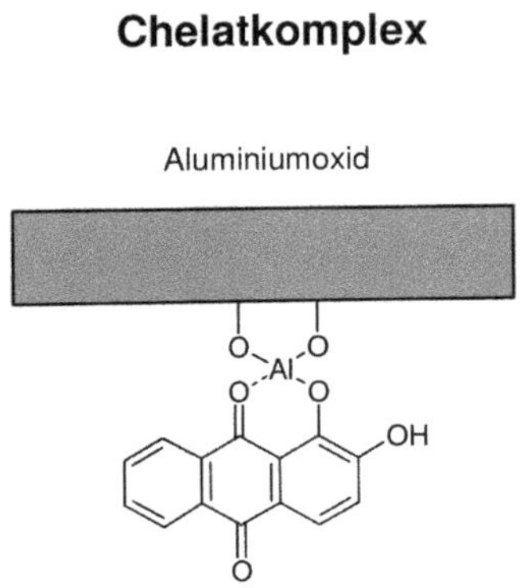

Abbildung 44 Chelatbindung von Hydroxychinolin an Aluminiumoxid

miniumoberflächen adsorbiert, Adhäsionsverbesserungen in Klebungen mit Phenolharzbindemitteln erbringen, konnte schon in den 1970er Jahren nachgewiesen werden [48]. Man vermutete damals, dass sich der Klebstoff mit seinen reaktiven Methylolgruppen an den freien OH-Gruppen der Chelatkomplexbildner anlagert. Außerdem wurde festgestellt, dass ein Chelatkomplexbildner die Hydratationsbeständigkeit der Aluminiumoxide auf den Oberflächen heraufsetzt.

Später gelang es dann, an diese Substanzen Spacer und beispielsweise für Epoxidharze kompatible Epoxid- oder Amingruppen anzulagern [49]. Die so gewonnen Substanzen, links in Abbildung 45 erkennbar, erbrachten deutliche Verbesserungen der Alterungsbeständigkeit in Aluminiumklebungen mit diesen Bindemitteln.

Auch an andere Metalle, beispielsweise Eisenlegierungen, lassen sich Chelatkomplexbildner wasserfest anlagern, was bereits in Kapitel 3 (am klassischen Beispiel der Gallussäure) erwähnt wurde. Lagert man an diese wiederum Spacer und

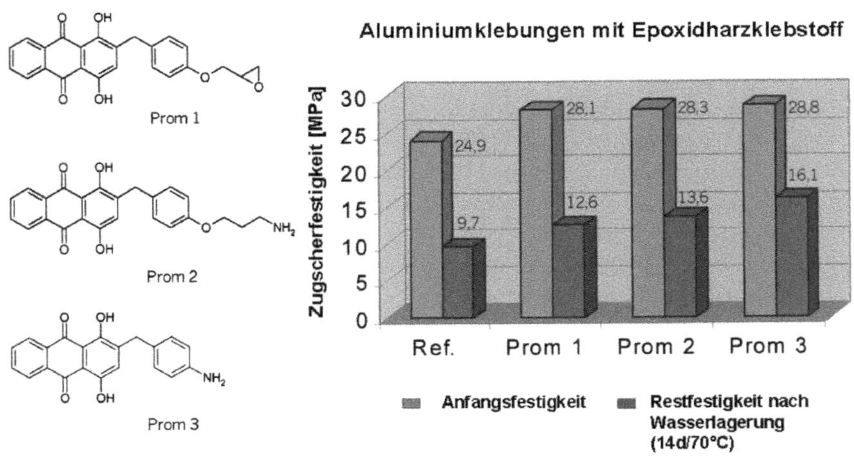

Abbildung 45 Hydroxychinolinderivate und ihre Wirksamkeit in Aluminiumklebungen

reaktive Gruppen für Epoxidharzklebstoffe an und trägt sie als Haftvermittler auf Stahloberflächen auf, erreicht man auch in Klebungen dieses Werkstoffs mit aminhärtenden Epoxidharzklebstoffen eine klare Verbesserung der Adhäsion (Abbildung 46).

Das Beispiel der Chelatkomplexbildner als Ausgangsstoffe für Haftvermittler sollte verdeutlichen, dass in diesem Bereich noch vielfältige Entwicklungsmöglichkeiten existieren. Die Bedeutung von Haftvermittlern sollte nicht unterschätzt werden, da sie an die Stelle aufwendiger Oberflächenvorbehandlungsverfahren treten können.

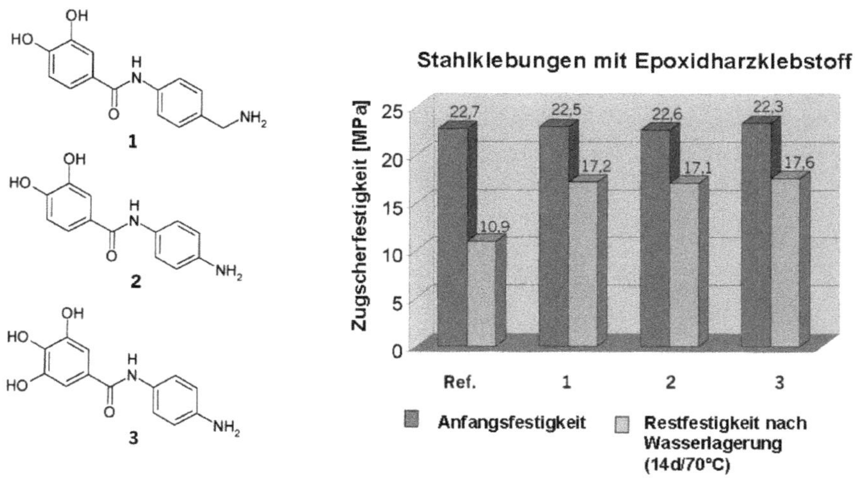

Abbildung 46 Gallussäurederivat und andere und ihre Wirkung auf die Beständigkeit von Stahlklebungen [50]

5.11 Füllstoffe

Als Füllstoffe bezeichnet man feinkörnige Zuschläge zum Klebstoff, die mit dem Polymer allenfalls adhäsiv verbunden sind. Sie sind meist anorganischer Natur, können in Sonderfällen aber auch aus organischen Stoffen, z. B. Gummi, bestehen. Die Bedeutung der Füllstoffe wird oft unterschätzt. Vielfach wird angenommen, dass sie nur zur Verringerung des kostbaren Polymeranteils im Klebstoff genutzt werden.

Mit Füllstoffen ist aber mehr zu erreichen. Sind sie chemisch den Fügeteilwerkstoffen ähnlich, kann man mit ihnen sowohl die Wärmeleitfähigkeit als auch den Wärmeausdehnungskoeffizienten den Klebstoffs denen der Fügeteile anpassen. Durch plättchenartige Gestalt kann man elektrische Leitfähigkeit erzielen (s. Abschnitt 8.7.2). Auch die Viskosität des ungehärteten Klebstoffs kann mit speziellen

Füllstoffen (z. B. Aerosilen) schon bei sehr geringen Volumenanteilen deutlich gesteigert werden.

Schließlich muss erwähnt werden, dass Füllstoffe mit aktiven Oberflächen die Härtekinetik der Klebstoffe und auch die Strukturierung der Polymermatrix beeinflussen können. Das ist einer der Gründe dafür, dass Füllstoffe auch zur Verbesserung der Wärmebeständigkeit der Klebstoffe eingesetzt werden. Die hier genannten Oberflächeneffekte sind daneben mit großer Wahrscheinlichkeit für die Wirksamkeit von Nanopartikeln als Füllstoffe verantwortlich. Da Nanopartikel bei sehr kleinem Volumen sehr große Oberflächen haben, reichen geringe Zuschlagmengen aus, um in der Polymermatrix großvolumige Veränderungen zu bewirken oder auch domänenartig unterschiedliche Polymerstrukturen in der Klebschicht herzustellen. Solche Inhomogenitäten sind bruchmechanisch oft vorteilhaft. Sie können z. B. als Rissstopper wirken. Es ist sicher, dass insbesondere unter dem Aspekt der Schlagfestigkeit, die speziell im Automobilbau stark im Vordergrund steht, den Nanofüllstoffen in Zukunft große Bedeutung zukommt.

Füllstoffe sind also, wie die wenigen Beispiele ihrer Wirksamkeit verdeutlichen, wichtige Bestandteile der Formulierung von Klebstoffen.

6
Gestaltung, Herstellung und Qualitätssicherung von Klebverbindungen

Wenn man über die Dimensionierung von Klebverbindungen nachdenkt, sollte man sich im Klaren sein, dass in der Klebfuge ein Polymer seinen Dienst tut, das sich in vielen Eigenschaften von metallischen und anderen anorganischen Werkstoffen unterscheidet: Seine Festigkeit ist relativ niedrig, seine Verformungseigenschaften sind nichtlinear und zeitabhängig (viskoelastisch-plastisches Verhalten) und oberhalb einer Verformung von 1 % können irreversible Werkstoffschäden entstehen, die sich einer exakten mathematischen Beschreibung bisher entziehen.

6.1
Gestaltung und Dimensionierung

Bei der ingenieurtechnischen Gestaltung und Dimensionierung wird sichergestellt, dass die Konstruktion mit einem vom jeweiligen Anwendungsfall abhängigen Sicherheitsfaktor dem im Gebrauch auftretenden Belastungsspektrum über die angestrebte Lebensdauer widerstehen kann. Dafür wird die Gesamtkonstruktion in Untereinheiten zerlegt, welche jede für sich diesem Konzept folgen und in ihrem Zusammenwirken als zuverlässiges System funktionieren sollen. Das Spektrum der Betriebslasten wird durch das Anwendungsprofil bestimmt und setzt sich in der Regel aus periodischen und stochastischen Lastanteilen zusammen. Die Festigkeit einer Fügestelle kann empirisch anhand von Versuchen und Erfahrungswerten oder analytisch durch Berechnung der wahren Spannungen in den verwendeten Werkstoffen unter Verwendung der werkstoffmechanischen Materialkennwerte erfolgen.

Im Verlauf dieser Betrachtung soll daher zunächst auf die Bestimmung und Verwendung der Materialkennwerte eingegangen werden, bevor Gestaltungsregeln und Sicherheitskonzepte erläutert werden.

Klebtechnik. W. Brockmann, P. L. Geiß, K. Klingen und B. Schröder

ISBN: 3-527-31031-6

6.1.1
Wechselwirkung von Polymerverhalten und Spannungszustand

Für eine zuverlässige und effiziente Dimensionierung von strukturellen Klebverbindungen ist es zwingend erforderlich, das zeit-, verformungs- und temperaturabhängige Werkstoffverhalten der Klebstoffpolymere zu berücksichtigen.

Durch den Einsatz moderner Methoden und Werkzeuge der Finite-Elemente-Analyse können die zu erwartenden Spannungs- und Verformungsverteilungen in der Klebverbindung zuverlässig vorhergesagt werden, sofern die erforderlichen Werkstoffparameter verfügbar sind. Dadurch wird es erst möglich, das Potenzial von Klebverbindungen für den Leichtbau und zur Realisierung von wirtschaftlich optimierten Verbindungen auszuschöpfen. Dies soll am Beispiel eines typischen, kalthärtenden zweikomponentigen Epoxidharzsystems verdeutlicht werden: Die Kurve in Abbildung 47 zeigt die Abnahme des Speichermoduls als Kenngröße des elastischen Verhaltens in dem für übliche Anwendungen relevanten Temperaturfenster von -50 °C bis 150 °C.

Führt man bei einzelnen Temperaturen Zugversuche an Polymerproben aus, so erhält man eine Information über das Spannungs-Dehnungsverhalten in diesem Temperaturbereich (Abbildung 48). Die Informationen dieser Diagramme lassen sich zu einem Kennfeld kombinieren, in dem die zu erwartende Spannung als Funktion von Temperatur und Dehnung zusammengefasst ist (Abbildung 49). Als

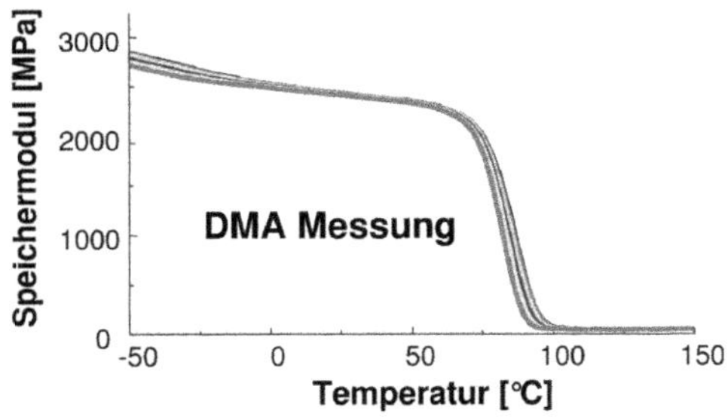

Abbildung 47 DMA-Kurve eines typischen 2K-Epoxidharzklebstoffs

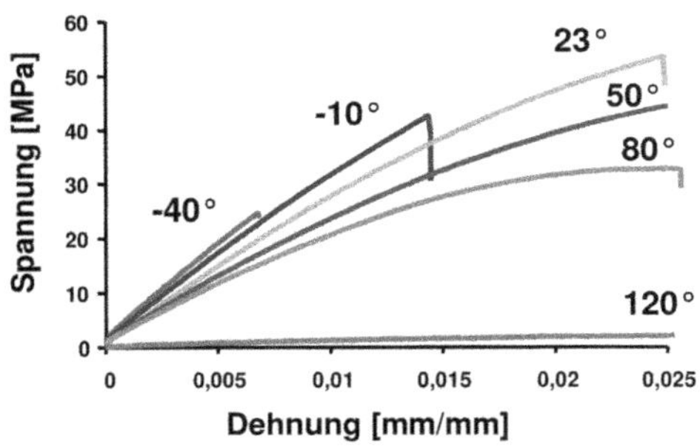

Abbildung 48 Spannungs-Dehnungsverhalten in Abhängigkeit von der Prüftemperatur

weitere Kenngrößen werden die temperaturabhängige Querkontraktionszahl und – zur Berücksichtigung von thermischen Eigenspannungen in der Klebverbindung – der Verlauf des Wärmeausdehnungskoeffizienten benötigt (Abbildung 50).

Soll die Simulation das Versagensverhalten beinhalten, sind weitere Informationen zur Anwendung eines multiaxialen Versagensmodells notwendig. Die übliche Vergleichsspannungshypothese nach Mises beschreibt dabei die Belastungsgrenze für multiaxiale Beanspruchung nur unzureichend. Eine bessere Beschreibung des Polymerverhaltens erlaubt beispielsweise das Drucker-Prager-Modell, bei dem ein Konus die Beanspruchungsgrenzen im multiaxialen Spannungszustand kennzeichnet.

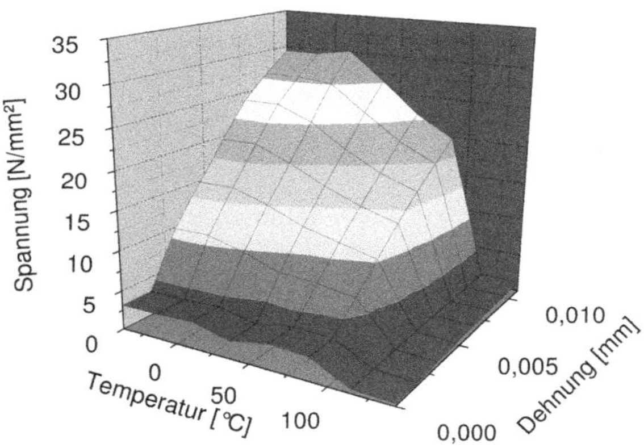

Abbildung 49 Kennfeld zur Beschreibung des temperatur- und verformungsabhängigen Werkstoffverhaltens

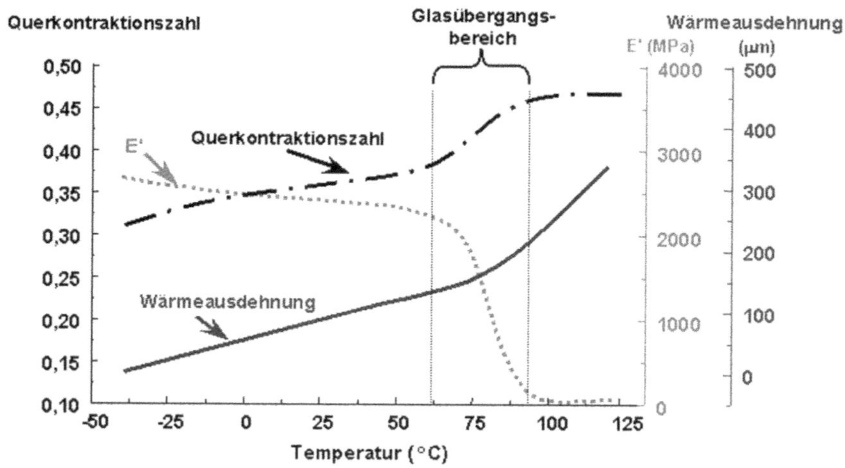

Abbildung 50 Verlauf von Wärmeausdehnung für einen typischen Epoxidharzklebstoff und Querkontraktionszahl als Funktion der Temperatur

Zur experimentellen Bestimmung der multiaxialen Werkstoffkennwerte sind verschiedene Vorrichtungen verfügbar, um Zug- und Schubspannungen überlagern zu können. Falls jedoch unter den üblichen Betriebslasten keine Zerstörung der Klebverbindung zu berücksichtigen ist, können auch einfachere Vergleichsspannungsmodelle ausreichende Informationen liefern. Eine Herausforderung stellt nach wie vor die Simulation des Crashverhaltens von Klebverbindungen dar, bei dem das Versagensverhalten durch hochdynamische bruchmechanische Vorgänge bestimmt wird (s. Abschnitt 7.2.5).

Ausschlaggebend für die Beurteilung der Zuverlässigkeit bzw. Gültigkeit der durch die Verwendung von Materialkennwerten und Festigkeitshypothesen in der Finite-Elemente-Analyse bestimmten Ergebnisse bleiben Versuche zur Kalibrierung an Standardprüfkörpern und zur Verifizierung am Bauteil. Nur dadurch kann sichergestellt werden, dass simulierte Belastungsgrenzen und Versagensmechanismen den jeweiligen Anwendungsfall zutreffend beschreiben.

6.1.2 Gestaltung von Klebverbindungen

Die Gestaltungsregeln zur Optimierung von Klebverbindungen konzentrieren sich auf drei wesentliche Aufgaben [1]:

- Vermeidung von schälenden Beanspruchungen,
- Ersatz von Zugspannungen durch Druckspannungen,
- Gestaltung von Nahtstellen unter Vermeidung der üblichen Spannungsspitzen.

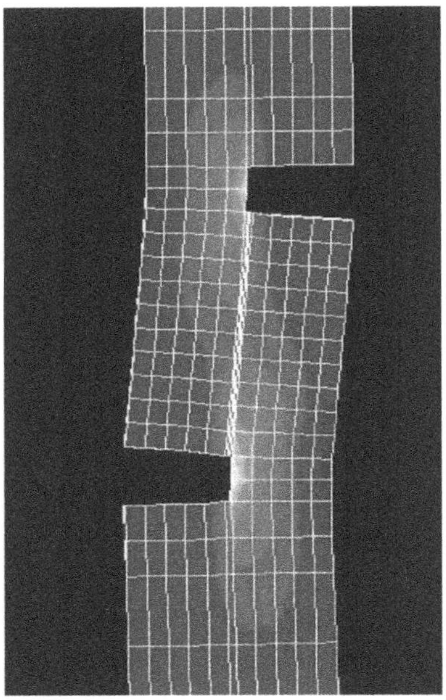

Abbildung 51 Deformation einschnittig überlappter Zugscherproben (FE-Simulation)

Die Spannungskonzentrationen an den Enden der überlappten Klebverbindungen sind durch die unterschiedlichen axialen Dehnungen der Fügeteile durch den Spannungsverlauf in der Klebverbindung bedingt (Abbildung 51).

Zur Verbesserung der Spannungsverteilung in der Klebfuge sind mehrere Ansätze bekannt. In Abbildung 52 sind einige alternative Überlappungsklebungen zusammengestellt.

Eine weitere Alternative zur Verbesserung der Spannungsverteilung in Überlappungsklebungen stellt die Verwendung von Klebstoffen mit unterschiedlichen Elastizitätsmoduln dar (Abbildung 53). Eine entsprechende Anordnung wurde z. B. von Schliekelmann beschrieben [2].

Schälende Beanspruchungen am Ende von Klebverbunden lassen sich oftmals bereits durch einfache konstruktive Maßnahmen vermindern, wie die in Abbildung 54 zusammengestellten Beispiele verdeutlichen mögen.

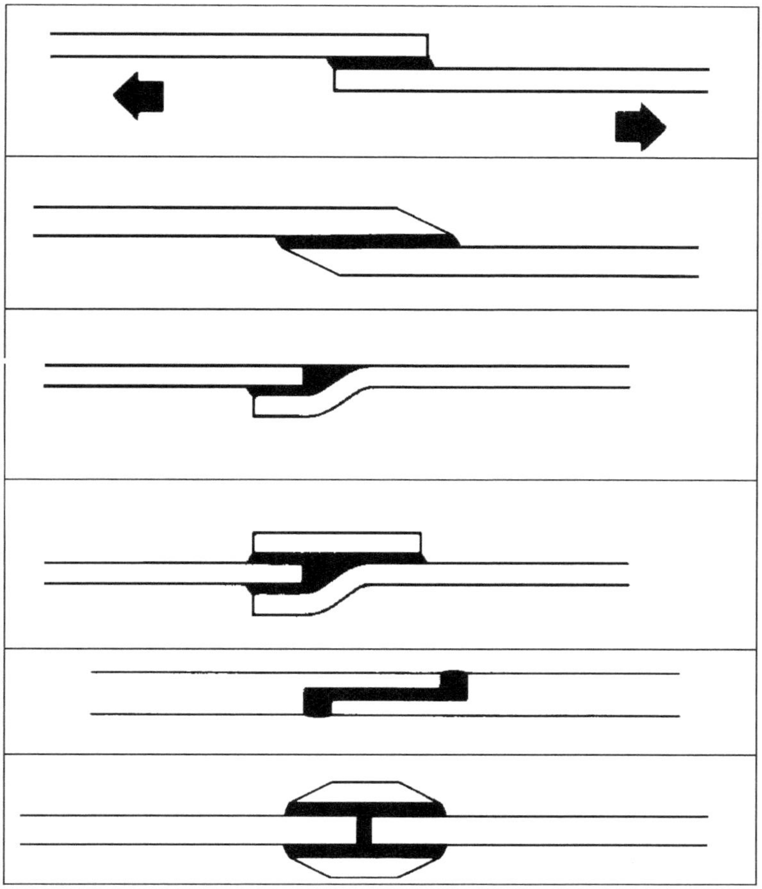

Abbildung 52 Optimierung von Überlappungsklebungen, von oben nach unten zunehmend bessere Lastverteilung [1]

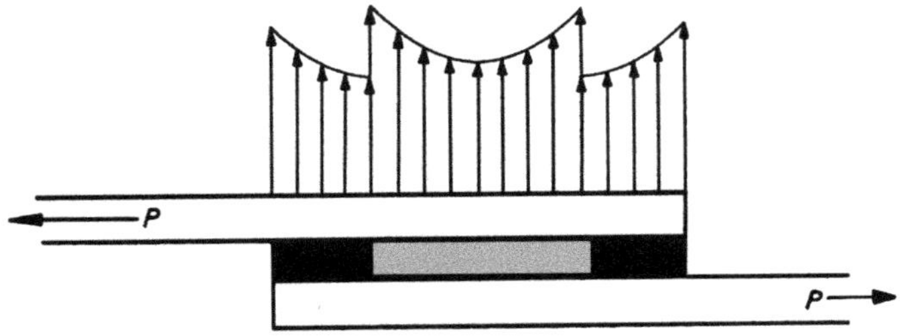

Abbildung 53 Verbesserung der Spannungsverteilung durch Einsatz mehrerer Klebstoffe mit unterschiedlichen Elastizitäts-modul[redacted]e[redacted]n

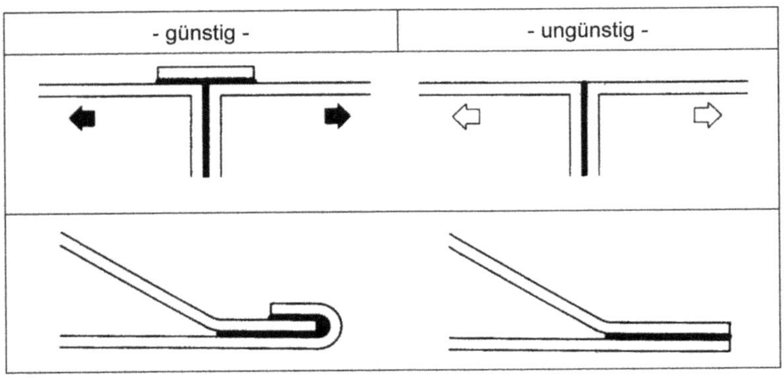

Abbildung 54 Vermeidung von Schälkräften bei Klebverbindungen [1].

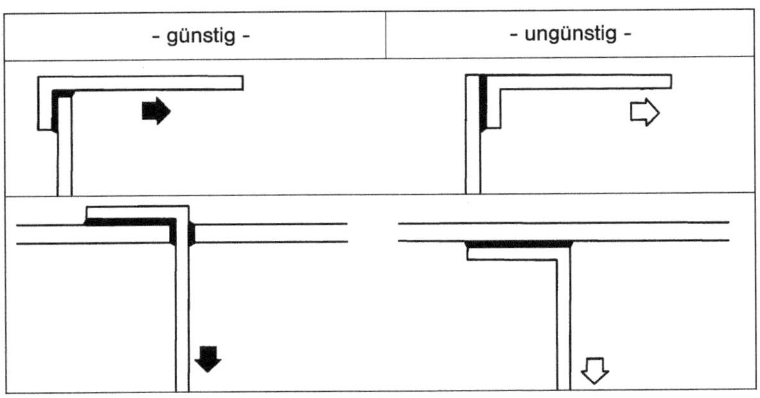

Abbildung 55 Vermeidung von Zugspannungen in Klebverbindungen [1]

Zugspannungen lassen sich entsprechend vermeiden, wenn die Fügepartner so angeordnet werden, dass die Hauptbelastungsrichtung die Klebefuge auf Druck beansprucht (Abbildung 55).

6.1.3 Dimensionierung von Klebverbindungen

Eine genaue Berechnung von Klebverbindungen hinsichtlich ihrer Beanspruchbarkeit ist wegen der vielen zahlenmäßig schwer erfassbaren Einflüsse heute nur bedingt möglich.

Verbindungsformen[1]	Lastart	Fügefläche	Scherspannung in der Klebschicht[2]	Übertragbare Betriebslast
A) einfache Überlappung 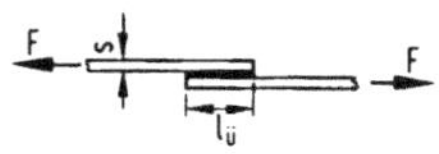				
B) gefalzte Überlappung 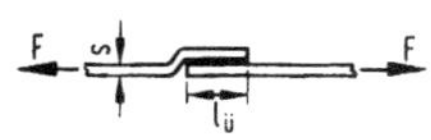				
C) abgeschrägte Überlappung 	Zug Druck[3]	$A = l_ü \cdot b$	$\tau_s = \frac{F}{l_ü \cdot b}$	$F = \tau_{kl} \cdot A$
D) einschnittige Laschung 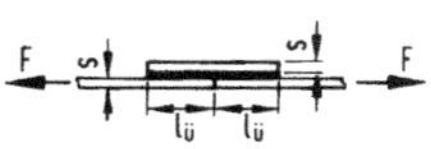				
E) zweischnittige Laschung 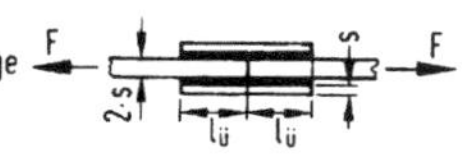		$A = 2 \cdot l_ü \cdot b$	$\tau_s = \frac{F}{2 \cdot l_ü \cdot b}$	
F) geschäftet 	Zug Druck[3]	$A = \frac{l_ü \cdot b}{\cos\alpha}$ (für $l_ü/s \geqq 10$)	$\tau_s = \frac{F \cdot \cos\alpha}{l_ü \cdot b}$	$F = \tau_{kl} \cdot A$
G) rotations-symmetrische Überlappung (Rohrsteckverbindung) 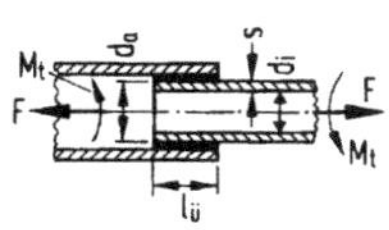	Zug[4] Druck[4]	$A = l_ü \cdot \pi \cdot d_a$	$\tau_s = \frac{F}{\pi \cdot l_ü \cdot d_a}$	$F = \tau_{kl} \cdot A$
	Torsion[4]		$\tau_s = \frac{2 \cdot M_t}{\pi \cdot l_ü \cdot d_a^2}$	$M_t = \tau_{kl} \frac{\pi \cdot l_ü \cdot d_a^2}{2}$
H) rotations-symmetrische Überlappung (Bolzensteckverbindung) 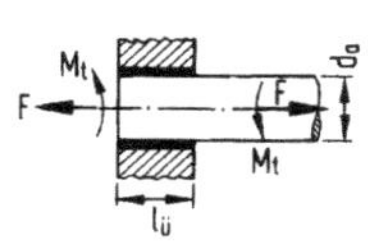	Zug[4] Druck[4]	$A = l_ü \cdot \pi \cdot d_a$	$\tau_s = \frac{F}{\pi \cdot l_ü \cdot d_a}$	$F = \tau_{kl} \cdot A$
	Torsion[4]		$\tau_s = \frac{2 \cdot M_t}{\pi \cdot l_ü \cdot d_a^2}$	$M_t = \tau_{kl} \frac{\pi \cdot l_ü \cdot d_a^2}{2}$
I) rotations-symmetrische Stoßverbindung (Flanschverbindung) 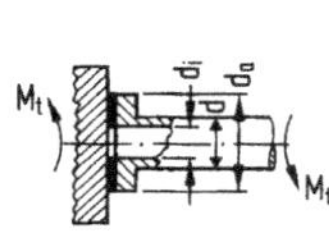	Torsion	$A = \frac{\pi}{4} (d_a^2 - d_i^2)$	$\tau_s = \frac{16 \cdot M_t \cdot d_a}{\pi (d_a^4 - d_i^4)}$	$M_t = \tau_{kl} \frac{\pi (d_a^4 - d_i^4)}{16 \cdot d_a}$

Abbildung 56 Zur überschlägigen Berechnung von Klebverbindungen [3]

Einfach gestaltete, schubbelastete Klebverbindungen können alternativ zur Methode der Finiten Elemente auch nach den üblichen Konstruktionsprinzipien dimensioniert werden. In der Literatur sind dafür Tabellen zu finden, in denen Fügestellen und Gleichungen für die Dimensionierung zusammengestellt sind [3] (Abbildung 56, s. S. 105).

Dabei ist zu berücksichtigen, dass sich die übertragbare Betriebslast je nach Kombination der zu fügenden Werkstoffe aus thermischen Eigenspannungen der Fügestelle im zu berücksichtigenden Temperatureinsatzbereich und den eingeleiteten mechanischen Lasten zusammensetzt. Insbesondere bei der Verwendung dünner Fügeteile und starrer Klebstoffe muss mit einer ungleichmäßigen Spannungsverteilung in der Klebfuge gerechnet werden. Beim Prinzip des elastischen Klebens vermeidet man dieses Problem durch den Einsatz gummielastischer Kleb-Dichtstoffe und dicker Klebfugen.

Der näherungsweisen Berechnung von Klebverbindungen wird die nach DIN 53283 im Zugversuch ermittelte Scherfestigkeit (Bruchscherfestigkeit!) oder Klebfestigkeit τ_{aB} zugrunde gelegt [4–7].

Durch die ungleichmäßige und gegenläufige Verformung der beiden gefügten Teile – diese werden von der Stelle der Krafteinleitung aus zunehmend durch den Klebstoff entlastet – werden Bereiche mit kleiner Dehnung des einen Fügeteils mit Bereichen mit großer Dehnung des anderen Fügeteils am Überlappungsende durch den Klebstoff überbrückt (Abbildung 57). Dieser muss somit die Dehnungsunterschiede ausgleichen und unterliegt an den Überlappungsenden größeren Schubspannungen als in der Überlappungsmitte.

In einer einfach überlappten Scherverbindung entsteht neben Schubspannungen aus der Exzentrizität der Lasteinleitung auch ein Biegemoment, das in der Klebschicht Normalspannungen erzeugt (Abbildung 58).

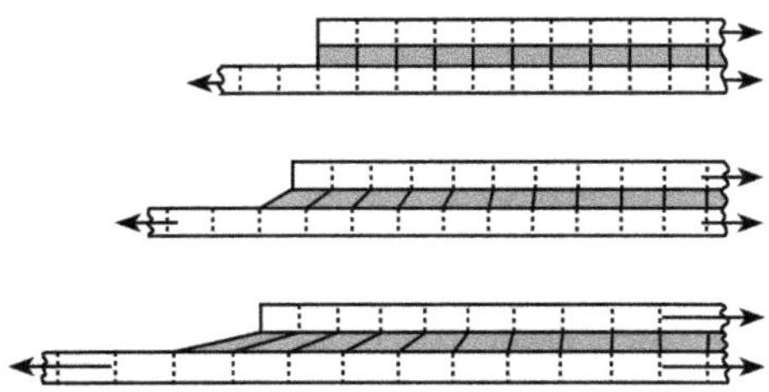

Abbildung 57 Verformung von Klebfuge und Fügeteil einer einfach überlappte Klebverbindung unter steigender Längskraft (halbierte Darstellung bis zur Mitte der Klebverbindung)

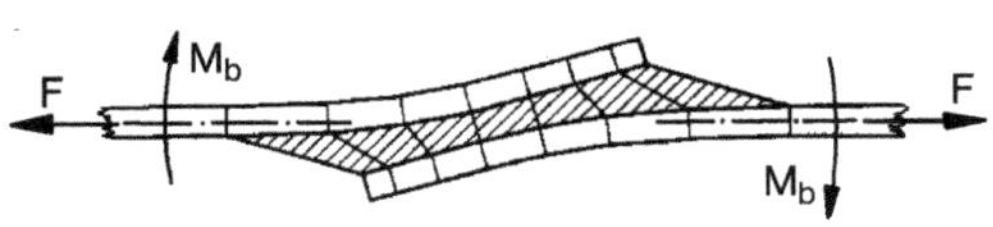

F = Kraft
Mb = Biegemoment

Abbildung 58 Momente und Deformation dünner einschnittig überlappter Zugscherproben

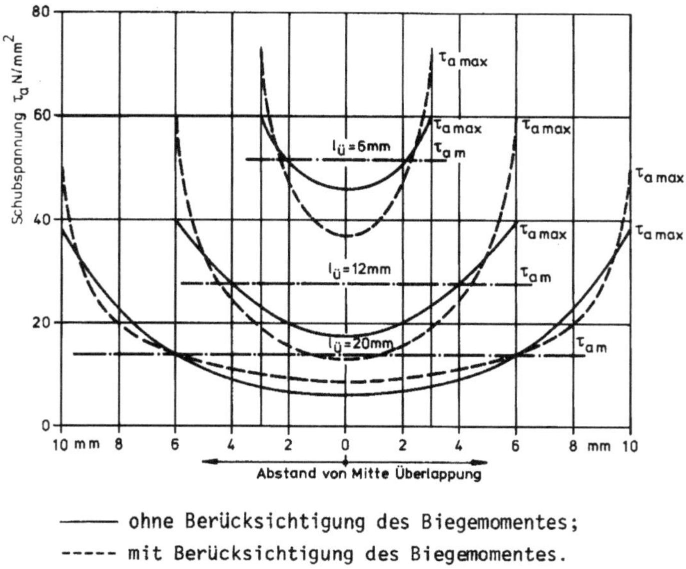

Abbildung 59 Spannungsverteilung nach MATTING bei einfach überlappter Klebverbindung; Überlappungslänge $l_ü$ = 6, 12, 20 mm

Matting [8] zeigte, wie die Schubspannungsverteilung längs der Überlappung bei einfach überlappten Klebverbindungen ohne und mit Berücksichtigung des Biegeeinflusses aussieht. Die Verteilung ist in Abbildung 59 für drei Überlappungslängen graphisch dargestellt. Ihr Verlauf wird gleichmäßiger, d. h. der Spannungsspitzenfaktor $C = \tau_{a,max}/\tau_{am}$ wird kleiner mit abnehmender Überlappungslänge $l_ü$.

Die lange Zeit üblichen Berechnungen und Darstellungen der Schubspannungsverteilung in einfach überlappten Scherverbindungen basieren auf der vereinfachten Annahme eines quasielastischen Verformungsverhaltens der Klebstoffe, was bei den früher gebräuchlichen, relativ spröden Bindemitteln als gerechtfertigt angesehen werden kann. Die heute verfügbaren Klebstoffe enthalten aber gezielt zugesetzte plastifizierende Komponenten, die nun dafür sorgen, dass mit zunehmender Verformung der Schubmodul kleiner wird (Abbildung 60)

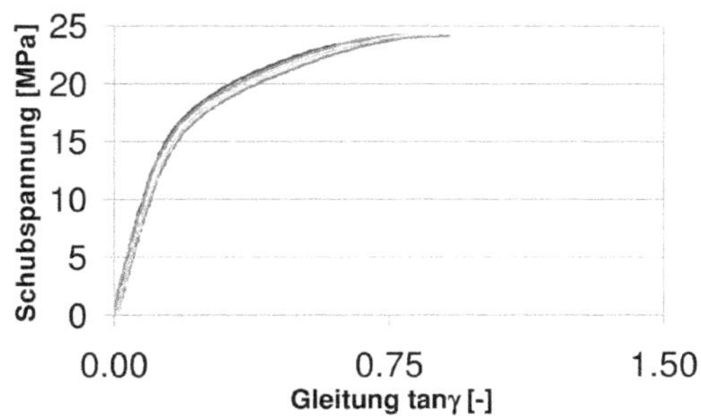

Abbildung 60 Schubspannungs-Gleitungs-Kurven eines plastifizierten Epoxidharzklebstoffs

und der plastische Verformungsanteil (ohne größere Spannungserhöhung) zunimmt.

Damit bauen sich an den Überlappungsenden nur kleinere Spannungsspitzen (ohne Rissbildung) auf und der mittlere Bereich der Fuge übernimmt einen größeren Teil der zu übertragenden Schubspannungen. Dies verdeutlicht Abbildung 61, wobei der quasielastisch gerechnete Spannungsverlauf (nach Goland-Reissner) mit einem real gerechneten und gemessenen verglichen werden kann [9].

Die tatsächliche Spannungsverteilung ist also sehr viel gleichmäßiger und kann sich durch viskoelastische Nachverformung unter Dauerlast, erhöhter Temperatur und unter dem Einfluss schwacher Quellvorgänge bei eindringender Feuchtigkeit noch weiter in Richtung eines homogenen Verlaufs verbessern.

Die vorhandene mittlere Schubspannung τ_{am} darf bei der Dimensionierung demzufolge höchstens gleich der zulässigen Schubspannung $\tau_{a,zul}$ sein, die aus der Bruchscherfestigkeit τ_{aB} unter Berücksichtigung einer Bruchsicherheit $S_B = 2/3$ ermittelt wird.

Eine effektive Gestaltung und Dimensionierung von Klebverbindungen ohne übertriebene Abminderungsfaktoren setzt die Kenntnis des werkstoffmechanischen Verhaltens der Klebstoffe voraus.

Neuere Berechnungen versuchen, die tatsächlichen Beanspruchungsverhältnisse in Klebverbindungen besser zu erfassen und praxistaugliche Versagenskriterien aufzustellen.

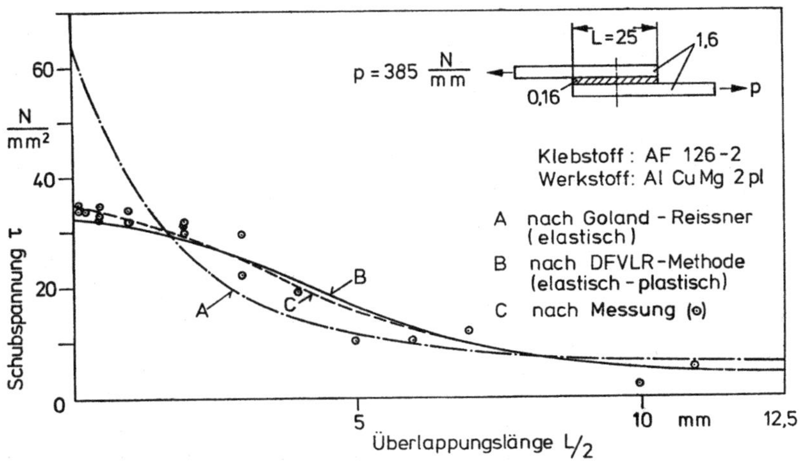

Abbildung 61 Nach Goland-Reissner elastisch gerechneter Spannungsverlauf über der halben Klebfugenlänge im Vergleich mit gemessenem und nach ALTHOF berechnetem Verlauf

6.2 Oberflächenvorbehandlung

Einer der wichtigsten Faktoren für eine gute Klebverbindung ist der Zustand der Fügeteiloberflächen. Deshalb wird gewöhnlich sowohl in der Literatur als auch in den Datenblättern der Klebstoffhersteller eine Reinigung oder auch eine Vorbehandlung der Fügeteiloberflächen empfohlen. Das hat Sinn, wenn der Zustand der zu verklebenden Oberflächen nicht genau bekannt ist. Die Klebeignung einer Oberfläche lässt sich nämlich mit einfachen Mitteln messtechnisch nicht erfassen. Durch eine Vorbehandlung überführt man die Fläche in einen definierten Zustand mit adhäsiver Reaktivität.

Allerdings gibt es heute Einsatzgebiete des Klebens, in denen eine Oberflächenvorbehandlung für die Anbindung des Klebstoffs nicht mehr üblich ist (s. Abschnitt 8.2.2). Dies betrifft insbesondere den Karosserie-Rohbau, soweit Stahlbleche geklebt werden. Hierfür stehen speziell formulierte, meistens warmhärtende Klebstoffe zur Verfügung, die auf den ölgeschützten Oberflächen gegen alle »Regeln der Kunst« Adhäsion hoher Festigkeit und Langzeitbeständigkeit aufbauen können. Allerdings gelingt dies nur, wenn Klebstoffhersteller und Anwender in Zusammenarbeit mit den Stahlproduzenten und den Ölherstellern für die Kompatibilität aller Systeme sorgen. Da das in den meisten anderen Anwendungsgebieten der Klebtechnik bis heute nicht gewährleistet ist, bleibt die Forderung nach einer Oberflächenvorbehandlung für eine gute Qualität der Klebungen mit hoher Berechtigung bestehen.

Der eigentlichen Vorbehandlung geht ein Reinigungs- und Entfettungsvorgang voraus. Eine gereinigte Fügeteiloberfläche ist in den meisten Fällen die Voraussetzung für die Herstellung einer fehlerfreien Klebung. Bei diesem Prozess werden die zu verklebenden Teile von Staub, Fett, Öl, Rost, Zunder und Schmutz befreit. Dafür werden sehr unterschiedliche Reiniger wie Lösemittel, saure oder alkalische Beizen, waschaktive Substanzen und Spezialreiniger verwendet. Besonders gute Ergebnisse lassen sich mit polaren Kohlenwasserstoffen (z. B. Ester, Ketone, Alkohole) erzielen. Auf ihre Verwendung wird aber wegen ihrer gesundheitsgefährdenden Eigenschaften in offenen Anlagen verzichtet. Alternativ wird oft Aceton benutzt. Es hat eine gute Reinigungswirkung und ist umweltfreundlich. Wegen seiner leichten Entzündlichkeit sind entsprechende Brandschutzmaßnahmen zu treffen. Dies gilt besonders für den Einsatz in offenen Bädern.

Man unterscheidet die folgenden in der industriellen Fertigung üblichen Reinigungsmethoden [10]:

- mechanische Reinigung (z. B. Schmirgeln oder Strahlen),
- Abwischen mit lösungsmittelgetränktem Lappen,
- Tauchentfettung im Ultraschallbad,
- Dampfentfettung mit Lösungsmitteln,
- Waschen mit alkalischen wässrigen Lösungen,
- Hochdruckwasserstrahl.

Die gebräuchlichsten Verfahren zur Oberflächenvorbehandlung sollen nachfolgend erläutert werden.

6.2.1 Mechanische Verfahren zur Oberflächenvorbehandlung

6.2.1.1 Strahlen

Strahlen bewirkt eine tiefe Zerklüftung und Verformung der Oberfläche. Die Form und Härte des Strahlmittels beeinflussen den Grad des Stoffabtrags und des Verformungsgrades. Da beim Aufprall des Strahlmittels auf die Oberfläche örtlich sehr hohe Energiekonzentrationen entstehen, nimmt man an, dass kurzzeitig ein Plasmazustand von Bestandteilen des Strahlmittels und des Strahlgutes entstehen kann, nach dessen Zusammenbruch Reste auf der Fügeteiloberfläche kondensieren und diese somit kontaminieren können. Damit haben auch die stofflichen Eigenschaften des Strahlmittels Bedeutung für die Klebeignung der gestrahlten Oberfläche (s. Abschnitt 7.4 und 7.5). Bei den Strahlsystemen unterscheidet man

- trockene Strahlsysteme (Schleuderstrahlen, Druckluftstrahlen und Saugkopfstrahlen) und
- nasse Strahlsysteme (Nassdruckluftstrahlen, Druckluftstrahlen mit Wasserzusatz, Schlämm- und Nassläppstrahlen, Druckflüssigkeitsstrahlen, Heißwasser- und Dampfstrahlen).

Als Strahlgut kommen metallische, organische und mineralische Materialien zur Anwendung. Mit welchem Strahlgut (Werkstoff und Form) man die besten Ergebnisse erzielen kann, hängt auch vom Werkstoff der Fügeteile ab. Wichtig ist, dass die Druckluft völlig fett-, öl-, wasser- und siliconfrei ist. Beim Strahlen sollte man beachten, dass bei plattierten Werkstoffen die Plattierschicht durchbrochen und ein sehr dünnes Werkstück verbogen werden kann, weil die Verformung Druckeigenspannungen in oberflächennahen Zonen erzeugt.

Ein spezielles Strahlverfahren, das auch als SACO-Verfahren bekannt ist, nutzt als Strahlmittel silicatbeschichteten Korund. Beim Aufprallen der Körner wird ein Teil der Silicatbeschichtung vermutlich aus dem oben beschriebenen Plasmazusammenbruch auf das Fügeteil übertragen und haftet dort fast unabhängig vom Fügeteilwerkstoff sehr gut. Auf diese silicathaltige Schicht wird dann ein Silan-Haftvermittler (s. Abschnitt 5.10), aufgebracht und somit nahezu unabhängig vom Fügewerkstoff ein klebfähiger Haftgrund geschaffen.

6.2.1.2 Schleifen

Die Haftungseigenschaften geschliffener Oberflächen sind nicht so gut wie bei gestrahlten Oberflächen. Die Fügeteile sollten vorzugsweise quer zur Beanspruchungsrichtung oder über Kreuz geschliffen werden. Beim Schleifen ist auf eine vorherige sorgfältige Entfettung zu achten, da eventuell verbliebene Verunreinigungen gleichmäßig über die ganze Fläche verteilt werden können, was sich negativ auf die Beständigkeit der Klebung auswirkt. Als Schleifgeräte werden beispielsweise Bandschleifer, Winkelschleifer und Exzenterschleifgeräte verwendet.

Obwohl beim Schleifen die örtlichen Energiekonzentrationen kleiner sind als beim Strahlen, können insbesondere Komponenten des Bindemittels der Schleifkörner auf die Oberfläche des Fügeteils übertragen werden. Da sie erfahrungsgemäß sehr fest am Fügeteil haften, ist eine solche Kontamination in der Regel unkritisch.

6.2.1.3 Bürsten

Das Bürsten gehört ebenfalls zu den abrasiven Oberflächenvorbehandlungsverfahren. Bei gleicher Körnung ergibt sich im Vergleich zum Schleifen eine geringere Rautiefe. Die Ursache dafür liegt in den im Vergleich zur Schleifscheibe relativ elastischen Bürsten. Hierbei gelten die gleichen Empfehlungen bezüglich Entfettung und Bearbeitungsrichtung. Bei diesem Verfahren sind die Druckspannungen in der Oberfläche kleiner als beim Schleifen oder Strahlen, weshalb auch dünne Teile ohne Biegungsgefahr bearbeitet werden können. Auch bei diesem Verfahren muss mit Bindemittelresten auf der Oberfläche gerechnet werden.

6.2.2 Chemische Verfahren zur Oberflächenvorbehandlung

Bei diesen Verfahren gibt es zweierlei Arten, auf die Oberfläche einzuwirken.

Durch die Verwendung nicht oxidierender Säuren (z. B. Salzsäure, verdünnte Schwefelsäure) findet eine reine Metall- bzw. Metalloxid-Säure-Reaktion statt, die ein Abtragen der Oxidschichten und – bei längerer Einwirkung – auch der folgenden metallischen Grenzschichten zur Folge hat. Dieser Vorgang wird als saures Entfetten bezeichnet. Dabei wird neben der chemischen Reinigung die Oberfläche submikroskopisch aufgeraut, wodurch gleichzeitig die zur Ausbildung der Haftungskräfte notwendigen energiereichen Zonen erzeugt werden.

Verwendet man hingegen oxidierende Säuren (z. B. Salpetersäure, Phosphorsäure, Chromsäure) – gegebenenfalls unter Zusatz oxidierender Salze wie Natrium- oder Kaliumdichromat – so bildet sich zusätzlich eine festhaftende Oxid- oder Metallverbindung (z. B. Phosphat-, Chromat-Oxidschicht). Man nennt diesen Vorgang auch Beizen bzw. Phosphatieren. Die chemische Reaktion kann bei diesen Verfahren elektrisch beschleunigt werden, wenn das Fügeteil als Anode im Beizbad geschaltet und eine inerte Kathode in das Bad eingebracht wird. Dies wird als Anodisieren bezeichnet. Damit erhält man insbesondere an Aluminiumlegierungen, aber auch an Zink und rostfreiem Stahl relativ dicke und meistens nanomorphologisch hoch aufgelöste Oxidstrukturen, die besonders gute Adhäsionseigenschaften haben können (s. Kapitel 3 und Abschnitt 7.5).

6.2.3 Physikalische Verfahren

Die physikalischen Oberflächenvorbehandlungsverfahren sind vorrangig für Kunststoffoberflächen geeignet.

6.2.3.1 Beflammung

Bei der Beflammung werden Kunststoffoberflächen durch Einwirkung einer mit Sauerstoffüberschuss frei brennenden Flamme kurzzeitig erwärmt und somit oxidativ verändert. Dadurch erzielt man besonders bei unpolaren Kunststoffen eine Verbesserung der Adhäsionseigenschaften, die jedoch von der Klebstoffauswahl abhängt. Die Beflammung ist ein umweltfreundliches Verfahren mit kontinuierlicher Arbeitsweise und kurzer Behandlungszeit.

6.2.3.2 **Mikroplasma-Vorbehandlung**

Im Mikroplasmabrenner wird mit einem Hilfslichtbogen der Hauptlichtbogen zwischen Wolframelektrode und Werkstück gezündet. Das Plasma wird nur mit dem Hilfslichtbogen erzeugt. Dieser nicht übertragbare Lichtbogen ionisiert die Strecke zwischen Elektrode und Werkstück. Der ionisierte Gasstrom besitzt eine hohe Temperatur und einen Plasmadurchmesser von 1–2 mm. Der Vorteil der Mikroplasma-Vorbehandlung liegt in der einfachen Handhabung, die Klebfestigkeitssteigerungen sind aber relativ geringfügig.

6.2.3.3 **Atmosphärenplasma-Vorbehandlung**

Bei der Behandlung mit Atmosphärenplasma verwendet man Geräte in Form eines Keramikrohrs, das an der äußeren Wandung mit einem elektrischen Leiter aus verdichtetem Metallpulver (äußere Elektrode) umgeben und nach außen und zu den Rohrenden hin isoliert ist. In der Mitte des Keramikrohrs befindet sich ein elektrisch leitfähiger Stab mit guter Wärmeleitfähigkeit (innere Elektrode). Durch den Ionisierungsspalt zwischen Keramikrohrinnenwand und der inneren Elektrode wird ein ionisierbares Gas geleitet (z. B. Luft, Sauerstoff) und an die Elektroden ein hochfrequentes Hochspannungsfeld angelegt. Durch das im Ionisationsspalt anliegende elektrische Wechselfeld wird das durchströmende Gas ionisiert und tritt an der Düse aus.

Die Adhäsionsverbesserung bei diesem Verfahren ist sehr gut. Weitere Vorteile sind die gute Handhabung und der geringe Platzbedarf.

6.2.3.4 **Niederdruckplasma-Vorbehandlung**

Bei der Niederdruckplasma-Vorbehandlungsanlage wird die Prozesskammer nach Einbringen der Fügeteile evakuiert und anschließend mit Hilfe des einströmenden Prozessgases auf den notwendigen Arbeitsdruck gebracht. Die Zündung des Plasmas erfolgt durch Einschalten der hochfrequenten Spannung. Abhängig von Kammerdruck und Prozessgas ist ein in Farbe, Helligkeit und Verteilung unterschiedliches Plasmaleuchten in der Prozesskammer zu beobachten.

Das Plasma verändert die Oberfläche, wodurch die Adhäsionseigenschaften stark verbessert werden. Das Verfahren zeichnet sich durch hohe Umweltverträglichkeit und die Möglichkeit der Behandlung kompliziert geformter Bauteile aus.

6.2.3.5 **Corona-Verfahren**

Die Corona-Vorbehandlung erfolgt an der Atmosphäre zwischen zwei Elektroden, an die eine hochfrequente Spannung angelegt wird. Die Luftmoleküle zwischen den Elektroden werden ionisiert und durch die energiereichen Ionen wird ein Blaulicht, die Corona, erzeugt. Wird zwischen die Elektroden ein isolierender Stoff gebracht, so wird seine Oberfläche mit Ionen beschossen, wobei Veränderungen der Adhäsionseigenschaften hervorgerufen werden.

6.2.4
Voraussetzungen für die Entstehung der Adhäsion

Eine wesentliche Voraussetzung für das Entstehen der Adhäsion ist die möglichst vollständige Benetzung der Fügeteiloberfläche durch den Klebstoff (s. Kapitel 3). Die Benetzbarkeit einer Oberfläche kann man anhand des Benetzungswinkels α (Winkel zwischen der Oberfläche und der Tangente an einen Flüssigkeits- bzw. Klebstofftropfen, Abbildung 62) relativ einfach messen. Dieser Winkel stellt sich von selbst ein und hängt, vereinfacht gesagt, von den Oberflächenspannungen oder exakter von den Oberflächenenergien der Flüssigkeit und der Festkörperoberfläche ab (s. Kapitel 3). Gute, für eine Klebung notwendige Benetzung wird nur erreicht, wenn die Oberflächenspannung des Festkörpers gleich oder größer derjenigen der Flüssigkeit (Klebstoff) ist. Für die Ermittlung niedriger Oberflächenspannungen, wie sie für Kunststoffe typisch sind, existieren gefärbte Testflüssigkeiten mit definierten Oberflächenspannungen. Mit ihrer Hilfe lassen sich die Benetzungszustände »gut«, »mittelmäßig« und »unvollständig« mit bloßem Auge gut erkennen. Bei »mittlerer« Benetzung, einem Benetzungswinkel von 90°, hat die Festkörperoberfläche die gleiche Oberflächenspannung wie die Testflüssigkeit.

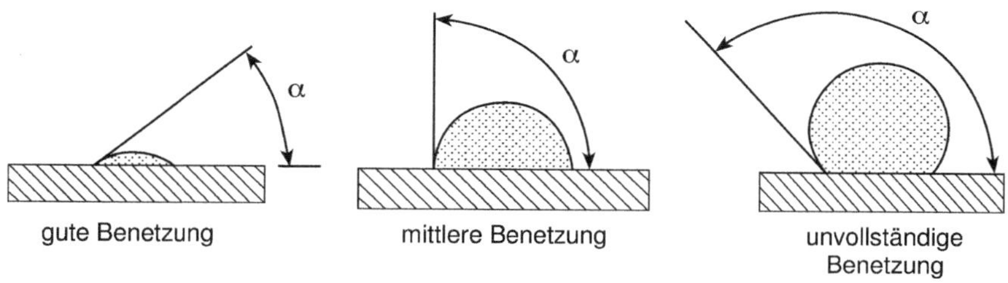

Abbildung 62 Abhängigkeit der Oberflächenbenetzbarkeit vom Benetzungswinkel

Ist die Oberflächenspannung der zu verklebenden Bauteile zu gering (z. B. bei unpolaren Kunststoffen wie PTFE, PE oder PP oder durch fettige Verunreinigungen), empfiehlt sich die Anwendung einer geeigneten Oberfächenbehandlung, welche die Oberflächenspannung der Fügeteiloberfläche erhöht oder die Verunreinigungen gründlich entfernt. Abbildung 63 gibt eine Übersicht gebräuchlicher Oberflächenbehandlungsverfahren in der Klebtechnik.

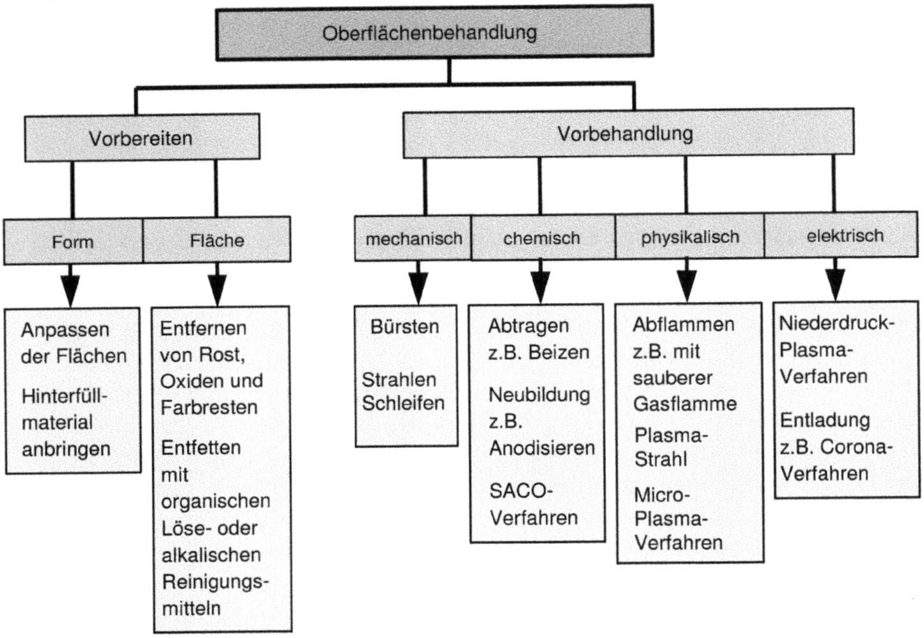

Abbildung 63 Oberflächenbehandlungsverfahren, Übersicht

6.2.5 Schutz der behandelten Oberflächen

Nach den teilweise aufwendigen Oberflächenvorbehandlungen haben die Fügeteile hohe Oberflächenenergien und gute Adhäsionseigenschaften, die auch eine starke Anziehung auf Teilchen in der Umgebung ausüben. Den besten Schutz gegen unkontrollierte Kontamination oder ungewollte Nachreaktionen bietet der Auftrag von Primern (s. Abschnitt 5.10), wenn der Klebstoff nicht sofort aufgebracht werden kann.

6.3 Applikationsverfahren

Bei der Entscheidung, die Klebtechnik in eine Produktionskette zu integrieren oder ein mechanisches Fügemittel durch Klebstoffe zu ersetzen, spielen die benötigten Fertigungsmittel und Anlageninvestitionen eine wesentliche Rolle. Unter ökonomischen Gesichtspunkten werden die zu erwartenden Vorteile hinsichtlich Produkteigenschaften, Steigerung der Produktivität des Fertigungsprozesses und Qualität den erforderlichen Investitionen und variablen Kosten gegenübergestellt. Die klebtechnische Kompatibilität zwischen bestehenden Prozessschritten und vorhandenen Anlagen muss dabei ebenso in Betracht gezogen werden wie die Wechselwirkungen mit dem betrieblichen Materiallogistik- und Entsorgungskonzept.

Beispielsweise können nicht nur in der Automobilindustrie thermische Prozesse für die Lackhärtung mit der Härtung der Klebverbindungen kombiniert werden. Andererseits sollte geprüft werden, ob mit der optischen Qualität der Klebverbindungen die aufwendige Nasslackierung nicht durch die Verwendung vorbeschichteter Halbzeuge ersetzt werden kann.

Um das optimale Verarbeitungskonzept auswählen zu können, ist die Kenntnis der jeweiligen Rahmenbedingungen und Einflussparameter notwendig. Im Folgenden sollen daher mögliche Verarbeitungskonzepte vorgestellt werden.

6.3.1 Verarbeitungskonzepte für Klebstoffe

Nahezu alle Klebstoffarten durchlaufen bei der Herstellung einer Verklebung einen Übergang vom flüssigen in den festen Zustand. Eine Ausnahme bilden Haftklebstoffe, welche im Grenzzustand zwischen Feststoff und Flüssigkeit eine permanente Klebrigkeit besitzen. Die viskosen Eigenschaften der Klebstoffe sind notwendig, damit es zwischen Klebstoff und Fügeteil zur Ausbildung der adhäsiven Nahkräfte kommen kann. Die Werkstoffeigenschaften nach der Verfestigung sind indes für die kohäsive Festigkeit der Klebverbindung verantwortlich.

Vielfältige chemische und physikalische Prinzipien zur Klebstoffverfestigung sind bereits in Klebstoffsystemen in die Praxis umgesetzt und haben je nach den Rahmenbedingungen der zu fügenden Werkstücke und der Struktur der Produktionskette Vor- und Nachteile (s. Kapitel 4).

Einige gebräuchliche Paarungen aus Applikationsformen und Verarbeitungs- bzw. Aushärtebedingungen für physikalische und reaktive Klebstoffsysteme sind in den Tabellen 17 und 18 zusammengefasst.

Einige ausgewählte Beispiele aus dieser Aufstellung sollen nachfolgend diskutiert werden, um die zur Verfügung stehenden Möglichkeiten und Prozessparameter zu verdeutlichen.

Tabelle 17 Verarbeitungsformen physikalisch härtender Klebstoffsysteme

	Temperatur	Trocknung	permanentklebrig
flüssig/ pastös	Hot-Melts z. B. auf Polyurethan-, Polyamid- oder EVA- Basis, Hot-Melt-Haftklebstoffe	Lösungsmittel-klebstoffe, Dispersionen, wasser-lösliche Leime	Dispersions- und lösungsmittelhaltige Haftklebstoffe
Folie	Hot-Melt-Filme		Klebebänder
Granulat	Schmelzklebpulver		

Tabelle 18 Verarbeitungsformen reaktiver Klebstoffsysteme (1K: Einkomponenten-System, 2K: Zweikomponentensystem)

	2K	1K/Temperatur	1K/Strahlung (UV)	1K/Feuchtigkeit	1K/anaerob
flüssig/ pastös	Epoxid, Acrylat, Polyurethan, Polyester, 2K Silicon, kalthärtende Phenol- und Resorcin-Holzleime	Heißhärtende 1K-Epoxidharz-Dicyandiamid-Systeme, Phenolharz-klebstoffe, Polyurethane mit blockierten Härtern	Acrylate, kationische Epoxidharze	1K-PU-Kleb-Dichtstoffe, RTV-Silicone, MS-Polymere, reaktive Hot-Melts, Cyanacrylate	Methacrylate
Folie	reaktive A/B-Klebebänder	Epoxid-Klebfilme, Phenolharz-Filme, temperatur-vernetzende Klebebänder	UV-härtbare Klebfilme		
Granulat	verkapselte Epoxidharze und Härter	festes Epoxid Granulat			verkapselte Schrauben-sicherungs-Klebstoffe

6.3.1.1 Zweikomponentenverarbeitung

Zweikomponentenklebstoffe besitzen den Vorteil, dass die Aushärtungsreaktion in der Regel nach dem Vermischen bei Raumtemperatur abläuft und nicht zwingend Presswerkzeuge oder Öfen benötigt werden. Die Fügeteile müssen zumindest bis zum Erreichen einer Handhabungsfestigkeit gegen Verschieben fixiert werden. Dies kann entweder über geeignete Vorrichtungen oder durch zusätzlich angebrachte Haftklebstoffstreifen erfolgen.

Je nach der verwendeten Klebstoffchemie werden unterschiedliche Anforderungen an die Mischqualität bei der Verarbeitung gestellt. Radikalisch härtende Klebstoffsysteme härten in einem relativ breiten Mischungsverhältnis ohne gravierende Festigkeitseinbußen aus. Polyadditionsklebstoffe wie beispielsweise Epoxidharze benötigen hingegen ein möglichst auf wenige Prozent Abweichung einzuhaltendes Mischungsverhältnis, weil ansonsten unreagierte Monomere das entstandene Polymernetzwerk aufweichen können.

Neben dem Mischungsverhältnis, welches über die verwendete Dosiereinrichtung gesteuert oder geregelt werden kann, ist die Art der Mischung ausschlaggebend für die Mischqualität.

Folgende Mischverfahren finden Anwendung:
- Batch-Verarbeitung mit Rührwerken,
- statische Mischer,
- dynamische Mischköpfe.

Bei der Batch-Verarbeitung werden die Komponenten dosiert und chargenweise vermischt. Während und nach dem Vermischen beginnt bereits die Topfzeit als zeitliche Grenze der Verarbeitungsfähigkeit abzulaufen. Soll nicht die gesamte Mischung zügig verarbeitet werden, kann die Reaktion durch Einfrieren nahezu zum Stillstand gebracht werden. Die optische Industrie bedient sich dieser Vorgehensweise, um umfangreiche Qualitätssicherungsmaßnahmen an der Klebstoffmischung durchzuführen, bevor diese zur Produktion freigegeben wird.

Eine kontinuierliche Verarbeitung von zweikomponentigen Klebstoffen ist bei der Verwendung von statischen Mischern möglich.

Statische Mischer bestehen aus einem Hüllrohr mit eingesetzten strömungsmechanischen Mischelementen. Am weitesten verbreitet ist die Kenics-Wendel, welche aus einer Aneinanderreihung von gegensinnig verdrehten Stromlenkern besteht. Dieses Prinzip kann sowohl in Mikromischern als auch in Mischköpfen für die Maschinenverarbeitung eingesetzt werden (Abbildungen 64 und 65 rechts).

Eine Alternative sind Statikmischer mit rechteckigem Profilquerschnitt nach dem Prinzip Sulzer (Abbildung 65). Diese Elemente ermöglichen eine kompakte Bauform der Mischstrecke.

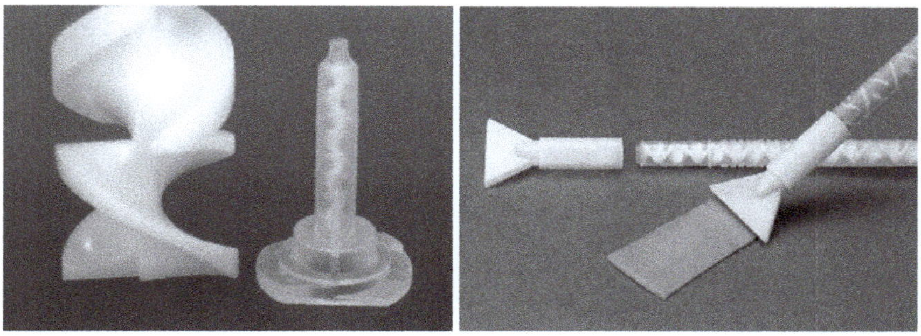

Abbildung 64 Verschiedene Mischelemente mit Kenics-Wendeln

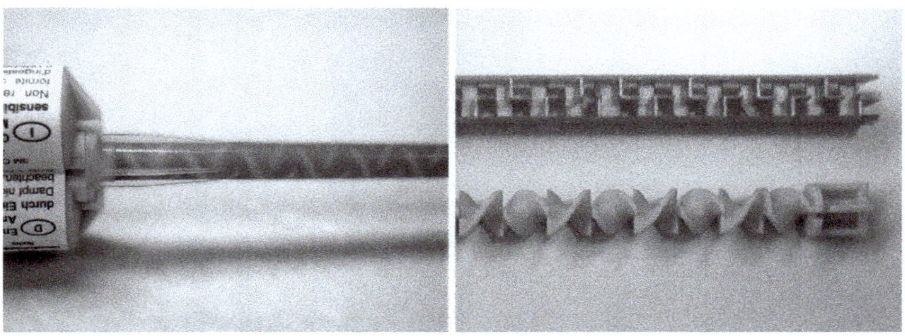

Abbildung 65 Durchmischung der Klebstoffkomponenten beim Passieren der Mischstrecke (links) und Vergleich verschiedener Bauformen von Statikmischern, Prinzip Sulzer (rechts oben) und Kenics-Wendel mit Einlaustrecke (rechts unten)

Die Mischgüte, die mit solchen Systemen zu erzielen ist, hängt von der Anzahl der aneinander gereihten Mischelemente und von den viskosen Eigenschaften der Klebstoffmasse ab. Falls nicht bereits vom Klebstoffhersteller freigegebene Statikmischer verwendet werden, sollte unbedingt eine Prüfung der Mischqualität an Klebstoffproben erfolgen, da eine visuelle Beurteilung auf Schlierenfreiheit nicht ausreichend ist.

Aufgrund des einfachen Aufbaus und der geringen Stückkosten werden Statikmischer hauptsächlich als Einwegmischer verwendet und nach der Verwendung entsorgt. Statikmischer müssen ebenfalls ausgetauscht werden, wenn durch Pausen in der Prozesskette die Topfzeit am Düsenaustritt überschritten wird oder die Viskosität der Klebstoffmasse im Mischrohr so weit angestiegen ist, dass der Auspressdruck die gesetzten Grenzwerte überschreitet.

Eine aufwendigere Alternative zu den beschriebenen Mischsystemen bilden die dynamischen Mischköpfe (Abbildung 66). Bei diesem Prinzip werden die Klebstoffkomponenten durch einen Rotor in der Mischkammer des Auftragskopfes vermischt.

Während längerer Produktionspausen muss die Mischkammer mit Spülmedien gereinigt werden, um ein Aushärten der Klebstoffmasse und ein Blockieren des Rotors zu verhindern. Danach wird meist das Spülmedium mit Druckluft entfernt. Das mit Klebstoffanteilen belastete Spülmedium kann in einem geschlossenen Kreislauf gereinigt und wiederverwendet werden. Da dadurch zusätzliche Kosten

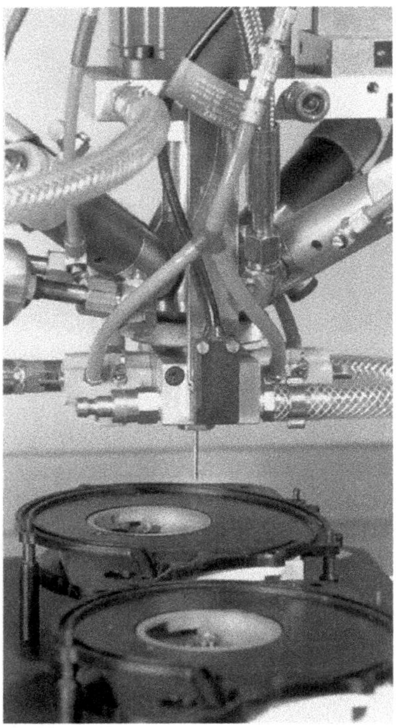

Abbildung 66 Auftragskopf mit dynamischer Mischeinrichtung. Quelle: Rampf, Dosiertechnik

entstehen, behilft man sich zur Überbrückung kürzerer Pausen mit Klebstoff-Spüldosierungen, um die Klebstoffmasse in der Mischkammer zu ersetzen.

6.3.1.2 **Einkomponentenverarbeitung**

Besonders die unter Feuchtigkeitseinfluss aushärtenden elastischen Polyurethanklebstoffe finden im Automobilbau und in der Bauindustrie eine breite Anwendung. Bekanntes Beispiel ist das Einkleben der Autoverglasung, wodurch eine signifikante Aussteifung der Karosserie erreicht wird. Die moderne Handhabungstechnik ermöglicht hier die Automation des Klebvorgangs inklusive Primerauftrag, Klebraupenapplikation und präziser Positionierung der mit Klebstoff versehenen Scheibe (Abbildungen 67 und 68).

Für die Verklebung kleinerer Bauteile in der Medizintechnik und Elektronik verwendet man oft einkomponentige Klebstoffe, die nach der Applikation mit Hilfe von UV-Strahlung ausgehärtet werden (Abbildung 69). Durch die Wechselwirkung des enthaltenen Photoinitiators mit der energiereichen UV-Strahlung kann eine sehr schnelle Aushärtung im Sekundentakt erreicht werden (s. Abschnitt 8.14).

Geeignete UV-Strahlungsquellen stehen in verschiedenen Größen vom mobilen Kleinstrahler mit Lichtleiter für medizinische Anwendungen in der Zahntechnik bis hin zu Großanlagen für die Bandverarbeitung zur Verfügung. Gebräuchlich sind vor allem elektroden- und mikrowellenangeregte Quecksilberstrahler und mikrowellenangeregte Excimerstrahler. Zur Variation der Gesamtdosis und der Maximalintensität der UV-Strahlung lassen sich folgende Anlagenparameter verändern:

- Transportband- bzw. Durchlaufgeschwindigkeit,
- Abstand zwischen Strahler und Transportband
- Leistung der Lampe.

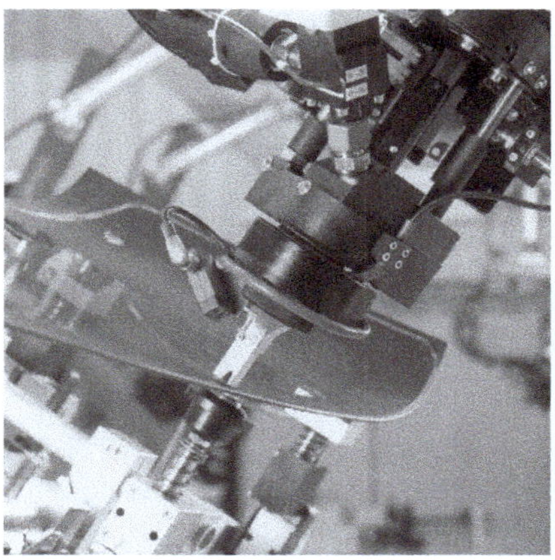

Abbildung 67 Automatisierter Klebraupenauftrag bei der Windschutzscheibenmontage (mit freundlicher Genehmigung der KUKA Schweißanlagen GmbH)

Abbildung 68 Handhabung der Windschutzscheibe während des Auftrags der Klebraupe (mit freundlicher Genehmigung der KUKA Schweißanlagen GmbH)

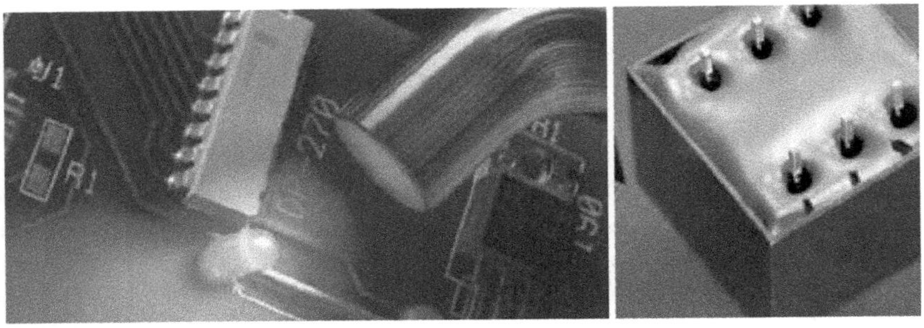

Abbildung 69 Klebstoffaushärtung mit UV-Strahlung durch Lichtleiter. Quelle: Ellsworth Adhesives, www.ellsworth.com

Die auf der Substratoberfläche zur Verfügung stehende UV-Dosis setzt sich aus der direkten Lampenstrahlung und dem reflektierten Strahlungsanteil zusammen. Handelsübliche UV-Anlagen unterscheiden sich zum Beispiel durch die Ausführung der verwendeten Reflektoren. Die Ozonbildung durch kurzwellige UVC-Strahlung unterhalb von 240 nm macht im industriellen Maßstab unter Umständen eine Aufbereitung der Anlagenabluft erforderlich. Zur Kontrolle der Strahlungsintensität stehen UV-Sensoren verschiedener Hersteller zur Verfügung. Bei der Auswahl eines Messsensors sollte insbesondere auf dessen Langzeitstabilität der Messempfindlichkeit geachtet werden.

6.3.1.3 Hot-Melt-Klebstoffe

Die Verarbeitung von Hot-Melt-Klebstoffen erfordert geeignete Schmelzeinrichtungen. Das Spektrum verfügbarer Geräte reicht von einfachen Rundstab-Handgeräten über pneumatisch unterstützte Dispenser bis zu Fass- oder Blockschmelzanlagen. Falls die Klebstoffschmelze über längere Zeit bei der Verarbeitungstemperatur gehalten werden soll, empfiehlt sich die Verwendung einer Schutzgasatmosphäre, um die Veränderung der Klebstoffeigenschaften durch Oxidation zu vermeiden. Reaktive einkomponentige Schmelzklebstoffe reagieren nach der Verarbeitung z. B. mit Luftfeuchtigkeit und erreichen dadurch eine höhere Wärmestandfestigkeit. Die Verarbeitung erfolgt beispielsweise aus Metallkartuschen, um eine ausreichende Lagerstabilität zu gewährleisten.

Für den flächigen Auftrag wie beispielsweise in der Verpackungsindustrie gibt es geeignete Sprühköpfe (Abbildung 70), welche eine gleichmäßige Verteilung der Klebstoffmasse ermöglichen.

6.3.1.4 Filmklebstoffe

Besonders einfach, präzise und sauber können Filmklebstoffe aus vorgefertigten Stanzteilen verarbeitet werden (Abbildung 71). Strukturelle Filmklebstoffe sind als klebfreie Folien aus modifizierten heißhärtenden Epoxidharzen oder Phenolharzen erhältlich.

Während der Aushärtung müssen die Fügepartner aneinander gepresst werden, um die Entstehung von Fehlstellen zu unterbinden. Bei größeren Fügeteilen kommen dafür Druckluftkissen oder Vakuumfolien zum Einsatz.

Haftklebstoffe gehören zu den physikalischen Klebstoffsystemen und benötigen in der Regel keine Aushärtung. Die üblichen Haftklebstoffe sind permanentklebrig und werden meist als Rollenware verarbeitet. Auch dafür existieren automatisierte Auftragsgeräte für den Einsatz in der industriellen Fertigung.

Konfektionierte Stanzteile aus Haftklebstofffilmen (Abbildung 72) sind besonders für vollflächige Verklebungen und zum Laminieren geeignet. Je nach Ein-

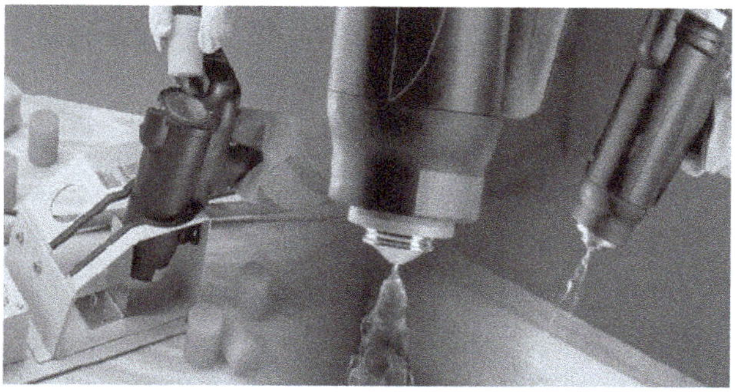

Abbildung 70 Schmelzklebstoffauftrag mit Sprühköpfen. Quelle: Ellsworth Adhesives, www.ellsworth.com

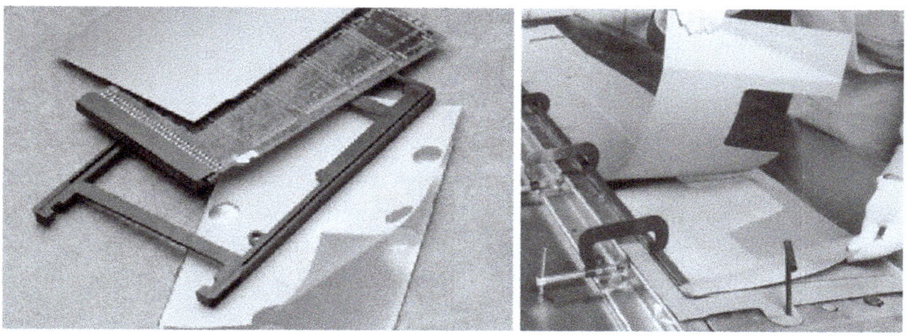

Abbildung 71 Verarbeitung von Filmklebstoffen als vorgestanzte Elemente. Quelle: Ellsworth Adhesives, www.ellsworth.com

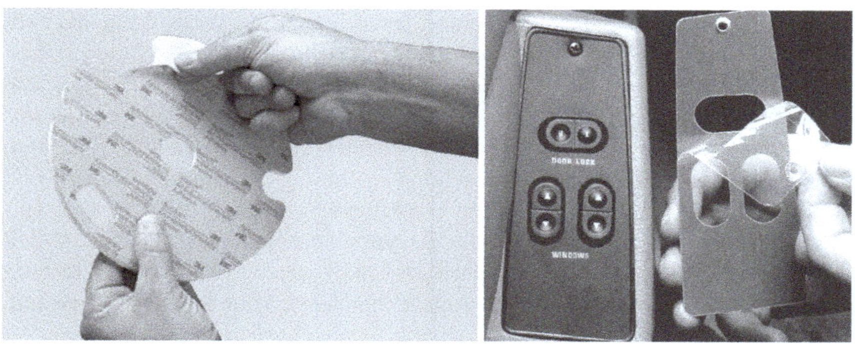

Abbildung 72 Gestanzte Haftklebstofffilme zum flächigen Verbinden. Quelle: Ellsworth Adhesives, www.ellsworth.com

stellung der Haftklebstoffeigenschaften sind damit permanente und lösbare Anwendungen realisierbar.

6.3.1.5 Kleben in Hybridfügetechniken

Durch die Hybridfügetechnik werden Vorteile einzelner Verfahren bezüglich der fertigungstechnischen Realisierung genutzt, die Qualität der Verbindung verbessert und die Fügbarkeit bestimmter Werkstoffe und Werkstoffkombinationen ermöglicht.

Beim Einsatz von hochfesten Klebstoffen wird das Kleben zum Hauptfügeverfahren. Der Kombinationspartner wirkt als Fixierhilfe und kann darüber hinaus die Klebschicht bei Schäl- und statischer Langzeitbelastung entlasten. Erfolgreiche Beispiele für die Hybridtechnik sind die Kombination des Klebens mit Punktschweißen oder umformtechnischen Fügeverfahren wie beispielsweise Nieten oder Clinchen. Die Kombinationsverbindung Kleben und Nieten wird primär im Flugzeugbau angewendet, wo die Verbindungen hohen dynamisch-schwingenden Belastungen unterliegen.

Durch die Nutzung von geeigneten Dimensionierungsverfahren und Anwendungsvorteilen können durch die Kombination verschiedener Fügetechnologien Eigenschaften erzielt werden, die über die Summe der Einzeleigenschaften der Fügeverfahren hinausreichen.

6.3.2 Qualitätssicherung

Für die Beurteilung eines Fertigungsprozesses ist neben dem zu erwartenden Aufwand die erreichbare Prozesssicherheit im Sinne der Prozessbeherrschung ausschlaggebend. Die Kenntnis, welche Parameter die Qualität der Verklebung beeinflussen können, ist daher für die individuelle Auswahl des geeigneten Verfahrens maßgeblich.

Zur Absicherung der Prozesssicherheit bietet sich insbesondere die Fehlermöglichkeiten- und Einflussanalyse (engl. Failure Mode and Effects Analysis, FMEA) an. Hierbei werden systematisch mögliche Fehlerquellen festgehalten, die Wahrscheinlichkeit des Auftretens von Fehlern beurteilt und die Auswirkung der Fehler auf die Produkteigenschaften bewertet. Zusätzlich werden die Entdeckungswahrscheinlichkeit und die notwendigen Maßnahmen nach Auftreten eines Fehlers festgehalten. Man unterscheidet zwischen einer Prozess-FMEA, die alle Arbeitsschritte eines Produktionsprozesses von der Materialbeschaffung bis zum Versand analysiert, und der Konstruktions-FMEA, bei der die Konstruktion und Auslegung eines bestimmten Artikels betrachtet wird. Das Ergebnis dieser Analyse ist die Risikoprioritätszahl (RPZ) für den jeweiligen Fehler, die ein direktes Maß für dessen Priorität ist. Eine exemplarische FMEA aus dem Klebstoffbereich, wie sie für eine Anwendung zwischen Anlagenhersteller, Verarbeiter und Rohstoffhersteller erarbeitet wurde, ist in Abbildung 73 wiedergegeben.

NR.	Komponente Prozess	Funktion Zweck	Fehlerart	Fehler-auswirkung	Fehler-ursachen	Fehler-vermeidung	Fehler-entdeckung	S	A	E	RZ SxAxE	Maßnahmen
6	Dosierung											
6.1	Mischungs-verhältnis	Verarbeitung von 2 Kompo-nenten mit gleichbleiben-den Mischungs-verhältnis	MV zu hoch/ MV zu niedrig	MV zu niedrig Material zu weich; ggf. Belagbildung im SW;	falsch eingestelltes Verhältnis	Verfahrens-anweisung Ausprobe Meßprotokoll	Fertigungs-kontrolle					
				MV zu hoch Material zu hart	eine Kompo-nente leer	Füllstands-kontrolle	Maschinen-signal					
					nicht kon-stante Pum-penförderung		Fertigungs-kontrolle					
					Pumpe defekt		Maschinen-signal					
					Leckage	vorbeugende Instan						
6.2	Mischkammer-größe	Zusammen-führung der 2 Komponenten	MK zu groß / zu klein	MK zu groß;								

Abbildung 73 Auszug aus einer Prozess-FMEA für 2K-Dosieranlagen. Quelle: Kern-Liebers [20]

7
Prüfverfahren und Eigenschaften von Klebverbindungen

7.1
Einleitung

Die Eigenschaften von Klebverbindungen beschreibt man technisch anhand von definierten Kennwerten, z. B. der Festigkeit, der Verformbarkeit oder der Widerstandsfähigkeit gegen schädigende Umwelteinflüsse, die an geklebten Bauteilen oder geeigneten Prüfkörpern ermittelt worden sind oder ermittelt werden müssen. Bauteilprüfungen unter möglichst betriebsnahen Bedingungen sind zwar prinzipiell die beste Bewertungsgrundlage, allerdings kostenintensiv, und die Ergebnisse sind fast nie auf andere Anwendungsfälle übertragbar. Deswegen nutzt man vielfach standardisierte Prüfverfahren an bauteilähnlichen, meistens vereinfachten und verkleinerten Prüfkörpern, von denen die wichtigsten im Folgenden kurz beschrieben werden.

Bei der Betrachtung der Prüfverfahren erweist es sich bis heute als sinnvoll, die weit entwickelte und auch in staatlich anerkannten Normen beschriebenen Prüfverfahren für strukturelle Klebverbindungen getrennt von denen für Haftklebstoffe zu behandeln, obwohl Letztere heute durchaus im strukturellen Bereich um Einsatz kommen. Die Entwicklung der Haftklebstoffe und auch die ihrer Prüfverfahren verlief aber aus eher historischen Gründen unabhängig und gewissermaßen parallel zu der der Strukturklebstoffe, was nicht zuletzt durch die ursprünglich sehr unterschiedlichen Einsatzgebiete mit vollkommen unterschiedlichen Anforderungskatalogen erklärt werden kann.

7.2
Prüfverfahren für strukturelle Klebverbindungen

Werden Klebverbindungen über die Grenze ihrer Belastbarkeit hinaus beansprucht, kann es entweder zum Ablösen des Klebstoffs von der Oberfläche eines Fügeteils (adhäsives Versagen) oder zu einem Bruch innerhalb der Klebstoffschicht (kohäsives Versagen) kommen (s. Abschnitt 7.2.6). Daher ist es sinnvoll, bei der Auswertung von zerstörenden Prüfverfahren nicht nur die gemessenen Festigkeitsparameter, sondern auch die Bruchbilder zu dokumentieren.

Klebtechnik. W. Brockmann, P. L. Geiß, K. Klingen und B. Schröder

ISBN: 3-527-31031-6

Standardisierte Prüfmethoden an genormten Prüfgeometrien sollen Kennwerte bereitstellen, welche Rückschlüsse auf das Verhalten geklebter Bauteile zulassen und den Vergleich von Klebstoffen und Klebverfahren untereinander ermöglichen. In der Praxis stellen sich in der Regel mehrdimensionale Spannungszustände in der Klebfuge ein. Beim Prüfen von Klebverbunden versucht man, das Festigkeitsverhalten anhand der Extremfälle der möglichst reinen Zug- oder Schubbelastung zu untersuchen (Abbildung 74).

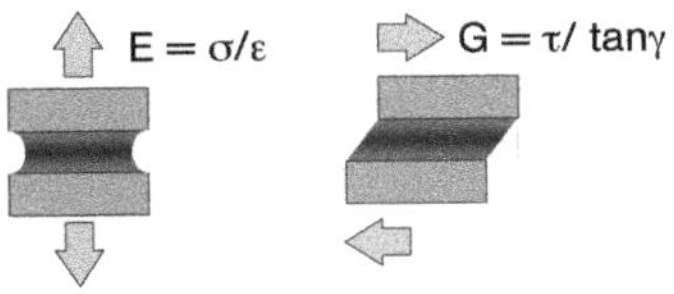

Abbildung 74 Anordnung der Fügeteile für die Zug- und Scherprüfung

7.2.1
Zug- und Druckversuch

Eine einfache Probengeometrie zur Durchführung von Zugversuchen an Stumpfklebungen besteht aus zwei Zylindern, die stirnseitig verklebt werden. Um eine exakte Ausrichtung zu gewährleisten, können prismatische Führungen oder eine einfache Anordnung wie in Abbildung 75 verwendet werden.

Häufig werden auch Drehteile wie in Abbildung 76 dargestellt verwendet, um die Einspannung und den Probenwechsel zu vereinfachen.

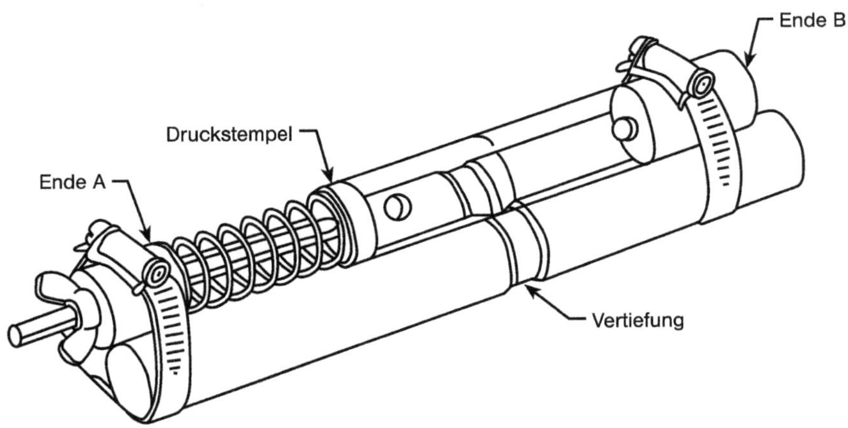

Abbildung 75 Einfache Vorrichtung zur Herstellung von Zugproben nach DIN EN 26922

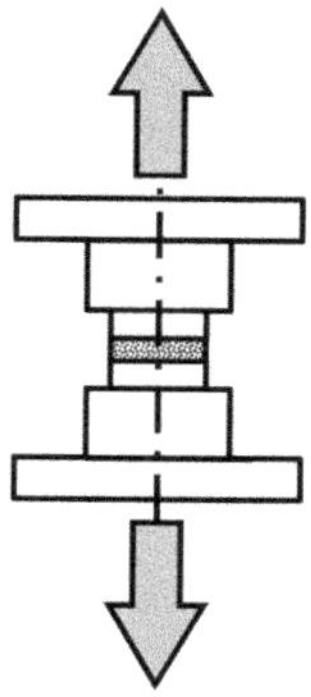

Abbildung 76 Probengeometrie zur Prüfung von Stumpfklebungen

7.2.2
Prüfung unter Scherbelastung

Die einfachste Probengeometrie zur Erzeugung von Schubspannungen ist die einschnittig überlappte Zugscherprobe nach DIN EN 1465 (Abbildung 77).

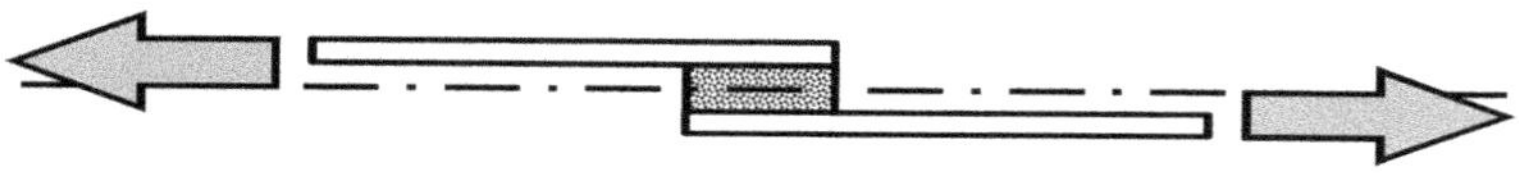

Abbildung 77 Einschnittig überlappte Zugscherprobe

Ein wesentlicher Nachteil dieser Probengeometrie sind Biegemomente, die durch den axialen Versatz der Probenbleche entstehen. Diese Momente überlagern die Schubbelastung und führen zu einer Verdrehung der Klebezone und dadurch zur Entstehung von Schälkräften.

Die Situation lässt sich durch dickere Probenbleche und Ausgleich des Versatzes der Verklebung verbessern. Diese verbesserte Probengeometrie ist beispielsweise in DIN 54 451 »Prüfung von Metallklebstoffen und Metallklebungen, Zugscher-Versuch zur Ermittlung des Schubspannungs-Gleitungs-Diagramms eines Klebstoffs in einer Klebung« beschrieben (Abbildung 78).

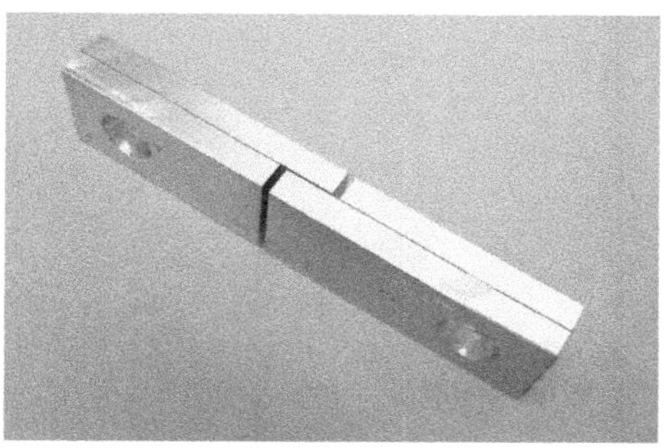

Abbildung 78 Dicke Zugscherprobe nach DIN 54451

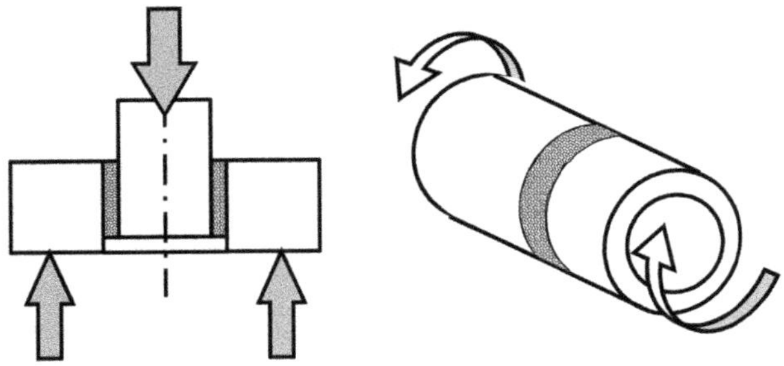

Abbildung 79 Probengeometrie beim Druckscherversuch (links) und Torsionsscherversuch (rechts)

Weitere Anordnungen zur Erzeugung von Schubspannungen sind rotationssymmetrische Prüfkörper, wie sie beispielsweise im Druckscherversuch nach DIN 54 452 (Abbildung 79 links) oder im Torsionsscherversuch nach DIN 54455 (Abbildung 79 rechts) beschrieben sind.

Die genannten Prüfgeometrien werden überwiegend der so genannten »quasistatischen« Prüfung mit konstanter Dehn- oder Laststeigerungsrate unterzogen. Genauso können jedoch auch Prüfungen unter statischen oder dynamischen Lasten durchgeführt werden. Besonders die einfach überlappte Zugscherprobe wird genutzt, wenn es darum geht, die Zeitstandfestigkeit nach DIN 53284 und die Dauerschwingfestigkeit nach DIN 53285 zu ermitteln.

7.2.3 Schälbeanspruchung und Rissausbreitungsversuche

Im Gegensatz zu den oben genannten Prüfverfahren, bei denen ein gleichmäßiger Spannungszustand über einen möglichst großen Bereich der Probe angestrebt wird, erzeugen Schäl- und Rissausbreitungsprüfungen gezielt lokale Spannungsspitzen während der Prüfung. Dies ermöglicht eine Differenzierung zwischen spröden und zähelastischen Klebstoffen aufgrund der zum Abschälen bzw. zur Rissweitung benötigten Kräfte (Abbildung 80).

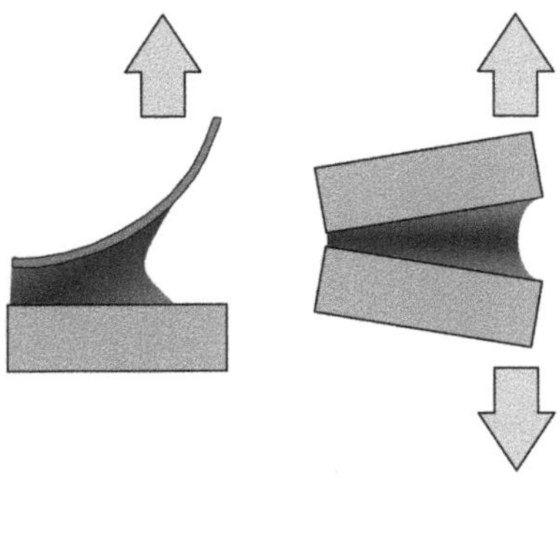

Abbildung 80 Schematische Darstellung der Prüfung des Schäl- und Rissverhaltens für flexible (links) und starre Fügeteile (rechts)

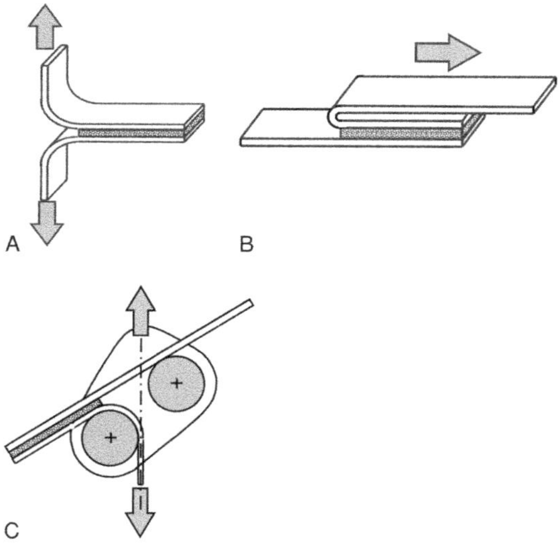

Abbildung 81 Verschiedene Schälprüfanordnungen. (A) T-Schälprobe nach DIN EN 14173, (B) 180°-Schälprobe nach DIN EN 28510-2, (C) Rollenschälversuch nach DIN EN 1967

Bei Belastung können die Spannungsbedingungen an der Rissspitze zu einem instabilen Risswachstum und dadurch zum unkontrollierten Versagen führen.

Schälprüfverfahren werden in Anwendungsbereichen eingesetzt, in denen einer oder beide Fügepartner flexibel sind, wie beispielsweise bei Klebebändern und in der Textil- und Folientechnik. Auch bei dieser Art der Prüfung ist das Bruchbild ein wesentlicher Bestandteil des Prüfergebnisses. Eine Anleitung zur Beschreibung der Bruchbilder findet sich z. B. in DIN EN ISO 10365. Abbildung 81 gibt einen Überblick über die gebräuchlichsten Schälprüfverfahren für flexible Fügeteile.

Schälversuche können auch dazu genutzt werden, erste Hinweise auf die Wasserbeständigkeit der Adhäsion zu erhalten. In diesem Fall appliziert man beim Schälvorgang in die Rissspitze etwas schwach tensidhaltiges Wasser. In Falle wasserempfindlicher Adhäsion bricht der Schälwiderstand dann deutlich ein und das Bruchbild ändert sich zu adhäsivem Versagen. Allerdings vermittelt dieser »Nassschälversuch« nur erste Hinweise auf Schwächen im Grenzschichtbereich und sollte nicht zur generellen Ermittlung des Langzeitverhaltens eingesetzt werden (s. Abschnitt 7.5).

7.2.3.1 **Keilspaltversuch**

Beim Keilspaltversuch (Abbildung 82) wird ein Keil zwischen zwei verklebte Prüfbleche getrieben. Unter dem Einfluss von verschiedenen Klimaten kann so der Einfluss auf das Risswachstum und insbesondere die Versagensart – kohäsiv oder adhäsiv – untersucht werden. Die Beliebtheit diese Versuchs rührt daher, dass keinerlei Belastungsvorrichtungen benötigt werden, da sich die Spannung in der

Rissspitze je nach Steifigkeit der Probenbleche selbsttätig einstellt. Diese starke Substratabhängigkeit ist jedoch gleichzeitig der Hauptnachteil der Methode und die Ursache dafür, dass die Ergebnisse nur qualitativ interpretierbar sind.

Für den Keilspaltversuch gilt Gleiches wie für den »Nassschälversuch« im Sinne einer generellen Bewertung der Adhäsionsbeständigkeit. In den kurzen Prüfzeiten laufen nämlich bestimmte Degradationsvorgänge, die bei Langzeitbeanspruchung eintreten können, nicht oder zu wenig ausgeprägt ab, werden also nicht erfasst.

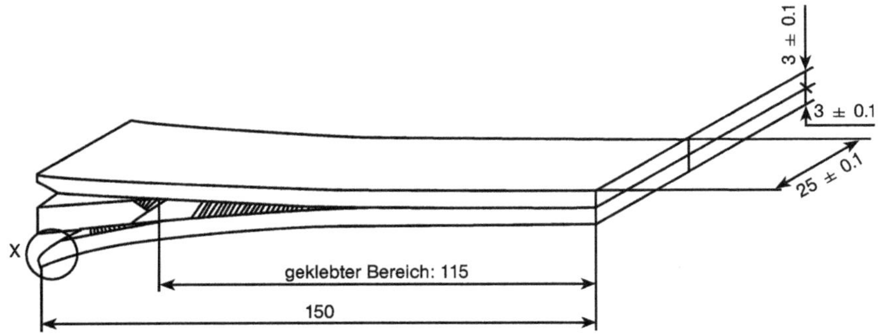

Abbildung 82 Keilspaltprobe nach ISO 10354

7.2.4 Biegeprüfung

Die Prüfung nach dem Dreipunkt-Biegeverfahren (DIN EN 1966) ist besonders für plattenförmige Klebverbunde und Sandwichlaminate geeignet. Dabei stellt sich in der Klebefuge ein mehrdimensionaler Spannungszustand mit ausgeprägten Scheranteilen ein. Dieses Prüfverfahren wird beispielsweise in der Qualitätssicherung und zum Vergleich von Prüfkörpern mit ähnlichem Aufbau eingesetzt.

7.2.5 Prüfung der Schlagfestigkeit

Wegen seiner großen Bedeutung für das Kleben im Automobilbau sei schließlich der Keilschlagversuch oder »Wedge Impact Method« nach ISO 11343 erwähnt, dessen Prinzip und Probenformen aus den Abbildungen 83 und 84 zu entnehmen sind.

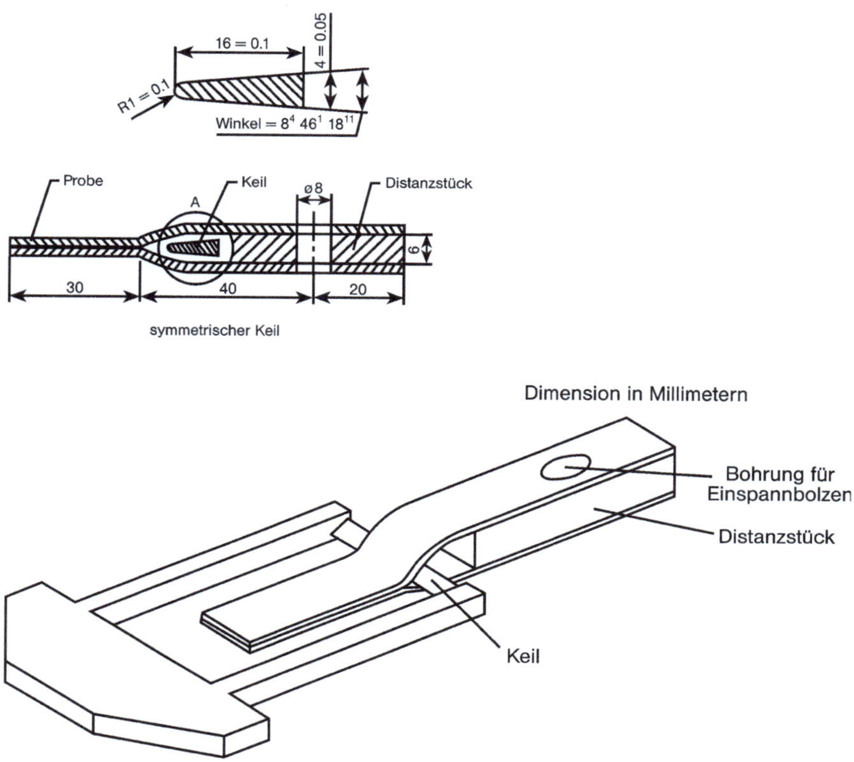

Abbildung 83 Probengeometrie für den Schlagschälversuch nach ISO 11343

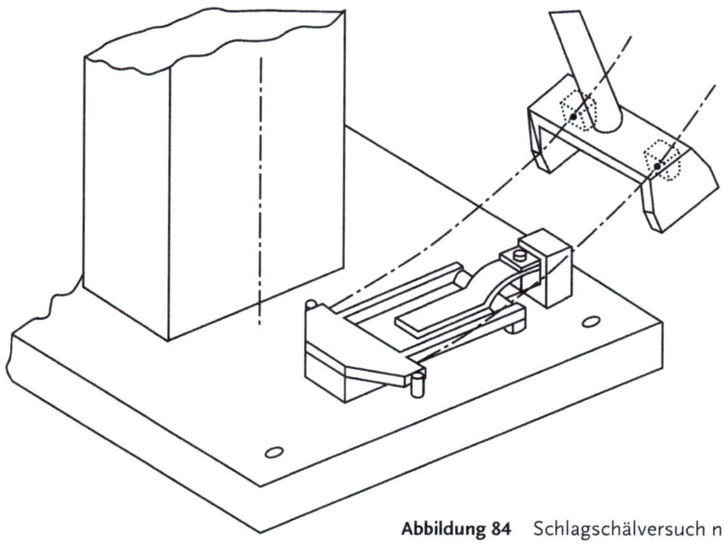

Abbildung 84 Schlagschälversuch nach ISO 11343

7.2.6 Bruchbildbewertung

Neben der Auswertung der mechanischen Kennwerte aus den bereits vorgestellten quasistatischen Prüfverfahren Zugscherversuch, Keilspaltversuch und Schubspannungs-Gleitungs-Versuch ist die Bewertung der Bruchflächen, vor allem nach einer Alterungssimulation, von entscheidender Bedeutung. Durch diese Bewertung können Rückschlüsse auf Alterungsmechanismen und ihren zeitlichen Ablauf sowie Ursachen für eine Veränderung der Festigkeitswerte gezogen werden.

Bei der Betrachtung des Bruchverhaltens der Klebflächen werden hier die von DIN EN ISO 10365 vorgeschlagenen Brucharten unterschieden. Diese Norm unterscheidet zwischen folgenden Versagensarten:

- makroskopischer Adhäsionsbruch AF (Trennung an Fügefläche Klebstoff zu Substrat, Substrat ist optisch frei von Klebstoff),
- substratnaher spezieller Kohäsionsbruch SCF (Trennung in unmittelbarer Nähe des Fügeteils im Klebstoff, eine dünne Klebstoffschicht bedeckt das Substrat; in der englischsprachigen Literatur häufig als »weak boundary layer«, WBL, bezeichnet) und
- Kohäsionsbruch CF (Trennung im Klebstoff, beide Substratseiten sind vollständig mit Klebstoff bedeckt).

Dieses in der Norm beschriebene Bruchverhalten ist bei Metallklebungen durch korrosiven Angriff des Substratwerkstoffes und damit durch eine Unterwanderung der Klebschicht zu ergänzen. Solche Bruchanteile sind nicht unbedingt auf direktes Versagen der Adhäsion, sondern auf Materialzerstörung durch chemische oder elektrochemische Reaktionen zurückzuführen. Die in der englischsprachigen Literatur als Bondline Corrosion bezeichneten, hier mit dem Kürzel UR für Unterrostung versehenen Bruchanteile sind sehr häufig ausgehend von Schnittkanten von Stahlproben in korrosivem Alterungsangriff (Salzsprühtest oder Klimawechseltest VW P 1200), auch bei KTL-beschichteten Probekörpern zu finden. Bei mehreren in einem Bruchbild auftretenden Versagensarten (dies ist nach einer Alterungssimulation üblicherweise der Fall) ist für jede Versagensart der ungefähre prozentuale Anteil anzugeben.

Es soll darauf verwiesen werden, dass das Bruchbild sehr stark von der Art des Klebstoffs (Zugehörigkeit zu unterschiedlichen Polymergruppen, Härtungsmechanismus) und der Formulierung des jeweiligen Systems abhängt. Hochfeste, heißhärtende 1K-Epoxidharze zeigen üblicherweise ungealtert ein grenzschichtnah kohäsives Versagen SCF mit einer sehr dünnen, krümeligen Polymerschicht auf einer Substratseite. Nach aggressiven Alterungen kommt es dann zum Wechsel ins adhäsive Versagen AF. Kalthärtende 2K-Epoxidharze sind in ihrem Bruchverhalten oft sehr stark schichtdickenabhängig. In dünnen Schichten kommt es ungealtert ebenfalls zum SCF-Versagen, bei dickeren Klebschichten und guter Oberflächenvorbehandlung zum kohäsiven Versagen CF. Im Gegensatz dazu versagen sehr viele 2K-Polyurethanklebstoffe wegen des sehr hohen mineralischen Füllstoffanteils vollständig kohäsiv CF. Änderungen des Bruchbildes sind hier nur bei gravierenden Fehlern in der Oberflächenvorbehandlung und sehr langen Alterungszeiten wahrscheinlich.

Diese Grundlagen sind bei der Bewertung der Bruchflächen unbedingt in Betracht zu ziehen, die Veränderung der Bruchbilder ist dementsprechend zu gewichten. Die in der Industrie oftmals gestellte Frage nach rein kohäsiven Bruchbildern im ungealterten und gealterten Zustand einer Klebung ist damit unsinnig, eine generelle Bewertung des gesamten Systems ist nötig.

Abbildung 85 zeigt typische Bruchbilder einer Stahlverklebung mit dem heißhärtenden 1K-EP-Klebstoff Terokal 5026 im ungealterten Zustand:

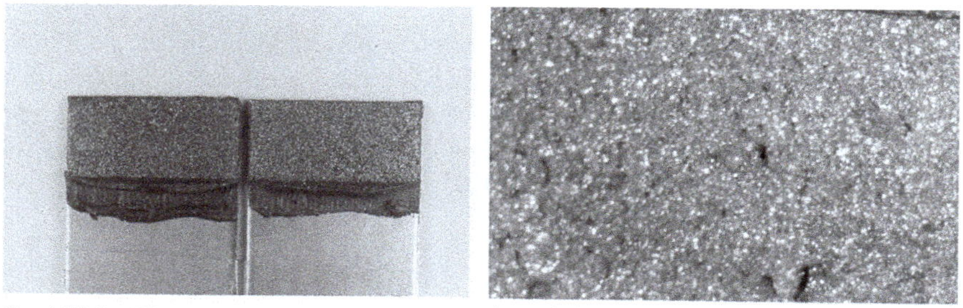

Bruchfläche 25 mm × 12,5 mm — Ausschnittsvergrößerung 100 µm
Vollständig kohäsives Versagen CF im ungealterten Zustand

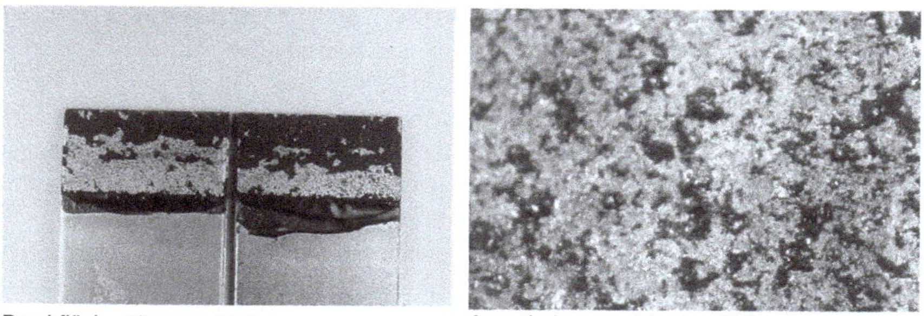

Bruchfläche 25 mm × 12,5 mm — Ausschnittsvergrößerung 100 µm
b) Grenzschichtnah kohäsives Versagen SCF im ungealterten Zustand

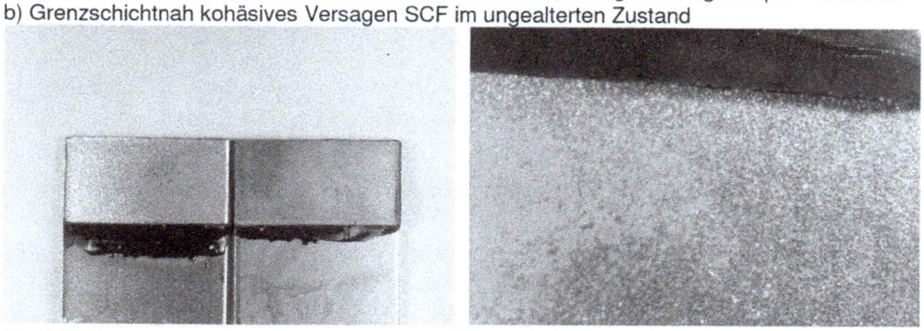

Bruchfläche 25 mm × 12,5 mm — Ausschnittsvergrößerung 100 µm
c) Vollständig makroskopisch adhäsives Versagen AF im ungealterten Zustand

Abbildung 85 Bruchbilder ungealtert; Terokal 5026 auf Substrat Stahl

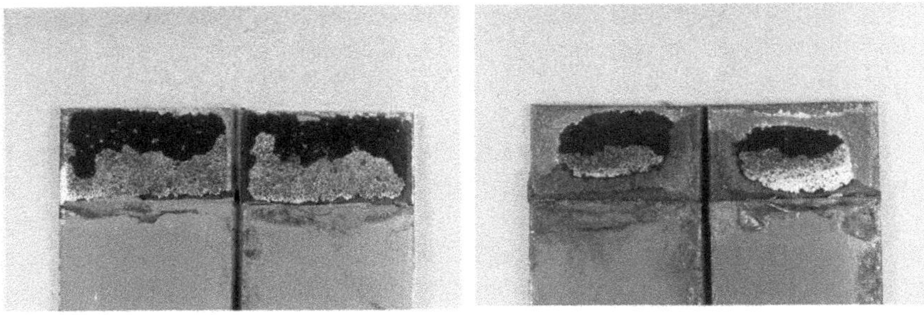

Bruchfläche 25 mm × 12,5 mm
a) 500 Stunden SST

Bruchfläche 25 mm × 12,5 mm
b) FB 1 Jahr

Abbildung 86 Bruchbilder gealtert; Terokal 5026 auf Substrat Stahl

Abbildung 86 zeigt typische Bruchbilder einer Stahlverklebung mit dem heißhärtenden 1K-EP-Klebstoff Terokal 5026 im gealterten Zustand nach 500 Stunden Salzsprühtest (links) und einjähriger Freibewitterung (rechts). Es handelt sich um Mischbrüche mit Anteilen an Unterrostung UR im Bereich der Schnittkanten und grenzschichtnah kohäsivem Versagen SCF bzw. makroskopisch adhäsivem Versagen AF im Kernbereich der Proben.

7.2.7
Thermomechanische Kennwerte von Klebstoffen

Bei der Beurteilung der Festigkeitskennwerte von polymeren Klebstoffen ist zu berücksichtigen, dass die werkstoffmechanischen Eigenschaften sehr stark temperaturabhängig sind (Abbildung 87).

Die Bestimmung der Übergangsbereiche ist mit mehreren Verfahren der so genannten thermischen Analyse möglich. Da sich im Bereich der Glasübergangstemperatur der Längenausdehnungskoeffizient ändert, erlaubt bereits die Dilatometrie eine Aussage über die Lage der Übergangsbereiche.

Kalorimetrische Prüfverfahren (DSC) detektieren die Lage der Übergangsbereiche anhand der endothermen und exothermen Effekte und Änderungen der spezifischen Wärmekapazität im Vergleich zu einem leeren Referenztiegel.

Bei der dynamisch-mechanischen Analyse (DMA) wird durch eine oszillierende Kraft der Form

$$F(t) = F_0 \cdot \cos(\omega t) = F_0 \cdot e^{i\omega t}$$

ein Spannungsfeld erzeugt, welches eine oszillierende Verformung hervorruft:

$$\varepsilon(t) = \varepsilon_0 \cdot \cos(\omega t - \delta) = \varepsilon_0 \cdot e^{i(\omega t - \delta)} = \varepsilon^* \cdot e^{i\omega t}$$

Die Verformungen werden dabei meist klein genug gehalten, um den linear-viskoelastischen Bereich nicht zu verlassen. Der Phasenwinkel δ zwischen der anregenden Spannungsfunktion und der durch die Dehnung gekennzeichneten Ant-

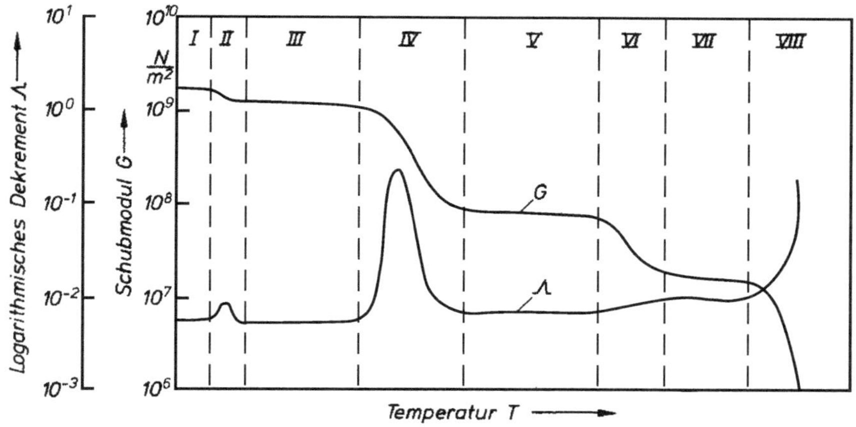

Abbildung 87 Schematisierte Darstellung der Zustands- und Übergangsbereiche polymerer Werkstoffe nach Menges: I energieelastisches Verhalten, II sekundärer Übergangsbereich, III energieelastisches Verhalten, IV Glasübergangsbereich, V entropieelastisches Verhalten bei weit gehend amorphen, energieelastisches Verhalten bei weit gehend kristallinen polymeren Werkstoffen, VI Schmelzbereich, VII entropieelastisches Verhalten, VIII Fließübergangsbereich oder Zersetzungsbereich

wort des Systems wird vereinfachend auch als »Maß für die innere Reibung« oder »viskoser Anteil« bezeichnet. Das Verformungsverhalten wird durch den komplexen Schubmodul $G^*(\omega)$ bzw. seinen Kehrwert, die komplexe Nachgiebigkeit $J^*(\omega)$, ausgedrückt. Diese Größen vermitteln eine einfache Beschreibung der komplizierten Verformungsmechanismen im viskoelastischen Werkstoff. Der komplexe Modul kann in Realteil und Imaginärteil zerlegt werden:

$$G^*(\omega) = \frac{\sigma_0}{\varepsilon^*} = G'(\omega) + i \cdot G''(\omega)$$

$G'(\omega)$ wird als Speichermodul und $G''(\omega)$ als Verlustmodul bezeichnet. Der Phasenwinkel zwischen Spannung und Verformung kann durch folgende Beziehung ausgedrückt werden:

$$\tan\delta = \frac{G''}{G'}$$

Für Werkstoffe mit rein Hooke'schem Elastizitätsverhalten ist $G'' = 0$, demzufolge $\delta = 0°$ und das Verformungsfeld in Phase mit dem Spannungsfeld.

Auf die Ergebnisse der dynamisch-mechanischen thermischen Analyse (DMTA) kann das Zeit-Temperatur-Superpositionsprinzip angewendet werden (Abbildung 88). Durch Überlagerung der Ergebnisse bei verschiedenen Temperaturen kann eine so genannte Referenzkurve erstellt werden, die bei Entwicklung um eine bestimmte Temperatur weit über den Rahmen der praktisch realisierbaren Grenzen der Erregungsfrequenz (0,1–200 rad/s) hinausgeht. Dadurch ist es möglich, das Verhalten für lange Zeiten bzw. hohe Frequenzen abzuschätzen.

Abbildung 88 DMTA-Prüfeinrichtung in beidseitiger Scherung

Durch Kombination von Prüfverfahren der Festigkeitsprüfung mit Verfahren der thermischen Analyse kann der Prüfaufwand zur Abschätzung des temperaturabhängigen Verhaltens von Klebverbindungen stark reduziert werden. Die dynamisch-mechanische Analyse in dieser Form kann jedoch keine Festigkeitswerte liefern und ist daher kein Ersatz für die klassischen mechanischen Prüfverfahren. In DIN 53286 sind zu diesem Zweck unter dem Titel »Prüfung von Metallklebstoffen und Metallklebungen; Bedingungen für die Prüfung bei verschiedenen Temperaturen« einige Richtlinien zusammengefasst.

7.2.8
Beständigkeitsprüfung von Klebverbindungen

Die Beständigkeit und das Langzeitverhalten von Klebverbindungen sind besonders in Bereichen von Bedeutung, wo das Versagen der Klebung das Versagen der Gesamtstruktur einer Konstruktion bewirkt und damit Folgeschäden nach sich zieht. Für das Langzeitverhalten einer Klebverbindung sind folgende Faktoren bestimmend:

- das Alterungsverhalten der Klebstoffe,
- das zeitabhängige mechanische Verhalten in Form des Kriechens unter Last und
- die Beständigkeit der Adhäsion unter dem Einfluss der zu erwartenden Umweltbedingungen.

Als Kenngrößen für das Festigkeitsverhalten einer Klebung sind demzufolge nicht die im bereits erwähnten quasistatischen Kurzzeitversuch ermittelten Klebfestigkeiten maßgebend. Entscheidend sind die Festigkeitswerte, die sich unter zeitabhängiger Beanspruchungen mit den angegebenen Einflüssen ergeben. Da diese Alterungsvorgänge in der Regel nur sehr langsam ablaufen, wird in Kurzzeitalterungsverfahren gezielt versucht, durch Temperaturerhöhung oder andere Verschärfung der Alterungsbedingungen einen »Zeitraffereffekt« zu erzeugen. Ziel aller Verfahren ist hierbei eine Bewertung des Langzeitverhaltens einer Klebung in relativ kurzen Zeitabschnitten und anhand von Laborprüflingen. Im Folgenden werden gängige Kurzzeitalterungstests beschrieben.

7.2.8.1 Immersionstest

Der Immersionstest, im Folgenden mit IT abgekürzt, wird nach DIN 53287 »Beständigkeit gegen Flüssigkeiten/Immersionstest« durchgeführt. Abweichend von dieser Norm empfiehlt es sich, jeweils sechs gleiche Proben in eine 1-Liter-Weithalsflasche zu stellen. Je Probe wird eine Wassermenge von 150 ml demineralisiertem Wasser mit einer Leitfähigkeit < 10 µS beigegeben. Die Proben werden ohne jeden weiteren Oberflächenschutz in diesen Test überführt. Zu Beginn der Prüfung stellt sich in dem Alterungsmedium damit ein pH- Wert von 7 bei Raumtemperatur ein. Als Alterungszeit wird eine Lagerung im Alterungsmedium von bis zu 56 Wochen vereinbart. Nach dem festgelegten Alterungszeitraum werden die Proben aus den Flaschen entnommen und zur Rekonditionierung 72 Stunden in einem Wärmeschrank bei 60 °C gelagert.

7.2.8.2 Klimalagerung

Die Klimalagerung bei 40 °C und 95 % rel. Feuchte oder 60 °C und 95 % rel. Feuchte, im Folgenden kurz als Klimalagerung bezeichnet, wird nach DIN 54456 »Klimabeständigkeitstest« durchgeführt. Als Alterungszeit wird eine Lagerung im Innenraum des Klimaschranks von 4 oder 8 Wochen vereinbart, andere Alterungszeiten sind möglich. Nach dem festgelegten Alterungszeitraum werden die Proben aus dem Klimaschrank entnommen und zur Rekonditionierung 72 Stunden in einem Wärmeschrank bei 60 °C gelagert.

Bei diesem Versuch wird ausschließlich der Wassereinfluss auf die Klebung ohne Korrosion in der Klebfuge betrachtet. Um Primärkorrosion an den Fügeteilen zu vermeiden (es kann durch Öffnung des Klimaschrankes zu einer Betauung der Proben kommen), werden Stahlproben in diesem Testverfahren durch Einreiben mit dem Korrosionsschutzöl Fuchs RP 4107-S als temporärem Korrosionsschutz behandelt.

7.2.8.3 Klimawechseltest VW P1200

Dieser Test, im Text abgekürzt mit P 1200, folgt einer Spezifikation der Volkswagen AG Wolfsburg und wird an Proben durchgeführt, die im Falle korrosionsempfindlicher Fügeteilwerkstoffe außerhalb der Klebfuge ebenfalls durch entsprechende Lackschichten geschützt sind. Es handelt sich um einen Klimawechseltest, der aus folgenden Zyklen besteht: 4 Stunden 80 °C, 95 % rel. Feuchte; in 2 Stunden abkühlen auf –40 °C; 4 Stunden halten bei –40 °C; in 2 Stunden aufheizen auf 80 °C, 95 % rel. Feuchte. Der Test wird über 30 und 60 Tage durchgeführt. Abbildung 89 verdeutlicht die Abfolge der Zyklen.

Als Alterungszeit wird eine Lagerung im Innenraum des Klimaschranks von beispielsweise 30 bzw. 60 Tagen vereinbart. Nach dem festgelegten Alterungszeitraum werden die Proben aus dem Klimaschrank entnommen und zur Rekonditionierung 72 Stunden in einem Wärmeschrank bei 60 °C gelagert. Dieser Test soll im Vergleich zum Konstantklima den Einfluss ständig wechselnder Temperaturen (im realen Einsatzfall mit erwarteten großen Temperaturschwankungen) und durch die bei jedem Zykluswechsel auftretende Betauung der Proben simulieren. Der Test wird im Bereich des Automobilrohbaus sehr häufig angewendet.

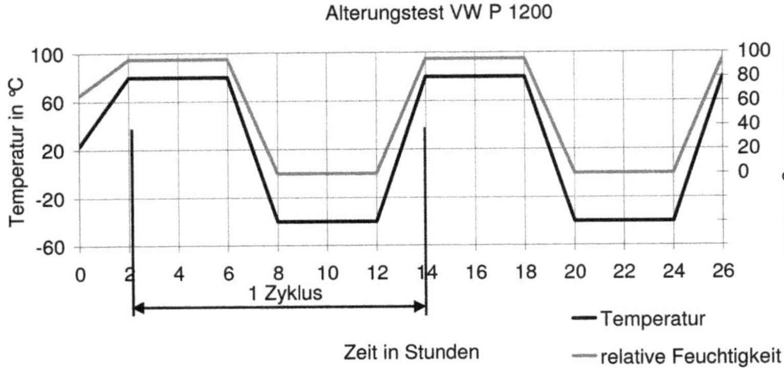

Abbildung 89 Zyklen im Klimawechseltest VW P 1200

7.2.8.4 **Salzsprühtest**

Die Salzsprühnebelprüfung (im Text abgekürzt mit SST) wird nach DIN 50021 »Sprühnebelprüfung mit verschiedenen Natriumchlorid-Lösungen« bei einer Probenraumtemperatur von 35 °C durchgeführt. Die Prüflösung hat eine Massenkonzentration von 50 g Natriumchlorid pro Liter Wasser; damit stellt sich ein pH-Wert von 6,5 bis 7,2 bei Raumtemperatur ein. Die zur Zerstäubung der Lösung benötigte Druckluft mit einem Überdruck von 0,7 bis 1,4 bar wird durch drei hintereinander geschaltete Öl- und Flüssigkeitsabscheider gereinigt. Die Proben werden mit der Klebfläche in der Senkrechten, in Ständern eingespannt, in der Kammer fixiert.

Als Alterungszeit wird eine Lagerung im Innenraum der Prüfkammer von 500 und mehr Stunden vereinbart. Nach dem festgelegten Alterungszeitraum werden die Proben aus der Prüfkammer entnommen und mit Leitungswasser bei Raumtemperatur von verbleibenden Salzresten gereinigt. Anschließend erfolgt eine Rekonditionierung über einen Zeitraum von 72 Stunden in einem Wärmeschrank bei 60 °C. Zum Schutz vor sehr starker Primärkorrosion im Bereich der Schnittkanten werden Proben mit korrosionsempfindlichen Fügeteilen vollständig, also auch im Bereich der Klebfläche und der Blechschnittkanten z. B. mit einer KTL-Beschichtung versehen. Bei der KTL-Beschichtung handelt es sich um eine typische, im Automobilrohbau eingesetzte epoxidbasierte Formulierung mit einer Trockenschichtdicke von 20 µm. Die Aushärtung wird bei 180 °C in einem Durchlaufofen vorgenommen.

Bedingt durch die KTL-Beschichtung wird der Zutritt von Chloridionen in den Bereich der Grenzfläche und damit der durch die Chloridionen induzierte Schädigungsmechanismus gegenüber unbeschichteten Prüfkörpern verlangsamt. Der Zutritt von Feuchtigkeit wird durch die Beschichtung kaum beeinflusst. Ein direkter Vergleich dieser Prüfserien mit unbeschichtet gealterten Prüflingen ist nicht möglich.

7.2.8.5 **Klima-Korrosions-Test**

Im realen Bauteilleben kommt es oftmals zu einer Überlagerung verschiedenartiger, die Klebverbindung schädigender Lagerbedingungen. Dabei können sich die unterschiedlichen Mechanismen gegenseitig verstärken oder Versagensbilder verursachen, die bei Angriff nur einer Belastung nicht oder nur stark verzögert auftreten.

Daher wurden vor allem im Bereich des Automobilbaus verschiedene Kombinationstests entworfen, mit denen unterschiedlichste Bauteilbelastungen gleichzeitig simuliert werden. Ziel aller dieser Tests ist die Darstellung einer möglichst realen Alterungsbeanspruchung im Zeitraffertest. Als logische Konsequenz sind diese Tests daher nicht beliebig auf andere Anwendungsfälle zu übertragen, für Grundlagenuntersuchungen sind sie ebenfalls wegen einer Vielzahl einander überlagernder Beanspruchungen kaum geeignet. Der Klima-Korrosions-Test (im folgenden Text abgekürzt mit KKT) ist eine Kombination aus dem bereits vorgestellten Test VW P 1200, einer Wärmelagerung, einem Schwitzwassertest und einem Salzsprühtest. Ziel ist ursächlich die Simulation der realen Bauteilverhältnisse im Bauteil »Automobiltür«. Der Testzyklus ist eng an den VDA-Wechseltest 621-415 des Verbandes der Automobilindustrie angelehnt. Ein Zyklus umfasst folgende Einzelschritte:

- 7 Tage Klimawechseltest VW P 1200 wie beschrieben
- 1 Tag Raumtemperaturlagerung 23 °C, 50 %rel. Feuchte
- 1 Tag Wärmelagerung 80 °C, 20 %rel. Feuchte
- 21 Tage Schwitzwasserklima 50 °C, 100 %rel. Feuchte; dabei alle 84 Stunden jeweils 2 Stunden Salzsprühnebel bei 35 °C wie beschrieben

Falls erforderlich, wird der Testzyklus wiederholt. Da es sich um einen sehr aggressiven Test handelt, ist das nur selten notwendig. Zum Schutz vor sehr starker Primärkorrosion im Bereich der Schnittkanten werden auch hier empfindliche Proben z. B. mit einer KTL-Beschichtung versehen, hinsichtlich deren Einflusses die oben ausgeführten Einschränkungen gelten.

7.2.8.6 **Freibewitterung**

Die bisher vorgestellten Alterungssimulationsverfahren arbeiten zur Erzielung des Zeitraffereffekts ausnahmslos mit stark erhöhten Lagertemperaturen oder ständigem korrosiven Angriff durch Betauung oder Chloridionen. Dadurch können in diesen Testverfahren leicht Schadensvorgänge induziert werden, die im realen Bauteilleben niemals auftreten werden. Zur Absicherung der Kurzzeitalterungstests sollten daher unbedingt zusätzliche Langzeittests mit moderat schädigenden Einflüssen durchgeführt werden, z. B. Freibewitterungstests und so genannte »verschärfte« Freibewitterungstests. Die Lagerzeit bei diesen Tests sollte mindestens ein Jahr (jahreszeitlicher Zyklus), besser aber mehrere Jahre betragen.

Da keine auf den speziellen Anwendungsfall »Verhalten von Klebungen unter natürlicher Bewitterung« zutreffende Norm existiert, sollten die Prüfungen der Verklebungen in Anlehnung an DIN 54003 »Bestimmung der Lichtechtheit mit Tageslicht« und VDA-Norm 621-44 »Anstrichtechnische Prüfungen« durchgeführt werden. Zusätzlich kann man die Proben wöchentlich einmal mit einer 3%igen NaCl-Lösung besprühen. Damit handelt es sich bei dieser verschärften Freibewitterung um eine Kombination aus Salznebeltest und Klimalagerung bei stark wechselnden Temperaturen im Bereich von –20 °C bis +30 °C und natürlicher Luftfeuchtigkeit. Erfahrungsgemäß ist diese verschärfte Freibewitterung nicht mit einer Freibewitterung ohne Chloridionen-Angriff zu vergleichen. Es werden starke Unterrostungen der Klebflächen durch die KTL und damit ein drastischer Festigkeitseinbruch erwartet.

Es sei an dieser Stelle nochmals darauf hingewiesen, dass eine Beständigkeitsprüfung mit Alterungsversuchen anhand von gemessenen Restfestigkeiten in einer der Standardprüfgeometrien ohne eine Dokumentation und Analyse der Bruchflächen wertlos ist. Erst die Analyse der Bruchbilder und die Bewertung der Schädigungsmechanismen und des Versagensverhaltens nach der Salzsprühnebelprüfung, dem VDA-Wechselklimatest, der Immersionsalterung oder der klassischen Freibewitterung, um noch einmal die gebräuchlichsten Testmethoden zu nennen, erlaubt einen aussagekräftigen Beständigkeitsnachweis.

7.3 Prüfverfahren für Haftklebstoffe

7.3.1 Einführung

Haftklebstoffe, insbesondere in Form einseitig mit Klebstoff beschichteter Bänder, wurden seit Mitte des 19. Jahrhunderts zunächst im Wesentlichen im medizinischen Bereich eingesetzt, später, in den 1920er Jahren, als Abdeckbänder beim Lackieren im Karosseriebau. Erst in den 1950er Jahren entwickelten sich Haftklebstoffe zu vielfach industriell genutzten Bindemitteln in Form von Transferklebstoffen, einseitig und zweiseitig beschichteten Klebebändern und schließlich auch Schmelzhaftklebstoffen, die gegebenenfalls nach dem Auftragen mit ultraviolettem Licht vernetzt werden können. Entsprechend der historischen Anwendung war die Entwicklung von Prüfverfahren zögerlich, die Prüfmethoden waren speziellen Erfordernissen angepasst. Daraus folgt, dass technisch nutzbare Festigkeitswerte nur selten ermittelt werden konnten. Dies ist aus heutiger Sicht nicht befriedigend, weil Haftklebstoffe (Pressure Sensitive Adhesives, PSA) heute eine so hohe Leistungsfähigkeit erreicht haben, dass sie bis in den halbstrukturellen Bereich industriell eingesetzt werden können. Damit kommt ihrer Prüfung im Sinne der allgemeinen Qualitätssicherung und auch der Konstruktion geklebter Verbindungen zunehmende Bedeutung zu.

Die folgende Zusammenstellung umfasst international gebräuchliche Prüfverfahren zur Ermittlung der Klebkraft von Haftklebstoffen. Aus dieser Klebkraft bzw. den jeweils ermittelten Werten kann in einigen Fällen auf das Festigkeitsverhalten von Haftklebstoffen unter bestimmten Beanspruchungen geschlossen werden, wenngleich, wie auch in anderen Bereichen der Klebtechnik, eine einfache Umrechenbarkeit selten gegeben ist. Klebverbindungen prüft man normalerweise, wenn das Festigkeitsverhalten im Vordergrund des Interesses steht, im Schälversuch, im Scherversuch und in seltenen Fällen auch im Stirnabzugversuch. Man bezieht dann die zur Zerstörung erforderliche Kraft im Falle des Schälens auf die Breite des abgeschälten Teils oder der Klebschicht und im Falle der Scherprüfung und Stirnabzugprüfung auf die Klebfläche. Im Falle von Haftklebstoffen, die sehr leicht verformbar sind und verhältnismäßig geringe Scherfestigkeiten haben, prüft man sowohl im Schälversuch als auch im Scherversuch häufig das Zeitstandverhalten unter statischer konstanter Last und gibt einen bestimmten Kriechweg oder Zerstörungsweg als Prüfergebnis bei dieser Belastung an.

Haftklebstoffe haben im Vergleich zu anderen Klebstoffsystemen eine weitere charakteristische Eigenschaft, die so genannte Soforthaftung oder Klebrigkeit, im Englischen als »tack« bezeichnet. Auch für diese Eigenschaft existieren Prüfverfahren, auf die im Folgenden kurz eingegangen wird.

Um definierte Prüfverfahren für Haftklebstoffe haben sich neben einigen Normungsorganisationen insbesondere Industrieverbände in verschiedenen Ländern bemüht, wobei die Industrieverbände wesentlich mehr Prüfverfahren angeben, als in den Normen beschrieben sind.

Folgende Organisationen haben besondere Verdienste um die Standardisierung von Prüfverfahren für Haftklebstoffe erworben:

- AFERA (Association des Fabricants Européens de Ruban Auto-Adhésifs)
- ASTM (American Society for Testing and Materials)
- EN(DIN) (Europäische Norm; Deutsches Institut für Normung)
- FINAT (Féderation Internationale des Fabricants et Transformateurs d'Adhesives et Thermocollants sur Papiers et autres Supports)
- PSTC (Pressure Sensitive Tape Council)
- TLMI (Tag and Label Manufacturers Institute)

7.3.2 Probenherstellung

Umfangreiche eigene Erfahrungen bei Untersuchungen von Haftklebstoffen haben ergeben, dass der Vorgehensweise bei der Herstellung der Prüfkörper eine sehr hohe Bedeutung zukommt und die in den einzelnen Prüfnormen genannten Herstellungsbedingungen bisweilen nicht ausreichen, um Prüfergebnisse mit geringen Wertstreuungen zu erreichen. Dies gilt einerseits für die verwendeten Prüfwerkstoffe, d. h. die Werkstoffe der Fügeteile, und andererseits für deren Oberflächenzustand. Generell wird angenommen, dass Haftklebstoffe hinsichtlich der Unterschiede im Oberflächenzustand im Vergleich zu anderen Klebstoffen relativ unempfindlich sind; das ist falsch. Zweifellos verhalten sie sich hinsichtlich ihres Adhäsionsverhaltens andersartig als andere Klebstoffe, jedoch nicht unabhängig vom Oberflächenzustand des Fügewerkstoffs. Deswegen ist auf die in den unterschiedlichen Prüfverfahren angegebenen Probewerkstoffe zu achten. Außerdem muss darauf geachtet werden, dass sich auch die Vorbehandlung der Fügewerkstoffe auf das Verhalten der Verbindung auswirken kann. Besonders wichtig ist dies im Zusammenhang mit der Tatsache, dass oftmals Fügeteilwerkstoffe nicht nur einmal sondern mehrmals verwendet werden, weil Haftklebstoffe oft makroskopisch adhäsiv versagen und man oft der Ansicht ist, das Fügeteil ohne große Nachreinigung wieder verwenden zu können. Dies hat sich als gefährlich erwiesen, da im Falle des makroskopischen adhäsiven Versagens auch bei Haftklebstoffen praktisch immer Klebstoffreste auf dem Fügeteil zurückbleiben. Werden diese nicht sehr gründlich und sehr sorgfältig entfernt, verändert sich das klebtechnische Verhalten solcher Fügeteile deutlich.

Ein wichtiges anderes Kriterium bei Haftklebstoffen ist der Anpressvorgang, der notwendig ist, um eine belastbare Klebung zu erreichen. In verschiedenen Normen, die später noch erwähnt werden, sind Anpressvorgänge insbesondere durch Anrollen von Klebebändern mit Walzen verschiedenen Durchmessers und verschiedenen Gewichtes angegeben, die sich bisweilen in exakteren Untersuchungen als nicht geeignet erwiesen haben, da unter Anwendung dieser Prozesse noch zu große Streuungen entstehen. Will man exakt vergleichbare Ergebnisse erreichen, empfiehlt es sich, spezielle Anwalzvorrichtungen mit einem oder auch drei Walzenpaaren zu konstruieren, die unter genauem Federdruck und mit exakt definierter Shore-Härte der Walzen die Klebung zusammenfügen.

7.3.3
Einfluss der Viskoelastizität von Haftklebstoffen

Haftklebstoffe sind grundsätzlich hochviskoelastisch-plastische Polymersysteme, die allgemein gesprochen dadurch gekennzeichnet sind, dass ihr gesamtes Verhalten in extremer Weise last-, temperatur- und zeitabhängig ist, wobei Temperatur und Zeit in gewissem Umfang austauschbar sein können. Daraus folgt, dass sowohl die Entstehung der Klebkraft als auch das Verhalten der Verbindung unter Last in großem Maße von der Temperatur des Systems und von den jeweils zur Verfügung stehenden Zeiten abhängen. Fertigt man eine Haftklebverbindung (nach genormten Verfahren) an, so erreicht diese keineswegs direkt nach dem Anpressen ihre Endfestigkeit. Vielmehr steigert sich diese in Abhängigkeit vom Klebsystem in Abhängigkeit von der Zeit bisweilen deutlich. Haftklebstoffe auf der Basis von Kautschukharzsystemen erreichen nach einigen Stunden ihre Endfestigkeit, solche auf Acrylatharzbasis zuweilen erst nach einer Woche und länger. Außerdem ist die ermittelte Bruchfestigkeit und auch die Art des Bruches (kohäsiv, adhäsiv) beispielsweise im Falle von Schäl- oder Scherversuchen sehr viel deutlicher von der Belastungsgeschwindigkeit abhängig, als dieses bei anderen Klebstoffen der Fall ist. Auch auf diese Effekte ist bei dem Vergleich der einzelnen Prüfverfahren zu achten.

7.3.4
Übersicht über standardisierte Prüfverfahren für Haftklebstoffe

Tabelle 19 enthält eine Übersicht der wichtigsten Methoden zur Messung der Eigenschaften von Haftklebstoffen.

Im Folgenden wird kurz auf die wichtigsten Prüfmethoden zur Bestimmung der Soforthaftung, des Schälwiderstandes und des Scherverhaltens eingegangen.

7.3.4.1 Messung der Soforthaftung

Die Soforthaftung (»tack«), im Deutschen auch als Klebrigkeit bezeichnet, definiert man als Eigenschaft des Klebstoffs, nach leichtem Andrücken mit einem Finger den Klebstofffilm samt Folienträger abheben zu können. Der Begriff ist also technisch nicht gut definiert. Tack haben Polymere nach der Definition von Dahlquist nur dann, wenn sie bei Raumtemperatur einen Speicherschubmodul von $3{,}3 \times 10^5$ Pa bei einer Prüffrequenz von 1 Hz besitzen. Liegt der Speichermodul

Tabelle 19 Übersicht über europäische Prüfverfahren für Haftklebstoffe

Bezeichnung	EN	AFERA	FINAT	PSTC
Oberflächenklebrigkeit von Haftklebstoffen (»Quick Stick«-Methode)	EN 1945	AFERA 4015	FTM 9	PSTC 5
Oberflächenklebrigkeit von Haftklebstoffen (Schlaufenmethode)	EN 1719			
Oberflächenklebrigkeit von Haftklebstoffen (»Rolling Ball«)	EN 1721			PSTC 6
Haftung bei niedrigen Temperaturen			FTM 13	PSTC 11
Klebkraft (180°-Schälwiderstand)	EN 28510-2	AFERA 4001	FTM 1	PSTC 1, PSTC 3
Abrollkraft bei niedriger Geschwindigkeit	EN 1944	AFERA 4013	FTM 3	PSTC 8
Abrollkraft bei hoher Geschwindigkeit	EN 12 026	AFERA 4008	FTM 4	PSTC 13
Messung des Scherwiderstandes unter statischer Belastung	EN 1943	AFERA 4012	FTM 8	PSTC 7
Bruchkraft	EN 1940	AFERA 4004		PSTC 31
Reißdehnung	EN 1941	AFERA 4005		PSTC 31
Reißfestigkeit mit dem Pendelverfahren	EN 12 025	AFERA 4007		PSTC 38
Dicke	EN 1942	AFERA 4006		PSTC 33
Wasserdampfdurchlässigkeit in feuchtwarmer Atmosphäre	EN 12 023	AFERA 4002		PSTC 34
Beständigkeit gegen höhere Temperaturen und Luftfeuchtigkeit	EN 12 024	AFERA 4003	FTM 5	PSTC 9
Ablösen von Klebebandrollen (Flagging)	EN 12 035	AFERA 4022		PSTC 54

niedriger, kann der Tack höher sein, liegt der Speichermodul höher, ist Tack nicht vorhanden. Die Erfüllung dieses so genannten Dahlquist-Kriteriums ist nach heutigem Wissen eine notwendige, aber nicht hinreichende Bedingung für das Erreichen von Haftklebstoffeigenschaften (s. Abschnitt 5.1). Trotzdem existieren Prüfverfahren zur Ermittlung der Klebrigkeit oder der Güte des Tacks, wobei schon jetzt gesagt werden muss, dass zwischen Tack und Schälfestigkeit bzw. Scherfestigkeit nicht unbedingt einfache Zusammenhänge bestehen müssen. Klebstoffe mit hohem Tack können niedrige Scherfestigkeiten haben, Klebstoffe mit niedrigem Tack können hohe Scherfestigkeiten haben. Beliebig trennbar sind beide Eigenschaften allerdings wiederum auch nicht.

7.3.4.2 Quick Stick und Anfassklebkraft

Die einfachsten Prüfverfahren zur Ermittlung der Klebrigkeit sind der Quick Stick-Versuch AFERA 4015 und die Ermittlung der Anfassklebkraft nach EN 1945. Bei der Quick Stick-Methode wird der zu prüfende Klebestreifen ohne zusätzliches Andrücken auf eine Prüfplatte gelegt und dann in der 90°-Schälgeometrie (d. h. an einem umgebogenen Ende senkrecht zur Klebfläche) abgezogen. Die Prüfgeschwindigkeit beträgt 30,5 cm/min und der Schälwiderstand wird als Quick Stick-Wert angegeben. Bei der Methode nach EN 1945 wird ein Klebeband von 300 mm Länge und 25 mm Breite auf eine waagerecht liegende Platte aufgebracht und mit einer Rolle von 25 g Gewicht leicht angepresst. Danach wird das Klebeband mit einer konstanten Geschwindigkeit unter einem Winkel von 90° von der Platte abgezogen. Auch hier dient der Schälwiderstand als Maß für die Soforthaftung.

7.3.4.3 Rolling-Ball-Tack-Test

Ein besonderer eindrucksvoller Versuch zur Ermittlung des Tacks ist der so genannte Rolling-Ball-Tack-Test, den es in verschiedenen Versionen gibt. Prinzipiell lässt man in diesem Versuch Kugeln oder zylinderförmige Körper über eine schiefe Ebene auf die waagerechte Klebstoffoberfläche laufen und misst dann die Auslauflänge der Kugeln auf der Klebstoffbahn. Die Auslauflänge, ihr reziproker Wert oder die aus der kinetischen Energie der Kugel errechnete Verlustenergie werden als Tack-Wert definiert. Im Rahmen dieser Rolling-Ball-Tack-Tests lässt sich durch die Höhe des Kugelstartpunkts und den Kugeldurchmesser deren kinetische Energie naturgemäß beeinflussen. In der Regel (z. B. PSTC-6) soll die Kugel einen Durchmesser von 10,5 mm haben, aus Edelstahl bestehen und ihre Oberfläche muss poliert sein. Im klassischen Fall ist die Neigung der Ablaufbahn, auf der die Kugel in einer V-förmigen Nut geführt wird, gleich 22°: Die Kugel erreicht dann am Ende der Ablaufbahn eine definierte kinetische Energie und wird durch das Abrollen auf dem Klebstoff von diesem gebremst und ihr damit die Energie über einen bestimmten Rollweg genommen. Man kann entsprechend der Tack-Größe sowohl den Kugeldurchmesser als auch die Ablaufhöhe variieren und unterschiedliche Kugelwerkstoffe oder auch Tischtennisbälle verwenden, da das spezifische Gewicht die kinetische Energie naturgemäß auch beeinflusst.

Der klassische Rolling-Ball-Test, bei dem eine Kugel von einer geneigten auf eine waagerechte Ebene läuft, hat prinzipiell den Nachteil, dass die Kugel am Ende der Schräge mitunter springt und damit ihre kinetische Energie verändert. Dies lässt sich dadurch verhindern, dass man die gesamte Ablaufebene neigt, d. h. die Kugel auf der Schräge ohne Winkeländerung auf den Klebstoff laufen lässt, wobei auf die Kugel beim Ausrollen natürlich auch die Gravitation einwirkt. Damit ergeben sich andere Prüfergebnisse als im Test mit gewinkelter Bahn; Sprungeffekte treten allerdings nicht auf.

Ein zweiter wesentlicher Nachteil des Rolling-Ball-Tests besteht darin, dass die Kugel beim Ablauf auf dem Klebstoff mehrfach über ihrem Umfang mit dem Klebstoff in Berührung kommt und damit durch Klebstoffreste kontaminiert wird. Es wurde bereits gesagt, dass auch Pressure-Sensitive-Bindemittel in nahezu allen Fällen bei Auftreten makroskopischen Adhäsionsbruchs Klebstoffreste auf dem Fügeteil zurücklassen, was auch für die Kugel beim Rolling-Ball-Test zutrifft. Hat sie sich also einmal vollständig auf dem Klebstoff gedreht, sind ihre Oberflächeneigenschaften anders als am Anfang. Während der Auslaufstrecke misst man deshalb unterschiedliche Tack-Eigenschaften. Für grundsätzliche Untersuchungen des Tack-Verhaltens ist der Rolling-Ball-Test daher wenig geeignet.

7.3.4.4 **Probe Tack (ASTM D 2979)**

Einer der wissenschaftlich am besten begründeten Tests zur Ermittlung der Tack-Eigenschaften ist der so genannte Probe-Tack-Test, bei dem ein an seiner Stirnseite plangedrehter Stahlstab eines Durchmessers von 5 mm mit einer Geschwindigkeit von 10 ± 0,1 mm/s senkrecht auf die Klebstoffoberfläche gefahren wird, bis bei Kontakt von Stahlstab und Probestreifen eine Kraft von 0,192 N für eine Zeit von 1 ± 0,001 s aufgebracht ist. Danach ist dieser Stahlstab sofort in einer Geschwindigkeit von 10 ± 0,1 mm/s von der Klebstoffoberfläche wieder abzuheben. Der Wert des Tacks ist die maximale Kraft, die beim Auseinanderfahren von Stahlstab und Klebstoffoberfläche registriert wird. Das Prüfergebnis darf nur verwendet werden, wenn adhäsives Versagen zwischen Stahloberfläche und Klebstoff auftritt.

Man führt diesen Versuch im Prinzip mit statischen Zugprüfmaschinen durch, wobei die Probe und der Stahlstab in den Einspannköpfen der Maschine befestigt sind. Allerdings erfordert der zeitliche Verlauf des Versuches mit Auffahren des Stabes, Messen der Kraft und sofortigem Abheben des Stabes einen Steuerprozess und empfindliche Kraftmessvorrichtungen, die an handelsüblichen Prüfmaschinen normalerweise nicht vorhanden sind. Dies gilt besonders für die Aufsatzkraft und auch für die zeitliche Fahrwegumsteuerung. Man braucht deswegen Spezialprüfmaschinen. Daher wird der Test in Labors normalerweise nicht durchgeführt, obwohl er werkstoffmechanisch ohne Frage der beste Versuch ist, solange man darauf achtet, dass der rostfreie Stahlstab bzw. seine Stirnfläche vor jedem neuen Experiment sehr gründlich gereinigt wird.

7.3.4.5 **Schlaufenmethode**

Weniger prüftechnischen Aufwand erfordert der so genannte Loop-Tack-Versuch, der auch in EN 1719 und anderen Normen definiert ist. Diese so genannte Schlaufenmethode arbeitet mit einem haftklebstoffbeschichteten flexiblen Prüfstreifen, der zu einer Schlaufe gelegt wurde. Man kann die Schlaufe auch unbeschichtet verwenden, wenn der Klebstoff sich auf der Prüfplatte befindet. Die Schlaufe wird senkrecht mit der Prüfplatte in Kontakt gebracht, sodass sie sich über eine bestimmte definierte Klebfläche legt und dort parallel zur Klebschicht anliegt. Unmittelbar danach wird sie wieder abgezogen und die dabei entstehende Kraft gemessen. Die Steifigkeit des Schlaufenmaterials beeinflusst dabei maßgeblich das Testergebnis. Da der gesamte Prüfvorgang in einer Universalprüfmaschine automatisch durchgeführt werden kann, wird die ungewollte Beeinflussung durch den Experimentator weit gehend ausgeschaltet. Dies erklärt, warum diese Prüfmethode ihre Berechtigung hat, obwohl sie werkstoffmechanisch nicht gut definierte Bedingungen umfasst. Für viele Anwendungen lässt sich mit der Loop-Tack-Methode allerdings recht einfach die Klebrigkeit bestimmen. Gewöhnlich hat im Loop-Tack-Test, beispielsweise FTM 9, das Schlaufenmaterial eine Breite von 25 mm, das Klebstoffband, auf das es aufgelegt wird, eine Breite von 30 mm und eine Länge von 25 mm; die Auffahr- bzw. Abzugsgeschwindigkeit beträgt 300 oder 500 mm/min. Auch im Falle des Loop-Tack-Tests ist sorgfältig darauf zu achten, dass das Schlaufenmaterial im Falle der Wiederverwendung sorgfältig gereinigt wird.

7.3.4.6 **Ermittlung des Schälwiderstandes**

Schälversuche führt man mit Haftklebstoffen und auch anderen Bindemitteln durch, um den Anrisswiderstand und den Rissfortschritt der flächigen Klebung unter hauptsächlicher Beanspruchung senkrecht zur Klebschichtebene zu ermitteln. Bei diesen Schältests verformt man ein oder beide Fügeteile einer Klebung senkrecht zur Klebfläche und zieht diese dann auseinander oder man verformt ein weicheres Fügeteil (oder das zu prüfende Klebeband) in einem Winkel bis zu 180° zur Klebfläche und zieht dieses dann mit einer Kraft parallel zur Klebfläche ab, wobei sich das weichere Fügeteil (oder der Klebstoff) vom starreren Fügeteil entsprechend dem sich einstellenden Schälradius trennt.

Schälversuche kann man grundsätzlich in zwei Modifikationen durchführen. Die eine besteht darin, die zum Abschälen erforderliche Kraft entlang des Schälweges kontinuierlich zu messen und zu registrieren; die andere besteht darin, eine Schälprobe mit konstanter Last zu beanspruchen und den Ablösungsvorgang in Abhängigkeit von der Zeit zu beobachten bzw. die Gesamtzeit bis zum Versagen der Klebung festzustellen. Schälkräfte misst man beispielsweise nach PSTC-1 in geeigneten Zugprüfmaschinen (Schälwinkel 180°) oder z. B. nach ASTM D 1876-72 im T-Schälversuch, in dem beide Fügeteile verformt werden und die dabei erforderliche Kraft registriert wird. Bei PSTC-14 wird mit einem senkrecht zur Klebfläche an eine Klebung gehängten Gewicht die Zeit bis zum Versagen der gesamten Klebfläche gemessen.

Unterscheiden kann man Schälversuche auch hinsichtlich der vorgeschriebenen Fügeteilwerkstoffe, von denen der Haftklebstoff abzuschälen ist. Vielfach wird rostfreier Stahl vorgeschlagen, in einigen Fällen auch Floatglas.

Eine typische Schälvorrichtung für einen so genannten statischen Schälversuch beschreiben z. B. PSTC 14 und ASTM D 2860 für Klebebänder. Die zu prüfende

Klebfläche ist in der Regel 25 mm breit und 35 mm lang. Das angehängte Gewicht wiegt 200 ± 0,2 g. Gemessen wird die Zeit bis zum Trennen der Klebung. Solche Prüfvorrichtungen sind einfach zu bauen und können ohne Schwierigkeiten in Wärme- oder Kältekammern eingebracht werden, um den Einfluss der Temperatur auf die Widerstandsfähigkeit des Klebstoffs zu ermitteln.

Grundsätzlich gehen in den Schälwiderstand einer Klebung mehrere Kenngrößen ein, von denen hier zunächst die Adhäsion des Klebstoffs an einem oder beiden Fügeteilen zu nennen ist. Wesentlichen Einfluss auf den Schälwiderstand haben außerdem das viskoelastisch plastische Verformungsverhalten des Klebstoffs und der Verformungswiderstand der abzuschälenden Teile, der auch den Schälradius steuert. Insofern sind Ergebnisse unterschiedlicher Schälversuche sehr schwer quantitativ miteinander vergleichbar.

Besonders problematisch im Zusammenhang mit Haftklebstoffen ist der oft dominierende Einfluss des viskoelastisch plastischen Verhaltens der Klebschicht, da dieses nach Entstehen eines Anrisses insbesondere das Weiterreißverhalten bestimmt, weil von den plastischen Eigenschaften des aufreißenden Klebstoffs die Spannungskonzentration der Rissspitze abhängt. Spröde Klebstoffe haben hohe Spannungskonzentrationen, d. h. geringe Weiterreißkräfte, plastisch gut verformbare Systeme niedrige Spannungskonzentrationen und hohe Weiterreißkräfte. Bei Pressure-Sensitive-Klebstoffen ist zu beachten, dass das plastische Verformungsvermögen in der Rissspitze sehr stark von der Belastungsgeschwindigkeit, d. h. von der Rissfortschrittsgeschwindigkeit abhängt. Ist, vereinfacht gesagt, die Abschälgeschwindigkeit hoch, kann sich der Klebstoff wenig verformen und die Verbindung versagt meist adhäsiv an einem der Fügeteile, während bei niedriger Schälgeschwindigkeit der Klebstoff sich hoch plastisch verformen kann und kohäsiv bricht. Dabei zeigt er häufig einen höheren Schälwiderstand (höhere Energiedissipation) als bei hohen Beanspruchungsgeschwindigkeiten. Läuft der Riss beim Abschälen eines oder beider Fügeteile nicht mit ganz konstanter Geschwindigkeit, kann es zu unterschiedlichen Ablösungsmechanismen (kohäsiv und adhäsiv) kommen, was zum so genannten Slip-Stick-Effekt führt. Dieser lässt sich unter Umständen durch Wahl geeigneter Probenformen oder Prüfvorrichtungen im gewissen Umfang vermeiden, oder man wählt die Schälgeschwindigkeit so, dass man entweder im kohäsiven oder im adhäsiven Bruchbereich liegt.

Beansprucht man eine Klebung schälend, steigt zunächst die Kraft bis zum Anriss der Klebschicht kontinuierlich. Nach der Entstehung des Risses und dem dann folgenden Rissfortschritt sinkt sie etwas und verläuft während des Auftrennens der Klebeverbindung je nach Bruchform (Slip-Stick-Effekt oder nicht) kontinuierlich mit geringfügigen Schwankungen. Diese annähernd kontinuierliche Kraft mittelt man und gibt sie als Schälwiderstand bezogen auf die Breite der Klebfläche an.

Im Falle von 180°-Schälversuchen kann man das starre und das abzuschälende Fügeteil in die Klemmbacken einer Universalprüfmaschine einspannen und die Klebung mit beispielsweise konstanter Vorschubgeschwindigkeit unter Messung der Kraft auseinander ziehen. Dies gilt auch im Falle des T-Schälversuchs, in dem beide abgebogenen Fügeteile in die Klemmbacken einer Zugprüfmaschine eingespannt werden, während die Klebfuge sich beim Abschälen frei bewegen kann, was mitunter mit Slip-Stick-Effekten verbunden ist. Im Falle von 90°-Schälversuchen mit Messung der Schälkraft beim Abziehen eines verformbaren Streifens von einer starren Platte muss man bedenken, dass sich mit Ausnahme des T-Schälversuchs bei zunehmendem Rissfortschritt in der senkrecht zur Kraft liegenden Klebfläche der Ablösungspunkt gegenüber der abschälenden Einspannbacke verschiebt, d. h. die Kraft mit zunehmender Risslänge nicht mehr senkrecht auf die Klebfläche einwirkt. Dies verhindert man, ähnlich wie beim Quick-Stick-Test PSTC-5 dadurch, dass man die senkrecht zur Kraft liegende Klebfläche in einer Verschiebevorrichtung befestigt, die sich bei Ablösen des Klebebandes oder des dünnen Fügeteils senkrecht zur Kraft zur Seite bewegen kann oder auch durch ein mit der Abzugsklemme verbundenes Seil seitlich bewegt wird. Unter diesen Bedingungen wirkt während des gesamten Abschälvorganges die Schälkraft einigermaßen senkrecht zur Klebverbindung, Schälwinkel und Schälradius bleiben konstant.

Die Ergebnisse unterschiedlicher Schälversuche lassen sich sehr schwer oder überhaupt nicht miteinander vergleichen. Das Umrechnen der Schälwerte ist nach dem heutigen Stand der Kenntnisse auch nicht zuverlässig. Abgesehen davon sind Schälkraftwerte bzw. Schälwiderstandswerte im technischen Sinne auch nur schwer in ein Bauteilverhalten umzurechnen. Man sollte daher Schälversuche, die zweifellos wichtig sind, nur zu vergleichenden Zwecken zur Ermittlung der Eigenschaften unterschiedlicher Klebstoffsysteme bei gegebenen Fügeteilwerkstoffen durchführen; man kann mit ihnen natürlich auch die Widerstandsfähigkeit der Klebung unter Einwirkung schädigender Medien vor, während und nach dem Schälvorgang ermitteln. Dabei sollte immer auch die Bruchflächencharakteristik dokumentiert werden.

7.3.4.7 **Scherversuche**

Bei den meisten Anwendungen im Etiketten- und einseitigen Bandsektor werden keine oder nur geringe Anforderungen an die Scherfestigkeit gestellt. Daher sind die normierten Prüfverfahren auf niedrige Lasten bei kurzen Einwirkzeiten abgestimmt und zur Ermittlung technisch nutzbarer Werte für Haftklebstoffe wenig geeignet. Natürlich kann man mit Haftklebstoffen auch Scherversuche unter höheren Belastungen durchführen, muss dann aber bedenken, dass infolge der exzentrischen Krafteinleitung durch die Fügeteile in der Klebschicht ein Biegemoment wirkt, das auch Schälkräfte verursacht und insbesondere bei dickeren Klebschichten zu sehr komplexen Versagensvorgängen führen kann. Deswegen hängt man im Scherversuch AFERA 4012P2 und auch PSTC-7, die sich nur sehr wenig unterscheiden und in denen der Scherwiderstand unter konstanten Lasten gemessen wird, die Scherprobe auch nicht absolut senkrecht auf, sondern neigt sie um 2° gegen die Senkrechte, sodass das abscherende Band keine großen Schälbeanspruchungen auf die Klebfläche überträgt. Auch die Scherprüfmethoden EN 1943 und FINAT-8 unterscheiden sich prinzipiell nur wenig von den genannten Methoden.

Im Allgemeinen wird ein Klebeband mit einer Metallplatte so verklebt, dass eine Klebfläche von 25 × 25 mm entsteht, und diese Probe dann mit Hilfe eines Gewichts statisch parallel zur Klebfläche belastet. Nach AFERA 4012 wird beispielsweise nach maximal 4 Stunden überprüft, ob das Haftklebeband sich mehr als 2,5 mm verschoben hat. Als Ergebnis wird das Gewicht angegeben, welches die Probe gerade noch mit einer geringeren Verschiebung als 2,5 mm und einer Standzeit von 4 Stunden aushält. Wie schon erwähnt, ist die Prüfplatte im Scherversuch um 2° gegen die Kraftrichtung geneigt, um Schäleffekte zu vermeiden. Die Prüfvorschriften PSTC-7 und FINAT-8 verwenden eine konstante Last, um den Scherwiderstand zu prüfen. AFERA 4012 und EN 1943 umfassen ein abgestuftes Lastspektrum. Bei dem PSTC-Verfahren wird in einer vordefinierten Zeit die Verschiebung gemessen, die sich eingestellt hat, oder diejenige Zeit, in der sich das Haftklebeband vollständig von der Substratoberfläche löst. Bei FINAT wird nur die Zeit bis zum Lösen gemessen.

Die Prüfplatten sind spezielle Referenzfaserplatten (PSTC und ASTM), bestehen aus nicht rostendem Stahl (AFERA, EN) oder aus Floatglas (FINAT).

Es muss auch hier bemerkt werden, dass die Ergebnisse dieser Versuche sich normalerweise nicht oder nur schwer vergleichen lassen und technisch nutzbare Festigkeitswerte im Sinne eines konstruktiven Aspektes nicht zu erhalten sind. Sind diese gewünscht, muss man Scherversuche in Anlehnung nach DIN EN 1465 mit Haftklebstoffen durchführen, was bei Verwendung von hochfesten Haftklebebändern durchaus sinnvoll ist und zur Ermittlung des quantitativen Kriechverhaltens in Form von Zeitstandkriechkurven in Zukunft auch zunehmend geschehen wird. Auch in solchen Versuchen lassen sich nur vergleichbare Ergebnisse erzielen, wenn vergleichbare Fügeteilwerkstoffe und, besonders wichtig, gleiche Prüfgeschwindigkeiten angewendet werden, da beide Parameter das Tragverhalten entscheidend beeinflussen.

Scherversuche lassen sich naturgemäß auch unter Einwirkung schädigender Umweltmedien oder bei erhöhten Temperaturen durchführen. Hierfür nennt AFERA 4012 anstelle der sonst üblichen Raumtemperatur auch 70 °C.

Um die Grenzen der Einsatztemperatur unter scherender Belastung abzuschätzen, hat sich außerdem der inzwischen definierte SAFT-Test etabliert (Shear Adhesion Failure Temperature). Bei der Durchführung des SAFT-Tests wird eine den Standard-Shear-Tests vergleichbare Prüfanordnung in einer heizbaren Umgebung einer kontinuierlichen Erwärmung bis zum Versagen der Probe ausgesetzt. Übliche Heizraten sind 0,4 °C/min und die Prüflast beträgt 1 kg (in den neueren Beschreibungen 0,5 kg) pro 625 mm^2 Klebfläche. Man gibt entweder unter Berücksichtigung der Heizrate und Last die beim Versagen gemessene Temperatur an oder kann, falls entsprechende Messeinrichtungen vorhanden sind, den Scherweg in Abhängigkeit von der Zeit bei gegebener Heizrate aufzeichnen. Vergleicht man in solchen Diagrammen unterschiedliche Klebstoffe hinsichtlich ihres Wärmestandverhaltens, braucht man einige Erfahrung, um schon aus geringfügig unterschiedlichen Kurvenverläufen auf unter Umständen erhebliche Eigenschaftsunterschiede der Klebstoffe schließen zu können.

Die genannten Prüfverfahren benötigen keinen oder nur geringen apparativen Aufwand. Doppelseitige Klebebänder können nach diesen Methoden in ähnlicher Weise geprüft werden, wenn eine Seite mit einer Folie zum Aufhängen der Prüflast versehen wird. Um jedoch aussagefähige Ergebnisse über die reale Tragfähigkeit von doppelseitigen Klebebändern im Befestigungsbereich zu erhalten, muss bei der statischen Scherprüfung zwischen der Verformung des eventuell vorhandenen Trägermaterials und der reinen Klebstoffgleitung deutlich unterschieden werden. Außerdem bleibt bei den beschriebenen einfachen Prüfverfahren der Einfluss der Klebstoffdicke, der sich wesentlich, wie erwähnt, auf das Tragverhalten auswirken kann, unberücksichtigt. Es wird also nur die Eigenschaft eines selbstklebenden Produktes, nicht eines Klebstoffs gemessen.

7.3.5
Schlussfolgerung

Zur Prüfung von Haftklebstoffen existiert, wie erkennbar, eine große Zahl verschiedenartiger Prüfmethoden, die sich zum Teil deutlich voneinander unterscheiden, teilweise aber auch sehr ähnlich sind. Die vorstehenden Darstellungen sollen eine Hilfe bei der Auswahl geeigneter Prüfverfahren und auch bei deren Vergleich bieten. Zu achten ist immer wieder auf die Art der Fügewerkstoffe, auf die Lagerzeiten zwischen Herstellung der Klebfuge und deren Prüfung sowie auf die Herstellungsbedingungen, z. B. die Anpresskraft.

Zur Beurteilung von Haftklebstoffen als semi-strukturelle Bindemittel im Ingenieurbereich, in dem sie heute durchaus eingesetzt werden können, eignen sich die meisten der üblichen Prüfverfahren nicht besonders gut. Es empfiehlt sich in diesem Fall, die aus dem Bereich der strukturellen Klebstoffe bekannten Prüfverfahren für die Scher- und Schälfestigkeit einzusetzen und gegebenenfalls durch Vergrößerung der Klebflächen zu modifizieren, um in konventionellen Prüfmaschinen arbeiten zu können (s. Abschnitt 7.2).

7.4
Mechanisches Verhalten von Klebverbindungen

Das mechanische Verhalten von Werkstoffen und Bauteilen beschreibt man als Ingenieur gewöhnlich quantitativ anhand Festigkeit, Verformbarkeit und Gewicht, Kenngrößen also, die unter definierten Bedingungen messtechnisch zugänglich sind. Für Klebverbindungen ist es zweckmäßig, das Verhalten in Abhängigkeit von der Zeit und der Temperatur getrennt vom Langzeitverhalten in Abhängigkeit von den Umgebungsbedingungen zu definieren (s. Abschnitt 7.5). Im Folgenden werden deshalb zunächst die wichtigsten Festigkeits- und Verformungseigenschaften von Klebverbindungen in Abhängigkeit von Zeit der Lasteinwirkung und der Temperatur anhand von Beispielen dargestellt. Dabei wird erkennbar werden, warum bis heute eine systematische Katalogisierung oder auch Normung der Eigenschaften von Klebungen nicht möglich ist.

7.4.1
Zugscherfestigkeit unter zügiger Beanspruchung

Die im Zusammenhang mit Klebungen am häufigsten gestellte Frage betrifft, ähnlich wie bei anderen technischen Bauteilen oder auch Werkstoffen, die Festigkeit. Gemeint ist zunächst damit die maximale Spannung oder Beanspruchung, unter der die Klebung versagt, d. h. zerstört wird. Da stumpfe Klebungen unter Zuglast insbesondere für höherfeste Werkstoffe wegen der relativ niedrigen Festigkeit der Bindemittel nicht üblich und auch nicht sinnvoll sind, ermittelt man die Bruchfestigkeit fast immer im Zugscherversuch und verwendet dabei die relativ einfach herzustellende einschnittige Überlappungsklebung (s. Abschnitt 7.2.2). Als Ergebnis dieses Versuchs gibt man die mittlere Bruchscherspannung als Quotient aus Bruchlast und Klebfläche an. Beispiele dafür enthält Abbildung 90.

Als Oberflächenvorbehandlung für den Fügewerkstoff St 37 wurde hier Entfetten in Aceton unter Ultraschalleinwirkung (US), Strahlen mit Glaspartikeln rund (SBG) oder Glaspartikeln gebrochen (GBG), Keramikpartikeln rund (SBC), Edelkorund (GBK) sowie Stahlstrahlmittel rund (SBS) oder geschrotet (GBS) eingesetzt. Man erkennt sofort, dass schon Varianten bei einem Oberflächenbehandlungsprozess das Festigkeitsverhalten zumindest bei bestimmten Klebstoffen beeinflussen kann, obwohl sich die Korngröße aller Strahlmittel im Bereich von 100–250 µm bewegte.

In dieser Untersuchung wurden die Klebstoffe Ciba-Geigy AW106/HV953U, Degussa Agomet U4 und Kömmerling Körapur 666 verwendet. Die Klebstoffe mit unterschiedlicher chemischer Basis besitzen im angemischten, ungehärteten Zustand eine vergleichbare Viskosität (damit sind Benetzungsfehler der teilweise

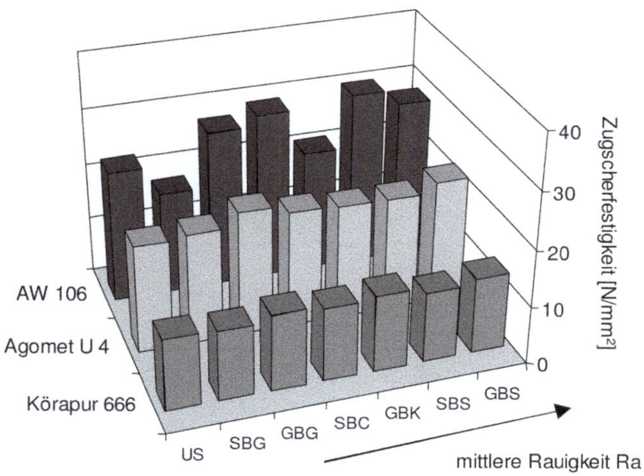

Abbildung 90 Zugscherfestigkeit von Stahlklebungen mit unterschiedlichen kalthärtenden Klebstoffen in Abhängigkeit vom Oberflächenvorbehandlungsverfahren

sehr rauen Oberflächen ausgeschlossen), nach Härtung aber unterschiedliche Festigkeiten und Bruchbilder. Das Epoxidsystem AW 106 zeigt im ungealterten Zustand bei Zugscherfestigkeitswerten > 20 N/mm^2 ein grenzschichtnah kohäsives Bruchbild. Ein rein kohäsives Versagen ist bei diesem System nicht zu erwarten. Die Vergleichsklebstoffe Agomet U4 (Acrylatklebstoff) und Körapur 666 (Polyurethanklebstoff) besitzen eine deutlich niedrigere Eigenfestigkeit. Bedingt durch den hohen Füllstoffgehalt der Klebstoffe sind kohäsive Bruchbilder im ungealterten Zustand die Regel, wie aus Tabelle 20 hervorgeht, in der neben der reinen Bruchbildcharakteristik auch Tendenzen kenntlich gemacht sind, die sich nach Strahlprozessen im Vergleich zum Entfetten ergeben.

Eine Abhängigkeit vom Strahlmittel wird nur bei Verwendung des Epoxidharzklebstoffs beobachtet. Durch den grenzschichtnah kohäsiven Bruch kommt es zum Versagen innerhalb der Einflusszone der vorbehandelten Oberflächen und damit zu Veränderungen der Zugscherfestigkeitswerte in Abhängigkeit vom eingesetzten Strahlmittel. Bei dieser Versuchsreihe dominiert damit die Grenzschicht Substrat-Polymer das Gesamtverhalten der Klebung. Eine deutliche Verschlechterung der Zugscherfestigkeit wird durch Vorbehandlung mit SBG verursacht. Deutliche Verbesserungen der Zugscherfestigkeit werden durch Verwendung der Strahlmittel GBG, SBC, SBS und GBS realisiert. Durch Druckluftstrahlen mit GBK sinkt die Zugscherfestigkeit leicht. Ein Einfluss der mittleren arithmetischen Rauigkeit R_a (Vorbehandlungen sind nach steigender Rauhigkeit angeordnet) auf die Zugscherfestigkeit der mit dem Epoxidharzsystem verklebten Stahlproben, von dem auch in der aktuellen Literatur häufig berichtet wird, ist hier nicht zu erkennen [1].

Die mit dem Polyurethan- und dem Acrylatklebstoff verklebten Proben reagieren dagegen innerhalb der Standardabweichung nicht auf die sehr intensive Vorbehandlung. Bedingt durch die Formulierung mit einem hohen Füllstoffanteil besitzen die beiden kommerziellen Klebstoffe höhere Festigkeiten der Grenzschicht Polymer zu Substrat gegenüber dem Bulk. Dadurch kommt es zu kohäsivem Ver-

Tabelle 20 Bruchbildcharakteristiken von Stahlklebungen mit verschiedenen Klebstoffen und Oberflächenvorbehandlungsverfahren; die Abkürzungen in Zeile 1 sind im Text erläutert

		US	SBG	GBG	SBC	GBK	SBS	GBS
AW 106 EP	Bruchbild	SCF	SCF	SCF	SCF	SCF	SCF	SCF
	Normiert auf US [%]		78	120	128	93	133	121
	Reaktion, bezogen auf US		–	+	++	o	++	+
Agomet Acrylat	Bruchbild	CF	CF	CF	CF	CF	CF	CF
	Normiert auf US [%]		103	116	108	106	106	115
	Reaktion, bezogen auf US		o	+	o	o	o	+
Körapur PUR	Bruchbild	CF	CF	CF	CF	CF	CF	CF
	Normiert auf US [%]		98	107	103	107	98	106
	Reaktion, bezogen auf US		o	o	o	o	o	o

sagen der Klebproben außerhalb der Einflusszone der gestrahlten Oberfläche. Eine Differenzierung in Abhängigkeit von der Oberflächenvorbehandlung ist somit nicht möglich. Es mag hier erwähnt sein, dass sich diese Charakteristiken bei nachfolgender Einwirkung von Feuchtigkeit drastisch ändern können (s. Abschnitt 7.5).

Man kann also mit einfachen Zugscherversuchen bestimmte Kenngrößen ermitteln, die sich aber kaum auf andere Klebungsdimensionen umrechnen lassen und auf andere Oberflächenzustände von anderen Fügeteilwerkstoffen nicht übertragbar sind. Bruchfestigkeitswerte sind generell für eine Dimensionierung von Bauteilen kaum brauchbar, weil ein Bauteil (einfach gesagt) nicht danach bewertet werden sollte, unter welcher Maximallast es zusammenbricht. Trotzdem liefern Zugscherergebnisse für die Bewertung von Klebverbindungen dann nützliche Hinweise, wenn man in den Untersuchungen jeweils nur einen Einflussparameter ändert und alle anderen (Fügeteilwerkstoff, Oberflächenzustand und Probenabmessungen) konstant hält.

Ein vollkommen anderes Klebsystem wie in Abbildung 91 mag das verdeutlichen. Gezeigt ist die vergleichsweise niedrige Zugscherfestigkeit eines UV-vernetzenden Haftklebstoffs in Abhängigkeit von der Bestrahlungsdosis, die den Vernetzungsgrad bestimmt. Man erkennt, dass eine zunehmende Vernetzungsdichte zu einer deutlichen Steigerung der Scherfestigkeit führen kann [2].

Zunächst erkennt man, dass die absolute Belastbarkeit dieses Haftklebstoffs (und anderer) wesentlich niedriger ist als die von Konstruktionsklebstoffen. Weiterhin wird klar, dass durch intensivere UV-Bestrahlung, die in diesem Klebstoffsystem über chemisch eingebaute Fotoinitiatoren Vernetzungsreaktionen des zunächst thermoplastischen Bindemittels so lange herbeiführt (s. Abschnitt 5.7.4), wie die UV-Strahlung einwirkt, höhere Tragfähigkeit erreicht werden kann. Aller-

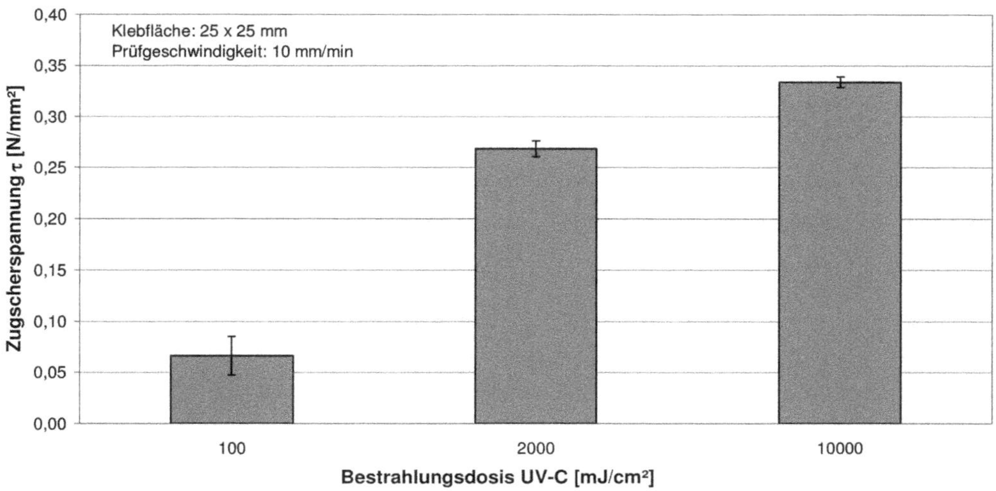

Abbildung 91 Zugscherfestigkeit von Acrylathaftklebstoff auf entfettetem AlMg3 in Abhängigkeit vom Vernetzungsgrad

dings kann man diesen Effekt wiederum nicht uneingeschränkt zur Gesamtbewertung des Klebstoffs nutzen, weil sich andere Eigenschaften des Bindemittels durch dichtere Vernetzung unter Umständen in anderer Charakteristik kenntlich machen (s. Abschnitt 7.4.3).

Durchaus brauchbar ist der Zugscherversuch auch, wenn es beispielsweise darum geht, Klebstoffe in sonst definierten Verbindungen auf ihre Temperaturresistenz vergleichend zu betrachten. Abbildung 92 vermittelt einen guten Gesamteindruck vom generellen Temperaturverhalten der Konstruktionsklebstoffen und liefert darüber hinaus auch Hinweise auf Unterschiede in der Bruchfestigkeit, die bekanntermaßen auch vom Spannungszustand in der Fuge und damit vom plastischen Verformungsvermögen des Klebstoffs bestimmt wird. Hochwarmfeste Bindemittel lassen sich nicht beliebig plastifizieren und haben daher im Zugscherversuch geringere Bruchfestigkeiten [3].

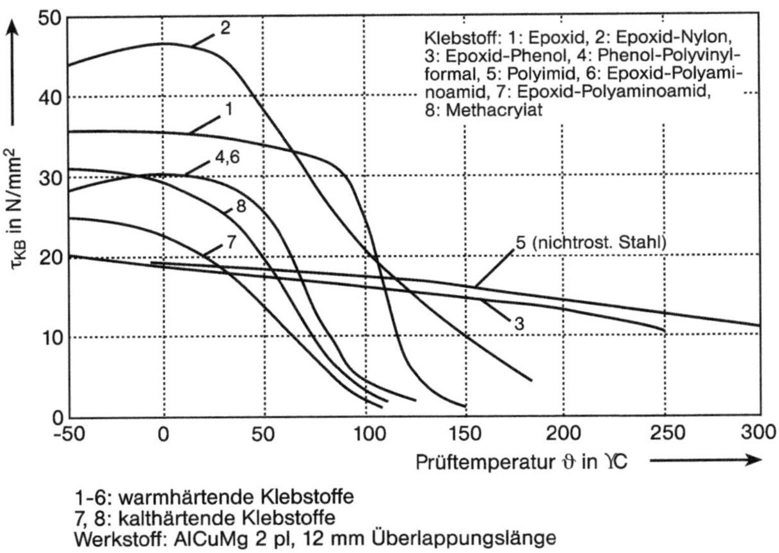

Abbildung 92 Zugscherfestigkeit von Aluminiumklebungen in Abhängigkeit von der Prüftemperatur (Ausnahme Klebstoff 5 wegen hoher Temperatur mit nichtrostenden Stahlfügeteilen)

Fast alle untersuchten Klebstoffe sind durch einen Festigkeitsabfall nach einem zuweilen vorhandenen Festigkeitsmaximum im Temperaturbereich zwischen 0 °C und 100 °C gekennzeichnet. Festigkeitsmaximum und -abfall liegen oft im Bereich der Glasübergangstemperatur des Klebstoffs.

Auch bezüglich der angesprochenen Verformungseigenschaften der Klebstoffe kann der Zugscherversuch nützliche Hinweise liefern, wenn während des Versuchs die Fügeteilverschiebung gemessen wird, was heute mit Feindehnungsaufnehmern leicht möglich ist. Man erhält dann Schubspannungs-Verformungsdiagramme, die für die Beurteilung von Klebstoffen wertvoll sein können. Ein Beispiel dafür liefert Abbildung 93 [4].

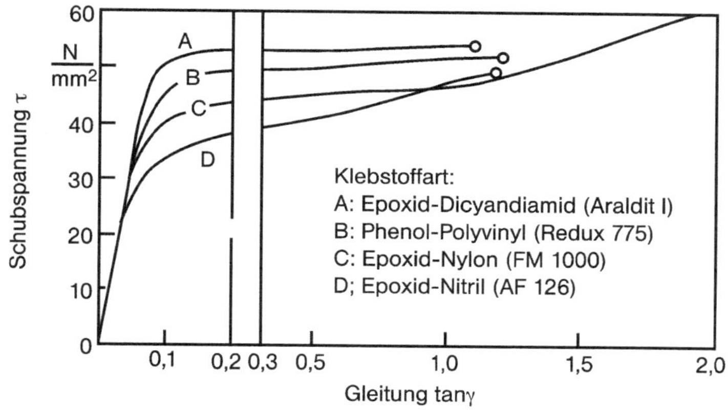

Abbildung 93 Schubspannungs-Gleitungs-Kurven (EN ISO 11003-2, DIN 54 451) von warmhärtenden Konstruktionsklebstoffen

Man kann erkennen, dass diese hochfesten Klebstoffe, die hier zwischen 6 mm dicken Fügeteilen bei einer Überlappungslänge von 5 mm geprüft wurden (um gleichmäßige Schubspannungsverteilung zu gewährleisten), bis zu Gleitungen von 0,1 ein nahezu lineares Spannungs-Verformungs-Verhalten haben, was sich bei höheren Temperaturen, insbesondere bei Erreichen und Überschreiten der Glasübergangstemperatur, drastisch ändern kann. Bei größeren Schubverformungen verringert sich der Spannungsaufbau, was auch auf plastische Verformung zurückzuführen ist, die man allerdings nur nach Entlastung an der bleibenden Scherung detektieren kann (hier nicht dargestellt). Dies ist im Sinne einer Vermeidung von Spannungsspitzen beispielsweise im Bereich der Überlappungsenden einfacher Scherproben durchaus erwünscht.

Es darf nicht unerwähnt bleiben, dass alle Verformungsgesetze für organische Polymere nur bis zu Maximalverformungen von 1–2 % des Gesamtverformungsvermögens gültig sind, weil bei höheren Verformungen irreversible Schäden entstehen, deren Gefährlichkeit sich bis jetzt nicht exakt abschätzen lässt. Aus diesem Grund ist es durchaus zu empfehlen, Klebverbindungen so auszulegen, dass größere Verformungen als die in Abbildung 93 als Gleitung erkennbaren Tangenswerte (bis 0,1) nicht auftreten.

Schon diese wenigen Beispiele verdeutlichen die Leistungsfähigkeit, aber auch die Grenzen des einfachen Zugscherversuchs unter zügiger Beanspruchung für eine generelle Bewertung von Klebstoffen und Klebverbindungen.

7.4.2 Zugscherfestigkeit unter langzeitig ruhender und wechselnder Beanspruchung

Bauwerke, Bauteile und damit auch die in ihnen integrierten Verbindungen unterliegen bis auf wenige Ausnahmen nicht kurzzeitig einwirkenden, sondern langzeitig ruhenden und wechselnden mechanischen Beanspruchungen. Eine Autofeder und ihre Befestigungselemente müssen beispielsweise über die gesamte Lebenszeit des Fahrzeuges von derzeit etwa zwölf Jahren einen Teil von dessen Gewicht ohne unzulässige plastische Verformung tragen und den über einen Gesamtzeitraum von etwa 3000 Stunden (entsprechend etwa 150000 km Fahrstrecke) auftretenden dynamischen Beanspruchungen aus dem Fahrbetrieb ungeschädigt widerstehen. Man benötigt zu ihrer zuverlässigen Dimensionierung u. a. Werkstoffkennwerte, die unter zumindest ähnlichen Beanspruchungen ermittelt worden sind. Ideal als Dimensionierungsgrundlage für Klebverbindungen mit ihren viskoelastisch-plastisch sich verformenden Bindemitteln wären so genannte

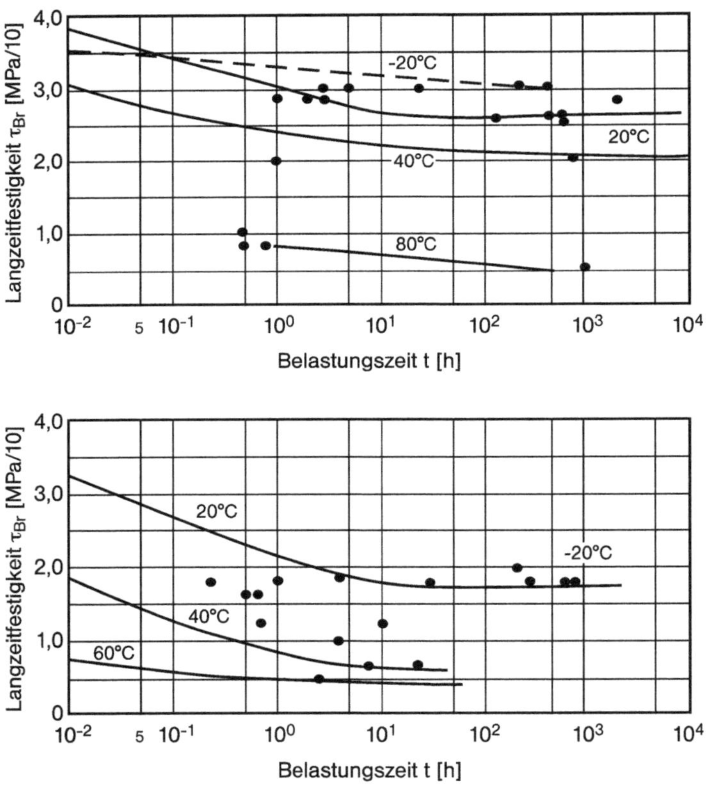

Abbildung 94 Zeitstandfestigkeit (DIN 53284) von Aluminiumklebungen in Abhängigkeit von der Temperatur. Klebstoffe: Phenolharz (oben), 2K-Epoxidharz, kalthärtend (unten)

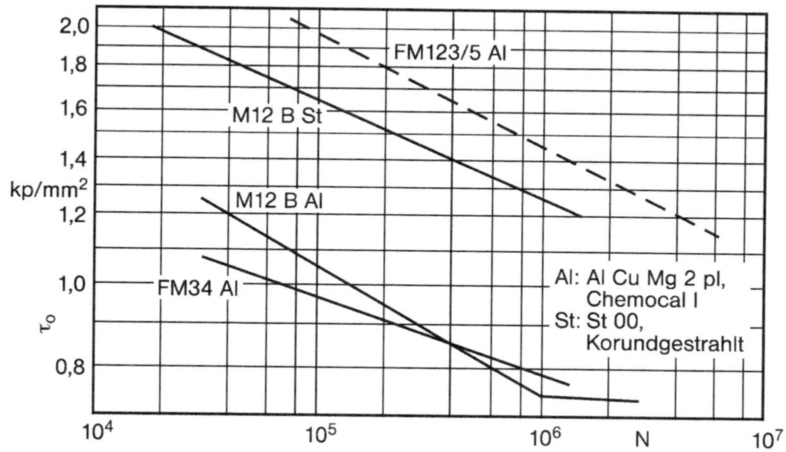

Abbildung 95 Schwingfestigkeit (DIN 53285) von Aluminium- und Stahlklebungen. Klebstoffe FM 123/5 warmhärtendes 1K-Epoxid-Nitrilharz, M12 B warmhärtendes Phenolharz, FM 34 Polyimidharz

isochrone Schubspannungs-Verformungsdiagramme für die betrachteten Temperaturbereiche, in denen jeder Messpunkt das Schubspannungs-Verformungs-Verhalten des Klebstoffs unter langzeitig einwirkender statischer oder sogar dynamische Belastung kennzeichnet. Allerdings existieren solche Diagramme, deren Erstellung einen gewaltigen Prüfaufwand erfordert, bis auf wenige Ausnahmen nicht. Man muss sich also mit einfacheren Mitteln behelfen. Die simpelste Methode dazu besteht darin, mit Zugscherproben Zeitstand- und Dauerschwingversuche durchzuführen, in denen unter verschieden hohen statischen oder wechselnden mechanischen Belastungen die Standzeit bzw. die ertragene Lastwechselzahl bis zum Bruch der Verbindungen gemessen wird (s. Abschnitt 7.1). Die Abbildungen 94 und 95 vermitteln einen Eindruck von der Aussagefähigkeit solcher Versuche.

Bei langzeitig einwirkender statischer Last erträgt der Phenolharzklebstoff bis zu 40 °C etwa 70 % seiner statischen Bruchlast, bei 80 °C, oberhalb seiner Glasübergangstemperatur, ist er langzeitig nur noch wenig tragfähig. Das kalthärtende Epoxidharzbindemittel ist längerzeitig nur mit 50 % seiner Kurzzeitlast beanspruchbar (bis maximal 60 °C; darüber sind Zeitstandwerte nicht messbar).

Die Schwingfestigkeit von Klebungen mit unterschiedlichen Bindemitteln ist, wie auch die Zeitstandfestigkeit, wiederum vom Fügeteilwerkstoff (und dessen Oberflächenzustand) abhängig und liegt im Lastspielzahlbereich oberhalb 10^6, wo erfahrungsgemäss eine Verflachung der Wöhlerkurven im Sinne einer Art Dauerfestigkeit erreicht wird, bei etwa 15–20 % der Kurzzeitbelastbarkeit. Diese Aussage gilt allerdings nicht absolut, da die Ermüdungsfestigkeit von Klebverbindungen auch von der Belastungsfrequenz abhängt (Abbildung 96).

Dieser Effekt beruht einerseits darauf, dass die niederfrequente Prüfung bis zum Bruch wesentlich mehr Zeit beansprucht als die höherfrequente. Andererseits verläuft der Schädigungsmechanismus vermutlich auch bei jeweils kurzzeiti-

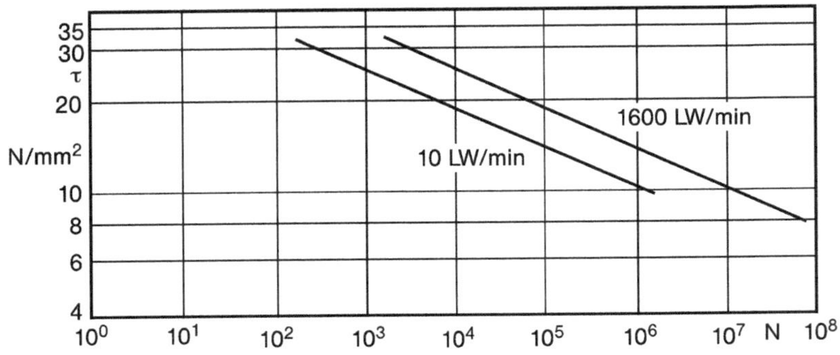

Abbildung 96 Schwingfestigkeit von Aluminiumklebungen in Abhängigkeit von der Belastungsfrequenz, Klebstoff: warmhärtendes Epoxid-Nitrilharz

gen Lastspielen, d.h. höherer Frequenz, anders als bei niederfrequenten Lastverläufen, was auf das viskolastisch-plastische Verformungsverhalten der Klebstoffe zurückgeführt werden kann. Es gibt Hinweise darauf, dass Klebstoffe bei sehr hohen Belastungsfrequenzen praktisch keine Festigkeitsverluste in Abhängigkeit von der Lastspielzahl erleiden, was bislang nicht systematisch untersucht wurde.

Zusammengefasst lässt sich feststellen, dass die Zeitstandfestigkeit von Klebverbindungen vorsichtig abgeschätzt bei 50–70 % ihrer statischen Bruchfestigkeit liegt und die Dauerschwingfestigkeit mit etwa 15 bis 20 % der Kurzzeitbelastbarkeit in Ansatz gebracht werden kann. Die nachfolgende Betrachtung des tatsächlichen Langzeitverhaltens in Abschnitt 7.5 wird zeigen, dass diese einfachen Aussagen über die mechanische Belastbarkeit von Klebverbindungen unter Zugscherbedingungen für die meisten Anwendungsfälle ausreichen.

7.4.3
Schälfestigkeit

Die in verschiedenartigen Versuchen messbare Schälfestigkeit von Klebungen (s. Abschnitt 7.1) gibt Hinweise auf den Widerstand der Klebschicht bei außermittiger Beanspruchung senkrecht zur Klebschicht. Man misst sowohl den so genannten Anrisswiderstand als auch den Widerstand beim weiteren Fortschritt des entstandenen Risses in der Klebfuge. Auch der Schälwiderstand ist nicht nur von den Klebstoffeigenschaften abhängig, sondern wird daneben von der Geometrie der Fügeteile, deren Oberflächenzustand und der Art des Fügeteilwerkstoffs, besonders seiner Verformungseigenschaften, sowie der Schälgeschwindigkeit maßgeblich beeinflusst. Daher ist die jeweils angegebene Schälfestigkeit nicht auf andere Verbindungskonfigurationen umrechenbar und kann nur zu qualitativen Vergleichen dienen, wenn lediglich ein Prüfparameter variiert wird und alle andern konstant sind.

Abbildung 97 verdeutlicht das am Beispiel des Haftklebstoffs, dessen Scherfestigkeit in Abhängigkeit vom Vernetzungsgrad in Abbildung 91 dargestellt ist. Wäh-

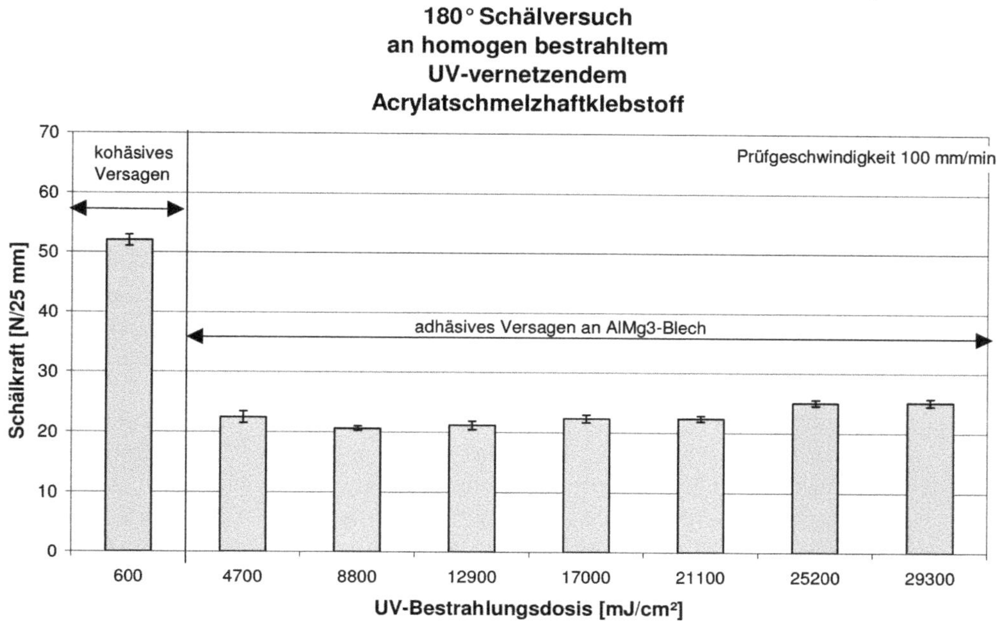

Abbildung 97 Schälfestigkeit eines UV-vernetzbaren Haftklebstoffs auf Aluminium in Abhängigkeit vom Vernetzungsgrad (180°-Schälversuch)

rend dort ein Anstieg der Festigkeit mit zunehmender Vernetzungsdichte konstatiert wurde, fällt der Schälwiderstand, weil in diesem Versuch eher das Verformungsverhalten des Klebstoffs geprüft wird als seine Festigkeit. Ohne hier auf Einzelheiten des Schälverhaltens von Klebstoffen und seiner Ursachen einzugehen, die recht kompliziert sind [5], kann man festhalten, dass Schälversuche im Prinzip bruchmechanische Methoden mit im Sinne der Bruchmechanik allerdings recht wenig tauglichen Versuchsbedingungen sind und deshalb wieder nur zu vergleichenden, qualitativen Zwecken eingesetzt werden sollten. Dann allerdings haben sie durchaus Sinn, vor allem, wenn man die Ergebnisse im Kontext beispielsweise mit Festigkeitswerten nutzt, wie es hier geschieht.

Schälfestigkeiten nach DIN EN 1967 (s. Abschnitt 7.2.3) von maximal etwa 20 N/mm sind mit gut plastifizierten Konstruktionsklebstoffen erreichbar, können aber auch mit sonst vollkommen andersartigen Systemen in anderen Prüfgeometrien realisiert werden.

Der Schälfestigkeit als Kriterium für den Einsatz des Klebens musste in früheren Zeiten größere Bedeutung zugemessen werden, weil es insbesondere bei der Formulierung hochfester Klebstoffe nur unzureichend gelang, hohe Tragfähigkeit mit hoher Schälfestigkeit zu verbinden. Dieses Problem ist heute weit gehend gelöst.

7.4.4
Schlagfestigkeit

Der Schlagfestigkeit von Klebverbindungen kommt eine wachsende Bedeutung zu, weil der Automobilbau insbesondere im Karosseriebereich zunehmend erfolgreich Klebungen einsetzt (s. Abschnitt 8.2.2) und dort dem Verformungsvermögen der Klebstoffe speziell bei Crash-Beanspruchung wesentlich höhere Aufmerksamkeit zu gelten hat als beispielweise der Zugscher- oder Schälfestigkeit. Die Crash-Eigenschaften kann man in bauteilähnlichen Prüfkörpern, etwa Doppelhutprofilen, unter Schlagbeanspruchung prüfen, was aber erheblichen Aufwand erfordert. Deshalb haben sich auch hier einfachere Prüfverfahren an kleineren Prüfkörpern eingebürgert und bewährt, von denen das wichtigste in Abschnitt 7.2.5 beschrieben ist. Abbildung 98 enthält einige Ergebnisse solcher Prüfungen.

Erkennbar sind am Beispiel von Edelstahlklebungen mit einem Karosserieklebstoff auf Epoxidharzbasis die deutliche Abhängigkeit des Arbeitsaufnahmevermögens von der Temperatur und, gewissermaßen im Vorgriff auf Abschnitt 7.5, die starken Änderungen des Verhaltens der Klebungen, wenn diese vor der Prüfung schädigenden Umweltbedingungen ausgesetzt waren (s. Abschnitt 7.1). Wie für die früher beschriebenen Eigenschaften von Klebverbindungen gehen in die Prüfergebnisse die Eigenschaften und Oberflächenzustände der Fügeteile mit ein; absolute Kennwerte können nicht gewonnen werden. Für Vergleiche unterschiedlicher Klebstoffe oder, wie im vorliegenden Fall, die Bewertung von durch Tempe-

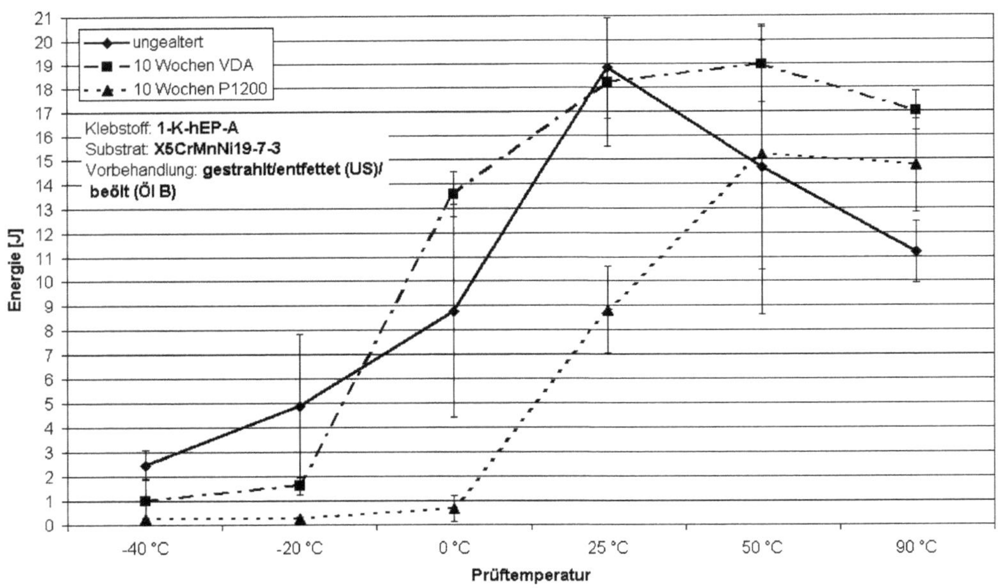

Abbildung 98 Energieaufnahme von Klebverbindungen im Keilschlagversuch nach ISO 11343 in Abhängigkeit von der Temperatur [6]

ratur und Umwelteinflüsse sich ändernde Klebstoffeigenschaften unter dem Aspekt des Crash-Verhaltens sind die so erhältlichen Prüfergebnisse aber gut brauchbar.

7.5 Langzeitverhalten von Klebverbindungen

Am Schluss von Abschnitt 7.4 wurde im Zusammenhang mit der Keilschlagfestigkeit bereits darauf hingewiesen, dass Klebverbindungen im unbelasteten Zustand durch Einwirkung von Einflüssen aus ihrer Umgebung ihre Eigenschaften ändern können. Unter mechanischer Beanspruchung, d. h. im wirklichen Einsatz, kann sich die Wirksamkeit der Umgebungseinflüsse unter Umständen noch verstärken. Man bezeichnet die Widerstandsfähigkeit von Klebungen gegen Einflüsse aus der Umgebung auch als Alterungsbeständigkeit, was nicht ganz korrekt ist, da man unter Alterung in anderen Bereichen auch rein zeitbedingte Veränderungen ohne zusätzliche physikalische oder chemische Beanspruchungen versteht. Schädigende Umwelteinflüsse äußern sich in der Regel in einer irreversiblen Verschlechterung der mechanischen Eigenschaften, die von der Art der Klebung, der Intensität der äußeren Belastung sowie von der Güte des Herstellungsprozesses der Klebverbindung abhängt. Von den umweltbedingten Einflüssen, die sich negativ auf die Beständigkeit einer Klebung auswirken, wird in der Literatur Wasser bzw. Feuchtigkeit hervorgehoben. Das Schädigungsmedium gelangt über Diffusionsprozesse oder Kapillarwirkung entlang bestehender Mikrorisse im Polymer in die Klebfuge und gilt als die häufigste Ursache für schlechte Langzeitbeständigkeit geklebter Verbunde, vor allem, wenn die Fügeteile aus anorganischen Werkstoffen, etwa Metallen oder Glas, bestehen. Konkret werden verschiedene, primär durch Feuchtigkeitseinfluss induzierte Schädigungsmechanismen diskutiert:

- Eine Wasseraufnahme des Klebstoffs führt zu einer Plastifizierung des Polymers. Dieser durch Rücktrocknung teilweise reversible Prozess führt zumeist zu einem kohäsiven Versagen innerhalb der Klebschicht. Die durch diesen Prozess verursachte Festigkeitsänderung der Klebungen kommt zum Stillstand, wenn die Klebschicht mit Wasser gesättigt ist. Irreversible Änderungen der Klebschicht durch Feuchtigkeit sind bei modernen Industrieklebstoffen, wenn es sich nicht um bewusst lösliche Sorten handelt, selten.
- Ablösung des Klebstoffs von der Substratoberfläche: Das Versagen der Adhäsion zwischen Klebstoff und Substratoberfläche wird dann auf eine Konkurrenzadsorption des Wassers anstelle der polaren Gruppen der Polymermoleküle zurückgeführt.
- In die Grenzschicht eindiffundierendes Wasser verändert die Fügeteiloberflächen solvolytisch z. B. in Form einer Hydratisierung von Oxiden auf Metallen und schwächt somit den Haftgrund. Als Folge der solvolytischen Reaktionen können Nebenprodukte in der Grenzschicht entstehen, die das grenzschichtnahe Polymer zusätzlich schwächen können.

- Erhöhte Temperaturen und Lasteinflüsse auf die Klebung verstärken die Wasseraufnahme des Klebstoffs und beschleunigen so den Degradationsprozess.
- In Wasser dissoziierte, korrosionsfördernde Stoffe wie z. B. Chlorid- oder Sulfationen initiieren zusätzliche Schädigungsmechanismen in Form der so genannten Bondline Corrosion insbesondere in Metallklebungen. Den Ausgangspunkt der Klebschichtunterwanderung infolge elektrochemischer Korrosion bilden die ungeschützten Fügeteilkanten.

Da diese Alterungsprozesse mit Ausnahme der Bondline Corrosion in der Regel sehr langsam ablaufen, ist zur Untersuchung der Beständigkeit von Klebverbindungen eine Vielzahl mehr oder minder standardisierter Alterungssimulationen gebräuchlich (s. Abschnitt 7.2.8). Diese überlagern verschiedene äußere Einwirkungen zeitgleich und sollen zudem das Fortschreiten der Schädigungsmechanismen beschleunigen. Aufgrund des angestrebten Zeitraffer-Effektes gegenüber der natürlichen Alterung unter realen Klimabedingungen ist nahezu allen künstlichen Alterungstests eine Intensitätssteigerung von Testparametern (Temperatur, Salzbelastung etc.) gemein. Nicht nur deshalb ist eine exakte Korrelation künstlicher Alterung mit einer Freibewitterung von Klebungen schwerlich möglich.

Im Folgenden werden anhand von Beispielen die Langzeiteigenschaften verschiedener Klebverbindungen in Abhängigkeit von den Umgebungsbedingungen beschrieben und anhand von Bruchflächenanalysen gezeigt, welche Degradationsmechanismen sie verursachen. Es ist sinnvoll, hierbei Klebungen entsprechend der jeweils eingesetzten Fügeteilwerkstoffe getrennt voneinander zu betrachten und mit den Aluminiumklebungen zu beginnen, da über deren Langzeiteigenschaften wegen ihrer Bedeutung im Flugzeug- und Automobilbau die meisten Kenntnisse existieren und manches davon auf andere Klebsysteme übertragbar ist [7, 8].

7.5.1
Aluminiumklebungen

Langzeitbeständige Klebungen aus Aluminiumlegierungen, von denen im Folgenden die nicht aushärtbaren Knetlegierungen EN-AW 2017A (AlCuMg) und EN-AW 5182 (AlMg4,5Mn04) betrachtet werden, lassen sich mit Konstruktionsklebstoffen ohne spezielle Oberflächenvorbehandlung bis heute nicht herstellen [9]. Im Vordergrund des Interesses steht daher die Frage, welche durch Vorbehandlung erreichten Oberflächenzustände gute Langzeitbeständigkeit gewährleisten. Tabelle 21 enthält die hier betrachteten Oberflächenvorbehandlungen für die genannten Aluminiumlegierungen, die mit einem einkomponentigen, warmhärtenden Epoxidharzklebstoff der Fa. Dow Automotive verklebt wurden.

Wenngleich die Nachteile einschnittig überlappter Zugscherproben gemäß DIN EN 1465 für Festigkeitsuntersuchungen struktureller Klebungen bekannt sind, wurde aufgrund der großen Parameteranzahl einer solchen Untersuchung auf diese prinzipiell einfache Probengeometrie zurückgegriffen. Für den angestrebten

Tabelle 21 Oberflächenvorbehandlungen für Aluminiumlegierungen

Oberflächenvorbehandlung	Bemerkung
Dampfentfettet mit Aceton	Gilt als Referenz im Sinne einer »unvorbehandelten« Aluminiumoberfläche. Einstellung hinreichend reproduzierbarer Ausgangsbedingungen
Druckluftgestrahlt mit Edelkorund (6 bar); ultraschallentfettet in Aceton (15 min)	Mechanische Oberflächenvorbehandlung
Alkalisches Tauchbeizen in 1-molarer Natronlauge (15 min); Spülen; Dekapieren in 20 % Salpetersäure (3 min); Spülen in VE-Wasser	Durch chemischen Abtrag kontaminierter Deckschichten entstehen frische, reaktive Oxidschichten
Saures Tauchbeizen in 65% Salpetersäure (15 min); Spülen in VE-Wasser	Die konzentrierte, stark oxidierende Salpetersäure greift Aluminiumoxid kaum an, d.h. kein Beizabtrag im klassischen Sinne
Gardoclean Bonder V 299 / 4M (Chemetall) Ansatz: 50 g / l (VE-Wasser) 80 °C; 15 min Tauchapplikation; Spülen in VE-Wasser	Natriummetasilicathaltiger, alkalischer Reiniger
Titan.Zirconium-Mischoxide (GB X 4711)	Chromatfreie Konversionsschicht
Trockenschmierstoff auf Titan-Zirconium-Konversionsschicht	Drylube: Zeller+Gmelin Drylub C1

Vergleich der Alterungscharakteristiken in Abhängigkeit von Vorbehandlung und Alterungssimulation, wobei die Bruchbildanalyse zur Interpretation der Ergebnisse mindestens so wichtig ist wie die auf den Anfangszustand bezogenen Festigkeitsminderungen nach Alterung, erscheinen derartige, in der Praxis immer noch weit verbreitete Proben als durchaus praktikabel. Untersuchungen zum Schubspannungs-Gleitungsverhalten an so genannten dicken Zugscherproben wurden nur in Sonderfällen herangezogen.

Ebenso wie bei der Klebstoff- und Substratauswahl orientierte sich die Festlegung der durchzuführenden Alterungssimulationen zur Überprüfung der Langzeitbeständigkeit maßgeblich an der Praxis in der Automobilindustrie (Tabelle 22 und 23). Die hier ausgewählten künstlichen Alterungsverfahren lassen sich grob hinsichtlich der dominierenden Schädigungsmechanismen einteilen: Während beispielsweise bei Salzsprüh- und VDA 621-415 bzw. VDA-KKT-Test eher korrosive Belastungen eingestellt werden, wird eine Schädigung der Klebungen beim Klimawechsel- und Immersionstest vornehmlich durch Feuchtigkeit bzw. Wasser hervorgerufen.

Tabelle 22 Alterungssimulationen: Korrosion als dominierender Schädigungsmechanismus

Alterungstest	Beschreibung	Bemerkung
Salzsprühtest	Gem. DIN 50 021 Salzsprühnebel aus 5% NaCl-Lösung; Temperatur 35 °C; Dauer: 1000h; 2000h	Korrosions- und Feuchtigkeits-belastung
VDA-Wechseltest 621-415	Ein Zyklus besteht aus: 24h Salzsprühtest (DIN 50 021) 96h Kondenswasser-Wechselklima (DIN 50 017; KFW) 48h RT-Lagerung (DIN 50 014) Dauer: 10 Zyklen	Korrosions- und Schwitzwasser-belastung
VDA-KKT Test	Ein Zyklus besteht aus: 1 Woche VW P 1200 (siehe unten) 3 Wochen VDA 621-415 Dauer: 3 Zyklen	Korrosions-, Feuchtigkeits- und Temperaturwechselbelastung
Verschärfte Freibewitterung	Natürliche Alterung unter realen Klimabedingungen, verschärft durch Besprühen der Proben mit 5% NaCl-Lösung im 14-tägigen Abstand Dauer: 6 Monate	Korrosions-, Feuchtigkeits- und Temperaturwechselbelastung

Bemerkung: Alle Proben wurden nach der Entnahme aus der Alterungssimulation drei Tage bei 40 °C konditioniert und anschließend bei Raumtemperatur geprüft

Aufgrund der Vielzahl der untersuchten Parameter erscheint die Visualisierung der Resultate mittels konventioneller Balkendiagramme wenig hilfreich. Hinzu kommt, dass hier weniger die absoluten Festigkeitswerte der Klebungen im Mittelpunkt des Interesses stehen als der auf die Anfangsfestigkeit bezogene Festigkeitsabfall der Klebungen im Abhängigkeit von Oberflächenvorbehandlung und Alterungssimulation.

Alternativ wurde daher eine Form gewählt, die neben der Darstellung der nach Alterung verbleibenden prozentualen Restfestigkeit zusätzlich eine optische Trennung der durch die verschiedenen Alterungssimulationen induzierten, dominierenden Schädigungsmechanismen ermöglicht. Die Differenzierung erfolgt hier zunächst grob in Feuchtigkeit sowie Korrosion infolge Chloridionenbelastung (»Salz«).

Es fällt auf, dass Klebungen, deren Oberflächen vor dem Verkleben mit Aceton dampfentfettet (Abbildung 99) oder korundgestrahlt wurden (Abbildung 100), relativ hohe Festigkeitsverluste nach Alterung in korrosionsfördernden Medien aufweisen. Anhand der optischen Bruchflächenanalyse lässt sich der von den Fügeteilkanten aus beginnende, in das Innere der Klebung fortschreitende Schädigungsmechanismus der Klebschichtunterwanderung (Bondline Corrosion) leicht detektieren (Abbildung 101). In salzfreien, eher feuchtigkeitsbelasteten Alterungssimulationen

Tabelle 23 Alterungssimulationen: Feuchtigkeit als dominierender Schädigungsmechanismus

Alterungstest	Beschreibung	Bemerkung
Klimawechseltest VW P 1200	Ein Zyklus besteht aus: 4 h Konstantklima 80 °C / 95 % r.H. Abkühlen innerhalb 2 h auf – 40 °C 4 h isotherm bei – 40 °C Aufheizen innerhalb 2 h auf 80 °C/95 % r.H. Dauer: 60 Zyklen; 120 Zyklen	Feuchtigkeits- und Temperatur-wechselbelastung
Kataplasma Test	Proben einzeln eingewickelt in wasser-getränkte Baumwollwatte und Aluminiumfolie; luftdicht in PE-Folie eingeschweißt Lagerung: 28 d bei 70 °C, anschließend 48 h bei –20 °C	Feuchtigkeits- und Temperatur-wechselbelastung
Kondenswassertest	Kondensatbildung auf Proben bei 40 °C; Dauer: 28 d	Feuchtigkeitsbelastung
Immersionstest 70 °C	VE-Wasserbadlagerung bei 70 °C Dauer: 28 d	Feuchtigkeitsbelastung
Immersionstest 70 °C + Tensid	VE-Wasserbadlagerung bei 70 °C Zusatz von 0,1 % handelsüblichem Tensid in Alterungsmedium; Dauer: 28 d	Feuchtigkeitsbelastung
Freibewitterung	Natürliche Alterung unter realen Klimabedingungen Dauer: 1 Jahr	Feuchtigkeits- und Temperatur-wechselbelastung Bedingte Korrosionsbelastung

Bemerkung: Alle Proben wurden nach der Entnahme aus der Alterungssimulation drei Tage bei 40 °C konditioniert und anschließend bei Raumtemperatur geprüft

zeigen sich vor allem diejenigen Klebungen vergleichsweise gut beständig, deren Oberflächen vor dem Fügen mit Edelkorund gestrahlt wurden. Die Zugscherproben zeigen hier ein durchgängig (grenzschichtnah) kohäsives Versagen.

Eine hierzu konträre Alterungscharakteristik zeigen geklebte Aluminiumverbunde, deren Oberflächen vor dem Fügen in einer mild alkalischen, natriummetasilicathaltigen Lösung vorbehandelt wurden (»Bonder«). Die durch diese Oberflächenvorbehandlung aufgebrachte Silicatschicht (Konversionsschicht) schützt das Metall offensichtlich gut gegen den korrosiven Angriff der Chloridionen, führt aber offenbar in Gegenwart von Feuchtigkeit in der Grenzschicht zur lokalen Alkalisierung des Schädigungsmediums (Abbildung 102).

Nach der künstlichen Alterung in standardisierten Korrosionstests (z. B. Salzsprühtest, VDA-Wechseltest 621-415) weisen diese Verbunde nach Alterung einen

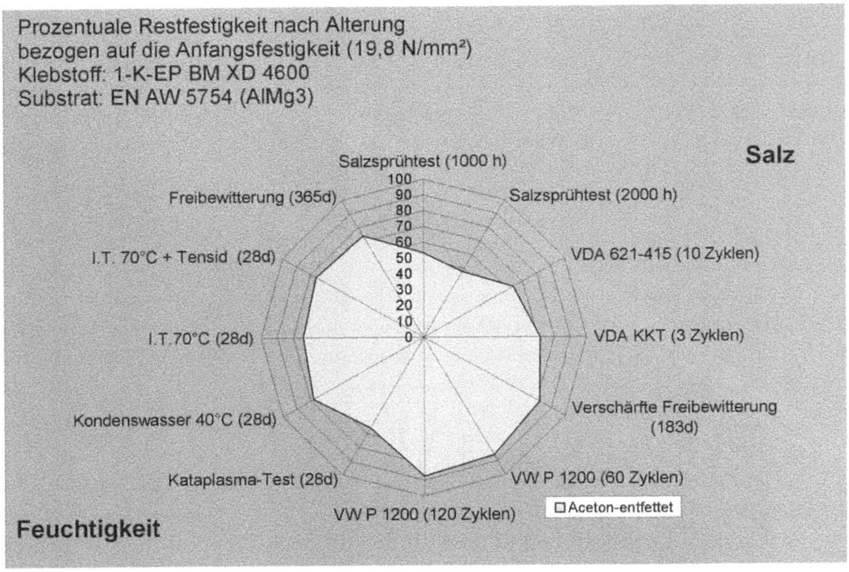

Abbildung 99 Alterungscharakteristiken acetonentfetteter Klebungen

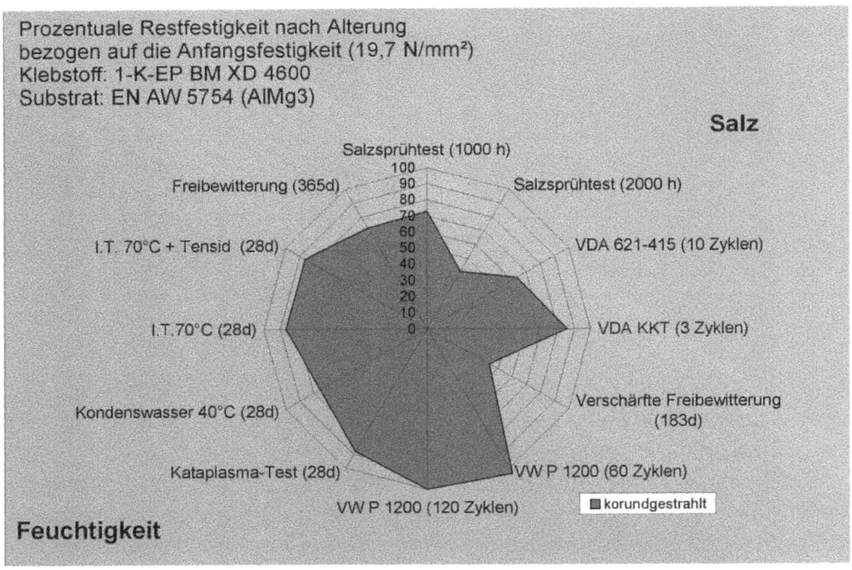

Abbildung 100 Alterungscharakteristiken korundgestrahlter Klebungen

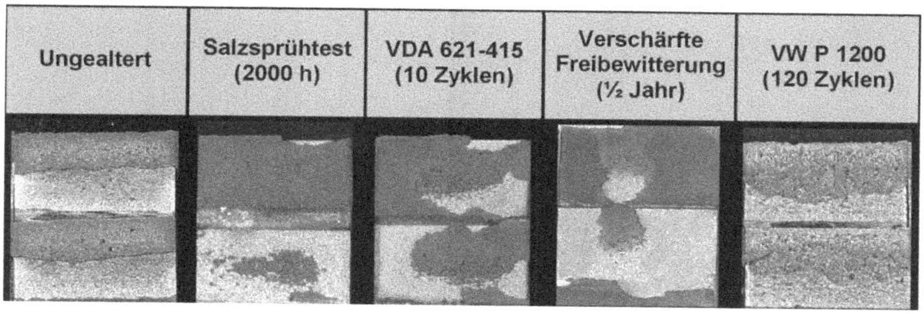

Abbildung 101 Bruchflächen gestrahlter Klebungen

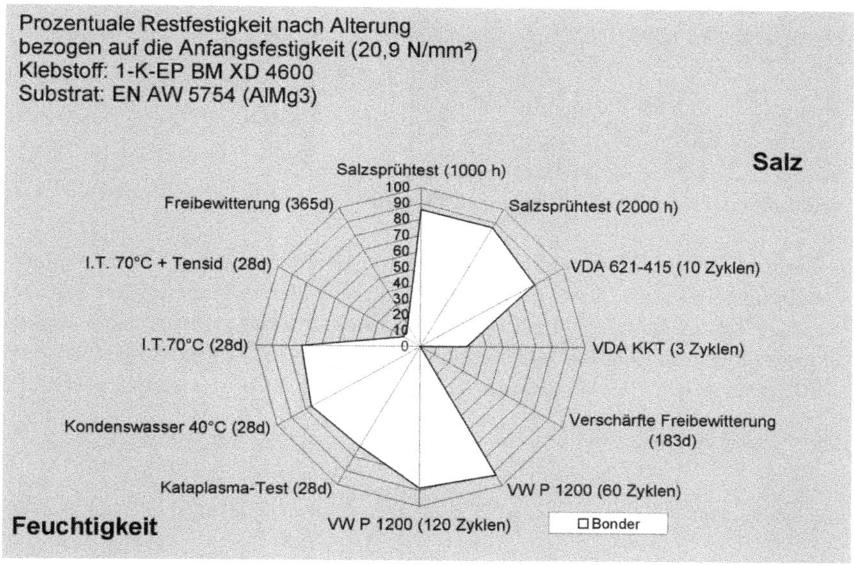

Abbildung 102 Alterungscharakteristiken gebonderter Klebungen

relativ geringen prozentualen Festigkeitsabfall auf. Nach vierwöchiger Wasserbadlagerung bei 70 °C führt die durch Tensid-Zugabe beschleunigte Feuchtigkeitsdiffusion in die Grenzschicht allerdings zu dramatischen Festigkeitsverlusten, die zudem gut mit den Ergebnissen nach Alterung unter natürlichen Klimabedingungen korrelierbar sind. Keiner der alternativ durchgeführten, ebenfalls feuchtigkeitsdominierenden Kurzzeittests (VW P 1200, Kataplasma-Test etc.) vermochte dieses Schadensbild nachzustellen. Lediglich der dreimonatige VDA-KKT-Test, der ähnlich der Freibewitterung Feuchtigkeits- und Temperaturwechsel sowie Korrosionsbelastung vereint, deutet eine signifikante Differenzierung an.

Die in den Bruchflächen (Abbildung 103) gut sichtbare, nahezu vollständige Delamination der Klebstoffs wird auf die Degradation der nur im pH-Bereich zwischen 4,3 und 8,5 stabilen Aluminiumoxidschicht zurückgeführt.

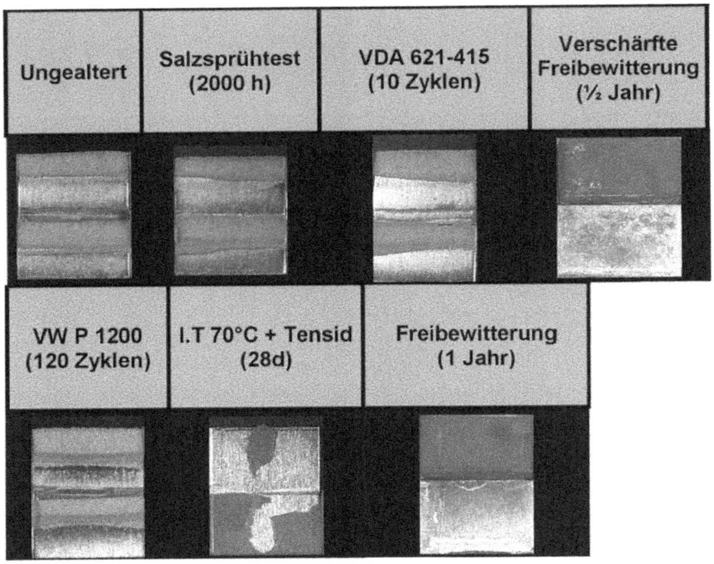

Abbildung 103 Bruchflächen gebonderter Klebungen

Die im No-rinse-Verfahren durchgeführte chromatfreie TiZrO-Konversionsbehandlung zeigte nach diesen ersten Ergebnissen in allen durchgeführten Tests keine signifikante Steigerung der Langzeitbeständigkeit derart vorbehandelter Fügeteile gegenüber den lediglich acetonentfetteten Referenzklebungen (Abbildung 104). Die hier verwendete Aluminiumlegierung (AlMg4,5Mn0,4) ist nach Herstelleranga-

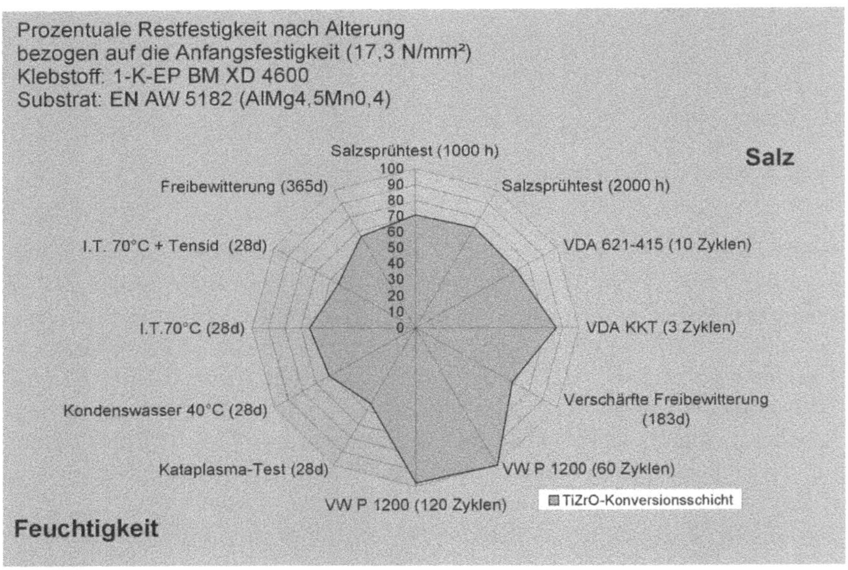

Abbildung 104 Alterungscharakteristiken konversionsbeschichteter Klebungen

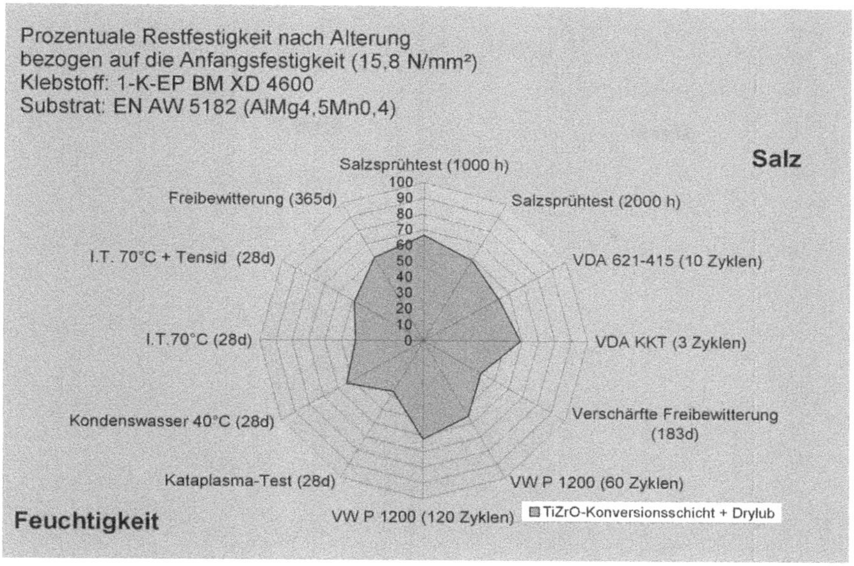

Abbildung 105 Alterungscharakteristiken konversions- und drylub-beschichteter Klebungen

ben hinsichtlich ihrer technischen, als auch elektrochemischen Eigenschaften den AlMg3-Substraten vergleichbar.

Eine zusätzlich als temporärer Korrosionsschutz und Umformhilfe in Pressstraßen applizierte Trockenschmierschicht (Drylub) auf Tensidbasis konnte offensichtlich vom Polymer nicht ausreichend absorbiert werden und behinderte so die Adhäsionsausbildung. Bei allen Klebungen führte dies, unabhängig von der eingesetzten Alterungssimulation, zu recht hohen Festigkeitsabfällen (Abbildung 105). Es muss jedoch darauf hingewiesen werden, dass hier einige für die Automobilindustrie fertigungsrelevanten Aspekte, z. B. die Auswaschbeständigkeit der Trockenschmierschicht unter dem unvernetzten Polymer in den Wäscherprozessen vor der KTL, vernachlässigt wurden. Untersuchungen zu speziell diesem Thema laufen bereits an Stahlklebungen. Wenngleich die Ergebnisse an dem hier verwendeten drylubbeschichteten Aluminiumsubstrat als nur bedingt repräsentativ angesehen werden können, korrelieren sie dennoch mit Arbeiten von Kleinert et al., in denen unter anderem hierzu vergleichbare Parameter untersucht wurden [10].

Die innerhalb dieser Untersuchung relativ günstigsten Alterungsspektren zeigen diejenigen Aluminiumverbunde, deren Oberflächen vor dem Verkleben alkalisch oder sauer gebeizt wurden. Während das chemische Entfernen kontaminierter Deckschichten mittels Natronlauge zu den etablierten Beizverfahren bei Aluminium zählt, stellt die Vorbehandlung in hochprozentiger Salpetersäure eine eher unkonventionelle Art der Haftgrundvorbereitung dar. Konzentrierte Salpetersäure greift Aluminium nur unwesentlich an, es handelt sich also hier nicht um einen chemischen Beizabtrag im klassischen Sinne. Da bei der Anwendung nitro-

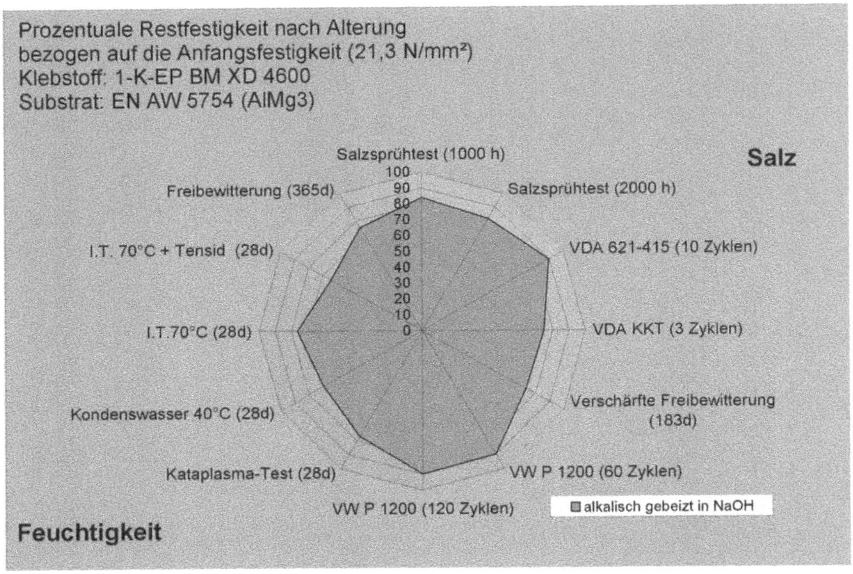

Abbildung 106 Alterungscharakteristiken alkalisch gebeizter Klebungen

se Gase entstehen können, eignet sich dieses Verfahren prinzipiell nur für geschlossene Prozesse. Beide Vorbehandlungsverfahren zeichnen sich vor allem durch sehr gute Resistenz der Klebungen gegenüber salzhaltigen Alterungsmedien aus. Auch nach den Alterungssimulationen, in denen eher Feuchtigkeit als angreifendes Medium dominiert, zeigen sie gegenüber den anderen Vorbehandlungsverfahren mindestens vergleichbare Beständigkeit (Abbildungen 106 und 107). Alle Bruchflächen wiesen sowohl vor als auch nach Alterung gemäß EN ISO 10365 einen substratnahen speziellen Kohäsionsbruch (SCF) auf.

Die vorgestellten Ergebnisse zeigen, dass zur Beurteilung der Langzeitbeständigkeit unterschiedlich vorbehandelter Aluminium-Epoxidharz-Klebungen die Anwendung einzelner, standardisierter Alterungstests oftmals nicht ausreicht. Die Auswirkungen der simulierten Alterungsprozesse auf die technischen Eigenschaften der geklebten Aluminiumverbunde sind sowohl abhängig von der Art, Dauer und Intensität der dominierenden Schädigungsmechanismen als auch von den durch die jeweilige Vorbehandlung generierten Zustände der Substratoberflächen. Die jeweilige Haftgrundvorbereitung hat somit einen erheblichen Einfluss auf die Sensitivität der Klebung gegenüber unterschiedlichen Alterungsprozessen.

Die Steigerung einzelner Parameter von Kurzzeit-Tests (z. B. Temperatur, Feuchtigkeit, Chloridionenkonzentration etc.) führt nicht zwangsläufig zu den angestrebten Zeitraffereffekten. Eine Korrelation mit natürlichen Alterungsprozessen ist somit nur sehr bedingt möglich.

Um vor diesem Hintergrund die Langzeiteigenschaften des Aluminium-Epoxidharz-Verbundsystems zumindest ansatzweise befriedigend beurteilen zu kön-

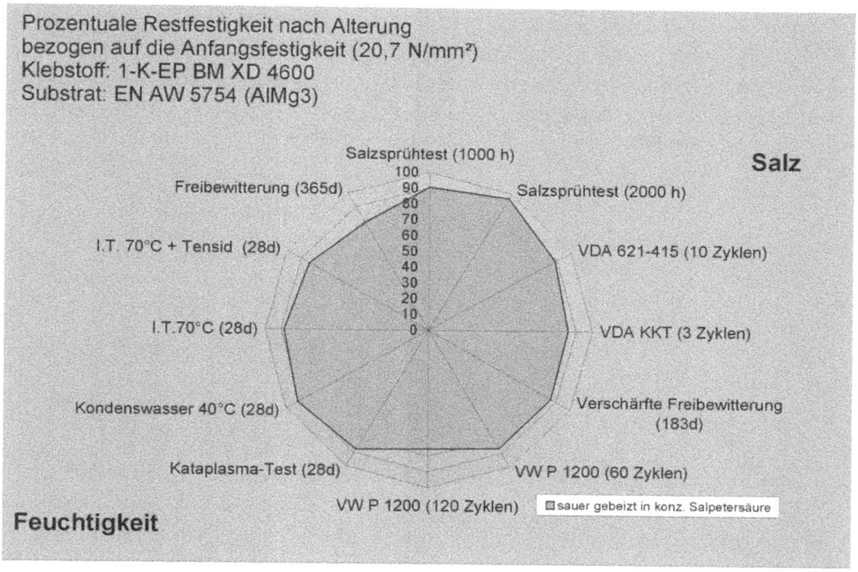

Abbildung 107 Alterungscharakteristiken sauer gebeizter Klebungen

nen, erscheint ein möglichst weites Spektrum an verschiedenen – möglichst realitätsnahen – Alterungssimulationen notwendig. Wenngleich die Grenzen zum Teil verwischt sind, erwies sich die Differenzierung der eingesetzten Alterungssimulationen nach der Art der dominierenden Schädigungsmechanismen, wie z. B. Feuchtigkeitsbelastung und Korrosion, für die Interpretation des Alterungsverhaltens unterschiedlich vorbehandelter Aluminiumklebungen als hilfreich.

Die in den Abbildungen 99–101 charakterisierten Aluminiumklebungen mit lediglich entfetteten oder korundgestrahlten Oberflächen wiesen in korrosionsfördernden Medien eine deutlich verminderte Langzeitbeständigkeit gegenüber solchen mit chemisch behandelten Fügeteilen auf.

Um dieses weiter zu untersuchen, wurden so genannte »dicke Zugscherproben« (DIN 54 451) einer aushärtbaren Aluminiumknetlegierung (EN-AW 2017) chemisch bzw. mechanisch vorbehandelt und anschließend mit einem heißhärtenden 1K-Epoxidharzklebstoff gefügt. Als Alterungssimulation wurde wiederum der in der deutschen Automobilindustrie standardisierte VDA-Wechseltest 621-415 gewählt.

Da die Langzeitbeständigkeit struktureller Polymer-Metall-Verbindungen im Einsatz durch Lasteinflüsse erheblich verringert werden kann [8], wurde ein Teil der Proben während der künstlichen Alterungssimulation mit Hilfe spezieller Spannvorrichtungen mit einer statischen Last beaufschlagt, die 10 % der Anfangsfestigkeiten dieser Klebungen entsprach. Die Schubverformung der Klebungen wurde während der Prüfung durch nahe der Überlappung aufliegende Feindehnmessaufnehmern (Auflösung: 1 µm) ermittelt.

Die Abbildungen 108–111 zeigen τ–γ-Charakteristiken der unter statischer Last gealterten Proben verglichen mit ungealterten bzw. lastfrei gealterten Referenzen.

Klebungen, deren Oberflächen vor dem Fügen lediglich entfettet oder korundgestrahlt wurden, zeigen auch hier deutliche Festigkeitsverluste nach Alterung in kor-

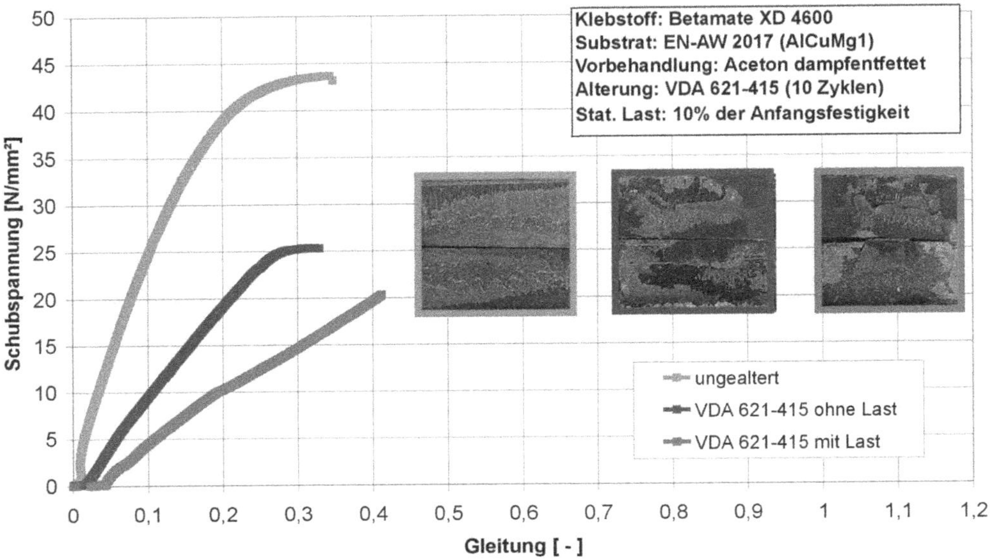

Abbildung 108 Schubspannungs-Gleitungs-Verhalten acetonentfetteter Al-Klebungen

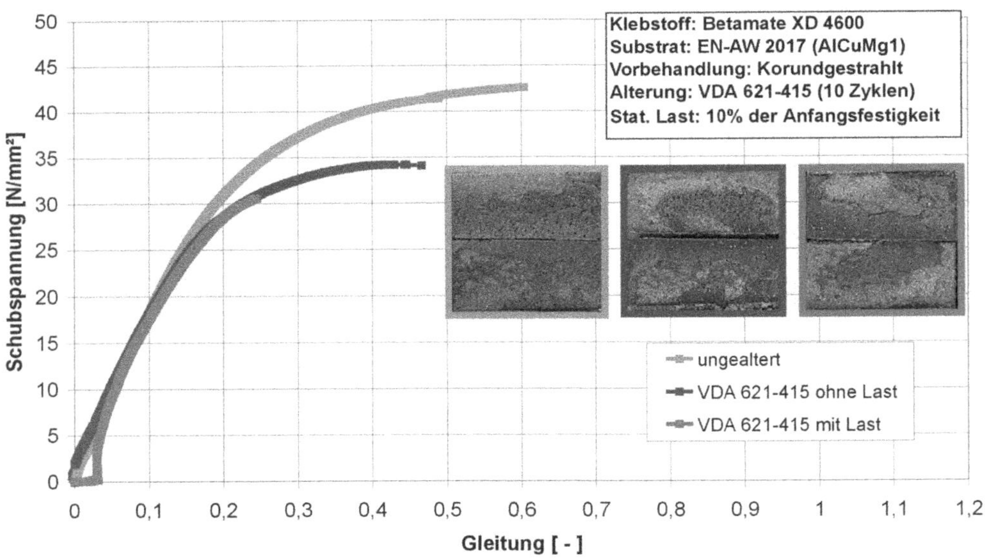

Abbildung 109 Schubspannungs-Gleitungs-Verhalten korundgestrahlter Al-Klebungen

rosiven Medien. Die aufgebrachte statische Last verstärkt diesen Effekt bei entfetteten und korundgestrahlten Fügeteilen zusätzlich. Auffallend bei den mit Aceton aus der Dampfphase entfetteten Proben ist die Verminderung des Schubmoduls, also des Quotienten aus Schubspannung und Gleitung.

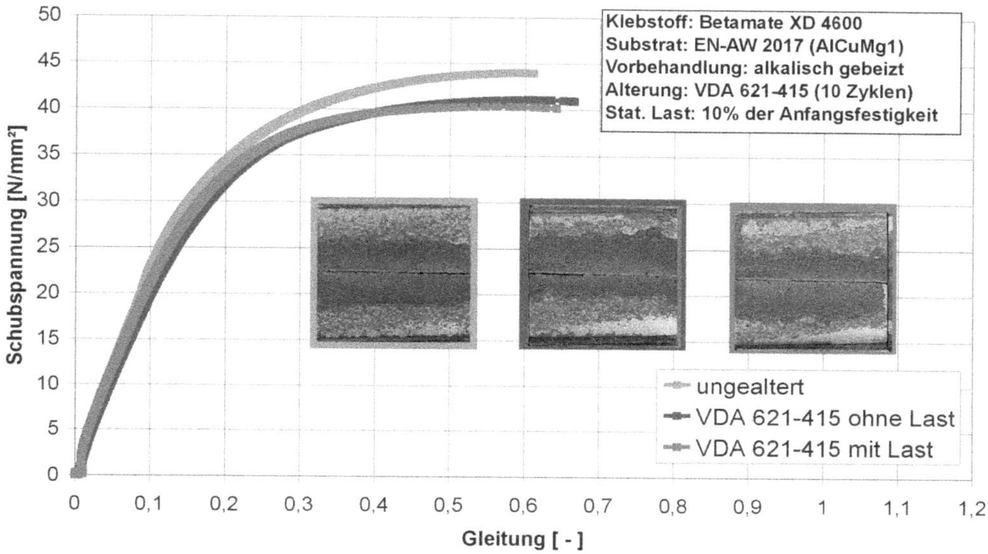

Abbildung 110 Schubspannungs-Gleitungs-Verhalten alkalisch gebeizter Al-Klebungen

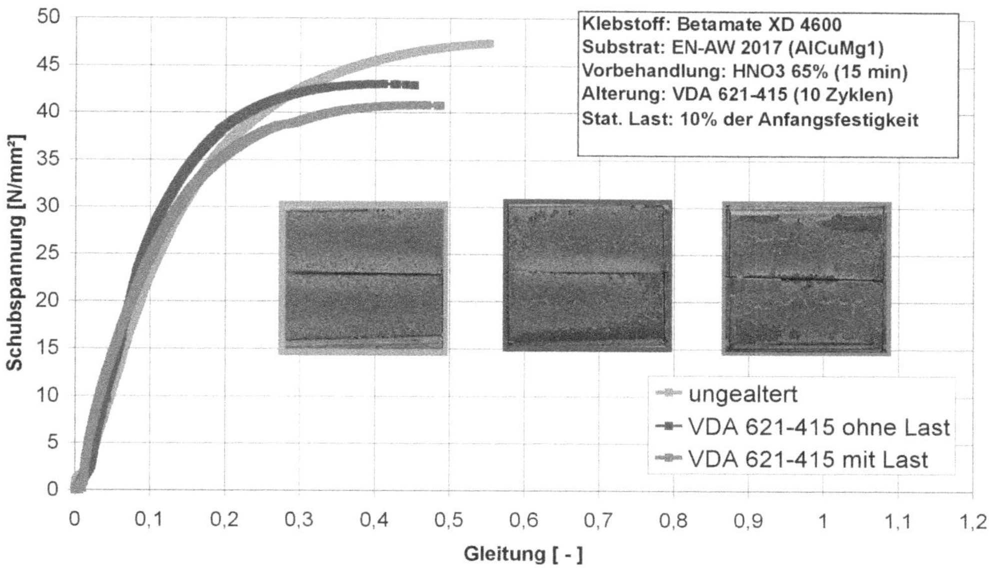

Abbildung 111 Schubspannungs-Gleitungs-Verhalten sauer gebeizter Al-Klebungen

Aluminiumverbunde, deren Oberflächen vor dem Verkleben in einem alkalischen oder sauren Beizprozess vorbehandelt wurden, weisen nach 10 Zyklen VDA-Wechseltest nur vergleichbar geringe Festigkeitsabfälle auf (Abbildungen 110 und 111). Die während der Alterung zusätzlich aufgebrachte Last führt hier zu keiner signifikanten Verminderung des Schubmoduls innerhalb technisch relevanter Bereiche.

Die optische Bruchbildanalyse zeigt zudem eine Analogie zu den Bruchflächen bei Klebungen mit Fügeteilen aus einer nicht aushärtbaren AlMg3-Legierung. Auch hier konnte bei acetonentfetteten sowie korundgestrahlten Proben nach Alterung eine von den ungeschützten Kanten ausgehende, sich in das Innere der Klebung fortsetzende Klebschichtunterwanderung (Bondline Corrosion) detektiert werden. Die alkalisch oder sauer gebeizten Proben zeigten hingegen (grenzschichtnah-) kohäsives Versagen der Klebung.

Nun ist bekannt, dass Vorbehandlungsverfahren das elektrochemische Potenzial von Metalloberflächen maßgeblich beeinflussen können. Bei mechanischen Oberflächenvorbehandlungsverfahren wie z. B. dem Druckluftstrahlen mit Edelkorund entstehen Druckeigenspannungen in der AlMg3-Oberflächen im Bereich von ca. –70 MPa. Durch die Kaltverformung des metallurgischen Gefüges entstehen Stufen- und Schraubenversetzungen, die bevorzugte Ausgangspunkte für die korrosive Metallauflösung bilden.

Oberflächenanalytische Methoden wie z. B. die Sekundärneutralteilchen-Massenspektrometrie (SNMS) ermöglichen quantitative Tiefenprofilanalysen der unterschiedlich vorbehandelten Substrate. Diese Untersuchungen zeigen an dampfentfetteten AlMg3-Fügeteilen oberflächennahe Anreicherungen des Legierungsbestandteils Magnesium (Abbildung 112).

Aus der Literatur ist bekannt, dass sich dieses elektrochemisch unedlere Metall durch Diffusionsvorgänge entlang der Korngrenzen aus dem Bulk heraus in der Aluminiumdeckschicht konzentriert und derartige Heterogenitäten die Korro-

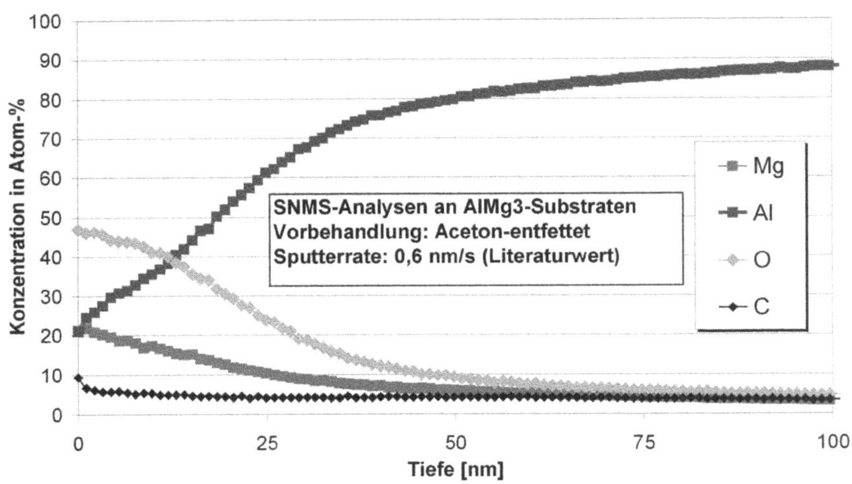

Abbildung 112 SNMS-Tiefenprofil acetonentfetteter Fügeteile

sionsbeständigkeit der Oxidschicht und damit die Alterungsbeständigkeit von Klebungen herabsetzen können [11, 12].

Entfernt man jedoch die natürlich gewachsene heterogene Deckschicht durch einen alkalischen Beizprozess mit Natronlauge, wird bei derart frisch erzeugten Oxidschichten oberflächenanalytisch kein Magnesium detektiert (Abbildung 113).

Nahezu identische SNMS-Tiefenprofile zeigen die sauer gebeizten Proben. Hochprozentige Salpetersäure hat die interessante Eigenschaft, trotz ihrer allgemein stark oxidierenden Wirkung Aluminiumoxid nur sehr schwach anzugreifen. Es handelt sich also hier nicht um einen Beizabtrag im klassischen Sinne. Die an der Oberfläche angereicherten Magnesium(oxid-)phasen sind im saurem Milieu instabil und werden aufgelöst. Der auf den Oberflächen detektierte Magnesiumanteil liegt auch hier prozentual weit unter dem Legierungsanteil (Abbildung 114).

Es liegt somit zunächst nahe, die Ursache für das ungleiche Alterungsverhalten in korrosiven Medien in den durch die Vorbehandlungsverfahren veränderten elektrochemischen Eigenschaften der jeweiligen Fügeteiloberflächen zu vermuten.

Ausgehend von diesem Ansatz wäre daher eine Korrelation der an den Bruchflächen der Klebungen detektierten Schadensmechanismen mit elektrochemischen Analysen an den unterschiedlich vorbehandelten Fügeteilen zu erwarten. Potenziodynamische Stromdichte-Potenzialmessungen an den diskutierten Aluminiumoberflächen bestätigen dies Hypothese jedoch nicht (Abbildung 115).

Lediglich die in Natronlauge gebeizten Substrate zeigen eine Verschiebung des Durchbruchpotenzials hin zu niedrigen Potenzialen. Nur in diesem Fall bietet die höhere Passivität gegenüber Lochfraß einen Erklärungsansatz für die gute Beständigkeit der alkalisch vorbehandelten Klebungen in korrosiven Medien.

Auffallend ist, dass die in konzentrierter Salpetersäure vorbehandelten Klebungen - trotz der eher mäßigen Korrosionsbeständigkeit ihrer Oberflächen - nach Alterung in korrosiven Medien sehr gute Langzeitbeständigkeiten aufweisen. Dies

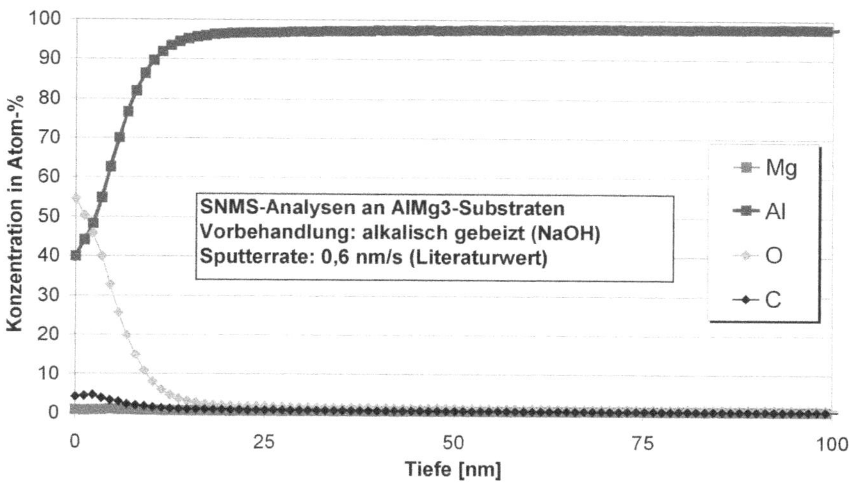

Abbildung 113 SNMS-Tiefenprofil alkalisch gebeizter Fügeteile

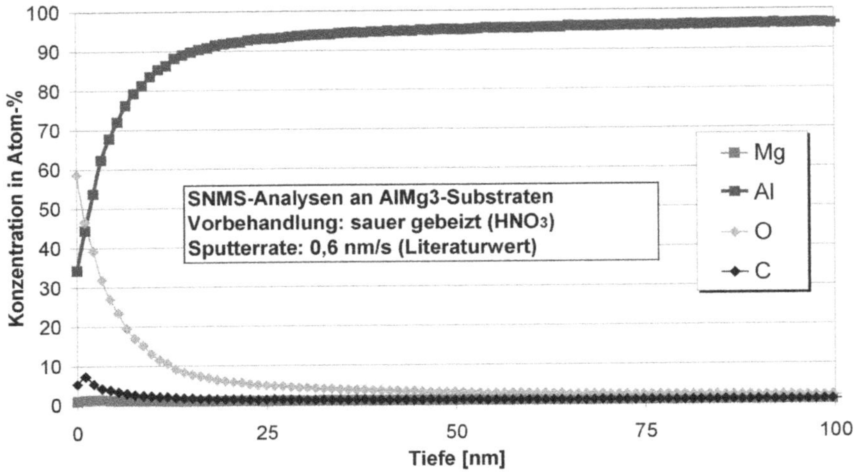

Abbildung 114 SNMS-Tiefenprofil sauer gebeizter Fügeteile

verdeutlicht, dass der Versuch, Alterungsphänomene von Klebungen ausschließlich auf elektrochemische Eigenschaften der jeweiligen Metalloberflächen zurückzuführen, zuweilen in die Irre führt, da hier a priori die Adhäsion zwischen Polymer und Substrat als ein den Alterungsprozess maßgeblich beeinflussender Faktor außer Acht gelassen wird. Die adhäsiven Eigenschaften einer Metalloberfläche bzw. Oxidschicht werden maßgeblich bestimmt durch deren chemische Reaktivität, mechanische Stabilität, aber auch morphologische Charakteristik. Interpretiert man die Kohlenstoffbelegung als Indikator für das Ausmaß der organischen

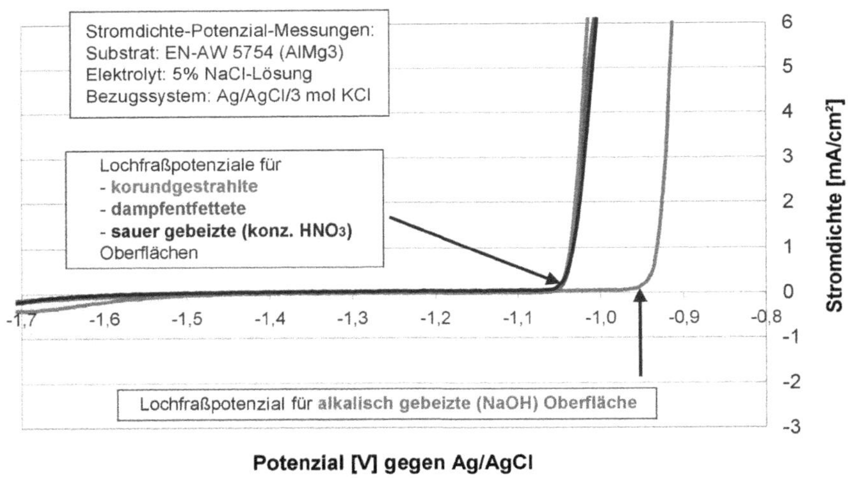

Abbildung 115 Stromdichte-Potenzial-Messungen an unterschiedlich vorbehandelten Aluminiumsubstraten

Kontamination von Oberflächen, so zeigt die Röntgen-Photoelektronen-Spektroskopie (XPS), dass sowohl die abrasive Wirkung des Korundstrahlens als auch der chemische Abtrag beim alkalischen Beizen einen »sauberen«, weil frisch erzeugten und damit reaktiven Haftgrund generiert. Demgegenüber vermag weder das Lösungsmittel Aceton noch die konzentrierte Salpetersäure die organischen Verunreinigungen der Aluminiumdeckschicht zu beseitigen (Abbildung 116).

Die oben gezeigte beschleunigte Alterungskinetik mechanisch vorbehandelter Klebungen gegenüber der guten Langzeitbeständigkeit HNO_3-gebeizter Proben macht jedoch deutlich, dass der durch Vorbehandlungsverfahren erzielte Reinigungsgrad von Oberflächen kein hinreichendes Kriterium zur Beurteilung und Prognose der Alterungsbeständigkeit von Aluminium-Epoxidharz-Verbunden in korrosiven Medien darstellt.

Kontrovers diskutiert wird in diesem Zusammenhang auch ein potenzieller Einfluss der durch Vorbehandlungsverfahren erzeugten Oberflächenmorphologie. Es konnte bereits gezeigt werden, dass der makroskopischen Dimension, also den ingenieurmäßig durch verschiedene statistische Kennwerte klassifizierten Oberflächenrauheiten, keine dominante Bedeutung zukommt. Dies wurde u.a. sowohl an texturierten Stahlblechen (s. Abschnitt 7.5.2), als auch an unterschiedlich vorbehandelten Aluminiumoberflächen nachgewiesen [13]. Wesentlich signifikanter erscheint hier der Einfluss auf submikroskopischer Ebene in der Dimension der applizierten Präpolymere. Dieser Effekt wurde für anodisierte Aluminiumoberflächen intensiv untersucht [7].

Aluminiumwerkstoffe werden besonders im Flugzeugbau zur optimalen Haftgrundvorbereitung im Rahmen eines extrem aufwendigen mehrstufigen Oberflächenvorbehandlungsprozesses anodisch oxidiert. Die so erzeugten Oxidschichten

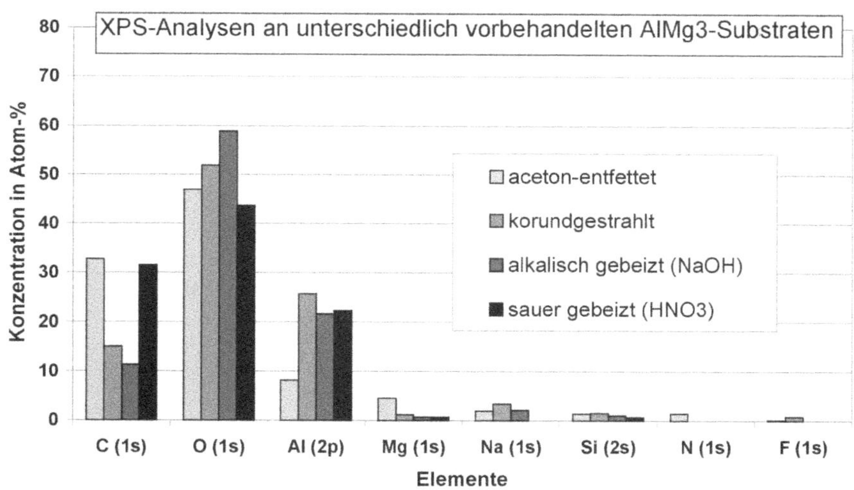

Abbildung 116 Röntgen-Photoelektronen-Spektroskopie (XPS) an unterschiedlich vorbehandelten Aluminiumoberflächen

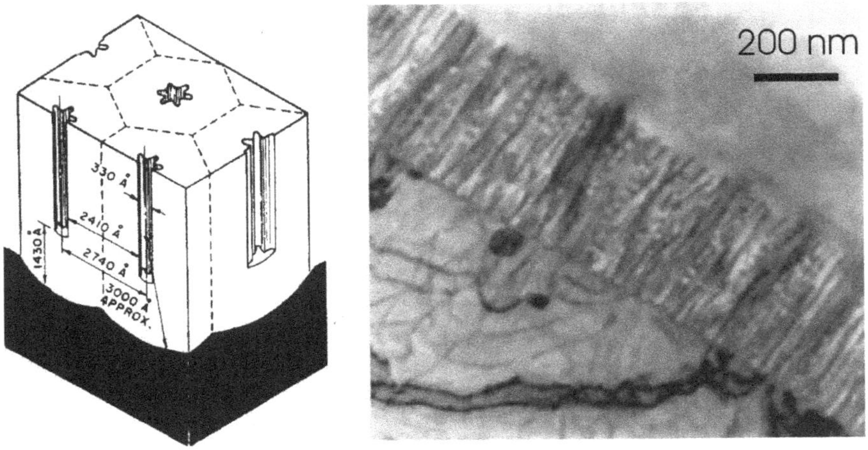

Abbildung 117 Modell und Struktur einer mit Phosphorsäure anodisierten Aluminiumoberfläche [7]

bestehen aus einer sehr dünnen, fast porenfreien dielektrischen Sperrschicht und einer daraufliegenden, zum Teil sehr feinporigen Deckschicht (Abbildung 117).

So erbringen beispielsweise mit Phosphorsäure anodisierte Aluminiumoberflächen gegenüber alternativen chemischen und mechanischen Vorbehandlungsverfahren unbestritten die günstigsten Alterungscharakteristiken bei adhäsiv gefügten Aluminiumverbunden. Zurückgeführt wird dies auf eine Oberflächenvergrößerung und die verbesserte elektrochemische Stabilität der generierten dicken Oxidschichten.

Ein weiterer Erklärungsansatz geht von einer mikromechanischen Verklammerung des Polymers nach Penetration niedermolekularer Präpolymere in die porösen Oxidschichtstrukturen aus. Dass dies durchaus denkbar ist, zeigt eine einfache Größenabschätzung: Der Durchmesser einer durch anodische Oxidation entstandenen Oxidschichtpore beträgt, je nach Anodisierverfahren, ca. 300–500 Å. Der mittlere Platzbedarf eines Epoxidharzmoleküls beträgt 138 $Å^2$, unabhängig von der räumlichen Anordnung des Moleküls. Offen bleibt jedoch die Frage, inwieweit unter der Prämisse der mechanischen Adhäsion die geringe mechanische Stabilität mit Phosphorsäure anodisierter Oxidschichtstrukturen zur Festigkeit des Verbundsystems Klebung wesentlich beitragen kann. Hinzu kommt, dass – bei der hier zugrunde liegenden molekularen Betrachtungsweise – eine definierte Abgrenzung zwischen chemischen und rein mechanischen Effekten problematisch erscheint.

Die hier betrachteten Vorbehandlungsverfahren wurden mit Hilfe der Transmissions-Elektronen-Mikroskopie (TEM) hinsichtlich ihres Einflusses auf die Morphologie der Festkörperoberfläche untersucht (Abbildung 118).

Die ultradünnen Querschnitte an aceton-entfetteten bzw. korundgestrahlten Aluminiumoberflächen zeigen einen scharfen Übergang zwischen Substrat und Polymer mit einer definierten Grenzschicht. Im Gegensatz hierzu weisen die al-

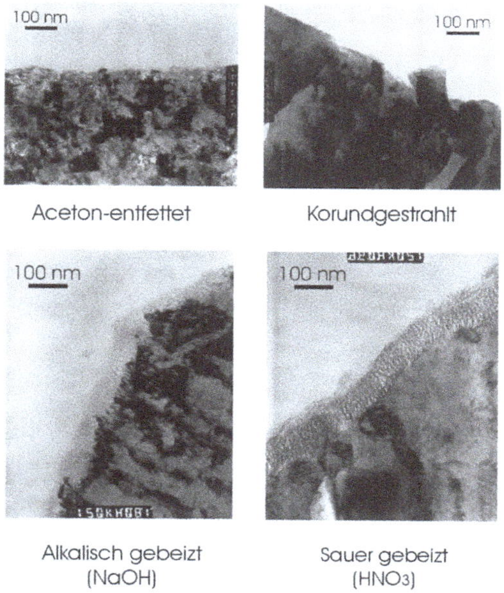

Abbildung 118 Ultradünne Querschnitte an unterschiedlich vorbehandelten Klebungen

kalisch und sauer gebeizten Proben in diesem Bereich eine ungleichmäßig dünne, filigrane Struktur auf. Dass es sich bei dieser Schicht um Aluminiumoxid handelt, belegt ein Sauerstoff-Mapping (Abbildungen 119 und 120).

Die submikroskopischen Strukturen der Aluminiumoberfläche deuten in Verbindung mit deren guten Alterungscharakteristik in Klebverbindungen bei korrosiver Belastung wiederum darauf hin, dass die Betrachtung ausschließlich chemi-

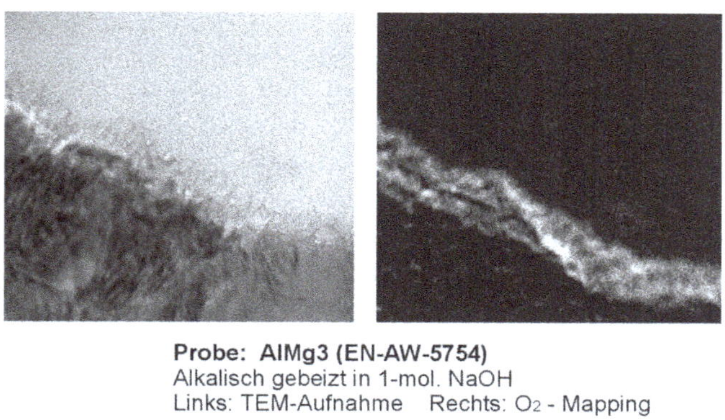

Abbildung 119 Ultradünnschnitt einer alkalisch gebeizten Aluminiumoberfläche

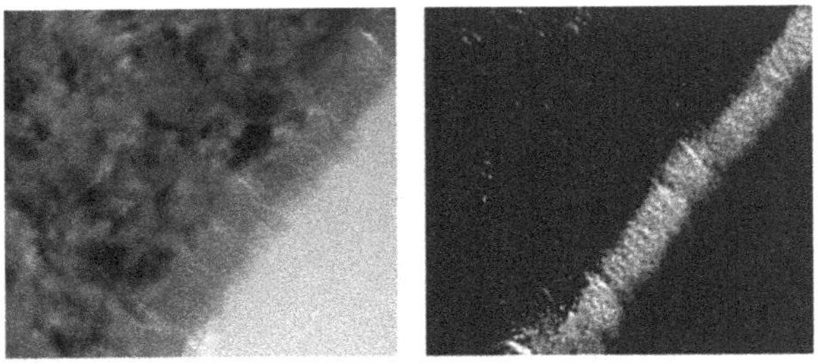

Abbildung 120 Ultradünnschnitt einer sauer gebeizten Aluminiumoberfläche

scher Haftungs- und Enthaftungsreaktionen zur Beschreibung von Alterungsprozessen bei Metall-Polymer-Verbunden nicht ausreicht. Durch die Verschiebung der Metall-Polymer-Grenzschicht in die Nano-Morphologie der Oberfläche hinein entsteht eine verbundwerkstoffartige, organisch/anorganische Grenzzone. Die Kinetik der angreifenden Schädigungsmechanismen wird dadurch offenbar deutlich gehemmt. Zusätzlich entsteht ein homogenerer Übergang zwischen Festkörperoberfläche und Klebstoff, der in diesem Bereich sowohl die Polymernetzwerkkonfiguration als auch die Bruchmechanik des gesamten Verbundes beeinflussen kann. Schließlich bleibt denkbar, dass die feinstrukturierten Oxide im grenzschichtnahen Bereich des Klebstoffs, wie in Kapitel 3 erwähnt, die Vernetzungskinetik und die Netzwerkdichte im Sinne einer erhöhten molekularen Beweglichkeit verändern und damit das Polymer zu der dort beschriebenen dynamischen Adhäsion befähigen, die einen Beitrag zur Wasserbeständigkeit leisten könnte.

Vor dem Hintergrund der Alterungsproblematik bei Metall-Polymer-Verbunden erscheint es aus ingenieurwissenschaftlicher Sicht als durchaus lohnenswert, alternative Verfahren zu entwickeln, die derartige »Nanomorphologien« auf den Fügeteiloberflächen realisieren und deren offenbar hohen Wirkungsgrad für die Langzeitbeständigkeit von Aluminiumklebungen ausnutzen. Erste Ansätze, dies anstelle der aufwendigen Beiz- und Anodisierungsverfahren durch Oberflächenbearbeitung von Aluminium mit Lasertechnik zu erreichen, versprechen Erfolg [14].

Zum Abschluss der Betrachtungen über das Langzeitverhalten von Aluminiumklebungen muss darauf hingewiesen werden, dass die dargestellten Ergebnisse aus Verbindungen mit einem einkomponentigen, warmhärtenden Epoxidharzklebstoff gewonnen wurden. Qualitativ sind sie auf Klebungen mit ähnlichen Bindemitteln übertragbar, auf Klebstoffe mit einer andersartigen chemischen Formulierung aber meist nicht, wie im folgenden Abschnitt am Beispiel von Stahlklebungen dargestellt.

7.5.2 Stahlklebungen

Dass Langzeiteinflüsse die Festigkeitscharakteristik von Klebungen vollständig verändern können, verdeutlicht besonders eindrucksvoll ein Vergleich der in Abbildung 121 erkennbaren Restfestigkeitswerte von Klebungen aus St 37 [1] nach einer Alterung in 80 °C über 8 Wochen mit den Festigkeitswerten, die an ungealterten Klebungen ermittelt und zu Beginn von Abschnitt 7.4 diskutiert wurden (Abbildung 90).

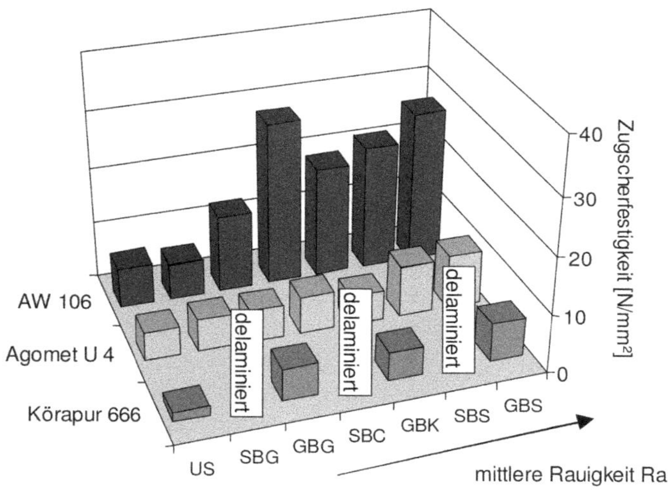

Abbildung 121 Zugscherfestigkeit von gealterten St-37-Klebungen (IT80) in Abhängigkeit vom Zustand der Oberflächen

Tabelle 24 Bruchbildcharakteristiken und Reaktionen der Klebstoffe in St-37-Klebungen im gealterten (IT 80) Zustand

		US	SBG	GBG	SBC	GBK	SBS	GBS
AW 106	Bruchbild	AF	AF	AF	SCF	SCF	SCF	SCF
EP	Normiert auf ungealtert [%]	29	34	48	96	90	71	95
	Reaktion, bezogen auf US		o	o	++	++	+	+
Agomet	Bruchbild	AF	AF/CF	AF/CF	AF/CF	AF/CF	AF/CF	AF/CF
Acrylat	Normiert auf ungealtert [%]	25	29	26	32	26	44	43
	Reaktion, bezogen auf US		o	o	o	o	+	+
Körapur	Bruchbild	AF	Proben	AF/CF	Proben	AF/CF	Proben	CF
PUR	Normiert auf ungealtert [%]	12	dela-	41	dela-	36	dela-	50
	Reaktion, bezogen auf US		miniert	+	miniert	+	miniert	+

Nach einer Alterung von 8 Wochen im IT 80 versagen die Referenzproben sowie die mit den SBG und GBG vorbehandelten Proben, die mit dem Epoxidharzklebstoff AW 106 verklebt wurden, bei sehr kleinen Festigkeitswerten unter 10 N/mm^2. Das entspricht 30–50 % der Anfangshaftfestigkeit bei einem makroskopisch adhäsiven Bruchbild. Die mit SBC, GBK, SBS und GBS vorbehandelten Proben versagen bei deutlich höheren Festigkeitswerten im Bereich von 20 N/mm^2 mit grenzschichtnah kohäsivem Bruchbild. Damit erreichen diese Proben noch etwa 90 % der Anfangsfestigkeit des ungealterten Zustandes. Eine Oberflächenvorbehandlung mit den Glasstrahlmitteln SBG und GBG führt nicht zu einer signifikanten Verbesserung der Langzeitbeständigkeit bei Verwendung des Epoxidklebstoffs AW 106. Eine deutliche Verbesserung der Langzeitbeständigkeit gegenüber dem Referenzzustand wird dagegen bei Verwendung von SBC, GBK und GBS erreicht. Innerhalb der Standardabweichung gegenüber den ungealterten Ergebnissen ist praktisch kein Abfall der Zugscherfestigkeit und keine Veränderung der Bruchbilder zu beobachten.

Die mit dem Acrylatklebstoff verklebten Referenzproben versagen bei sehr kleinen Festigkeitswerten von etwa 5 N/mm^2, das entspricht 25 % der Anfangsfestigkeit, bei makroskopisch adhäsivem Bruchbild. Durch die Vorbehandlungen SBG, GBG, SBC und GBK kommt es bei nahezu identischen Festigkeitswerten zu einem veränderten Bruchbild mit adhäsivem Versagen ohne Unterrostung im Randbereich der Klebflächen und kohäsivem Versagen im Kern. Diese Proben erzielen ebenfalls etwa 30 % der Anfangsfestigkeit des ungealterten Zustandes. Lediglich bei Verwendung der Stahlstrahlmittel SBS und GBS ist ein leichter Anstieg der Restfestigkeit auf etwa 45 % und damit eine tendenziell bessere Alterungsbeständigkeit zu beobachten. Die Reduzierung der Festigkeitswerte wird bei dieser Probenserie durch die Verkleinerung der Klebfläche infolge Alterung verursacht. Auffällig ist die Abhängigkeit der verbleibenden Fläche mit kohäsivem Bruchbild von der Art des Strahlmittels. Eine leichte Verbesserung gegenüber dem Referenzzustand ist durch die Verwendung von Stahlstrahlmitteln möglich.

Die mit dem Polyurethansystem verklebten Referenzproben besitzen nach Alterung bei makroskopisch adhäsivem Bruch eine Restfestigkeit von 1,6 N/mm^2. Das entspricht 10 % der Scherfestigkeit im ungealterten Zustand. Durch Oberflächenvorbehandlung mit den kantigen Strahlmitteln GBG, GBK und GBS wird eine signifikante Verbesserung der Alterungseigenschaften mit Restfestigkeiten von 40–50 % der Anfangsfestigkeit erzielt. Im Gegensatz hierzu versagen alle mit den sphärischen Strahlmitteln SBG, SBC und SBS gestrahlten Proben innerhalb der Alterung durch Delamination der Klebflächen. Es kommt nach einer Alterungszeit von etwa 6 Wochen zur Enthaftung; diese Proben können nicht mehr zerstörend geprüft werden.

Es ist nicht uninteressant, dass der Immersionstest bei 80 °C über acht Wochen ähnliche Ergebnisse im Hinblick auf das Langzeitverhalten von Stahlklebungen erbringt wie eine zweijährige Freibewitterung in Kaiserslautern ohne korrosive Zusatzbeanspruchung (Abbildung 122).

Geprüft wurde hier ein dem Klebstoff AW 106 ähnlicher kalthärtender Modellklebstoff auf Epoxidharzbasis mit Aminhärter. Die Bruchcharakteristiken ähneln

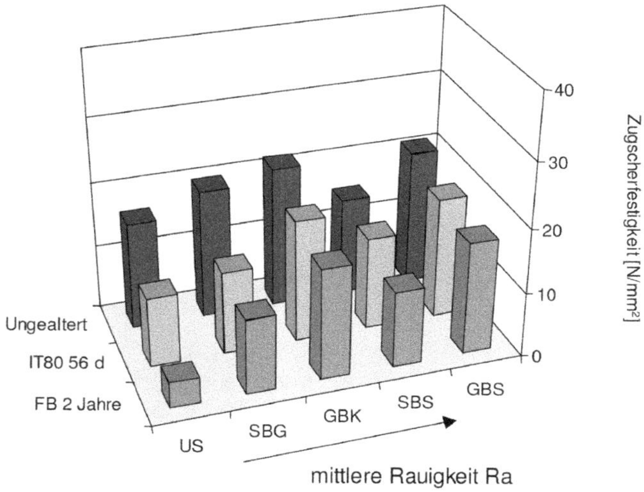

Abbildung 122 Vergleich verschiedener Langzeitprüfverfahren

denen von AW 106. Solche Übereinstimmungen der Schädigungsgrade von Kurzzeitlagerungen mit denen langzeitiger Klimaeinwirkung sind allerdings selten und werden nicht beobachtet, wenn zusätzliche korrosive Anforderungen mit in Betracht gezogen werden müssen, die zu unterschiedlichen Beeinträchtigungen der Klebungen führen können. Dies gilt naturgemäß für die rostanfälligen Stähle in besonderem Maße. Da sie bis auf wenige Ausnahmen normalerweise nicht ohne zusätzlichen Korrosionsschutz zum Einsatz gelangen, prüft man Klebungen aus rostempfindlichen Stählen deshalb mit einem nachträglich aufgebrachten, dem am geplanten Bauteil ähnlichen Korrosionsschutz. Klebungen, die beispielsweise in Kraftfahrzeugen eingesetzt werden sollen, erhalten daher vor der Langzeitbeanspruchung in allen Testverfahren eine KTL-Beschichtung.

Das nach unterschiedlichen Strahlprozessen verschiedenartige Langzeitverhalten der Klebungen lässt zunächst vermuten, dass die mit diesen Verfahren erzeugte unterschiedliche Oberflächenmorphologie im Mikrometerbereich verantwortlich sein könnte. Am folgenden Beispiel wird gezeigt, dass dies nicht der Fall ist [1]. Geprüft wurden hier Klebungen mit texturierten Karosseriestählen, wie sie heute im Kraftfahrzeugbau eingesetzt werden (Abbildung 123).

Ohne Einzelheiten zu diskutieren, mag der Hinweis genügen, dass alle Topografien mit einer speziellen Prägewalze auf ein Stahlcoil aufgeprägt wurden. Eine analytische Prüfung ergab, dass die chemische Zusammensetzung der unterschiedlich strukturierten Bereiche gleich war. Hinsichtlich Rauigkeit und Spitzenzahl unterschieden sich die Blechpartien deutlich (Abbildung 124).

Verklebt wurden diese unterschiedlich strukturierten Fügeteile mit dem warmhärtenden Bindemittel Terokal 5026 auf Epoxidharzbasis; wie erwähnt, wurden die Proben mit einer KTL-Beschichtung versehen. Abbildung 125 zeigt die Zugscherfestigkeiten aller Klebungen im ungealterten und gealterten Zustand, die sich nach den angegebenen Lagerungsbedingungen einstellte.

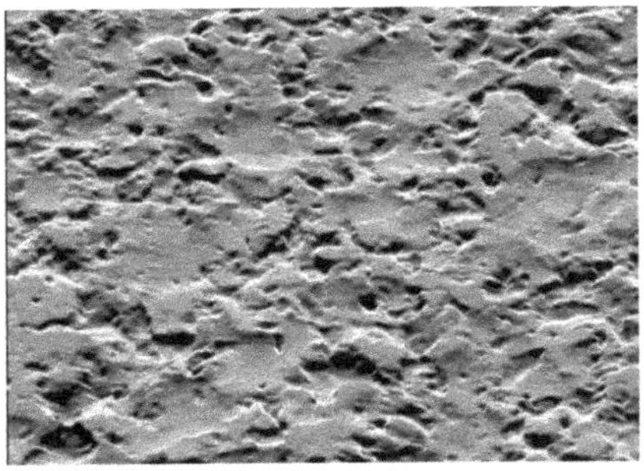
Textur SBT

Textur EDT

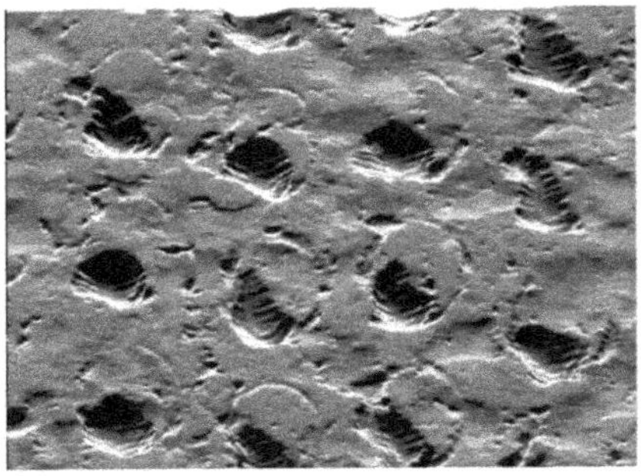
Textur LDT

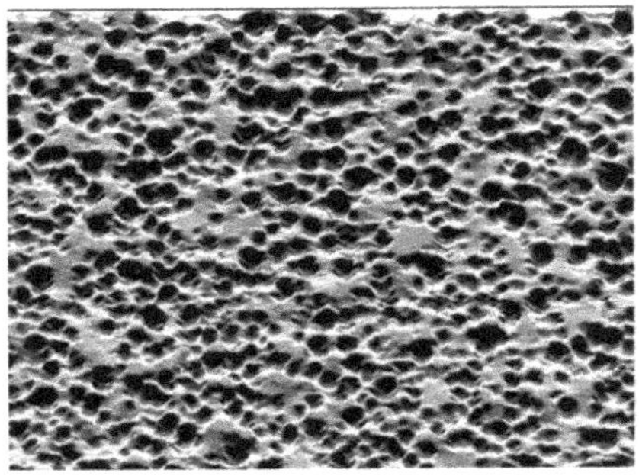
Textur ECT

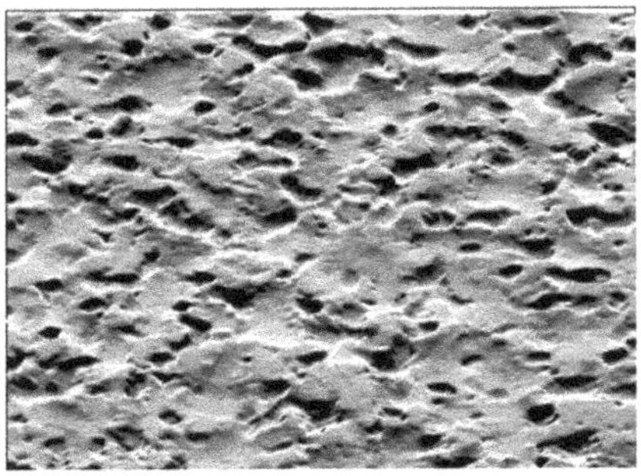
Textur EBT-S

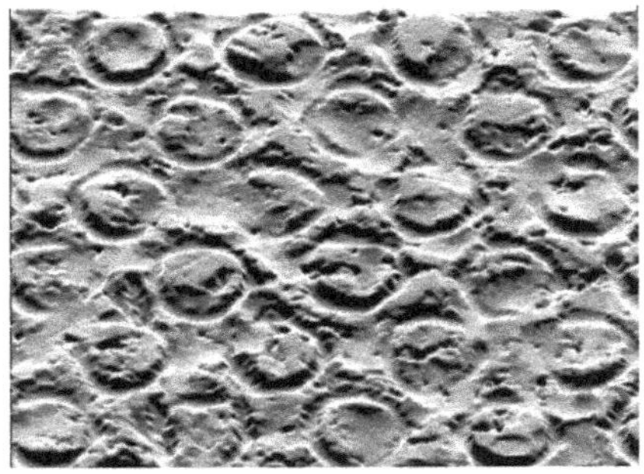
Textur EBT-D

Abbildung 123 Tastschnittaufnahmen der Topografien von Stahlblechen

Es wird sichtbar, dass die unterschiedlichen Topografien auf das Festigkeits- und Langzeitverhalten der Stahlklebungen und die beobachtete Bruchcharakteristik (Tabelle 25) praktisch keinen Einfluss haben, während die verschärfte Freibewitterung mit wöchentlicher Salzlösungsbesprühung trotz der KTL-Beschichtung der Proben schwerwiegende Unterrostungen der Klebflächen zur Folge hat, die in der Praxis, etwa beim langjährigen Einsatz der Klebungen im Kraftfahrzeug, in der Regel nicht auftreten. Dies ist ein typisches Beispiel dafür, dass verschärfte Langzeitprüfungen auch zu unrealistischen Ergebnissen führen können.

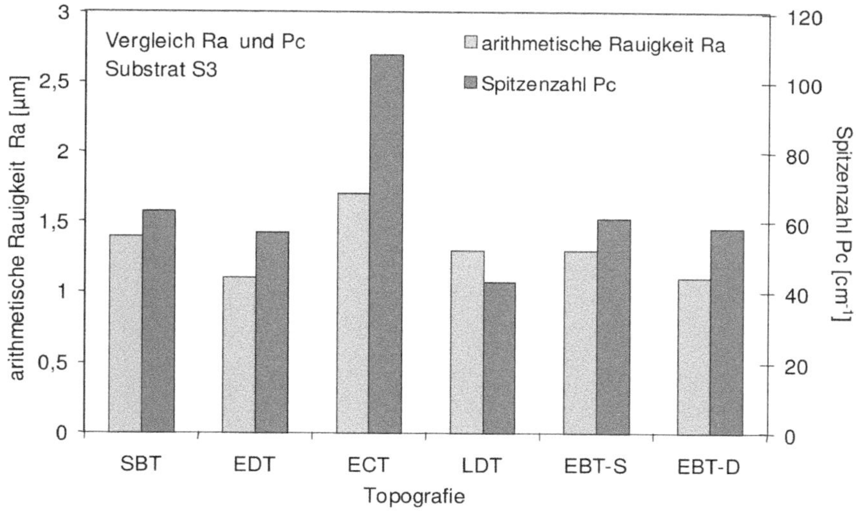

Abbildung 124 Arithmetische Rauigkeit und Spitzenzahl der Topografien

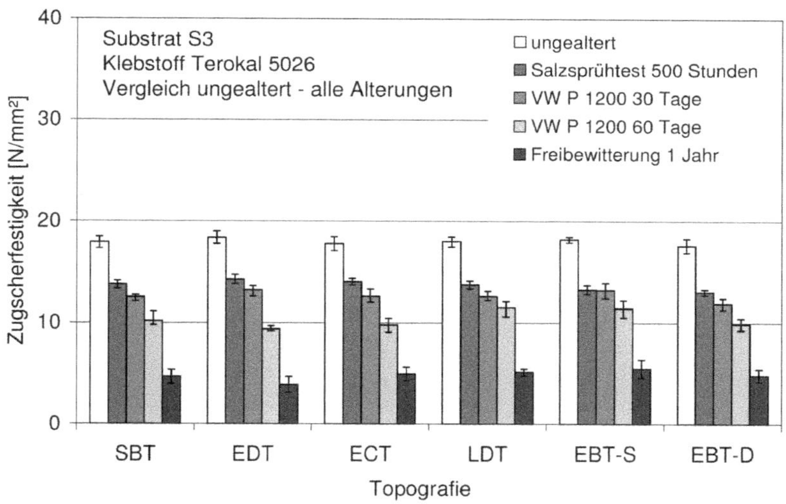

Abbildung 125 Vergleich der Zugscherfestigkeit von Stahlklebungen in Abhängigkeit von der Topografie

Als weniger empfindlich auf korrosive Angriffe erweisen sich erwartungsgemäß Klebverbindungen aus rostfreiem Stahl (Abbildung 126). Dargestellt sind Versuchsergebnisse aus Langzeituntersuchungen geklebten Edelstahls rostfrei der Qualität X5CrNi18-10 mit glatten und alternativ im Walzwerk gestrahlten Oberflächen (Stahl A und B), die mit einem Schutzöl gezielt kontaminiert waren. Als Bin-

Tabelle 25 Bruchflächencharakteristik von Klebungen aus unterschiedlich texturierten Stahlblechen

			SBT	EDT	ECT	LDT	EBT-S	EBT-D
Terokal ungealtert	Bruchanteile	SCF	100	100	100	100	100	100
	[%]	AF	–	–	–	–	–	–
		–	–	–	–	–	–	–
	Normiert auf SBT [%]			103	99	101	102	98
	Reaktion			o	o	o	o	o
Terokal SST	Bruchanteile	SCF	85	85	85	85	85	85
	[%]	AF	15	15	15	15	15	15
		UR	–	–	–	–	–	–
	Normiert auf ungealtert [%]		77	77	79	76	73	74
	Reaktion, bezogen auf SBT			o	o	o	o	o
Terokal P1200-30	Bruchanteile	SCF	65	65	55	50	55	55
	[%]	AF	30	30	40	45	40	35
		UR	5	5	5	5	5	10
	Normiert auf ungealtert [%]		70	72	71	70	73	68
	Reaktion, bezogen auf SBT			o	o	o	o	o
Terokal P1200-60	Bruchanteile	SCF	35	40	35	50	50	30
	[%]	AF	50	55	50	40	40	55
		UR	15	15	15	10	10	15
	Normiert auf ungealtert [%]		57	51	55	64	63	56
	Reaktion, bezogen auf SBT			o	o	o	o	o
Terokal FB 1 J	Bruchanteile	SCF	15	10	15	10	20	15
		AF	20	20	15	25	20	20
		UR	65	70	70	65	60	65
	Normiert auf ungealtert [%]		26	21	28	28	30	27
	Reaktion, bezogen auf SBT			o	o	o	o	o

AF = adhäsives Versagen (vgl. Kapitel 7.2.6), UR = Unterrostung, SCF = oberflächennahes kohäsives Versagen (vgl. Kapitel 7.2.6), FB 1J = Freibewitterung während eines Jahres, P1200-60 = Alterung nach VW-Prüfvorschrift 1200, 60 Zyklen, P1200-60 = Alterung nach VW-Prüfvorschrift 1200, 30 Zyklen, SST = Salzsprühtest 1000 h, SBT, EDT, ECT, LDT, EBT-S, EBT-D = verschiedene Texturen, vgl. Abbildung 123

demittel dienten verschiedene warmhärtende Klebstoffe auf Epoxidharzbasis, ein Klebstoff war eine Epoxidharz-Polyurethanformulierung. Ohne wiederum Einzelheiten zu betrachten, lässt sich feststellen, dass die Langzeitbeständigkeit von Edelstahlklebungen mit neuzeitlichen Klebstoffen des Automobilbaus durchaus befriedigend ist [6].

Die zitierte Forschungsarbeit [6] hat erkennen lassen, dass die früher als schwer klebbar geltenden rostfreien austenitischen Stähle sich auch mit kalthärtenden Klebstoffen zu beständigen Verbunden fügen lassen. Chemische oder physikalische Oberflächenvorbehandlungsverfahren erbringen nur geringfügige Verbesserungen der Festigkeit und Beständigkeit, sind also meistens nicht erforderlich. Be-

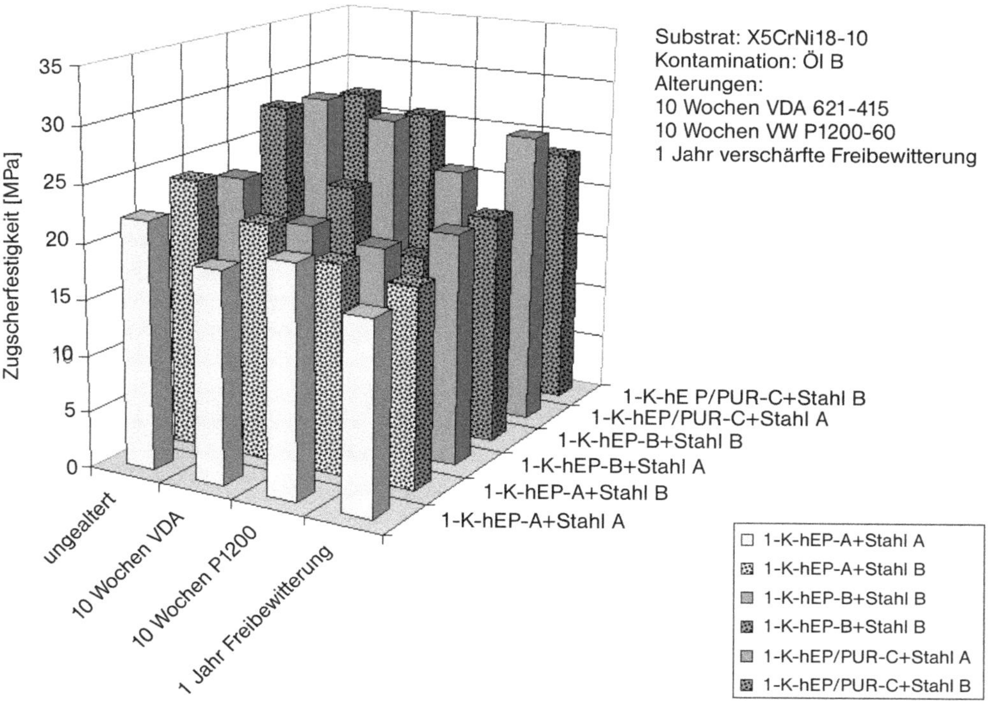

Abbildung 126 Zugscherfestigkeit von Edelstahlklebungen nach verschiedenen Auslagerungstests

züglich der Bruchflächencharakteristik mag der Hinweis genügen, dass in Edelstahlklebungen schon im ungealterten Zustand zumindest makroskopisch oft adhäsives oder grenzschichtnahes Versagen auftritt, was aber im Gegensatz zu anderen Fügewerkstoffen nicht als nachteilig bewertet werden darf.

7.5.3
Glasklebungen

Gläser gelten unter dem Aspekt der Langzeitbeständigkeit von Klebungen als problematisch, wenn keine speziellen Haftvermittler zum Einsatz kommen (s. Kapitel 3 und Abschnitt 5.10). Unter Verwendung von Silanhaftvermittlern, die entweder gesondert aufgetragen werden oder auch dem Klebstoff beigemischt sein können, lässt sich Glas durchaus langzeitbeständig verbinden, wie am Beispiel von Floatglasklebungen mit einem zweikomponentigen Epoxidharzklebstoff mit Haftvermittler gezeigt (Abbildung 127).

Die fünf Jahre der Witterung ausgesetzten Verbunde sind vor allem im Bereich des ausgetretenen Klebstoffs mit Algen bewachsen. Die Begutachtung der Klebfläche unter dem Stereomikroskop lässt keinerlei Schädigung der Klebung wie

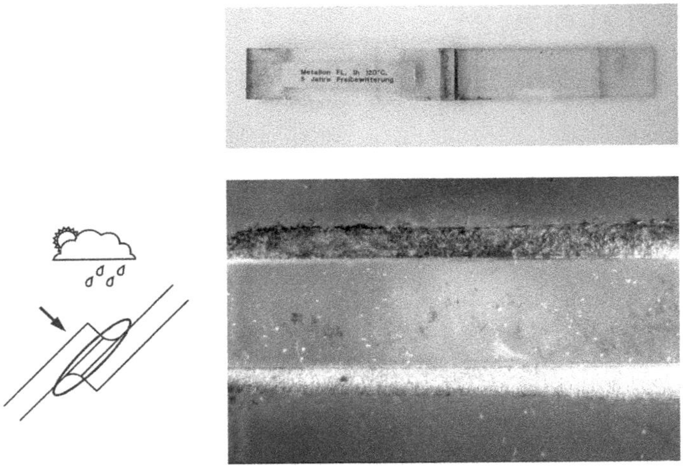

Abbildung 127 Zugscherprobe nach fünf Jahren Freibewitterung. Oben Gesamtansicht, unten Ansicht der Klebfläche; die Skizze links verdeutlicht Blickrichtung und fokussierten Bereich

Risse, Verfärbungen oder Delaminationen erkennen. Lediglich ein kleiner Streifen des aus der Klebfuge ausgetretenen Klebstoffs ist delaminiert, die Oberfläche des Klebstoffs ist rissig geworden [15].

Die zerstörende Prüfung des Verbundes führt zum Glasbruch im Bereich der Überlappung. Die Restfestigkeit betrug 16,4 ± 3,7 N/mm^2, d. h. etwa 70 % der Anfangsfestigkeit vor Alterung. Allerdings werden solche Ergebnisse nur dann erreicht, wenn der im Prinzip auch bei Raumtemperatur aushärtbare Klebstoff über 1 Stunde bei 120 °C gehärtet wird, was zu einer besseren Vernetzung und damit einer Erhöhung seiner Glasübergangstemperatur führt.

Floatglas lässt sich auch mit Siliconklebstoffen langzeitbeständig verbinden (s. Abschnitt 8.3), silanhaltige Polysulfide haben sich ebenfalls bewährt. Silanvernetzende Polyurethane und Epoxidharze, die man auch als MS-Polymere bezeichnet, können ebenfalls zum Verbinden von Glas in Betracht gezogen werden, zeigen bisweilen aber noch Schwächen bezüglich einer möglichst vollständigen Vernetzung in größeren Klebflächen. Schließlich sei auf die Möglichkeit verwiesen, Acrylathaftklebstoffe zum Verbinden von Glas einzusetzen, wobei die Langzeitbeständigkeit durch Silanprimer deutlich verbessert werden kann. Als Oberflächenvorbehandlung für Glas genügen in der Regel eine wässrige Reinigung und gründliches Trocknen bei 40 °C.

7.5.4
Kunststoffklebungen

Klebungen von Kunststoffen bereiten bezüglich ihrer Langzeitbeständigkeit in der Regel wenige Probleme, wenn die Fügeteilwerkstoffe polare Gruppen enthalten oder, wie im Fall des unpolaren Polyethylens, Polypropylens oder ähnlicher Polymerer, durch eine chemische oder physikalische Vorbehandlung (s. Abschnitt 6.2) oxidativ polarisiert worden sind, was auch zur Verbesserung der Benetzbarkeit erforderlich ist. Veränderungen in der Festigkeit können durch eindiffundierende Medien entstehen. Solange diese die Fügeteile und den Klebstoff nicht irreversibel schädigen, was durch richtige Auswahl anhand von gebräuchlichen Beständigkeitstabellen vermieden werden kann, bleiben die Festigkeitsänderungen kalkulierbar, weil sie anhand von Stoffkenndaten im Voraus bestimmbar sind. Die Adhäsionszone, die in Klebungen anorganischer Werkstoffe kritisch sein kann (siehe oben), erweist sich in Kunststoffklebungen bei Langzeitbeanspruchung als eher unkritisch, weil offenbar neben physikalischen und chemischen Wechselwirkungen auch molekulare Diffusion zwischen Klebstoff und Fügeteil für einen beständigen Zusammenhalt sorgt (s. Kapitel 3). Damit ist nicht gesagt, dass sich alle Kunststoffe mit allen Klebstoffen gleich gut verbinden lassen. Stellt sich aber in Auswahlversuchen in Form von Festigkeitsprüfungen ohne Alterungseinflüsse eine brauchbare Klebfähigkeit heraus, kann in der Regel zumindest beim Einsatz moderner Industrieklebstoffe auch von zufrieden stellender Langzeitbeständigkeit ausgegangen werden [16].

7.6 Ergebnisse aus Schadensuntersuchungen

Schäden reichen von geringfügigsten Fehlern bis zu Katastrophen. Beispiele für Schadensfälle gibt es überall. Stuft man ein Ereignis als Schaden ein, beinhaltet das bereits, dass ein Mangel erkannt und eine Verbesserung angestrebt wird. Um Schäden aber nachhaltig vermeiden zu können, sind Schadensanalysen erforderlich, denn nicht aus Schäden selbst, sondern aus den dazugehörigen Schadensanalysen wird man klug. Das Ergebnis der Schadensanalyse ist dabei fast immer, dass gegen grundlegende Regeln verstoßen wurde. Diese Erkenntnis nutzt der Schadensprävention aber nur wenig, da das komplexe Zusammenspiel relevanter Faktoren erst durch den Schaden selbst sichtbar wird. Schadensuntersuchungen sind daher notwendiger und integraler Bestandteil jeder Weiterentwicklung, denn erst mit der Erklärbarkeit und insbesondere mit der Vermeidbarkeit von Schäden wird eine Technologie akzeptiert.

Im Zusammenhang mit der Diskussion von klebtechnischen Schadensfällen ist der Hinweis auf eine Besonderheit notwendig. Jeder kennt die unterschiedlichsten Schäden an Schweiß-, Löt-, Niet- und Schraubverbindungen, die z. B. durch Spaltkorrosion, Wärmeinflusszonen, Spannungsspitzen, Materialunverträglichkeiten und andere Faktoren auftreten. Aufgrund umfangreicher Erfahrung sind diese Schäden aber relativ schnell und schlüssig erklärbar und führen nicht mehr dazu, dass das Fügeverfahren selbst in Frage gestellt wird. Dies ist beim strukturellen Kleben häufig aber noch der Fall. Gründe dafür sind die im Vergleich geringere Erfahrung, mangelhafte oder fehlende klebtechnische Ausbildung und insbesondere ein unzureichendes Verständnis für das Kleben als interdisziplinäre Thematik mit einzuhaltenden Regeln. In der Praxis wird das z. B. daran deutlich, dass beim Versagen von Klebverbindungen durchweg nach einem »geeigneteren« Klebstoff gesucht wird. Zweifel an der Qualität der Oberflächenvorbehandlung, der Konstruktion oder sonstigen Fehlern im Prozess kommen oft nicht auf. Die Suche nach einem »besseren« Klebstoff steht dabei ohnehin im direkten Widerspruch zum Hauptvorteil der Klebtechnik – dass nämlich unterschiedlichste Werkstoffe miteinander gefügt werden können. Dies wird durch den Klebstoff in seiner niedrigviskosen Phase möglich. Er stellt sich in jedem Fall entsprechend den angebotenen Fügeteiloberflächen auf den energetisch günstigsten Zustand ein. Kleben ist daher ein universelles und unkritisches Fügeverfahren und der Klebstoff dabei der gutmütige Partner. In der Klebtechnik entstehen die meisten Schäden dadurch, dass bestimmte Bedingungen bei der Herstellung der Klebungen nicht eingehalten werden. Nur sehr selten lassen sich Qualitätsmängel der jeweils verwendeten Klebstoffe als Ursache für das Versagen einer Klebung feststellen.

Die folgenden Fallstudien zu klebtechnischen Schäden sollen Aspekte des komplexen Zusammenspiels von Faktoren verdeutlichen. Hierbei soll nicht nur auf die Schäden selbst und ihre jeweilige Ursache eingegangen werden, sondern es soll auch auf die anspruchsvolle klebtechnische Anwendung hingewiesen werden, die im Normalfall ohne diese Schäden auskommt (sonst hätte sie sich nicht durchgesetzt).

Zwei Dinge sind zu vermitteln: Erstens soll deutlich werden, dass Schadensuntersuchungen grundsätzlich notwendig sind, um Schäden verhüten zu können. Das kann über das eigene Bearbeiten von Schadensfällen erfolgen oder dem Lernen aus den Erfahrungen anderer. Zweitens sollen die vorgestellten Fälle zeigen, dass das Versagen von Klebverbindungen schlüssig aufklärbar ist. Das Phänomen »Adhäsion« ist zwar entscheidend für die Klebtechnik, bei Schadensfällen steht es aber nur selten im Vordergrund. Zusammenfassend lässt sich aus der langjährigen Bearbeitung von klebtechnischen Schadensfällen feststellen, dass ca. 70-80% der Fälle auf konstruktive Mängel und sonstige Überbelastungen zurückzuführen sind. (Das geflügelte Wort »Bei einer verpfuschten Konstruktion hilft nur noch Kleben« ist also nicht ganz unbegründet.) Ansonsten handelt es sich um Fehler im klebtechnischen Prozess, zum kleineren Teil um Mängel der Oberflächenvorbehandlung, ein Problem aufgrund von Kontaminationen oder das Versagen des Klebstoffs selbst.

7.6.1
Ablösung der Blatttaschenverklebung an Rotorblättern

Die Leistungsfähigkeit moderner Klebtechnik wird insbesondere im Fall von Rotorblättern für Hubschrauber deutlich. Diese Bauteile sind bei Lebensdauern von mehreren tausend Flugstunden höchsten dynamischen und klimatischen Belastungen ausgesetzt. Eine Realisierung moderner Rotorblätter wäre ohne Klebtechnik nicht möglich.

An Rotorblättern für schwere Transporthubschrauber traten regelmäßig Schäden einer strukturellen Klebverbindung zwischen der oberen Rotorblattbeplankung und dem Holm auf. Die Ablösung der Beplankung erfolgte während des Fluges, führte zu starken Vibrationen im Rotor und in den meisten Fällen musste eine Notlandung durchgeführt werden. Nach der Reparatur des Schadens wurden die Rotorblätter weiterverwendet. Das Versagen der Verklebung führte zu Reparaturkosten in Höhe von insgesamt mehreren Millionen Mark und dann letztendlich zum kompletten Wechsel des Blatttyps. Die hohe Schadenssumme war durch den Reparaturaufwand bedingt, der durch wiederholt notwendige Reparaturmaßnahmen an immer wieder neuen Blatttaschen desselben Rotorblattes entstand. Eine zerstörungsfreie Prüfung auf beginnende Delaminationen war nur in einer geringen Zahl der Fälle erfolgreich. Damit war auch keine vorbeugende Reparatur möglich (Abbildung 128).

Das Rotorblatt besteht aus einem 11 m langen Aluminiumholm mit 25 angeklebten »Blatttaschen« aus Aluminiumblech. Der Holm (Blattvorderkante) bildet in Verbindung mit den Blatttaschen das Profil eines Tragflügels. Die Segmentierung in einzelne Blatttaschen hat die Aufgabe, auftretende Delaminationen der Rotorblattbeplankung zu begrenzen, damit bei Schäden die Rotorblattfunktion insgesamt erhalten bleibt.

Die Blatttaschenbeplankung ist mit einer Überlappungslänge von jeweils 40 mm auf der Blattunter- und -oberseite mit dem Holm verklebt (Abbildung 129).

Als Grund für das Versagen der Blatttaschenverklebung wurde eine unzureichende Oberflächenvorbehandlung der Aluminiumfügeteile vermutet. Mikrofraktografisch war aber ausschließlich kohäsives Versagen des Klebstoffs festzustellen.

Abbildung 128 Schadensfall: Ablösung der Blatttaschenverklebung an Rotorblättern

Abbildung 129 Delaminierte Blatttasche mit Anriss an der Klebung Holm-Beplankung. Konstruktionsbedingt treten Schällasten auf, die zur Ermüdung des Klebstoffs und zur Delamination führen.

Adhäsives Versagen wurde in keinem Fall gefunden. Eine fehlerhafte Oberflächenvorbehandlung der Aluminiumfügeteile ist damit als Schadensursache auszuschließen.

Die wirkliche Ursache ist stattdessen ein Konstruktionsfehler. Durch die Anströmung des Rotorblattprofils entsteht über dem Blatt ein Unterdruck (Auftrieb). Die hintere Kante des Profils wird dadurch nach oben gebogen. Aufgrund dieser aerodynamischen Belastung des Rotorblattes steht die Blatttaschen-Holm-Klebung auf der Blattunterseite unter Zug-, die auf der Blattoberseite dagegen unter Schubspannung. Bei der vorliegenden Konstruktion der Blatttaschen bedeutet Zugspannung ein gleichmäßiges Tragen der Klebung (Blattunterseite), bei Schubspannung treten dagegen Spannungsspitzen und insbesondere Schälkräfte am Übergang Beplankungsblech-Holm-Klebung auf (Blattoberseite). Schadensfördernd sind zusätzliche Schälkräfte, die durch eine Torsionsbewegung der relativ schmalen Blatttasche entstehen. An den Unstetigkeitsstellen am rechten oder linken Rand der Blatttasche und dem Anfang der Klebung kommt es zum Anriss mit Ermüdung und kohäsivem Versagen des Klebstoffs. Unter der aerodynamischen Belastung des Rotorblattes entwickelt sich daraus eine schnell fortschreitende Delamination der Beplankung. Der Schaden ist durch einen grundlegenden Konstruktionsfehler des Rotorblattes bedingt. Bei der Auslegung der Klebung zwischen Beplankungsblech und Holm wurde keine Maßnahme ergriffen, um eine weiche Krafteinleitung ohne Schälbelastung zwischen den Fügeteilen sicherzustellen. Aufgrund des nicht behebbaren Konstruktionsfehlers und der nicht klebgerechten Konstruktion mussten die Rotorblätter ausgesondert und durch eine Neukonstruktion ersetzt werden.

7.6.2
Vollständiger Abriss des Rotorblattprofils

Dass die Segmentierung in Blatttaschen sinnvoll ist, zeigt der nächste Schadensfall. Während eines Fluges über dem Meer trat am Hauptrotor eines Hubschraubers ein massiver Schaden auf. Der Pilot musste eine Notwasserung durchführen, eine Bergung des Luftfahrzeugs gelang nicht (Abbildung 130).

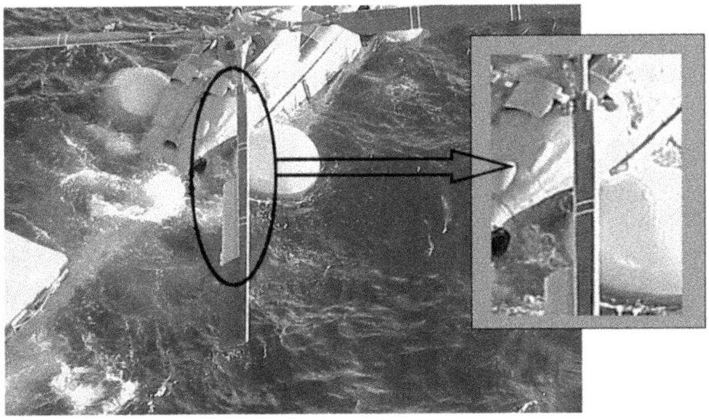

Abbildung 130 Schadensfall: Vollständiger Abriss des Rotorblattprofils

Die Schadensuntersuchung musste daher auf Vergleichsrotorblätter mit ähnlicher Flugstundenbelastung zurückgreifen. Auf einem Foto, das noch vor dem Versinken des Luftfahrzeuges gemacht werden konnte, ist erkennbar, dass ausgehend von der Rotorblattwurzel die Blatttasche auf ca. einem Drittel der Blattlänge vollständig abgerissen war; daran schließt sich ein weiteres Drittel mit Delamination der oberen Beplankung an (Abbildung 131).

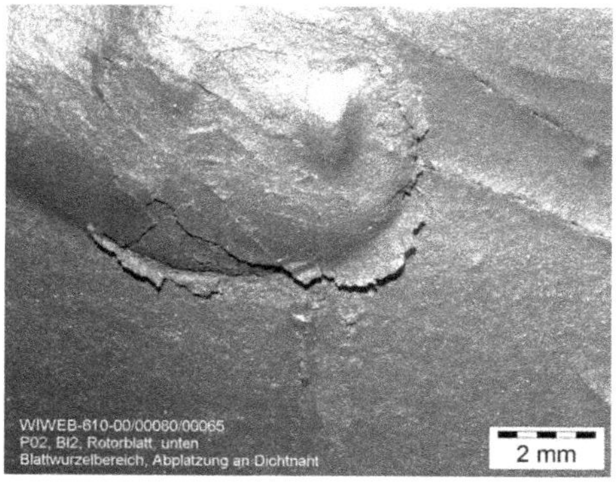

Abbildung 131 Im Blattwurzelbereich treten Risse mit Kapillarspalten auf, über die Seeatmosphäre eindringen kann. Damit verbunden ist eine beschleunigte Alterung der Klebverbindung in einem kritischen Bereich.

Das Schadensbild spricht für eine Schadensinitiierung im Bereich der Blattwurzel, die im ersten Schritt zum kompletten Abreißen des ersten Drittels der Blatttasche geführt hat. Die daran anschließende Delamination ist ein Folgeschaden, das Freilegen der Holm-Klebverbindung auf der Holmoberseite ist auf eine Schälbelastung beim Abreißen der Beplankung zurückzuführen. Schälbelastung ist möglich, wenn die Blatttasche durch ein Versagen der Verklebung auf der Blattunterseite im Bereich der Blattwurzel durch Auftriebskräfte nach oben abgerissen wird. Der verbleibende Wabenkern der Blatttasche im mittleren Drittel zeigt, dass die Blatttasche bei intakter Beplankung auf der Blattunterseite auch unter Betriebsbedingungen noch eine ausreichende Stabilität besitzt.

An den Vergleichsrotorblättern wurden im Rahmen der Schadensuntersuchung im Übergang Blattwurzel/Blatttasche Risse in der Oberflächenbeschichtung und entlang von elastischen Dichtmassen festgestellt. Bewitterungs- und Festigkeitsprüfungen an Proben aus den Vergleichsrotorblättern zeigten, dass beim Vorhandensein von Rissen entlang der Klebverbindung Holm/Blatttasche, der Einwirkung von Meerwasser über Kapillarspalte und den dann extremen Alterungsbedingungen ein Versagen der Klebverbindung möglich ist. Bei der regelmäßigen Inspektion der Rotorblätter sind daher die Dichtnähte besonders sorgfältig auf einwandfreie Beschaffenheit zu überprüfen.

7.6.3 Bondline Corrosion in der Wabenstruktur von Tragflügeln

Die Einwirkung von Seeatmosphäre und das klassische Bild der in Abschnitt 7.5 beschriebenen Korrosion von Klebverbindungen (Bondline Corrosion) liegt im folgenden Schadensfall vor. Die betroffenen Luftfahrzeuge sind ca. 40 Jahre alt, dienen der Seeüberwachung und sind aufgrund normalerweise geringer Flughöhe erheblichen aerodynamischen und korrosiven Belastungen ausgesetzt (Abbildung 132).

Abbildung 132 Schadensfall: Bondline Corrosion in der Wabenstruktur von Tragflügeln

Zelle und Flügel bestehen überwiegend aus geklebten Wabenstrukturen. Die klebtechnische Oberflächenvorbehandlung der Aluminiumfügeteile aus dem Werkstoff AA 2024 T3 erfolgte zur Zeit der Herstellung der Luftfahrzeuge noch durch Pickling-Beizen und nicht durch Anodisieren (s. Abschnitt 8.2.1.1). Als Klebstoff wurde ein Epoxidharz-Luftfahrtklebstoff eingesetzt. Trotz 40-jähriger Belastung, aus heutiger Sicht mangelhafter Oberflächenvorbehandlung (Beizen) und damit schlechter Korrosions- und Alterungsbeständigkeit befinden sich die Klebungen in einem guten Zustand. Einziges kritisches Bauteil ist der am stärksten belastete Flügelmittelkasten, der die Triebwerke, die Zelle und die Außenflügel trägt und verbindet (Abbildung 133).

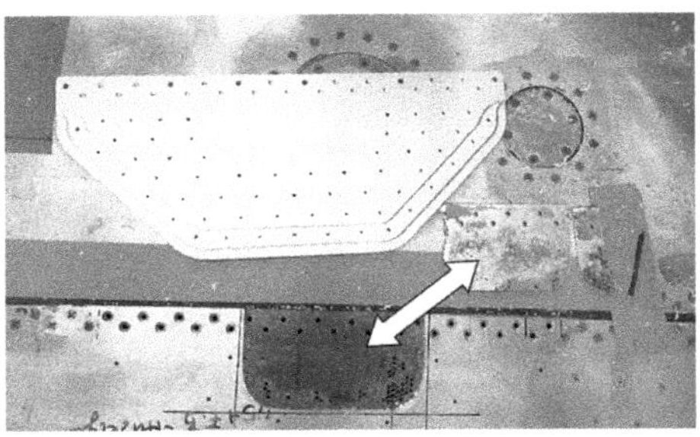

Abbildung 133 Bondline Corrosion der Wabenverklebung. Reparatur durch Austausch der korrodierten Teile (Pfeil) und Aufbau einer neuen Klebung. Die Nietbohrungen und Stoßkanten müssen zuverlässig abgedichtet werden.

Wie für Bondline Corrosion typisch, beginnt der klebtechnische Schaden an Verletzungen der Fügeteile im Bereich von Nietverbindungen und Bohrungen. Danach erfolgt die großflächige Delamination der Klebeverbindung. Im vorliegenden Fall werden über Ultraschallprüfung Delaminationsschäden detektiert, dann freigelegt und der korrodierte Bereich wird entfernt. Die Reparatur erfolgt durch ein neues Aufbauen der Klebung und eine weitere aufgeklebte oder aufgenietete Überbeplankung. Aufgrund des bekannten Risikos für Korrosion kommt einer zuverlässigen Niet- und Nahtabdichtung bei der Wartung und Instandsetzung dabei eine hohe Bedeutung zu. Das Eindringen von Feuchte und Seeatmosphäre muss zuverlässig unterbunden werden, um das Auftreten von Bondline Corrosion und ein Versagen der Klebverbindung verhindern zu können.

Die Beseitigung von Korrosionsschäden gehört zum Standardprogramm der Instandsetzung. Es besteht dabei langjährige Erfahrung. Beachtung fand daher eine auffällige Zunahme von Korrosionsschäden an Klebverbindungen. Sie wurde zuerst dem Alter der Luftfahrzeuge und der nicht optimalen Oberflächenvorbehandlung zugeschrieben. Um das weitere Auftreten von Schäden zu verhindern, wurde versucht, bessere Lösungen für die Abdichtungsmaßnahmen zu finden. Dabei wurde festgestellt, dass aufgrund von Umwelt- und Arbeitsschutzauflagen vor mehreren Jahren ein Wechsel zu chromatfreien Abdichtmassen erfolgt war und außerdem kein chromathaltiger Korrosionsschutzprimer mehr verwendet wurde. Der Verzicht auf einen zuverlässigen Korrosionsschutz erfolgte ohne Berücksichtigung seiner Bedeutung für die Klebverbindungen und die Integrität der Struktur.

7.6.4
Delamination einer Luftfahrzeug-Heckleitwerkbeplankung

Die großflächige Delamination der Klebverbindung zwischen Aluminium-Deckbeplankung und Wabenstruktur des Heckleitwerks von Luftfahrzeugen führte zu mehreren Schadensfällen mit sehr ähnlichem Schadensbild (Abbildung 134).

Bei diesen Delaminationen ging die Deckbeplankung zum Teil sogar im Flug verloren. Sowohl die untere als auch obere Beplankungsfläche der Heckleitwerkstruktur war betroffen. Die durch Delamination freigelegten Oberflächen zeigten

Abbildung 134 Schadensfall: Delamination der Heckleitwerkbeplankung eines Luftfahrzeugs

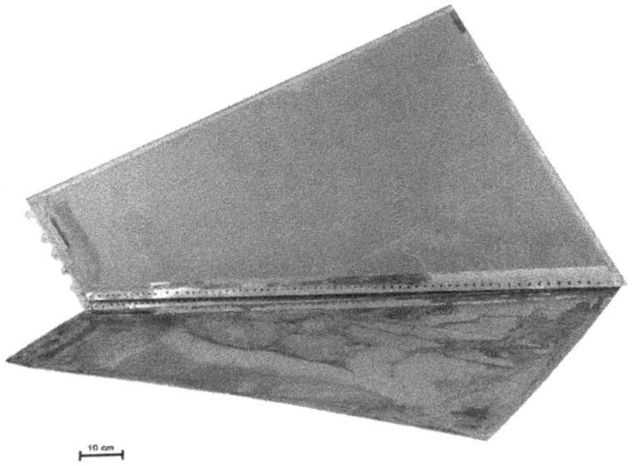

Abbildung 135 Großflächige Delamination der Deckbeplankung des Heckleitwerks. Ursache des Schadens ist eine unzureichende Temperatur im Autoklavprozess, die zu mangelnder Benetzung der Fügeteile durch den Klebstoff geführt hat.

reines Adhäsionsversagen und geringfügige Alterungsspuren durch eingedrungene Feuchtigkeit (Abbildung 135).

Aufgrund des großflächigen Versagens der Klebverbindung wurde als Schadensursache Adhäsionsversagen infolge haftungsmindernder Fügeteilkontaminationen vermutet. Oberflächenanalytisch waren auf den gealterten Bruchflächen aber keine eindeutigen Hinweise zu finden. Hier muss angemerkt werden, dass oberflächenanalytische Verfahren mit Empfindlichkeit im Atommonolagenbereich hervorragend geeignet sind, um unter Laborbedingungen und an definierten Oberflächen Aussagen zu treffen. Im Fall praktischer Oberflächen mit undefiniertem Alterungszustand sind diese Ergebnisse ohne weitere Hinweise nicht eindeutig schlüssig.

Im vorgestellten Fall wurde als Ursache eine fehlerhafte Temperaturführung mit zu geringer Aushärtetemperatur im Autoklavenprozess identifiziert, die zu mehreren vergleichbaren Schadensfällen führte. Als Indiz können folgende Punkte aufgeführt werden: Haftungsmindernde Kontaminationen sind aufgrund der oberflächenanalytischen Untersuchung und vor dem Hintergrund der eingesetzten 180 °C-Folienklebstoffe als Schadensursache unwahrscheinlich, denn bei heißaushärtenden Klebstoffsystemen kann von einer ausreichenden Kontaminationstoleranz ausgegangen werden. Ein Mischbruch wäre zu erwarten. Das großflächige Auftreten von Adhäsionsversagen zeigt aber, dass dem Folienklebstoff aufgrund zu niedriger Prozesstemperaturen zu keinem Zeitpunkt eine ausreichende Benetzung der Fügeteile möglich war. Eine mangelhafte Benetzung aufgrund einer Überalterung des heißaushärtenden und damit sehr reaktionsträgen Klebstoffsystems kann dagegen unter den anzunehmenden Produktionsbedingungen ausgeschlossen werden. Das Auftreten weniger, aber identischer Schadensfälle lässt sich am wahrscheinlichsten mit einer unzureichenden Aushärtetemperatur, damit zu hohen Viskosität des Klebstofffilms und unzureichender Benetzung erklären.

7.6.5 Temperaturschaden an der Flügelbeplankung eines Heckrotors

Dass eine fehlerhafte Temperaturführung des Autoklavprozesses Ursache für klebtechnische Schadensfälle sein kann, zeigt die Delamination eines Heckrotorblattes (Abbildung 136).

Im Rahmen einer Inspektion wurde ein delaminierter Bereich der Waben-Beplankungs-Verklebung gefunden. Dieser wurde im Zuge der Schadensuntersuchung im Labor geöffnet. Erkennbar ist eine deutliche braune Verfärbung des duromeren Epoxidharz-Klebstoffs in Verbindung mit großen Blasen und fehlender Haftung an der Wabe (Abbildung 137).

Der Klebstoff muss noch im niedermolekularen Zustand, d. h. während der Produktion, sehr schnell zu heiß geworden sein. Eine mögliche nachträgliche Temperaturbelastung hätte nur zu einer Polymerschädigung, aber nicht mehr zum großporigen Aufschäumen des ausgehärteten Duromers führen können. Darüber hinaus zeigte die Oberflächenbeschichtung des Rotorblattes keine Hinweise auf eine betriebsbedingte Schädigung.

Abbildung 136 Schadensfall: Temperaturschaden an der Flügelbeplankung eines Heckrotors

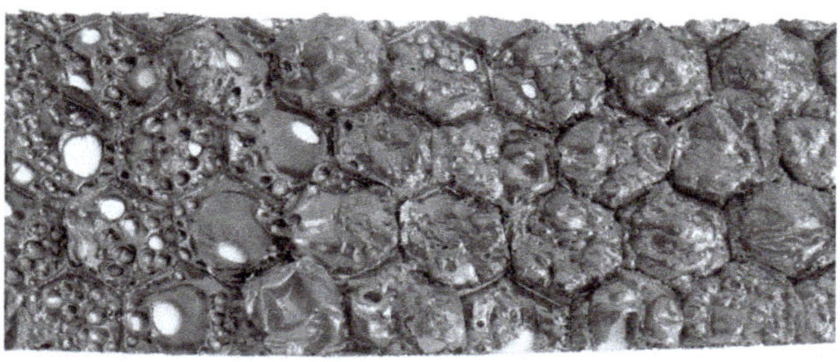

Abbildung 137 Übertemperatureinwirkung auf den Klebstofffilm hat zur Verfärbung, zur Blasenbildung im noch niedermolekularen Polymer (Aufkochen) und zur Enthaftung geführt.

7.6.6
Temperaturbedingte Delamination eines Glasfaser-Patches

An einer Serviceklappe eines Luftfahrzeuges traten Schäden in einer Wabestruktur, insbesondere die Delamination eines Glasfaser-Patches auf (Abbildung 138). Das abgetrennte Glasfaser-Patch führte zum Blockieren von Regeleinheiten. Die Klappe befindet sich neben einer Klimaanlage. Der Abstand zwischen Klimaanlage und Klappe ist in einigen Bereichen geringer als 2 mm. Stellenweise kommt es sogar zum Kontakt.

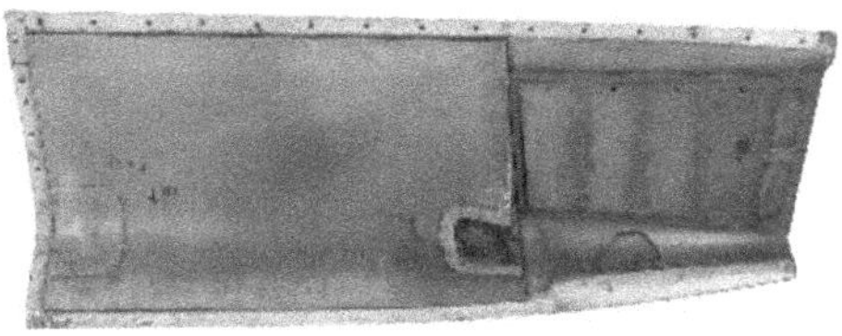

Abbildung 138 Schadensfall: Temperaturbedingte Delamination eines aufgeklebten Glasfaser-Patches, Serviceklappe mit Delaminationsschaden und Verfärbung aufgrund von Temperaturbelastung

Bei dem für die Verklebung der Wabenstruktur und dem Glasfaser-Patch eingesetzten Klebstoff handelt es sich um ein Epoxidharzsystem mit Dicyandiamid als Härter. Dicyandiamid ist IR-spektroskopisch durch zwei Banden bei 2190 und 2160 cm^{-1} nachweisbar. Diese Banden sind auf das Vorliegen einer CN-Dreifachbindung zurückzuführen. Sie können zum Nachweis einer thermischen Belastung des Klebstoffs herangezogen werden. Zusätzlich tritt bei hoher Temperaturbelastung und aufgrund von Oxidationsprozessen die Ausbildung einer Bandenstruktur im Bereich der Carbonylschwingung (C=O-Schwingung; ca. 1680 cm^{1}) auf. Der Vergleich mit Daten temperaturgealterter Referenzproben ergab als mögliche Temperaturvorbelastung der Klappe Temperaturen von über 180 °C über einen längeren Zeitraum bzw. bis 240 °C als Kurzzeitbelastung. Insgesamt ist aber von einer Langzeitbelastung auszugehen (Abbildung 139).

Abbildung 139 Delaminationsschaden eines aufgeklebten Glasfaser-Patches. Aufgrund schlechter Wärmableitung traten an dem Glasgewebe unzulässig hohe Temperaturen auf. Der Klebstofffilm verbleibt auf der kühleren Aluminiumbeplankung.

Bei der Beurteilung der möglichen Temperaturbelastung spielt allerdings die Wärmeleitfähigkeit der Fügeteile und die Möglichkeit zum Abtransport der Wärme durch die Struktur eine wesentliche Rolle. Die Wärmeleitfähigkeit von Aluminium ist verglichen mit der Leitfähigkeit des Glasfaser-Patches sehr hoch. Deshalb findet auf der Seite der Aluminiumbeplankung ein Abtransport der Wärme in die Struktur und damit eine Beschränkung der Temperaturbelastung statt. Auf der Glasfaserseite ist dieser Abtransport dagegen nicht möglich. Entsprechend erwärmt sich diese Oberfläche stark und es können deutlich höhere Temperaturen auftreten, die im Kontakt zum Glasfaser-Patch letztendlich zum Versagen des Klebstoffs und zur Delamination geführt haben.

7.6.7 Konstruktionsfehler einer Verklebung von Filterelementen

Filterelemente für Hydraulikanlagen (Abbildungen 140 und 141) bestehen häufig aus einem Metallgehäuse mit eingeklebtem Filter. Die Klebverbindung muss bis zu Temperaturen >150 °C beständig sein. Das Versagen der Klebverbindung und Lösen des Filters aus seinem Sitz führt zum Verlust der Filterfunktion. Im Fall von Hydraulikanlagen besteht durch das Freisetzen von Verunreinigungen ein hohes Risiko für das Verstopfen von Servoventilen und den kompletten Ausfall von hydraulischen Regelanlagen. Für den Betrieb der Filter ist zu beachten, dass kurzfristige Druckstöße in umgekehrter Durchströmungsrichtung möglich sind.

Bei mehreren Filterelementen für Luftfahrtanwendungen wurde das Lösen des Filters durch Versagen einer Klebverbindung festgestellt. Das Filterelement lag für die Schadensuntersuchung zunächst nur in der beanstandeten Bauart vor, die auf-

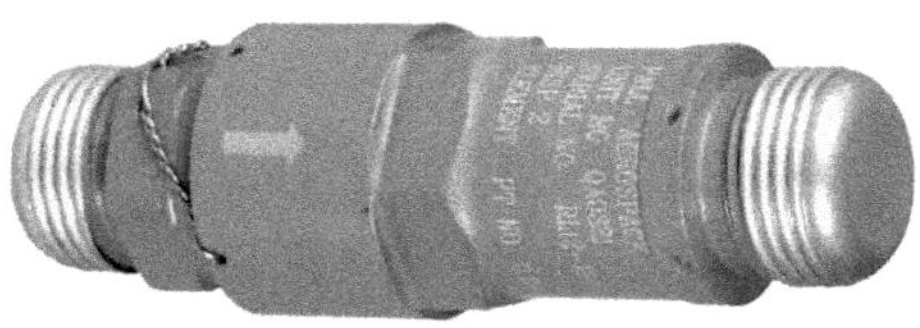

Abbildung 140 Schadensfall: Konstruktionsfehler einer Klebung an Filterelementen

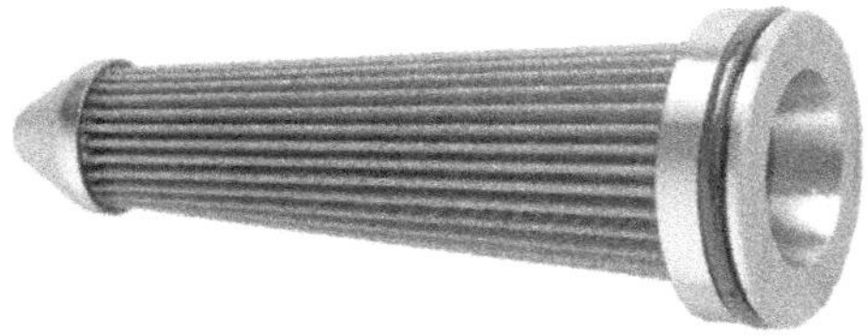

Abbildung 141 Filterelement, normale Durchströmungsrichtung von links nach rechts

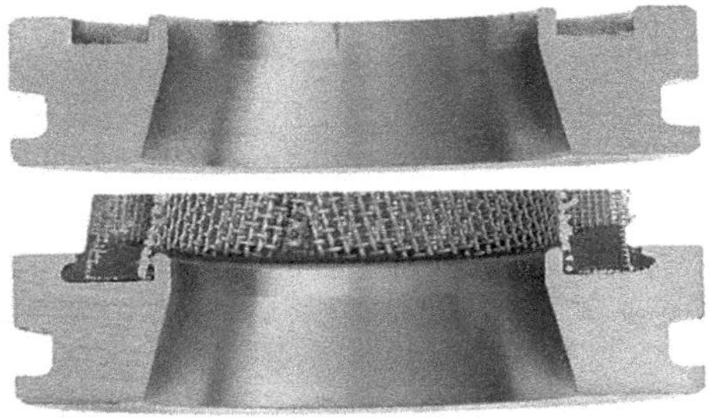

Abbildung 142 Sockelplatte mit Nut für die Filterverklebung. Im unteren Fall liegt eine klebgerechte Konstruktion mit Formschlussunterstützung vor, die auch gegen Druckstöße entgegen der normalen Durchflussrichtung beständig ist.

grund von Lagerbeständen generell in der Instandsetzung zum Einsatz kam und noch längere Zeit benutzt worden wäre. Der Filter ist dabei in eine Nut in einer Sockelplatte eingeklebt. Da bei den Schadensfällen keine Klebstoffreste in der Nut zu finden waren, wurde eine nicht sachgemäße klebtechnische Oberflächenvorbehandlung der Edelstahlgrundplatte vermutet (Abbildung 142).

Verklebt war der Filter mit einem mit Quarzmehl gefüllten Epoxidharzklebstoff auf Bisphenol-A-Basis. Die Quarzmehlfüllung führt zu einem geringeren Ausdehnungskoeffizienten und zu einem verbesserten Verhalten unter Temperaturwechselbelastung.

Die Beanstandung der Filterelemente beim Hersteller mit Hinweis auf eine mangelhafte Konstruktion der Klebverbindung führte dazu, dass der gleiche Filter mit neuer Bauart zur Verfügung gestellt wurde. Die äußerlich baugleichen Filterelemente unterschieden sich grundsätzlich in der Auszugskraft der Klebverbindung. Bei der neuen Bauart konnte das Filterelement nicht ohne Zerstörung von der Grundplatte getrennt werden. Bei einer Kraft von 786 N riss die Klebung der oberen Filterkappe. Bei dem alten Filterelement dagegen löste sich die Klebung aus der Nut der Grundplatte bereits bei einer Kraft von nur 211 N. Der Unterschied zwischen der neuen und der alten Bauart ist die Folge einer klebgerechten Gestaltung der Klebverbindung. Erst die konstruktive Modifikation mit Formunterstützung der Klebverbindung im Filtersockel kann ausschließen, dass sich die Klebung bei Druckstößen unkontrolliert löst. Allein durch eine aufwendige Oberflächenvorbehandlung der Edelstahlgrundplatte ist die Aufgabe bei den vorliegenden Belastungen hingegen nicht zuverlässig zu lösen.

7.6.8
Mängel der Peel-Ply-Oberflächenvorbehandlung

Ein Problem der Klebtechnik ist, dass Klebverbindungen unvorhersehbar versagen können, wenn Fügeteilkontaminationen vorliegen. Bereits Kontaminationen in Form von Monolagenadsorbaten auf den Fügeteiloberflächen verhindern nachhaltig eine kraftschlüssige intermolekulare Wechselwirkung zwischen Klebstoff und lasttragendem Fügeteil. Kontaminationen führen zum Adhäsionsversagen und zu schlechtem Alterungsverhalten von Klebverbindungen. Vor diesem Hintergrund wird leicht übersehen, dass eine mangelhafte Oberflächenvorbehandlung zu den gleichen Symptomen führen kann, ohne dass Kontaminationen vorliegen. Ein Beispiel dafür ist die Vorbehandlung von Faserverbundwerkstoffen durch das Abziehen eines Abreißgewebes (»Peel Ply«, Abbildung 143).

Aufgabe der Peel-Ply-Vorbehandlung ist es, eine gut klebbare Oberfläche zu erzeugen. Dazu wird bei der Herstellung des Laminats ein Abreißgewebe in die Oberfläche eingearbeitet und vor dem Verkleben wieder entfernt. Es dient primär dem Zweck, bei der Laminatherstellung überschüssiges Harz aufzusaugen. Daher ist es aber auch als Oberflächenvorbehandlung für das Kleben geeignet, da das Abziehen des Gewebes eine frische, durch die Gewebetextur und das Abreißen von Harzpartikeln aktivierte Laminatoberfläche erzeugt, die ohne weitere Vorbehandlungen normalerweise gut verklebbar ist und mit der sich Klebungen hoher Festigkeit und guter Klimabeständigkeit erreichen lassen. Das Abreißen von Harzpartikeln entfernt oberflächliche Kontaminationen, erzeugt Kettenbrüche im Polymer und reaktive Oberflächengruppen.

Trotz der nachgewiesenen Eignung der Vorbehandlung treten bei verklebten Laminaten häufig aber ohne erkennbare Systematik lokale Haftungsprobleme auf. Die Art der Schäden deuten auf einen Einfluss der Abreißgewebe auf die zu verklebenden Oberflächen hin. Auf Delaminationsbruchflächen sind oberflächenanalytisch Trennmittelkontaminationen nachweisbar, wobei der Grad der Kontamination lokal starke Schwankungen aufweist. Umfangreiche oberflächenanalytische Untersuchungen an aus Gewebebahnen statistisch verteilt ausgewählten Proben konnten aber in keinem Fall auf den Abreißgeweben Verunreinigungen nachweisen, die das Schadensbild hätten erklären können.

Quelle für die nach dem Abreißen auf den Laminatoberflächen nachweisbare Verunreinigung ist das im Autoklaven eingesetzte Trennmittel. Das Ausmaß der Kontamination der Laminatoberflächen hängt dabei vom Grad der Harzdurch-

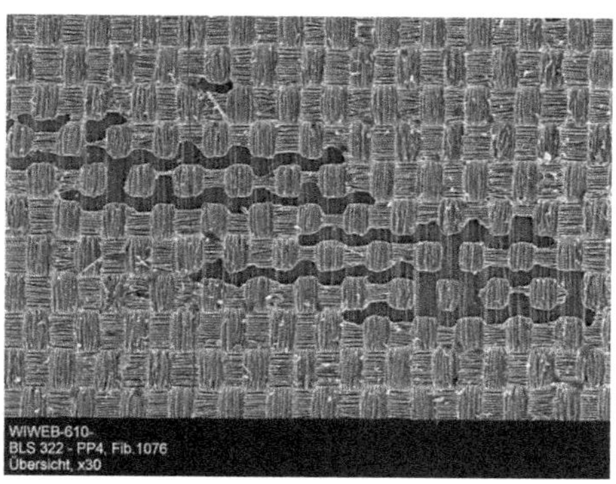

Abbildung 143 Schadensfall: Mängel der Peel-Ply-Oberflächenvorbehandlung; CFK-Laminatoberfläche nach Abziehen des Abreißgewebes. Zu erkennen ist der Negativabdruck des Gewebes mit freigelegten Faserbetten und Bereichen mit Harzmangel, in denen sich Trennmittel ansammelt.

tränkung der Abreißgewebe ab. In Bereichen mit guter Harzdurchtränkung, d. h. höherem Harzüberschuss im Laminat, wird mit dem Abziehen des Gewebes und dem daran befindlichen Harz eine trennmittelarme bzw. -freie Oberfläche erzeugt. Bei unvollständiger Durchtränkung treten dagegen Kontaminationen auf. Das Abziehen des Gewebes ist dann keine ausreichende Vorbehandlung der zu verklebenden Oberflächen, da nur in unzureichendem Maß Harzpartikel und daran anhaftende Kontaminationen abgerissen werden können (Abbildung 144).

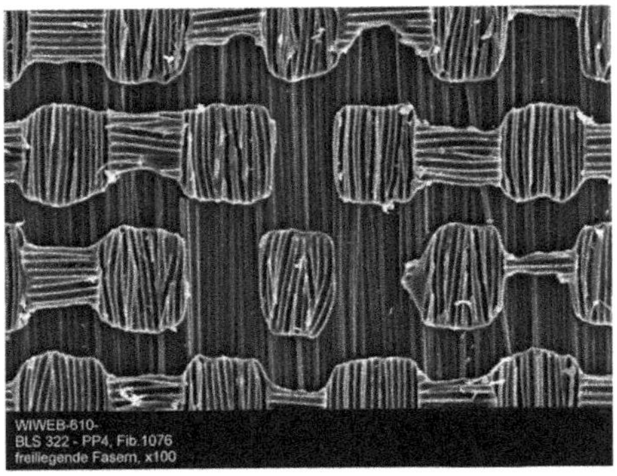

Abbildung 144 Rasterelektronenmikroskopische Detailaufnahme der Bereiche mit Harzmangel, freigelegten Faserbetten und dazwischen liegenden Harzbrücken. Eine klebgerechte Oberflächenvorbehandlung liegt nur im Bereich der durch das Abreißen entstandenen Harzbrücken zwischen den Faserbetten vor.

Die Harzdurchtränkung der Abreißgewebe und damit die Qualität und Reproduzierbarkeit der Vorbehandlung wird vom Harzgehalt der Prepregs (mit Matrixharz vorimprägnierten Fasergelege), von verschiedenen Verarbeitungsparametern und insbesondere vom Laminataufbau (unidirektional, multidirektional), d. h. von der Packungsdichte der Fasern, beeinflusst. Im Fall unidirektionaler Laminate steht aufgrund der höheren Packungsdichte der Fasern mehr Überschussharz zur Verfügung. Dadurch wird die Konzentration der Trennmittelkontamination reduziert. Unidirektionale Laminate werden typischerweise in der zerstörenden Werkstoffprüfung (Zugproben, DCB-Proben) verwendet, um die Eignung von Vorbehandlungsverfahren zu untersuchen. Für die Praxis sind dagegen fast ausschließlich multidirektionale Laminate von Bedeutung, bei denen im Zwischenraum schräg übereinander liegender Faserlagen mehr Matrixharz benötigt wird. Der sich daraus ergebende geringere Harzüberschuss ist mit einem höheren Risiko für lokal verbleibende Trennmittelkontaminationen verbunden. Harzmangel tritt darüber hinaus mit abnehmender Wandstärke des Laminats auf. Dieser Fall ist besonders kritisch, da gerade bei dünnwandigen Strukturen das Kleben als bevorzugtes Fügeverfahren eingesetzt wird.

Unabhängig davon muss die Peel-Ply-Vorbehandlung noch aus einem zweiten Grund als kritisch angesehen werden. Das Abreißgewebe hinterlässt auf der behandelten Oberfläche den Negativabdruck des Abreißgewebes, eine Folge der gewollt schlechten Haftung zwischen Harz und Gewebe (sonst wäre das Peel Ply nicht entfernbar). Die funktionellen Gruppen des flüssige Matrixharzes »sehen« damit im Kontakt zum Abreißgewebe und beim Aushärten im Autoklaven nur eine nicht klebbare Oberfläche. So entsteht im Autoklaven auch auf der Harzseite eine vergleichbare Struktur mit geringer Oberflächenenergie (s. Kapitel 3). Durch das Abziehen wird diese freigelegt, sie entspricht aber ohne weitere Vorbehandlung nicht den Ansprüchen einer zuverlässig gut verklebbaren Oberfläche. Gut klebbar ist nur der Oberflächenanteil, der durch das Abreißen von Überschussharz zu Bruchflächen der Harzbrücken geführt hat.

8
Anwendungen der Klebtechnik

8.1
Einleitung

Ein erfolgreicher Einsatz der Klebtechnik setzt die Analyse der anwendungsspezifischen Anforderungsprofile und deren Vergleich mit den charakteristischen temperatur- und zeitabhängigen Klebstoffkennwerten voraus. Unter Berücksichtigung des von der Belastungsart – zum Beispiel statisch, periodisch oder stoßartig – abhängigen spezifischen Widerstandsvermögens einer Klebverbindung und unter Einbeziehung der unvermeidbaren Alterungseffekte lässt sich die Lebensdauer von Klebverbindungen heute durch Anwendung der verfügbaren technischen Regeln und Erfahrungswerte in den meisten Fällen mit ausreichender Zuverlässigkeit vorhersagen. Andererseits sind durch die Kombination der genannten Klebrohstoffe mit Additiven und Füllstoffen maßgeschneiderte Eigenschaftsprofile für zahlreiche Anwendungsfelder formulierbar.

Eine wesentliche Rolle spielen dabei neben den erreichbaren Festigkeiten und Materialeigenschaften der ausgeführten Verklebungen die typischen Verarbeitungsbedingungen der jeweiligen Klebstoffklassen während des Herstellungsprozesses. Gängige anwendungsorientierte Klebstoffklassifizierungen beziehen sich daher neben der chemischen Basis hauptsächlich auf den Verarbeitungszustand und unterscheiden zwischen

- Verarbeitung als Feststoff, Lösung, Dispersion oder Schmelze,
- physikalisch erstarrenden Klebstoffen oder chemisch reaktiven Klebstoffsystemen,
- Aushärtung bei Raumtemperatur oder unter dem Einfluss von Wärme sowie
- Auslösung der Härtungsmechanismen durch Trocknen, Mischen, Bestrahlen, Feuchtigkeitseinfluss, Sauerstoffabschluss, Erwärmen etc.

Unter dem Einfluss eines steigenden Umweltbewusstseins und einer umweltgerechten Emissionsgesetzgebung werden zunehmend Klebstoffsysteme eingesetzt, die diese Kriterien erfüllen und dabei auf die Verwendung von Lösungsmitteln weitestgehend verzichten.

Die höchsten Anforderungen hinsichtlich Festigkeit und Temperaturbeständigkeit in strukturellen Klebverbindungen lassen sich nach wie vor nur durch Reak-

Klebtechnik. W. Brockmann, P. L. Geiß, K. Klingen und B. Schröder

ISBN: 3-527-31031-6

tivklebstoffe erfüllen. Da für deren Herstellung meist hochwertige Klebrohstoffe erforderlich sind, ist – im Vergleich zu Dispersionen und Emulsionen, lösungsmittelhaltigen Systemen oder Heißschmelzklebstoffen – der wertbezogene Marktanteil dieser Klebstoffgruppe höher als deren mengenmäßiges Marktvolumen (Abbildung 145).

Historisch haben sich in Industriezweigen wie der Papier- und Verpackungsindustrie, den Holz verarbeitenden Betrieben oder dem Baugewerbe typische, zum Teil durch Normen geregelte Produktkategorien von Klebstoffen entwickelt, die über Jahrzehnte in bewährter Form nahezu unverändert zum Einsatz gekommen sind. Die dort erprobten Klebstoffe und Verfahren bildeten in der Vergangenheit oftmals Ausgangspunkte für die Übertragung der Klebtechnik auf ähnliche An-

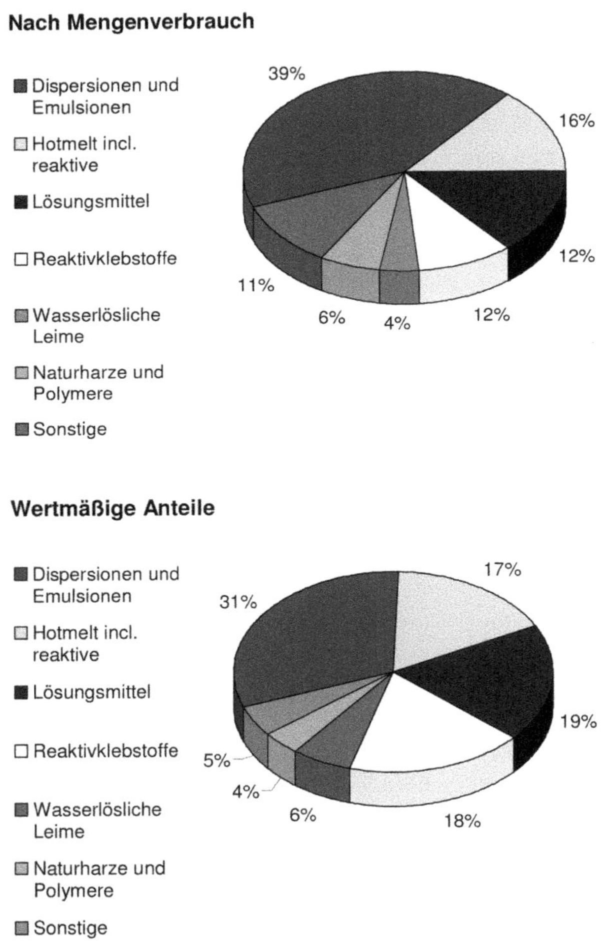

Abbildung 145 Klebstoffe, europäische mengen- und wertbezogene Verteilung nach Klebstoffgruppen

wendungsfälle wie beispielsweise die Verwendung der klassischen Holzklebstoffe zur Herstellung struktureller Holzklebungen in den Anfängen der Luftfahrtindustrie oder des Fahrzeugbaus.

Mengenbezogen zählen das Baugewerbe und das Handwerk heute zu den größten Klebstoffverarbeitern, dicht gefolgt von der Papier- und Verpackungsindustrie, die Klebstoffe an verschiedenen Stellen der Herstellungs- und Verarbeitungskette verwendet, sei es zum flächigen Spleißen, Laminieren, Kaschieren oder Verbinden bei der Kartonagenverklebung.

Während die drei Anwendungsgebiete Baugewerbe/Handwerk, Papier/Verpackung sowie Holzverarbeitung ein über die Jahre weit gehend stabiles Absatzvolumen zeigen, ist in den vergangenen Jahren der Einsatz von Klebstoffen im Fahrzeugbau, im Maschinen- und Apparatebau, in der Elektronik und in der Medizintechnik stark angestiegen. Die damit verbundenen Anwendungen und Vorteile sind Gegenstand der folgenden Fallbeispiele. Bewusst ausführlicher wurden einige interessante Bereiche behandelt, die in der vorhandenen Literatur bisher weniger Beachtung gefunden haben.

8.2 Transportwesen

Der Bereich Transportwesen ist äußerst vielfältig. Alle Transportmittel zu Wasser, zu Lande und in der Luft können darunter zusammengefasst werden. Der Zweck des Verkehrsmittels (für die private oder öffentliche Mobilität, für Hobby oder Freizeit) ist maßgeblich für die weitere Unterteilung.

In allen Bereichen des Transportwesens ist das Gewicht des Transportmittels neben den Materialkosten hauptsächlich mit Energieverbrauch und Verschleiß korreliert. Ein Eisenbahnwagen (ICE 1) wiegt etwa 54 t und kann 50 Passagiere aufnehmen, die einem Gewicht von etwa 5 t entsprechen. Hinzu kommen noch pro Waggon für einen typischen Zug im Personenverkehr etwa ein Zehntel des Gewichts der Lokomotive (dieses beträgt mindestens 150 t). Ein Großverkehrsflugzeug (Boeing 747) hat ohne Betriebsmittel und Passagiere ein Gewicht von immerhin ca. 220 t und transportiert im günstigsten Fall 400 Passagiere, das heißt etwa 40 t. Transportmittel sind also im Verhältnis zur zahlenden Nutzlast sehr schwer. Hier bedarf es einer Verbesserung durch neue Bauweisen. Das Kleben kann dabei eine wichtige Hilfe sein.

Alle Klebstoffanwendungen haben spezifische Materialanforderungen, die die jeweiligen Konstruktionstechniken bestimmen. Beispielsweise ist ein Militärschiff besonders stabil und aufgrund der bisher verwendeten Materialien auch sehr schwer. Ein Campingmobil dagegen ist leicht, funktionell und preisgünstig, jedoch auch wesentlich weniger stabil.

Neben den sehr unterschiedlichen Anwendungsgebieten und Qualitätsanforderungen wie etwa Lebensdauer der verwendeten Materialien, Unfallschutz oder Brandschutz, spielen auch die herstellungsrelevanten Bedingungen eine entscheidende Rolle. Es ist zu klären: Handelt es sich um hochautomatisierte Großserienproduktion, die Herstellung in Kleinserie oder gar um eine kundenspezifische Fertigung? Unterschieden werden kann weiterhin zwischen der OEM (Original Equipment Manufacturer)-Ausstattung oder der nachträglichen Reparatur. Allgemein ist jedoch festzustellen, dass der Trend zur Verkürzung der Produktionszeiten, zur Reduzierung der Produktionskosten sowie zu Gewichtseinsparungen den Einsatz von Klebmaterialien noch weiter fördern wird.

Das Transportwesen lässt sich in die Bereiche Flugzeug- und Fahrzeugbau sowie Eisenbahnwesen und Marine unterteilen. Die Bereiche sollen im Folgenden kurz dargestellt und der Einsatz der Klebtechnologie anhand einiger Beispiele erläutert werden.

8.2.1 Flugzeugbau

Beginnt man, der Tradition folgend, bei der Erwähnung von Anwendungsgebieten der Hochleistungsklebtechnik mit dem Flugzeugbau, so ist hier, nicht zuletzt aufgrund von in den 1970er Jahren aufgetretenen Problemen, mit wenigen Ausnahmen Rückschritt oder Stagnation beim Einsatz und bei Weiterentwicklung des strukturellen Klebens festzustellen. Es bleibt zwar unbestreitbar, dass im Metall-Flugzeugbau durch konsequente Anwendung der Klebtechnik gegenüber dem dominierenden Nieten etwa 10–15 % des Strukturgewichts gespart werden können. Das macht bei einem größeren Verkehrsflugzeug immerhin bis zu 4 t aus. Zunächst hat man sich aber unter dem Aspekt der Gewichtsoptimierung sehr intensiv den faserverstärkten Kunststoffen, insbesondere mit Kohlenstofffaser verstärkten Systemen zugewandt. Konsequent und umfassend eingesetzt, können faserverstärkte Kunststoffe ebenfalls zu Gewichtseinsparungen in etwa gleicher Größenordnung wie die Klebtechnik führen. Dieser Weg hat zwar ohne Zweifel zur Leistungsoptimierung der Flugzeuge beigetragen, zu der auch, was oft übersehen wird, eine größere Sicherheit der Passagiere und Insassen in einem Brandfall zählen kann. Andererseits hat insbesondere der Einsatz kohlenstofffaserverstärkter Kunststoffe zu einer unerwarteten Kostenexplosion gegenüber der konventionellen Metallbauweise geführt. Vergleichbare Bauteile, etwa Spoiler oder Landeklappen, kosten weit mehr als doppelt so viel, wenn sie aus Faserverbundwerkstoffen gefertigt sind. Außerdem besteht weltweit Unsicherheit über die Vereinheitlichung von Reparaturverfahren, sodass bei einzelnen Beschädigungen gegebenenfalls ein Auswechseln der Teile erforderlich wird. Das ist bei den hohen Teilekosten besonders schmerzlich. Die hohen Bauteilkosten für kohlenstofffaserverstärkte Kunststoffe sind nicht nur werkstoffbedingt. Vielmehr schlagen hier, bei weit gehend angewandter Integralbauweise (das heißt monolithischen Strukturen mit sehr komplexen Geometrie), die Fertigungskosten erheblich zu Buche. Durch die Anwendung der Klebtechnik und den Aufbau der großen, komplexen Strukturen aus einfacher geformten Einzelkomponenten ließen sich die Kosten erheblich senken. Ein anderer Weg, die Rückkehr zur Metallbauweise, ist teilweise erkennbar. Dies führt wiederum zum Einsatz des Klebens, gegebenenfalls unter Einsatz von Magnesium und den bis heute nicht ganz problemlosen Aluminium-Lithium-Legierungen, von denen aus einigen Versuchsreihen bekannt ist, dass sie zumindest klebtechnisch auch unter Langzeitaspekten wohl wenig Probleme bereiten werden.

Gewichtsminimierung und Senkung der Fertigungskosten werden im Flugzeugbau die dominierenden Ziele bleiben [1]. Der Aspekt der Gewichtsoptimierung ist etwas in den Hintergrund getreten, weil die Treibstoffpreise seit den 1980er Jahren nicht in dem Maße gestiegen sind wie erwartet. Wie die Preisentwicklung in Zukunft verlaufen wird, ist nicht vorauszusehen. Allerdings treten Rohstofffragen heute gegenüber Umweltaspekten zurück und damit der Treibstoffverbrauch wiederum in den Vordergrund. Gewichtsreduzierung ist hier, wie bei allen Transportmitteln, einer der wichtigsten Wege zur Ersparnis. Dem stehen heutzutage noch relativ hohe Fertigungskosten in der Klebtechnik im Vergleich zum weit gehend automatisierten Nieten entgegen. Allerdings ist eine Kostensenkung beispielsweise durch vereinfachte Oberflächen-Vorbehandlungsverfahren und den Einsatz pastöser, unter Umständen kalt härtender Klebstoffe mit automatisierter Applikation in den Bereich des Wahrscheinlichen gerückt.

Bei heute bereits eingesetzten Klebmaterialien unterscheidet man häufig zwischen so genannten Fly-away- und Maintenance-Produkten. Fly-away-Materialien verbleiben im Flugzeug und unterliegen damit den strengsten Qualitätsanforderungen (Brandschutz, mechanische Beanspruchung etc.). Anwendungsbeispiele sind etwa Schlagschutz-Folien oder Lackersatzfolien auf Jets. Mit Epoxid-Klebstoffen werden zum Beispiel Rotorblätter oder Strukturaufbauten wie das Carbonfaser-Leitwerk im Airbus verklebt. Stringer und Dämpfer von Flugzeugfußböden sind ebenso geklebt wie Triebwerksverkleidungen in Sandwichbauweise (Abbildungen 146 und 147), Lüftungssysteme, Befestigungssysteme, Isolationen oder dekorative Elemente.

Abbildung 146 Geklebte Sandwich-Bauweise mit Aluminium-Beplankungen und Aluminium-Wabenkern im Bereich des Schubumkehrers eines Verkehrsflugzeuges (mit freundlicher Genehmigung der Lufthansa)

Abbildung 147 Geklebte Sandwich-Bauweise mit Aluminium-Beplankung und Aluminium-Wabenkern. Die Außenbeplankung (hier entfernt) ist perforiert, um dem Bauteil schalldämmende Eigenschaften zu verleihen.

Sehr interessant für die Konstruktion ist auch die Verklebung von unterschiedlichen Metallen. Materialspannungen, durch unterschiedliche Ausdehnungskoeffizienten bedingt, können durch entsprechende Klebstoffe ausgeglichen werden. Durch gute Isolationseigenschaften werden elektrochemische Reaktionen, die Korrosion verursachen können, unterbunden.

Maintenance-Klebstoffe verbleiben am Boden und werden nicht dauerhaft ins Flugzeug integriert. Die Materialanforderungen sind hier wesentlich geringer als bei Fly-away-Produkten. Zu nennen sind hier zum Beispiel Abdeck-Klebebänder, die nach ihrer Anwendung wieder entfernt werden.

8.2.1.1 **Historische Entwicklung**

Anfang der 1940er Jahre begann man, Aluminiumteile unter Verwendung warmhärtenden Phenolharzes, das mit Polyvinylformal plastifiziert ist (s. Kapitel 2), zu verkleben. Dabei fand man heraus, dass sich auf diesem Wege hochfeste und ermüdungsresistente Verbindungen erreichen ließen, wenn man die Aluminiumlegierungen vor dem Klebstoffauftrag in einer wässrigen Lösung von Schwefelsäure und Natriumdichromat bei 60 °C über 30 min beizte, was später unter der Bezeichnung »Pickling-Prozess« weltweit üblich wurde. Bei dem Klebstoff, der unter dem Namen »Redux« in die Geschichte einging und bisweilen heute noch in fast unveränderter Form im Flugzeugbau eingesetzt wird, handelt es sich um ein Zweikomponentensystem, bei dem eine flüssige Phenolharzphase zunächst auf die mit einem artgleichen Primer beschichteten zu verklebenden Metalle aufgetragen wurde. Auf diese streute man das bei Raumtemperatur feste (körnige) Polyvinylformal und blies mit Pressluft die nicht auf der Oberfläche des Phenolharzes haftenden Reste wieder ab. Mit diesem etwas urwüchsigen Prozess erreichte man zuverlässig eine befriedigende Mischung und Dosierung der Komponenten. Nach beidseitigem Auftrag presste man die zu fügenden Teile unter Drücken bis zu etwa 8 bar zusammen und erhitzte das System eine halbe bis dreiviertel Stunde lang auf 170 °C. Dabei schmolz das körnige Polyvinylformal als thermoplastische Komponente und das Phenolsystem härtete nach einer Polykondensationsreaktion aus, wobei das aus der Reaktion entstandene Wasser durch den hohen Anpressdruck aus der Klebfuge ausgetrieben wurde. Die Klebschicht enthält in inhomogener Verteilung etwa 75 % Polyvinylformal und 25 % ausgehärtetes Phenolharz. Die Inhomogenität ist aus bruchmechanischen Gründen günstig; der hohe Polyvinylformalgehalt, der für ausreichende Schälfestigkeit notwendig war, ist allerdings der Grund für eine nur relativ geringe Wärmebeständigkeit der Klebverbindungen bis zu etwa 60–70 °C [2].

Die überzeugenden Eigenschaften der geklebten Strukturen führten dazu, dass in einem frühen Verkehrsflugzeug der Firma De Havilland, der »Dove« und in sehr großem Umfang im ersten großen Düsenverkehrsflugzeug der Welt, der De Havilland »Comet«, Klebtechnik zum Einsatz kam [3]. Insbesondere im Rumpf des letztgenannten Flugzeugs befanden sich sowohl eingeklebte Stringer als auch Fensterdoppler. Es ist bekannt, dass einige Flugzeuge dieses vierstrahligen Typs in Katastrophen endeten, die auf strukturelle Versagensvorgänge zurückzuführen waren. Die ursprünglich auch geäußerte Vermutung, Klebverbindungen seien die Ursache für die Katastrophen gewesen, wurde nicht bewiesen; vielmehr ist bekannt, dass Klebungen in der »Comet« und auch später in der »Trident« über viele Jahre des Einsatzes keinerlei Probleme bereiteten und sich auch nach Einsatzzeiten von 10–15 Jahren in absolut einwandfreiem Zustand befanden.

Der Flugzeugtyp mit dem wohl bis heute konsequentesten Einsatz der Klebtechnik, sowohl im Rumpf als auch in den Tragflächenstrukturen, war die 1953/54 in Dienst genommene zweimotorige Turboprop Type Fokker 27 »Friendship«, in der nahezu 70 % der Gesamtstruktur (in etwa 550 Teilen) mit Phenolharz klebtechnisch verbunden waren. Von diesem Typ wurden über 1 000 Stück gebaut, sie waren teilweise bis zu 30 Jahre lang in Betrieb. Die modernere Version der Fokker F 50 mit ähnlicher Konfiguration ist weltweit als zuverlässiges »Arbeitspferd« im Kurzstreckenverkehr im Einsatz. Auch die später gebaute zweistrahlige Düsenmaschine Fokker F 34 bzw. ihr Nachfolgemodell Fokker F 100 waren und sind weit gehend mit Phenolharz geklebte Strukturen, die sich durch extrem gute Ermüdungseigenschaften und vorzügliche aerodynamische Glätte in den äußeren Strukturen über lange Zeit bewährt haben. Schäden in den Klebungen wurden nie bekannt. Dies ist nicht zuletzt darauf zurückzuführen, dass man bereits beim Bau der Comet und später beim Bau der Fokker-Flugzeuge dem Chromschwefelsäureprozess als Vorbehandlung einen Chromsäureanodisierungsprozess folgen ließ, mit dem man verhältnismäßig dicke poröse Oxidstrukturen auf dem Aluminium erzeugen kann, die dank ihrer gut ausgebildeten Barriereschicht durch gute Korrosionseigenschaften gekennzeichnet sind (s. Kapitel 3 und Abschnitt 7.5). Die Einführung dieses Anodisierungsprozesses war ursprünglich nicht zur Optimierung der Klebungen gedacht; im Vordergrund stand vielmehr die Optimierung der Korrosionseigenschaften im nicht geklebten Bereich, in dem die Aluminiumteile ebenfalls mit einem Phenolharzprimer beschichtet sind, der vor dem Klebstoffauftrag separat ausgehärtet wurde. Man vermutete damals, dass das bei der Aushärtung des Primers frei werdende Wasser in Gegenwart der Phenolharzmoleküle zu einem Verdichtungseffekt der Aluminiumoxide beiträgt und damit den Primer gewissermaßen in den umlagernden Aluminiumoxidstrukturen einklemmt. Da das Anodisieren nach damaligen Erfahrungen die Eigenschaften der Klebungen nicht negativ beeinflusste, blieb man bei diesem Fertigungsprozess, ohne wissen zu können, dass man damit eine unter dem Aspekt beständiger Adhäsion nahezu perfekte Kombination von Oberflächenvorbehandlung, Fügewerkstoff und Klebstoff realisiert hatte.

Die weltweit positiven Erfahrungen mit Phenolharzklebungen hochfester Aluminiumlegierungen auch in sehr langzeitig genutzten Flugzeugstrukturen, die man heute wissenschaftlich deuten kann, führten dazu, dass man insbesondere im Flugzeugbau zunächst den erläuterten Problemen der Alterungsbeständigkeit geklebter Metallstrukturen in feuchten Umgebungen mit unter Umständen korrosiven Angriffen nur wenig Aufmerksamkeit widmete. Allerdings begann man in den 1960er Jahren im Flugzeugbau, die relativ spröden und damit wenig schälresistenten Phenolharze durch epoxidbasierte Klebstoffe, die mit Nitrilkautschuk modifiziert sind, zu ersetzen. Der Vorteil dieser Systeme bestand darüber hinaus in höherer Wärmebeständigkeit bis 80 °C und bei etwas später entwickelten Formulierungen in einer verringerten Härtetemperatur von 120 °C, was gegenüber den ursprünglich eingesetzten 170 °C den Vorteil hat, keinerlei Veränderungen in den Ermüdungseigenschaften der Aluminiumlegierung durch den Erwärmungsprozess hervorzurufen, was man bei Phenolharzklebstoffen durch entsprechende Dimensionierung der Bauteile in Kauf genommen hatte. Man prüfte die mit solchen Epoxidharzklebstoffen hergestellten Verbindungen und fand, dass sie im Hinblick auf sowohl ihre Festigkeit als auch die Ermüdungsfestigkeit den Phenolharzen teilweise überlegen waren. In Alterungsversuchen in feuchten und korrosiven Umgebungen, die allerdings aus heutiger Sicht völlig unzureichend waren und bei denen man der Bruchflächenanalyse der zerstörten Proben nach Alterungsprozessen nur wenig Aufmerksamkeit widmete, konnte man nicht erkennen, dass der Anodisierprozess gegenüber dem reinen Beizen in Chromschwefelsäure deutliche Verbesserungen erbringen würde. Daraufhin verzichtete man weltweit aus Kostengründen auf diesen Prozess. Erste Langzeitschäden nach etwa zwei Jahren Einsatz in Form von Delaminationen im Grenzschichtbereich sowie in die Klebfugen eindringende Korrosion führten zur Entwicklung korrosionshemmender Primer, die neben Epoxidkomponenten auch Phenolkomponenten enthielten, weil die Erfahrungen mit den Phenolharzen so gut gewesen waren. Außerdem setzte man diesen Primern Strontiumchromat als zusätzlichen Korrosionsschutz insbesondere bei Verletzungen zu, blieb allerdings beim Vorbehandlungsverfahren des Chromschwefelsäurebeizens insbesondere in Amerika und auch beim Bau des Airbusses; Fokker und auch die englischen Flugzeughersteller

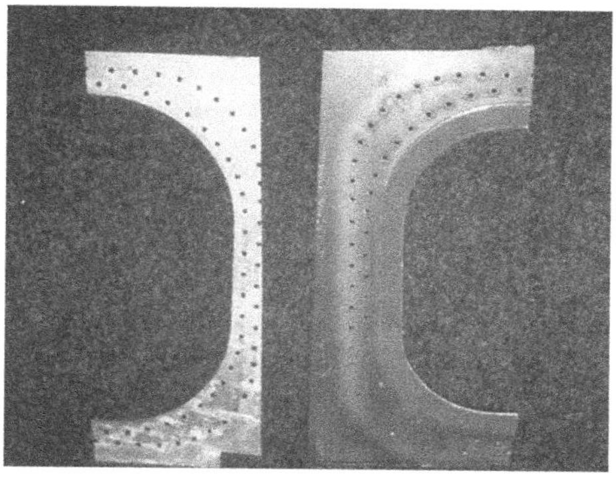

Abbildung 148 Ausschnitt aus einem delaminierten Fensterdoppler eines Verkehrsflugzeugs. Die Korrosionsspuren auf der blanken Blechseite sind durch nachträgliches Eindringen von Feuchtigkeit in die delaminierte Klebung entstanden.

wandten sich hingegen nie vom herkömmlichen Klebsystem mit Anodisierung ab [4, 5].

Die Entscheidung, bei Verwendung phenolhaltiger Primer in Kombination mit Epoxidnitrilklebstoffen auf das Anodisieren zu verzichten, war aus der Rückschau falsch. Man konnte damals allerdings nur gefühlsmäßig argumentieren, wie der Autor sich sehr genau erinnert, denn man wusste über das Wechselspiel zwischen Phenolharzen und Epoxidharzen und den Aluminiumoxiden als wesentliche Voraussetzung zu beständiger Adhäsion zu wenig, um nachdrücklich die Notwendigkeit des Anodisierens hervorheben zu können. Nach 2- bis 5-jährigem Einsatz in militärischem Fluggerät (zunächst im Vietnamkrieg) und später auch in Zivilflugzeugen traten jedoch weltweit Schäden in den Klebungen in Form von Delaminationen und Bondline Corrosion auf (s. Abschnitt 7.6). Delaminationen, die von Boeing bereits Mitte der 1970er Jahre publiziert wurden, erwiesen sich als vollständige Adhäsionsbrüche zwischen Primer und Metalloberfläche (Abbildung 148), teilweise als schnell von den schlecht geschützten Kanten in die Klebung hineinlaufende Korrosion der Fügeteile und vor den korrosiven Bereichen verlaufende Delamination zwischen Primer und Fügewerkstoff.

Die daraufhin weltweit einsetzende Grundlagenforschung über die Langzeitbeständigkeit der Adhäsion, zu der insbesondere in Deutschland wichtige Beiträge geliefert wurden [6], ließ erkennen, dass in den Epoxidharzklebstoffsystemen, die mit Dicyandiamid ausgehärtet werden, bei Wasserangriff hohe Alkalität entsteht. Ursache dafür sind nicht umgesetzte Dicyandiamidreste und Reaktionsprodukte des Dicyandiamids, bei denen letzten Endes Amine freiwerden. Diese Alkalität destabilisiert die Aluminiumoxide in Präsenz des Polymers im Sinne einer beschleunigten Solvolyse, was bei den nur picklinggebeizten Oberflächen mit Oxidschichtdicken im 30-nm-Bereich naturgemäß früher zu makroskopischen Schäden führen kann als auf den bis zu 2 μm dicken Anodisierschichten, auf denen der solvolytische Prozess erst, wie man heute abschätzen kann, nach 40–50 Jahren Betriebsdauer zu einer Schädigung der Klebung führen kann. Aluminiumoxide sind, wie man jetzt weiß, im alkalischen Bereich oberhalb pH 7 solvolytisch nicht stabil, im sauren Bereich von etwa pH 5,5–6,5 hingegen sehr stabil. Damit ist auch erklärt, warum Schäden dieser Art in Phenolharzklebungen nicht aufgetreten sind: Das Phenolharz behält auch im ausgehärteten Zustand bei Eindringen von Feuchtigkeit eine schwache Acidität und stabilisiert damit solvolytisch die Oxide. Hinzu kommt, dass Phenolharze fähig sind, mit Aluminiumoxiden wasserbeständige Chelatkomplexe aufzubauen (s. Kapitel 3). Diese Chelate entstehen zweifellos auch mit phenolhaltigen Epoxidharzprimern, allerdings durchdringt die Restalkalität der Gesamtklebschicht diese Primer bei extrem hoher Feuchtigkeitsbeanspruchung und beginnt die Oxidschicht zu destabilisieren.

Infolge der genannten Untersuchungen wurden die Anodisierungsprozesse im Flugzeugbau weltweit wieder eingeführt. In den USA realisierte die Firma Boeing das Phosphorsäureanodisieren, während man in Europa beim Chromsäureanodisieren blieb. Beide Prozesse gewährleisten in Kombination mit korrosionshemmenden Primern und Epoxidharzklebstoffen heute bei sorgfältiger Arbeitsweise und sowohl konstruktivem als auch chemischem Kantenschutz der Klebungen gegen einsetzte Primärkorrosion Klebqualitäten hoher Leistungsfähigkeit, mit denen Strukturlebensdauern in Verkehrsflugzeugen von über 30 Jahren problemlos erreicht werden können.

Allerdings behinderten die erläuterten Probleme allgemein die Entwicklung des Klebens im Flugzeugbau. Dies gilt vor allem für das Metallkleben, weniger für das klebtechnische Verbinden von Faserverbundwerkstoffen, die, wie später erwähnt werden wird, metallische Strukturen in großen Zivil- ebenso wie Militärflugzeugen in Zukunft wohl zunehmend ersetzen werden und sich klebtechnisch relativ problemlos fügen lassen.

8.2.1.2 Vorteile des Klebens im Flugzeugbau

Das Kleben als flächiges und stoffschlüssiges Verbindungsverfahren, mit dem auch unterschiedliche Werkstoffe nahezu beliebig kombiniert gefügt werden können, hat gegenüber dem schon genannten Nieten, Schrauben oder auch Löten und Schweißen unter dem Aspekt des Flugzeugbaus folgende Vorteile:

- Hohe aerodynamische Oberflächenqualität geklebter Komponenten durch glatte und präzise einhaltbare Konturen,
- überragende Eigenschaften unter dem Aspekt der Steifigkeit, Ermüdungsfestigkeit und Schadenstoleranz wegen des über die Fläche verteilten Kraftflusses ohne Kerben in Verbindung mit den guten Dämpfungseigenschaften der Klebschichten gegen Vibration und sogar Ultraschallermüdung, die durch die Triebwerke induziert werden kann,
- Verklebbarkeit verschiedener Materialien ohne Beeinträchtigung der Fügeteile durch Temperatureinwirkung, eingebrachte Spannungen oder Beschädigungen der Oberflächen,
- einfache Verwirklichung von Sandwichstrukturen mit leichten Kernwerkstoffen und flächigen Deckschichten und die Herstellbarkeit von Mehrschichtstrukturen in Form von Metalllaminaten mit guten Dämpfungseigenschaften und

hoher Widerstandsfähigkeit gegen Rissfortschritt durch die Klebschichten sowie

- Dichtigkeit der Klebverbindungen gegen Gas und Flüssigkeiten und elektrochemische Isolierung der Fügeteile durch den Klebstoff.

Dass diesen Vorteilen unter Umständen Nachteile entgegenstehen, wurde im Zusammenhang mit Fragen der Langzeitbeständigkeit in feuchten Umgebungen bereits erwähnt. Dieses muss beim Design von Klebverbindungen berücksichtigt werden, lässt sich aber in kalkulierbaren Grenzen halten. Es muss darauf hingewiesen werden, dass gute Eigenschaften der Klebungen nur erreicht werden können, wenn sehr hohe Qualitätsstandards in der Produktion eingehalten werden, worauf später noch kurz eingegangen wird. Nicht unerwähnt bleiben darf in diesem Zusammenhang, dass sich Klebverbindungen zerstörungsfrei nicht absolut sicher auf ihre tatsächlichen Festigkeitseigenschaften prüfen lassen. Mit den üblichen zerstörungsfreien Prüfverfahren findet man nur fehlenden Klebstoff, makroskopische Delamination und in einigen Fällen, insbesondere bei Phenolharzen, auch Schaumbildung bei der Härtung wegen ungleichmäßigen Anpressdrucks. Schließlich, was ebenfalls schon erwähnt wurde, existieren in Klebverbindungen unter Langzeitaspekten bisweilen verbleibende Abbaureaktionen, die heute weit gehend bekannt sind, deren Verläufe jedoch bei der Neuentwicklung von Klebsystemen immer wieder sorgfältig auf ihre tatsächliche Gefährlichkeit untersucht werden müssen. Dies ist kein Ausschlusskriterium für das Kleben in hochfesten langlebigen Strukturen, weil man in diesem Bereich auch in den Fügewerkstoffen mit Degradationsmechanismen im Sinne eines gut kalkulierbaren Risikos insbesondere unter dem Aspekt der Langzeitfestigkeit zu rechnen hat.

Dass Klebtechnik insbesondere bei der Realisierung großer Flugzeugstrukturen aus metallischen Werkstoffen unerlässlich sein kann, verdeutlichen folgende Betrachtungen. In Großraumflugzeugen mit Rumpfdurchmessern von heute bereits 5,5 m und mehr entstehen in der Außenhaut allein durch den für das Überleben der Passagiere notwendigen Kabinendruck von 0,7–0,8 bar bei einer üblichen Blechwandstärke der Außenhaut von 1,6 mm einfach zu errechnende Kesselspannungen in der Größenordnung von 110–120 N/mm^2, die noch von Böenbelastungen überlagert werden. Die Ermüdungsfestigkeit der verwendeten Aluminiumlegierungen im Sinne der Dauerfestigkeit über nahezu unbegrenzte Lastwechsel, die an polierten Rundstäben ermittelt wird, liegt bei 130 N/mm^2. Damit sind die konstruktiven Reserven im Wesentlichen aus Gewichtsgründen klein. Das gilt auch, wenn man berücksichtigt, dass diese Spannungszustände nur während des Fluges auftreten und die Zahl der Flüge bei Kurzstreckenflugzeugen im Verlauf ihrer Lebensdauer bei etwa 60 000 bis 70 000 liegt, bei Langstreckenflugzeugen maximal bei 40 000. Man dimensioniert die Flugzeuge also nicht im absoluten Dauerfestigkeitsbereich, sondern im so genannten Zeitfestigkeitsbereich, muss allerdings berücksichtigen, dass die Flugzeugstruktur eine hochgradig gekerbte Konstruktion ist. Durchbrüche für Leitungen, Fenster, Türen und nicht zuletzt die in einem Großflugzeug auch heute noch vorhandenen etwa 3,5 Millionen Nietlöcher schwächen die metallische Struktur. Dem begegnet man im Flugzeugbau einerseits durch das Anwenden der Klebtechnik allgemein mit verringerten Spannungskonzentrationen in den Klebfugen und zum anderen dadurch, dass man die üblichen Wandstärken von 1,6 mm im Bereich der Kerbung, der Fenster, der Türen und auch der Längs- und Quernähte durch Aufdopplungen der Außenhaut mit aufgeklebten Blechen einer Stärke von 1,6 mm oder in vielen Bereichen auch nur 0,6 mm verstärkt. Die Klebtechnik ist hier auch unter dem Aspekt der Wirtschaftlichkeit die bessere Vorgehensweise im Vergleich zur so genannten Integralbauweise, bei der man die Flächenstrukturen dort, wo große Dicken nicht erforderlich sind, durch chemischen Abtrag auf die Minimaldicke verringert. Zum anderen wirken sich insbesondere im Bereich der Längs- und Quernähte geklebte Doppler vermutlich wegen der guten Dämpfungseigenschaften der Klebschichten wiederum lebensdauererhöhend aus, obwohl diese Nähte tatsächlich genietet sind. Auch hier mag ein Beispiel zum Verständnis beitragen. Eine typische Längsnaht in einem Großraumflugzeug, die als einfach überlappte Verbindung ausgeführt und genietet wird, erreicht durch lediglich eingelegte Dopplerbleche im Sinne einer Versteifung nur ein Viertel der Lebensdauer im Vergleich zu einer Naht mit eingeklebten Dopplern auf beiden zu verbindenden Hautblechen. Dabei ist die eigentliche Verbindung mit Nieten zwischen beiden Paneelen nicht geklebt. Fügt man in diese Fuge zusätzlich zu den Nieten, wie Fokker es seit langem mit Zweikomponenten-Epoxidharzklebstoffen ausgeführt hat, ebenfalls eine Klebschicht ein, lässt sich die Ermüdungsfestigkeit der Längs- oder Quernaht noch einmal bis um den Faktor 2 erhöhen.

Klebschichten haben darüber hinaus die Eigenschaft, dass in den Hautblechen entstehende Risse nur bis zu den nächstgelegenen Stringern oder Spanten laufen und in den dort vorhandenen Klebschichten umgelenkt und in das Hautfeld zurückgeführt werden (Abbildung 149). Dies ist vermutlich ebenfalls auf die hohe Dämpfung der Klebstoffe zurückzuführen. Damit lässt sich durch Anordnung geklebter Stringer und Spanten eine nicht ganz vermeidbare Rissentstehung unter

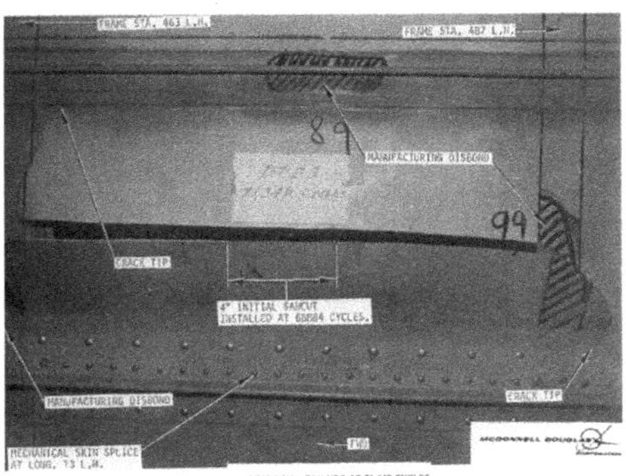

Abbildung 149 Rissverlauf in einem Modellrumpf nach 71348 Druckzyklen. Der Riss war durch einen künstlichen Anriss nach 68884 Zyklen initiiert worden. Er verläuft nach links in die Klebung des Stringers und wird in das Feld zurückgelenkt. Rechts befand sich eine fehlerhafte Klebung, die die Rissrichtung nicht stoppen konnte [7].

dem Aspekt der Gesamtgefährdung der Struktur kontrollieren und ein unbegrenzterer Rissfortschritt vermeiden. So kann man Blechstärken verringern, was ebenfalls unter Verwendung der Sandwichbauweise mit Leichtkernen und dünnen metallischen Deckschichten geschehen kann. Daraus resultiert insgesamt ein Gewichteinsparungspotenzial von etwa 15 % des Strukturgewichts, das bei einem mittleren Großraumflugzeug etwa 35 t beträgt. Dieses Potenzial wurde in amerikanischen Untersuchungen deutlich herausgearbeitet [7].

Dass der klassischen Metallbauweise von Flugzeugen, soweit heute abschätzbar, trotzdem generell Grenzen unter dem Aspekt der Gewichtsminimierung gesetzt sind, was insbesondere bei zunehmend größer werdenden, wirtschaftlicheren Flugzeugen zu betrachten ist, hat neue Entwicklungen im Flugzeugbau angestoßen. Wichtigster Aspekt bei diesen Überlegungen sind die Festigkeit und insbesondere der Elastizitätsmodul des Baustoffs in Bezug auf sein spezifisches Gewicht. Hochfeste Aluminiumlegierungen haben Zugfestigkeiten im Bereich von 350–400 N/mm^2 und Elastizitätsmoduli von etwa 80 000 N/mm^2 bei einem spezifischen Gewicht des Aluminiums von 2,7 g/cm^3. Glasfaserverstärkte Kunststoffe, die ebenfalls seit langem gebräuchlich sind, liegen in den Festigkeiten ähnlich, während die Ermüdungsfestigkeit im Verhältnis zur Anfangsfestigkeit etwas günstiger ist. Außerdem liegt ihr spezifisches Gewicht bei nur etwa 2 g/cm^3. Wesentliche Fortschritte erreicht man, wenn als Fasermaterialien die heute weltweit verfügbaren Kohlenstofffasern eingesetzt werden. Mit diesen lassen sich Baustoffe im Sinne faserverstärkter Kunststoffe mit etwa doppelt so hohen Festigkeiten, Elastizitätsmoduli und ebenfalls spezifischen Gewichten von 2 g/cm^3 verwirklichen. Insbesondere die Verbesserung des Elastizitätsmoduls trägt wesentlich zur Reduzierung von Formstabilitäts- und Steifigkeitsfragen bei großen Flugzeugstrukturen bei. Hinzu kommt, nur selten erwähnt, dass die Feuersicherheit faserverstärkter Kunststoffe deutlich besser ist als die von Aluminiumstrukturen. Demzufolge werden faserverstärkte, insbesondere kohlenstofffaserverstärkte Kunststoffe weit über die Bereiche, in denen sie heute bereits in den Flugzeugen eingesetzt werden, hinaus die metallischen Strukturen verdrängen. Kostenreduktionen bei kohlenstofffaserverstärkten Bauteilen lassen sich erreichen, wenn man anstelle komplexer monolitischer Strukturen, die laminiertechnisch sehr hohen Aufwand verlangen, die Bauteile aus einfach gestalteten Platten oder Normprofilen klebtechnisch zusammenfügt, was bei der inhomogenen Werkstoffstruktur mit entsprechender Kerbempfindlichkeit am besten gelingt. Unter dem Aspekt der Langzeitbeständigkeit bereiten Klebungen kohlenstofffaserverstärkter Materialien mit Epoxidharzmatrices, wie sie heute üblich sind, wenig Schwierigkeiten, wenngleich auf eine Oberflächenvorbehandlung nicht ganz verzichtet werden kann. Diese geschieht auf mehr oder weniger mechanischem Wege. Entweder laminiert man in die Deckschichten der zu klebenden Bereiche Gewebe ein, die man von der ausgehärteten Fläche vor dem Klebstoffeintrag wieder abreißt und damit eine raue Oberfläche gewinnt, oder man schleift die Oberflächen mechanisch leicht an. Die typische Problematik der Alterungsbeständigkeit durch Degradation der Oxidschichten auf Metallen existiert in diesen Klebungen nicht (s. Abschnitt 7.5.4). Damit eröffnet sich der Klebtechnik für die Zukunft im Flugzeugbau ein großes Feld, wobei man allerdings von den bisher üblichen heißhärtenden Filmklebstoffen zu zweikomponentigen kalthärtenden Systemen übergehen wird.

8.2.1.3 Klebstoffe im Flugzeugbau

Neben den bereits erwähnten Phenolharzklebstoffen, die man heute auch in Form vorgefertigter trägerloser oder trägerhaltiger Filme verwendet, nutzt der Flugzeugbau im strukturellen Bereich im Wesentlichen filmförmige Epoxidharzsysteme mit Trägermaterialen in Gewebe- oder Mattenform. Man verarbeitet diese auf den ebenfalls erwähnten korrosionsinhibierenden Primern. Die Epoxidharzmatrices dieser Klebstoffe, die bei 120 °C gehärtet werden können, werden im Sinne der Plastifizierung modifiziert. Dabei verwendet man heute epoxiterminierte Butylnitrilkomponenten (CTBN), die bei der Aushärtung des Epoxidharzes in der Klebschicht globular segregieren und damit neben der Plastifizierung auch als Rissstopper dienen. Bei höheren Temperaturbeanspruchungen verwendet man auch andere thermoplastische Substanzen, vor allen Dingen Polysulfon, während das früher eingesetzte Polyamid zur Herstellung von Klebstoffen für niedrige Temperaturen durchaus auch gebräuchlich ist. Die Epoxidharzkomponente selbst wird aus oxiranterminierten Bisphenol-A-Monomeren und anderen oligomeren Fraktionen aufgebaut, die insbesondere unter dem Aspekt der Feuersicherheit, Rauchbildung beim Brand und Toxizität mitunter modifiziert sind. Als Härtungssysteme dominieren nach wie vor die Dicyandiamide, die bei Raumtemperatur kristallin sind und daher nicht reagieren können. Ihre Reaktivität und letzten Endes bedingte Löslichkeit im Klebstoff erfordert erhöhte Temperaturen, die ursprünglich bei 170 °C lagen und heute durch spezielle Beschleuniger in Form von Aminen auf 120 °C gesenkt werden konnten. In thermisch besonders hoch beanspruchten Bereichen, beispielsweise in der Nähe der Triebwerke, kommen auch Polyimidklebstoffe zum Einsatz, die zumindest kurzzeitig Temperaturen von 250 °C und mehr widerstehen.

Kalthärtende Klebstoffe, hauptsächlich zweikomponentige Epoxidharzsysteme, die man allerdings aus Gründen besserer Festigkeit und auch höherer Beständigkeit in der Regel bei etwa 60 °C aushärtet, finden sich mit Ausnahme des genannten Beispiels der Fokker-Längsnahtklebungen im strukturellen Bereich von Flugzeugen bis heute selten, werden allerdings in Verbindung mit kohlenstofffaserverstärkten Kunststoffen zunehmend in den Einsatz kommen. Dies gilt auch deswegen, weil sich heute auch kalthärtende Epoxidharzsysteme im Sinne der globularen Kautschukbildung in der Klebschicht in Richtung hoher Zähigkeit modifizieren lassen. Auch diese Klebstoffe erreichen Einsatztemperaturen von 80 °C und in einigen Fällen auch mehr, sodass sich ihnen ein großes Entwicklungspotenzial auch im strukturellen Bereich eröffnet.

8.2.1.4 Oberflächenvorbehandlung

Im Metallflugzeugbau dominiert als Oberflächenvorbehandlungsverfahren heute eine Kombination aus Reinigungs-, Beiz- und Anodisiervorgängen, die bereits beschrieben wurden. Üblich ist eine Vorreinigung der Rohmaterialien mit organischen Lösungsmitteln, anschließendes alkalisches Entfetten, ein nachfolgendes

Dekapieren in verdünnter Flusssäure, um Kupferanreicherungen an den Oberflächen und Verfärbungen durch den alkalischen Beizprozess zu beseitigen, anschließend 30-minütiges Beizen in Chromschwefelsäure und schließlich Anodisieren in Phosphorsäure oder Chromsäure. Der hier getriebene Aufwand mit entsprechenden Zwischenspülungsschritten ist unter toxikologischen und auch ökologischen Aspekten hochgradig problematisch und zusätzlich kostenintensiv. Da die Bauteile, die geklebt werden sollen, ganzflächig vorbehandelt werden, müssen die endgültig anodisierten Oberflächen im nicht geklebten Bereich zusätzlich beschichtet werden, da anodisierte Oberflächen optisch unattraktive Eigenschaften haben. Die Oberflächen werden also geprimert und im nichtgeklebten Bereich anschließend lackiert. Die Durchführung dieser Oberflächenvorbehandlungsverfahren erfordert eine sehr intensive Kontrolle der Beizbäder und Anodisierbäder hinsichtlich ihrer chemischen Zusammensetzung, Temperaturführung und beim Anodisieren schließlich auch der Stromführung. Hier ist einer der wesentlichsten Ansatzpunkte für zukünftige Optimierungen, da insbesondere die chromhaltigen Vorbehandlungssysteme spätestens bis zum Jahr 2006 ersetzt werden müssen.

Die Vorbehandlung faserverstärkter Kunststoffe ist, wie bereits erwähnt, mehr oder weniger mechanischer Natur und damit unter ökologischen Aspekten unkritisch. Beim Peel-Ply-Verfahren, dem Abziehen einlaminierter Gewebe, ist darauf zu achten, dass die Art des eingelegten und dann abzuziehenden Gewebes die Klebeigenschaften der so entstehenden Oberfläche beeinflussen kann (s. Abschnitt 7.6.8). Um hier unkontrollierte Einflüsse zu vermeiden, schleift man solche Oberflächen gegebenenfalls mit einem milden Prozess, beispielsweise durch Scotchbrite-Bürsten, nach.

8.2.1.5 **Klebverfahren**

Der Klebprozess im modernen Flugzeugbau beginnt mit der Oberflächenvorbehandlung der zu verbindenden Teile in der oben beschriebenen chemischen Prozesskette. Nach Abschluss des letzten Spülvorgangs werden die Oberflächen getrocknet, möglichst umgehend mit dem korrosionshemmenden Primer spritztechnisch oder auch elektrostatisch beschichtet und dieser Primer dann bei 120 °C vor der Montage ausgehärtet (s. Abschnitt 5.10). Damit erreicht man Oberflächenzustände, die über mehrere Wochen vor dem Kleben unverändert erhalten werden können. Im Anschluss daran fügt man die zu verklebenden Teile in z.T. sehr aufwendigen Werkzeugen mit Fixierstiften zusammen, wobei die zugeschnittenen Klebfilme zwischen den Fügeteilen positioniert werden. Da auch Epoxidharzklebstoffe, die prinzipiell druckfrei härten können, in Filmform die geprimerten Oberflächen nicht ausreichend benetzen würden, überzieht man die zusammengefügten und fixierten Komponenten mit einer Folie, die zum Rand des Werkzeuges abgedichtet ist, evakuiert den Zwischenraum zwischen Folie und Werkzeug und fährt das gesamte Werkzeug in einen beheizbaren Autoklaven ein, der durch zusätzlichen Außendruck und Temperaturzufuhr den Härtungsprozess einleitet. Es handelt sich also um ein außerordentlich aufwendiges Arbeitsverfahren, wie es in anderen Bereichen der Industrie aus wirtschaftlichen und zeitlichen Gründen nicht zu realisieren wäre, mit dem aber bis heute der hohe Qualitätsstandard der

Klebungen des Flugzeugbaus ausschließlich erreicht werden kann. Die damit verbundenen Fertigungskosten zu reduzieren, wird eine der wichtigen Aufgaben für die Zukunft sein. Man muss allerdings berücksichtigen, dass auch die Niettechnik im Flugzeugbau als ausgeprägtes Präzisionsverfahren trotz weit gehender Automatisierung mit vergleichsweise hohen Produktionskosten verbunden ist.

8.2.1.6 **Qualitätssicherung beim Kleben im Flugzeugbau**

Der hohe Fertigungsaufwand ist mit sehr intensiven Qualitätssicherungsmaßnahmen im Bereich des Flugzeugbaus verknüpft. Dazu gehören einmal die hohe Qualifikation des Personals, das jeden Schritt bei der Herstellung der Klebungen zu dokumentieren hat, weiterhin umfassende Maßnahmen bei der Produkteingangskontrolle insbesondere der Primer und Klebstoffe sowie, soweit möglich, die automatische Steuerung und Überwachung sämtlicher Fertigungsschritte. Begleitend zu den Chargen und Bauteilgruppen werden im Prozess mitlaufende Prüfkörper gefertigt und noch während der Fertigung deren Eigenschaften in zerstörenden Versuchen ermittelt. Schließlich werden alle fertiggestellten Klebungen mit Hilfe eines Ultraschallverfahrens auf der Basis der Resonanzfrequenzprüfung (Fokker-Bond-Tester, Abbildung 150) zerstörungsfrei überprüft und auch diese Ergebnisse dokumentiert. Verbleibende Restprüfkörper erlauben eine spätere Nachprüfung der erreichten Klebqualität.

Abbildung 150 Fokker-Bond-Tester bei der Prüfung von Sandwichverbunden

Im Falle von Reparaturen beschädigter Bauteile entsprechen die Klebprozesse den geschilderten, wenngleich man sich aus technischen Gründen häufig von den aufwendigen chemischen Oberflächenvorbehandlungsverfahren entfernt und beispielsweise Strahlprozesse mit Korund einsetzt, womit sich allerdings die ursprüngliche Strukturintegrität nicht ganz wieder erreichen lässt. Daher überwacht man solche reparierten Bauteile im Verlauf ihres Einsatzes besonders sorgfältig.

8.2.1.7 **Schlussfolgerungen**

Die Klebtechnik als Hochleistungsverbindungsverfahren für außerordentlich langlebige und hochbeanspruchte Strukturen ist im Flugzeugbau entstanden und hat sich dort trotz manch krisenhafter Entwicklung durchaus bewährt. Sie hat zur Verbesserung der Flugzeugstrukturen eindeutig beigetragen und wird auch in Zukunft ein unverzichtbarer Bestandteil des Flugzeugbaus, insbesondere unter Berücksichtigung von faserverstärkten Kunststoffen, bleiben. Der kurz angedeutete immense Fertigungsaufwand wird sich nicht beliebig reduzieren lassen. Es könnte allerdings durchaus sein, dass die Entwicklung der Klebtechnik in umgekehrter Richtung wie bisher verlaufen wird: Hat ursprünglich die gesamte Technik aus dem Flugzeugbau gelernt, kann man erwarten, dass in Zukunft der Flugzeugbau aus anderen Bereichen der Technik, beispielsweise dem Kraftfahrzeugbau, Lehren und Erfahrungen gewinnen kann, um seine Prozesse zu vereinfachen und zu verbilligen (s. Abschnitt 8.2.2). Man muss bei diesen Prognosen allerdings die Beanspruchungsdimensionen von Flugzeugen und anderen technischen Gegenständen berücksichtigen: Ein heutiges Verkehrsflugzeug muss allein aus Gründen der Abschreibungskosten eine Lebensdauer von 20–30 Jahren erreichen, die es dazu meist im Freien unter teilweise schwierigen klimatischen Bedingungen verbringt. Während des Fluges treten hohe mechanische Beanspruchungen auf, wobei die Außenschädigungsbedingungen als unkritisch zu bewerten sind; hingegen entstehen im Inneren der Flugzeugrümpfe allein durch das Ausatmen der Passagiere erhebliche Feuchtigkeitsmengen, die zunächst an den Außenwänden frieren und sich später als Kondenswasser im unteren Rumpfbereich sammeln. Nach einer tropischen Landung finden sich im unteren Rumpfbereich von Großraumflugzeugen durchaus eine bis anderthalb Tonnen Schwitzwasser an, das hochgradig korrosive Komponenten enthält und entfernt werden muss. Um ein Flugzeug mit einem Auto zu vergleichen, dessen mittlere Lebensdauer heute mit 15 Jahren angesetzt wird, sei auch gesagt, dass die Betriebszeit eines Autos bei einer Gesamtlaufstrecke von etwa 200 000 km 4 000 Stunden beträgt, während das Flugzeug im Rahmen seines 30-jährigen Lebens 30 000–60 000 Stunden in der Luft ist. Im Rahmen dieser Betriebsdauer rollt das Flugzeug allein auf den so genannten Taxi-Wegen insbesondere im Kurzstreckenbetrieb bis zu 300 000 km und erreicht damit schon höhere Laufleistungen, als sie von einem Pkw erwartet werden. Schließlich mag erwähnt werden, dass ein Großverkehrsflugzeug erst nach etwa 5 000 Betriebsstunden einer Generaluntersuchung mit Inspektion aller Strukturteile unterzogen wird, d. h. die absolute Betriebssicherheit auch der Verbindungen über Zeiten gewährleistet werden muss, die die Fahrzeiten zumindest von Pkws deutlich übertreffen. Diese Eigenschaften können nur mit hohem produktiven Aufwand erreicht werden. Trotzdem kann der Flugzeugbau beispielsweise im Vergleich zum Kraftfahrzeugbau durchaus mit einem gewissen Restrisiko seiner Technologie ohne Verlust an Sicherheit existieren, weil alle im Betrieb befindlichen Flugzeuge zu allen Zeiten ihrer Existenz bzgl. ihres Ortes und ihrer Betriebsdauer weltweit erfasst sind und über zentrale Organisationen auf sie Zugriff besteht, was bei Kraftfahrzeugen nicht der Fall ist. Erweist es sich also als notwendig, bestimmte konstruktive Optimierungsmaßnahmen an bereits existierenden Flugzeugen (Nachbesserungen oder Reparaturen) durchzuführen, ist dies weltweit machbar und durchaus üblich. Die Klebtechnik hat wesentlich dazu beigetragen, dass das im Flugzeugbau dominierende Ermüdungsproblem im Strukturbereich, das früher oftmals zu Nachbesserungen zwang, deutlich reduziert werden konnte. Damit wurden nicht nur Kosten gespart, sondern auch die Sicherheit für den Fluggast erheblich verbessert.

8.2.2 Kraftfahrzeugbau

Der Bereich Fahrzeugbau lässt sich unterteilen in Fertigung von Pkws, Lkws, Bussen und Wohnmobilen.

Die Gewichtsreduktion wird sowohl im Pkw-Bau als auch im Nutzfahrzeug-Bau in Zukunft mehr in den Vordergrund treten, als dies (besonders beim Pkw-Bau) die Entwicklung der vergangenen Jahre vermuten lässt. Die weitere Optimierung der Aerodynamik von Kraftfahrzeugen zur Treibstoffersparnis ist nur noch bedingt möglich und in vielen Fällen auch nicht nötig, da die Fahrzeuge zum großen Teil bei Geschwindigkeiten unter 80 km h^{-1} eingesetzt werden. Bei derartigen Betriebsverhältnissen spielt der Luftwiderstand keine wesentliche Rolle. Die Verkehrsentwicklung lässt vermuten, dass Fahrzustände zwischen 80 und 0 km h^{-1} (Stau) zunehmen. Optimierungen zur Treibstoffersparnis im Antriebsstrang haben in den vergangenen Jahren zu erheblichen Verbesserungen geführt, während die Autogewichte keineswegs geringer geworden sind. Dies hat vielerlei (auch modische) Gründe, die allerdings bei den voraussehbaren Verkehrszenarios und damit dem Verbraucherverhalten kaum Bestand haben werden.

Gewichtsoptimierungen im Karosserie- und Fahrwerksbereich sind nur begrenzt möglich, solange man bei der konventionellen Bauweise von Pkws unter der Verwendung von Stahl in selbsttragenden Karosserien als dominierendem Werkstoff und der Schweißtechnik als dominierendem Fügeverfahren bleibt. Das lehrt eine genaue Betrachtung der Geschichte der Fahrzeugentwicklung. Als alternative Wege bieten sich der vermehrte Einsatz von Leichtmetallen oder der Übergang auf Kunststoffe an. Der Einsatz von Leichtmetallen, insbesondere von Aluminiumlegierungen, ist preislich derzeit nur zu verwirklichen, wenn sich durch einen speziellen Aufbau der Karosserien die Zahl der notwendigen Teile drastisch verringert, die Montage vereinfacht und damit die Fertigungskosten niedriger werden, um den höheren Werkstoffpreis zu kompensieren. Entwicklungen dazu sind erkennbar, werden allerdings auch nur zu realisieren sein, wenn als Verbindungstechnik weit gehend vorgeformter Bausysteme das Kleben auch gemeinsam mit dem Nieten zum Einsatz gelangt. Einer Recyclingfähigkeit derart konzipierter Aluminiumkonstruktionen steht die Anwendung der Klebtechnik nicht im Wege. Das Recycling von Aluminiumwerkstoffen ist schon aus energetischen Gründen unerlässlich.

Der alternative Einsatz von Kunststoffen im strukturellen Bereich ist derzeit zögerlich, was sich insbesondere mit Recyclingproblemen erklären lässt. Rein thermoplastische Bauteile sind mehrfach recyclingfähig. Diese müssen allerdings nicht unbedingt geklebt werden, sondern hier dominiert das Schweißen. Teile höherer Festigkeit lassen sich im Wesentlichen nur mit faserverstärkten Kunststoffen konstruieren. Das Recycling faserverstärkter Kunststoffe ist bis heute ein nicht gelöstes Problem. Es spricht also einiges dafür, dass insbesondere Stahl als gutmütiger und preiswerter, dabei rezyklierbarer Baustoff den Pkw-Bau auch in Zukunft dominieren wird, zumal die oftmals angeführten Korrosionsprobleme auch ohne zusätzliche Verzinkung lösbar oder gelöst sind. Gewichtsersparnis in der Stahlbauweise verspricht wiederum die Klebtechnik, da sie im Vergleich zum Schweißen größere Gestaltungsmöglichkeiten bietet. Die Verbindungen müssen in der Fertigung nicht beidseitig zugänglich sein, und die vom Punktschweißen erzwungene Minimalblechstärke von 0,6 mm kann in geklebten Konstruktionen ohne Schwierigkeiten unterschritten werden. Die Sandwich-Bauweise für großflächige Teile, beispielsweise Dächer oder Bodengruppen, bietet Potenzial für eine weitere Gewichtsersparnis. Im Gegensatz zum Schweißen ermöglicht die Klebtechnik darüber hinaus eine Vereinfachung und Erleichterung der Fertigungsabläufe, weil das endgültige Zusammenfügen einer Karosserie, beispielsweise das Einsetzen des Bodens oder das Aufsetzen des Dachs, nach allen Ausrüstungs- und Oberflächenveredlungs-Vorgängen den letzten Arbeitsgang bildet und damit die Fertigungsbedingungen verbessern kann.

Vollständig geklebte Stahlkarosserien wurden schon vor Jahren ohne Probleme im Versuch erprobt und haben verglichen mit ihren geschweißten Konkurrenten überraschend gute Eigenschaften. Bei Falzverklebungen oder Verbindungen von Glas mit Stahl genügen die geringen Festigkeiten der Klebstoffe, weil die Klebflächen relativ groß sein können. Dämpfungsvermögen und Ermüdungsfestigkeit der geklebten Stahlkarosserien sind deutlich besser als die der geschweißten. Auch das Deformationsverhalten, d. h. die Arbeitsaufnahme bei aufgezwungenen Deformationen oder anders ausgedrückt die Unfallsicherheit, ist ungewöhnlich gut (s. Abschnitt 8.2.2.1).

Neben diesen rein mechanischen Aspekten treten bei der Auswahl von Klebstoffen die verarbeitungstechnischen Bedingungen in den Vordergrund, weil in vielen Fällen nur bestimmte Fertigungsabläufe möglich sind. Dazu gehört beispielsweise, dass der Klebstoff auf unbehandelten Blechen eine gute Haftung besitzt und gegen die Tauchbadprozesse der Lackierung eine ausreichende Auswaschbeständigkeit hat.

Die Tatsache, dass im derzeitigen Kraftfahrzeugbau auf mit Korrosionsschutzöl überzogenen Blechen ohne gesonderte Vorbehandlung strukturelle Klebungen realisiert werden müssen, ist nicht mehr als kritisch anzusehen. Man klebt hier zwar gegen alle »Regeln der Kunst«, aber außerordentlich erfolgreich. Auch die eingeklebten Scheiben tragen heute schon wesentlich zur Steifigkeit der Karosserie bei. Der einzige in diesem Bereich noch verbleibende Problemkreis ist die Notwendigkeit, neben der Produktionsklebung auch ein Konzept für eine einfache werkstattgerechte Reparaturtechnologie anbieten zu müssen. Bisher gibt es nur wenige erfolgreiche Beispiele wie etwa die Reparatur von durch Steinschlag beschädigten Windschutzscheiben. Können sie nicht durch beispielsweise UV-vernetzende Klebstoffe instand gesetzt werden, stehen entsprechende Klebstoffe zur Verfügung, um Austauschscheiben in Originalqualität einzukleben.

Die Reparaturtechnologie wird aber weiter entwickelt werden, da zu erwarten ist, dass in naher Zukunft voll geklebte Kraftfahrzeuge aus Stahlblech oder vielleicht auch Aluminium auf dem Markt erscheinen. Bei konsequentem Einsatz der

Klebtechnik sind im Karosseriebau Gewichtseinsparungen von 20% des Strukturgewichts durchaus zu erwarten. An der Rohkarosserie eines heutigen Mittelklassewagens, die ungefähr 300 kg wiegt, lassen sich somit etwa 60 kg einsparen.

Karosserie-Schutzleisten, Spoiler, Haltegriffe, Haken und Spiegel werden ebenso bereits verklebt. Häufig geschieht dieses durch Haftklebstoffe in Form von Hochleistungs-Schaumklebebändern auf Acrylatbasis oder, wie zum Beispiel bei der Spiegelverklebung an der Windschutzscheibe, mit einem thermisch nachhärtbaren selbsthaftenden Strukturklebeband. Auch findet das Verkleben von Dichtungen im Auto (zum Beispiel für die Tür) durch spezielle Schaumklebebänder wegen der reduzierten Geräuschentwicklung und Vereinfachung des Montageprozesses bei den Autoherstellern immer mehr Interesse. Bei der Herstellung von Sitzen sind ebenfalls zahlreiche Klebmaterialen in der Anwendung, etwa für Polstermaterialien und Bezüge. Ein weiterer interessanter Bereich ist bei gewerblichen oder von Behörden genutzten Fahrzeugen wie Taxis, Polizei- oder städtischen Automobilen zu finden: Diese werden häufig statt mit einer einheitlichen Lackierung mit einer Klebefolie über der Originallackierung ausgestattet, die nach der vorgesehenen Nutzungsdauer des Fahrzeugs wieder entfernt wird. Die bis dahin geschützte Originallackierung steigert so den Wiederverkaufswert des Fahrzeugs.

Nicht vergessen werden darf in diesem Zusammenhang der Lastwagenbau, der sich der Klebtechnik zunehmend bedient. So bestehen heute schon Auflieger-Anhänger weit gehend aus vollständig geklebten Sandwich-Strukturen. Sie sind selbsttragend und verwindungssteif und weisen durch die Vermeidung von als Wärmebrücken wirkenden mechanischen Verbindungselementen überragende Isoliereigenschaften auf.

Selbst sicherheitsrelevante Bauteile wie Haltegurte werden inzwischen an die Seitenwände geklebt, wobei die Klebkraft der verwendeten Materialien größer ist als die Stabilität der Seitenwände. Wie beim Pkw finden sich auch im Innenbereich des Lkw viele verklebte Teile: Fußbodenbeläge, Sitze und anderes mehr. Als weitere Funktion der Klebung sind neben der Verbindung die Schwingungsdämpfung und Abdichtung erwähnenswert. Dabei kommen geschäumte PU-Klebebänder und andere Dickschicht-Materialien zum Einsatz.

Geschlossene Container wie bei Möbelwagen werden ebenfalls durch die Verbindung von Trägern und Seitenwänden mit Hilfe von Dickschicht-Klebstoffen hergestellt. Zweikomponenten-Epoxidharz-Klebstoffe zum Verkleben von Planken oder Schaumstoff-Klebebänder zur Schwingungsdämpfung finden dabei Anwendung. Die durch Verkleben erzielten optischen Ergebnisse sind oft besser als die durch Vernieten möglichen. Darüber hinaus wird die Lkw-Außenwand als attraktive Werbefläche genutzt. Dabei werden die großflächig bedruckten Klebfolien heute durch ihre zusätzlichen reflektierenden Eigenschaften auch bei Dämmerung und in der Dunkelheit intensiv wahrgenommen.

In Bussen wird die Klebtechnik ebenfalls häufig eingesetzt: für Leisten, Scharniere, Stoffe, Sitze und ganze Seitenwände, nicht zu vergessen zahlreiche Folien. Front-, Seiten- und Heckfenster der Busse halten mit Hilfe feuchtigkeitshärtender

Polyurethanklebstoffe in der Karosserie. Als dichtende und vibrationsdämmende Materialien werden auch hier Dickschicht-Klebstoffe verwendet.

Gut ausgestattete Wohnmobile haben etwa den gleichen Preis wie ein einfach ausgestatteter Oberklasse-Pkw – trotz wesentlich kleinerer Serienstückzahlen. Möglich wird dies nur durch rationelle, kostengünstige Produktionstechniken. Aufgrund dieses enormen Kostendrucks verwenden die Hersteller für die Aufbauten hauptsächlich glasfaserverstärkte und andere Kunststoffe, die mit Hilfe von Klebstoffen verbunden werden. Weitere Beispiele sind die Verklebung von Leisten sowie von Dämm- und Isolationsmaterialien wie Styropor.

Elektronische Bauteile und Kennzeichnungsetiketten bzw. Typenschilder im Automobil sind ein weiteres Beispiel für den vermehrten Einsatz von Klebstoffen.

Selbst thermisch und mechanisch stark belastete Klebungen in Antriebsmotoren können heute mit Hochleistungsklebstoffen erreicht werden.

8.2.2.1 Kleben im PKW-Karosseriebau

Im modernen Kraftfahrzeugbau besitzt die Forderung nach Gewichtsreduzierung, verbesserter Dauerbeständigkeit, erhöhtem Komfort, Crashfestigkeit und höherer Karosseriesteifigkeit hohe Priorität. Intelligenter Leichtbau ist nur durch einen konsequenten Materialmix aus Stahl-, Leichtmetall- und Kunststoff umsetzbar. Die klassischen thermischen und mechanischen Fügetechniken stoßen hier an ihre Grenzen. Das Kleben besitzt gerade hierfür spezifische Vorteile und wird so zu einer wettbewerbsfähigen Automobil-Fügetechnik.

Hauptanwendungsgebiete des Klebens im Karosseriebau sind die Direktverglasung, die Bördelfalz- und Unterfütterungsverklebung, die Kunststoffteileverklebung sowie die strukturelle Karosserieverklebung.

Direktverglasung Darunter versteht man das Einkleben von feststehenden Autoscheiben mit Polyurethanklebstoffen (Abbildung 151). Meist handelt es sich um einkomponentige, feuchtehärtende Produkte, die eine elastische Verbindung zwischen dem lackierten Karosserieflansch (Decklack oder Kataphoresetauchlack, KTL) und dem Glas herstellen. Die Glasseite wird mit einem haftvermittelnden schwarzen Glasprimer vorbehandelt, der auch die Funktion einer ausreichenden Lichtsperrung erfüllt. Sofern der keramische Siebdruck am Scheibenrand eine genügend niedrige UV-Transmission absichert, kommen vereinzelt auch transparente Glasprimer zum Einsatz [8, 9, 10].

Ein konventionelles Scheibenklebsystem besteht aus einem Glasaktivator (Funktion: Reinigung, Haftvermittlung), dem Glas-Schwarzprimer (Haftvermittlung, Lichtsperre), dem eigentlichen Klebstoff und einem Lackprimer (Haftvermittlung zur Lackseite). Der Silane enthaltende Glasaktivator ist besonders in dünner Schicht wirksam. Es hat sich daher aus gutem Grund eingebürgert, den Aktivator aufzutragen und direkt danach mit sauberem Tuch nachzuwischen (»Wipe-on/wipe-off«-Prozess).

Der einkomponentige Polyurethanklebstoff ist feuchtehärtend und entnimmt seinen Reaktionspartner Wasser aus der Umgebungsluft. Die Härtungsgeschwindigkeit ist wasserdampfdiffusionskontrolliert. Niedrige absolute Feuchtemengen

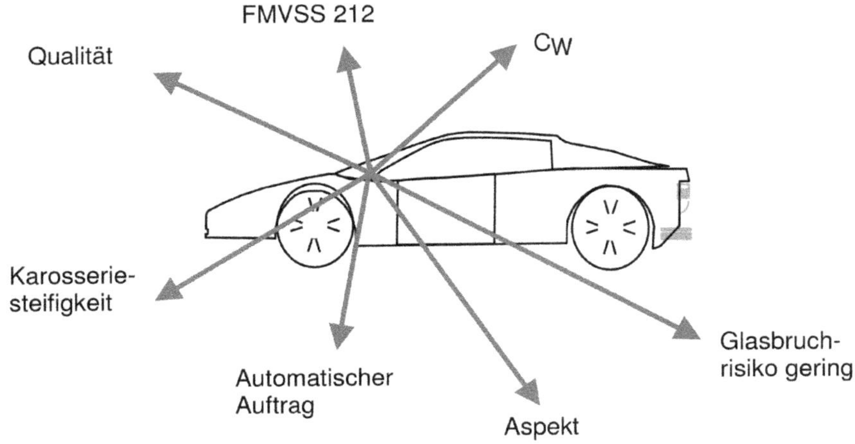

Abbildung 151 Verschiedene Funktionen der Direktverglasung im Kraftfahrzeug

in der Luft verzögern die Härtung. Schon vor etwa zwanzig Jahren kamen in Nordamerika daher zudosierte Wasserpasten zum Einsatz, die diese Abhängigkeit vom Klima in der Fabrikationshalle beseitigten. Sie sind heute praktisch wieder vom Markt verschwunden, da der Dosier- und Mischaufwand unerwünscht war.

Bei einigen Autoherstellern wird auf den Kataphoresetauchlack verklebt. Das erfordert eine temporäre Abdeckung des späteren Klebebereiches nach dem KTL-Einbrennen vor der weiteren Lackierung. Der Mehraufwand ist gerechtfertigt, da mit KTL eine besonders gut geeignete Haftfläche gegeben ist. Das gilt für die gute Haftung des KTL zum Stahl, aber auch für die Haftfreundlichkeit zum Scheibenklebstoff. Die KTL-Vielfalt beim Autohersteller ist sehr gering. Die Vielzahl der Lacktypen und -farben hingegen erfordert aufwendige Haftungsprüfungen. Hinzu kommt, dass mit den weiteren Lackschichten zusätzliche Grenzflächen gegeben sind, die hinsichtlich Haftungskräften und Dauerbeständigkeit eine potenzielle Schwachstelle sind. Die Abdeckung der KTL-Klebfläche erfolgt mit speziellen Klebebändern oder mit PVC-Plastisolen, die nach der Decklackaushärtung rückstandsfrei und leicht abziehbar sein müssen. Danach steht eine saubere, optimal für den Scheibenklebstoff geeignete Klebfläche zur Verfügung.

Die zu Beginn der 1970er Jahre zuerst in den USA eingeführte Direktverglasung bewirkt im Crashfall einen stabilen Verbleib der Scheibe im Flansch. Die US-Sicherheitsnorm FMVSS 212 konnte so erfüllt werden. Gummiprofile, durch die die Scheibe bisher im Flansch gehalten wurde, versagten hier. Bei Fahrzeugen mit Airbag muss die Verklebung nun zusätzlich dessen Aufprallkräfte auffangen.

Die Vorteile des Scheibenklebens reichen über diese Sicherheitsfunktion weit hinaus. Zu nennen sind:

- Möglichkeit des automatischen Auftrags,
- geringe Spaltweiten zwischen Scheibe und Flansch für bessere Ästhetik und niedrigeren Luftwiderstandsbeiwert,

- deutliche Erhöhung der Torsionssteifigkeit durch Einbeziehung des Glases in die Karosseriestruktur,
- hohe Dichtigkeitszuverlässigkeit und
- weit gehende Vermeidung von Glasbruch bei der Fertigung.

Die Zugfestigkeit des ausgehärteten Klebstofffilms liegt bei etwa 6–10 MPa, die Bruchdehnung bei mehreren hundert Prozent, der physikalische Schubmodul bei ca. 3 MPa. Üblich ist jedoch die Messung eines Schubspannungs-Gleitungswertes bei 10 % Gleitung mit der dicken Zugscherprobe in Anlehnung an DIN 54 451, allerdings bei praxisnäherer höherer Klebschichtdicke. Diese Prüfmethode liefert niedrigere Zahlenangaben, der gelieferte Wert ist kein »wahrer« Schubmodul, sondern bedarf genauer Normung. Nur Werte, die mit gleicher Schichtdicke, Deformationsgeschwindigkeit und Verklebungsfläche bestimmt wurden, dürfen verglichen werden. Wird z. B. bei sonst gleichen Prüfbedingungen lediglich eine andere Klebschichtdicke verwendet (laut OEM-Spezifikationen 2–6 mm), so ist bei gleicher Traversengeschwindigkeit der Zugprüfmaschine die effektive Verformungsgeschwindigkeit bei 6 mm nur ein Drittel so hoch wie bei 2 mm. Nun verhalten sich alle Polymere oberhalb ihrer Glastemperatur in weiten Bereichen viskoelastisch. Das bedeutet, die mechanischen Eigenschaften hängen von der Deformationsgeschwindigkeit ab, sodass, auch wenn die Klebfugendicke in die Auswertung der Spannungs-Gleitungsmessung eingeht, keine gute Vergleichbarkeit zwischen den beiden Prüfergebnissen mehr gegeben ist.

Die Glastemperatur des ausgehärteten Klebstoffs liegt tiefer als –40 °C, sodass sich die mechanischen Eigenschaften über den gesamten Temperatureinsatzbereich hinweg nur relativ wenig ändern.

Die Direktverglasungssysteme sind in ihrem Grundaufbau seit ihrer Einführung weit gehend erhalten geblieben. Prinzipiell andere Scheibenbefestigungstechnologien als das feste, aber elastische Einkleben sind nicht in Sicht.

Im Detail gibt es jedoch zahlreiche Verbesserungen, die sowohl die physikalisch-mechanischen Eigenschaften als auch Erleichterungen bei der Applikation an der Montagelinie betreffen:

- Warmapplizierte Systeme, die beim Abkühlen nach dem Fügen durch Viskositätsanstieg, teilweise verstärkt durch kristallisierende Polymeranteile, zu Abrutschfestigkeit führen und Montagehilfsmittel verzichtbar machen;
- um den Faktor 2–3 erhöhter Schubmodul (dies bewirkt gewichtsneutral noch höhere Torsionssteifigkeiten der Karosserie);
- wesentliche Verbesserungen beim Haftaufbau zu neueren, haftunfreundlicheren Lacksystemen;
- robustere Systeme, die auf den Glasaktivator und einen Lackprimer verzichten;
- spezielle zweikomponentige Produkte, die die Aushärtung beschleunigen und den Luftfeuchteeinfluss auf die Härtung wesentlich reduzieren (vereinzelt);
- Glasprimerprodukte, die schon beim Glashersteller aufgetragen werden und ihre Haftvermittlungsfunktion über Monate erhalten sowie
- elektrisch niedrigleitende Klebstoffe, die beim Fügen mit Metallen, die unedler als Kohlenstoff sind, galvanische Korrosion verhindern. Ruße werden im Kleb-

stoff aus Festigkeits- und rheologischen Gründen als hochwirksamer Füllstoff verwendet. Zur Beurteilung ist der spezifische Gleichspannungswiderstand heranzuziehen. Man denke an Aluminiumkarosserien, bei denen beim Scheibenaustausch die isolierende Lackschicht beschädigt würde. Aber auch die komplexe Impedanz im Hochfrequenz-Wechselfeld soll hinreichend groß sein, da häufig Antennen in die Scheiben integriert sind.

Das Austrennen der verklebten Scheiben im Reparaturfall, ebenso wie bei der Altautoverwertung, kann mit vibrierenden Schneidwerkzeugen, aber auch mit der Durchtrennung mittels eines hochfesten Stahldrahtes erfolgen. An Klebstoffen, die ein leichteres Lösen der Verbindung erlauben, wird gearbeitet. Die bis heute bekannten Konzepte sind nicht voll befriedigend (s. Abschnitt 8.16.5).

Arbeitssicherheit und Umweltschutz Der noch unausgehärtete Klebstoff besteht hauptsächlich aus einem Polyurethanpräpolymer, extrem niedrig-flüchtigen Weichmachern und Füllstoffen. Monomere Isocyanate sind lediglich in geringen Mengen vorhanden, welche zudem bei der Härtung mit Luftfeuchte abreagieren. Der verwendete Isocyanattyp besitzt eine außerordentlich niedrige Flüchtigkeit (Dampfdruck bei 20 °C: $0{,}476 \cdot 10^{-6}$ kPa). Auch mit anspruchsvollen Analyseverfahren waren in der Umgebungsluft bei ordnungsgemäßer Handhabung keine Spuren detektierbar.

Leicht flüchtige Lösungsmittel im Klebstoff sind in aller Regel nicht im Einsatz. Die Einhaltung der gesetzlichen Vorschriften von der Lagerung über die Verarbeitung bis hin zur Entsorgung sichert einen problemlosen Gebrauch.

Reparaturfall Wesentliche Unterschiede zur OEM-Anwendung sind:

- Verklebung auf die alte, beim Austrennen der defekten Scheibe frisch geschnittene Klebstofffläche, die eine gute Haftgrundlage für den Reparaturklebstoff darstellt, während die Vorbehandlung der Glasseite ähnlich zur Originalanwendung erfolgt;
- Schwerpunkt liegt auf schnellen, von der Luftfeuchte möglichst wenig beeinflussten Festigkeitsaufbau, um das Fahrzeug baldmöglichst wieder benutzen zu können. Zweikomponentige Produkte sind daher häufig anzutreffen.

Die Reparaturversionen sind tendenziell niedrigerviskos, um leichtere Handapplikation mit den Auftragspistolen zu ermöglichen. Die Funktionseigenschaften sollen aber der Originalqualität entsprechen (Festigkeit, Modul, elektrische Leitfähigkeit). Außerdem besteht die Forderung nach noch höherer Verarbeitungsrobustheit, damit die Reparatur nicht nur in speziellen Werkstätten, sondern direkt auf der Straße erfolgen kann.

Die Direktverglasung hat im Automobilbau zum ersten Mal in großvolumiger und sicherheitsrelevanter Anwendung die hervorragende Leistungsfähigkeit der Fügetechnik Kleben bewiesen und damit das Vertrauen für die weitere Nutzung in anspruchsvollen Anwendungen geschaffen. Mit Klebstoffsystemen, die vergleichbar zu Direktverglasungs-Produkten sind, werden heute Sonnendächer bis hin zu Dachmodulen verklebt. Die hohe Flexibilität und Dehnbarkeit beweist ihre Stärke gerade auch bei dimensionsgroßen zu fügenden Teilen und beim Materialmix, z. B. Metall gegen Kunststoff, wenn unterschiedliche lineare Ausdehnungskoeffizienten das Verbinden erschweren. Im Bus- und Lkw-Bau gibt es dazu neben der Scheibeneinklebung entsprechende Anwendungen, beispielsweise das Verkleben von GFK-Busdächern auf die Metallstruktur. Die Relativbewegung zwischen den großdimensionierten Fügeteilen, verursacht durch Temperaturänderungen, muss dauerhaft aufgenommen werden. Die vorgesehene Klebschichtdicke muss das berücksichtigen. Als einfache Faustregel gilt es, die Dicke so zu planen, dass sie etwa der zu erwartenden Längendifferenz zwischen den gefügten Teilen entspricht. Im Fall eines 10 m langen Busdaches (GFK auf Stahl) und 80 °C Temperatur bei Sonnenbestrahlung wären das etwa 5 mm Mindestfugendicke. Gegenüber der Raumtemperatur beim Verkleben sind Temperaturdifferenzen in der Praxis nach oben und unten von ca. 60 K realistisch und werden im Einzelfall nach oben sogar überschritten.

Bördelfalz-und Unterfütterungsverklebung Im Türen- und Haubenbereich kommen hierfür Klebstoffe zum Einsatz, deren Adhäsionsaufbau die üblichen Ölmengen (in der Regel bis zu 3–4 g/m^2) auf den Fügeteilen, die nicht entfernt werden, verträgt. Das Öl wird beim späteren Härtungsprozess im KTL-Ofen vom Klebstoff absorbiert. Geeignete Systeme sind Klebstoffe auf der Basis von Epoxidharz, Butylkautschuk und PVC-Plastisol. Kombinationen aus PVC mit Kautschuk sind vereinzelt im Einsatz, ebenso Acrylat-Plastisole.

Die zu verbindenden Bleche werden im Falzbereich vorzugsweise mit einem hochmoduligen, hochfesten Klebstoff verklebt (Abbildung 152). Die Steifigkeit der Türen oder Hauben wird wesentlich erhöht. Der sekundäre Abdichteffekt verbessert den Korrosionsschutz. Epoxidklebstoffe sind hier am leistungsfähigsten. Für höchste Korrosionsschutzansprüche empfiehlt sich jedoch eine zusätzliche Feinnahtabdichtung.

Das Fügen weiterer Teile der oft komplex aufgebauten Strukturen, ebenso das Aufkleben von Versteifungsprofilen bei Hauben und auch im Dachbereich, soll eine vibrationsdämpfende Blechverbindung schaffen, gleichzeitig auch eine gewisse Versteifung bewirken und darf keinerlei Abzeichnungen der Fügestelle an der Außenhaut erkennen lassen. Das ist eine sehr anspruchsvolle Anforderung, durchlaufen doch die Bauteile später die verschiedenen Reinigungs- und Lackierbäder und werden im KTL-Ofen auf hohe Temperaturen, meist um 180 °C, aufgeheizt [11]. Dabei härten sie aus und kühlen dann wieder auf Umgebungstemperatur ab. PVC-Plastisole und tendenziell immer häufiger Kautschukklebstoffe dominieren hier. Um große Spaltweiten zu überbrücken und die geforderte Abzeich-

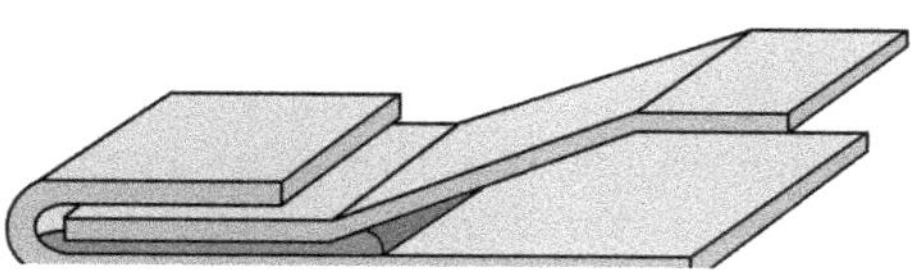

Abbildung 152 Prinzipskizze Bördelfalzklebung

nungsfreiheit weiter abzusichern, kommen auch Produkte, die im Ofen aufschäumen, zur Anwendung.

Kunststoffteileverklebung Der Fahrzeugleichtbau greift immer häufiger auf Kunststoffe zurück. Das liegt einerseits an der niedrigen Materialdichte, andererseits an der vergleichsweise einfachen Darstellung komplizierter Formen. Festigkeiten und Moduli sind gegenüber Metallen erheblich niedriger, mit Ausnahme kohlenstofffaserverstärkter Kunststoffe, die hier nicht berücksichtigt werden. Daher sind punktförmige Verbindungen mit hohen lokalen Spannungen wenig geeignet. Die flächige Fügetechnik Kleben ist dann erste Wahl.

Auch bei Werkstoffkombinationen, z. B. beim Ankleben eines Kunststoff-Kotflügels an die Metallstruktur, dem Aufkleben eines Polycarbonatdachteiles oder einer PC-Seitenscheibe, dem Verbinden des GFK-Bus-Daches oder dem kombinierten Fügen von Kunststoffhecktüren einschließlich der Glasscheibe, ist das Kleben oft überlegen.

Bei sichtbaren, überzulackierenden Fahrzeugteilen sind Abzeichnungen ebenfalls zuverlässig auszuschließen. Im Lackierprozess fallen Temperaturen von etwa 150 °C an. Sie dürfen die mechanischen Eigenschaften des Klebstoffs und damit der Verbindung nicht abmindern.

Da manche der eingesetzten Kunststoffe, beispielsweise Polypropylen, unpolar und von niedriger Oberflächenenergie sind, erfolgt häufig vor dem Verkleben der Auftrag von Haftvermittlern oder eine physikalisch-chemische Vorbehandlung der Fügeteile (Corona, Niederdruckplasma, Atmosphärendruckplasma, Fluoridierung, Beizen usw.). Es kommen aktuell auch spezielle Acrylatklebstoffe auf den Markt, die mittels einer chemischen Pfropfreaktion Haftung zu nahezu jedem Kunststofftyp aufbauen können. Das erspart all diese aufwendigen Vorbehandlungsprozesse. Langzeiterfahrungen liegen noch nicht vor, doch sollte dieser Trend beobachtet werden.

Die am häufigsten verwendeten Klebstoffgruppen sind jedoch die Polyurethane, vorzugsweise zweikomponentige, um einen schnellen und luftfeuchteunabhängigen Festigkeitsaufbau zu erreichen. Die weite Variationsmöglichkeit von PUR-Systemen resultiert in einer breiten Produktpalette, die von weichen, niedrigfesten bis hin zu hochfesten, steifen Klebstoffen reicht.

Hinzuweisen ist auf den Aspekt, dass die Glasübergangstemperatur des zu wählenden Klebstoffs nicht im vorgesehenen Funktionstemperaturbereich liegen sollte, da sonst geringe Temperaturänderungen starke Modul- und Festigkeitsänderungen bewirken könnten. Die Bauteileigenschaften wären dadurch stark temperaturabhängig.

Strukturelle Karosserieverklebungen Für den Anwendungsbereich Automobilkarosserie ist eine strukturelle Verklebung eine dauerhafte, kraftübertragende, steife Verbindung von hochfesten, steifen Fügeteilen, die auch für crashbeanspruchte Bereiche tauglich ist. Dauerhaft meint hier die gesamte Lebenszeit des Fahrzeugs. Im Fall Klebstoff bedeutet Steifigkeit Elastizitätsmoduli in der Größenordnung von 10^3 MPa, im Fall der Fügeteile von 10^5 MPa.

Durch diese Quantifizierung grenzt sich die Strukturverklebung beispielsweise von der Scheibenverklebung und den meisten anderen Verklebungen im Fahrzeug ab. Die physikalisch-mechanischen Hauptfunktionen sind die Erhöhung der Bauteilsteifigkeit und die Crashfestigkeit. Verklebt werden im Regelfall metallische Werkstoffe, also verschiedenste Stähle, Aluminium und Magnesium.

Ein wichtiger Aspekt für das Verständnis der hohen Leistungsfähigkeit ist die Lage der Glasübergangstemperatur T_g, besser des Glasübergangsbereiches. Vermieden werden muss, dass er in jenem Temperaturgebiet liegt, in dem die verklebten Karosserieteile ihre Einsatztemperatur haben. Etwa –30 °C bis +80 °C sind hier relevant. Der Übergangsbereich wurde mit $T_g > 80\,°C$ so gewählt, dass sowohl Steifigkeit als auch Crashfestigkeit gewährleistet sind. Der Einsatzbereich liegt also unterhalb von T_g. Im Fall der zuvor beschriebenen Scheibenverklebung war man genau umgekehrt vorgegangen, hatte also den Einfrierbereich unter die Einsatztemperatur gelegt. Die polymerchemische Vorgehensweise bei der Klebstoffformulierung beinhaltet verschiedene Komponenten, die bewirken, dass unterhalb der Glasübergangstemperatur ein zähelastischer und kein glasartig-spröder Zustand gegeben ist. Das ist eine der wesentlichen Differenzierungen zu den steifen, aber nicht crashfesten Epoxidklebstoffen, die für das Strukturkleben entsprechend der vorgeschlagenen Definition nicht einsetzbar sind.

Hochfeste Klebstoffe für verschiedene industrielle Anwendungen sind seit langem bekannt. Dem Einsatz zur strukturellen Karosserieverklebung für hohe Steifigkeit und hohes Arbeitsaufnahmevermögen im Crashfall stand die Sprödigkeit bei schlagartigen Belastungen, noch verschärft durch tiefere Temperaturen, entgegen. Die Entwicklung so genannter »rubber toughened epoxies« verbesserte die Eigenschaften, war jedoch immer noch unzureichend. Der Durchbruch kam erst mit einem neuen Zähigkeitsmodifikationsprinzip, bei dem eine elastische Komponente inselartig und auch reaktiv in die Epoxidmatrix eingebracht wird und diese schlagzäh macht. Jetzt war die Verformbarkeit des noch immer hochfesten und steifen Klebstoffs ausreichend, um bei Belastung des Fügeteils über dessen Streckgrenze hinaus nicht glasartig-spröde zu versagen. Ganz entscheidend ist, dass dies auch bei tieferen Temperaturen gegeben sein muss. Der gesamte Einsatzbereich muss in diesem sicherheitsrelevanten Fall abgedeckt sein. Die Verstreckung des Metalls erbringt den Hauptanteil der gewünschten Energieaufnahme im Crashfall. Der Klebstoff selbst leistet hier nur einen sekundären Beitrag. Andererseits ist die hochfeste, flächige Klebverbindung der Schlüssel dafür, dass die Arbeitsaufnahme durch das Metall überhaupt erst in diesem Ausmaß möglich wird. Punktförmige Verbindungen, z. B. Schweißpunkte, versagen bereits bei niedrigeren Verformungen und lokalen Spannungen, resultieren also in niedrigeren Arbeitsaufnahmen. Dieses Prinzip erklärt, warum Stahl und Aluminium die bevorzugten Karosseriewerkstoffe in crashgefährdeten Bereichen sind und bleiben werden. Magnesium mit seiner durch die hexagonale Gitterstruktur bedingten Sprödigkeit ist hier weniger einsetzbar. Gleichzeitig gibt dieses Wirkprinzip Hinweise auf die konstruktive Auslegung der Verbindung. Die sich aus der Klebfläche und der Klebstofffestigkeit ergebenden aushaltbaren Belastungskräfte sollten mindestens etwas größer sein als die für die Fügeteilverstreckung erforderlichen Kräfte. Die Fügeteilquerschnitte, bedingt durch die Fügeteildicke, müssen mit den verklebten Flächen korrespondieren. Dicke Fügeteile, eingesetzt in Kombination mit zu kleinen Verklebungsflächen, werden dann möglicherweise nicht arbeitsaufnehmend verstreckt, da die Verklebung bereits vorher versagt.

Die modernen höherfesten Stähle und das strukturelle Kleben sind als gefügtes System auch im Crashfall, also hinsichtlich der Arbeitsaufnahme, kompatibel. Sowohl der Klebstoff als auch der Stahl erhöhen prinzipiell, wenn auch quantitativ stark unterschiedlich, mit steigender Verformungsgeschwindigkeit ihre Festigkeit. Die höherfesten Stähle besitzen jedoch eine weichere dynamische Verformungscharakteristik als »normalfeste« Stahlsorten. Das bedeutet, dass sich bei höheren Aufprallgeschwindigkeiten beide Stähle immer ähnlicher verhalten. Im Geschwindigkeitsgebiet, das dem realen Crash nahe kommt, liegen sie auf fast gleichem Niveau. Mit anderen Worten: In Aufprallsituationen mit niedrigerer Geschwindigkeit verhält sich der hochfeste Stahl sehr verformungsstabil. Der Klebstoff wird dann auch weniger im Sinne der Verformbarkeit gefordert, bedingt durch die dann fehlende oder nur sehr geringe Verstreckung des Stahls. Bei höheren Aufprallgeschwindigkeiten verhält sich hochfester ähnlich wie weicherer Stahl. Unabhängig von diesem Sachverhalt wird der Konstrukteur die Fügeteildicken im Fall hochfesten Stahls den Kennwerten anpassen und das zu fügende Material dünnwandiger und damit gewichtssparend auslegen.

Für das strukturelle Fügen stehen dem Automobilhersteller zahlreiche Verfahren wie Schweißen, Nieten, Clinchen, Verschrauben, Löten u.a. zur Verfügung, mit denen das Kleben im Wettbewerb steht. Entscheidend für die Auswahl ist, welcher Beitrag zur Erfüllung von aktuellen Anforderungen der Autohersteller geleistet wird. Diese Anforderungen sind vor allem:

- Multimaterialeignung,
- höhere Karosseriesteifigkeit,
- höhere Betriebsfestigkeit,
- höhere Arbeitsaufnahme im Crashfall,
- geringere Korrosion,
- höherer Komfort (Akustik),
- höhere Auftrags-/Prozessgeschwindigkeit und
- niedrigere Funktionskosten.

In nahezu allen Punkten erweist sich die Fügetechnik Kleben mit der neuen Epoxidklebstoffgeneration als hervorragend geeignet und den anderen Fügeverfahren ebenbürtig, häufig sogar überlegen. Lediglich ist vor dem Härten keine Anfangsfestigkeit darstellbar. Das fördert die Anwendung als Hybridklebung. Hierbei wird beispielsweise Punktschweißen mit dem Kleben kombiniert [12].

In Tabelle 26 werden Fügetechnologien verglichen.

Die Zahl der Schweißpunkte kann wesentlich reduziert werden. Das hilft, die Kosten zu senken. Hybridklebungen in Verbindung mit anderen Fügetechniken, z. B. mit dem Selbststanznieten, sind zu finden, gerade auch bei Aluminiumeinsatz in der Karosserie. Zu Crashfestigkeit und Steifigkeit verhilft die adhäsive, flä-

Tabelle 26 Vergleich der Fügetechnologien

Fügetechnik	Multimaterial Design	K-Steifigkeit	Crash-festigkeit	Betriebs-festigkeit	Korrosions-festigkeit	Akustik
Kleben	+++	+++	+++	+++	++	+
Punktschweißen	–	0	0	0	–	–
Clinchen	–	0	–	+	0	–
Nieten	0	0	–	+	–	–
Schrauben	0	0	0	0	–	–
Laserschweißen	–	++	++	++	0	0

chige Verbindung, das Aluminium bewirkt die Gewichtsreduzierung. Mit dieser Bauweise wurde beispielsweise bei einem aktuell produzierten Oberklassefahrzeug mit Aluminiumkarosserie erreicht, dass es gegenüber seinem Vorgängermodell um 40 % leichter und um 60 % steifer ist.

Die neue, hochfeste und crashverbessernde Klebstoffgeneration wurde etwa 1998 erstmals industriell in Modellen mit größeren Stückzahlen eingesetzt.

An geeigneten Berechnungsverfahren, insbesondere für das Verhalten im Crashfall, wird intensiv gearbeitet. Die Verringerung der Verbindungspunkte wird bereits praktiziert, steht aber noch am Anfang. Im Experiment an einer realen Karosserie mit 4000 Schweißpunkten wurde die Torsionssteifigkeit gemessen. Dann erfolgte am gleichen Karosseriemodell die Hybridklebung (Kleben plus Punktschweißen). Die Steifigkeit erhöhte sich durch die zusätzliche Verklebung um annähernd 40 %. Der Versuch wurde bei gleichzeitiger Reduzierung der Schweißpunkte von 4000 auf 2000 wiederholt. Die erneut ermittelte Steifigkeit der punktschweiß-geklebten Karosserie zeigte sich im Rahmen üblicher Toleranzen unverändert. Man erkennt die hier noch nicht ausgenutzten Möglichkeiten.

Die nun mehrjährige Erfahrung, auch hinsichtlich der dynamischen Betriebsfestigkeit mit inzwischen Millionen strukturell verklebter Fahrzeuge, begründet ein erhebliches Kostensenkungspotenzial. So ist eine punktgeschweißt-verklebte Karosserie schon im Neufahrzeug etwa 20 % steifer als die nicht verklebte. Nach einigen Jahren Fahrbetrieb vergrößert sich dieser für Sicherheit und Komfort wichtige Vorsprung noch weiter: Die herkömmliche Karosserie verliert etwa 20 % an Steifigkeit, die verklebte nur etwa 5 %. Die verklebte Struktur ist jetzt mehr als 40 % torsionssteifer. Die absoluten Prozentzahlen sind natürlich modellabhängig. Die Prüfung der dynamischen Dauerfestigkeiten verschiedener Fügeverfahren im Labor hatte dies erwarten lassen. Abbildung 153 zeigt Prüfresultate

Die Reduzierung der Schweißpunkte bringt neben der Kostensenkung sogar noch eine Leistungserhöhung der Verbindung, da die thermisch verursachten Gefügeänderungen im Metall für jeden nicht gesetzten Punkt entfallen. Abbildung 153 belegt auch dies. Ein weiterer Aspekt ist die Prozessgeschwindigkeitserhöhung. Beim Punktschweißen und Clinchen rechnet man mit ca. drei Sekunden pro Fügestelle, beim Selbststanznieten mit nahezu doppelter Dauer. Der Spritzauftrag von geeignetem Klebstoff benötigt nur zwei Sekunden pro Meter Klebnaht. Selbst das gegenwärtig noch diskutierte Heften mit Remote-Laserwelding ist mit 0,5 s pro Heftstelle langsamer.

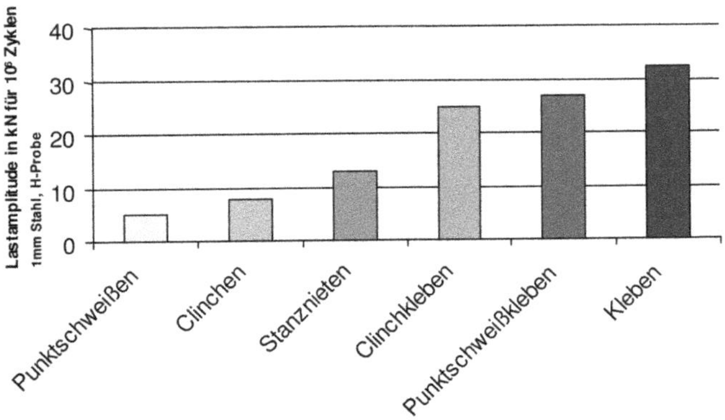

Abbildung 153 Dynamische Dauerfestigkeit verschiedener Fügetechniken

Klebeprozess Der Klebstoffauftrag erfolgt im Karosserie-Rohbau mit Robotern auf die geölten Bleche. Die Auftragstemperaturen sind leicht erhöht, etwa im Bereich um 50 °C. Dadurch wird die Viskosität abgesenkt. Beim Abkühlen erhöht sie sich wieder. Angestrebt wird außerdem eine hohe Fließgrenze, welche die Standfestigkeit und die Auswaschfestigkeit verbessert, bei gleichzeitig möglichst niedriger Viskosität für leichte Pumpbarkeit. Produktabhängig bieten sich Raupenauftrag, Swirlauftrag oder Spritzauftrag an.

Um zuverlässig sicherzustellen, dass bei den späteren Reinigungs- und Lackierprozessen das KTL-Bad nicht verschmutzt wird, empfiehlt sich eine Vorhärtung/Vorgelierung durch Wärme, beispielsweise induktiv erzeugt, vorzugsweise jedoch in einem besonderen Rohbauofen bei ca. 110–120 °C, der auch für andere Produkte genutzt wird.

Die vollständige Aushärtung erfolgt im KTL-Ofen bei Temperaturen um 180 °C. Das Härtungsfenster zeigt ausreichende Toleranz und liegt etwa zwischen 150 °C und 200 °C. Auch die Härtungszeiten von z. B. 30 min besitzen ausreichend Spielraum.

Die Zugscherfestigkeiten solcher Klebstoffe liegen (zum Teil wesentlich) über 25 MPa. Die Zugfestigkeit des Klebstofffilmes selbst erreicht noch höhere Werte. Die Bruchdehnung liegt leicht oberhalb von 10 %. Die steifen, aber glasartig-spröden Produkte früherer Generationen zeigten hier nur wenige Prozent.

Prüfmethoden (s. Abschnitt 7.2) Es kommen praktisch alle zur Prüfung von Klebverbindungen und Klebstoffen verwendeten Testmethoden zur Anwendung, insbesondere die verschiedensten beschleunigten Alterungstests, da die Lebensdauer und die klimamäßige Belastung eines Fahrzeuges hohe Ansprüche stellt. Über das hinreichend bekannte Prüfmethodenspektrum hinaus soll hier nur auf ein Prüfverfahren hingewiesen werden, bei dem die hohen Beanspruchungsgeschwindigkeiten im Crashfall berücksichtigt werden. Allgemein praktiziert wird dazu die Prüfung der Schlagschälfestigkeit nach ISO 11 343. In einen entsprechenden Prüfkörper wird ein Keil mit hoher Geschwindigkeit (einige m/s) eingetrieben und die

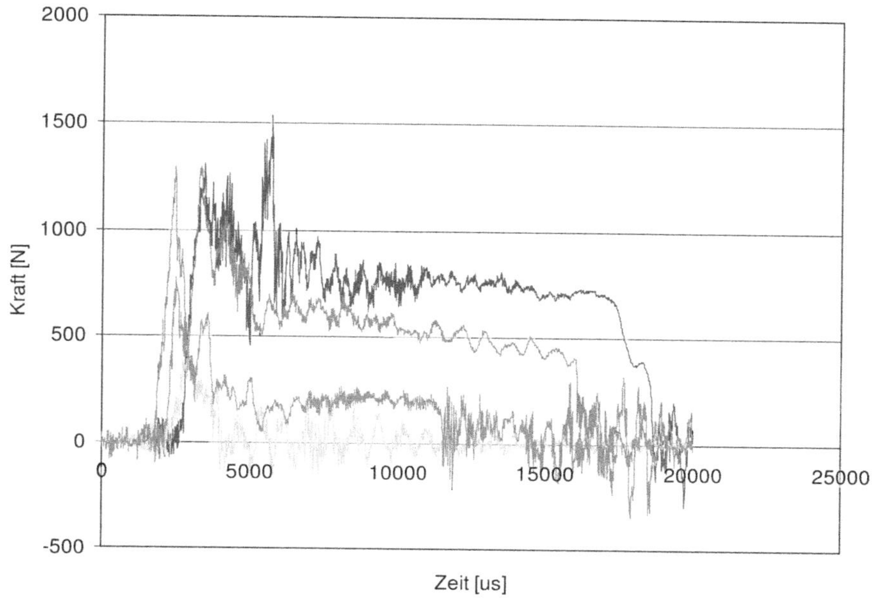

Abbildung 154 Schlagpendelkurven für verschiedene Generationen

Schälkräfte auf die Verklebungsbreite bezogen ausgewertet. Die Prüfung erfolgt bei für das Auto relevanten Temperaturen und liefert die Schlagschälfestigkeit in N/mm, sowie eine quantitative Angabe für die verbrauchte Energie. Das Verfahren ist gut geeignet, um schon im Labor zwischen unterschiedlicher »Crasheignung« der Klebstoffe zu unterscheiden (Abbildung 154; s. Abschnitt 7.2.5).

Zusätzlich werden Doppelhutprofile in Falltürmen schlagbeansprucht, um das Verformungsverhalten mit größerer Bauteilnähe zu ermitteln. Dabei kommen Fallhöhen von etwa 4–10 m zur Anwendung, um mittels der Geschwindigkeiten Crashsituationen darzustellen. Über das Gewicht ist die Fallenergie variierbar.

Qualitätssicherung Die sicherheitsrelevante Funktion crashbeanspruchbarer Verklebungen erfordert geeignete Qualitätssicherungsmaßnahmen. Da zerstörungsfreie Prüfmethoden, die für den Einsatz an der verklebten Karosserie geeignet sind, nicht verfügbar sind, aber auch, weil der später festgestellte Verklebungsfehler nicht durch einfache Maßnahmen behebbar ist, hat Qualitätssicherung Vorrang vor Qualitätskontrolle. Durch visuelle Systeme, Roboterauftrag und automatische Dosierkontrollen ist zu sichern, dass die korrekte Klebstoffmenge des richtigen Klebstoffs ohne Unterbrechungen am vorgesehenen Ort appliziert wird. Es kommen an einer Karosserie üblicherweise, je nach geforderter Leistungserbringung, verschiedene Strukturklebstoffe zum Einsatz. Die funktionsmäßig an sich unwichtige Einfärbung der Klebstoffe, die sich eingebürgert hat, dient dazu, den Klebstoff leicht zu identifizieren.

Polymer-/Präpolymerkettenverlängerungen wirken sich exponentiell auf die Viskosität aus. Diese wird also sehr stark erhöht. Eine gute Verpumpbarkeit des Klebstoffs ist ein erstes Indiz dafür, dass keine Lagerzeitüberschreitung oder unzulässige Alterung durch höhere Lagertemperaturen vorliegt.

Empfohlen wird eine Klebspalthöhe von ca. 0,2 mm, doch sind die Klebstoffe hier recht tolerant. Es gibt Versionen, die gezielt, aber sehr geringfügig aufschäumen und dadurch den Spalt noch zuverlässiger füllen. Doch wird grundsätzlich mit einem die erwartete reale Spalttoleranz berücksichtigenden Überschuss gearbeitet.

Umwelt- und arbeitsplatzhygienische Aspekte Gegenüber dem schon längeren Gebrauch von Epoxidklebstoffen für nicht crashfeste Steifigkeitsverklebungen gibt es mit der neuen Generation keine qualitative Änderung. Die üblichen arbeitshygienischen Maßnahmen gelten unverändert. Der ausschließlich automatische Auftrag ist günstig. Im Fall der Kombination mit thermischen Fügeverfahren (Widerstandspunktschweißen, zukünftig möglicherweise auch Laserschweißen-Heften) besitzt die klebstoffverursachte Emission von flüchtigen Pyrolyseprodukten einen wesentlich geringeren Anteil als jene, die auf die üblichen Korrosionsschutz- und Ziehöle zurückzuführen ist. Wenn man berücksichtigt, dass zukünftig die Punktanzahl weiter verringert werden kann, würde die Gesamtemission am Arbeitsplatz sogar verbessert.

Am Ende der Lebensdauer wird das Fahrzeug geshreddert und die Stahl-Pellets im Elektroofen recycliert. Noch anhaftende geringe Klebstoffreste sind für diesen Prozess völlig problemlos.

Eine gelegentlich diskutierte kontrollierte, einfache Entklebung ist technisch bis heute nicht gelungen. Da aber meist Hybridklebungen erfolgen, ist eine einfache Demontage der geschweißten, genieteten oder geclinchten Karosserieteile ohnehin kaum machbar.

Das Strukturkleben als wichtiger Treiber des modernen Karosserieleichtbaus führt über die Gewichtsersparnis zu geringerem Kraftstoffverbrauch. Über die letzten Jahrzehnte hinweg sind die Fahrzeuggewichte für den gleichen Pkw-Typ erheblich angestiegen. Im Fall eines in großen Stückzahlen produzierten Kompaktautos der unteren Mittelklasse waren es beispielsweise Anstiege von 750 kg (1980) auf 1200 kg (2004). Die Erfahrung lehrt, dass ein Kilogramm eingesetzter Automobil-Strukturklebstoff ein Gewichtsreduktionspotenzial von etwa 20 kg besitzt. Diese Gewichtsreduzierung verringert bei 150 000 km Fahrtstrecke den Kraftstoffverbrauch um ca. 60 l, bzw. den CO_2-Ausstoß um 150 kg.

Reparaturfall Die zur Härtung des einkomponentigen Epoxidklebstoffs erforderlichen hohen Temperaturen, wie sie im KTL-Ofen auftreten, sind in der Werkstatt nicht zu realisieren. Es werden dafür neue zweikomponentige Epoxidklebstoffe eingesetzt, die hinsichtlich Crashfestigkeit akzeptable Werte, allerdings geringere als die der OEM-Systeme, liefern. Das Vermischen aus geeigneten Kartuschen erfolgt mittels statischem Mischer. Die Härtung erfolgt bei Umgebungstemperatur, eine Benutzung des Reparaturlackofens bei üblichen 60–80 °C beschleunigt die

Härtung entsprechend. Die zu verklebenden Teile müssen auf jeden Fall vor dem Klebstoffauftrag gereinigt und ölfrei sein, da die Fähigkeit der Epoxidsysteme zur Ölaufnahme an höhere Temperaturen gekoppelt ist. Alternativ kann bei Reparaturen in begrenzten Bereichen auch mit Standardfügeverfahren wie Punktschweißung, möglicherweise mit engerer Punktesetzung, gearbeitet werden.

8.2.3 Kleben im Eisenbahnwesen

In Lokomotiven wird noch sehr wenig geklebt. Die Anwendungen sind hier weit gehend auf Schutzfolien beschränkt. In Personenzügen (für Straßen-, Regional- oder Fernverkehr) finden sich jedoch zahlreiche klebtechnische Anwendungen. Als markantes Beispiel sei der Zugkopf des ICE der Deutschen Bahn genannt, welcher als komplettes Teil aus Kunststoff gefertigt und verklebt ist. Scheiben sind ebenso eingeklebt wie Seitenwände, Decken und Beläge oder Ausrüstungsgegenstände wie Lampen, Scharniere, Leisten und Beläge. Gegen Vandalismus kommen geklebte so genannte Anti-Graffiti-Folien zum Einsatz. Auch hinter dem Begriff des »Redesigns« steckt die Klebtechnik: Alte Züge oder Straßenbahnen werden mit ihrer Hilfe effizient und kostengünstig modernisiert. Ein weiteres Beispiel zeigt Abbildung 155.

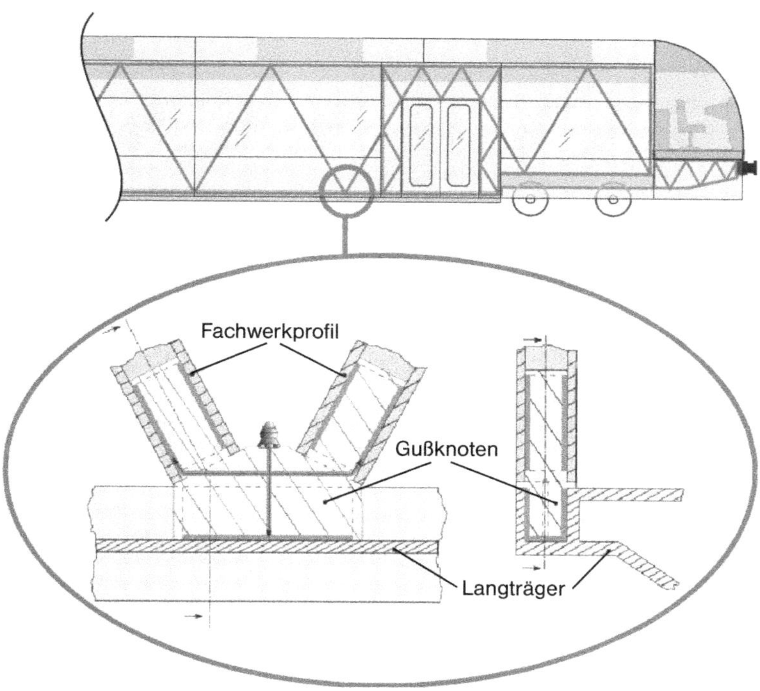

Abbildung 155 Beispiel einer mittels Injektionskleben gefügten Fachwerkstruktur mit Gussknoten für ein Schienenfahrzeug (mit Genehmigung des Dorel-Verlages)

Der Rohbau wird aus Profilen und Knotenelementen zusammengesteckt. Dann wird er exakt ausgerichtet. Erst jetzt wird der Klebstoff über Zuführkanäle im Knotenelement appliziert. Die Struktur weist keinen Hitzeverzug auf. Das Richten entfällt und vorgefertigte Komponenten können ohne Anpassarbeiten montiert werden (H. Elsner et al. 1995, Europäisches Patent Nr. 0780279).

Nicht nur in Eisenbahnfahrzeugen, sondern auch an Schiene selbst wird geklebt. Ein typischer Vertreter hochverspannter Schraubenverbindungen, die sich ihrerseits nur durch Kleben gegen Losdrehen sichern lassen, ist der im Eisenbahnwesen heute noch notwendige Isolierstoß in sonst geschweißten Schienen. Die induktive Zugsicherung verlangt an einigen Stellen eine Unterbrechung der elektrischen Leitfähigkeit im Schienensystem durch geschraubte Laschenverbindungen. Diese Laschen aus Stahl werden mit nicht leitendem Klebstoff zusätzlich zu den Schrauben befestigt. Zwischen den Schienenstößen befindet sich ebenfalls ein isolierendes Element (Abbildung 156).

Bei niedrigen Temperaturen bilden sich in nur geschraubten Schienenstößen aufgrund der thermischen Kontraktionen des Stahls starke Verformungen aus, die durch die hochverspannten Stahlschrauben alleine nicht verhindert werden können. Werden zusätzlich zu den Schraubenverbindungen die Laschen mit den Schienen klebtechnisch verbunden, kommt es nicht zu diesen Verformungen.

Im Eisenbahnoberbau werden die Schienen beispielsweise auf Holz- und Betonschwellen mit Hilfe so genannter Rippenplatten befestigt, die, wie in den Fotos erkennbar, beim konventionellen Schwellenbau mit den Schwellen verschraubt werden. Diese Schraubenverbindungen lassen sich, zumindest im Falle von Betonuntergründen, in U-Bahnen oder Tunnelstrecken und heute ebenfalls bei der Festbettverlegung durch Klebungen ersetzen, wobei der hochelastische Klebstoff mit großen Schichtdicken auch die Dämpfungsfunktion des früheren Schotterbettes gut übernimmt.

Die Magnetschwebebahn ist ein weiteres Beispiel für den erfolgreichen Einsatz der Klebetechnik. Als Kernwerkstoff für den Asynchron-Linearmotor, der die Fahrschiene ist, werden ebenso wie auch sonst im Transformatoren- und Elektromotorenbau Blechlaminate verwendet, in denen keine Wirbelströme quer zur Lami-

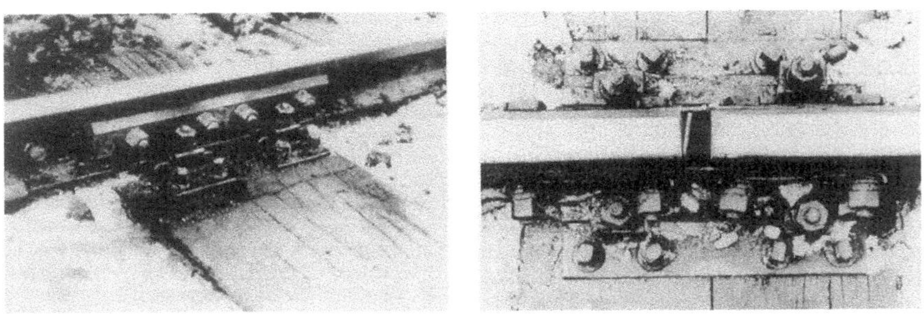

Abbildung 156 Geschraubter (rechts) und geschraubter und geklebter (links) Isolierstoß von Schienen bei –28 °C (Werkbild Henkel)

nierrichtung auftreten dürfen. Diese Bleche, die im Falle der Magnetbahn eine Dicke von 0,5 mm haben und aus speziellen Stahllegierungen bestehen, sind vollständig miteinander verklebt. Zusätzliche mechanische Sicherungen, beispielsweise durch Schrauben, sind aus magnettechnischen Gründen nicht zulässig.

8.2.4
Schiffbau

Unterbereiche mariner Anwendungen sind der Yacht-, Charter- und Militärbereich. Im Yachtbau ist das Kleben eine mittlerweile unverzichtbare Konstruktionstechnik. Ähnlich wie bei Wohnmobilen ist auch hier der Kostendruck sehr hoch, weshalb sich Kunststoff-Verbundmaterialien weit gehend durchgesetzt haben. Ganze Schiffsaufbauten werden heute auf diese Weise hergestellt. Auch beim Dichten kommen Klebstoffe zum Einsatz. Mit Zweikomponenten-Epoxidklebern werden Schiffsrümpfe geklebt, ebenso Stringer und Spante.

Im Charterbereich finden neue Konstruktionstechniken ebenfalls zunehmend Akzeptanz. Um zum Beispiel die Kapazität von Kreuzfahrtschiffen zu erhöhen, suchen Schiffsbauer, traditionell auf den Werkstoff Stahl setzend – Stahl gilt als »solide« – zunehmend nach alternativen Konstruktionstechniken. So werden auch für die Aufbauten großer Schiffe verstärkt Leichtbaumaterialien wie etwa faserverstärkte Kunststoffe unter anderem für Swimmingpools verwendet.

Ein interessantes Beispiel für den Einsatz von Klebstoffen im Charterbereich ist die Konstruktion einer 60 m langen Hochgeschwindigkeitsfähre [13], die in der Lage ist, etwa 1000 Personen mit einer Geschwindigkeit von 40 Knoten (ca. 75 km/h) zu befördern. Diese Leistung konnte nur durch den konsequenten Einsatz der Leichtbauweise erreicht werden. Der Rumpf des Schiffes besteht aus profilverstärkten Aluminium-Integralplatten, in die die Polycarbonat-Fenster mit glasfaserverstärkten Klebstoffen eingeklebt sind.

8.3
Bauwesen

Seit Jahrtausenden ist Kleben im Bauwesen eine dominierende, weil erfolgreiche Verbindungstechnik. Das gilt nicht nur für die frühere Verwendung von Pech zum Kleben von Steinen und Fliesen in Mesopotamien (s. Kapitel 2). Schließlich ist jeder Mörtel, wie er bis heute gebräuchlich ist, eigentlich ein Klebstoff.

Bindemittel, die nur an Luft erhärten (»Luftbinder« wie Gips, Sorelzement, Anhydrit, Magnesia, Weißkalk), werden als nicht hydraulische Bindemittel bezeichnet, während man Kalk und vor allem Zement hydraulische Bindemittel nennt, weil das Abbinden auch unter Wasser erfolgen kann. Begriffe wie beispielsweise »Romankalk« für hochhydraulischen silicatreichen Kalk deuten auf den umfangreichen Einsatz dieser Bindemittel zur Blütezeit der Römer hin, die bereits Möglichkeiten zur Festigkeitssteigerung durch Beigabe von mineralischen Zusatzstoffen kannten – zum Beispiel der bei Pozzuoli am Vesuv vorkommenden Asche, die nach Zusatz von weiterem Kalk beim Brennen einen hydraulischen Mörtel (Zement) liefert. Im antiken Rom und nachweislich beim Bau der Porta Nigra in Trier wurden zur gezielten Verbesserung der Zähigkeit, der Klebeeigenschaften und der Frostsicherheit den Mörteln Stoffen organischen Ursprungs wie beispielsweise Milch, Casein, Rinderblut oder Urin zugesetzt.

8.3.1
Flächenklebstoffe

Für Bodenbelags-, Parkett- und Fliesenverklebung existiert eine Vielzahl verschiedener Klebstofftypen. Es werden sowohl physikalisch als auch chemisch abbindende Klebstoffe eingesetzt [14, 15].

8.3.1.1 Klebemörtel zur Verlegung keramischer Fliesen

Beim Verlegen keramischer Fliesen dominieren zu ca. 90% – neben Klebern auf Reaktionsharz- und Dispersionsbasis – Klebemörtel auf Zementbasis. Diese Produkte enthalten als Hauptbindemittel Zement, als Füllstoff Sande, zur Haftungsverbesserung und zur Flexibilisierung Kunststoffpulver sowie Spezialzusätze wie z. B. Entschäumer, Netzmittel, Verdicker etc. Zementäre Mörtel sind chemisch abbindend, sie erhärten durch Zugabe von Wasser »hydraulisch«: Sie binden durch Reaktion des Zements mit Wasser an Luft und selbst unter Wasser ab und sind nach dem Aushärten wasserbeständig.

Um den immer kurzfristigeren Fertigstellungsterminen Rechnung zu tragen, wurden in den letzten Jahren verstärkt »Schnellbau-Klebemörtel« auf der Basis von Spezialzementen entwickelt. Bei diesen Klebemörteln kann bereits ca. zwei Stunden nach der Verlegung der keramischen Fliesen verfugt werden. Dies ist gerade bei Objekten, die schnell der Nutzung zuzuführen sind, ein wichtiger Aspekt. Beim Einsatz konventioneller zementärer Klebemörtel hingegen kann frühestens nach 24 Stunden weitergearbeitet werden.

Reaktionsharz-Fliesenkleber sind chemisch abbindende Spezialprodukte auf Polyurethan- oder Epoxidharz-Basis. Sie bestehen aus einer mit Füllstoffen formulierten A-Komponente und einer normalerweise ungefüllten B-Komponente. Abhängig vom gewünschten Einsatzzweck können Polyurethan- und Epoxidharz-Fliesenkleber sehr hart bis weichelastisch eingestellt werden. Reaktionsharzprodukte kommen bevorzugt in Bereichen mit hoher Beanspruchung zum Einsatz, z. B. bei Gewerbeflächen mit Flurförderfahrzeugen, erhöhter Nass- oder Chemikalienbelastung sowie im Außenbereich bei Terrassen und freitragenden Balkonen mit hohen Temperaturschwankungen.

Dispersions-Fliesenkleber enthalten im Allgemeinen Styrol-Acrylat-Dispersionen als Bindemittel, Füllstoffe, wie z. B. Kreide und Quarzsande, sowie Additive wie Verdickungs- und Konservierungsmittel, Entschäumer und Netzmittel. Diese gebrauchsfertigen Klebstoffe binden physikalisch durch Abgabe von Wasser ab. Da kein Anmischen erforderlich ist, kann der Fliesenleger mit Dispersionsklebstoffen besonders verschmutzungsarm und sauber arbeiten, und Restmengen müssen nicht entsorgt werden. Für Renovierungsarbeiten, zur Verlegung von Sockelleisten, Bordüren etc. und für den Heimwerkerbereich sind Dispersionsklebstoffe daher besonders geeignet. Für diese Anwendungen ist aufgrund der Zeitersparnis auch der höhere Preis dieser Klebstoffe zweitrangig.

8.3.1.2 **Bodenklebstoffe**

Fußböden jeglicher Art werden fast ausschließlich klebtechnisch verlegt. Dabei sind Lösungsmittel-Kontaktklebstoffe, Dispersionsklebstoffe und auch Haftklebstoffe verbreitet.

Für die Klebung von Parkett kommen hauptsächlich drei verschiedene Klebstofftypen zum Einsatz: lösemittelhaltige Kunstharz-Parkettklebstoffe, Reaktionsharz-Parkettklebstoffe und Dispersions-Parkettklebstoffe

Lösemittelhaltige Kunstharz-Parkettklebstoffe haben trotz aller Anstrengungen der Bauberufsgenossenschaften ihre beherrschende Stellung im Markt behalten. Man schätzt ihren Marktanteil auf immer noch ca. 65–70 %. Sie bestehen aus Lösemittelgemischen (z. B. Methylacetat, Aceton, Ethanol, Methanol), darin gelöstem Kunstharz (Polyvinylacetat) und mineralischen Füllstoffen, z. B. Kreide. Der Lösemittelanteil liegt zwischen 20 und 25 %.

Lösemittelhaltige Kunstharz-Parkettklebstoffe enthalten kein Wasser und verursachen deshalb eine vergleichsweise geringe Quellung der Parketthölzer. Der Parkettleger schätzt diesen Klebstofftyp vor allem wegen der einfachen und problemlosen Anwendung.

Aus Kostengründen wurden Anfang der 1990er Jahre neue Parkettformate entwickelt. Diese im Verhältnis sehr dünnen und breiten Formate neigen bei der Verklebung mit Dispersions- und Lösemittel-Klebstoffen oft zu Schüsselungen. Gleichzeitig setzte der Modetrend hin zu helleren, aber auch quellfreudigeren Parkettsorten wie z. B. Buche und Ahorn ein. Dies machte die Entwicklung neuer, wasser- und lösemittelfreier Parkettklebstoffe notwendig. Neben Epoxidharz-Klebstoffen werden in Deutschland hauptsächlich Polyurethanklebstoffe verwendet.

Die umweltfreundlichste Art, Parkett zu kleben, ist zweifellos die Verwendung wasserbasierender Dispersions-Parkettklebstoffe. Diese bestehen aus einer Polyvinylacetat-Kunststoff-Dispersion als Bindemittel und z. B. Kreide als mineralischem Füllstoff.

Für PVC-, Kautschuk-, Linoleum-, Polyolefin- und Korkbeläge sowie Textilbeläge werden seit Jahren praktisch ausschließlich Dispersionsklebstoffe verwendet. Ausnahmen sind die Verlegung auf formvorgebenden Untergründen (z. B. Treppen) und das Anbringen von Sockelleisten. Dafür werden lösemittelhaltige Kontaktklebstoffe eingesetzt.

Ein weiteres Anwendungsgebiet für Flächenklebstoffe im Bauwesen sind Tapetenkleister. Der Hauptbestandteil der industriell hergestellten Kleister basiert auf pflanzlichen Rohstoffen. Dabei handelt es sich meist um Methylcellulose, ein Quellstoff, der aus Holzcellulose gewonnen wird. Alternativ sind auch Kleister auf der Basis von modifizierter Kartoffelstärke und Kaolin erhältlich. Je nach Anforderungsprofil sind einigen Kleistern Kunstharze zur Erhöhung der Klebkraft zugesetzt. Da die pflanzlichen Kleister Nährböden für Mikroorganismen sind, sind sie häufig mit Konservierungsmitteln und pilzhemmenden Mitteln versetzt [15].

8.3.2
Einsatz von Klebstoffen in der Befestigungstechnik des Bauwesens

Zur Befestigung im Bauwesen werden heute in großem Umfang Dübelsysteme verwendet, bei denen die Verfestigung eines Bindemittels im Bohrloch eine Kraftübertragung vom Dübelkörper in das Bauwerk ermöglicht. Man spricht dabei auch von Verbunddübeln, die in verschiedenen Ausführungen angeboten werden (Abbildung 157). Unterschieden werden Dübel, bei denen der Mörtel in Glaspatronen oder Kunststoffschläuchen enthalten ist, und Injektionssysteme. Das Bindemittel des Mörtels kann aus Kunstharz, Zement oder aus einer Mischung von beiden bestehen [16].

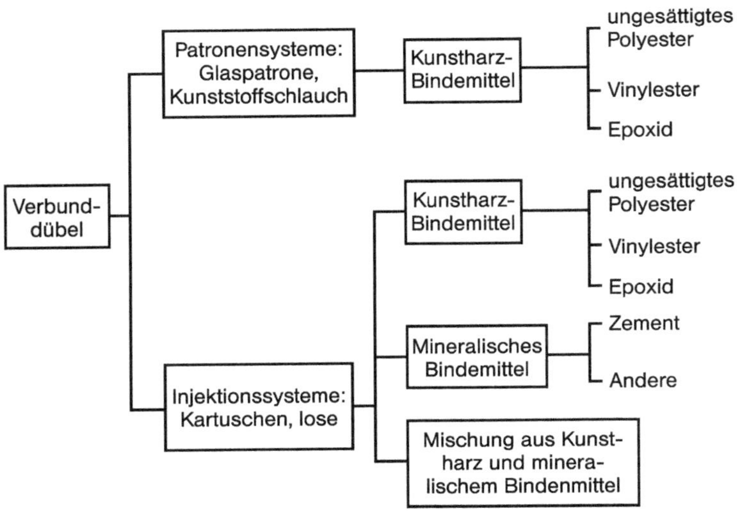

Abbildung 157 Einteilung der Verbunddübel (nach Comité Euro-International du Béton (CEB), 1994)

8.3.2.1 Patronensysteme

Patronensysteme (Abbildung 158) bestehen aus einer an der Spitze dachförmig oder einseitig abgeschrägten Gewindestange, einer Sechskantmutter mit Unterlegscheibe sowie einer gläsernen Mörtelpatrone oder einem Folienbeutel. Auf der Gewindestange ist die erforderliche Setztiefe markiert. Die Mörtelpatrone enthält Reaktionsharz (ungesättigtes Polyesterharz bzw. Vinylester), Härter sowie kantengerundeten Quarzzuschlag in definierter Zusammensetzung [17].

Die Mörtelpatrone wird in ein vom Bohrmehl gereinigtes Bohrloch eingeführt. Anschließend wird die Gewindestange mit Hilfe eines Bohrhammers unter Schlag-Dreh-Bewegungen bis zur erforderlichen Setztiefe eingetrieben. Dabei werden die Patrone zerstört, Harz und Zuschlagstoffe gut durchmischt und verdichtet und der Ringspalt zwischen Gewindestange und Bohrlochwand satt ausgefüllt. Wird die Ankerstange ohne Drehbewegung eingeschlagen, ist eine ord-

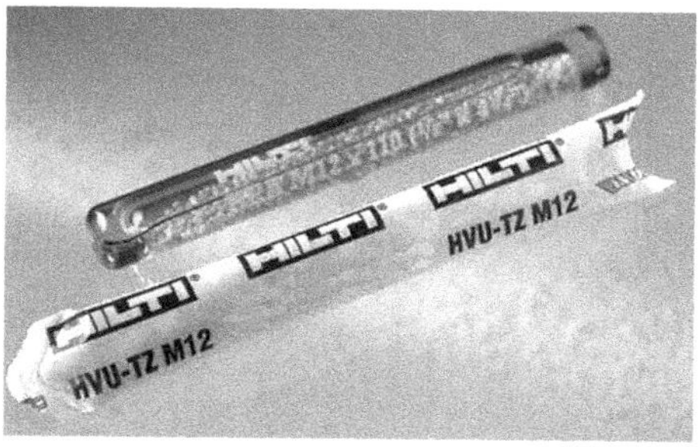

Abbildung 158 Patronensysteme für Verbunddübel (Quelle: Hilti Befestigungstechnik)

nungsgemäße Durchmischung des Mörtels nicht gewährleistet. Die in der Patrone enthaltene Mörtelmenge ist unter Berücksichtigung möglicher Bohrlochtoleranzen so dimensioniert, dass beim Erreichen der erforderlichen Setztiefe am Bohrlochmund Überschussmörtel austritt. Bei »Hammersystemen« darf die Ankerstange auch eingeschlagen werden (ohne Drehbewegung). Allerdings ist die Tragfähigkeit im Allgemeinen geringer als bei den oben beschriebenen Systemen.

Die Aushärtung des Reaktionsharzes ist von der Harzart und der Temperatur im Ankergrund abhängig.

Das Wirkungssystem der Verbunddübel beruht auf einer Klebung und dem formschlüssigen Verguss des Spaltes zwischen der Gewindestange und der Bohrlochwand (Abbildung 159). Äußere Lasten werden über Verbund zwischen dem Reaktionsharzmörtel und der Bohrlochwand in den Ankergrund eingeleitet. Die Tragfähigkeit hängt daher von der Bohrlochreinigung ab. Treibt man die Ankerstange schlagend und drehend ein, wird ein wesentlicher Teil des eventuell an der Bohrlochwand haftenden Bohrmehles durch den Zuschlag und die Glaspartikel abgerieben und in den Mörtel eingemischt. Wird dagegen die Ankerstange nur eingeschlagen, dann verbleibt das Bohrmehl an der Bohrlochwand und setzt die Verbundfestigkeit wesentlich herab.

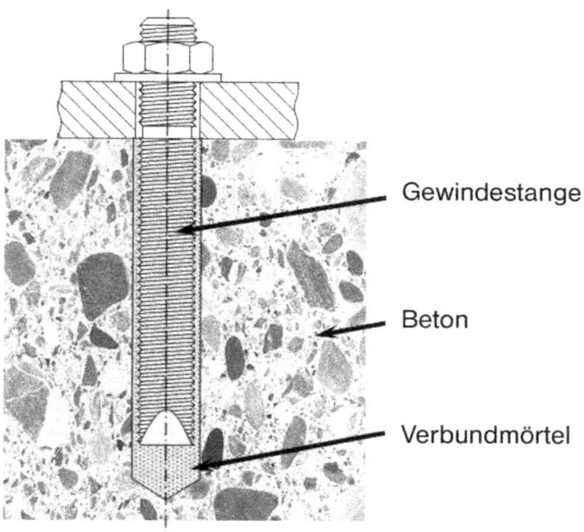

Abbildung 159 Wirkungsweise der Verbunddübel

Beim Setzen werden zunächst keine Spreizkräfte erzeugt. Diese entstehen – wie bei allen Verankerungen – beim Vorspannen und beim Belasten des Dübels, sind jedoch wesentlich geringer als bei Metallspreizdübeln.

Viele der bisher verwendeten Harze enthalten Styrol, das in etlichen Ländern als gesundheitsschädlich und umweltschädlich angesehen wird. Es werden jedoch auch in steigendem Maße Harze angeboten, die kein Styrol mehr enthalten.

8.3.2.2 Injektionssysteme

Bei Injektionssystemen wird der Mörtel entweder in Kartuschen oder lose angeliefert. Bei Kartuschensystemen sind Harz und Härter in getrennten Kammern enthalten. Der Mörtel wird mit Hilfe eines Auspressgerätes in das Bohrloch injiziert. Dabei werden Harz und Härter in einem festen Mengenverhältnis ausgepresst und in einer speziellen Mischwendel an der Spitze der Kartusche vermischt. Die ersten Hübe sind im Allgemeinen zu verwerfen, weil das erforderliche Mischungsverhältnis noch nicht eingestellt ist. Anschließend wird die Ankerstange in das Bohrloch eingedrückt. Am Bohrlochmund austretender Mörtel zeigt die vollständige Füllung des Bohrlochs an. Hinsichtlich der Aushärtezeit und der Lagerstabilität gelten prinzipiell die Ausführungen für Patronensysteme. Allerdings sind die Aushärtezeiten bei ungesättigtem Polyester und Vinylester etwas länger als bei Patronensystemen, um eine ausreichend lange Verarbeitungsdauer zu gewährleisten. Bei Epoxidharzen sind wesentlich längere Aushärtezeiten zu beachten als bei ungesättigten Polyester- und Vinylesterharzen.

Lose angelieferter Mörtel muss auf der Baustelle in dem vom Hersteller angegebenen Verhältnis gemischt werden. Dies ist naturgemäß mit relativ großen Unsicherheiten verbunden. Der Mörtel kann entweder in das Bohrloch gepresst oder – bei Bohrlöchern vertikal nach unten – gegossen werden.

Die Wirkungsweise von Injektionssystemen in Vollbaustoffen entspricht derjenigen von Patronensystemen. Allerdings hängt die Verbundfestigkeit wie bei »Hammersystemen« in der Regel wesentlich von Art und Umfang der Bohrlochreinigung ab. Injektionssysteme werden beispielsweise zur Herstellung von Verankerungen und zum Einmörteln von Anschlussbewehrungen verwendet.

8.3.3 Verbund-Spreizdübel

Herkömmliche Verbunddübel sind im gerissenen Beton zur Übertragung von Lasten mit überwiegendem Zuganteil nur wenig geeignet. Für den Einsatz im gerissenen und ungerissenen Beton wurden spezielle Systeme entwickelt.

Bei Verbund-Spreizdübeln wird eine Ankerstange verwendet, die mehrere Konen aufweist. Das Setzen der Ankerstange erfolgt wie bei üblichen Verbunddübeln schlagend/drehend in ein zylindrisches Bohrloch. Bei Einleitung einer Zugkraft in die Ankerstange löst sich zum Teil der adhäsive Verbund zwischen Ankerstange und Verbundmasse und die Konen werden in den Mörtel gezogen, der als Spreizschale wirkt. Dadurch entstehen Spreizkräfte und damit Reibungskräfte zwischen Mörtelschale und Bohrlochwandung, die ausreichend hoch sind, um die Zugkraft ohne Inanspruchnahme der Klebwirkung des Mörtels in den Untergrund einzuleiten. Die Spreizkräfte sind geringer als bei üblichen mechanischen Spreizdübeln.

8.3.4
Bauwerksverstärkung durch geklebte Oberflächenbewehrung

Klebtechniken werden im konstruktiven Ingenieurbau hauptsächlich bei der Sanierung, Ertüchtigung und Verstärkung von Bauteilen eingesetzt. Mit der so genannten Klebebewehrung steht eine Methode zur Verfügung, mit der Betontragwerke schnell, wirtschaftlich und meist ohne weitere Eingriffe in die Bausubstanz verstärkt werden können. Dabei werden Zugelemente (Stahl- oder CFK-Lamellen) mittels Epoxidharzklebstoffen mit dem bestehenden Konstruktionsbeton verbunden [18]. Die Stahlbeton-Klebebewehrung wird hauptsächlich für nachfolgende Problemstellungen eingesetzt:

- Behebung von Tragwerksmängeln – Schäden infolge Gebrauch,
- Anpassung infolge Umnutzung – Erhöhung der Nutzlast,
- Verbesserung der Gebrauchstauglichkeit – Verringerung der Durchbiegung durch Steifigkeitserhöhung.

Die Stahllamellen werden in der Regel werkseitig durch Druckluftstrahlen vorbehandelt und anschließend mit einem Schutzanstrich (Primer) versehen. CFK-Lamellen werden vor der Applikation auf der Klebstoffseite angeschliffen, um den notwendigen Verbund gewährleisten zu können.

CFK-Lamellen können aufgrund des geringen Gewichts unmittelbar nach der Montage ausgeschalt oder mit dem Anrollverfahren appliziert werden. Die Anforderung an die Ebenheit der geklebten Lamellen stellt aufgrund der geringen Eigensteifigkeit hohe Ansprüche an die Ausführung. Dabei weist die angepresste Lamelle Vorteile gegenüber der angerollten Lamelle auf (insbesondere bei Kreuzungsstellen).

Neben der so genannten schlaffen Bewehrung, die am unbelasteten Bauteil die Tragfähigkeit bezüglich dynamischer Betriebslasten erhöht und die Steifigkeit erhöht, kann eine mittels Vorspannköpfen an den Enden unter Eigenspannung aufgeklebte Lamellenbewehrung auch zur Steigerung der statischen Nutzlast dienen.

8.3.5
Strukturelles Kleben im Stahl- und Fassadenbau

Im Stahlbau gab es anfänglich Bemühungen zur Einführung der Klebtechnik im Brückenbau (1953 und 1963 wurden zwei Rohrbrücken in hybrider Klebtechnik (HV-Schrauben + Kleben) über den Lippe-Ems-Kanal in Marl errichtet, die noch heute existieren) und im Hochbau (z. B. vor ca. 30 Jahren die Verklebung des TEKTAL-Dachs von Hoesch mit Hallenbindern). Diese Entwicklungen konnten sich jedoch bislang nicht auf breiter Basis etablieren. Das Kleben als strukturelles Fügeverfahren ist im Bauwesen immer noch eine – teils misstrauisch beäugte – Ausnahme.

Das strukturelle Kleben im Fassadenbereich beispielsweise von Beton, Stahl, Aluminium und nicht zuletzt von Glas ist im Bauwesen bisher zumindest für den Außenbereich in Höhen oberhalb von 9 m noch nicht generell zugelassen; Einzelzulassungen existieren aber.

Fassaden lassen sich als Leichtbausysteme ausführen, was bei der Unterkonstruktion zu Gewichtsersparnissen führen kann. Flächige Verbindungen sind in diesen Fällen sinnvoll. Optisch attraktiv wirken sie bei der Verwendung dünner, sehr beständiger Augenbeschichtungen, etwa aus widerstandsfähigern Naturstein oder auch aus Glas.

Glas ist abgesehen von seiner weitestgehend fehlenden plastischen Verformbarkeit mit einem spezifischen Gewicht von ca. 2,8 g/cm^3 – ähnlich wie Aluminium –, hoher Festigkeit und hohem Elastizitätsmodul ein vorzüglicher, langzeitbeständiger Leichtbauwerkstoff, dessen Einsatzgrenzen aufgrund der noch etwas unterentwickelten strukturellen Glasklebtechnik bei weitem nicht erreicht sind. Aufgrund dieser Empfindlichkeit des Glases gegen örtlich begrenzte Überlastung bietet sich die Klebtechnik als Fügeverfahren besonders an, da die Fügeflächen schon aus Gründen der relativ geringen Eigenfestigkeit der Klebstoffe groß sind und es somit zu einer gleichmäßigen Krafteinleitung in das Bauteil kommt.

Im Fassadenbau werden großflächige Glaselemente definitionsgemäß linienförmig oder punktförmig gelagert. Die Zulassung von linienförmig gelagerten Glasklebungen im Fassadenbereich nach dem Prinzip des »structural sealant glazing« mit elastischen Klebstoffen, bei dem die Klebung nur das Eigengewicht der Glasbauteile trägt, erfolgt nach der Leitlinie für die europäische Technische Zulassung für geklebte Glaskonstruktionen, ETAG 002.

Abbildung 160 zeigt den Aufbau einer Fenstereinheit des eingesetzten Fassadensystems. Eine Isolierglaseinheit mit allseitig überstehender Außenscheibe wird mit einem Siliconklebstoff umlaufend auf einen Rahmen aufgeklebt. Dieser Rahmen verfügt zur Verringerung des Wärmedurchganges über eine thermische Trennstelle und wird seinerseits in eine Pfosten-Riegel-Konstruktion eingesetzt.

Abbildung 160 Ausführungsbeispiel einer Glasklebung im Fassadenbereich

Im Gegensatz zum Kraftfahrzeugbau erscheint das Bauwesen, nicht zuletzt unter dem Aspekt der Sanierung von Altbauten, als ein für noch viele Jahre attraktives Einsatzgebiet. Andere Entwicklungen, beispielsweise neue Fensterrahmen-Kombinationen unter Verwendung der Klebtechnik, rücken in den Bereich der Diskussionen und auch erster Erprobungen.

Ob Kleben im Stahlbau eine bedeutende Zukunft hat, ist noch offen. Wenn hier allerdings ebenfalls der Leichtbau aktuell wird, hat es Chancen, ähnlich wie im Transportwesen.

8.4 Kleben im Holzbau

8.4.1 Einleitung

Aus gutem Grund gehört Holz zu den ältesten und beliebtesten Werkstoffen der Menschen. Holz ist mit Ausnahme der Wüstenregionen überall und in großen Mengen verfügbar. Im Vergleich zu Metall oder Stein kann Holz mittels zerspanender Technologien relativ einfach gewonnen und bearbeitet werden. Die Ökobilanz von Holz und Holzwerkstoffen ist tadellos, weil es sich um einen nachwachsenden Rohstoff handelt. Nicht außer Acht zu lassen ist auch die Tatsache, dass Holz emotional positiv belegt ist: Die meisten Menschen fühlen sich wohl, wenn ihre Wohn- und Arbeitsumgebung ganz oder teilweise aus Holz besteht. Das rührt daher, dass sich Holz wegen seiner ausgezeichneten Isoliereigenschaften warm anfühlt. Seine Fähigkeit, Feuchte aufzunehmen oder abzugeben, reguliert das Raumklima und ist daher baubiologisch wertvoll. Auch die akustischen Eigenschaften des Holzes, d. h. sowohl Ausbreitung wie Dämmung von Schallwellen, sind charakteristisch anders als in anderen Werkstoffen. Diese Eigenschaft wird nicht nur bei Musikinstrumenten genutzt, sondern oft auch beim Ausbau von Konzertsälen. Holz im Bau kann ein gutes Klanggefühl vermitteln. Aus technologischer Sicht ist Holz ein komplexer Werkstoff. Die ausgeprägte Faserstruktur hat zur Folge, dass die meisten physikalischen Eigenschaften, besonders aber die mechanischen, hochgradig anisotrop sind. So beträgt beispielsweise und holzabhängig die Zugfestigkeit in orthogonaler Richtung zum Faserverlauf (Querzugfestigkeit) lediglich 10–15 % der Zugfestigkeit in Faserrichtung. Letztere ist indes beachtlich. Sie beträgt bei Buche ca. 120 N/mm^2 bei einer Rohdichte (12 % Feuchtigkeit) von 0,7 kg/dm^3 [19]. Die entsprechenden Werte für Baustahl liegen bei 310–630 N/mm^2 und einer Dichte von 7,8 kg/dm^3. Dies bedeutet, dass man, ceteris paribus, mit Holz leichtgewichtiger bauen kann, wenn man die Konstruktion so auslegt, dass die wichtigsten auftretenden Kräfte in Zug- oder Biegezugrichtung gelegt werden. Holz ist aber nicht gleich Holz, sondern es widerspiegelt die natürliche Vielfalt der Spezies, aus denen es gewonnen wird. Abhängig von der Baumart, aber auch abhängig vom Wachstumsstandort und dessen Klimageschichte, ergibt sich eine große Vielfalt an Holzdichten, -festigkeiten, -farben und Maserungen. Diese Auswahl macht Holz für den Konstrukteur wie für den Designer attraktiv. Für den Klebstoffspezialisten ist Holz auf den ersten Blick ein »gutmütiges« Substrat. Die inhärente Porenstruktur, die sich durch das Verdunsten des Kapillarwassers im Trocknungsprozess ergibt, schafft die Möglichkeit einer mechanischen Verankerung des Klebstofffilms in der Struktur. Die chemischen Strukturen der Hauptkomponenten der Holzmatrix (Cellulose und Lignin), mit Hydroxyl- und andern polaren funktionellen Gruppen, bieten reichhaltige Gelegenheiten zur Ausbildung von Wasserstoffbrücken und sogar kovalenten chemischen Bindungen in der Adhäsionsschicht. So kommt es, dass Zeugnisse für die Verklebung von Holz in der Menschheitsgeschichte so weit zurückgehen, wie es archäologische Funde von Gegenständen und Artefakten aus Holz gibt. Dabei handelt es sich durchweg um nicht tragende, also unbelastete Verbindungen. Zur Anwendung kamen Leime natürlichen Ursprungs, d.h. aus Pflanzen oder Tierorganen gewonnene. Die Herstellung von Glutinleimen, d.h. Leimen aus Haut oder Knochen, bedingten bereits einen fortgeschrittenen Kenntnisstand des dafür notwendigen Handwerks (s. Abschnitt 5.9). Was Wunder, dass mit derartigen Leimen hergestellte Kunstwerke und Gebrauchsgegenstände als besonders wertvoll galten und beispielsweise in den Grabschätzen der ägyptischen Pharaonen zu finden waren. Mehr noch, der Leim selbst galt als äußerst wertvoll. Im Schatz des Tutenchamun fand man eine Tafel Glutinleim, die zusammen mit Gold und Edelsteinen den Pharao auf seiner letzten Reise begleitete. Wissenschaftlich und systematisch beschäftigte sich erstmals Plinius der Ältere (23–79 n. Chr.) mit dem Verkleben von Holz in seinem 37-bändigen Werk »Historia Naturalis« (s. Kapitel 2). Ihm blieb nicht verborgen, dass bestimmte Harthölzer weit schwieriger zu verkleben sind als weichere Sorten – eine Tatsache, die selbst bei modernen Klebstoffen noch aktuell ist. In der ersten Hälfte des 20. Jahrhunderts wurden Holz und Holzklebstoffe zu Schlüsselwerkstoffen der damaligen Spitzentechnologien. Heute erinnern noch Begriffe wie ‚Propellerleim' an diese Anwendungen. Selbst Düsenflugzeuge wie beispielsweise der englische De Havilland »Vampire« (Abbildung 161) waren aus Holz gebaut. In den Nachkriegsjahren kam es zu einer wahren Flut neuer Prüfmethoden und Normen. An sich wurden damit Sicherheit und Zuverlässigkeit von

Abbildung 161 Der mehrheitlich aus Holz gefertigte Jagdbomber De Haviland FB.6 »Vampire« diente bis 1990 der Schweizer Luftwaffe als Trainingsflugzeug.

Holzkonstruktionen erhöht. Andererseits liegt es im Wesen von Normen, dass sie konservativ sind und den Markteintritt neuer Systeme erschweren. Das gilt besonders für Normen, welche ein bestimmtes Material vorschreiben. In diesem Fall müssen neuartige Materialien die Akzeptanz über langwierige Sonderzulassungen erkämpfen. All dies ist dem Fortschritt einer Technologie hinderlich.

Im modernen Kontext des Klebens von Holz ist es sinnvoll, zwei Dimensionen zu betrachten. In der einen Dimension wird zwischen »tragend« und »nicht tragend«, in der zweiten zwischen »industriell« und »handwerklich« unterschieden. Das handwerkliche Segment ist durch geringe Seriengrößen, sehr oft sogar durch Seriegröße 1, gekennzeichnet. Bei der Herstellung von Unikaten oder Kleinserien ist es in der Regel zu aufwendig oder unökonomisch, Prozessoptimierung im Sinne von Typenprüfung zu betreiben oder Lastberechnungen anzustellen. Daher ist konstruktives (d. h. Last tragendes) Kleben in diesem Segment eher die Ausnahme. Wo belastete Fugen auftreten, beispielsweise bei Regalen in Möbeln, wird zur mechanischen Befestigungstechnik, also Dübeln, Schrauben oder Nägeln, Zuflucht genommen. Diese haben bei der Montage den zusätzlichen Vorteil, dass sie Führungsfunktion übernehmen. Auch die Montage tragender Elemente auf der Baustelle stellt eine handwerkliche Situation dar. Die meist fehlende Möglichkeit, Pressdruck anzulegen, ist dort der Holzklebetechnik nicht förderlich. Aus diesem Grund sind Befestigungen im Montage- und Dachdeckerbereich in der Regel kraftschlüssig. Im industriellen Segment gelten diese Einschränkungen nicht. Große Stückzahlen rechtfertigen Investitionen in komplexe Anlagensysteme und fördern die Entwicklung ausgefeilter Prozessabläufe. Wirtschaftlichkeit und Qualitätskonstanz sind die dominierenden Motive – Wirtschaftlichkeit darum, weil die hohen Investitionskosten vernünftig amortisiert werden sollen, Qualitätskonstanz, weil durch die Serienfertigung auch Fehler multipliziert werden und zu bedrohlichen Haftungs- und Schadenfolgen auswachsen können [20, 21, 22].

8.4.2 Holzstruktur

8.4.2.1 Molekularer Aufbau des Holzes

Die Trockenmasse von Hölzern setzt sich aus 40–50 % Cellulose, 20–40 % Hemicellulose, 20–30 % Lignin und 2–7 % anderen Inhaltsstoffen (Harze, Fette, Peptide, Gerb- und Farbstoffe) zusammen. Je nach Art, Standort und Fällzeit enthält frisch geschlagenes Holz 50–150 % Wasser bezogen auf die Trockenmasse (Darrmasse). Man unterscheidet zwischen »freiem« Wasser, das in Zellhohlräumen eingelagert ist, und »gebundenem« Wasser, das direkt mit den Cellulosefasern assoziiert ist. Cellulosen sind unverzweigte, langkettige Moleküle, die aus repetitiven Cellobiose-Einheiten aufgebaut sind. Chemisch ist Cellobiose ein Disaccharid, das aus zwei Glucose-Einheiten besteht. Cellulose selbst gehört zu den Polysacchariden (Zucker), die sich durch einen hohen Gehalt von Hydroxylgruppen auszeichnen. Diese polaren Funktionalitäten bieten sich nicht nur zur Ausbildung von Wasserstoffbrücken-Bindungen an, sondern können mit reaktiven Klebstoffen zu Bildung von kovalenten Bindungen Anlass geben. Die Cellulosemoleküle sind zu

Fibrillen zusammengefügt, die in paralleler Anordnung das Gerüst der Zellen bilden, die in Längsrichtung des Stammes angeordnet sind. Lignin ist ein Gemisch polyphenolischer Moleküle. Diese Substanzen werden nach Abschluss des Zellwachstums ins Cellulosegerüst eingelagert, wo sie als Bindemittel zum Verholzen führen. Bei diesem Prozess erhöhen sich Dichte und mechanische Beanspruchbarkeit substanziell. Hemicellulose besteht ebenfalls aus Zuckermolekülen, ist aber strukturell nicht mit Cellulose verwandt. Die aufbauenden Polymere bestehen aus der Pentose D-Xylose. Die Moleküle sind wesentlich kürzerkettig als diejenigen der Cellulose. Außerdem tragen die Ketten Verzweigungen aus Arabinose und andern Zuckern. Hemicellulosen sind leichter abbaubar als Cellulose und dienen sowohl als Gerüst- wie auch als Reservestoff. Wasser ist einerseits über Wasserstoffbrücken in den Faserstrukturen integriert (gebundenes Wasser), andererseits frei beweglich in den Zellhohlräumen gespeichert (freies Wasser). Es beeinflusst die Dimensionen von Holzwerkstoffen maßgeblich. Gesundes Frischholz besteht bis zu zwei Dritteln aus Wasser und befindet sich im maximalen Quellzustand. Bei der Trocknung verdunstet zunächst das freie Wasser, und es wird der so genannte Fasersättigungsbereich mit 23–35 % Holzfeuchte erreicht. Durch die darauf folgende natürliche oder technische Trocknung erzielt man die Gleichgewichtsfeuchte von 6–15 %. Innerhalb dieser Bandbreite wird sich das Holzwerkstück später dem Umgebungsklima anpassen.

8.4.2.2 Makroskopischer Aufbau des Holzes

Kleb- und materialtechnisch von großer Bedeutung ist auch die Tatsache, dass sich die Holzstruktur in radialer Weise über den Stammquerschnitt ändert. Im Innern des Stammes befindet sich bei vielen Holzarten der Kern. Dort sind die Speicherzellen (Markstrahlen) abgestorben. Diese liegen im meist helleren Splintbereich, der von Kambium (Wachstumsbereich) und Rinde umhüllt ist. Jährlich entsteht ein neuer Holzmantel (Jahrringe), die wiederum in Früh- und Spätholz unterteilt werden. Zu Beginn der Vegetationsperiode bilden sich weitvolumige Zellen, im Herbst dagegen engvolumige aus. Erstere dienen dem Transport von Wasser und Mineralsalzen, Letztere der mechanischen Stabilisierung des Stammes.

8.4.3 Konsequenzen der Holzstruktur

8.4.3.1 Festigkeiten, Quellen und Schwinden

Die radiale Symmetrie des Baumstamms und die Anordnung der Cellulosefibrillen in Längsrichtung beeinflussen in hohem Maß die mechanischen und klebtechnischen Eigenschaften. Bereits erwähnt wurden die großen Unterschiede der Zugfestigkeit in Faserrichtung und orthogonal dazu. Für Verbunde von Holz mit Holz, aber auch von Holz mit anderen Materialien, muss dem ausgeprägten Quell- und Schwundverhalten in Abhängigkeit von der Gleichgewichtsfeuchte sorgfältig Rechnung getragen werden. Diese sind, strukturbedingt, in den verschiedenen Richtungen innerhalb des Stammes unterschiedlich. Als Faustregel kann gelten, dass das Quellverhalten in Faserrichtung, radial zur Faser (in Richtung der Mark-

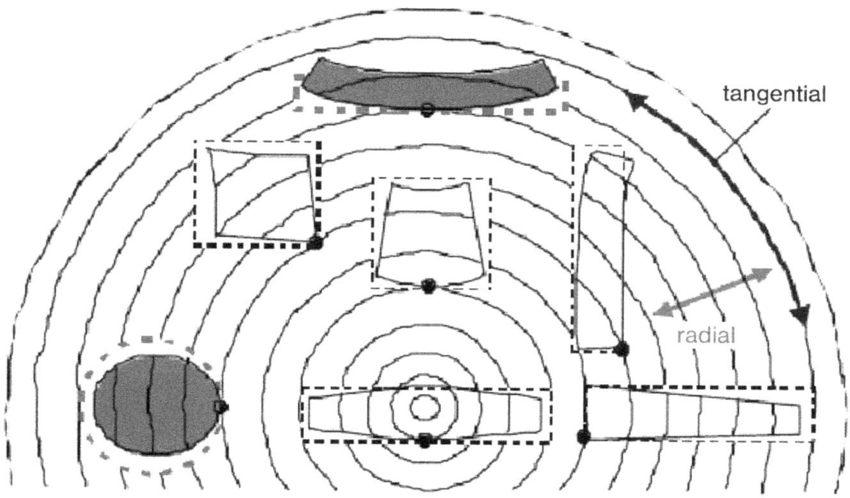

Abbildung 162 Schwindverformungen in Abhängigkeit vom Stammeinschnitt

strahlen) und tangential zur Faser (in Richtung der Jahrringe) dem Verhältnis 1:10:20 entspricht (Abbildung 162). Innerhalb von Schnittholz kann es daher bei Veränderungen des Umgebungsklimas zu beträchtlichen Schwindverformungen, in Verbunden von Holz mit Materialien ohne Feuchtigkeitsquellung (Metall, Kunststoffe, Glas, Steinzeug) dagegen zu sehr hohen Schubspannungen an der Grenzfläche kommen.

8.4.4 Grenzschicht

Es ist bekannt, dass die Adhäsion eines Klebstoffs an den Grenzflächen der Substrate von den physikalisch-chemischen Wechselwirkungen wie von der mechanischen Verankerung abhängig ist [23]. Poröse Oberflächen bieten a priori eine größere Oberfläche pro Fugenquerschnitt, Kavitäten ermöglichen darüber hinaus ein zusätzliches Verkrallen. Holz wird zerspanend oder spanabhebend, d. h. durch Sägen, Hobeln, Feilen, Schleifen, Bürsten oder Messern bearbeitet. Die so genannte Stirn- oder Hirnfläche ist generell großporiger, weil die Zellhohlräume wie die Zellzwischenräume in Faserrichtung verlaufen. Sägerohe Oberflächen sind unebener als gehobelte oder geschliffene. Bei Letzteren können sich hingegen »Trümmerschichten« aus Zellmaterial als der Güte der Verklebung abträglich erweisen, während beim Hobeln oder Messern die Zellwände sauber aufgetrennt werden. Ebenfalls relevant für das Verhalten des Klebstoffs an der Grenzschicht ist die Holzdichte, die von der Holzart, aber innerhalb der Holzart auch davon abhängig ist, ob es sich um Früh- oder Spätholz handelt. Abb. 163 verdeutlicht die geschilderten Phänomene.

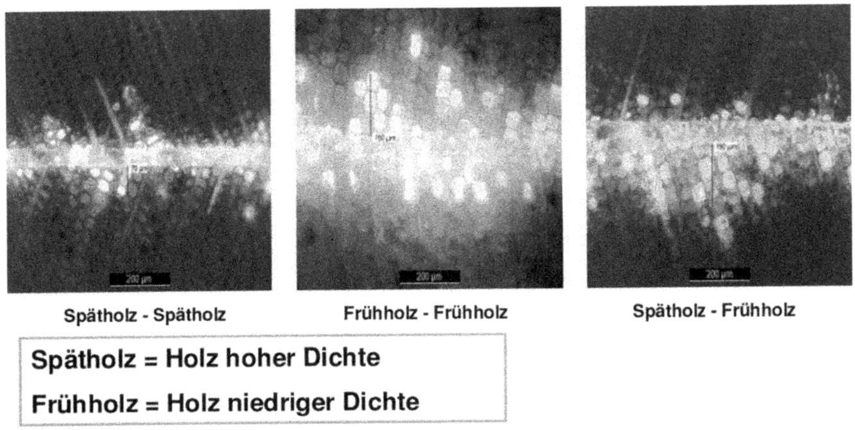

Abbildung 163 Eindringverhalten von Klebstoff (hell) in Abhängigkeit v on der Holzdichte

8.4.5
Klebstoffsysteme

Die Wahl eines geeigneten Klebstoffsystems ergibt sich folgerichtig aus dem Anforderungsprofil der geplanten Fuge und den oben beschriebenen chemischen und physikalischen Eigenschaften des Holzwerkstoffes. Damit steht dem Klebstofffachmann eine breite Palette an Rohstoffen und Formulierungsmöglichkeiten zur Verfügung. Holzverklebungen müssen aber stets folgenden Randbedingungen genügen:

- In der praktischen Anwendung weist Holz stets eine Restfeuchte von 6–15 % auf. Darrtrockenes Holz ist nur von wissenschaftlicher Bedeutung. Der Klebstoff muss also sowohl bei der Applikation wie im Dauergebrauch über eine gewisse Kompatibilität mit Wasser und Wasserdampf verfügen.
- Holz unterliegt feuchtigkeitsbedingten und damit klimabedingten Dimensionsschwankungen. An den Fugengrenzflächen können dadurch hohe Schubspannungen auftreten, die entweder durch die Elastizität des Klebstoffs aufgefangen oder durch genügend hohe Adhäsions- und Kohäsionskräfte gehalten werden.
- Holzoberflächen sind auch bei gehobeltem oder geschliffenem Holz nie absolut plan. Holzklebstoffe müssen daher eine gewisse Füllkraft aufweisen. Zusätzlich werden Holzverklebungen in der Regel unter Pressdruck gefertigt. Dieser kann auf verschiedenste Arten erzeugt werden: durch Schraubzwingen oder Klammern im Handwerksbereich bis hin zu vollautomatisierten Stapel- und Formpressen für industrielle Anwendungen.

8.4.6
Klebstoffe auf der Basis nachwachsender Rohstoffe

Historisch, und das bis zum Beginn des 20. Jahrhunderts, wurden wässrige Naturleime zur Holzverklebung eingesetzt (s. Abschnitt 5.9). Für lasttragende Verbindungen wurden tierische Leime gegenüber den pflanzlichen bevorzugt, weil sie in der Regel höhere Festigkeiten der Leimfuge ergaben. Tierleime bestehen aus Proteinen, welche gleichzeitig für die Haftung (Adhäsion) und die Festigkeit (Kohäsion) verantwortlich sind. Sie werden heiß oder warm appliziert und erreichen infolge eines Gelierprozesses beim Abkühlen eine hohe Frühfestigkeit. Die Bildung des Leimfilmes erfolgt durch Verdunsten des Wassers und führt zu einer elastischen Fuge, die in ähnlicher Weise wie das Holz bei Veränderungen in der Luftfeuchtigkeit quillt oder schwindet.

Mit dem Aufkommen synthetischer Bindemittel Mitte des 20. Jahrhunderts wurden die Naturleime bei Holzverklebungen wirtschaftlich bedeutungslos. Zwar ist im Kontext Ökologie das Interesse von Forschung und Wissenschaft an Naturprodukten wieder im Steigen begriffen, ohne dass – mit Ausnahme von Nischenanwendungen wie die Restauration antiker Gegenstände – von einem wirtschaftlichen Trend gesprochen werden kann. Folgende Probleme der Naturleime sind nach wie vor nicht befriedigend gelöst:

- Die Herstellkosten natürlicher Bindemittel liegen deutlich über den synthetischen Klebstoffen.
- Die Aufarbeitung der tierischen und pflanzlichen Rohstoffe ist aus hygienischer und ökologischer Sicht nicht unbestritten.
- Zum Erreichen der geforderten technischen Leistungsfähigkeit müssen die natürlichen Leime in der Regel mit synthetischen Zusätzen vergütet werden.
- Es bestehen große Qualitätsunterschiede zwischen Produkten aus unterschiedlichen Quellen.
- Bestehende Anlagen zur Verleimung von Holzwerkstoffen müssen für den Einsatz natürlicher Leime modifiziert werden.
- Preis und Versorgungslage unterliegen, wie alle Agrarprodukte, relativ starken Schwankungen und erschweren damit die Planung.

8.4.6.1 Synthetische Holzklebstoffe

Physikalisch abbindende Systeme Unbestrittenes Arbeitspferd in der Holzverarbeitung (abgesehen von der Herstellung von Span- und Faserwerkstoffen) ist der so genannte Weißleim. Es handelt sich um Klebstoffe auf der Basis von Polyvinylacetat-Dispersionen, und zwar sowohl als Homopolymere wie auch als Copolymere in Kombination mit Acrylaten oder funktionellen Monomeren (z. B. Maleinsäurederivaten). Die Filmbildung erfolgt physikalisch durch Wegtrocknen des Wassers. Für diesen Prozess gilt eine Minimaltemperatur, unterhalb derer eine Verfilmung nicht mehr stattfindet. Sie wird als MFT (Minimale Filmbildungstemperatur) bezeichnet und liegt typischerweise zwischen 2 und 15 °C. Erfolgt die Trocknung der Leimfuge unterhalb der MFT, bildet sich kein kompakter Klebstofffilm aus, sondern man beobachtet eine kreidige oder krümelige Schicht ohne brauchbare Festigkeit. Der Abbindungsprozess von Klebstoffen wird durch Wärme, d. h. durch die Verwendung heizbarer Pressen, beschleunigt. Dieses Prinzip stößt bei dickeren Holzschichten an seine Grenzen, weil Holz als guter Wärmeisolator dem Wärmefluss von den Pressbacken in die Klebstofffuge hinderlich ist. Aufgrund des hohen Dipolmoments von Wasser eignen sich aber Hochfrequenzfelder. Diese werden in der Fuge deutlich stärker absorbiert als vom umgebenden Holz und können auch dickere Bauteile durchdringen.

Chemisch abbindende Systeme Bei chemisch abbindenden Systemen findet beim Verpressvorgang in der Klebstofffuge eine Polymerisation statt, gefolgt von einer Vernetzung der so gebildeten Polymermoleküle. Dadurch erhöht sich das durchschnittliche Molekulargewicht der Gerüstpolymere. Dies hat zur Folge, dass die Festigkeitswerte gegenüber der unvernetzten Matrix deutlich ansteigen. Durch die Vernetzung wird zudem das thermoplastische in ein duromeres Verhalten überführt – eine Grundvoraussetzung für Verbindungen, welche unter konstanter Last liegen. Unter diesen Bedingungen unterliegen Thermoplaste dem so genannten kalten Fluss, was im Laufe der Zeit zu einem Versagen der Fuge führt. Reaktivsysteme decken ein breites Spektrum von Haftprofilen und mechanischen Eigenschaften (z. B. Elastizitätsmoduli) ab. Die Wahl des geeigneten Klebstoffsystems hängt daher sowohl von der Art der zu verklebenden Substrate als auch von der zukünftigen Beanspruchung der Fuge ab.

Formaldehyd-Kondensationsharze stellen die wohl umfangreichste Klasse der chemisch abbindenden Systeme dar. Reaktionspartner des Formaldehyds sind Harnstoffe, Phenole oder Melamine sowie alle erdenklichen Kombinationen daraus. Die Reaktionspartner gelangen als Zweikomponentensysteme in wässriger Lösung zur Anwendung. In industrieller Umgebung werden die Komponenten unmittelbar vor dem Leimauftragsgerät gemischt. Im handwerklichen Umfeld sind pulverförmige Fertigmischungen gebräuchlich, die dann mit Wasser in eine reaktionsfähige und applizierbare Form abgemischt werden. Eine Zwischenform von hochvernetzenden Reaktivharzen und thermoplastischen wässrigen Systemen stellen die nachvernetzenden Dispersionsklebstoffe dar. Dabei wird kurz vor Applikation der Thermoplastemulsion eine bifunktionale Isocyanat-Komponente beigefügt, welche mit Hydroxylgruppen der Polymere und der Schutzkolloide reagiert. Damit werden in der Regel sowohl Wasserfestigkeiten als auch Wärmestandfestigkeiten erreicht, die der Dauerhaftigkeitsklasse D4 der Norm DIN-EN 204 entsprechen. Geeignete Dispersionen mit hohem Vernetzeranteil werden auch als EPI-Klebstoffe (Emulsion Polymer Isocyanate) bezeichnet. Ihre Eigenschaften liegen nahe denen von Duromeren und qualifizieren sie deshalb für bestimmte tragende Verbindungen.

Einkomponentige, feuchtigkeitshärtende Polyurethanklebstoffe haben in jüngster Zeit bei Holzverklebungen, besonders im Ingenieurholzbau, stark an Bedeutung gewonnen [24]. Die Vorteile dieser Klebstoffklasse gegenüber den klassischen Formaldehyd-Kondensationsharzen sind

- geringere Auftragsmengen,
- nahezu verlustfreie Anwendung,
- Einsetzbarkeit ohne Mischprozess, wie vom Hersteller angeliefert – kein Bedarf für Leimküche, kein Abwasser,
- wählbar kurze bis extrem kurze Reaktionszeiten,

- unauffällige Klebstofffuge mit holzähnlichem Alterungsverhalten,
- Zulassung für Innen- und Außenanwendungen sowie für freie Längen,
- ökologische Unbedenklichkeit.

Für Verklebungen von Holz mit andern Materialien kommen indessen alle bekannten Reaktivsysteme in Frage (s. Kapitel 5). Entscheidend sind die Anforderungsprofile der geplanten Anwendungen. Diese können hohe Moduli erfordern, wie beispielsweise beim Aufkleben von (Kohlefaser-CFK)-Lamellen in der Zugzone tragender Balkenelemente mit Zweikomponenten-Epoxi. Im andern Extrem werden sowohl Reaktivsysteme auf der Basis von Silan oder Polyurethan zur Verklebung von Parkett auf mineralische Untergründe eingesetzt. Das zähelastische Verhalten dieser Fugen dämmt einerseits den Trittschall und ist andererseits fähig, die großen Dehn- und Schwindspannungen aufzunehmen, die sich im Hartholzparkett bei Klimaänderungen ergeben.

Schmelzklebstoffe (Hot Melts) zeichnen sich dadurch aus, dass sie ihre Klebefestigkeit durch Erstarren oder Kristallisieren aufbauen. In dieser Beziehung sind sie den physikalisch und chemisch abbindenden Systemen überlegen. Sie werden daher bevorzugt bei schnell laufenden maschinellen Fertigungsprozessen eingesetzt. Klassische Hot Melts basieren auf thermoplastischen Polymeren, die mittels Klebrigmachern (Tackyfier), Rheologiemodifikatoren und Stabilisatoren dem Verwendungszweck angepasst werden. Als Polymere gelangen bei Holzklebstoffen vorwiegend EVAs (Copolymere von Ethylen und Vinylacetat), Polyamide und APAOs (ataktische alpha-Olefine) zur Anwendung. Als Tackyfier dienen Harze aus natürlichen Rohstoffen (Kolophonium, Terpenen, etc.) oder synthetischen Ursprungs (Kohlenwasserstoffharze, Acrylatharze). Solchermaßen aufgebaute Hot Melts sind und bleiben thermoplastisch, was ihrer Wärmestandfestigkeit Grenzen setzt. Zudem zeigen sie, wie alle Thermoplaste, kalten Fluss und sind daher für Last tragende Verbindungen nicht geeignet.

Reaktive Hot Melts, die nach der Applikation mittels Feuchtigkeit nachvernetzen, vereinen die Vorteile der klassischen Schmelzkleber mit denen von duromeren Klebstoffen. Bei den so genannten PUR-Hot-Melts tragen die Gerüstpolymere reaktive Isocyanatgruppen, welche nach dem thermoplastischen Schmelzverkleben eine Vernetzungsreaktion eingehen, die durch Feuchtigkeit aus den Substraten ausgelöst wird. Dabei ist die thermoplastische Verbindung genügend stark, um den Abstapelvorgang und die Bearbeitung der Werkteile zu erlauben. Die erhöhten Festigkeitswerte, die auf die Isocyanatvernetzung zurückzuführen sind, bauen sich bei der anschließenden Lagerung über Stunden und Tage auf. Ähnlich, aber mit unterschiedlichem Klebstoffprofil, verhalten sich silanreaktive Hot Melts.

Haftvermittler (Primer) In allen Bereichen der Klebstofftechnologie wird als wichtiger Kundenwunsch der Universalklebstoff genannt. In der Steigerungsform wird zusätzlich gefordert, dass dieser auf unvorbereiteten Oberflächen beliebig hohe Adhäsions- und Kohäsionskräfte entwickeln sowie zusätzlich gegenüber Umwelteinflüssen und Alterungserscheinungen unempfindlich sein soll. Beim heutigen

Stand des Wissens sind derartige Alleskönner nicht in Sicht, zumindest nicht für technisch anspruchsvolle Verklebungen im professionellen Umfeld. Bei Materialoberflächen im Allgemeinen und Holz im Speziellen beschreiben Modelle, die von einer scharfen Trennfläche zwischen Substrat und Klebstoff ausgehen, die Realität nur mangelhaft. Wie in Abbildung 163 bereits gezeigt, handelt es sich bei der Grenzfläche vielmehr um eine Zone endlicher Dimension, in der sich Substrat und Klebstoff zu einem neuen Material vereinen. Der oft zitierte Adhäsionsbruch entspricht einem Versagen dieser Zwischenschicht. Erschwerend kommt bei Holzverklebungen dazu, dass bestimmte Holzarten reich an Inhaltsstoffen sind, die nach der mechanischen Oberflächenbehandlung in kurzer Zeit wieder an die Oberfläche diffundieren. Es handelt sich um niedermolekulare Harze und Öle, aber auch um wässrige Lösungen von Zuckern oder Peptiden. Solche Stoffe können den Verbund schwächen, entweder, indem sie als Trennmittel agieren oder indem sie die Holzstruktur erweichen. Verschiedene Autoren haben in diesem Zusammenhang empfohlen, die Beständigkeit von Holzverklebungen durch den Einsatz von Haftvermittlern zu erhöhen. Es konnte gezeigt werden, dass beispielsweise die Delaminierung von Brettschichthölzern im Wassertest auch für schwierige Hölzer und für verschiedene Klebstoffsysteme nach geeigneter Primerbehandlung deutlich unterhalb der von der Norm geforderten Maximalwerte zu liegen kam [25]. Das Dilemma des Primerverfahrens liegt darin, dass ein zusätzlicher Fertigungsschritt nötig ist. Das Verfahren wird sich also dort durchsetzen, wo Qualität das Primat vor der Quantität besitzt.

8.4.7 Holzverbunde

Verbundmaterialien von Holz mit Holz oder von Holz mit andern Materialien existieren in einer großartigen Vielfalt. Materialien und Geometrien variieren nahezu unbegrenzt; Grenzen setzt allein die Phantasie der Konstrukteure und Designer. Jede Klassifizierung ist somit abhängig vom Betrachterstandpunkt. Die Einteilung, welche von Dunky und Niemz [19] gewählt wurde, scheint für den vorliegenden Text zweckdienlich (Tabelle 27).

Tabelle 27 Einteilung der Holzwerkstoffe nach Dunky und Niemz [19]

Werkstoffe aus Holz				
Vollholz-Werkstoffe	**Furnier-Werkstoffe**	**Span-Werkstoffe**	**Faser-Werkstoffe**	**Verbund-Werkstoffe**
Massivholzplatten Brettschichtholz Kreuzbalken Lamelliertes Holz Brettstapelplatten Vorgefertigte Elemente	Furnier-Schichtholz Sperrholz Furnierstreifenholz	Spanplatte Oriented Strand Board (OSB) Spanstreifenholz Waferboard Strangpressplatte Scrimber Spezialplatten	Mitteldichte Faserplatte (MDF) Poröse Faserplatte (SB) Harte Faserplatte (HB)	Tischlerplatte Stäbchensperrholz Schichtparkett Türen Fenster

Vollholz- und Furnierwerkstoffe haben gegenüber Massivholz (d. h. direkt aus dem Stamm geschnittenen Bretter und Balken) entscheidende Vorteile: Stapelelemente aus Furnierschichten oder Holzlamellen werden in der Regel in der Absicht gefertigt, die Eigenschaften des Holzes optimal zur Geltung zu bringen. Folgende Parameter können damit optimiert werden:

- Trocknungsverhalten: Die eingesetzten Lamellen können aufgrund ihrer beschränkten Dicke auch in raschen industriellen Trockenprozessen gleichmäßig auf eine Feuchtigkeit eingestellt werden, die einem Gleichgewichtszustand mit der Umgebungsluft entspricht.
- Formstabilität: In dünnen Brettern ist die Verteilung dichter und großvolumiger Zellstrukturen homogener als bei dicken Elementen. Quellen und Schwinden führen deshalb zu geringeren Verwerfungen. Dieser Effekt wird durch die darüber und darunter liegenden Schichten noch verstärkt.
- Holzqualität: Fehlstellen im Holz, die aus Astungen, Harzkanälen oder Wachstumsirregularitäten resultieren, werden am dünnen Brett leicht erkannt. Sie können herausgekappt und das Brett anschließend wieder stirnseitig durch Keilzinkung gefügt werden. Auf diese Weise können auch hochelastische Bauteile gefertigt werden. Die Holme moderner Turnbarren können dafür als Beispiel angeführt werden.
- Freie Dimensionen: Durch stirnseitige Keilzinkenverbindung können Lamellen von theoretisch unbeschränkter Länge gefertigt werden. Diese werden – mit versetzten Keilzinkenstößen – zu Schichtholzelementen gefügt.
- Formgebung: Holz kann mittels thermischer Feuchtebehandlung in einem gewissen Ausmaß plastisch verformt werden. Dies geht bei dünnen Brettern oder gar Furnieren vergleichsweise einfacher als bei massiven Balken. Gebogene Elemente können daher aus Brettschichten aufgebaut werden, die in der Formpresse gebogen und verleimt werden.
- Dekorative Elemente: Lamellenstapel aus Hölzern unterschiedlicher Farbtönung können zu ästhetisch ansprechenden Bauelementen für Möbel, im Innenausbau von Automobilen und Schiffen, für Schiffsdecks oder bei Musikinstrumenten ausgestaltet werden.

Aus der Vielzahl der Möglichkeiten sollen einige herausgegriffen werden. Es versteht sich aber von selbst, dass Holzverbunde in Kombination mit andern Werkstoffen ein fast unbegrenztes Betätigungsfeld bieten.

8.4.8
Die Königsdisziplin: Konstruktiver Holzleimbau (Ingenieur-Holzbau)

8.4.8.1 Entwicklung

Im Kontext »Holz und Kleben« stellt der konstruktive Holzleimbau zweifellos die Königsdisziplin dar. Erfunden wurde diese bahnbrechende Technologie von dem Zimmermeister Otto Karl Friedrich Hetzer (1846–1911) aus Weimar, dessen Name war bis in die 1950er Jahre Synonym für Balkenkonstruktionen war, die aus

Schichten verleimter Bretter aufgebaut sind. Heute werden die Begriffe »Brettschichtholz« (engl. Gluelam) oder »Leimholz« verwendet. Über die Zeit kamen verschiedenste Klebstofftypen zum Einsatz. Hetzer selbst erfand und patentierte Formulierungen auf der Basis natürlicher Rohstoffe, speziell Casein. Damit erzielte er gute Verbunde, denen allerdings der Nachteil anhaftete, dass sie nicht wasserfest und damit für Außenanwendungen unzulänglich waren. Diesen Mangel hatten die 1926 von der I.G. Farben (heute BASF) in den Markt eingeführten Kunstharze auf der Basis von Harnstoff/Formaldehyd, bekannt unter dem Begriff Kaurit-Leime, nicht mehr. Allerdings erlaubten sie wegen ihrer Sprödigkeit lediglich so genannte »satte«, d. h. passgenaue Fugen. Dieser Nachteil konnte durch Zugabe verschiedenster pulverförmiger Füllstoffe wie Industriemehl ausgemerzt werden, ohne dass die Klebkraft merklich beeinträchtigt wurde.

Die Festigkeit der Klebstofffuge soll so beschaffen sein, dass sie die Querzug- und Scherfestigkeit übersteigt. Praktisch äußert sich dies im so genannten »Holzausriss« bei Bruchtests. Die resultierenden Bruchflächen zeigen dann hohe Faseranteile. Diese Festigkeit bei normalem Klima ist zwar ein notwendiges, aber kein ausreichendes Merkmal einer Klebeverbindung bei Last tragenden Holzelementen. Geklebte Holzverbindungen sind notorisch dafür bekannt, dass ihre Festigkeiten unter dem Einfluss von Feuchtigkeit und Temperaturschwankungen nachlassen. Aus diesem Grunde existieren Normen zur Einteilung von Beanspruchungsgruppen. Sie gelten sowohl für tragende als auch für nicht tragende Holzverklebungen.

Die Harnstoffleime deckten bereits ein breites Anwendungsspektrum ab, nämlich dort, wo die Elemente nicht der freien Bewitterung oder besonderen klimatischen Verhältnissen ausgesetzt waren. Erst die Kunstharzleime auf der Basis von Resorcin und Melamin zeigten diesen Mangel nicht mehr und konnten als absolut wasser- und witterungsfeste Leime gelten. Ab dem Beginn der 1990er Jahre wurde mit dem Einkomponenten-Polyurethanklebstoff eine neuartige Klebetechnologie eingeführt. Die Vorteile dieses Klebstofftyps wurden bereits beschrieben. Eine der Schwierigkeiten bei der Markteinführung bestand darin, dass sich das existierende, sehr umfangreiche Normenregelwerk für Holz und Holzstoffe an den traditionellen Leimverfahren orientierte und sich die neue Technologie über Sonderzulassungen erst etablieren musste [24]. Regional gilt dies übrigens heute noch. So sind beispielsweise die modernen Polyurethanklebstoffe in Japan noch nicht generell für den tragenden Holzleimbau zugelassen, weil der einschlägige Japanische Industriestandard (JIS) diese Klebstoffklasse nicht einschließt und Änderungsbestrebungen der Norm nur sehr langsam vorankommen.

8.4.8.2 Holzleimbau heute

Bauen mit Holz ist weltweit stark im Trend. Holzbau ist längst nicht mehr auf rustikale Einfamilienhäuser und Brücken oder schmucklose Fabrikhallen beschränkt, sondern deckt alle modernen Bauformen ab. Ökologische Gründe – Holz ist ein CO_2-neutraler nachwachsender Rohstoff – spielen dabei gewiss eine wichtige Rolle. Mindestens ebenso bedeutend ist die Tatsache, dass Holzkonstruktionen unter industriellen Bedingungen vorgefertigt werden können. Bei der Vorfertigungstechnologie werden wesentliche Prozessschritte von der Baustelle in die Fabrikhalle verlegt. Damit wandelt sich eine handwerkliche Arbeitsweise in eine industrielle, und es kommen Verfahren zur Anwendung, wie sie einer Serienproduktion eigen sind. Dazu gehören eine ausgeklügelte Arbeitsvorbereitung, ein hoher Automatisierungsgrad, präzise, weil elektronisch gesteuerte Verarbeitungsmaschinen und in sich geschlossene, ausgefeilte Systeme zur Qualitätssicherung. Mit der Serienfertigung geht auch eine ausgeprägte Kostenkontrolle einher, die der Konkurrenzfähigkeit des Holzbaues gegenüber andern Bauweisen sehr zuträglich ist.

Die anschließenden Montagearbeiten auf der eigentlichen Baustelle gestalten sich rasch und effizient. Aufrichtezeiten von wenigen Tagen sind die Regel und nicht die Ausnahme. Damit werden die Kosten für Montagehilfen wie Krane, Gerüste etc. auf ein Minimum reduziert. Ein in vielen Klimaregionen nicht zu unterschätzender Vorteil liegt auch darin, dass für die Baustellenmontage trockenes Wetter abgewartet werden kann. Dadurch werden die Bauzeiten verkürzt und Wasserschäden am Neubau verhindert.

Ebenfalls kostenmäßig positiv zu Buche schlägt die hochgradige Planbarkeit der Bautätigkeit. Die einzelnen Handwerkergruppen können eng terminiert eingesetzt werden, wodurch gegenseitige Störungen auf ein Minimum reduziert werden. Dem Architekten bietet der Holzbau eine neue Dimension der Gestaltungsmöglichkeiten. Lässt er die holzspezifischen Eigenschaften und die Möglichkeiten, die der Holzleimbau eröffnet, in seine statischen Überlegungen einfließen, entstehen Bauwerke von filigraner Eleganz und Schönheit. Abbildung 164 zeigt eine solche Möglichkeit auf. Es handelt sich um den Ausstellungspavillon der Schwei-

Detailansicht Vertikalträger Brettschichtholmen, 42 m freie Länge

Rohbau Tragkonstruktion mit wendelartig angeordneten Streben für Auffahrtsrampe; ohne äußere Lamellenverkleidung

Abbildung 164 Palais de l'Équilibre, Schweizerische Landesausstellung 2002

zerischen Eidgenossenschaft auf der Landesausstellung 2002. Die eigentliche Halle ist an einer Holmenkonstruktion von 42 m Scheitelhöhe aufgehängt, die anschließend mit einer Außenfassade aus Holzlamellen verkleidet ist. Der Raum zwischen Innenkonstruktion und Holmengerüst wird für eine wendelförmige Rampe genutzt, über welche die Stockwerke rollstuhlgerecht zugänglich sind.

8.4.9
Vorgefertigte Elemente

Im modernen Holzbau werden nicht nur die Tragbalken mittels Leimholztechnologie vorgefertigt, sondern eine Vielzahl anderer Elemente. Dazu gehören Treppen, Fenster, Türen, ganze Dachstöcke, Wände etc. Die Motive zur Vorfertigung wurden weit gehend im vorherigen Kapitel angeführt. Abbildung 165 zeigt die Fertigung einer Treppenwange. Das Furnierschichtholz wird an einer Lehre in die gewünschte Form gebracht. Anschließend wird die Klebstofffuge unter Atmosphärendruck in einer Vakuumpresse ausgehärtet. Die Treppe wird später frei tragend montiert, d. h. nur oben und unten befestigt.

Vorgefertigte Elemente sind oft nicht ausschließlich aus Holz zusammengesetzt. Der Einbezug von Metallen, Kunststoffen oder Fasern ermöglicht es, dem Werkstoff spezifische Eigenschaften zu verleihen. So verfolgt der Einschluss einer Aluminiumplatte in Außentüren den Zweck, die Türe witterungsunabhängig maßgetreu zu halten (kein Verziehen). Auch bildet die Aluminiumplatte eine absolute Sperrschicht für die unterschiedlichen Feuchtigkeitsbedingungen, die im Innern des Gebäudes und außen herrschen. Als dritte Funktion verbessert die Metallschicht das Verhalten des Türelements im Brandfall. Bei Wandelementen

Abbildung 165 Vorfertigung eines Treppenelementes (Wange), das mittels einer Vakuumpresse (Folienbeutel) um eine Lehre (vertikale Stangen) in die gewünschte Form gebracht wird.

und Fensterkanten spielen die Dämmeigenschaften bezüglich Wärme und Schall eine hervorragende Rolle. Im Gegensatz zu mechanischen Verbunden, etwa mit Nägeln oder Schrauben, geben die Klebstofffugen keinen Anlass zu Wärme- oder Schallbrücken. Durch die Verklebung von Holz mit geeigneten Dämmstoffen zu Sandwichelementen können selbst die höchsten Energie- und Schallschutzstandards erreicht werden, im Extremfall sogar Gebäude ohne Heizung auch bei mitteleuropäischem Klima.

Span-, Faser- und Verbundwerkstoffe Bei diesen Werkstoffen werden Späne, Spanstreifen, Faser oder kurze Brettelemente mit einem geeigneten Bindemittel zu Plattenelementen verpresst. Als Bindemittel werden meist Kunstharze auf der Basis von Formaldehyd-Kondensaten oder Polyurethan, seltener mineralische Bindemittel eingesetzt. Beim Holz kommen Abschnitte zum Einsatz, die als Bauholz ungeeignet sind, sowie schnell wachsendes Plantagenholz. Die Belastungsklassen dieser Werkstoffe sind durch Normen festgelegt. Eine ausführliche Abhandlung der Technologie und Einflussfaktoren und eine Zusammenstellung der Normen zu Holz und Holzwerkstoffen, einschließlich deren Prüfung, findet sich bei Dunky und Niemz [19].

Brandverhalten von Holzkonstruktionen Holz brennt. Diese Alltagserfahrung könnte zu einer irrtümlichen Beurteilung der Sicherheit von Holzgebäuden führen. Vielmehr gilt, dass Holz zwar brennt, aber in massiven und dicken Schichten langsam und in einer voraussehbaren Weise. Im Gegensatz zu Stahlträgern, deren Festigkeitsverhalten im Brandfall nicht vorhersagbar ist (man spricht von »katastrophalem Versagen«), knicken brennende Holzkonstruktionen nicht ohne Vorwarnung ein. Die thermische Zersetzung von Holz beginnt bei ca. 150 °C und führt zur Abspaltung brennbarer Gase bei gleichzeitiger Bildung von Holzkohle. Ab dieser Temperatur, akut aber erst zwischen 300 und 400 °C kommt es zur spontanen Entzündung der Gase. Durch die Exothermie der Verbrennungsreaktion ergibt sich ein thermisches Feedback zur Oberfläche, womit die Flamme selbstunterhaltend wird. Bei weiter steigenden Temperaturen, d. h. über 500 °C, verschiebt sich das Verhältnis von gebildeter Holzkohle zu Gasabspaltung zugunsten der Holzkohle. Diese weist eine deutlich tiefere Wärmeleitfähigkeit aus als Holz, wodurch der thermische Feedbackmechanismus begrenzt wird. Der Brand hat nun ein Quasi-Gleichgewicht erreicht. Dieses wird dann zugunsten eines rascheren Abbrandes gestört, wenn sich neue Fugen öffnen. Daher ist das Verhalten der Klebstofffugen unter Brandbedingungen von großer Wichtigkeit für die Eignung von Brettschichtholz im konstruktiven Baubereich. Untersuchungen an Leimholzbalken im Brandtest nach ISO 834-1975 haben gezeigt, dass die Klebstofffugen auch unter extremer Hitzeeinwirkung nicht früher nachgeben als das Holz, das sie zusammenhalten (Abbildung 166). Selbst unmittelbar neben der Brandzone wird keine Delaminierung der Brettschichten festgestellt. Die Scherfestigkeit der Klebstofffugen im unverkohlten Teil der Balken entspricht nach wie vor derjenigen der unversehrten Werkstücke [21, 23].

Abbildung 166 Brettschichtbalken im Brandversuch [21, 23]

Ausblick Im Rahmen des COST Projektes, das die europäische Kooperation zur Förderung von Wissenschaft und Technologie zum Ziel hat, widmeten sich zwei Arbeitsgruppen den Themen »Wood Adhesives« und »Glued Products« [20, 22]. Die Berichte aus diesen Gruppenarbeiten beschreiben umfassend den Stand der Technik. Über diese umfangreiche Material- und Literatursammlung hinausgehend machen die Expertenteams Vorschläge für mögliche zukünftige Forschungs- und Entwicklungsrichtungen. Ein englisches Sprichwort sagt: »The proof of the cake is the eating.« In letzter Konsequenz sind es die Endverbraucher, die darüber befinden, ob Produkte mit Holz begehrt sind oder nicht. Und es liegt an den Architekten, Designern, Ingenieuren und Klebstofffachleuten, neue Ideen umzusetzen, damit Produkte mit Holz begehrt sind.

8.5 Kleben in der Papier- und Verpackungsindustrie

8.5.1 Einleitung

Papier, Pappe und Karton sind wichtige Materialien für viele Produkte des täglichen Lebens. Sie werden unter anderem zur Herstellung von Verpackungen und grafischen Produkten eingesetzt. Ohne adäquate Verpackungen wäre das moderne Warenangebot hinsichtlich sowohl der Menge als auch der Vielfalt logistisch während des Transportes und der Lagerung nicht zu bewältigen (Abbildung 167).

Ein immer wichtigerer Gesichtspunkt bei der Gestaltung von Verpackungen sind heute Marketingaspekte. Da sich heute in modernen Einkaufszentren und Supermärkten alle Waren »selbst« verkaufen müssen, werden Produkte mit Hilfe der Verpackungen immer attraktiver präsentiert [26]. Dies ist ein wichtiger Aspekt, denn bis zu 70 % aller Einkäufe sind Spontan- oder Impulskäufe, wobei sich der

Abbildung 167 Klebstoffanwendungen im Verpackungsbereich

durchschnittliche Verbraucher gerade einmal drei Sekunden Zeit nimmt, um ein Produkt zu beurteilen. Bei Lebensmittelverpackungen spielen ferner lebensmittelrechtliche Fragen eine wichtige Rolle.

Neben Papier wird im Verpackungsbereich eine Vielzahl weiterer Materialien eingesetzt, um die jeweils geforderten Eigenschaften zu erzielen. Mit Klebstoffen ist es möglich, diese Anforderungen, aber auch die Anforderungen während der Verarbeitung zu erfüllen. Dies gilt auch vermehrt für den Bereich der Druckweiterverarbeitung. Neue Druckmaterialien und Druckverfahren sowie die ständige Steigerung der Produktionsgeschwindigkeiten haben zur Entwicklung neuer Klebstoffe geführt, ohne die heute das breite Angebot an grafischen Produkten nicht möglich wäre.

Von den industriell eingesetzten Klebstoffen verlangt man dabei in erster Linie, dass sie die zu verklebenden Materialien schnell und sicher verkleben und auf den vorhandenen Produktionsmaschinen eine störungsfreie, kostengünstige Produktion ermöglichen (möglichst weit gehend automatisiert). Ferner müssen sie die Beanspruchung des fertigen Produktes während des späteren Gebrauchs anstandslos bewältigen. Nicht zuletzt ist auch der Preis bei der Auswahl des Klebstoffs ein nicht zu unterschätzender Aspekt. Heute spielen zudem immer mehr ökologische Fragen eine Rolle bei der Entscheidung, welches Klebstoffsystem eingesetzt werden soll. So wird z. B. vermehrt darauf geachtet, dass Klebstoffsysteme so verarbeitet werden können, dass es zu möglichst wenig Abfall bzw. Abwasser in den Produktionsbetrieben kommt. Neben diesen Anforderungen wird auch die Frage des Einflusses der Klebstoffe auf die Wiederverwendung (z. B. Mehrweg) bzw. auf das Recycling der verklebten Produkte immer wichtiger [27].

8.5.2 Packmittelherstellung

Klebstoffe sind seit eh und je ein entscheidender Faktor bei der Herstellung von Packmitteln aus Papier, Pappe und Karton, aber auch aus Kunststoffen und anderen Materialien. Während bis zum Beginn des 20. Jahrhunderts Klebstoffe auf der Basis natürlicher Rohstoffe, z. B. Proteine, Stärke oder Cellulose, zur Verklebung des Naturproduktes Papier eingesetzt wurden, lassen sich viele der heutigen Anforderungen auf Grund des Einsatzes verschiedenster Materialien nur mit Hilfe synthetischer Rohstoffe lösen.

8.5.2.1 Wellpappe und Kartonagen

Der mengenmäßig wichtigste Bereich der Verpackungsherstellung, bei dem Papierprodukte mit der Hilfe von Klebstoffen hergestellt werden, ist die Herstellung von Wellpappe (Abbildung 168), einem wichtigen Material für die Herstellung von Umkartons.

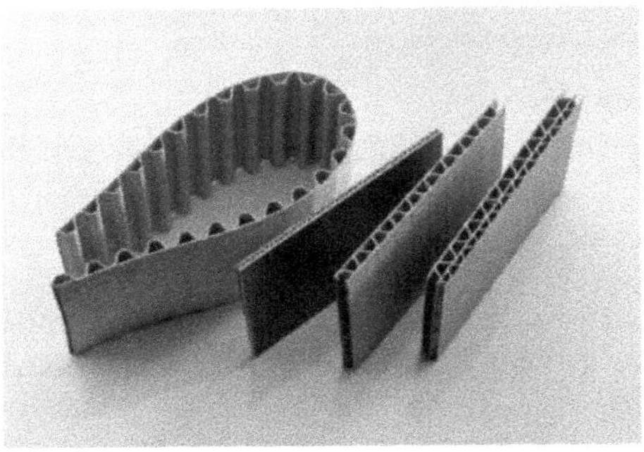

Abbildung 168 Wellpappe

Die Entwicklung der Wellpappenindustrie geht auf das Jahr 1874 mit der Erteilung eines englischen Patentes zurück, welches beschreibt, dass die Verklebung einer ebenen Papierbahn mit einer gewellten Papierbahn ein Material ergibt, das eine ausgezeichnete Polsterwirkung zeigt und damit hervorragend als Verpackungsmaterial geeignet ist. Die ersten Wellpappenklebstoffe waren die klassischen in der Papierindustrie verwendeten Klebstoffe. Am häufigsten wurde eine Mischung aus Getreidemehl und Wasser verwendet. Auf Grund der großen Mengen an Klebstoffen, die für diese Anwendung benötigt werden, spielen hier neben den technischen Eigenschaften die Rohstoffpreise eine entscheidende Rolle. 1939 wurde das Stein-Hall-Verfahren zur Herstellung eines Wellpappenklebstoffs auf Stärkebasis entwickelt, wodurch die Leistungen der Wellpappe herstellenden Maschinen deutlich gesteigert werden konnten. Stein-Hall-Klebstoffe bestehen aus einer Mischung bereits verkleisterter Stärke – als kolloidale Lösung vorliegend – mit nativer, unverkleisterter, in Wasser dispergierter Stärke. Mit dieser Kombination kann man den Feststoffgehalt des Klebstoffs deutlich erhöhen, ohne gleichzeitig die Viskosität so weit ansteigen zu lassen, dass er auf dem Walzenauftragssystem nicht zu verarbeiten wäre. In diesem Zustand ist der Klebstoff jedoch noch nicht klebfähig. Nach dem Auftrag, beim Zusammendrücken der Wellpappe, wird dabei die Klebeschicht kurzzeitig so stark erwärmt, dass die dispergierte, native Stärke ebenfalls verkleistert und es zu einem steilen Viskositätsanstieg kommt, der gewährleistet, dass die frisch verklebte Wellpappe den im weiteren Produktionsverlauf auftretenden Kräften standhält. Die mit Stärkeklebstoffen mögliche Kombination aus technischen Eigenschaften und Preis hat dazu geführt, dass die Herstellung von Wellpappe mengenmäßig eines der wichtigsten Einsatzgebiete von natürlichen Polymeren in Klebstoffen ist (s. Abschnitt 5.9). Um den sich ständig verändernden Herstellungstechnologien gerecht zu werden, entwickelt man die Wellpappenklebstoffe kontinuierlich weiter. Der Trend geht zu immer schneller laufenden Produktionsmaschinen. Für die verwendeten Klebstoffe bedeutet dies, dass ihre technologischen Parameter wie Viskosität, Geliertemperatur und Anfangsklebrigkeit ständig den erhöhten Maschinentakten und den Qualitätsanforderungen angepasst werden müssen [28].

8.5.2.2 Kaschierung

Bei der Weiterverarbeitung der Wellpappen und auch von Kartonpapieren ist ein weiteres wichtiges Einsatzfeld die Kaschierung. Dafür werden im Allgemeinen Dispersionsklebstoffe auf der Basis weichgemachter Polyvinylacetat-Homopolymere eingesetzt. Gefordert werden besonders gute Planlagen der Kaschierung und eine schnelle Stanzbarkeit. Da es sich um eine relativ einfache Klebung handelt, spielt der Preis der eingesetzten Klebstoffe eine entscheidende Rolle. Zur Reduzierung der Rohstoffkosten werden den Dispersionen in der Regel Füllstoffe, z. B. Kreide (Calciumcarbonat), zugemischt. Die Klebstoffe werden dabei mit Walzen aufgetragen.

8.5.2.3 Folder Gluer

Um Wellpappe als Um- oder Transportverpackung einsetzen zu können, müssen daraus Kartonagen hergestellt werden. Dies geschieht auf so genannten Folder Gluern, auf denen die gefalteten Wellpappen mit Hilfe von Dispersionsklebstoffen auf der Basis weichgemachter Polyvinylacetat-Homopolymere zu Kartons geklebt werden (Längsnahtklebung). Der Auftrag der Klebstoffe erfolgt auf modernen Maschinen mit elektromagnetisch gesteuerten Düsen, wobei je nach Kartonstärke bis zu drei Düsen eingesetzt werden.

8.5.2.4 Faltschachteln

Faltschachteln gehören zu den am häufigsten eingesetzten Verkaufsverpackungen (Abbildung 169).

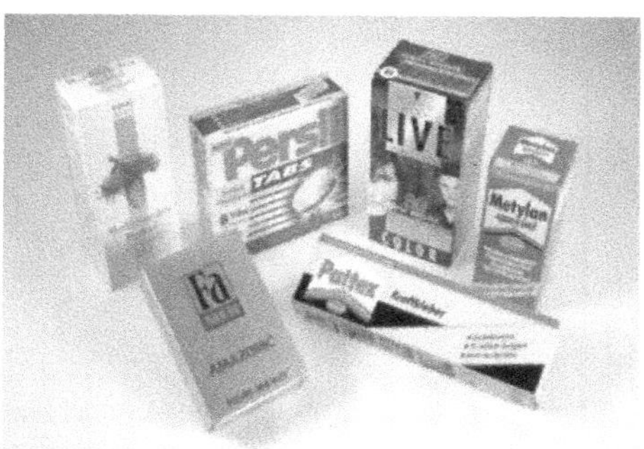

Abbildung 169 Faltschachteln

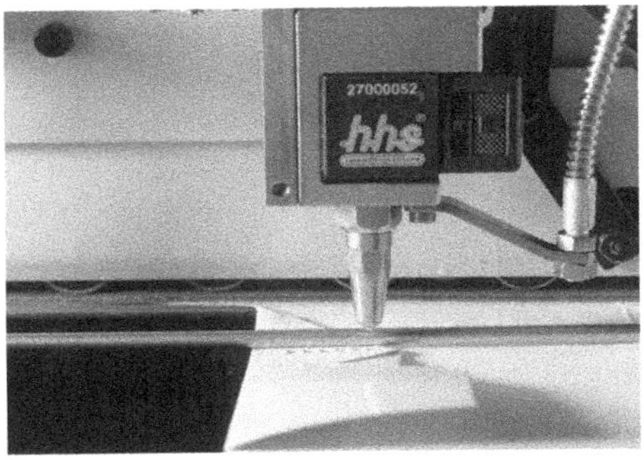

Abbildung 170 Düsenauftrag

Zur Herstellung werden Pappen nach dem Falten mit Hilfe von Dispersionsklebstoffen auf der Basis weichgemachter Polyvinylacetat-Homopolymeren oder Ethylen-Vinylacetat-Copolymeren zu Schachteln geklebt (Längsnahtklebung). Da die Verpackungen häufig verkaufsfördernde Aufgaben haben, werden Faltschachteln in einer Vielzahl von Konstruktionen hergestellt und weisen in der Regel veredelte Oberflächen auf. Von gestrichenen über kaschierte bis hin zu hochwertig bedruckten und lackierten Kartonagen werden alle Papierveredelungsarten eingesetzt. Bei der Auswahl der für die Längsnähte angewendeten Klebstoffe spielen diese Oberflächeneigenschaften eine entscheidende Rolle. Das Applizieren der Dispersionsklebstoffe erfolgt in der Regel über Scheiben, bei neuen Maschinen immer öfter mit Düsen, die über elektromagnetisch gesteuerte Ventile verfügen (Abbildung 170).

8.5.2.5 **Flexible Verpackungen**

Einer der wichtigsten Trends im Verpackungsmaterialbereich der letzten Jahre ist der vermehrte Einsatz von Kunststoffen und besonders von Kunststofffolien, die zu flexiblen Verpackungen verarbeitet werden (Abbildung 171).

Flexible Verpackungen werden aus Monofolie, häufiger jedoch aus Verbundfolie aus verschiedenen Kunststofffolien oder aus Kombinationen von Kunststofffolien, Metallfolien oder Papier hergestellt (Abbildung 172).

Abbildung 171 Folienkaschierung

Abbildung 172 Verpackungen aus kaschierten Folien

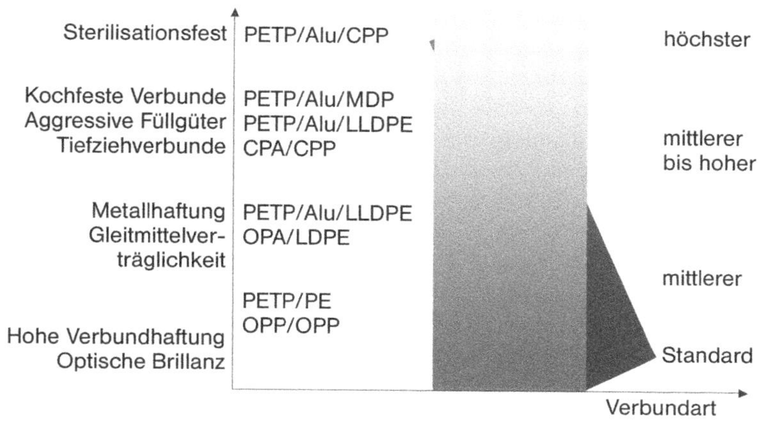

Abbildung 173 Leistungsvermögen von Verbunden

Hierbei ist das grundlegende Prinzip die Kombination verschiedener Materialien mit ausgewählten Eigenschaften, um einen überproportionalen Anstieg in der Leistungsgüte (etwa Temperaturbeständigkeit, Barriereeigenschaften, mechanische Festigkeit, optische Attraktivität) zu erzielen (Abbildung 173).

Die Palette der Materialien, die für Verbundkombinationen eingesetzt werden, reicht von Polyethylen, Polypropylen und Papier bis zu Polyvinylchlorid, Polyvinylidenfluorid, Zellglas, Polyester, Polyamid und Aluminium. Die Kunststofffolien sind oftmals mit Aluminium oder SiO_x bedampft bzw. mit Polyvinylidenchlorid (PVDC) oder Acryl beschichtet, um die Barriereeigenschaften oder auch den Lichtschutz zu erhöhen.

Für die verschiedenen Anwendungen wurden eine Vielzahl spezieller Kaschierklebstoffe entwickelt [29]. Eine wichtige Gruppe sind die Polyurethanklebstoffe (PUR-Kaschierklebstoffe), die entweder auf aromatischen oder auf aliphatischen Isocyanaten basieren (s. Abschnitt 5.6). Lösemittelhaltige PUR-Kaschierklebstoffe, die anfangs verwendet wurden, werden auch heute noch in großer Menge eingesetzt. Die Herstellung von Verbunden mit diesen Klebstoffen erfordert jedoch einen beträchtlichen Energieaufwand für die Trocknung sowie größere Rohstoffmengen für den Klebstoff z. B. durch das zugesetzte Lösemittel. Unter dem Gesichtspunkt der Nachhaltigkeit sind diese Systeme nicht optimal, auch wenn das Produktionssystem mit einer Lösemittelrückgewinnungsanlage gekoppelt ist. Um diese Nachteile zu überwinden, wurden High-Solid- und lösungsmittelfreie PUR-Kaschierklebstoffe entwickelt. Die ersten Produkttypen der lösemittelfreien PUR-Kaschierklebstoffe waren einkomponentige, feuchtigkeitshärtende Systeme. Hergestellt als NCO-terminierte Polyether- bzw. Polyester-Präpolymere waren sie auf vorhandene oder zugeführte Feuchtigkeit angewiesen, um zu einem Polyharnstoff-Polyurethan zu vernetzen. Heute werden diese Systeme vorzugsweise nur noch für Papierverbunde eingesetzt, z. B. aus gereckten Polypropylen gegen Papier. Um diesen Limitierungen der lösemittelfreien, feuchtigkeitsvernetzenden Einkomponenten-Systeme zu entgehen, wurden Zweikomponenten-Systeme entwickelt, in der Regel polyester- bzw. polyetherbasiert mit Polyisocyanathärter. Beide Komponenten sind bei Raumtemperatur flüssig und können kalt, vorzugsweise zwischen 25 und 45 °C, verarbeitet werden. In den letzten Jahren gab es weitere Entwicklungen von Systemen, die von 40 °C bis 70 °C zu verarbeiten sind. Diese neue Generation lösemittelfreier Kaschierklebstoffe verbindet die Vorteile der Anfangshaftung eines High-Solid-Systems mit der leichten Verarbeitbarkeit einer lösemittelfreien Flüssigphase. Die Präpolymere werden so synthetisiert, dass eine schnelle Aushärtung in Stufen erfolgt, beginnend mit der gewünschten und vollständigen Abreaktion der Monomere (Abbildung 174).

Für sterilisierbare Aluminium-Kunststoff-Verbunde wurden lösemittelfreie Kaschierklebstoffe auf der Basis aliphatischer Isocyanate entwickelt. Diese so genannten aliphatischen Kaschierklebstoffe werden bei 70 °C mit herkömmlichen Kaschiermaschinen, Dosier- und Mischgeräten verarbeitet. Ihr wesentlicher Vorteil ist die Abwesenheit aromatischer Isocyanate, was im Hinblick auf lebensmittelrechtliche Bestimmungen eine Rolle spielt. Die Voraussetzung für den Einsatz aller erwähnten Polyurethan-Kaschierklebstoffe ist, dass nur nach vollständiger Aushärtung die thermische und mechanische Beständigkeit im Verbund erreicht wird. In Abhängigkeit vom Klebstofftyp, der Folienkombination und der Aushärtetemperatur beträgt die Aushärtezeit eine Woche und länger. Diese Aushärteperiode kann durch Temperung verkürzt werden, in jedem Fall ist der generelle Zeitbedarf für die Produktion von Verbunden inklusive Bedruckung, Schneiden usw. von großer Bedeutung. Die Kapitalbindungskosten, verursacht durch lange Aushärtezeiten, beeinflussen immer mehr die Kostensituation, besonders bei Geschäften mit hohem Wettbewerbsdruck. So ist es keine Überraschung, dass man nach einem Kaschierklebstoff Ausschau hält, der sozusagen auf Kommando aushärtet. Eine Möglichkeit besteht im Einsatz von strahlenhärtenden Systemen. Diese haben zudem den Vorteil, eine sehr schnelle Anfangshaftung zu erzielen. Vergleicht man die Anfangshaftung von Kaschierklebstoffen, so ist zu erkennen,

Aushärtemethode	Stufe 1	Stufe 2	Stufe 3	Stufe 4
Elektronenstrahlhärtung	Beschichtung	Kaschierung	Bestrahlung mit Elektronenstrahlen	Aushärtung (sehr schnell)
UV-Bestrahlung radikalisch	Beschichtung	Kaschierung	Bestrahlung mit UV-Licht	Aushärtung (sehr schnell)
UV-Bestrahlung kationisch	Beschichtung	Bestrahlung mit UV-Licht	Kaschierung	Aushärtung (> 24 Std.)

Abbildung 174 Aushärtemethoden

dass lösemittelfreie Systeme eine wesentlich niedrigere Anfangshaftung haben als lösemittelhaltige. Die Gründe dafür sind der deutlich niedrigere Molekulargewichtsbereich und eine andere Molekulargewichtsverteilung, die eine so niedrige Viskosität möglich macht, dass man die Systeme ohne Verdünnung durch Lösemittel auftragen kann. Mit strahlungshärtenden Kaschierklebstoffen hat man die Möglichkeit, den Klebstoff lösemittelfrei und niedrigviskos aufzubringen und nach der Bestrahlung sowohl eine hohe Anfangshaftung als auch eine sehr schnelle Endfestigkeit zu erreichen. Die verschiedenen Vernetzungsmechanismen der radikalischen und kationischen Polymerisation erlauben verschiedene Prozessschritte bezüglich Bestrahlung und Kaschiervorgang (Abbildung 174).

Eine weitere Möglichkeit, Lösungsmittel zu eliminieren, besteht im Einsatz von wässrigen Kaschierklebstoffen. Als Basis für solche Systeme werden ein- oder zweikomponentige Polyurethandispersionen oder Acrylatdispersionen eingesetzt. Diese Kaschierklebstoffe können auf existierenden Kaschiermaschinen eingesetzt werden und erfordern daher nur geringe Investitionen bei einer Umstellung. Beim Einsatz wässriger Systeme ergibt sich zudem der Vorteil einer hohen Anfangshaftung und einer schnellen Aushärtung. Ein weiterer Vorteil ist, dass keine Restlösemittel im Verbund verbleiben. Nachteilig bei den wässrigen Kaschierklebstoffen ist jedoch, dass für die Trocknung hohe Energiemengen benötigt werden. Außerdem erreichen diese Klebstoffe im Allgemeinen nicht die Performance der lösungsmittelhaltigen und lösungsmittelfreien Systeme.

8.5.2.6 **Tüten, Beutel und Säcke**

Tüten, Beutel und Säcke (Abbildung 175) sind wichtige Verpackungsformen für viele Artikel des täglichen Lebens.

Von einfachen Papiertüten, die nach wie vor mit Stärkeklebstoffen geklebt werden, bis hin zu aufwendigen Beutelkonstruktionen, die mit Hilfe von Dispersionsklebstoffen oder Schmelzklebstoffen hergestellt werden, gibt es eine Vielzahl

Abbildung 175 Tüten und Beutel

Abbildung 176 Tüten und Beutel mit Bodendeckblattklebung

Abbildung 177 Tüten und Beutel mit Seitennahtklebung

von Applikationen (Abbildungen 176 und 177), für die jeweils spezielle Klebstoffe entwickelt wurden.

Je nach geforderter Adhäsion kommen Dispersionsklebstoffe auf der Basis von weichgemachten Polyvinylacetat-Homopolymeren, Ethylen-Vinylacetat-Copolymeren oder Acrylatdispersionen zum Einsatz, die zur Verbesserung der Adhäsion mit Harzdispersionen abgemischt werden können. Schmelzklebstoffe werden dort eingesetzt, wo nicht saugende Materialien, wie z. B. Polypropylenfolien, geklebt werden. Man verwendet Schmelzklebstoffe auf der Basis thermoplastischer Kautschuke (z. B. Styrol-Butadien-Styrol oder Styrol-Isopren-Styrol-Blockcopolymere), die für die entsprechende Applikation mit Harzen und Ölen abgemischt werden. Tüten und Beutel, von einfachen Spitztüten bis zu aufwendigen Block- und Kreuzbodenbeuteln, können aus den unterschiedlichsten Materialien und Materialkombinationen hergestellt werden. Zum Teil sind die Materialien bedruckt, was im Allgemeinen beim Kleben berücksichtigt werden muss. Da Tüten und Beutel auf schnelllaufenden Maschinen, mit Leistungen von 150 bis 200 Tüten oder Beuteln pro Minute, produziert werden, ist ein sauberer Maschinenlauf der eingesetzten Klebstoffe unabdingbar.

Bei der Herstellung von Papiersäcken werden nach wie vor Stärkeklebstoffe für die Längsnahtklebung und auch für die Bodenklebung eingesetzt. Für die Einklebung von Ventilen und für eine mögliche Polyethylen-Innenlagenklebung werden

Dispersionsklebstoffe mit besonders breiten Adhäsionsspektren eingesetzt. Je nach geforderter Adhäsion kommen hierbei Ethylen-Vinylacetat-Copolymerdispersionen, Acrylatdispersionen oder Naturlatex, abgemischt mit Harzdispersionen, zum Einsatz.

Eine besondere Herausforderung im Bereich der Beutel- und Sackherstellung sind die Griffe, besonders beim Einsatz von Recyclingpapier, Schrenzpapier oder Natron-Kraftpapier. Bei Dispersionsklebstoffen kommt es immer wieder zu Durchschlagserscheinungen, die zwar optisch oft nicht wahrnehmbar sind, jedoch zu Störungen im Produktionsprozess führen. Grobdisperse Dispersionsklebstoffe, die wenig niedermolekulare Substanzen beinhalten, oder auch stärkehaltige Dispersionsklebstoffe (wenn deren Trocknung nicht zu langsam ist), können hier Lösungen sein. Weitere Probleme tauchen bei der Griffanklebung auf. Damit es nicht zur Verschiebung der Griffe während der Fertigung auf den immer schneller laufen Maschinen kommt, werden sehr schnell abbindende Dispersionsklebstoffe benötigt. Alternativ bieten sich Schmelzklebstoffe an.

Für die Herstellung von Polyethylensäcken werden reaktive zweikomponentige Polyurethanklebstoffe eingesetzt. Hierbei wird der Klebstoff für die Verklebung der Deckblätter im Allgemeinen mit Hilfe von Walzen aufgetragen. Die Einklebung der Ventile erfolgt entweder ebenfalls mit reaktiven zweikomponentigen Polyurethanklebstoffen oder mit Schmelzklebstoffen auf der Basis von synthetischen, thermoplastischen Kautschuken, die mit Harzen und Ölen abgemischt werden.

8.5.3 Aufrichten und Verschließen von Trays und Kartons

Neben dem Einsatz von Klebstoffen bei der Herstellung von Packmitteln ist ein weiteres großes Anwendungsfeld bei der Füllung von Verpackungen zu finden. Besonders das sichere Verschließen, nicht zuletzt als Originalitätssicherung, ist heute eine zentrale Forderung.

8.5.3.1 Aufrichten von Trays

Für das Aufrichten von Trays (Abbildung 178) werden im Allgemeinen Schmelzklebstoffe mit einer extrem kurzen Abbindezeit eingesetzt. Es dominieren eindeutig Produkte mit Ethylen-Vinylacetat-Copolymeren (EVA) als Basispolymer, wobei neue

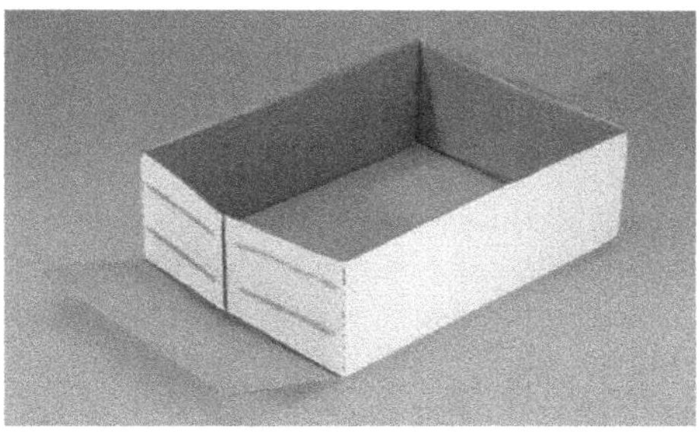

Abbildung 178 Tray

Entwicklungen auf der Basis von Polyolefin-Polymeren auf Grund ihrer interessanten anwendungstechnischen Eigenschaften heute vermehrt eingesetzt werden.

8.5.3.2 **Kartonverschluss**

Das Kleben ist das wichtigste Verfahren zum Verschließen von Verpackungen aus Papier, Karton und Pappe, wobei überwiegend drei Systeme in Betracht kommen:

- Schmelzklebstoffe (Hot Melts),
- selbstklebende Verpackungsklebebänder und
- wasseraktivierbare Klebestreifen.

Welche dieser Möglichkeiten eingesetzt wird, hängt sowohl vom Automatisierungsgrad der Verpackungslinie als auch von der Maschinenkonzeption ab. Auch die Belastungen, denen die Verpackungen bei Transport und Lagerung ausgesetzt sind, spielen eine Rolle. In bestimmten Fällen werden auch Dispersionsklebstoffe eingesetzt, besonders im Two-Shot-Verfahren, d. h. in Kombination mit Schmelzklebstoffen. Diese Kombination wird z. B. dort eingesetzt, wo zum einen die Schnelligkeit der Schmelzklebstoffe benötigt wird, zum anderen die gute Wärme- und Chemikalienbeständigkeit (etwa gegen ätherische Öle) der Dispersionen, die für eine sichere und dauerhafte Klebung sorgt.

Schmelzklebstoffe Schmelzklebstoffe, die in der Verpackungsindustrie eingesetzt werden, sind thermoplastische, wasserunlösliche Polymermischungen (s. auch Abschnitt 5.2). Auch im Bereich des Kartonverschlusses (Abbildung 179) dominieren Produkte aus Ethylen-Vinylacetat-Copolymeren als Basispolymer. Neue Entwicklungen auf der Basis von Polyolefin-Polymeren mit ihren interessanten anwendungstechnischen Eigenschaften werden jedoch mehr und mehr eingesetzt.

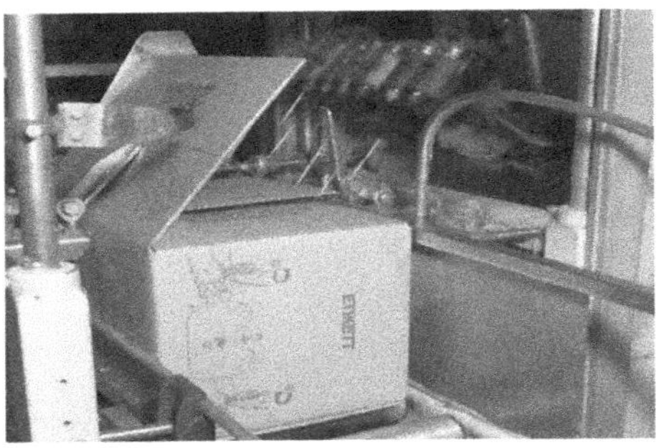

Abbildung 179 Kartonverschluss

Für spezielle Anwendungen (z. B. Heißabfüllung) bieten sich auch Schmelzklebstoffe auf der Basis von Copolyamiden oder Copolyestern an, die sich durch deutlich höhere Schmelzbereiche auszeichnen. Durch entsprechende Abmischungen mit Harzen (Kohlenwasserstoffharze oder Naturharzderivate), Wachsen und anderen Polymeren lassen sich für die jeweiligen Anwendungsfelder maßge-

Abbildung 180 Schmelzklebstoffauftrag

schneiderte Produkte entwickeln. Die bei Raumtemperatur festen Schmelzklebstoffe werden zur Applikation (Abbildung 180) aufgeschmolzen und binden in Bruchteilen von Sekunden ab.

Die sich beim Zusammenführen der Kartonlaschen bildenden Klebstofffilme haben dabei eine Dicke von ca. 0,2–0,8 mm. Beim Einsatz von Schmelzklebstoffen lassen sich hohe Maschinengeschwindigkeiten erreichen. Das Aufschmelzen bedingt einen gewissen apparativen Aufwand, der jedoch durch die hohen Maschinenlaufleistungen und damit der rationellen Produktion ausgeglichen wird. Ein Trend, der bei den Schmelzklebstoffen für die Verpackungsindustrie in den letzten Jahren zu beobachten ist, ist die Entwicklung von Niedrigtemperatur-Schmelzklebstoffen [30]. Hierbei handelt es sich um Systeme, die im Vergleich zu den traditionellen Produkten bei deutlich niedrigeren Temperaturen verarbeitet werden: Waren in der Vergangenheit Arbeitstemperaturen zwischen 160 °C und 180 °C notwendig, so genügen für Niedrigtemperatur-Schmelzklebstoffe zwischen 120 °C und 140 °C (Abbildung 181).

Wegen der niedrigen Temperaturen, denen der Schmelzklebstoff ausgesetzt ist, wird dieser thermisch wesentlich weniger beansprucht. Dies führt zu einer verbesserten Viskositätsstabilität, auch die Farbe bleibt über Tage unverändert. Durch die niedrige Auftragstemperatur werden die Auftragsgeräte weniger beansprucht, was zu einer längeren Lebensdauer, weniger Wartung und einem geringeren Energieverbrauch führt.

Selbstklebende Verpackungsklebebänder Bei selbstklebenden Verpackungsklebebändern für den Kartonverschluss (Abbildung 182) handelt es sich um einige Zentimeter breite Streifen (vorzugsweise 30–100 mm), die mit Haftklebstoffen (Pressure Sensitive Adhesives) beschichtet sind. Darunter versteht man Klebstoffe, die bei Raumtemperatur unter Druckeinfluss kleben können (s. Abschnitt 5.1). Im Verpackungsbereich am häufigsten eingesetzt werden Klebebänder, deren Basismaterial aus biaxial gereckter Polypropylenfolie besteht (BOPP, ca. 80 %). Seltener

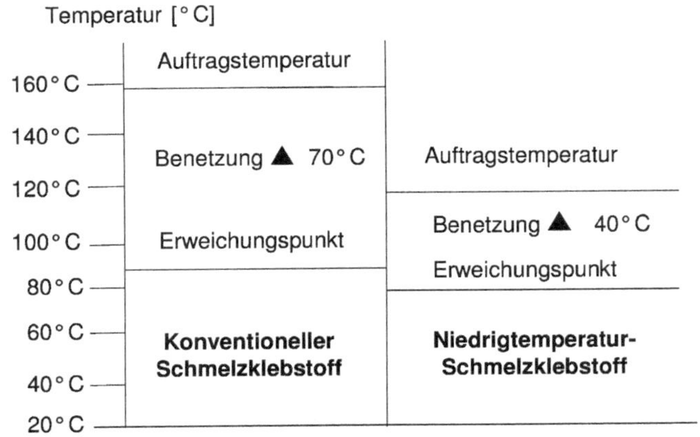

Abbildung 181 Arbeitstemperaturen für konventionellen und Niedrigtemperatur-Schmelzklebstoff

werden Klebebänder eingesetzt, deren Trägermaterial PVC ist. Papier als Trägermaterial wird nur in Ausnahmefällen akzeptiert. Drei Systeme von Haftklebstoffen kommen für selbstklebende Verpackungsklebebänder in Frage: lösungsmittelbasierte Haftklebstoffe (ca. 45 %), wasserbasierte Dispersionssysteme (ca. 25 %) und zunehmend Schmelzklebstoffe (ca. 30 %). Die Schichtstärken der Klebstofffilme auf den Trägermaterialien liegen dabei in der Größenordnung von 16–25 µm.

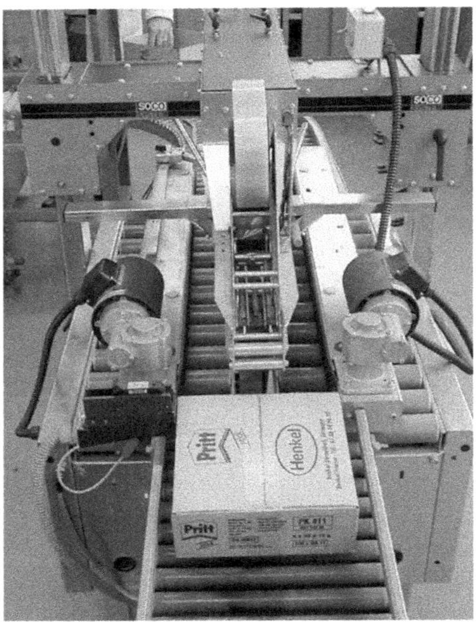

Abbildung 182 Kartonverschluss mit Haftklebstoffbändern

Wasserreaktivierbare Klebestreifen Bei wasserreaktivierbaren Klebestreifen handelt es sich in der Mehrzahl um Klebestreifen aus Kraftpapier. Das Kraftpapier hoher Festigkeit (50 bis 150 g/m^2) ist mit einem durch Wasser aktivierbarem (in der Regel nicht thermoplastischem) Klebstoff (z. B. Tier- und Pflanzenleim) beschichtet. Zur Erhöhung der Zugfestigkeiten werden Klebestreifen zum Teil mit Verstärkungseinlagen aus Filamentgarnen versehen. Die so genannte Gummierung wird vor der Verklebung mit Wasser reaktiviert, anschließend wird das Klebeband aufgetragen. Durch Wegschlagen des Wassers in das Kartonmaterial bindet der Klebstoff ab.

Wiederverschlusssysteme von Getränkekartons Verbraucherfreundliche Verschlusssysteme gehören zu einer modernen Getränkeverpackung und dienen in hohem Maße der Differenzierung und der Convenience (Abbildung 183).

Abbildung 183 Getränkeverpackungen mit Ausgießern

Leichtes und sauberes Öffnen ohne Hilfsmittel wie Scheren oder Messer, Ausgießen und hygienisches Wiederverschließen sowie oft gleichzeitig eine Originalitätssicherung muss garantiert sein. Bei den Verschlusssystemen gibt es Schraubverschlüsse, die einen sicheren Wiederverschluss ermöglichen, sodass auch eine liegende Lagerung möglich ist, sowie Klappsysteme. Für die sichere und wirtschaftliche Applikation der Verschlusssysteme, die gewöhnlich aus Polypropylen bestehen, werden Schmelzklebstoffe eingesetzt. Da die Außenschicht der Getränkekartons in der Regel aus Polyolefinen besteht, können nur spezielle Schmelzklebstoffe, z. B. auf der Basis von Polyolefin-Copolymerisaten, eingesetzt werden, die ein genügend großes Adhäsionsspektrum besitzen, um auch auf den relativ unpolaren Polyolefinen sicher zu kleben. Je nach Auftragsverfahren werden die Schmelzklebstoffe entweder im Walzenauftrag appliziert oder auch mit speziellen Düsen auf die Ausgießer in einer Schichtdicke von max. 0,5 mm auf die Ausgießer aufgetragen [31].

Da viele Getränke im Kühlschrank gelagert werden, ist es wichtig, dass die Verklebung auch bei niedrigen Temperaturen sicher hält. Im Allgemeinen wird eine ausreichende Verklebungsfestigkeit bei Lagertemperaturen zwischen 3 °C und 50 °C verlangt.

8.5.4 Palettensicherung

Für Stückgut hat sich besonders der Transport mit palettierten Ladeeinheiten durchgesetzt. Hierbei handelt es sich um einen Ladungsträger (Palette), auf den die Einzelpackstücke gestapelt werden. Zum Transport müssen diese gesichert werden, z. B. durch ein Umwickeln mit Kunststofffolien. Besonders der unter Umweltaspekten bedeutsame Wunsch nach Abfallvermeidung oder -reduzierung hat in den letzten Jahren verstärkt zum Einsatz von Klebstoffen zur Sicherung palettierter Ladeeinheiten geführt (Abbildung 184) [32].

Obwohl im Allgemeinen von Klebstoffen für die Palettensicherung gesprochen wird und die eingesetzten Produkte auch auf ähnlichen Rohstoffen aufgebaut sind, so unterscheiden sich die besser als »Antislipmittel« bezeichneten Produkte für die Sicherung palettierter Ladeeinheiten doch in einigen Punkten grundlegend von Verpackungsklebstoffen. Von einer Verklebung (z. B. Kartonverschluss) wird erwartet, dass sie so fest ist, dass sich die Klebnaht nur unter Materialzerstörung (Faserausriss) öffnen lässt. Hierzu muss der Klebstoff eine innige Verbindung mit der Substratoberfläche (Adhäsion) eingehen und selbst eine höhere Eigenfestigkeit (Kohäsion) als das Substrat aufweisen. Bei einem Produkt für die Palettensicherung erwartet man dagegen einen guten Zusammenhalt während des Transportes und der Lagerung, jedoch auch ein leichtes Depalettieren, wobei die Packstückoberfläche möglichst nicht beschädigt werden soll. Antislipmittel müssen daher beim Lösen der »Verklebung« entweder Adhäsionsbruch zwischen Film und Packstückoberfläche oder Kohäsionsbruch im Film zeigen. Generell unterscheidet man Antislipmittel auf wässriger Basis und Antislipmittel, die aus der Schmelze (Schmelzklebstoffe, Hot Melts) verarbeitet werden.

Bei wässrigen Antislipmitteln handelt es sich im Allgemeinen um Zweiphasensysteme. Die klebenden Substanzen liegen in fein verteilter Form als innere Phase in der äußeren Phase Wasser vor (Dispersion). Sie werden bei Raumtemperatur

Abbildung 184 Palettensicherung

verarbeitet, die Antislipwirkung entsteht beim Trocknen. Besonders wichtig ist hierbei, dass die zu palettierenden Kartonagen oder Schachteln zusammengebracht werden, solange das Antislipmittel noch als wässriges System vorliegt (Palettierung in den nassen Film). Hierbei ist entscheidend, dass die offene Zeit des Antislipmittels nicht überschritten wird. Der Auftrag von wässrigen Antislipmitteln kann sowohl manuell (Pinsel, Rolle, Handpistole) oder auch vollautomatisch mit Hilfe von Düsen (Sprüh- oder Raupenauftrag) erfolgen. Die manuelle Applikation erfordert relativ geringe Investitionen, ist jedoch etwas problematisch, da die Auftragsmengen schlecht dosierbar sind und so die Qualität der Ladungssicherung keine Kontinuität zeigt. Beim automatischen Auftragssystem lassen sich Art und Menge des Auftrags für jedes Packstück optimieren, was zu einer immer gleich guten Ladungssicherung führt.

Antislipmittel, die aus der Schmelze aufgetragen werden, bestehen zu 100 % aus Feststoff. Zur Verarbeitung werden sie durch Erhitzen auf Temperaturen von 100–180 °C in den flüssigen Zustand überführt, in dem sie gefördert und verarbeitet werden können. Der Abbindeprozess erfolgt beim Abkühlen der Schmelze durch Abgabe der Wärme an das Substrat und an die Umgebung. Da Palettiervorgänge im Allgemeinen relativ langsam verlaufen, wird bei der Palettensicherung mit Schmelzklebstoffen das zweite Packstück nicht in den »nassen« (flüssigen) Schmelzklebstoff eingelegt, sondern in ein bereits mehr oder weniger abgebundenes Produkt. Es kommt hier also nicht zu einer tatsächlichen Verklebung, sondern je nach Typ zu einer mehr oder weniger ausgeprägten Haftung.

8.5.5 Etikettierung

Ohne Etiketten wäre das heutige Warenangebot undenkbar. Etiketten informieren, dekorieren und werden als Hilfsmittel für die Logistik eingesetzt. Besonders in modernen Einkaufszentren und Supermärkten, in denen sich die Waren selbst verkaufen müssen, dienen Etiketten dazu, Produkte immer attraktiver zu präsentieren. Segmente, in denen das Etikettieren eine besondere Rolle spielt, sind die Getränkeindustrie sowie die Kosmetik- und Reinigungsmittelindustrie. Etiketten geben den Produkten ein »Gesicht«. Ohne Etiketten wären Getränke nur anonyme Flaschen oder Dosen. Um die steigenden Anforderungen des Marktes zu erfüllen, gab es in den letzten Jahren verschiedene Entwicklungstrends hinsichtlich der Behältermaterialien, Etikettierverfahren und eingesetzten Klebstoffe. Auf Grund der vielfältigen Anforderungen im Markt gibt es eine Reihe sehr spezialisierter Lösungen für Etikettiertechnologien und Klebstoffe [33].

8.5.5.1 Haftklebstoff-Etiketten

Betrachtet man den europäischen Etikettenmarkt (Abbildung 185), so erkennt man, dass vorbeschichtete Haftetiketten (PSA-Etiketten) mit ca. 50 % Marktanteil heute die dominierende Technologie sind. Es ist damit zu rechnen, dass dieser Markt weiter wachsen wird.

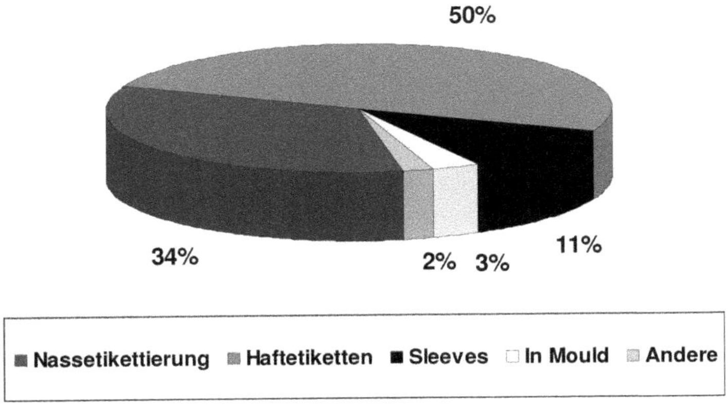

Abbildung 185 Europäischer Etikettenmarkt

Selbstklebeetiketten, die gewöhnlich als Schildetiketten aufgetragen werden, haften auf den meisten Trägermaterialien und können aus Papieren oder aus Kunststofffolien hergestellt werden. Vorbeschichtete Haftetiketten werden z. B. in der Kosmetik- und Reinigungsmittelindustrie in großem Umfang eingesetzt. Auf Grund des Preises findet man solche Etiketten in der Getränkeindustrie gewöhnlich nur bei höherwertigen Produkten oder bei besonderen Promotionen. Während in der Vergangenheit die Leistungsfähigkeit der Spenderaggregate für Selbstklebeetiketten ein limitierender Faktor war, gibt es mittlerweile auch Aggregate, die bis zu 60 000 Behälter pro Stunde etikettieren können. Die Herstellung dieser Haftetiketten erfolgt durch das Beschichten bahnförmiger Trägermaterialien, wie Papier, Kunststoff- und Metallfolien, mit Haftklebstoffen, wobei die Schichtdicken in der Regel zwischen 18 und 50 µm betragen. Die für solche Applikationen eingesetzten Klebstoffe basieren auf unterschiedlichen Technologien: Neben Haftklebstoffen auf der Basis von Naturkautschuk, die gewöhnlich als Lösungsmittelsysteme vorliegen, und Haftschmelzklebstoffen auf der Basis thermoplastischer Kautschuke oder Acrylate werden heute vermehrt Dispersionsklebstoffe verwendet. Besonders Acrylatdispersionen zeigen außergewöhnlich gute technische Eigenschaften, von denen besonders die Transparenz zu erwähnen ist. Neben den klassischen wasserbeständigen Haftklebstoff-Etiketten gibt es auch Systeme, gewöhnlich mit Kunststofffolien als Etikettenmaterial, die für den Mehrweg geeignet sind. Hier kommen laugenlösliche Haftklebstoffbeschichtungen zum Einsatz, die unter den Bedingungen der Flaschenwaschanlagen ihre Adhäsion verlieren und zusammen mit den Kunststoffetikettenmaterialien sicher entfernt werden können.

Vorbeschichtete Haftetiketten werden auch immer häufiger für so genannte »No Label Look«-Etiketten, welche besondere Möglichkeiten für individuelle und ansprechende Gestaltung von Behältern ermöglichen, eingesetzt. Hierbei werden transparente Folienetiketten verwendet, die nur teilweise bedruckt sind. Auf den ersten Blick sehen die Behälter aus, als ob die Beschriftung im Direktdruck entstanden sei. Von den hier eingesetzten Klebstoffen wird verlangt, dass sie völlig transparent sind, um optisch nicht zu stören.

8.5.5.2 Inline-Etikettierung

Wie bei den vorbeschichteten Etiketten spielt auch bei der Etikettierung mit »in line«-Klebstoffauftrag die richtige Auswahl der Klebstoffe für die Qualität der Etikettierung eine entscheidende Rolle. Bei der Etikettiertechnologie, bei der der Klebstoff direkt während der Applikation, d. h. erst unmittelbar beim Etikettierprozess, aufgetragen wird, unterscheidet man Systeme mit wässrigen Klebstoffen und Systeme mit Schmelzklebstoffen. Für spezielle Anwendungen werden beide auch kombiniert.

Wasserbasierende Etikettierklebstoffe Das Etikettieren mit Klebstoffen auf wässriger Basis hat eine lange Tradition. Die ersten Klebstoffe, die für die Etikettierung eingesetzt wurden, waren wässrige Produkte auf der Basis natürlicher Polymere wie Dextrin, Stärke oder Casein. Auch heute noch nehmen Klebstoffe auf der Basis von Casein (einem der ältesten Klebstoffrohstoffe [34]) eine Spitzenstellung bei der Glasetikettierung ein. Sie können sowohl auf nasse als auch auf trockene, auf kalte oder warme Glasoberflächen aufgebracht werden und ergeben ausgezeichnete Verklebungen. Zudem zeichnen sie sich durch hervorragende Laufeigenschaften auch bei höchsten Maschinengeschwindigkeiten aus (bis zu 80 000 Flaschen pro Stunde und mehr; Abbildung 186).

Da die Verfügbarkeit von Casein nicht konstant ist, unterliegt auch der Marktpreis für Caseinklebstoffe starken Schwankungen. Neue Rohstoffe haben in den letzten Jahren dazu beigetragen, dass man dem Ziel, synthetische Klebstoffe mit den gleichen Maschinenlaufleistungen wie Caseinklebstoffe herzustellen, sehr nahe gekommen ist. Diese Etikettierklebstoffe auf der Basis von synthetischen Polymeren zeichnen sich durch hohe Ergiebigkeit und hohe Anfangsklebkraft aus. Auf trockenen Glasflaschen ist eine Einsparung gegenüber Caseinklebstoffen von bis zu 20 % möglich. Etikettierklebstoffe auf der Basis von synthetischen Polymeren weisen auch weniger Eigengeruch auf und führen auf Grund ihres sehr sauberen

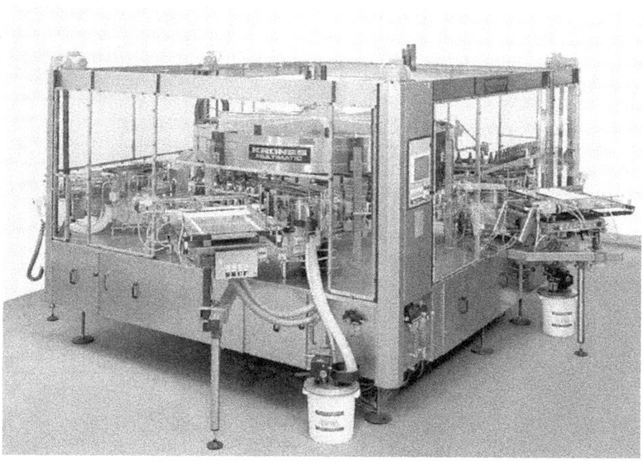

Abbildung 186 Hochleistungs-Etikettiermaschine

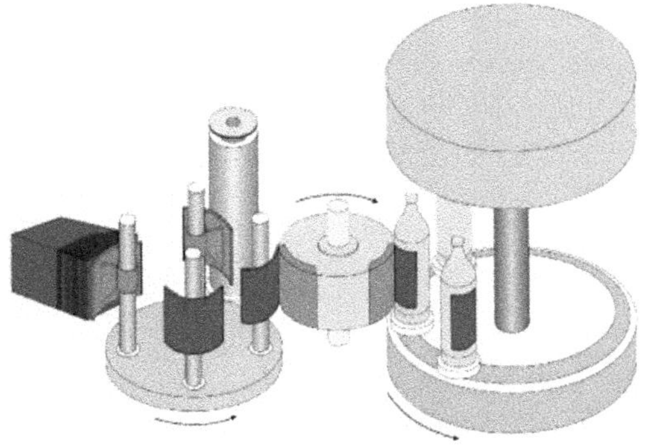

Abbildung 187 Etikettieraggregat

Laufverhaltens zu geringerer Verschmutzung an den Etikettiermaschinen. Bei wässrigen Systemen wird gewöhnlich der Klebstoff über Walzen und Segmente aufgetragen (Abbildung 187).

Caseinklebstoffe sind nicht für Kunststoffflaschen geeignet; auf Klebstoffe auf der Basis von synthetischen Polymeren (Kunstharz-Lösungen oder Dispersionen) trifft diese Einschränkung nicht zu, da sie ein deutlich größeres Adhäsionsspektrum besitzen. Bei der Etikettierung von Kunststoffbehältern hängt die Wahl des Klebstoffs stark vom Material der zu etikettierenden Gebinde ab. Bei Polyethylen und Polypropylen kommen besondere, durch Copolymerisation innerlich weichgemachte Kunstharze zum Einsatz, bei Polyethylenterephthalat und Polycarbonat auch kolloidale Kunstharzlösungen. Mit wässrigen Klebstoffen lassen sich je nach System sowohl Einweg- als auch Mehrweggebinde sicher etikettieren.

Eine weitere interessante Entwicklung, die in den letzten Jahren auf dem Gebiet der wässrigen Etikettierklebstoffe erfolgte, war die Formulierung von Klebstoffen, die für Folienetiketten geeignet sind. Der Einsatz von wässrigen Klebstoffen bei Folienetiketten scheiterte bisher daran, dass weder die Folie noch das Behältermaterial (z. B. Glas oder Kunststoff) die Feuchtigkeit aus dem Etikettierklebstoff aufnehmen konnte und so keine sichere Etikettierung möglich war. Neuentwickelte Systeme erlauben jedoch auch die sichere Etikettierung von Folienetiketten auf nichtsaugenden Oberflächen mit wässrigen Klebstoffen. Diese Produkte zeichnen sich durch eine hohe Anfangshaftung, d. h. durch eine sichere Fixierung der Etiketten aus und ermöglichen auch bei nichtsaugenden Substraten ein schnelles Abbinden. Da sie völlig transparente Filme bilden, eignen sie sich auch für den so genannten No-Label-Look. Sie sind auf den konventionellen Etikettiermaschinen für wässrige Systeme einsetzbar und zeichnen sich durch ein gutes Kosten-Leistungs-Verhältnis aus. Folienetiketten werden besonders dort eingesetzt, wo man einen hohen Glanz der Etiketten wünscht, eine hohe Wasserfestigkeit erforderlich ist oder wo man besonders auf die Transparenz Wert legt, um den Flascheninhalt erkennen zu können.

Schmelzklebstoffe für die Etikettierung Bei Schmelzklebstoffen handelt es sich um Systeme, die zu 100 % aus Feststoffen bestehen. Zur Applikation werden sie aufgeschmolzen und flüssig entweder auf das Etikett oder auf den Behälter aufgetragen. Dort kühlen sie in Bruchteilen von Sekunden ab und führen zu einer schnellen, dauerhaften Verklebung. Die zur Etikettierung eingesetzten Schmelzklebstoffe werden auf der Basis von synthetischen, thermoplastischen Kautschuken bzw. Ethylen-Vinylacetat-Copolymeren sowie Harzen, Wachsen und Ölen hergestellt, wobei das Mischungsverhältnis den jeweiligen Anforderungen angepasst ist. Je nach Bedarf können sie eine kurze oder eine sehr lange »offene Zeit« (Zeit, die für die Verklebung zur Verfügung steht) aufweisen. Die Verarbeitung der Schmelzklebstoffe erfolgt bei Temperaturen zwischen 120 °C und 170 °C, wobei ein deutlicher Trend zu niedrigen Verarbeitungstemperaturen, besonders bei Folienetiketten, zu erkennen ist.

Schmelzklebstoffe haben sich besonders bei der Rundum-Etikettierung von Flaschen und Dosen bewährt. Je nach Behältermaterial werden Schmelzklebstoffe mit unterschiedlichen Adhäsionseigenschaften eingesetzt. Sie eignen sich zum Etikettieren von Behältern aus Glas, aber auch für Behälter aus Metall oder Kunststoff. Die besondere Stärke der Schmelzklebstoffe ist ihre sehr gute »Mitnehmerfunktion« auf Grund ihrer hohen Anfangsklebkraft und der durch kurze Abbindezeiten schnellen Verklebung. Bei den zu etikettierenden Behältern ist darauf zu achten, dass diese nicht zu kalt sind, damit der Schmelzklebstoff nicht zu schnell abkühlt und es daher nicht zur Ausbildung einer ausreichenden Adhäsion kommt. Empfehlenswert ist ferner eine Trocknung der Gebindeoberflächen mit einem Gebläse. Bei der Rundumetikettierung mit Schmelzklebstoffen liegen die Etikettierleistungen bei bis zu 60 000 Behältern pro Stunde.

Als Etikettenmaterial werden sowohl Papier als auch die unterschiedlichsten Kunststofffolienarten eingesetzt. Im Konterdruck produzierte transparente Folienetiketten lassen sich genauso präzise verarbeiten wie Etiketten aus geschäumten Kunststoffen mit isolierender Wirkung. Bei der Schmelzklebstoff-Etikettierung mit zugeschnittenen Etiketten liegen die fertigen Etiketten in einem Magazin vor. Im Gegensatz zur Etikettierung mit wässrigen Systemen werden die Etiketten nicht von einer beleimten Palette entnommen, sondern die mit Schmelzklebstoff beschichtete Flasche zieht das Etikett aus dem Magazin. Der Auftrag der Schmelzklebstoffe erfolgt dabei entweder mit Hilfe von Walzen (Abbildung 188) oder Düsen (Abbildung 189).

Im Bereich der Kunststoffflaschen werden in den letzten Jahren mehr und mehr auch Mehrwegflaschen (Polyethylenterephthalat und Polycarbonat) eingesetzt [35, 36]. Bei diesen Flaschen, wie auch bei Einwegflaschen, wird die Forderung gestellt, dass die Klebstoffe den Reinigungs- bzw. Recyclingprozess nicht behindern. Je nach Verfahren wurden unterschiedliche Schmelzklebstoffe entwickelt. Häufig werden die Kunststoffflaschen vor dem Recycling gewaschen. Man wünscht deshalb, dass alle Fremdbestandteile wie Etikett und Klebstoff abwaschbar sind. Wasserlösliche bzw. redispergierbare Schmelzklebstoffe erfüllen diese Anforderungen und sorgen somit dafür, dass der Kunststoff sortenrein und sauber recycelt werden kann.

Abbildung 188 Walzenauftrag von Schmelzklebstoffen

Abbildung 189 Düsenauftrag von Schmelzklebstoffen

Neben der Formulierung wurde in den letzten Jahren auch das »Handling« der Schmelzklebstoffe verbessert. Schmelzklebstoffe in Granulatform lassen sich heute durch automatische Transportsysteme fördern. Haftschmelzklebstoffe, die in der Vergangenheit in siliconisierten Papieren verpackt wurden, werden heute in Folienverpackung geliefert. Durch diese innovative Verpackung vermeidet man das Auspacken der Schmelzklebstoffe, da die Schmelzklebstoffe samt Folie in den Aufschmelzbehälter gegeben werden können (Abbildung 190).

So wird die Verarbeitung vereinfacht und die Entsorgung des Verpackungsabfalls entfällt.

Da die Anforderungen an die Ausstattung der Behälter ständig zunehmen, kommen immer neue Verarbeitungstechnologien zum Einsatz. Neue Behältermaterialien, aber auch Vorgaben des Marketings und des Gesetzgebers führen zu innovativen Applikationen. Um die gewünschten Resultate zu erzielen, reicht häufig das Eigenschaftsprofil eines einzelnen Klebstoffs nicht aus, weshalb Klebstoffe kombiniert werden müssen. So werden z. B. Originalitätssicherungen, die nicht wasserlöslich sein dürfen, mit Schmelzklebstoffen auf die Flaschenverschlüsse geklebt, während die Schildetikettierung mit wässrigen Systemen erfolgt.

Abbildung 190 Haftschmelzklebstoffe

8.5.5.3 Verschlusssicherung von Flaschen (Tamper Evidence)

Die Verschlusssicherung dient dazu, gesetzliche Vorschriften einzuhalten und Garantien auf eine Originalabfüllung sowie die Produktsicherheit zu gewährleisten. Je nach Anforderungen sowie Materialien können Schmelzklebstoffe oder wasserbasierende Klebstoffe eingesetzt werden (Abbildung 191).

Abbildung 191 Klebung eines Originalitätsverschlusses

An die eingesetzten Klebstoffe werden hohe Anforderungen gestellt. Die Flaschenverschlüsse bestehen entweder aus Kunststoff oder aus lackiertem Metall (z. B. Twist-Off-Verschlüsse). Ein Verkleben dieser Oberflächen ist deutlich komplizierter als z. B. das Verkleben von Glasoberflächen. Für die eingesetzten Klebstoffe gilt, dass die schwieriger zu verklebende Oberfläche (in der Regel die des Verschlusses) die Wahl bestimmt. Die zur Verfügung stehenden Flächen sind zudem im Allgemeinen nur wenige mm^2 bis cm^2 groß. Von den Klebstoffen wird daher eine hohe Anfangsfestigkeit erwartet, damit die als Verschlusssicherung eingesetzten Etiketten sofort sicher positioniert werden und auch während des Abbindevorgangs nicht verrutschen.

Primäre Anforderung ist, dass ein Entfernen der Verschlusssicherung ohne Zerstörung nicht möglich ist, sodass eindeutig erkannt werden kann, ob das Gebinde bereits einmal geöffnet worden ist. Die Verklebung der Originalitätssicherung darf daher nicht einfach (z. B. durch Wasser) lösbar sein. Eine Kombination von wässrigen Systemen und Schmelzklebstoffen kann notwendig sein, wenn ein Papierstreifen über den Verschluss von Getränkeflaschen zu kleben ist. Auch der Einsatz von Selbstklebeverschlusssicherungen ist möglich.

Bei Mehrwegflaschen kommt ein weiterer Punkt hinzu: Sicherungsetiketten und Klebstoffe müssen in der Flaschenwaschanlage problemlos entfernbar sein. Sofern Caseinklebstoffe eingesetzt werden, ist diese Forderung leicht zu erfüllen. Müssen auf Grund der Adhäsionsanforderungen kunstharzbasierende Klebstoffe eingesetzt werden, so muss dieser Punkt besonders berücksichtigt werden. Sollen Schmelzklebstoffe zum Einsatz kommen, die auf Grund ihrer hohen Abbindegeschwindigkeiten auch kleine Sicherungsetiketten schnell und sicher fixieren können, so müssen spezielle Typen verwendet werden, da die standardmäßig eingesetzten Verpackungsschmelzklebstoffe nicht wasserlöslich sind. Diese Spezialschmelzklebstoffe sind wasserlöslich bzw. redispergierbar eingestellt, sodass sie die Anforderungen an die Flaschenreinigung erfüllen.

8.5.5.4 Membranverklebung

Eine spezifische Art der Originalitätssicherung bei vielen Gläsern ist die Membranverklebung. Hierzu wird eine Membrane z. B aus beschichtetem Papier oder beschichteter Aluminiumfolie auf den Rand der Gläser geklebt. Beim Öffnen der Gläser wird diese Klebung eindeutig erkennbar zerstört. Zum Einsatz kommen hierbei Klebstoffe auf der Basis von Ethylen-Vinylacetat-Copolymerdispersionen, deren Viskosität und offene Zeit mit Hilfe von Polyvinylalkohollösungen eingestellt wird. Der Klebstoffauftrag erfolgt mit Hilfe von Oberleimwerken, unter denen die Gläser entlang laufen, wodurch der Rand mit Klebstoff beschichtet wird (Mündungsbeleimung). Die Membrane befindet sich in der Regel im Deckel und wird durch das Aufschrauben der Deckel auf den Glasrand gedrückt. Für eine andere Technik werden die Membranen mit Schmelzklebstoff vorbeschichtet. Zur Klebung wird der Schmelzklebstoff nach dem Verschließen der Gläser mit Infrarot-Strahlung aktiviert. Nach dem Abkühlen kleben die Membranen sicher auf den Glasrändern.

8.5.6 Zigarettenherstellung

Eine sehr spezielle Anwendung von Klebstoffen im Papierbereich ist die Zigarettenherstellung. Die Produktion der Zigarettenstränge erfolgt heute bei einer Geschwindigkeit von bis zu 700 m/min. Für die Längsnahtverklebung der Zigarettenpapiere werden Dispersionsklebstoffe und Stärkeklebstoffe eingesetzt. Der Klebstoffauftrag erfolgt mit Hilfe von Scheiben (Abbildung 192) oder Düsen.

Eine besonders anspruchsvolle Klebstoffapplikation ist die Filteransatzklebung. Bei diesem Vorgang werden jeweils zwei Zigaretten mit einem Filterstück mit Hilfe einer Papierbanderole verklebt. Schnell laufende Maschinen verkleben heute bis

Abbildung 192 Zigarettenlängsnahtklebung

zu 16 000 Zigaretten in der Minute. Um die Klebstoffe den immer höheren Produktionsgeschwindigkeiten anzupassen, ist ein optimales rheologisches Verhalten besonders wichtig. Eine Möglichkeit, dies bei Stärkeklebstoffen zu optimieren, ist die Variation des Molekulargewichtes, z. B. durch den Einsatz enzymatisch abgebauter Stärken. Mit solchen Systemen lassen sich Klebstoffe mit höherem Festkörpergehalt entwickeln, die schneller abbinden und damit höhere Produktionsgeschwindigkeiten ermöglichen.

Das Verpacken von Zigaretten erfolgt entweder in Hardboxes oder in Weichverpackungen. Bei der Weichverpackungsherstellung aus Zuschnitten werden Dextrin-Klebstoffe benutzt, die auf Grund ihrer hohen Nassklebkraft die Rückstellkräfte während des Klebeprozesses sicher überwinden können. Auf Grund der hohen Anfangsklebkraft dieser Klebstoffe lassen sich bis zu 500 Verpackungen pro Minute herstellen. Das Verkleben der Hardboxes erfolgt in der Regel mit Dispersionsklebstoffen.

8.5.7
Herstellung von Produkten aus Tissuepapier

Tissuepapiere sind heute ein wichtiger Teilbereich der Papierindustrie. Produkte aus Tissuepapier werden für viele Anwendungen des täglichen Bedarfs (Abbildung 193) verwendet, die eingesetzten Klebstoffe müssen diesen sehr unterschiedlichen Eigenschaftsprofilen angepasst sein.

Abbildung 193 Tissueprodukte

Je nach Applikation und Maschine verwendet man Klebstoffsysteme aus verschiedenen chemischen Rohstoffen. Im Folgenden werden die beliebtesten Klebstoffe für die vier Hauptanwendungen (Hülsenwicklung, Kaschierung, Pickup und Endblattverklebung) beschrieben. Neben den dort erläuterten technischen Anforderungen wird von diesen Klebstoffen, besonders wenn sie für Küchenrollen eingesetzt werden, erwartet, dass sie die einschlägigen lebensmittelrechtlichen Anforderungen erfüllen.

8.5.7.1 Hülsenwicklung

Hülsen (Papprollen), auf die das Tissuepapier gewickelt wird, bestehen normalerweise aus Kraftpapier. Spiralenförmige Wickelanlagen verwenden Kraftpapierstreifen, die Schicht auf Schicht geklebt sind, während sie auf eine horizontale Spindel aufgewickelt werden. Sie bilden eine ununterbrochene Hülse, die auf die gewünschte Länge zugeschnitten wird (Abbildung 194).

Das verwendete Kraftpapier hat ein Basisgewicht von 120–160 g/m? und wird in zwei bis vier (oder mehr) Lagen geklebt. Die Aufwickelgeschwindigkeit kann bis zu 140 m gewickelten Kerns pro Minute betragen. Die vorherrschenden Klebstoffe für die Kernwicklung sind Dextrine mit einem Feststoffgehalt von 35–50 % und Polyvinylacetat-Homopolymere. In besonderen Fällen wird noch tierischer Leim benutzt. Von den Klebstoffen wird erwartet, dass sie eine sichere, schnelle Verklebung der Kraftpapierstreifen liefern, sodass die aufgewickelten Hülsen sofort nach der Herstellung mit einer extrem hohen Präzision abgeschnitten werden können (Toleranz ±2 mm). Da die Hülsen mechanisch stabil sein müssen, muss der Klebstoff zur Steifigkeit der Hülse beitragen.

Bei Maschinen, die schneller als 60–80 m/min laufen, werden Klebstoffe auf der Basis von Polyvinylacetat-Homopolymeren und keine Dextrinklebstoffe verwendet. Klebstoffe aus Polyvinylacetat-Homopolymeren zeigen erstklassige Klebeigenschaften sogar auf schwierigen Papieren und können ohne Probleme im Recycling redispergiert werden. Dextrinklebstoffe, die normalerweise bei 50 °C aufgetragen werden, geben den Hülsen ebenfalls die gewünschten Eigenschaften, aber die Wickelgeschwindigkeit kann wegen des langsamen Abbindens nicht so hoch sein. Wenn man Dextrin für die Hülsenwicklung benutzt, muss man bedenken, welche Klebstoffe und welche Hilfsstoffe beim Papierrecycling im Pulper sein können. Dextrinklebstoffe für die Hülsenwicklung enthalten normalerweise ein wenig Borat, um die Abbindegeschwindigkeit zu erhöhen. Diese Borate reagieren mit Polyvinylalkohol aus anderen Quellen, wie z. B. der Kaschierung, verursachen eine Ausflockung und können somit zu Problemen beim Papierrecycling führen (etwa

Abbildung 194 Hülsenwicklung

»Fischaugen«). Während Klebstoffe auf der Basis von Polyvinylacetat-Homopolymeren immer als gebrauchsfertige Produkte vertrieben werden, können Klebstoffe auf Dextrinbasis gebrauchsfertig oder als trockenes Material geliefert werden, das vor dem Gebrauch mit Wasser vermischt werden muss. Wenn man Trockendextrine verwendet, muss das richtige Mischverhältnis beachtet werden, von dem die Viskosität, die Verarbeitungseigenschaften und die Abbindezeit wesentlich abhängen. Hülsenwicklungsklebstoffe werden entweder mit einer Walze oder mit einer Düse auf das Kraftpapier aufgetragen.

8.5.7.2 **Kaschierung**

Der Kaschierungsprozess (Lagenhaftung) von Tissuepapier ist entscheidend für die Qualität der fertigen Tissueprodukte. Der Klebstoff, der für die Kaschierung verwendet wird, verbindet zwei oder drei (oder mehr) Tissuelagen. Bei geprägten Tissuepapieren werden verschiedene Techniken verwendet. Entweder klebt man die Papiere so, dass die »Berge« der Prägungen der ersten Lage in den »Täler« der zweiten Lage (verschachtelt) zu liegen kommen, oder man klebt die »Berge« beider Prägungen aufeinander (Punkt zu Punkt). Das Papier hat typischerweise ein Gewicht von 15–25 g/m^2 und kann gebleicht oder ungebleicht sein. Eine übliche Maschinengeschwindigkeit ist 600–800 m/min, aber es gibt auch schnellere Anlagen, die bis zu 1000 m/min bewältigen.

In der Vergangenheit bildeten in Wasser gelöste Cellulosederivate die hauptsächliche Basis für Kaschierklebstoffe. Heute werden mehr und mehr Klebstoffe auf der Basis von synthetischen Polymeren, vor allem Polyvinylalkohol, verwendet. Sie zeigen erstklassige Adhäsionseigenschaften, speziell auf Tissuepapieren, die wegen der Nassfestigkeit der Hilfsstoffe schwieriger zu verkleben sind, oder auf Tissuepapieren mit Lotionen. Die Klebstoffe müssen eine passende Nassklebrigkeit, keine oder nur geringe Schaumbildung und eine gute Verarbeitbarkeit aufweisen. Eine kurze Abbindezeit ist notwendig, um die Kaschierung sicher durch die Maschine zu bringen und Fleckenbildung auf dem Tissuepapier zu vermeiden. Ein Kaschierklebstoff sollte flexibel genug sein, damit er die Weichheit des Endproduktes möglichst nicht beeinträchtigt. Wenn man wasserbasierende Systeme verwendet, wird die größte Menge Wasser während der Kaschierung in das Papier abgegeben, sodass die Gefahr besteht, die geprägte Struktur der Tissuekaschierung zu zerstören. Um die Qualität der Struktur zu verbessern und einen »weicheren Griff« zu erhalten, wurden in den letzten Jahren Schmelzklebstoffe für die Kaschierung entwickelt. Weitere Vorteile dieser Kleber sind höhere Produktionsgeschwindigkeiten und eine bessere Fixierung der Schichten (verglichen mit einer mechanischen Fixierung), besonders auf Hochgeschwindigkeitsmaschinen. Schmelzklebstoffe sind Festsysteme, die durch Sprühen aufgetragen werden (Abbildung 195). Wegen ihrer rheologischen Eigenschaften (Abbildung 196) und der modernen Auftragstechnologie ist es möglich, sehr geringe Applikationsgewichte zu erzielen. Diese liegen in der Größenordnung von 2–10 mg pro laufendem Meter und bei Produktionsgeschwindigkeiten von 600–800 m/min und Walzenbreiten von 2,7 und 3,5 m. In Tests sind Schmelzklebstoffe bis zu 1000 m/min gefahren worden.

Abbildung 195 Tissue-Kaschierung mit Schmelzklebstoffen

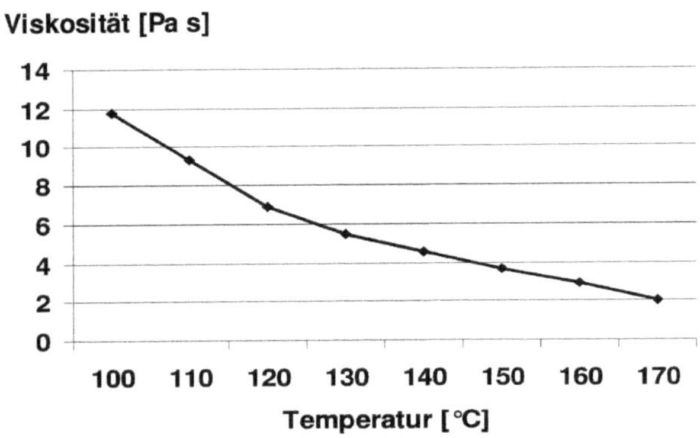

Abbildung 196 Viskosität von Schmelzklebstoffen

Obwohl Schmelzklebstoffe die meisten anderen Papierverklebungen über Jahre dominierten, haben sie erst begonnen, sich in der Tissueproduktion durchzusetzen. Neben der Applikationstechnologie mussten wasserlösliche oder leicht redispergierbare Polymere für Schmelzklebstoffe entwickelt werden, die bis dahin nicht erhältlich waren. Schmelzklebstoffe, die heute für die meisten Papierverklebungen benutzt werden, basieren auf thermoplastischen, nicht wasserlöslichen Polymeren (z. B. Ethylen-Vinylacetat oder Blockcopolymere). Um die Anforderungen der Tissue-Industrie zu erfüllen, mussten spezielle Rohmaterialien entwickelt werden. Inzwischen stellt man Polyester und Polyurethane her, die hydrophil genug sind, um redispergierbar oder sogar vollständig wasserlöslich zu sein. Aus diesen Polymeren wurden erfolgreiche Schmelzklebstoffe für die Tissue-Kaschierung entwickelt. Dabei musste besonders beachtet werden, dass die Schmelzklebstoffe so hell

Abbildung 197 Zur thermischen Stabilität von Schmelzklebstoffen

wie möglich (am besten weiß) sein sollten, damit sie das Aussehen und die Farbe der Tissuepapiere nicht beeinflussten. Ein weiterer wichtiger Punkt war die Stabilität während des Schmelzvorgangs. Wasserlösliche oder redispergierbare Polymere sind normalerweise sehr polar und deshalb oxidationsanfällig, was zu einer Verfärbung des Produktes führen kann. Klebstoffe, die heute auf dem Markt erhältlich sind, bleiben vielen Stunden lang bei ihrer Verarbeitungstemperatur wasserklar und verändern die Tissuepapiere farblich somit nicht (Abbildung 197). Diese Kombination von speziellen physikalischen Eigenschaften und geringer Auftragsmenge ermöglicht die Kaschierung von weichen Tissueprodukten mit Schmelzklebstoffen.

8.5.7.3 **Pick-up-Klebstoffe**

Pick-up-Klebstoffe sind verantwortlich für die Fixierung von kaschierten Tissuepapieren auf dem Kraftpapierkern (Hülse). Um eine verlässliche Übertragung bei hohen Maschinengeschwindigkeiten zu gewährleisten, werden eine hohe Nassklebrigkeit und gute Verarbeitbarkeit benötigt. Zusätzliche Anforderungen sind, dass der Klebstoff keine Flecken auf Kern und Tissue verursacht und sich trocken ablösen lässt, damit das letzte Blatt auf der Hülse ohne Faserriss entfernt werden kann.

Je nach Maschinenkonstruktion und Auftragsgerät werden verschiedene Pick-up-Klebstoffsysteme verwendet. Am häufigsten eingesetzt werden wässrige Systeme, basierend auf natürlichen oder synthetischen Polymeren wie Stärkederivaten oder hochmolekularen Polyethylenglycolen, die bei Raumtemperatur verarbeitet werden können. Die Klebstoffe werden entweder mit Scheiben oder Düsen auf den Kern (Hülse) aufgetragen. Schmelzklebstoffe, z. B. auf der Basis synthetischer Harze, die in der Regel mit Scheiben aufgetragen werden, werden nur selten als Pick-up für Tissuepapiere eingesetzt.

8.5.7.4 **Endblattklebung**

Der Endblattklebstoff klebt Tissuepapier auf Tissuepapier (Abbildung 198), um zu verhindern, dass die Rolle sich während des Transports zum Verpacker teilweise abwickelt. Endblattklebstoffe müssen schnell benetzen, viele Tissueschichten

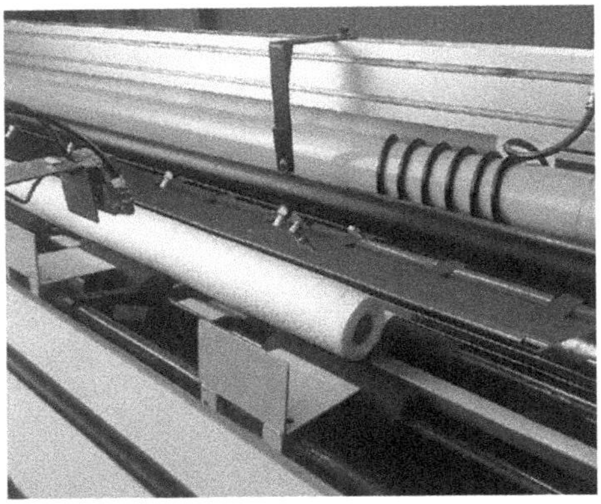

Abbildung 198 Endblattverklebung

durchdringen und das letzte Blatt während der Belastung durch das Sägen der einzelnen Rollen festhalten.

Beim Verbraucher müssen die Klebstoffe das erste Blatt ohne Faserriss freigeben. Hinzu kommt, dass die Klebstoffe keine Flecken verursachen und das Tissue nicht verfärben sollten. Je nach Maschineneinstellung werden die Endblattklebstoffe mit Düse, Walze oder durch einen Draht oder Stab aufgetragen. Entsprechend ist die Viskosität anzupassen. Wässrige Lösungen, basierend auf Cellulosederivaten, synthetische wasserlösliche Polymere und Mischungen von synthetischen Polymeren mit Cellulosederivaten werden verwendet. Die Wahl neuer Rohmaterialien hängt vom Auftragssystem und teilweise von der Eigenfestigkeit des Tissuepapiers ab. Die benötigte Viskosität und Klebrigkeit richten sich u. a. danach, wie gut die Zuführung des ersten Blatts mit dem Kern in der Maschine abgestimmt ist.

8.5.8 Grafische Anwendungen

Unser tägliches Leben wäre ohne Produkte aus der Druckweiterverarbeitung und den Buchbindereien nicht vorstellbar (Abbildung 199).

Abbildung 199 Grafische Erzeugnisse

Bücher, Kataloge und Zeitschriften, aber auch andere grafische Artikel wie z. B. Werbesendungen sind Erzeugnisse, die es uns ermöglichen, unser Informationsbedürfnis zu befriedigen. Dies zeigt sich auch an der Tatsache, dass trotz Computer und elektronischer Medien der Papierverbrauch weltweit zunimmt: Während im Jahre 1950 ca. 50 Mio. t Papier erzeugt wurden, waren es 1998 fast 300 Mio. t. Im Jahre 2010 rechnet man sogar mit einem weltweiten Verbrauch von knapp 400 Mio. t. Die Menge der Print-Produkte wird bis zum Jahr 2015 vermutlich um 60 % zunehmen. Die überwiegende Zahl dieser Produkte wird dabei mit Hilfe von Klebstoffen hergestellt. Grafische Produkte aus Papier zeichnen sich durch eine riesige Vielfalt aus. Um den unterschiedlichsten Anwendungen gerecht zu werden, wurde im Laufe der Jahrzehnte eine sehr große Zahl von für den jeweiligen Anwendungszweck optimierten Klebstoffen entwickelt [37].

In der druckweiterverarbeitenden Industrie findet man alle Klebstoffsysteme, die für die Klebung von Papier geeignet sind. Wo sich die Rahmenbedingungen in den zurückliegenden Jahren durch höhere Maschinenleistungen und neue Papierqualitäten, z. B. mit hohem Strich- oder hohem Sekundärfaser-Anteil, deutlich verändert haben, wurden Klebstoffsysteme entwickelt, die diese schwierigen Aufgaben auch bei schnelleren Produktionsabläufen sicher bewältigen können.

8.5.8.1 Klebebinden

Die mengenmäßig wichtigste Anwendung in der grafischen Industrie ist die Klebebindung. Je nach Anforderungen werden heute Dispersionsklebstoffe, thermoplastische Schmelzklebstoffe oder reaktive Polyurethan-Schmelzklebstoffe eingesetzt [38]. Die früher ebenfalls verwendeten Glutinklebstoffe spielen heute keine Rolle mehr. Welches der Systeme bevorzugt wird, hängt u. a. von den zu verklebenden Materialien, den vorhandenen Maschinen und den Klebstoffauftragssystemen ab. Auch die zu erwartenden Belastungen während der Nutzungsdauer müssen berücksichtigt werden. In Abbildung 200 werden die wichtigsten Eigenschaften der heute für das Klebebinden eingesetzten Klebstoffsysteme miteinander verglichen.

Forderung	Glutin-klebstoffe	Dispersions-klebstoffe	Schmelz-klebstoffe EVA-Basis	Reaktive Polyurethan Schmelz-klebstoffe
Adhäsion	++	+++	++	++++(+)
Kälte	(+)	++	(+)	++++(+)
Wärme	+	+++	+	++++(+)
Beständigkeit gegen Öle	+++	+++	(+)	++++
Alterung	(+)	++++	++	++++
Abbindegeschw.	+++	+	++++	+++(+)
Schneidfähigkeit	++	+	+++	++
Rundefähigkeit	-	+++	+++	+++(+)
Verarbeitbarkeit	+++	+++	+++	+++

Abbildung 200 Leistungsprofil von Klebstoffen für die Klebebindung

8.5.8.2 Klebebinden mit Dispersionsklebstoffen

Dispersionsklebstoffe, im Allgemeinen basierend auf weichgemachten Polyvinylacetat-Homopolymeren, werden beim Klebebinden z. B. dort eingesetzt, wo man ein besonders gutes Aufschlagverhalten (lay flat) wünscht oder wo mit einer Beeinflussung der Klebung durch Druckfarbenbestandteile zu rechnen ist. Aufgetragen werden die Dispersionsklebstoffe für die Klebebindung meist mit Walzen. Das Abbinden von Dispersionsklebstoffen erfolgt durch das Wegschlagen oder Verdunsten des enthaltenen Wassers. Da dieser Prozess einen bestimmten Zeitraum beansprucht, ist die Leistung der Anlagen, die mit Dispersionsklebstoff arbeiten, limitiert. Eine Möglichkeit, den Abbindeprozess zu beschleunigen, besteht in der Hochfrequenz-(HF-)Trocknung, die jedoch zusätzliche Kosten verursacht [39].

8.5.8.3 Klebebinden mit Schmelzklebstoffen

Kommt es auf hohe Produktionsgeschwindigkeit an, so haben sich die Schmelzklebstoffe besonders bewährt. Für die Klebebindung von Zeitschriften und Katalogen werden hauptsächlich Schmelzklebstoffe auf der Basis von Ethylen-Vinylacetat-Copolymeren eingesetzt, aber auch andere thermoplastische Polymere finden gelegentlich Anwendung. Zur Einstellung der gewünschten Eigenschaften, werden diese Polymere mit Harzen und Wachsen abgemischt. Die Applikation der Schmelzklebstoffe erfolgt in der Regel ebenfalls über Walzenauftragsgeräte (Abbildung 201).

Ein Trend der letzten Jahre bei den Schmelzklebstoffen für die grafische Industrie sind Niedrigtemperatur-Schmelzklebstoffe, die zwischen 120 °C und 140 °C verarbeitet werden. Neben den bereits bei den Verpackungsschmelzklebstoffen beschriebenen Vorteilen (geringere thermische Beanspruchung, verbesserte Viskositätsstabilität und Farbe, sowie längere Lebensdauer, weniger Wartung und geringerer Energieverbrauch der Auftragsgeräte) zeigen solche Produkte auf Grund der geringeren Temperaturdifferenz zwischen Verarbeitungs- und Raumtemperatur häufig besonders schnelles Abbinden. Diese Eigenschaft ist ein Vorteil für den Drei-Seiten-Randbeschnitt bei kurzen Abkühlungsstrecken und hohen Verarbeitungsgeschwindigkeiten, weil eine mögliche Faltenbildung reduziert wird und die Messer nicht verkleben. Auf der anderen Seite kann bei Niedrigtemperatur-Schmelzklebstoffen der geringere Unterschied zwischen Auftragstemperatur und

Abbildung 201 Walzenauftrag beim Klebebinden

Raumtemperatur bewirken, dass die Klebstoffmoleküle weniger Zeit haben, die Oberfläche des Papiers zu benetzen, was die Adhäsion beeinflussen kann. Für schwerer zu verklebende Papiere ist daher ein Test vor Beginn der Produktion anzuraten, um zu garantieren, dass die Adhäsion ausreichend ist. Geprüft werden muss auch, ob die gewünschte Wärmestandfestigkeit gegeben ist. Die niedrigen Temperaturen, mit denen diese Schmelzklebstoffe auf das Papier aufgetragen werden, reduzieren auch das örtliche Austrocknen der Papiere. Dadurch kann die Wellenbildung vermindert werden, die bei falsch laufenden Papieren auftreten kann, wenn das Papier seine Gleichgewichtsfeuchte zurückgewinnt.

8.5.8.4 Klebebinden mit reaktiven Polyurethan-Schmelzklebstoffen

Eine wichtige Innovation für die grafische Industrie war die Entwicklung der reaktiven Polyurethan-Schmelzklebstoffe für die Klebebindung in den 1980er Jahren, die die Betriebe der Druckweiterverarbeitung in die Lage versetzten, auch bisher »unklebbare« Produkte im Klebebindeverfahren herzustellen [40]. Bei schwierig zu verklebenden Papieren, bei Produkten, die extremen Temperaturen ausgesetzt sind (etwa Atlanten auf der Hutablage eines Autos), oder wenn man auf Grund der zu erwartenden Beanspruchung hohe Pull- und Flexwerte wünscht, sind reaktive Polyurethan-Schmelzklebstoffe erste Wahl. Bei den Polyurethan-Schmelzklebstoffen handelt es sich um konfektionierte Polyurethan-Präpolymere mit reaktiven Endgruppen, welche nach der Applikation unter Einwirkung der Luftfeuchtigkeit und/oder Papierfeuchtigkeit einer chemischen Reaktion unterliegen, die eine Erhöhung des Molekulargewichts bewirkt. Die Präpolymere zeigen eine hohe Adhäsion, was zu einer ausgezeichneten Blattkantenhaftung des Klebstoffs führt. Nach der chemischen Reaktion zeigen Polyurethanfilme eine hohe Eigenfestigkeit (Kohäsion) und dadurch eine extrem hohe Haltbarkeit der Klebstofffilme, die sie unempfindlich macht gegen Öle aus Druckfarben und eine gute Alterungsbeständigkeit bewirkt. Die Verarbeitung von reaktiven Polyurethan-Schmelzklebstoffen gehört heute zum Standard vieler Buchbindereien, wobei mittlerweile hohe Maschinengeschwindigkeiten (bis über 10 000 Exemplare pro Stunde) erreicht werden können. Um diese reaktiven Polyurethan-Schmelzklebstoffe erfolgreich einsetzen zu können, ist es jedoch notwendig, dass das Maschinenequipment entsprechend abgestimmt ist (Abbildung 202). So benötigt man z. B. beschichtete Leimbecken, aus denen man die sehr gut haftenden Klebstoffe bei der Reinigung leicht ablösen kann.

Abbildung 202 Polyurethan-Schmelzklebstoff mit Walzenauftrag

Abbildung 203 Polyurethan-Schmelzklebstoff mit Düsenauftrag

Außerdem ist es notwendig, die Temperaturführung und damit die thermische Belastung der Klebstoffe zu optimieren, da reaktive Systeme in dieser Richtung deutlich anspruchsvoller sind. In den letzten Jahren wurden spezielle Düsensysteme für den Auftrag von reaktiven Polyurethan-Schmelzklebstoffen zum Klebebinden entwickelt (Abbildung 203).

Neben den modifizierten Auftragsaggregaten benötigt man auch neue Aufschmelzeinrichtungen. Da Polyurethanklebstoffe feuchtigkeitsvernetzende Systeme sind, ist es notwendig, sie während der Herstellung, des Transportes und möglichst auch der Weiterverarbeitung von Luftfeuchtigkeit fernzuhalten. Aus diesem Grund werden diese Systeme z. B. in Fässern geliefert, die mit so genannten Fassschmelzern (Drum meltern) geleert werden (Abbildung 204).

Abbildung 204 Fassschmelzer

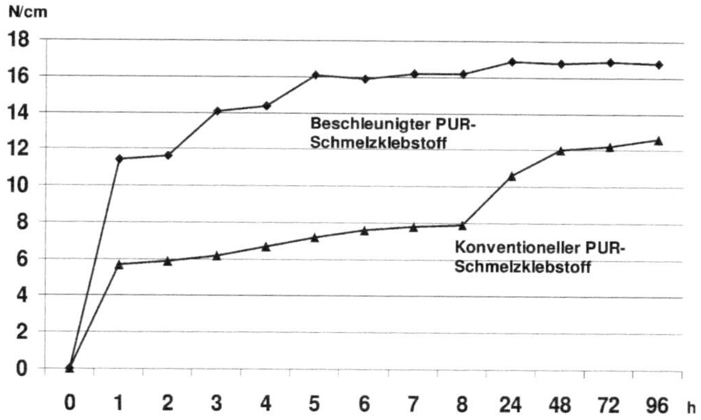

Abbildung 205 Reaktionszeiten von konventionellem und beschleunigtem Polyurethan-Schmelzklebstoff

Der Einsatz von Fassschmelzern bewirkt eine dauerhafte Abdichtung der Klebstoffe gegen Luftfeuchtigkeit. Es erfolgt ein »Schmelzen auf Bedarf«, d. h. nur die Menge, die wirklich benötigt wird, wird aufgeschmolzen, und damit ist die thermische Belastung des Systems relativ gering. Während die ersten reaktiven Polyurethan-Schmelzklebstoffe lange Reaktionszeiten hatten, ist durch den Einsatz hochbeschleunigter Systeme eine Gebrauchsfähigkeit der klebegebundenen Produkte innerhalb weniger Stunden (6–16 h) sichergestellt (Abbildung 205).

Diese Systeme zeichnen sich durch eine niedrige Verarbeitungsviskosität, eine gute Anfangsfestigkeit und besonders auch durch eine sehr gute Viskositätsstabilität (speziell notwendig bei Tankschmelzgeräten) bei der Verarbeitung aus.

Da es sich bei reaktiven Polyurethan-Schmelzklebstoffen um Systeme handelt, die die Reaktivität von Isocyanatgruppen nutzen, ist auf die Emission von freien (monomeren) Isocyanaten zu achten. Isocyanate werden unter anderem als haut- und atemwegssensibilisierend klassifiziert. Ab einer bestimmten Konzentration an monomeren Isocyanaten müssen die Klebstoffe als gefährliche Zubereitung eingestuft werden und mit Xn (»gesundheitsschädlich«) gekennzeichnet sein. Wie viele Messungen (z. B. auch der Berufsgenossenschaft) ergaben, sind die Emissionswerte nicht nur im Klebebinder, sondern auch außerhalb beim Fasswechseln und Reinigen zu beachten. Obwohl eine sichere Verarbeitung der traditionellen Produkte bei Beachtung der notwendigen Maßnahmen möglich ist, hat das ständig zunehmende Sicherheitsbedürfnis der Buchbinder zu alternativen Entwicklungen geführt. Mittlerweile ist es gelungen, Systeme zu entwickeln, die deutlich weniger (<0,1 %) monomeres Isocyanat enthalten als die traditionellen Systeme, ohne dass die positiven Eigenschaften der Polyurethan-Schmelzklebstoffe wie niedrige Viskosität und geringer Viskositätsanstieg, hohe Anfangsfestigkeit und schneller Vernetzungsmechanismus aufgegeben werden mussten. Der Gehalt liegt somit unter dem Grenzwert, ab welchem der Gesetzgeber in den EU-Ländern die Einstufung des Produktes als gefährliche Zubereitung vorschreibt. Diese Produkte geben bei sachgerechter Verarbeitung bis zu 90 % weniger Isocyanatdämpfe ab als herkömmliche reaktive Polyurethan-Schmelzklebstoffe.

In den letzten Jahren wurden außerdem reaktive Polyurethan-Schmelzklebstoffe entwickelt, die eine Inline-Fertigung gerundeter, klebegebundener Produkte ermöglichen. Bisher trat hier das Problem auf, dass die relativ niedermolekularen Präpolymere direkt nach dem Auftrag nicht genug Kohäsion aufwiesen, um den Rundeprozess unbeschadet zu überstehen. Mit Systemen, die zwei unabhängige Härtungsmechanismen haben (»Dual-Cure-Systeme«), ist es jedoch möglich, diese Forderung zu erfüllen. Es handelt sich um reaktive Polyurethan-Schmelzklebstoffe, die neben dem Feuchtigkeitsvernetzungsmechanismus auch mit UV-Licht reagieren. Die erste Vernetzung mit UV-Licht (Abbildung 206) erfolgt innerhalb von Sekunden nach der Applikation und führt zu einer ausreichenden Festigkeit, sodass der Rundeprozess möglich ist und zu hochqualitativen Ergebnissen führt. Die anschließende Reaktion der Isocyanatgruppen mit Feuchtigkeit stabilisiert den Film weiter.

Abbildung 206 UV-Vernetzung

8.5.8.5 Klebebinden im Mehrschichtverfahren

Um beim Klebebinden gewünschte Eigenschaften zu erzielen, werden zwei, in seltenen Fällen auch drei unterschiedliche Klebstoffe nacheinander eingesetzt (Klebebinden im Mehrschicht-Verfahren) [41]. Weit verbreitet sind die Klebebindesysteme mit zwei Klebstoffen, so genannte »Two-Shot-Verfahren«. Der Einsatz von unterschiedlichen Dispersionen für den Primer und den Top-Coat hat eine lange Tradition. Häufig handelt es sich um von der Rezeptur her ähnliche Systeme, bei denen die Viskosität den Ansprüchen an einen Primer und an einen Top-Coat angepasst worden ist. Solche Systeme können sowohl mit als auch ohne Zwischentrocknung gefahren werden. Durch den Einsatz eines Two-Shot-Systems mit zwei Dispersionsklebstoffen lässt sich zum einen die Adhäsion zur Blattkante optimieren, zum anderen gerade bei schweren Umschlägen die Mitnahme durch die Dispersion sicher gewährleisten. Außerdem kann man eine Verbesserung der Kälteflexibilität erzielen. Ähnlich funktionieren Two-Shot-Schmelzklebstoffsysteme, deren Funktionalität speziell in der Katalogfertigung unter Beweis gestellt wurde, wo sich die Rahmenbedingungen in den letzten Jahren durch höhere Maschinenleistungen und Papierqualitäten mit hohem Sekundärfaseranteil deutlich verändert haben. Two-Shot-Schmelzklebstoffsysteme zeigen verbesserte Pull- und Flexwerte bei gleichbleibend hohen Produktionsgeschwindigkeiten.

Bei kombinierten Systemen versucht man, die Stärken der Dispersionsklebstoffe und der Schmelzklebstoffe gemeinsam zu nutzen. Als Primer wird gewöhnlich ein relativ niedrigviskoser Dispersionsklebstoff eingesetzt, der eine ausgezeichnete Blattkantenhaftung besitzt. Da der Dispersionsklebstoff nur für die Blattkantenhaftung zuständig ist, kann der Auftrag sehr dünn erfolgen. Nach anschließender Trocknung wird als Top-Coat ein speziell auf dem Dispersionsfilm haftender Schmelzklebstoff eingesetzt. Dieser stabilisiert den Rücken und ist für die Mitnahme des Umschlags zuständig. Durch neue Rohstoffkombinationen ist es gelungen, verbessert aufeinander abgestimmte Dispersions- und Schmelzklebstoffe zu entwickeln, die die gewünschten Anforderungen optimal erfüllen. Die niedrigviskosen Primer-Dispersionen weisen ausgezeichnete Benetzungseigenschaften auf und lassen sich sowohl über Standard- als auch über Schaumwalzen verarbeiten. Die Schmelzklebstoffe zeigen eine hervorragende Haftung zum Dispersionsfilm und kommen auf Grund ihrer Filmeigenschaften dem Lay-Flat-Gedanken bei gleichzeitig sehr guten Flexwerten entgegen. Bei der richtigen Auswahl der Two-Shot-Klebebindesysteme ist es möglich, sowohl die Qualität der Produkte im Vergleich zur normalen Schmelzklebstoffklebebindung als auch die Produktionsgeschwindigkeiten im Vergleich zur Klebebindung mit Dispersionen zu erhöhen. Zu beachten ist jedoch ein gewisser Mehraufwand bei der Verarbeitung, weil zwei unterschiedliche Klebstoffe eingesetzt werden müssen.

Eine weitere Möglichkeit besteht in der Anwendung von Dispersionen als Primer und reaktiven Polyurethan-Schmelzklebstoffen als Top-Coat. Solche Systeme können unter Nutzung einer Zwischentrocknung konventionell über Walzen, im Fall des Polyurethan-Schmelzklebstoffs auch über Düsen, z. B. auf den Umschlag verarbeitet werden (Abbildung 207).

Die optimierten Verarbeitungsviskositäten und rheologischen Eigenschaften beider Produkte erlauben minimale Auftragsstärken zur Verbesserung des Aufschlagverhaltens und nicht zuletzt der Wirtschaftlichkeit. Letzterem kommt auch der Umstand entgegen, dass diese Systeme über einen sehr schnellen Festigkeits-

Abbildung 207
Düsenauftrag auf den Umschlag

aufbau verfügen, der die Gebrauchsfähigkeit der Klebebindung bereits nach wenigen Stunden garantiert.

8.5.8.6 Seitenbeleimung

Neben der Rückenverklebung benötigt man bei der Klebebindung im Allgemeinen auch Seitenleime, um den Umschlag auf der ersten Seite zu fixieren. Dazu werden Dispersionsklebstoffe auf der Basis von weichgemachten Polyvinylacetat-Homopolymeren oder Ethylen-Vinylacetat-Copolymeren und, bei besonders schweren Umschlägen, Schmelzklebstoffe auf der Basis von Ethylen-Vinylacetat-Copolymeren oder synthetischen, thermoplastischen Kautschuken, die mit Harzen und Ölen abgemischt werden, eingesetzt. Aufgetragen werden diese Klebstoffe mit Walzen oder Düsen auf den Buchblock (Abbildung 208).

Abbildung 208 Seitenbeleimung per Radauftrag

Diese Produkte haben einen sehr hohen Hot Tack, d. h. eine hohe Anfangshaftung, die eine sichere Mitnahme und Verklebung auch schwerer Umschläge garantiert. Auf Grund der immer aufwendigeren Ausstattung vieler grafischer Produkte kommt es im Bereich der Seiten- und Vorsatzklebung beim Einsatz konventioneller Systeme infolge schwacher Verklebung, Ölwanderung usw. immer öfter zu Problemen. Hier haben reaktive Polyurethan-Schmelzklebstoffe zusätzliche Sicherheit gebracht. Diese Klebstoffe können im Kontakt oder kontaktlos per Breitschlitz- oder Runddüse auf den Buchblock oder den Umschlag aufgetragen werden (Abbildung 209).

Abbildung 209 Seitenbeleimung auf den Umschlag

8.5.8.7 Ableimen fadengehefteter Buchblocks

Das Ableimen dient zur Stabilisierung der Buchblocks. Für das Ableimen fadengehefteter Buchblocks werden die gleichen Klebstoffsysteme eingesetzt wie für die Klebebindung. Softcover-Bücher werden mit dem Klebstoff für das Ableimen direkt in den Umschlag eingeklebt. Bei der Herstellung von Buchblocks werden die Rücken anschließend mit Fälzel- oder Gazestreifen versehen.

8.5.8.8 Buchherstellung

Zur Herstellung von Büchern kommt eine Vielzahl von Klebstoffen zum Einsatz. Buchblocks zeichnen sich durch Vorsätze sowie durch Fälzel- oder Gazestreifen aus, die mit beidseitigem Übergriff von 10–20 mm auf den Rücken aufgebracht werden. Der seitliche Übergriff legt sich um die Vorsätze und bildet eine Verstärkung des Vorsatzfalzes. Dieser dient der Formstabilisierung klebegebundener, fadengesiegelter und fadengehefteter Buchblocks. Für die Buchproduktion werden die Blocks nach dem Fügen dreiseitig beschnitten. Vor dem Einhängen können die Buchblocks gerundet, mit Farbschnitt und Zusatzteilen (Zeichenband, Kapitalband, Hinterklebestreifen und Hülse) versehen werden.

Das Zeichenband oder Leseband wird zur Verbesserung der Handhabungseigenschaften an Büchern angebracht. Bei Buchblocks wird es am Kopf des Blockrückens angeklebt, bei Broschuren auf der letzten Seite in Rückennähe. Ist die Zeichenbandeinlegemaschine Bestandteil einer Buchlinie, wird das Band z. B. in der Kapitalmaschine angeklebt. Bei Ausstattung als Einzelmaschine wird ein Schmelzklebstoff-Leimwerk integriert, von dem eine positionierbare Klebstoffspur auf den Rücken aufgetragen wird. Das Leimwerk kann als Walzen- oder Düsenleimwerk ausgelegt sein. Letzteres empfiehlt sich für die Verarbeitung dünner Blocks. Am ausgestatteten Buchblock bildet das Kapital oder Kapitalband den Abschluss des Blockrückens an Kopf und Fuß; es hat heute hauptsächlich eine schmückende Wirkung. Beim geöffneten Buch wird der Einblick in den hohlen Rücken auf Fälzel oder Hinterklebematerial und Schrenzeinlage der Decke verhindert. In geringem Umfang dient das Kapital der Verfestigung der Lagen im oberen und unteren Rückenbereich. Das Hinterkleben dient hauptsächlich dazu, den Blockrücken zu verfestigen und damit dem gerundeten oder geraden Rücken eine stabile, dauerhafte Form zu verleihen. Der Hinterklebestreifen ist um wenige Millimeter kürzer als die Blockhöhe und reicht im Rücken von Falz zu Falz (im Gegensatz zum Fälzelstreifen, der einen seitlichen Übergriff besitzt). Für das maschinelle Kapitalen ist das Hinterkleben eine technologische Voraussetzung; beides erfolgt als ein Arbeitsgang. Das Kapitalband wird so mit dem Blockrücken verklebt, dass es vom ersten bis zum letzten Bogen reicht und die Wulst gleichmäßig auf dem Schnitt aufsitzt. Düsenleimwerke versehen das Hinterklebematerial am Kopf oder Fuß mit einem schmalen Streifen Dispersionsklebstoff. Für ein exaktes Auflegen auf den Rücken ist eine Planlage des zugeschnittenen Hinterklebestreifens erforderlich. Dieser darf sich unter Einwirkung des Klebstoffs nicht rollen. Um der Aufgabe der Stabilisierung der Rückenform gerecht zu werden, sind dehnungsfähige Materialien ungeeignet. Das Material soll klebstoffundurchlässig sein, um mit dem Schrenz der Buchdecke beim späteren Einhängen keine Verbindung einzugehen. Vor dem Kapitalen und Hinterkleben ist das Begazen möglich, das allerdings nur in Ausnahmefällen von technologischer Notwendigkeit ist.

Die Hülse ist ein schlauchartiges Gebilde aus einem dünnen, aber sehr festen Papier (Natronsackpapier mit einer flächenbezogenen Masse von 50 g/m^2). Die Laufrichtung verläuft parallel zum Blockrücken. Das Hülsen findet in der industriellen Buchbinderei heute nur noch selten Anwendung. Es wird vor allem für großformatige, schwere Produkte und solche mit hohen Qualitätsansprüchen (z. B. Lexika) eingesetzt. Industriell werden die Hülsen in Hülsenfertigungs- und -einklebemaschinen hergestellt und auf die Rückeneinlage in die Buchdecke eingeklebt. Dazu wird auf den Schrenzstreifen der Deckeninnenseite ein Dispersionsklebstoff aufgetragen. Die Hülse wird mit der sich überlappenden Seite auf die Rückeneinlage geklebt und angedrückt.

8.5.8.9 Herstellung von Buchdecken

Im Gegensatz zur Klebebindung, bei der Klebstoffe auf der Basis von Proteinen praktisch nicht mehr verwendet werden, besitzen solche Klebstoffe auch heute noch eine hohe Bedeutung bei der Fertigung von Buchdecken [42]. Hier herrschen Glutinleime vor (s. Abschnitt 5.9). Glutinklebstoffe, auch tierische Leime genannt, zählen zu den ältesten von Menschen eingesetzten Klebstoffen. Als Klebstoffrohstoff dient das Collagen aus der Haut oder aus den Knochen von Tieren. Beim Fertigen von Buchdecken haben sie sich als besonders geeignet erwiesen, da sie die Eigenschaft besitzen, unterhalb des Gelierpunktes durch einen geringen Temperaturabfall von nur wenigen Grad vom flüssigen in den glasartigen Zustand überzugehen (Sol-Gel-Übergang). Infolge dieser plötzlichen Gelierfähigkeit können mit Glutinleimen außerordentlich schnelle Verklebungen mit hervorragenden Anfangshaftungen erzielt werden, was beim Umbuggen von Umschlagmaterial um die Pappen der Bucheinbände genutzt wird. Die Gallerten werden, um diesen Effekt ausnutzen zu können, in heißwasserummantelten Wannen erwärmt und bei ca. 50–60 °C per Walze aufgetragen (Abbildung 210).

Die Befüllung der Klebstoffbecken erfolgt dabei aus Vorschmelzbehältern, die mit Wasserbad, Rührwerk und Wasserumwälzpumpe ausgerüstet sind. Beim Abkühlen auf Raumtemperatur ergibt sich dann die sehr schnelle, hohe Anfangshaf-

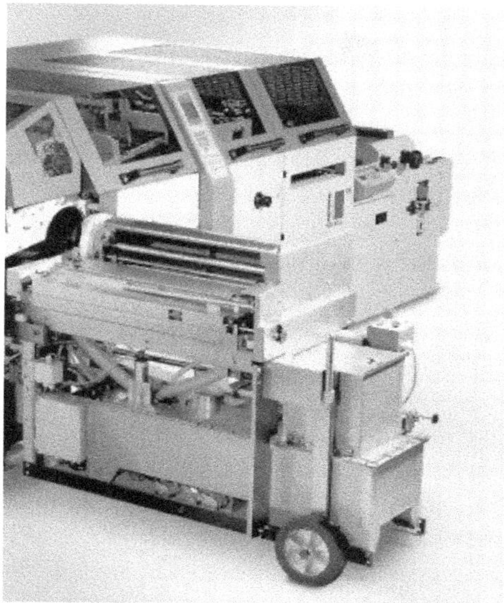

Abbildung 210 Deckenherstellung

tung, wodurch diese Klebstoffe in der Lage sind, die typischen Rückstellkräfte beim Umbuggen von Umschlagmaterial um die Pappen der Bucheinbände sicher zu überbrücken. Schnell produzierende Buchdeckenmaschinen erreichen heute Leistungen von ca. 100 Decken pro Minute. Im traditionellen Buchbindegewerbe werden die Glutinleime gern verwendet. Sie greifen das Papier nicht an und lassen sich bei der Restauration von Büchern rückstandslos wieder entfernen, falls eine Neubindung erforderlich wird. Außerdem lassen sie sich mit Hilfe von Wasser leicht von Maschinen und Werkzeugen entfernen.

8.5.8.10 Einhängen von Buchblocks

Während bei Softcoverbüchern das Einhängen der Bücher im Allgemeinen direkt im Klebebinder erfolgt, erfolgt das Einhängen der Buchblocks in Hardcover auf einer separaten Maschine. Die entweder mit Hilfe der Klebebindung oder der Fadenheftung zusammengetragenen Buchblocks werden mit einem Vorsatzspapier versehen, das meist mit einem Dispersionsklebstoff auf der Basis von Polyvinylacetat an den Buchblock angeklebt wird. Anschließend wird der Buchblock in die Buchdecke eingehängt. Dazu wird der Buchblock vollflächig mit Dispersionsklebstoffen beschichtet, in der Regel mit weichgemachten Polyvinylacetatdispersionen, und dann in den Umschlag eingeführt. Anschließend erfolgt ein Pressen des Buchs, sodass eine innige Verbindung zwischen Vorsatzpapier und Umschlag zustande kommt. Bei Buchdecken, die mit einer Hülse versehenen sind, ist die Einhängemaschine mit einem zusätzlichen Kissenleimwerk ausgerüstet, um eine Klebung zwischen Hülse und Blockrücken zu gewährleisten. Die Beleimung der Hülse vor der Verbindung mit der Rückeneinlage erfolgt über ein Düsenleimwerk mit Dispersions- oder Schmelzklebstoffen.

8.5.8.11 Falzkleben

Das Falzkleben ist eine während des Falzens ausgeführte Zusatzoperation. Hierbei wird in der Bogenfalzmaschine auf den Bogen bzw. in der Rollenrotationsdruckmaschine auf die Papierbahn ein Klebstoffstreifen mittels Auftragsdüsen so auf die Falzlinie aufgetragen, dass nach Beendigung des Falzvorgangs die Blätter des Bogens im Bundsteg miteinander verbunden sind. Auf diese Weise werden Falzbogen z. B. für Prospekte und Zeitungsbeilagen hergestellt. Außerdem können falzgeklebte Bogen nach dem Zusammentragen ohne weitere Rückenbearbeitung im Klebebinder zu Blocks gefügt werden, womit eine sehr hohe Haltbarkeit erzielt wird. Das Kleben während des Falzens dient auch zur Fertigung von Prospekt- und Einstecktaschen, Kuverts oder Lotterielosen oder zur Papierdoppelung für Postkarten. Geklebte Bogen tragen im Vergleich zu drahtrückstichgehefteten Broschuren im Falz kaum auf, können einfacher geschnitten, gestapelt und verpackt werden. Außerdem sind sie wirtschaftlicher in der Herstellung. Für diese Anwendungen werden Dispersionsklebstoffe, je nach geforderter Adhäsion auf der Basis von weichgemachten Polyvinylacetat-Homopolymeren oder Ethylen-Vinylacetat-Copolymeren eingesetzt. Über einen Reflextaster und ein Steuergerät wird das Klebstoffauftragsaggregat aktiviert, das einen in Länge und Breite genau positionierten Klebstoffstreifen auf den Bogen bringt. Ursprünglich wurde der Klebstoff über berührende Auftragssysteme aufgebracht. Seit Beginn der 1990er Jahre wird der Klebstoff kontaktlos durch elektrische Auftragsventile übertragen, die einen luftdichten Verschluss in Arbeitspausen gewährleisten. Ähnlich einem Inkjetdrucker werden die Leimpunkte mit einer Frequenz von 600 oder 1000 Punkten je Sekunde gesetzt. Für spezielle Anwendungsfälle (z. B. das Verschließen von Einstecktaschen) sind mehrreihige Auftragsköpfe in Anwendung.

8.5.9 Briefumschläge und Mailing

Briefumschläge werden aus den unterschiedlichsten Materialien und in den unterschiedlichsten Arten und Größen hergestellt (Abbildung 211).

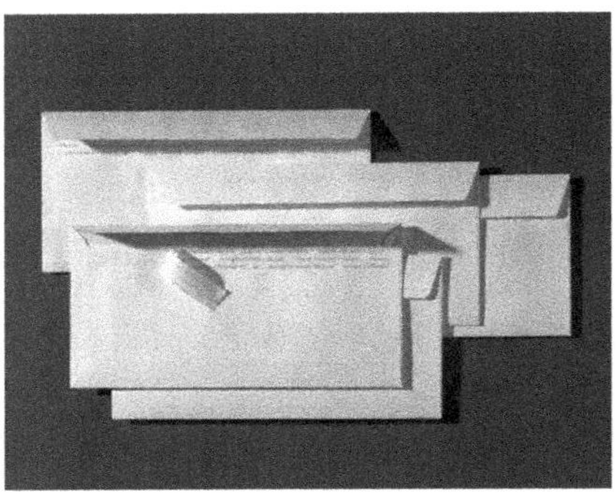

Abbildung 211 Briefumschläge

Abbildung 212 Fenstereinklebung in Briefumschläge

Auch bei der Herstellung von Briefumschlägen ist eine ständige Steigerung der Produktionsgeschwindigkeiten zu erkennen. Heute sind Geschwindigkeiten von bis zu 1500 Stück pro Minute Stand der Technik (Abbildung 212).

Neben Kunststofffolien ist Papier nach wie vor der wichtigste Rohstoff für die Herstellung von Briefumschlägen. Während die Seitennähte bei Briefumschlägen aus Papier meist mit Klebstoffen auf der Basis von weichgemachten Polyvinylacetat-Homopolymeren geklebt werden, werden für die Einklebung von Fenstern je nach Material Klebstoffe auf der Basis von weichgemachten Polyvinylacetat-Homopolymeren oder Ethylen-Vinylacetat-Copolymeren benötigt. Zum Einsatz kommen hier Materialien wie Pergamin oder transparente Polystyrolfolien. Eine Besonderheit der meisten Briefumschläge ist eine weitere Klebstoffapplikation, die erst vom Verbraucher zum Verschluss benutzt wird. Am bekanntesten sind die wasserreaktivierbaren Gummierungen, zu deren Erzeugung Dextrin, Dextrinkunstharz oder Kunstharzklebstoffe aufgetragen und dann getrocknet werden. Die Gummierungen sollen einerseits möglichst schnell reaktivierbar sein, andererseits aber auch schnell abbinden, um einen sicheren und dauerhaften Verschluss des Briefumschlags, besonders in Kuvertierautomaten, zu gewährleisten. Um ein vorzeitiges Verkleben zu verhindern, müssen die Gummierungen blockfest sein, d. h. durch normale Luftfeuchtigkeit darf eine Reaktivierung nicht in dem Maß geschehen, dass es zu einer Verklebung kommt. Alternativen für den Verschluss von Briefumschlägen sind erstens Latexbeschichtungen, zweitens Beschichtungen mit Haftklebstoffen. Bei Latex handelt es sich um die Kautschukmilch aus Hevea-Bäumen. Bei den Latexverschlüssen ist es notwendig, dass beide Seiten des Briefumschlags an der Verklebungsstelle beschichtet sind. Die Verklebung erfolgt anschließend unter Druck, wobei die Latexklebstoffe ineinander diffundieren und somit die Verklebung ermöglichen. Von steigender Marktbedeutung ist die Beschichtung der Briefumschläge mit Haftklebstoffen (Pressure Sensitive Adhesives). Hier erfolgt die Verklebung durch ein kurzes Andrücken des Haftklebstofffilms auf die Papieroberfläche. Damit es nicht zu einem frühzeitigen Verkleben kommt, müssen die Haftklebstoffbeschichtungen abgedeckt sein. Das geschieht mit siliconisierten Papieren oder Folien. Bei den eingesetzten Haftklebstoffen handelt es sich gewöhnlich um Produkte auf der Basis von Acrylatdispersionen, gelegentlich auch von Acrylat-Hot-Melts oder von thermoplastischen Kautschuken, die für die entsprechende Applikation mit Harzen und Ölen abgemischt werden.

Werbesendungen (»Mailings«) gehören zu den am stärksten wachsenden Bereichen der Papierverarbeitung. Hierbei handelt es sich um kurzlebige Produkte. Die bedruckten Werbeträger beinhalten sehr häufig Haftklebstoff-Etiketten oder andersartige Klebstoffapplikationen, etwa wenn eine Dublierung notwendig ist, um für eine Postkarte notwendige Stärke zu erreichen, oder wenn für enthaltene Umschläge Wiederverschlussmöglichkeiten (Gummierung oder Haftklebstoff) benötigt werden.

8.5.10 Wiederverwendung und Recycling von Papier und Verpackungen

Die Endlichkeit vieler natürlicher Ressourcen erfordert das Nachdenken über Ressourcenschonung. Wirkungsvolle Methoden, um dem drohenden Ressourcenmangel zu begegnen, sind die mehrfache Nutzung hochwertiger Güter und konsequentes Recycling auf höchstem technischen Niveau. Gerade bei Produkten, deren Lebenszyklus nur einige Tage oder Wochen beträgt (wie vielen Verpackungen und grafischen Erzeugnissen), ist dieser Punkt besonders wichtig und sollte bereits bei der Konzeption bedacht werden.

8.5.10.1 Wiederverwendung

Je länger ein Produkt seine Aufgaben erfüllt, umso geringer ist der Bedarf an Ressourcen für die Herstellung von Ersatzprodukten. Eine möglichst lange Lebensdauer und die mehrfache Verwendung ist daher erstrebenswert. Mehrwegsysteme erfüllen diese Anforderungen. Im Bereich der Verpackungen gibt es viele entsprechende Beispiele, z. B. die Getränkemehrwegflaschen. Klebstoffe, die z. B. für die Etikettierung von Mehrwegglasflaschen eingesetzt werden, müssen so konzipiert sein, dass sie einerseits auf den Abfüllanlagen störungsfrei laufen und andererseits während der Verwendung der Getränke eine einwandfreie Auszeichnung garantieren. In der Flaschenreinigungsanlage müssen sie dann einfach und rückstandslos zu entfernen sein, ohne den Flaschenreinigungsprozess zu stören. Seit wiederbefüllbare PET-Softdrink-Flaschen und Milchbehälter aus Polycarbonat eingeführt wurden, ist die Wiederverwendung nicht mehr nur für Glasflaschen aktuell. Die Vorteile von Kunststoffflaschen sind erstens die deutliche Gewichtseinsparung (Reduzierung des Transportaufwands) und zweitens die Unzerbrechlichkeit (keine Verletzungsgefahr). An die eingesetzten Etikettierklebstoffe stellen Kunststoffflaschen deutlich höhere Anforderungen. Neue Etikettierklebstoffe auf synthetischer Basis ermöglichen es jedoch, dass auch Kunststoffflaschen haltbar etikettiert werden können und darüber hinaus das Reinigen bei teilweise wesentlich milderen Waschbedingungen (1,5%ige Natronlauge bei ca. 60 °C) möglich ist.

8.5.10.2 Recycling

Auch durch das beste Produktdesign und selbst bei schonendstem Umgang mit den Produkten lässt es sich nicht vermeiden, dass Produkte ihren Aufgabenzweck nach einiger Zeit nicht mehr erfüllen und durch neue ausgetauscht werden müssen. Im Rahmen der Kreislaufwirtschaft ist es wünschenswert, dass solche Produkte möglichst stofflich recycelt werden, um die eingesetzten Stoffe wiederzuverwenden und Rohstoffe zu sparen. Für die Wiederverwertung der eingesetzten Materialien ist es vorteilhaft, dass man diese möglichst sortenrein zurückgewinnt. Welcher Aufwand zur Sortenreinheit getrieben werden muss, hängt entscheidend vom Recyclingverfahren des Primärmaterials ab. Während bei Materialien die bei hohen Temperaturen recycelt werden (etwa Glas oder Metall) der Einfluss der Klebstoffe vernachlässigt werden kann, wird beim Papier- und Kunststoffrecycling der Einfluss der Klebstoffe auf das stoffliche Recycling intensiv diskutiert.

8.5.10.3 Recycling von Papierprodukten

Das Recycling von Papier, Pappen und Kartonagen erfolgt heute in großem Still. In Europa wurden im Jahre 2002 über 43 Millionen Tonnen Papierprodukte wiederverwertet (Abbildung 213) [43].

Klebstoffe gelangen mit den Papierprodukten in den Recyclingprozess und dürfen deshalb das Papierrecycling nicht behindern. Um den Einfluss der Klebstoffe auf das Recycling zu bewerten, ist es am sinnvollsten, die physikalisch-chemischen Klebstofffilmeigenschaften zu betrachten [44], da im Altpapier der Klebstoff als abgebundener Film vorliegt (Abbildung 214). Gewünscht wird in der Regel eine möglichst frühzeitige Aussortierbarkeit der Klebstofffilme.

Eine wichtige Eigenschaft der Klebstoffe im Hinblick auf den Recyclingprozess ist die Wasserlöslichkeit oder Redispergierbarkeit der Produkte, da die Herstellung von Recyclingpapier im wässrigen Milieu erfolgt. Schmelzklebstoffe, die vorwie-

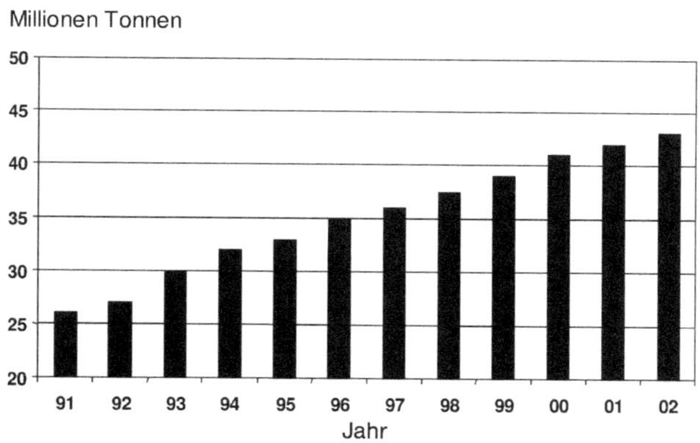

Abbildung 213 Papierrecycling in Europa

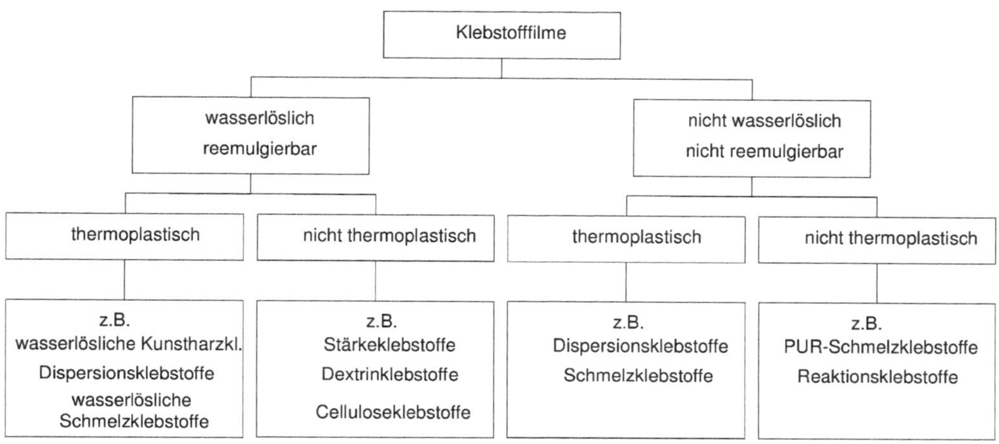

Abbildung 214 Systematik der Klebstofffilme

gend auf synthetischen, thermoplastischen Kunststoffen aufgebaut sind, sind bis auf wenige Ausnahmen vollständig wasserunlöslich. Bei den wasserbasierenden Produkten muss man zwischen den kolloidal gelösten Klebstoffen (z. B. Glutin, Stärke, Polyvinylalkohol) und den Dispersionsklebstoffen unterscheiden. Bei den Dispersionsklebstoffen (der mengenmäßig größten Gruppe im Papierbereich) handelt es sich um synthetische, thermoplastische Substanzen, deren Basispolymere nicht wasserlöslich sind. Um sie jedoch in die zum Kleben wichtige flüssige Phase zu bringen (Benetzung), werden sie mit Hilfe von Emulgatoren oder Schutzkolloiden so »hydrophil« gemacht, dass sie im Wasser Dispersionen ergeben. Beim Abbinden fließen die einzelnen Primärteilchen ineinander und bilden feste Filme. Die wasserlöslichen Schutzkolloidhüllen werden in den Film eingebaut, sodass Filme aus Dispersionsklebstoffen immer eine gewisse Hydrophilie aufweisen. Je nach Zusammensetzung der Dispersionsklebstofffilme sind Löslichkeit und Redispergierbarkeit stark vom pH-Wert und der Temperatur des Wasser abhängig. Dies gilt auch für die kolloidal löslichen Klebstofffilme [45].

Eine weitere mögliche Unterscheidung ist die zwischen thermoplastischen und nicht thermoplastischen Klebstoffen. Dies berücksichtigt die Tatsache, dass bei der Herstellung von Recyclingpapier häufig höhere Temperaturen vorliegen, die den Klebstofffilm beeinflussen (z. B. 40–50 °C im Pulper, 80–90 °C im Disperger und 80–120 °C in der Trockenpartie). Der größte Teil der physikalisch abbindenden Klebstoffe ist thermoplastisch. Unter Thermoplastizität versteht man, dass ein Stoff bei Temperaturerhöhung immer weicher wird und letztendlich in die flüssige Phase übergeht. Bei hochmolekularen Stoffen – wie Klebstoffen – geschieht dies, im Gegensatz zu niedermolekularen Substanzen, nicht bei einer definierten Temperatur, sondern in einem mehr oder weniger großen Bereich. Die Tatsache, dass Klebstoffe in der Regel Mischungen aus unterschiedlichen Polymeren sind, verbreitert diesen Erweichungsbereich üblicherweise beträchtlich. Ob ein Klebstofffilm thermoplastisch ist oder nicht, hängt entscheidend von seiner Molekülstruktur ab. Hochmolekulare Systeme und vernetzte Systeme sind normalerweise nicht schmelzbar und daher nicht thermoplastisch (z. B. Cellulosen, vernetzte Polyurethane, Epoxide). Andere Klebstoffe sind nicht thermoplastisch, da sie bei den zum Schmelzen notwendigen Temperaturen bereits anfangen, sich zu zersetzen (z. B. Glutin, Stärke). Das als »Erweichen« beschriebene Verhalten eines thermoplastischen Stoffes beruht auf der zunehmenden Molekülbeweglichkeit bei steigender Temperatur. Dadurch verbessert sich auch die Fähigkeit, Adhäsionsbrücken auszubilden. Weiche, thermoplastische Substanzen fühlen sich daher klebrig an. Ab welcher Temperatur dieser Effekt auftritt, hängt im Wesentlichen von der Molekülstruktur ab: Bei hochmolekularen Thermoplasten (wie bei vielen technischen Kunststoffen) kann diese Temperatur bei über 200 °C liegen; bei anderen Systemen (z. B. bei Polyacrylaten), besonders auch bei Mischungen, kann dieser Effekt bereits bei Temperaturen von deutlich unter 0° C einsetzen. Eine Kenngröße für die »Weichheit« (für den Bereich, ab dem ein Polymer weich ist) ist die Glasübergangstemperatur. Sie gibt an, wann ein Polymer »intern« schmilzt, was zu einer hohen Beweglichkeit der Molekülketten führt. Hochmolekulare thermoplastische Stoffe behalten dabei einen beträchtlichen Teil ihrer Kohäsion, bilden also auch oberhalb der Glasübergangstemperatur me-

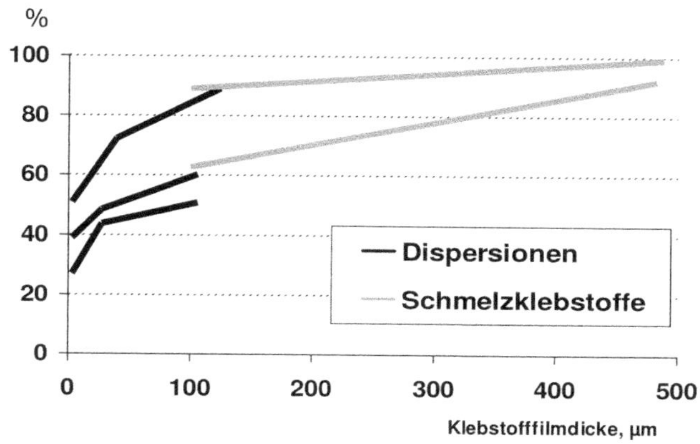

Abbildung 215 Aussortierbarkeit von Klebstofffilmen

chanisch stabile Filme. Klebstofffilme, die bei Raumtemperatur so weich sind, dass sie ausreichend Adhäsion bilden können, um eine Verklebung zu erzielen, werden Haftklebstoffe genannt, da die für eine Verklebung notwendige Benetzung der Oberflächen durch Druck erzielt werden kann. Die »Weichheit« der Filme lässt ein »Fließen« unter Druck zu, was zu ausreichender Adhäsion führt. Weitere Temperaturerhöhung schwächt die Kohäsion immer mehr, bis auch die hochmolekularen Systeme schmelzen. Die oben beschriebenen Vorgänge gelten sowohl für Schmelzklebstoffe, die als Thermoplaste aufgetragen werden, als auch für wässrige Systeme oder für Klebstoffe auf Lösungsmittelbasis nach dem Abbinden. Da das Papierrecycling primär ein mechanischer Prozess ist, hängt die Aussortierbarkeit der Klebstofffilme auch von ihrer Stärke ab. Dicke Klebstofffilme lassen sich im Allgemeinen gut aussortieren, während dünne Filme leicht zerstört werden und damit die Aussortierung schwieriger wird (Abbildung 215).

Der Wunsch nach möglichst dicken, zusammenhängenden Klebstoffschichten entspricht jedoch häufig nicht den Wünschen der Papierverarbeiter. Im Allgemeinen ist man bemüht, schon allein aus Kostengründen die Klebstoffmenge so gering wie möglich zu halten. Andererseits erlauben heute moderne computergesteuerte Düsensysteme, den Klebstoffauftrag punktgenau zu optimieren (Abbildung 216) und damit zu einer extrem sparsamen und sauberen Applikation der Klebstoffe zu kommen.

Abbildung 216 Punktauftrag von Dispersionsklebstoffen

Neben der Einsparung von Klebstoff und der störungsfreien Produktion haben solche Systeme auch ökologische Vorteile. Die geschlossenen Systeme benötigen deutlich weniger Reinigungsaufwand, es fällt nur sehr wenig Abfall bzw. Abwasser an. Selbst wenn es sich um mechanisch stabile, nicht wasserlösliche Klebstoffe handelt, besteht die Gefahr, dass die aus den Tröpfchen entstehenden Filme zu klein sind, um in den Sortieranlagen der Papierrecyclingfabriken aussortiert werden zu können. Unter Beachtung dieser Zusammenhänge lassen sich für die meisten Applikationen Klebstoffe auswählen, die ein störungsfreies Papierrecycling ermöglichen.

8.5.10.4 Recycling von Kunststoffverpackungen

Das Recycling von Kunststoffverpackungen wird heute im großen Stil durchgeführt. An die in den Kunststoffverpackungen verwendeten Klebstoffe wird auch hierbei die Forderung gestellt, dass sie das Recycling nicht behindern. Da es eine ganze Reihe unterschiedlicher Recyclingverfahren für Kunststoffe gibt, ist die Anforderung an die entsprechenden Klebstoffe vielfältig. Am weitesten hat sich ein Verfahren etabliert, in dem die Kunststoffverpackungen zunächst einer Wäsche unterzogen werden. Ein Beispiel für diese Technologie ist das Recycling von PET-Flaschen. Diese werden in der Regel zuerst geschreddert und dann in einem Wasserbad von allen Fremdbestandteilen gereinigt. Von den eingesetzten Klebstoffen wird daher Wasserlöslichkeit oder wenigstens Wasserdispergierbarkeit erwartet. Während dies für wasserbasierende Systeme wie kolloidale Lösungen oder Dispersionen kein Problem darstellt, war die Entwicklung von wasserlöslichen Schmelzklebstoffen eine echte Herausforderung für die Klebstoffindustrie. Mittlerweile sind auch entsprechende Schmelzklebstoffe auf dem Markt, die besonders bei der Rundumetikettierung mit Kunststoffetiketten eingesetzt werden und ein problemloses Recycling auch solcher Kunststoffverpackungen ermöglichen.

8.5.10.5 Kompostierbare Produkte

Das Kompostieren ist eine weitere Möglichkeit, bei Produkten aus organischen Materialien den Materialkreislauf zu schließen. Durch den biologischen Abbau der Materialien werden diese wieder in eine für die Natur nutzbare Form überführt. Gerade im Bereich der Verpackungen kann das eine interessante Alternative sein, insbesondere dort, wo Verpackungen z. B. durch Reste von Lebensmitteln stark kontaminiert sind. Mit den hierfür entwickelten biologisch abbaubaren Werkstoffen wurde im Lauf der industriellen Entwicklung erstmals eine Werkstoffgruppe gezielt auf ihre Wiederverwertbarkeit oder Entsorgbarkeit hin konzipiert. Obwohl dort, wo biologische Abbaubarkeit wichtig ist, sich Rohstoffe aus der Natur meist vorteilhafter verhalten, sind diese Forderungen auch mit speziellen synthetischen Polymeren zu erfüllen. Die Verwendung von natürlichen Rohstoffen hat den Vorteil, dass diese nachwachsen und damit Ressourcen geschont werden.

Um eine sichere Kompostierung zu garantieren, ist es notwendig, dass nicht nur die Basismaterialien dieser Produkte biologisch abbaubar sind, sondern auch die eingesetzten Verarbeitungshilfsmittel, z. B. die Klebstoffe. Diese Forderung lässt sich leicht mit Klebstoffen auf der Basis pflanzlicher und tierischer Rohstoffe erfüllen. Betrachtet man den Markt in Westeuropa, so stellt man fest, dass über 6% der eingesetzten Klebstoffe auf der Basis natürlicher Polymere aufgebaut sind. Pflanzliche Rohstoffe umfassen Polymere wie Stärken, Cellulosen, Naturlatex, Proteine und niedermolekulare Stoffe wie Harze (z. B. Kolophoniumharze) und Diole. Von den tierischen Rohstoffen sind besonders Proteine wie Casein und Glutin zu nennen.

Je nach Anwendung wurden wasserbasierende Klebstoffe und Schmelzklebstoffe entwickelt, die die Anforderungen der Verpackungsindustrie auch bezüglich der Kompostierbarkeit erfüllen. Neben Klebstoffen auf der Basis natürlicher Rohstoffe lassen sich solche Systeme auch auf der Basis fossiler biologisch abbaubarer Rohstoffe (z. B. Polyester) realisieren. Dabei werden besonders aliphatische Polyester eingesetzt, die wesentlich bessere biologische Abbaubarkeit zeigen als aromatische. Wie aus Abbildung 217 zu ersehen, ist die biologische Abbaubarkeit solcher Schmelzklebstoffe vergleichbar mit der von Cellulose.

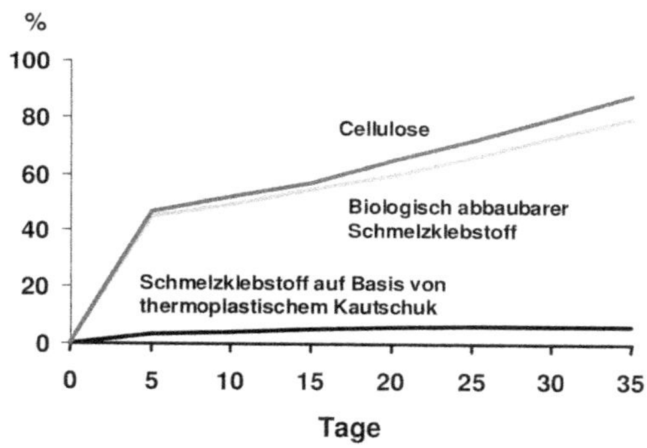

Abbildung 217 Biologische Abbaubarkeit von Klebstoffen

Viele der biologisch abbaubaren Materialien sind als Folien erhältlich. So ist es nicht überraschend, dass auch biologisch abbaubare Folienverbunde entwickelt wurden. Es handelt es sich um Mehrschichtverbunde, bei denen mindestens zwei unterschiedliche Folien mittels eines Klebstoffs kaschiert werden. So erreicht man eine Kombination der positiven Eigenschaften der Einzelfolien und spart im Allgemeinen deutlich Gewicht. Wenn beide Folien biologisch abbaubar sind, sollte dies zweckmäßigerweise auch für den Kaschierklebstoff gelten. Hier wurden in den letzten Jahren beachtliche Fortschritte erzielt; es gibt mittlerweile biologisch abbaubare Klebstoffe für die entsprechenden Folien zu kaufen.

8.5.11 Gesetzliche Auflagen

Von den vielen gesetzlichen Regelungen für die Verarbeitung in der Industrie sind für Verpackungsklebstoffe besonders lebensmittelrechtliche Fragestellungen wichtig, da viele Verpackungen für Lebensmittel eingesetzt werden. Zur Formulierung lebensmittelrechtlich konformer Klebstoffe steht eine breite Palette geeigneter Rohstoffe zu Verfügung, die entsprechende gesetzliche Anforderungen (z. B. die Empfehlungen des Bundesinstitut für Risikobewertung, BfR) erfüllen. Der derzeit stattfindende europäische Harmonisierungsprozess im Bereich der Lebensmittelbedarfsgegenständegesetze wird zu neuen Regelungen führen, da die europäische Gesetzgebung besonders die Migration von Stoffen aus Lebensmittelbedarfsgegenständen wie z. B. Verpackungen in die Lebensmittel bewertet und über globale und spezifische Grenzwerte regelt. Da lebensmittelrechtliche Fragestellungen meist mengenbezogen sind, kann letztlich nur der Hersteller der Verpackung bzw. der Abfüller des Lebensmittels entscheiden, ob die gesetzlichen Vorgaben eingehalten werden.

8.5.12 Ausblick

Neue Verpackungskonzepte und -materialien haben in den letzten Jahren zu technisch ausgereifteren Verpackungen geführt. Die stetige Zunahme der Weltbevölkerung und das Wachstum der industriellen Produktion werden eine weitere Expansion des Verpackungsmarkts verursachen, der durch aktive oder intelligente Verpackungen noch komplexer werden wird. Aktive Verpackung beeinflusst chemische, biologische oder physische Parameter der verpackten Produkte u. a. durch die Verwendung von neuen Materialien. Intelligente Verpackungen sind Verpackungen mit einem externen oder internen Indikator, der z. B. über die Produktgeschichte und die aktuelle Qualität des Produkts informiert. Intelligente Verpackung mit erweiterter EAN-Technologie oder RFID- (Radio Frequency Ident System)-Technologie wird ebenfalls diskutiert. Momentan entwickelt werden Kunststoff-Chips aus leitenden und halbleitenden organischen Polymeren, die auf Papier oder Plastikfolie gedruckt und wie Etiketten auf die Verpackung geklebt werden können. Neben neuen Materialien kommen die wichtigsten Impuls für weitere Entwicklungen von einer Erhöhung der Produktionsgeschwindigkeit und ökologischen Aspekten. Die Vermeidung von Abfall durch Wiederverwendung und Recycling wird zu neuen Systemen im Verpackungsbereich führen. Heute gibt es schon viele Klebstoffsysteme im Verpackungsbereich, die speziell für die spätere Wiederverwendung und das Recycling der Verpackungsmaterialien optimiert wurden. Klebstoffe werden auch in der Zukunft dazu beitragen das Verpackungen ihre Aufgaben während Transport, Lagerung und Präsentation im Regal erfüllen können.

Im Bereich der grafischen Erzeugnisse werden personalisierte Produkte immer mehr zunehmen. »Print on demand« und die anschließende Weiterverarbeitung (»bond on demand«) werden zu speziellen Klebstoffsystemen führen, die die wirtschaftliche Herstellung auch kleinster Auflagen ermöglichen. Werbesendungen werden noch aufwendiger gestaltet werden, um sie von den elektronischen Werbemedien besser abzugrenzen. Hier haben Klebstoffe auch in Zukunft eine wichtige Funktion zu erfüllen.

8.6
Kleinindustrie und Handwerk

In der modernen Fertigung in Kleinindustrie und Handwerk bzw. im Heimwerkerbereich gewinnt die Klebtechnik immer mehr an Bedeutung. Der Einsatz von Klebstoffen für das Verbinden unterschiedlichster Materialien unter verschiedensten Belastungen und Einflüssen hat zur Entwicklung eines breiten Angebots geführt.

Zum Schützen, Spleißen, Markieren, Dämpfen und Kennzeichnen gibt es eine umfassende Produktpalette an druckempfindlichen Klebeprodukten auf Kautschuk-, Acrylat- und Silicon-Klebstoffbasis, welche dem Anwender neue Möglichkeiten für innovative Entwicklungen, erhöhte Flexibilität und effizientere Fertigung gibt.

8.6.1
Verbinden

Feste Verbindungen zwischen verschiedenen Materialien ermöglichen doppelseitige Klebebänder und Klebstoffe. Letztere erzielen als Ein- oder Zweikomponenten-Produkte strukturelle Festigkeiten schon bei Raumtemperatur, selbst auf niederenergetischen Oberflächen, wie PE und PP. Sie erfüllen so Aufgaben, die bisher mechanischen Verbindungstechniken wie Schrauben, Nieten oder Punktschweißverbindungen vorbehalten waren.

Mechanische Befestigungen können nicht nur durch Klebstoffe, sondern auch durch Hochleistungs-Klebebänder ersetzt werden, welche in vielen Anwendungen an die Stelle etwa von Schrauben, Nieten, Clipsen und Schweißpunkten treten. Gute Soforthaftung, direkte Weiterverarbeitung, spannungsfreie Verklebung unterschiedlichster Materialien, hohe Temperaturbeständigkeit und anwendungsoptimierte Formstanzteile ermöglichen eine sicherere, zuverlässige und leistungsfähige Verbindung. Überall dort, wo schnelles Verbinden oder eine Verbindung auf Zeit gefordert ist, werden Sprühkleber oder wieder lösbare Befestigungssysteme eingesetzt. Siebdruck-Klebstoffe können direkt und exakt dort positioniert werden, wo sie gebraucht werden. Neue Systeme härten mit Hilfe von UV-Licht schnell und materialschonend aus.

8.6.1.1 **Konstruktionsklebstoffe**

Ein- und Zweikomponenten-Konstruktionsklebstoffe sind lösemittelfrei und härten unter Wärme und Druck (Einkomponenten-Klebstoffe) oder bei Raumtemperatur (Zweikomponenten-Klebstoffe). Die Härtung kann bei den Zweikomponenten-Klebstoffen durch Wärme, zum Beispiel 65 °C für 120 min, beschleunigt werden. Leistungsfähige Epoxidharz-, Polyurethan- und Acrylat-Systeme bieten strukturelle Festigkeiten und wurden entwickelt zum vielseitigen Kleben von Metallen wie Stahl, Aluminium, Kupfer, Messing und vielen Kunststoffen wie Polycarbonat, PVC, GFK, ABS, PMMA sowie für Glas, Keramik und Holz. Diese Klebstoffe werden von den Entwicklern, abhängig vom Einsatzgebiet, flexibel, hart oder zähelastisch eingestellt.

Polyethylen (PE) und Polypropylen (PP) sind vielseitig verwendete Materialien in der Kunststoffwelt. Schwierig wird es, wenn es darum geht, sie miteinander oder mit anderen Werkstoffen zu verkleben. Kräfteübertragende Verbindungen mit Klebstoffen waren bisher nur nach aufwendiger Vorbehandlung möglich.

Grund für die verbindungstechnische Problematik sind die niederenergetischen Oberflächen dieser thermoplastischen Kunststoffe. Sie können zwar miteinander verschweißt werden, aber eine kräfteübertragende Verklebung war bisher nur möglich, wenn zuvor chemische oder elektrische Verfahren wie Korona oder Plasma zum Einsatz kamen. Bei der Suche nach möglichst einfachen Verbindungsmöglichkeiten standen und stehen in der Industrie immer noch mechanische Lösungen im Vordergrund.

Mit neuartigen zähelastischen Zweikomponenten-Konstruktionsklebstoffen auf Acrylatbasis lassen sich seit kurzer Zeit Werkstoffe wie PE oder PP ohne Vorbehandlung einfach und schnell, vor allem aber hochfest kleben. Diese neuen Klebstoffe eignen sich auch für Verbindungen, an denen thermoplastische Elastomere (TPE) beteiligt sind.

Sobald beide Komponenten miteinander vermischt sind, setzt auf der benetzten Werkstoff-Oberfläche eine chemische Reaktion ein, die für einen klebfreundlichen, höherenergetischen Oberflächenzustand sorgt. Selbst mit anderen Werkstoffen lassen sich die so neu geschaffenen Oberflächen leicht verbinden. Die Verarbeitungszeit beträgt 2,5–3 min. Schon nach etwa 30–60 min lassen sich die miteinander verbundenen Werkstoffe weiter verarbeiten. Die neuen Klebstoffsysteme sind lösemittelfrei und härten schon bei Raumtemperatur aus. Die endgültige Aushärtung braucht zwischen 8 und 24 Stunden bei Raumtemperatur, aber nur etwa 30 min bei Erwärmung zwischen 70 und 75 °C. Die so geschaffene Verbindung hat strukturelle Festigkeiten im Bereich der Eigenfestigkeit der verarbeiteten niederenergetischen Werkstoffe PE und PP.

Konstruktionsklebstoffe können durch Rakeln, Spachteln, Extrudieren und Injizieren, manuell oder automatisch appliziert werden. Eine wirtschaftliche, schnelle, saubere und exakte Verarbeitung von Zweikomponenten-Klebstoffen ist mit speziellen Systemen möglich (Abbildung 218). Diese bestehen aus Handauftragsgeräten oder Druckluftpistolen, Doppelkartuschen und statischen Mischdüsen.

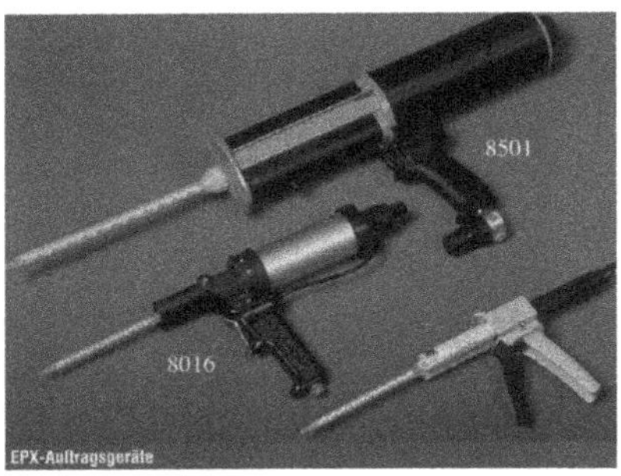

Abbildung 218 Auftragsysteme für Zweikomponenten-Klebstoffe

Der Klebstoffauftrag erfolgt punktuell oder raupenförmig. Dosieren, Mischen und Auftragen bilden einen einzigen Arbeitsgang.

8.6.1.2 Cyanacrylatklebstoffe (Sekundenklebstoffe)

Cyanacrylatklebstoffe sind farblose, lösemittelfreie, schnell polymerisierende und kalthärtende Einkomponenten-Konstruktionsklebstoffe mit hoher Ergiebigkeit. Die Härtung wird durch Luftfeuchtigkeit eingeleitet. Durch leichten Kontaktdruck ergibt sich ein dünner Film, der in Sekunden härtet, sodass diese Klebstoffe für kleine und plane Flächen gut geeignet sind. Für ein schnelleres Härten oder aber für das Kleben auf kritischen Werkstoffoberflächen kann ein Aktivator eingesetzt werden.

Sehr gute Festigkeiten werden auf vielen Werkstoffen wie Metallen, Kunststoffen wie ABS, PVC, Polyamid, Polycarbonat etc., Elastomeren wie EPDM, SBR und Fluorkautschuk sowie Glas, Keramik, Porzellan, Holz, Leder, Kork etc. erzielt. Die Klebstoffe unterscheiden sich bezüglich der Eignung für bestimmte Werkstoffe (Elastomere, Kunststoffe, Metalle) und unterschiedlichen hohen bzw. niedrigen Viskositäten (von dünnflüssig bis nicht fließend). Es besteht eine gute Alterungs-, Temperatur- und Chemikalienbeständigkeit. Die Verarbeitung erfolgt manuell oder mit Dosiergeräten.

Cyanacrylatklebstoffe haben je nach Produkttyp auch Einsatzbereiche:

- Kleben von Profilen, Rundschnüren etc. aus Voll- und Moosgummi (schwer zu klebende Elastomere, z. B. APTK bzw. EPDM und Fluorelastomere, wie Fluorel™ und Viton werden im Stumpf- und Gehrungsschnitt weit gehend alterungsbeständig geklebt),
- Verbinden von Kunststoffen, Metallen, Elastomeren sowie porösen Werkstoffen wie Holz, Kork und Leder,
- Kleben von Metallen wie Eisen, Stahl, Bunt- und Leichtmetallen.

Aktivatoren für Cyanacrylat Klebstoffe beschleunigen das Aushärten und ermöglichen Klebungen auf weniger klebfreundlichen und sauer reagierenden Werkstoffen, wie z. B Holz, Kork bzw. reduzieren das Ausblühen bei Kunststoffen.

8.6.1.3 Reaktive Schmelzklebstoff-Systeme

Reaktive Polyurethan-Schmelzklebstoffe sind lösemittelfreie, einkomponentige, feuchtigkeitsvernetzende Klebstoffe mit 100 % Festkörper. Sie vereinigen eine hohe Soforthaftung durch den schnellen Festigkeitsaufbau, ähnlich wie bei konventionellen Schmelzklebstoffen, und eine hohe strukturelle Endfestigkeit durch Nachvernetzung. Die Klebstoffe haben eine gute Flexibilität und Schlagfestigkeit sowie gute Weichmacherbeständigkeit. Verschieden lange offene Zeiten (1–10 min) erlauben schnelles Verarbeiten oder Korrekturen und/oder lange Klebraupen. Unterschiedliche Viskositäten ermöglichen sehr dünne Klebfugen oder auch spaltfüllende Klebungen.

Reaktive Polyurethan-Schmelzklebstoffe erreichen gute, belastbare Festigkeiten auf Holz und Kunststoffen miteinander oder mit anderen Werkstoffen wie Gum-

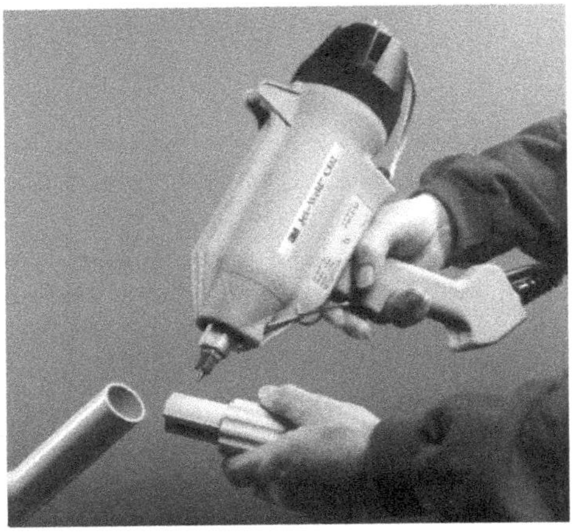

Abbildung 219 Verarbeitung von reaktiven Polyurethan-Schmelzklebstoffen mit speziellen Kartuschenpistolen

mi, Leder, Textilien, Aluminium, Glas und lackierten Metallen. Überschüssiger Klebstoff lässt sich in der Wachsphase (ca. 20 min) leicht und sauber entfernen. Die Verarbeitung erfolgt mit speziellen Kartuschenpistolen (Abbildung 219) oder automatischen Anlagen im Extrudier- oder Sprühverfahren.

8.6.1.4 **Schmelzklebstoff-Systeme**

Schmelzklebstoffe mit 100% Festkörperanteil bestehen aus lösemittelfreien thermoplastischen Harzen. Sie sind in geschmolzenem Zustand benetzungsfähig und weisen durch Wärmeabgabe ohne chemische Veränderung gute Festigkeiten zu vielen Werkstoffen wie Holz, Pappe, Papier, Kork, Leder, Gummi, Filz, Textilien, Kunst- und Schaumstoffen, Keramik, Glas und Metallen auf. Außer zum Verbinden von Werkstoffen können sie auch vorteilhaft zum Vergießen bzw. Ausfüllen

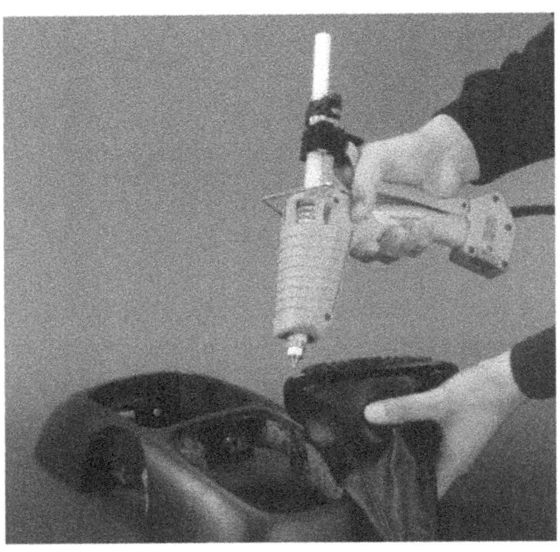

Abbildung 220 Auftraggerät für Schmelzklebstoffe

von Hohlräumen und Fugen eingesetzt werden. Die Festigkeit wird bereits nach Sekunden ohne Fixiereinrichtungen erreicht. Für die Verarbeitung stehen leistungsfähige Auftragsgeräte zur Verfügung (Abbildung 20).

Spezielle Low-Melt-Klebstoffe werden mit einer niedrigeren Schmelztemperatur (120–130 °C) verarbeitet. Damit sind sie zusätzlich für temperaturempfindliche Materialien wie thermoplastische Folien oder Styropor® geeignet, ohne Verfärbung, Schrumpfen oder Verziehen zu verursachen. Weitere Vorteile sind geringere Verbrennungsgefahr und minimale Dampf- und Geruchsentwicklung.

8.6.1.5 **Sprühklebstoffe**

Diese Aerosol-Klebstoffe lassen sich auf Knopfdruck einfach, schnell, mobil und sauber auftragen ohne zusätzliche Hilfsmittel wie Pinsel oder Rakel. Somit entfällt auch deren nachträgliche Reinigung. Die Aerosoldose ist Transportschutz, Lagerbehälter und Verarbeitungsgerät gleichzeitig.

Aerosol-Klebstoffe sind vielseitig einsetzbar zum wiederlösbaren oder dauerhaften Kleben von Papier, Pappe, Textilien, Folien, Filz, Kork, Leder, Holz, Metall, Glas, Kunststoff, Gummi etc.

Zur Anwendungsvielfalt gehört das Kleben von Isoliermaterialien, Dekorationsmaterialien, Schablonen und Etiketten (Abbildung 221).

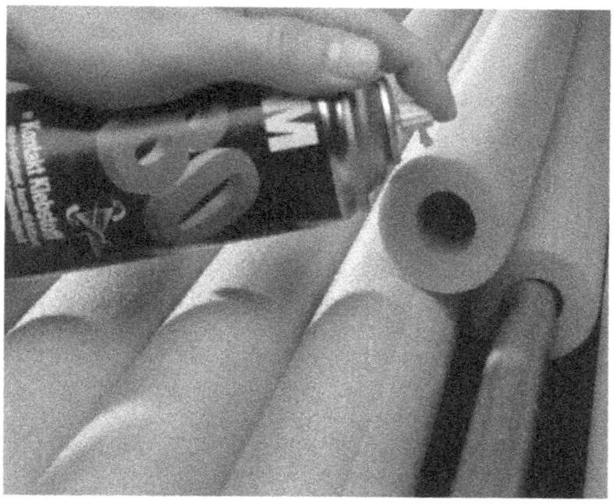

Abbildung 221 Kleben einer Isolierung mit einem Aerosol-Klebstoff

8.6.1.6 **Dispersionsklebstoffe**

Dispersionsklebstoffe auf der Basis von Polychloropren und Polyacrylat haben ähnliche Merkmale und Einsatzbereiche wie Lösemittelklebstoffe, jedoch ist der Klebstoff in Wasser dispergiert. Im Gegensatz zu Lösemittelklebstoffen können Dispersionen nach der Trocknung nicht reaktiviert werden. Nach dem Fügen besteht eine gute Wasserbeständigkeit. Die Dispersionsklebstoffe sind im Anlieferungszustand nicht brennbar und bieten somit Vorteile bei der Lagerung und der Produktion. Durch den hohen Festkörperanteil ergibt sich eine hohe Ergiebigkeit. Die Ablüftzeit kann durch Wärme (Infrarot, Warmluft) verkürzt werden.

Dispersionsklebstoffe sind vielseitig auf den unterschiedlichsten Werkstoffen wie Holz, Papier, Pappe, Kork, Leder, Filz, Textilien, Gummi, Kunst- und Schaumstoffen, Glas, Keramik und beschichteten Metallen einsetzbar.

Der Klebstoff wird überwiegend auf beide Werkstoffe aufgetragen. Die Teile werden dann nach dem Ablüften (Klebschicht wird transparent) mit Druck gefügt.

8.6.1.7 Lösemittelklebstoffe

Lösemittelklebstoffe haben gute Benetzungseigenschaften und lassen sich leicht durch verschiedene Verarbeitungsmethoden auftragen. Sie erreichen nach dem Verdunsten der Lösemittel schnell gute Festigkeiten. Je nach Klebstoffbasis ergeben sich unterschiedliche Leistungsmerkmale. Lösemittelklebstoffe sind vielseitig auf Materialien wie Metallen, Kunststoffen, Gummi, Leder, Kork, Filz, Holz, Pappe, Textilien, Glas, Keramik, Beton etc. einsetzbar (»Alleskleber«).

Der Klebstoff wird meist auf beide Werkstoffe aufgetragen und die Teile werden nach einer Klebspanne (Ablüftzeit) mit Druck zusammengefügt. Wenn mindestens eines der zu klebenden Materialien porös ist, kann ein einseitiger Auftrag (Nassklebung) erfolgen. Teile können auch beschichtet und später nach Trocknen durch Lösemittel- oder Hitzeaktivierung verklebt werden.

8.6.1.8 Hochleistungs-Schaumklebebänder

Hochleistungs-Schaumklebebänder auf Acrylatbasis ersetzen in vielen Anwendungen mechanische Befestigungsarten wie Schrauben, Nieten, Clipsen und Punktschweißen. Sie bewähren sich bereits seit 20 Jahren in unzähligen Anwendungen. Auf Grund ihres viskoelastischen Verhaltens sind sie im Gegensatz zu mechanischen Verbindungen viel besser in der Lage, dynamische Kräfte und Schwingungen aufzufangen. Sie können Unterschiede in der Längenausdehnung der verbundenen Materialien bis zum Dreifachen ihrer Dicke kompensieren und machen es möglich, Konstruktionen mit geringerem Gewicht zu realisieren. Fertigungskosten werden so reduziert. Gute Soforthaftung, direkte Weiterverarbeitungsmöglichkeiten, spannungsfreie Verklebung unterschiedlichster Materialien, hohe Temperaturbeständigkeit und anwendungsoptimierte Formstanzteile ermöglichen eine sichere, zuverlässige und leistungsfähige Verbindung (Tabelle 28).

Bei den Hochleistungs-Schaumklebebänder bildet ein geschlossenzelliger Klebstoffkern auf Acrylatbasis mit den beiden funktionellen Klebstoffoberflächen eine nahezu untrennbare Einheit. Durch den durchgehend viskoelastischen Klebstoff entsteht, anders als bei konventionellen Schaumstoff-Klebebändern, ein dauerhafter, spannungsfreier Verbund. Acrylat-Copolymere sind die Basis dieser Systeme. Die darin enthaltenen C–C-Einfachbindungen zeichnen sich durch eine sehr hohe Beständigkeit gegenüber Energie in Form von Wärme oder UV-Strahlung sowie gegen chemische Angriffe aus. Diese Eigenschaft kommt z. B. auch der Anwendung in der Fertigung von Förderbändern zugute, die in der Lebensmittelindustrie zum Beispiel in so genannten Schrumpftunneln hohen Temperaturen ausgesetzt sind. Diese Klebebänder sind dauerhaft temperaturbeständig, einige von ihnen kurzzeitig sogar bis 260 °C.

Tabelle 28 Vorteile der Hochleistungs-Schaumklebebänder

Qualität	Kosten	Flexibilität
• dauerhafte, sicherere Verbindung • schnelle, einfache und saubere Montage • keine störenden Schraub- oder Nietköpfe • glatte, unbeschädigte Oberflächen • verbessertes Design • Vibrations- und geräuschdämpfend • exzellente Dichtfunktion • UV-Beständigkeit • chemische Beständigkeit	• schnelle, effektive Verbindungstechnik • Reduzierung von Ausschuss • Einsatz von dünneren und leichteren Werkstoffen • keine Investitionskosten z. B. für Maschinen • Prozessvorteile: z. B. keine Nachbearbeitung	• einfaches Verbinden von Metallen, Kunststoffen, Glas etc. • spannungsfreie Verklebung von unterschiedlichsten Materialien • wesentlich mehr Möglichkeiten im Design • Möglichkeiten der Vorkonfektionierung • anwendungsoptimierte Formstanzteile auf Anfrage

Hochleistungs-Schaumklebebänder auf Acrylatbasis besitzen zudem die Fähigkeit, eine Vielzahl von Werkstoffen mit unterschiedlichen Oberflächeneigenschaften zu verbinden. Die Kraftverteilung ist dabei immer gleichmäßig. Im Gegensatz zu mechanischen Verbindungen sind diese Klebebänder aufgrund ihres viskoelastischen Verhaltens besser in der Lage, die auftretenden Scherkräfte aufzufangen. Bei der Fertigung der Bandkörper für Förderbänder zum Beispiel kann das Klebeband Unterschiede in der Längenausdehnung der verbundenen Materialien bis zum Dreifachen seiner Dicke (bis zu 3,3 mm), ausgleichen: So liegt bei einer Temperaturdifferenz von 50 °C die Längenausdehnung bei Aluminium bei 1,15 mm (bezogen auf einen Meter). Bei Edelstahl beträgt sie 0,85 mm. Dies ergibt eine Differenz von 0,3 mm, die vom Klebeband leicht aufgefangen wird.

Diese Klebebänder weisen darüber hinaus auch hervorragende Klebekräfte auf. Gemessen wurde die Schäl- und Zugscherfestigkeit auf Stahl. Die Schälkraft liegt bei 120–450 N/100 mm, die Zugscherfestigkeit bei 42–69 N/cm^2.

Hochleistungsklebebänder auf Acrylatbasis sind als Klebstofffilme transparent, als Bänder in Schwarz, Weiß, Grau oder ebenfalls transparent erhältlich. Die Dicken liegen zwischen 0,05 und 3 mm, die Breiten zwischen 6 und 1200 mm. Transparenz ist vor allem bei neuen Fertigungsmethoden in der Glasindustrie gefordert. Auch Solarmodule, etwa die begehbaren vor der Glaskuppel im Berliner Reichstagsgebäude, werden mit Hilfe von diesen Hochleistungs-Klebebändern gefertigt. Die Transparenz wurde mit Hilfe eines beschleunigten Alterungstests im Labor untersucht. Die Klebeverbindungen waren 3000 Stunden lang hohen Temperaturen und intensiver UV-Strahlung ausgesetzt. Die Transparenz reduzierte sich dabei um 1 % (von ursprünglich 88,2 auf 87,3).

Beispiele für innovative Fertigungen mit Hochleistungs-Schaumklebebändern finden sich aber auch in anderen Bereichen, etwa bei den Dachkonstruktionen von Lkw-Aufliegern, in der Elektrotechnik oder im Fassadenbau (Abbildungen 222 und 223). Beim Bau des Jumeirah Beach Hotel in Dubai kamen z. B. 60 000 Meter Klebeband zum Einsatz. Häufig wird bei LKW's das Dachpaneel direkt auf eine

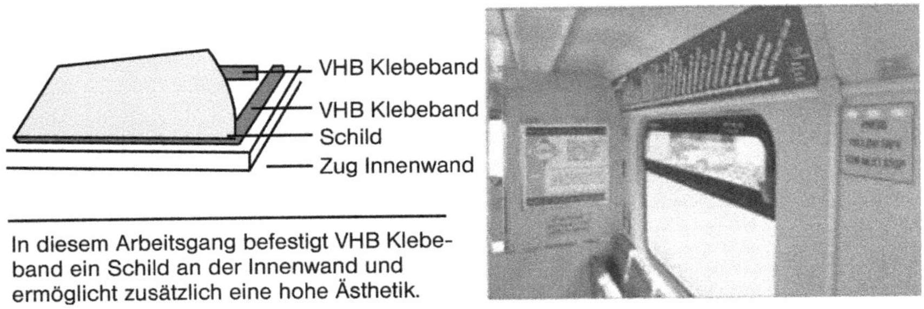

Abbildung 222 Befestigen eines Schildes an die Innenwand eines öffentlichen Verkehrsmittels mit VHB® Klebeband von 3M

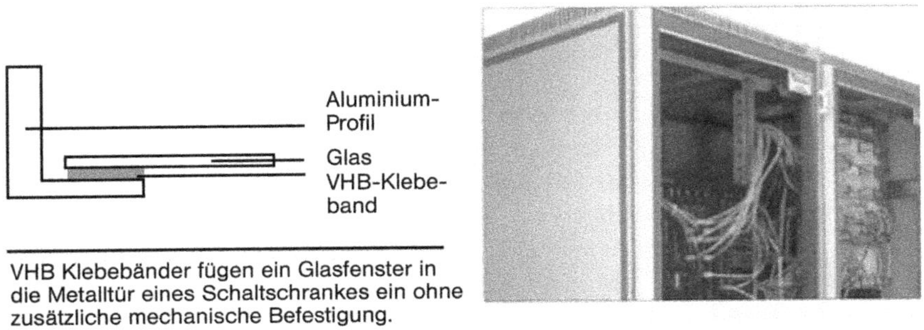

Abbildung 223 Verkleben eines Glasfensters in die Tür eines Schaltschranks mit VHB® Klebeband von 3M

Unterkonstruktion geklebt; ohne Schrauben, Nieten oder Punktschweißverbindungen. Durch den Verzicht auf Bohrlöcher entstehen keine Angriffspunkte für Undichtigkeiten oder Korrosion. Bei der Verklebung von Aussteifungsprofilen bei Seitenpaneelen z. B. von Lkws entsteht eine durchgehende unbeschädigte Oberfläche für den optimalen Einsatz von Dekorationsfolien. So gibt es keine störenden Schrauben oder Nieten. Zusätzlich reduziert der Einsatz von solchen Klebebändern spürbar die Geräuschentwicklung.

Immer kleiner werdende Bauteile haben heute oft keinen Platz mehr für herkömmliche Befestigungsmethoden. Hochleistungs-Schaumklebebänder können für diesen Einsatz anwendungsoptimiert gestanzt werden und dienen sowohl als Schockabsorber bei als auch als Dichtungsmaterial. So können sie z. B. zum Abdichten von Schaltschränken oder auch von Unterwasserkameras eingesetzt werden.

8.6.1.9 Lösbare Befestigungssysteme

Wo es auf sichere Befestigung und Wiederlösbarkeit ankommt, bieten wiederlösbare Befestigungssysteme bzw. Haken- und Schlaufenbänder enorme Vorteile und nahezu grenzenlose Anwendungsmöglichkeiten. Besonders leistungsfähige wiederlösbare Befestigungssysteme ersetzen in Zügen, Bahnen und Bussen die Schrauben in Wand- und Deckenpaneelen. Es gibt keine Löcher mehr, Korrosion wird so vermieden und der Zugriff bei Wartung erfolgt in Sekundenschnelle.

Bei der Anwendung signalisiert ein deutliches Geräusch die einwandfreie Verankerung. Die hervorragende Zugfestigkeit ermöglicht es, unästhetische mechanische Befestigungssysteme bei vielen Anwendungen zu ersetzen. Diese Druckverschlüsse können ohne Bedenken Hunderte Male geöffnet und geschlossen werden (Abbildung 224).

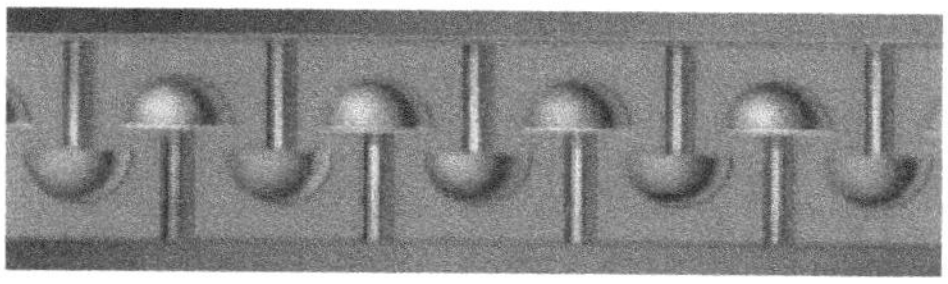

Abbildung 224 Aufbau eines mechanisch wiederlösbaren Befestigungssystems

Neben der Wiederlösbarkeit zeichnen sich die System durch Eigenschaften wie hervorragende Zugfestigkeit, Geräusch- und Schwingungsdämpfung, Lösemittelbeständigkeit und Belastbarkeit der selbstklebenden Ausführungen von –30 °C bis +95 °C aus.

Wenn die Anwendung ein ständiges müheloses Öffnen und Schließen erfordert, sind Haken- und Schlaufenbänder die ideale Lösung (Abbildung 225). Sie halten zum Beispiel Polsterungen in Motorrad-, Fahrrad- und Arbeitsschutzhelmen an Ihrem Platz. Winzige steife Haken und weiche Schlaufen verbinden sich durch einfaches Zusammendrücken. Die schnelle Befestigung spart Arbeitszeit und -kosten.

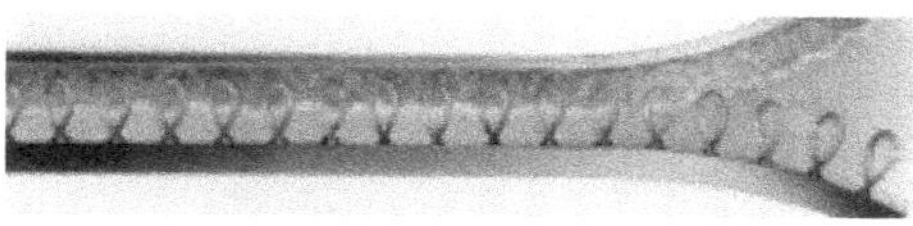

Abbildung 225 Aufbau eines Haken- und Schlaufenbandes

8.6.1.10 **Siebdruck-Klebstoffe**

Siebdruck-Klebstoffe können direkt und exakt dort positioniert werden, wo sie gebraucht werden. Neue Systeme härten mit Hilfe von UV-Licht schnell und materialschonend aus. Diese Produkte werden künftig Verbindungslösungen ersetzen, bei denen bisher doppelseitig haftende Klebstofffilme zum Einsatz kamen (Abbildung 226). Diese Materialien mussten gestanzt werden, um etwa Stellen für Schalter, Instrumente oder Leuchtdioden freizuhalten.

Die neueren Klebstoffsysteme bestehen ausschließlich aus flüssigem Acrylat und sind damit bis zu 40 % ergiebiger im Vergleich mit konventionellen Siebdruck-Klebstoffen, etwa auf Dispersionsbasis. Da sie weder Lösungsmittel noch Wasser enthalten, bieten sie optimale Druckergebnisse mit exakten Konturen.

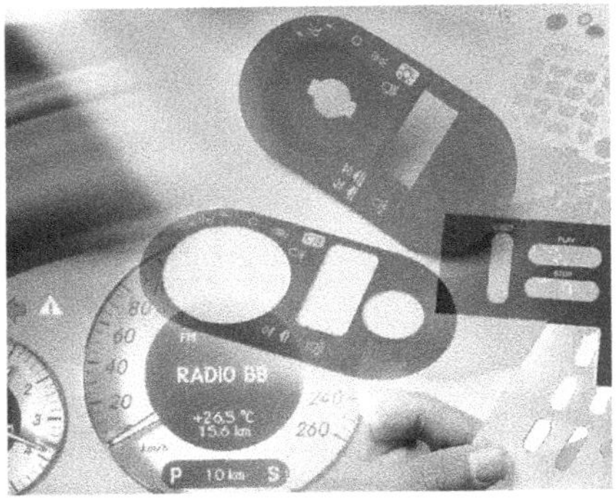

Abbildung 226 Einsatzgebiete für Siebdruckklebstoffe

Selbst bei Produktionspausen setzt sich das Sieb nicht mehr zu, muss demnach zwischendurch nicht mehr gereinigt oder ausgetauscht werden. Allein durch die weitere Verwendung des Klebstoffs nach Pausen ergibt sich eine Materialersparnis von bis zu 30%. Arbeitszeit spart zudem die schnelle UV-Trocknung. Die Abfallreduktion in Relation zu einer Stanzteilverarbeitung summiert sich sogar auf maximal 80%.

Die Klebstoffe sind druckbar in Dicken zwischen 0,025 und 0,075 mm. Ihre Temperaturbeständigkeit liegt zwischen –40 °C und +80 °C.

8.6.2
Schützen, Spleißen und Maskieren

Klebstoffhersteller bieten heute eine umfassende Produktpalette an druckempfindlichen Klebebändern auf Kautschuk-, Acrylat- und Siliconbasis an. Die verschiedenen Produkte eröffnen neue Möglichkeiten für innovative Entwicklungen, erhöhte Flexibilität und effizientere Fertigung.

Anfang des vergangenen Jahrhunderts entwickelte die 3M Company (St. Paul, Minnesota) das weltweit erste Klebeband für Abdeckarbeiten in Kfz-Werkstätten. Heute sind die Anwendungen zahlreicher Klebebandvarianten (Abdecken, Befestigen, Bündeln, Dekorieren usw.) ebenso vielfältig wie die Materialkompositionen und die daraus resultierenden Eigenschaften. Das breite Spektrum der Klebebänder setzt sich zum einen aus den unterschiedlichen Trägermaterialien – Papier, Polyester, Polyurethan, beschichtete Gewebe, Cellophan, Teflon, Aluminium oder PVC – und zum anderen aus leistungsfähigen Klebstoffen, unterschiedlichen Farben, Breiten und Rollenlängen zusammen (Tabelle 29).

Tabelle 29 Auswahl des Klebebandträgers

Klebebandträger	Vorteile	Einschränkungen
PVC	• gut verformbar • säurebeständig	• zieht sich nach Dehnung wieder zusammen • mäßig flexibel bei Niedrigtemperaturen • temperaturbeständig bis +75° C
Polyethylen	• gut verformbar • säure- und lösemittelbeständig • wirtschaftlich	• nicht formstabil • temperaturbeständig bis +75 °C
Polyester	• abriebfest • reißfest • lösemittelbeständig • temperaturbeständig bis +150°C	• reißt leicht, wenn Kanten beschädigt sind • Schwierige Handhabung wegen geringer Materialstärke und statischer Aufladung
Metallfolie	• ausgezeichneter Nässe- und Staubschutz • gute Hitzereflexion • hitzebeständig (Aluminium bis +315 °C, Blei bis +150 °C • flammbeständig • witterungsbeständig • säurebeständig (Bleifolie)	• flexibel • Aluminiumfolie nur schwach säurebeständig
PTFE	• ausgezeichnete Antihaft-Eigenschaften • hohe Temperaturbeständigkeit (bis +205 °C langfristig/bis +275 °C kurzfristig) • säure- und lösemittelbeständig • Flexibilität bei niedrigen Temperaturen • ausgezeichnete Feuchtigkeitsbarriere	• relativ hoher Preis
Glasgewebe	• reißfest • wärmeisolierend • temperaturbeständig bis +205 °C über mehrere Stunden • feuerfest	• mäßige Feuchtigkeitsbarriere • mäßig formbar

Industrieklebebänder sind in der Regel mit einem von drei verschiedenen Klebstofftypen ausgerüstet. Tabelle 30 gibt eine Übersicht über deren Vor- und Nachteile.

Tabelle 30 Auswahl des Klebstoffs

Klebstoff	Vorteile	Einschränkungen
Gummi-Harz-Klebstoff	• niedriger Preis • hohe Anfangsklebkraft • relativ gute Schälkraft auf Stahl	• mittelmäßig temperaturbeständig bis +95 °C • mäßig beständig bei Niedrigtemperaturen
Acrylat-Klebstoff	• extrem lange Lebensdauer • temperaturbeständig bis +150 °C • ausgezeichnete Schälkraft auf Stahl • mittleres Preisniveau • transparent • UV-beständig	
Silicon-Klebstoff	• ausgezeichnet temperaturbeständig bis permanent +205 °C oder kurzfristig länger • lange Lebensdauer • ausgezeichnete Leistungsmerkmale bei Niedrigtemperaturen • gute Haftung auf Silicon	• relativ hoher Preis • allgemein niedrige Anfangsklebkraft

8.6.2.1 Klebebänder mit Papierträgern

Diese Produktgruppe beinhaltet Klebebänder, die überwiegend zum Verstärken, Verschließen, Spleißen, Abdecken bei Lackierarbeiten und Gurten eingesetzt werden (Abbildung 227).

Abbildung 227 Klebebänder mit Papierträgern

8.6.2.2 PVC-Klebebänder

PVC-Klebebänder bieten durch ihr Leistungsvermögen ein weites Anwendungsspektrum.. Durch die Lösemittelbeständigkeit, Farbqualität, Dehnbarkeit und Abriebfestigkeit sind sie geeignet zum Verschließen, Markieren und Kennzeichnen, Schützen, Abdecken, Bündeln, Befestigen/Heften und vielem mehr.

8.6.2.3 Klebebänder mit Polyesterträger

Klebebänder mit Polyesterträger werden zum Befestigen, Schützen und Abdecken eingesetzt (Abbildung 228). Sie zeichnen sich aus durch hohe Alterungsbeständigkeit, Reißfestigkeit, ausgezeichnete chemische Beständigkeit und Abriebfestigkeit. Verfügbar sind sie in farbigen und transparenten Ausführungen. Der Temperaturbereich für den Einsatz reicht von –50 °C bis +180 °C.

Abbildung 228 Lithomontage von Positiven mit Polyester-Klebebändern

8.6.2.4 Klebebänder mit Metallträger

In keiner anderen Form können Metalle leichter, schneller und sauberer verarbeitet werden. Metallträger sind ausgesprochen alterungsbeständig und zeichnen sich zudem durch hohe bis höchste Temperaturbeständigkeit, sehr gute Lösemittelbeständigkeit, geringe Wasserdampfdurchlässigkeit und Stanzbarkeit aus. Anwendungsbeispiele geben die Abbildungen 229 und 230.

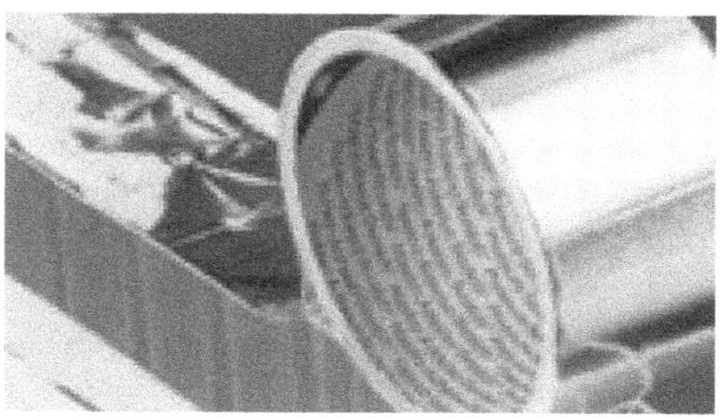

Abbildung 229 Abdichten mit einem Aluminiumklebeband

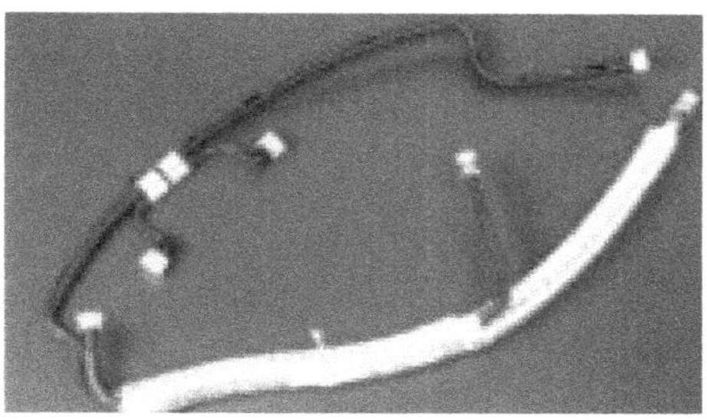

Abbildung 230 Draht- und Kabelschutz mit Hilfe von Metallklebebändern

8.6.2.5 Gleitklebebänder

Gleitklebebänder auf der Basis von Polytetrafluorethylen (PTFE) und Ultra-High-Molecular-Wight PE (UHMW-PE) weisen spezielle Merkmale auf. Die PTFE-Produkte zeichnen sich durch hohe Temperaturbeständigkeit und niedrige Reibungskoeffizienten aus. Zusätzlich zu diesen Merkmalen wurden UHMW-PE-Klebebänder speziell in Hinsicht auf Abriebfestigkeit konzipiert. Besondere Eigenschaften von PTFE-Klebebändern sind:

- ein niedriger Reibungskoeffizient (der »Selbstschmiereffekt« von PTFE-Klebefilmen erleichtert die Verarbeitung vieler Materialendlosbahnen),
- extreme Temperaturbeständigkeit (viele Heißversiegelungsmaschinen halten länger durch hochtemperaturbeständige PTFE-Glasgewebebänder; s. Abbildung 231),
- Antihaftwirkung und Klebeabweisung (die klebeabweisende Eigenschaften verhindern Kunststoffablagerungen auf den Walzen und erleichtern so die Reinigung von PE-Extrudern),
- Chemikalienfestigkeit (PTFE-Klebebänder schützen in Herstellungsbereichen mit hoher chemischer Belastung) und
- Formbarkeit (bei Walzen gewährleistet die Ausrüstung mit PTFE-Klebebändern leichtere Anwendung und effizientere Leistung).

Abbildung 231 Heißversiegelung mit PTFE-Klebebändern

Als wichtige Eigenschaften der UHMW-PE-Klebebänder sind zu nennen:

- Abriebfestigkeit (Klebebänder schützen Transportbänder, Geländer und Behälter aus Kunststoff- bzw. Metalloberflächen vor Verschleiß),
- Geräuschdämpfung (sorgt in vielen Anwendungsbereichen für effiziente Dämpfung von Geräuschen und Vibrationen),
- Antihaftwirkung (mit UHMW-PE-Klebebändern ausgerüstete Werkstücke/Oberflächen lassen sich gut reinigen, da klebende Medien wie Farbe, Klebstoffe, Lacke usw. darauf nicht haften).

8.6.2.6 Gewebeklebebänder

Reine Textilgewebeklebebänder und spezielle Konstruktionen aus Aluminium und/oder Glasgeweben weisen durch ihren beschichteten Gewebeträger mit speziellen Klebstoffmodifikationen ein breites Anwendungsspektrum auf. Als Krite-

Abbildung 232 Abdecken beim Plasmaspritzen

Abbildung 233 Abdichten von Frachträumen

rien für die Auswahl gelten die Reißfestigkeit – Trägermaterialien aus Glasgewebe sind in ihrer Bruchlast unübertroffen und siebenmal stärker als Polyesterträger – und die Beständigkeit bei hohen Temperaturen.

8.6.2.7 **Polyurethanklebebänder**

Polyurethanklebebänder bestehen aus einem einseitig mit verschiedenen Klebstofftypen beschichteten Polyurethan-Trägermaterial. Die mit einem Acrylatklebstoff ausgerüsteten Klebebänder eignen sich für dauerhafte Anwendungen mit sehr guter Lösemittel- und UV-Beständigkeit. Die mit einem Gummi-Harz-Klebstoff ausgerüsteten Versionen finden ihren bevorzugten Einsatz bei zeitlich begrenzten Anwendungen. Hervorzuheben unter den Eigenschaften sind die ausgezeichnete Abriebfestigkeit, der optimale Schutz gegen Erosion, eine hervorragende Reiß- und mechanische Durchschlagsfestigkeit sowie die gute Bedruckbarkeit.

8.6.2.8 **Klebebänder mit Celluloseacetat- und Cellophanträger:**

Die Klebebänder dieser Gruppe vereinen hohe Transparenz und Alterungsbeständigkeit. Verwendung finden sie zum Spleißen von Filmmaterialien, Verschließen, Abdecken und Schützen, Heften und Markieren.

8.6.3
Dämpfen

Für Design und Ästhetik, für einen rutschfesten Stand, aber auch als Abstandshalter oder Anschlagpuffer können selbstklebende Elastikpuffer eingesetzt werden. Sie absorbieren Vibration und Geräusche und kleben auf einer Vielzahl von Oberflächen. Diese Elastikpuffer zeichnen sich durch eine hohe Rutsch- und Abriebfestigkeit aus und hinterlassen weder Stand- noch Schubspuren (Abbildung 234).

Die kleinen, selbstklebenden Elastikpuffer sorgen als Geräuschdämpfung überall da für Ruhe, wo Lautes stört: an Türen, Fenstern, Möbelteilen, Glas, Porzellan, Keramik oder vielem anderen mehr. Sie dämpfen nicht nur Geräusche, sondern auch Vibrationen, etwa an Haushaltsgeräten oder Computern, sowie Stöße an Fassadenelementen oder Gerätegehäusen. Neben den Dämpfungseigenschaften verhindern sie das Verkratzen empfindlicher Oberflächen und das Verrutschen von Gegenständen auf glatten Flächen.

Abbildung 234 Verschiedenartige selbstklebende Elastikpuffer

Eine andere Art der Geräuschdämpfung – für empfindliche Geräteteile – bieten Klebebänder. Diese können aus Schaumstoff-Trägermaterialien in Kombination mit einem hoch belastbaren Acrylatklebstoff bestehen.

8.6.4 Kennzeichnen

Barcodeetiketten, Typenschilder oder Warnhinweise – alle tragen nicht nur wichtige Informationen, sondern transportieren auch das Image des Geräteherstellers. Umso wichtiger ist, dass sie unter allen Umständen gut haften.

Es gibt eine Vielzahl an selbstklebenden Folien, die zu Produktkennzeichnungen für höchste Anforderungen weiterverarbeitet werden können. In Zusammenarbeit mit den Kunden der Etikettenhersteller aus z. B. der Automobil- oder Elektronikindustrie entstehen täglich neue Kennzeichnungssysteme, die selbst höchsten Belastungen durch Chemikalien, Temperaturen oder schwierigen Verklebeuntergründen die Stirn bieten.

Recyclingfähige Spezialetiketten sind mit den gängigen Gehäusekunststoffen (z. B. PC, ABS, ABS+PC, PS, HIPS) in Geräten der Informations- und Unterhaltungselektronik kompatibel. Das zeit- und kostenintensive Entfernen von Etiketten vor dem Recyclingprozess kann somit entfallen.

Die Forderung der Industrie nach immer größer werdenden Umschlaggeschwindigkeiten von Produkten aller Art habt unmittelbare Auswirkungen auf Vorgänge wie z. B. Sortieren und Zählen, Steuern und Kontrollieren, Lagern und Kommissionieren oder Schneiden vormarkierter Längen. Hierfür werden retroreflektierende Materialien zur Markierung von fotoelektrisch zu identifizierenden Produkten oder deren Transportbehälter angeboten (Abbildung 235). Entsprechend der Aufgabenstellung sind diese Materialien direkt auf dem Produkt oder auf dessen Transportbehälter als Einzelmarkierung oder als Zeichenkombination (Code) zu verwenden.

Folien für die Lasergravur werden folgendermaßen verwendet: Ein computergesteuerter Laserstrahl trägt von einer Zweischicht-Acrylatfolie die obere Schicht ab. Die darunter liegende andersfarbige Schicht erscheint als Information (Abbildung 236). So lassen sich alle Arten von Schriften und Logos, einschließlich High-density-Barcodes, erzeugen. Gleichzeitig kann der Laser jede beliebige Etikettenform

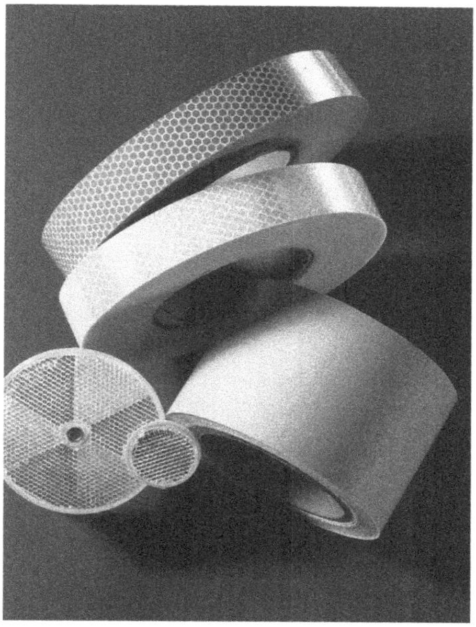

Abbildung 235 Retroreflektierende Kennzeichnungsprodukte

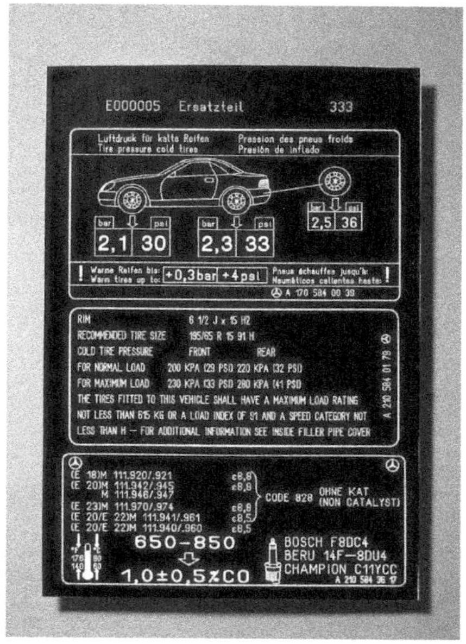

Abbildung 236 Lasergraviertes Etikett für die Automobilindustrie

schneiden; vorgestanzte Etiketten sind somit überflüssig. Als Vorteile der Lasergravur sind zu nennen:

- Leiser, sehr flexibler Prozess,
- einfacher Formatwechsel,
- dauerhafter, nicht entfernbarer Druck,
- kein Pre-printing oder Vorstanzen notwendig,
- gut geeignet für kleine Auflagen,
- perfekt für hochauflösende Barcodes.

Die Besonderheiten von Folien für die Sicherheitskennzeichnung zeigen sich erst beim Manipulationsversuch: Beim Versuch, ein einmal verklebtes Schild zu entfernen, erlischt die Hoffnung auf eine komplette Übertragung, denn das Schild zerstört sich. Neben der Möglichkeit der eindeutigen Identifizierung jedes Übertragungsversuchs haben diese Spezialfolien folgende Vorteile:

- Hohe Anfangshaftung durch aggressive Spezialklebstoffe
- gute Haftung auf niederenergetischen Oberflächen,
- nachbeschriftbar im Thermotransfer- oder Nadeldrucksystem.

Eingesetzt werden die Folien als Verschlusssiegel, Garantieschilder, Wert- und Prüfmarken sowie als dokumentenpflichtige Leistungsschilder.

8.7 Elektronikindustrie

Klebstoffe kommen in der Elektronikindustrie beim Anbringen und Verbinden von Komponenten, beim Energiemanagement, bei Produktsicherheit und Produktschutz sowie bei der Produktidentifikation und bei der Abschirmung zum Einsatz.

Dabei hat der Klebstoff neben seiner eigentlichen Verbindungsfunktion weitere wichtige Aufgaben zu übernehmen, wie elektrische Leitung, Isolierung, Wärmeleitung, Dichtung, Schutz oder Geräuschdämpfung.

Das Beispiel der Verklebung von Bauteilen auf Leiterplatten verdeutlicht diese Funktionalität: Der Klebstoff muss zunächst leicht und schnell zu verarbeiten sein, wobei die Verklebung von Klein- und Kleinstbauteilen oft mittels präzisen Klebstoffdosiergeräten erfolgt. Weiterhin wird gefordert, dass er thermischen Beanspruchungen, insbesondere beim Lötvorgang, widersteht, sowie Unebenheiten in der Oberfläche und Belastungen durch die Verbindung unterschiedlicher Materialien ausgleicht.

8.7.1 Thermisch leitfähige Klebstoffe

Durch zunehmende Miniaturisierung und erhöhte Leistungsfähigkeit von elektronischen Geräten sowie höhere Bestückungsdichten an elektronischen Bauteilen wird die effektive Ableitung von thermischer Energie immer wichtiger. Um ein möglichst effektives Wärmemanagement zu erreichen, werden Kühlkörper häufig direkt mit der elektronischen Baugruppe verklebt. Dazu muss der Klebstoff neben den üblichen Anforderungen, wie der schnellen und sauberen Verarbeitbarkeit, den folgenden Bedingungen entsprechen:

- gute thermische Leitfähigkeit, um den Wärmetransfer zwischen den Bauteilen zu gewährleisten,
- gute elektrische Durchschlagfestigkeit, um unerwünschte Stromflüsse oder Kurzschlüsse zu vermeiden,
- gute Dämpfung gegenüber Vibrationen,
- vollständiger Spaltausgleich, um Lufteinschlüsse zu vermeiden und optimalen Wärmetransfer zu gewährleisten,
- gutes Relaxationsverhalten, um Spannungen aufgrund der unterschiedlichen themischen Ausdehnungen auszugleichen und
- geringer Schrumpf.

Thermisch leitfähige Produkte stehen als Klebstofffilme, Elastomerpads und Klebstoffe zur Verfügung. Sie enthalten meist thermisch leitende Füllstoffe auf Keramikbasis, die die Wärmeableitung von elektronischen Komponenten und Bauteilen deutlich verbessern und gleichzeitig elektrisch isolierend wirken. Darüber hinaus gleichen sie Unebenheiten aus und sind mit einer guten Anfangs- und Endklebkraft ausgestattet, um ein sauberes Befestigen der Komponenten zu gewährleisten.

Abbildung 237 Verkleben von Kühlkörpern auf aktiven Bauelementen

Thermisch leitfähige Klebstofffilme (Abbildung 237) ersetzen heute teilweise Thermoleitpasten. Eine zusätzliche mechanische Befestigung der Bauteile wie das Klammern oder Schrauben ist dann nicht mehr notwendig. Sie sind in der Lage, Unebenheiten bis zu 20 % der eigenen Dicke auszugleichen. Typische Anwendungen sind die Verklebung von Kühlkörpern auf Computer-CPUs sowie auf flexiblen und starren Leiterplatten. Dicke Klebstofffilme eignen sich unter anderem auch für die Wärmeabführung bei modernen Plasmabildschirmen. Spaltausgleichend sind vor allem die schwach haftenden, thermisch leitfähigen Elastomerpads. Sie können Niveauunterschiede bis zu 2,5 mm ausfüllen, benötigen aber zusätzlich eine mechanische Befestigung. Thermisch leitfähige Klebstoffe vereinigen eine niedrige thermische Impedanz mit höchster mechanischer Festigkeit. Sie weisen zudem eine ausgezeichnete Benetzung auf und wirken spaltüberbrückend.

8.7.2
Elektrisch leitfähige Klebstoffe

Elektrisch leitfähige Klebstoffprodukte erzeugen eine elektrische Verbindung zwischen zwei oder mehreren Kontaktpunkten. Graphitfaser-Vliese und Metall- bzw. metallisierte Partikel sind wesentliche Bestandteile für elektrisch leitfähige Klebstoffe. Gewichtsreduktion, eine sehr flache Bauweise der Endprodukte und eine zuverlässige Elektronik sind nicht die einzigen Vorteile der vielseitig einsetzbaren Klebstofffilme (Abbildung 238). Darüber hinaus erlaubt diese Verbindungsart den Einsatz von kostengünstigen Materialien und Prozessen. Man unterscheidet zwischen isotrop und anisotrop leitfähigen Klebstoffen.

Isotrop leitfähige Klebstoffe werden dort verwendet, wo der Stromfluss richtungsunabhängig zu erfolgen hat. Diese Klebstoffe enthalten z. B. elektrisch leitfähige Fasern, die sich miteinander verschlingen und so den Stromfluss neben der *z*-Richtung auch innerhalb der Klebstoffschicht (*x*- und *y*-Richtung) ermöglichen.

Sind dagegen Klebstofffilme erforderlich, die den Stromfluss nur in einer Richtung erlauben, so spricht man von anisotrop leitfähigen Klebstoffen. Diese nur in z-Richtung leitfähigen Klebstoffe erhält man durch Befüllen des Klebstoffs mit leitfähigen Partikeln. Zwischen den Partikeln wirkt der Klebstoff als Isolator. So finden zum Beispiel warmhärtende Klebstofffilme Verwendung, die mit Silber-, Nickel- oder Goldpartikeln gefüllt sein können.

Anisotrop leitfähige Klebstofffilme wurden zunächst vorwiegend für Flüssigkristallanzeigen (Liquid Crystal Displays, LCDs) entwickelt und stellten eine signifikante Erleichterung in deren Fertigung dar. Die sehr feinen Anschlusskontakte der flexiblen Leiterplatten konnten nicht mehr gelötet werden, wodurch der Einsatz von elektrisch leitfähigen Klebstoffen notwendig wurde. Ein weiteres typisches Einsatzgebiet sind mit Silberpasten bedruckte flexible Polyester-Schaltungen, die an starre Leiterplatten geklebt werden. Klebstofffilme sind auch für flexible Schaltungen an flexiblen Folientastaturen geeignet. Speziell hierfür entwickelte Produkte weisen noch weitere Vorzüge auf. Sie lassen sich schnell verarbeiten, weil sie zunächst leicht selbstklebend sind, bevor sie bei 130 °C vernetzen. Allerdings benötigen die meisten anisotrop leitfähigen Folien eine spezielle Kühlung bei Lagerung und Transport unter 0 °C, da sie sehr temperaturempfindlich sind.

Je nach Einsatzgebiet gibt es unterschiedliche anisotrop leitfähige Klebstofffilme, die entweder harte oder weiche Partikeln enthalten. Soll eine flexible mit einer flexiblen oder eine flexible mit einer starren Leiterplatte verbunden werden, empfehlen sich Klebstofffilme mit harten Partikeln. Sie werden durch Druck in die Leiterbahnen eingebettet und vergrößern dadurch die Kontaktfläche, wodurch gute elektrische Eigenschaften erreicht werden. Zum Anschließen flexibler Schaltungen an Glassubstrate (LCDs) empfehlen sich weiche Partikel, die sich im Kontakt zu harten Oberflächen deformieren und somit die elektrischen Eigenschaften verbessern. Wichtige Parameter bei der Auswahl sind neben dem Klebstofftyp auch Partikeltypgröße und -konzentration. Diese Parameter beeinflussen die elektrischen und mechanischen Eigenschaften, den Klebprozess und die Anwendungsmöglichkeiten. Je mehr Partikel sich in der Matrix befinden, desto besser sind die leitenden Eigenschaften, je weniger, um so besser ist die Klebkraft.

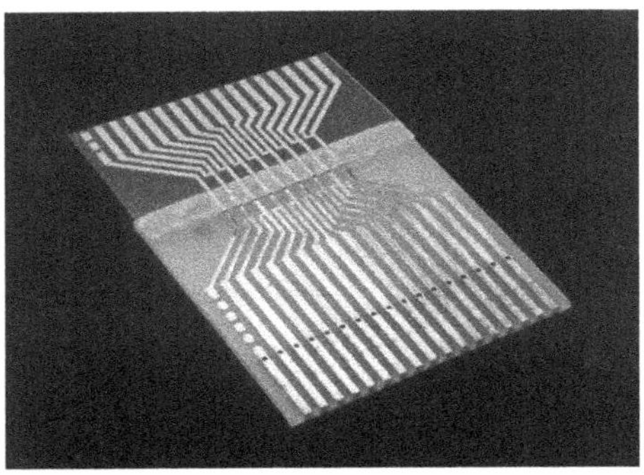

Abbildung 238 Verklebung einer Polyethylenterephthalat-Schaltung mit einer Leiterplatte

Eine Besonderheit bilden die thermoplastischen anisotrop-leitfähigen Klebstofffilme. Mit dieser Klebstoffvariante lassen sich unter anderem Smart Cards in Multifunktionskarten umwandeln. Neben der üblichen Chipklebung sind auch Radio Frequency Identification Device- (RFID)-Antennen, Fingerprint-Sensoren und Displays in Smart Cards integrierbar. Durch die sehr kurze Verarbeitungszeit des Klebstofffilms von maximal 3 s ist eine Rolle-zu-Rolle-Lamination durchführbar. Darüber hinaus benötigen diese Filme keine spezielle Kühlung bei Lagerung und Transport, wie es bei den wärmevernetzenden Klebstofffilmen notwendig ist.

8.7.3
Underfill-Materialien

Die elektrischen Eigenschaften von elektronischen Bauteilen mit Lötbumps, zum Beispiel Flip Chips oder BGAs (Ball Grid Arrays), müssen langfristig stabil bleiben. Wärmezyklen, Vibrationen oder der direkte mechanische Stress belasten die Haltbarkeit jedoch kontinuierlich. Verlötet man diese Bauteile auf eine Leiterplatte, verbleiben Hohlräume zwischen den Bumps. Um eine möglichst langzeitstabile Verbindung der Bauteile zu erreichen, werden so genannte Underfill-Materialien eingesetzt. Sie basieren auf der Epoxid-Klebstoff-Technologie, füllen den Raum zwischen den Bumps vollständig aus und schützen so die eigentliche Lötverbindung. Das Underfilling erfolgt dabei auf zwei Wegen:

- No Flow Process: Aufbringen des Underfill-Klebstoffs vor dem Lötprozess. Beim Applizieren der Bauteile wird der Klebstoff in die Hohlräume gepresst. Dabei kommt ein pastöses Material (zum Beispiel Einkomponenten-Epoxid-Klebstoff) zur Anwendung, das anschließend thermisch ausgehärtet wird.
- Capillary Process: Mittels einer Dosiernadel wird das Material (zum Beispiel Zweikomponenten-Epoxid-Klebstoff) nach dem Lötprozess in die Hohlräume zwischen den Bumps injiziert und ausgehärtet.

Die verwendeten Klebstoffe müssen gute Adhäsion zu den verwendeten Substraten aufweisen und resistent gegenüber Schockeinwirkungen und Vibrationen sein.

8.7.4
Funktionelle Klebebänder

Bei der Verklebung von unterschiedlichen Oberflächen werden in der Elektronikindustrie häufig Transferklebebänder mit unterschiedlichen Funktionen eingesetzt (Abbildung 239). Besonders hohe Haltekräfte sowie ausgezeichnete Haltbarkeit, Dichtungseigenschaften und Schockverhalten bieten Klebebänder auf Acrylatbasis, die zum Beispiel für die Montage von Leiterplatten und zum Verkleben bzw. Abdichten von Unterwasserkameras eingesetzt werden.

Für Anwendungen, die sehr sensibel gegenüber Kontaminationen sind, werden Transferklebebänder angeboten, die sehr geringe Konzentrationen an Monomeren, organischen Säuren und metallorganischen Verbindungen aufweisen. Diese

Abbildung 239 Verklebung auf Aluminiumblechen

Produkte werden zum Beispiel für Verklebungen von elektronischen Komponenten in Reinraumatmosphäre und für die Montage von Festplattenlaufwerken verwendet. Um eine ausgezeichnete Transparenz und Farbgenauigkeit zu gewährleisten, finden bei der Verklebung von Displays und Touch Screens optisch klare Transferklebebänder Anwendung, die eine Lichttransmission von mehr als 99% gewährleisten.

8.7.5
Spacer

Sollen elektronische Bauteile einen bestimmten Abstand einhalten, werden oft so genannte Spacer (Distanzfolien) verklebt (Abbildung 240). Anwendung finden sie als Abstandsfolien in Folientastaturen. Der Spacer muss dabei flexibel sein und äußere Belastungen gut ausgleichen können.

Abbildung 240 Spacer für Folientastaturen

8.7.6
Labeling

Zur Kennzeichnung von elektronischen Bauteilen oder Leiterplatten werden mittels Thermotransferdruckern beschriftbare hochtemperaturbeständige Etiketten verwendet. Auch nach der Verarbeitung der Bauteile, insbesondere nach dem Lötvorgang, muss die Kennzeichnung erhalten bleiben. Waren bislang Temperaturen von 230 °C üblich, müssen Bauteile und Kennzeichnung beim neuen bleifreien Lötvorgang bis zu 260 °C aushalten können. Smart Labels erlauben durch die Einarbeitung eines Chips und einer Antenne zudem eine kontaktlose Kennzeichnung zum Beispiel als Radio Frequency Identification Device (RFID).

8.8
Optische Industrie

In der optischen Fertigung werden Klebstoffe in drei voneinander vollständig unabhängigen Funktionen eingesetzt: zum Aufkitten der Glasteile zur Bearbeitung, zum optischen Feinkitten und zum Verkleben optischer Bauteile in mechanische Halterungen. Die Anforderungen an die entsprechenden Klebstoffe (optischen Feinkitte) sind deshalb unterschiedlich.

8.8.1
Allgemeine Anforderungen an Klebstoffe in der optischen Industrie

Für das Aufkitten zur Bearbeitung muss der Klebstoff möglichst innerhalb von wenigen Sekunden aushärten und darf dabei nicht schrumpfen. Nach der Bearbeitung muss der Klebstoff schnell und schonend wieder abgelöst werden können. Diese Anforderungen verhindern den Einsatz von sonst marktüblichen Klebstoffen und favorisieren Schmelzklebstoffe, sofern eine erhöhte Temperatur während des Klebprozesses nach dem Abkühlen auf Raumtemperatur nicht zu Verspannungen in den optischen Komponenten führt.

Optisches Feinkitten erfordert vom Klebstoff unter anderem Eigenschaften wie gute Transparenz, übereinstimmender Brechungsindex und Verspannungsfreiheit. Optische Feinkitte werden in den meisten optischen Beobachtungs- und Messgeräten wie auch im Weltraum, in medizinischen Geräten mit Sterilisierbarkeitsnachweis und in der Sensortechnik eingesetzt. In diesen Bereichen können die Anforderungen an die optische Sauberkeit und Alterungsbeständigkeit erheblich voneinander abweichen. Der optische Feinkitt soll in optischen Komponenten die unterschiedlichen thermischen Ausdehnungskoeffizienten der optischen Gläser ausgleichen; die Feinkittschicht muss im Brechungsindex und in der Kittschichtdicke variiert werden können.

Als Klebstoff zum Fassen der optischen Teile in mechanische Halterungen oder Gehäuseteile sind zur Reduzierung von Streulicht schwarze oder dunkle Bindemittel vorteilhaft. Eine wichtige Eigenschaft dieser Klebstoffe ist die Flexibilität, um die geforderte Spannungsfreiheit der optischen Komponente über einen möglichst weiten Temperaturbereich sicherzustellen. In der Regel sind die thermischen Ausdehnungskoeffizienten der zu verklebenden Einzelteile verschieden. Die durch die unterschiedliche thermische Ausdehnung entstehenden Spannungen können durch geeignete Wahl des Klebstoffe mit optimaler Flexibilität sowie durch die Einhaltung von definierten Klebfugendicken minimiert werden. Eine blasenfreie Applikation ist wichtig, um Dichtigkeit und Feuchtealterungsbeständigkeit zu gewährleisten. Um eine gute Haftung der Klebstoffe auf der Glasoberfläche sicherzustellen, muss die hydratisierte Glasoberfläche unmittelbar vor der Verklebung gereinigt werden. Weitere wichtige Voraussetzungen sind die Fungusbeständigkeit und niedrige Ausgaswerte. Deshalb werden zum Fassen von optischen Baugruppen oft Epoxide, Polysulfide, Polyurethane und urethanmodifizierte Acrylate sowie Silicone eingesetzt. Der Einsatz von UV-härtenden Klebstoffen ist zum Einkleben von Baugruppen noch weit weniger verbreitet als zum optischen Feinkitten.

8.8.2
Befestigungskitte zur Bearbeitung von optischen Bauteilen

Für das Aufkitten zur Bearbeitung müssen die Glasteile möglichst schnell in der gewünschten Position fixiert werden können. Schmelzklebstoffe, auch Aufkittpech, Siegellack oder Wachs genannt, sind wegen der hohen Aushärtegeschwindigkeit und guten Löslichkeit in organischen Lösungsmitteln sehr beliebt.

Die Spannung in den optischen Bauteilen entsteht durch den Schrumpf des Befestigungskittes beim Erstarren sowie durch die unterschiedlichen Wärmeausdehnungskoeffizienten der Materialien bei der Abkühlung. Der Schrumpf des Klebstoffs wird durch das Zumischen von anorganischen Füllstoffen wie Kreidepulver oder Quarzmehl verringert. Die Spannungen, welche durch die unterschiedlichen Ausdehnungskoeffizienten der Materialien bei der Abkühlung entstehen, können durch eine flexible Harzmatrix verringert werden. Diese Flexibilität der Matrix ist aber infolge der Kriecheigenschaften der Harze begrenzt, da die Positionsgenauigkeit der optischen Teile auf dem Träger während des Bearbeitungsprozesses gewährleistet bleiben muss. Schmelzklebstoffe erfüllen die Anforderung einer genauen Positionshaltigkeit bei geringer Verspannung der optischen Komponenten infolge des unerwünschten Kriechverhaltens von weichen thermoplastischen Harzen nur bedingt.

Damit die zu bearbeitenden Teile auch bei Raumtemperatur fixiert werden können, werden neben den Schmelzklebstoffen auch reaktiv härtende Systeme eingesetzt. Letztere müssen aber nach dem Aushärten eine geringe Lösungsmittelbeständigkeit aufweisen. Neben bei Raumtemperatur vernetzenden Acrylklebstoffen werden vor allem modifizierte UV härtende Acrylklebstoffe eingesetzt (Abbildung 241).

Nach der Bearbeitung muss der Klebstoff schnell und schonend wieder abgelöst werden können (s. Abschnitt 8.16.5). Dabei dürfen die empfindlichen optischen Oberflächen nicht beschädigt werden. Diese Anforderungen verhindern den Ein-

Abbildung 241 Gefasster Strahlenteilerwürfel. Die beiden Prismen sind optisch verkittet, der ganze Teilerwürfel ist auf die Fassung geklebt. Die Klebung auf die Metallfassung muss die Positionsstabilität des Strahlenteilerwürfels bei wechselnden Temperaturen gewährleisten und das optische Bauteil darf durch den Klebstoff nicht verspannt werden. (Mit freundlicher Genehmigung der Swissoptic AG.)

satz von sonst üblichen Klebstoffen. Die speziell für diesen Einsatzzweck modifizierten UV-Klebstoffe können durch Erhitzen in wässrigen Seifenlösungen oder durch Einlegen in organische Lösungsmittel wieder abgelöst werden. Die Beständigkeit gegenüber wässrigen Lösungen muss jedoch genügend sein, um die Bearbeitungszeit von mehreren Stunden in normalerweise wässrigen Bearbeitungsemulsionen zu überstehen. Daraus resultiert beim Einsatz der speziellen UV-Klebstoffe ein sehr empfindlicher Prozess.

8.8.3
Optisches Feinkitten

Die steigenden Anforderungen an optische Systeme wie Umweltbeständigkeit und Langzeitstabilität können durch die Reduktion von Oberflächen im Strahlengang erfüllt werden. Die enorme Positionsgenauigkeit der optischen Bauteile wird durch das Verkleben der Einzelteile mit sehr dünnen Kittschichten erreicht. Ein optischer Feinkitt ist ein hochtransparenter Klebstoff, der zum Verkleben von zwei optischen Einzelteilen auf deren optisch wirksamen Oberflächen verwendet wird. Der optische Feinkitt befindet sich beim Einsatz der Geräte im optischen Strahlengang. Optische Feinkitte beeinflussen den optischen Pfad der verkitteten Einzelkomponenten. Sie müssen deshalb hochtransparent und frei von Partikeln sein. Feinkittfugen anstelle von Luftspalten verändern aufgrund ihres Brechungsindex den optischen Strahlengang. In der Regel liegt der Brechungsindex des verwendeten optischen Feinkitts in der Nähe desjenigen des Glases. Partielle Feinkittablösungen infolge von thermischen Spannungen oder Feuchtealterung führen zu internen Reflexionen und verringerter Transmission, damit zum Totalausfall der Systeme, und müssen zuverlässig verhindert werden.

Der Ersatz von massiven Halterungen durch einen optischen Feinkitt kann zu erhöhter Mess- oder Abbildungsgenauigkeit, weniger Lichtverlust sowie Gewichtsreduktion des Systems führen. Die Anforderungen an einen optischen Feinkitt sind völlig verschieden von denjenigen an einen Konstruktionsklebstoff. Der Grund für die unterschiedlichen Eigenschaften ist hauptsächlich auf die Anwendung im optischen Strahlengang zurückzuführen. Die wichtigsten Eigenschaften eines optischen Feinkittes sind:

- spektrale Transmission,
- Brechungsindex und Dispersion,
- Viskosität,
- Spannungsfreiheit und Flexibilität,
- Substrathaftung ohne Verwendung eines Haftvermittlers,
- UV Beständigkeit,
- Fluoreszenz.

Der Einsatz optischer Feinkitte im Weltraum, in medizinischen Geräten mit Sterilisierbarkeitsanforderungen und in der Sensortechnik erfordert die Anwendung von verschiedenen Produkten. Die Anforderungen an die optische Sauberkeit und die Alterungsbeständigkeit weichen wesentlich voneinander ab. Eine zentrale Rolle bei der Auswahl des Feinkittes spielen die Temperatur- und Feuchtigkeitsbeanspruchungen. Glasoberflächen sind aufgrund ihrer chemischen Struktur Feuchtealterungen unterworfen. Die Glaskomponenten werden deshalb unmittelbar vor dem Feinkittprozess in wässrigen Ultraschallanlagen gereinigt. Das Entfernen der mit Kationen angereicherten Hydratschicht ist Bedingung für eine gleichmäßige Benetzung und Haftung. Die Feuchtealterungsbeständigkeit bei erhöhten Temperaturen hängt sehr stark von der chemischen Zusammensetzung der verwendeten optischen Gläser ab. Feuchtigkeits- sowie säure- und laugenbeständige Glasarten werden sich im Feuchtealterungsprozess stabiler verhalten. In der Praxis werden oft optisch beschichtete Glasoberflächen verkittet. Im Allgemeinen ist die Haftung auf diesen hydrophilen Schichten besser als auf der unbeschichteten Glasoberfläche.

Der optische Feinkitt kann durch seine Flexibilität die unterschiedlichen thermischen Ausdehnungskoeffizienten der optischen Gläser ausgleichen. Beim Verkitten mehrerer Glasarten muss die Kittschichtdicke variiert werden können. Die Schichtdicke wird durch die Viskosität des Feinkittes sowie die Aufpresskraft nach dem Fügen der Einzelteile eingestellt. Die unterschiedlichen thermischen Ausdehnungen der Glasarten sind der Grund, weshalb beim Verkitten von großen Optikteilen dickflüssigere und flexiblere Feinkittsysteme angewendet werden. Dickere Kittschichten führen aber in der Praxis zu größeren Kittkeilfehlern.

In der industriellen Fertigung werden aufgrund der einfachen Dosiermöglichkeit und schnellen Aushärtung vorwiegend UV härtende Acrylate oder Epoxide eingesetzt. Für spezielle Anforderungen, insbesondere spannungsempfindliche Bauteile, werden neben flexiblen 2K-Epoxiden auch 2K-Silicone angewendet. Solche Systeme kommen auch zum Einsatz, wenn die spektrale Transmission unter 400 nm gut sein muss und/oder hohe Strahlungsintensitäten auftreten.

8.8.4
Kleben von Optikteilen in Fassungen

Das Einkleben von optischen Linsen und Prismen in mechanische Halterungen oder Gehäuseteile erfordert gute mechanische Eigenschaften des Klebstoffs. Die Klebefläche ist normalerweise kleiner als beim optischen Feinkitten, die mechanischen Belastungen liegen dadurch weit höher. Die geforderte Flexibilität des Klebstoffs hängt vor allem von der Dimension der Einzelteile, dem Temperatureinsatzbereich und den thermischen Ausdehnungskoeffizienten der zu verklebenden Substrate ab. Eine wichtige Eigenschaft dieser Klebstoffe ist die Elastizität, um die geforderte Spannungsfreiheit der optischen Komponente über einen möglichst weiten Temperaturbereich sicherzustellen, ohne die Positionsgenauigkeit durch Kriecheffekte des Klebstoffs zu verlieren. Die durch diese thermische Ausdehnung entstehenden Spannungen können neben der Elastizität der verwendeten Klebstoffe durch die Einhaltung von definierten Klebfugendicken minimiert werden. Das Eindringen von flüssigem Klebstoff in dünne Zentrierfugen muss durch geeignete konstruktive Maßnahmen verhindert werden. Bei Klebfugen von wenigen Mikrometern Stärke verspannen bei Temperaturwechseln auch elastische Klebstoffsysteme die optischen Bauteile.

Zur Verhinderung von Streulicht sind zum Fassen von Linsen und Prismen schwarze oder dunkle Klebstoffe vorteilhaft. Aus Gründen der Prozesssicherheit ist eine blasenfreie Applikation des Klebstoffs wichtig. Dadurch werden unter anderem die Dichtigkeit und die Feuchtealterungsbeständigkeit der Klebung verbessert.

Um eine gute Haftung der Klebstoffe sicherzustellen, muss die mit Kationen angereicherte hydratisierte Glasoberfläche unmittelbar vor der Verklebung gereinigt werden. Zur industriellen Reinigung von Glasteilen werden spezielle Ultraschallanlagen mit wässrigen Tensidlösungen verwendet. Dort werden die Alkali- und Erdalkaliionen sowie Partikel und Verschmutzungen zuverlässig von der Oberfläche entfernt. Trotz dieser Reinigung ist die Haftung des Klebstoffs auf der Glasoberfläche nach Feuchtealterung nicht ausreichend und deshalb die Dauerbeständigkeit der Verklebung oft ungenügend. Die Feuchtealterungsbeständigkeit der Glasverklebung kann durch den Einsatz von speziellen Glasprimern, meist auf der Basis von Silanen, nachhaltig verbessert werden (s. Abschnitt 5.10).

Bei der maschinellen Verarbeitung von Klebstoffen zum Einkleben von optischen Bauteilen sind das Fließverhalten und die Kapillarkräfte von zentraler Bedeutung. Durch die Auswahl der richtigen Viskosität des Klebstoffs in Kombination mit konstruktiven Maßnahmen können konstante Klebfugendicken erzeugt werden, die eine dichte, verspannungsarme Verklebung garantieren.

Durch Verwendung von UV-härtenden Systemen können die Positionierung von optischen Bauteilen in einem Werkzeug mit optischer Justiermöglichkeit ausgeführt und mechanische Toleranzen der Einzelteile durch unterschiedliche Klebfugendicken ausgeglichen werden. Da beim Einkleben der optischen Teile die Bestrahlung mit UV-Licht nicht überall möglich ist, sind kombinationshärtende Systeme (UV/Wärme oder UV/anaerob) interessant. Die Temperaturstabilität solcher

Systeme ist jedoch aufgrund der hohen Ausdehnungskoeffizienten der flexiblen Klebstoffsysteme beschränkt. Die Positionsgenauigkeit von optischen Mikrokomponenten ist infolge dünnerer Klebefugen besser als bei optischen Komponenten größerer Dimension.

Die Fungusbeständigkeit und niedrige Ausgaswerte sind bei Klebstoffen zum Einkleben von Linsen und Prismen in Fassungen Voraussetzung. Deshalb werden zum Fassen von optischen Baugruppen oft Epoxide, Polysulfide, Polyurethane und urethanmodifizierte Acrylate sowie für spezielle Anwendungen (z. B. Weltraum) auch Silicone eingesetzt. Das Problem bei der Anwendung von Siliconen ist neben der schlechten Fungusbeständigkeit die Kontamination von Oberflächen durch sich ausbreitendes Dimethylsiloxan. So kontaminierte Oberflächen können ohne spezielle Vorbehandlung nicht mehr verkittet, verklebt oder beschichtet werden. Die Verarbeitung von siliconhaltigen Klebstoffen unterliegt in der industriellen Fertigung deshalb speziellen Richtlinien über die Handhabung zur Verhinderung der Oberflächenkontamination.

8.9
Maschinen- und Apparatebau

Die klassischen Fügeverfahren Schweißen und Schrauben werden im Maschinen- und Apparatebau immer noch bevorzugt eingesetzt. Da die Klebtechnik ohne größere Vorrichtungen auskommen kann, wird sie vornehmlich für kleinere Serien herangezogen. Hier werden schnell härtende Klebstoffe bevorzugt, die ohne aufwendige Geräte wie Autoklaven, Misch- und Dosieranlagen verarbeitbar sind. Wesentlich für den erfolgreichen Einsatz der Klebstoffe sind eine klebgerechte Konstruktion, eine qualitätsmäßig abgesicherte Oberflächenvorbehandlung der Fügeteile sowie umfangreiche Kenntnisse über das Langzeitverhalten.

8.9.1
Maschinenbau

Für die verschiedenen metallischen Werkstoffe, die im Maschinenbau zur Anwendung kommen, gibt es zahlreiche geeignete Klebstoffe. Dazu zählen insbesondere die Epoxidharz- und die Acrylatklebstoffe. Die Klebtechnik wird schwerpunktmäßig dann eingesetzt, wenn Werkstoffverbunde aus verschiedenen Materialien hergestellt werden sollen, da hier das Schweißen nicht angewendet werden kann. Die verbreitetsten Werkstoffe im Maschinenbau, die miteinander verklebt werden müssen, sind unlegierte, niedrig und hochlegierte Stähle sowie verschiedene Guss- und Aluminiumlegierungen.

Als Klebstoffe im Maschinenbau werden hauptsächlich kalt aushärtende Systeme mit hoher Reaktivität angewendet wie Zweikomponenten-, Methylmethacrylat-Klebstoffe, anaerobe Klebstoffe und Cyanacrylate. Neben einer klebgerechten Konstruktion ist die genaue Kenntnis des langzeitigen Beanspruchungsverhaltens der Klebungen unter den jeweiligen Beanspruchungsbedingungen wichtig. Unterschieden wird hier zwischen chemischen Belastungen wie Öl- oder Wasserdampf und physikalischen Anforderungen wie Kriech- und Schwingbelastung. In der Regel muss ein genaues Anforderungsprofil erarbeitet werden, um für den gegebenen Einsatzfall den optimalen Klebstoff zu finden.

Auch Schneidwerkzeuge wie Maschinenreibahlen oder Fingerfräser können heute mit Hilfe der Klebtechnik vorteilhaft hergestellt werden. In beiden Fällen werden Hartmetallplättchen (Carbide in einer Metallmatrix) mittels eines warmaushärtenden Epoxidharz-Klebstoffs in Stahlnuten geklebt. Das früher angewendete Hartlöten führte zu Verziehen und Enthärten der Werkzeugstähle, Mikrorissen in den Schneidstoffen und einer nur teilweisen Verbindung der Hartmetalle mit dem Stahl. Die Vorteile der Klebtechnik sind eine vollflächige Verbindung von Hartmetall und Stahl ohne Werkstoffschädigung, eine Unterbindung von Spaltkorrosion sowie eine gleichmäßige Spannungsverteilung und Schwingungsdämpfung [46].

8.9.2
Haushaltsgeräteindustrie

Hochleistungs-Schmelzklebstoffe werden bei Klebungen von lackierten und beschichteten Oberflächen eingesetzt. Zahlreiche funktionelle Teile von Haushaltsgeräten sind geklebt. Die Kühlschlangen auf der Rückseite von Kühlschränken sind mit Hilfe wärmeleitfähiger Klebstoffe befestigt. Die Gerätedeckel von Toplader-Waschvollautomaten, die den Waschlaugenbereich nach außen abschließen, sind mit Polyurethanklebstoffen eingeklebt [47].

Hochleistungsverbindungssysteme in Form doppelseitiger Klebebänder können zur hochfesten Verbindung von pulverlackierten Metallteilen auch in der Kombination mit anderen Werkstoffen wie zum Beispiel Glas ohne Vorbehandlung der Materialien eingesetzt werden. Die Klebebänder passen sich an jede Form optimal an. Selbst sehr dünne oder strukturierte Oberflächen können vollflächig spannungsfrei verbunden werden. Hinzu kommen eine gute Schlagfestigkeit bei tiefen Temperaturen, eine hohe Soforthaftung sowie eine vollkommene Dichte der Verbindung. Die Klebebänder absorbieren außerdem Lärm und Vibrationen.

8.9.3
Motoren- und Getriebebau

Anaerob härtende Klebstoffe auf Diacrylsäureester-Basis sind heute als Sicherungs-, Füge- und Dichtmittel im Motoren- und Getriebebau fast selbstverständlich. Die anaeroben Klebstoffe bleiben so lange flüssig, wie sie in Verbindung mit Sauerstoff aus der Luft sind (s. Abschnitt 5.7).

Wird eine Schraube in ihrem Gewinde festgezogen, härten die Klebstoffe nach einem durch Metallionen ausgelösten radikalischen Mechanismus aus. Der am Schraubenende austretende Überschuss des Klebstoffs kann einfach entfernt werden. Die Schraubensicherung durch anaerobe Klebstoffe liefert eine sehr gute Vibrationsfestigkeit und eine zuverlässige Abdichtung gegen verschiedene Medien

Abbildung 242 Applikation eines anaerob abbindenden Klebstoffs für die Wellen-Naben-Verbindung eines Gleichstrom-Glocken-Läufers (mit Genehmigung der Dorel Verlags GmbH & Co. KG, Tietzenweg 85-87, D-12203 Berlin)

wie Öle oder Kraftstoffe. Umfangreiche Beständigkeitslisten der anaeroben Klebstoffe gegen unterschiedliche Lösungsmittel erlauben eine sichere Auswahl geeigneter Klebstoffe [48].

Schnell abbindende anaerob härtende Klebstoffe dichten mit Erfolg auch Kernlochdeckel für Verschlüsse am Motor- und am Zylinderkopf, die schon nach kurzer Zeit einer Praxisprüfung unterzogen werden können. Bei einem klebtechnischen Austausch einer Schwungscheibe sind ebenfalls schnell hohe Funktionsfestigkeiten gefordert. Hier kann mit Erfolg ein anaerober Klebstoff als Schraubensicherung eingesetzt werden. In entsprechenden Tests haben mit 50 Nm vorgespannte M10-Schrauben bereits nach 20-minütiger Härtung des zur Sicherung eingesetzten Klebstoffs 10^4 Lastwechsel überstanden [47].

Als weiteres Detail aus dem Motorenbau sei hier die Möglichkeit aufgezeigt, Nockenwellen nicht mehr als geschmiedete Teile, sondern als geklebte Systeme, rohrförmige Wellen mit aufgeklebten Nocken und damit freier Werkstoffwahl für beide auszuführen. Gleiches gilt für Kurbelwellen, die man anstatt zu schmieden oder zu gießen auch klebtechnisch zusammenfügen kann, was unter Umständen preiswerter sein kann oder aus konstruktiver Sicht manchmal einfach zwingend notwendig ist. Die klebtechnische Fügung einer solchen Welle-Nabe-Verbindung wurde im Rahmen eines vom BMFT geförderten Verbundprojektes detailliert untersucht [49].

Bei der Anwendung von Klebstoffen zum Befestigen von Nocken aus Grauguss oder Sinterwerkstoffen auf hohlen Stahlwellen ist eine Scherfestigkeit von 10 N mm^{-2} und mehr wünschenswert. Die zu erfüllenden Anforderungen waren eine definierte Torsionswechsellast im Betrieb über 15 Jahre, eine Temperaturbeständigkeit bis zu 160 °C und eine Beständigkeit gegen Motoröl mit Anteilen von Kraftstoff, Verbrennungsrückständen und Wasser. Besonders wichtig ist hier die Kriechfestigkeit der Verbindung über viele Stunden bei 80 °C und mehr, weil bei einem sehr heißen und dann abgestellten Motor immer davon ausgegangen werden kann, dass ein Nocken ein Ventil öffnet und die Verbindung damit kontinuierlich belastet ist. Wichtigstes Kriterium für die Klebung ist dann, dass die Position der Nocken auf der Welle exakt bestehen bleibt.

Die Untersuchungen ergaben, dass für diese Verbindung anaerobe Klebstoffe geeignet sind, weil sie einfach zu applizieren und nicht ausgehärtete Klebstoffreste ohne Nacharbeit der Nockenwelle zu entfernen sind, die schnelle und vollständige Aushärtung von dünnen Schichten bei Raumtemperatur erfolgt und die ausgehärteten Klebstoffe als Duromere eine gute Medien- und Wärmebeständigkeit zeigen.

Welle-Nabe-Verklebungen besitzen höhere Ermüdungsfestigkeiten als Keilnutverbindungen oder Verzahnungen. Groß dimensionierte Antriebsstränge von Stahlwalzwerken mit hoher Lebensdauer lassen sich daher nur mit geklebten Welle-Nabe-Verbindungen konstruieren [50].

Das Schrumpfen ist eine lange bekannte, zuverlässige Methode, um Elemente zu verbinden. Bei dem im Automobilbau eingesetzten Differenzial-Tellerrad, das erhöhten Gebrauchstemperaturen ausgesetzt ist, reichen die Festigkeiten, die mit dem Schrumpfen zu erzielen sind, nicht mehr aus. Unter Verwendung anaerob härtender Klebstoffe lassen sich klebgeschrumpfte Verbindungen herstellen, die drei- bis vierfach höhere Festigkeiten besitzen als geschrumpfte. Gleichzeitig werden Kontakt- und Passungskorrosion vermieden. Die Festigkeitserhöhung ist vornehmlich darauf zurückzuführen, dass durch die stoffschlüssige Verbindung die Kontaktfläche von etwa 30 auf 100 % der tatsächlichen Oberfläche erhöht wird. Um dies zu erreichen, müssen Applikation und Aushärtung des ausgewählten Klebstoffs allerdings exakt an die vorgegebenen Fertigungsbedingungen angepasst sein. Die Schrumpffügung erfolgt bei etwa 170 °C [47].

8.9.4
Konstruktionen aus rostfreiem Stahl

Das Kleben als Fügeverfahren ist für diesen Werkstoff vorteilhaft, da das Schweißen zu Eigenspannungen an den Schweißnähten führt, die Spannungsriss-Korrosion oder interkristalline Korrosion hervorrufen können. Bei Punkt-Heft- oder Schrittschweißungen entstehen außerdem Spalte, die bei Anlagen im Lebensmittelbereich aus hygienischen Gründen nicht zulässig sind [50]. Im Rahmen eines vom BMFT geförderten Forschungsprojektes konnte gezeigt werden, dass das konstruktive Kleben von rostfreiem Stahl mit der gleichen Qualität wie entsprechende Verbindungen von Karosseriestahl-Klebungen möglich ist [51]

Die Anforderungen an den Klebstoff und die Klebung waren neben der Beständigkeit gegen dynamische Lasten eine Temperaturbeständigkeit bis 150 °C sowie Beständigkeit gegen Wasserdampf, Salzwasser, organische Säuren, Rauchgase und Reinigungsmittel. Im Laufe der Untersuchung ergab sich, dass die Fügeflächen nach einer sorgfältigen Vorbehandlung durch Entfetten und Schleifen mit kalt härtenden Zweikomponenten-Epoxidharz-Klebstoffen verklebbar sind.

8.10
Textilindustrie

8.10.1
Historisches zu Gummi-Textil-Verbundwerkstoffen

Die moderne Welt verlässt sich zum großen Teil auf Polymer-Textil-Verbundwerkstoffe; die Mehrheit davon sind Gummi-Textil-Verbundwerkstoffe. Tatsächlich ist es schwierig, sich vorzustellen, wie ein modernes Leben ohne den Gebrauch dieser Produkte funktionieren könnte. Man braucht sich nur den Nutzen von modernen Transportsystemen (Gummi-Textil-Reifen), Material-Handling-Systemen (Förderbänder) und mechanischen Antriebssystemen (Riemen) vor Augen führen, um zu sehen, welche Rolle diese Materialien heutzutage spielen. Während Textilien schon seit mehreren 1000 Jahren produziert und benutzt werden, ist es nur 500 Jahre her, dass der Gummi in Europa eingeführt wurde [52]. In der Tat wurde er erst in den letzten 200 Jahren wirklich genutzt, insbesondere in der Verbindung von Textilien mit Gummi. Seitdem allerdings ist es eine beachtliche Entwicklung in Sachen Design und Gebrauch dieser Materialien zu verzeichnen.

Während der letzten 85 Jahre führte eine deutliche Bewegung weg von natürlichen Materialien (Naturkautschuk und Baumwolle) hin zu synthetischen Produkten, im Hinblick sowohl auf Fasern als auch auf Polymere. Dies resultierte in einer großen Vielfalt ausgewählter Verbundwerkstoffe, um variablen Leistungsanforderungen zu entsprechen.

Ausgehend von den Kenntnissen der Ureinwohner Südamerikas über die Eigenschaften von unvulkanisiertem Gummi, ging dessen Entwicklung weiter zu einer Beschichtung für wasserdichte Segel, Schläuche und Taschen. Alle diese Produkte jedoch zeigten wesentliche Einschränkungen bezüglich der Gebrauchseigenschaften. Erst mit der Entdeckung der Vulkanisation anfangs des 19. Jahrhunderts gelang der Durchbruch der Gummiindustrie, der zur Herstellung des ersten pneumatischen Reifens führte [53, 54]. Bald wurden Reifen mit einem inneren Schlauch und einem äußeren Reifen entwickelt. Der äußere Reifen wurde aus mehreren Lagen von leinwandbindigem Baumwollgewebe und Gummi hergestellt, versehen mit Wulstdrähten, um den Reifen auf der Felge zu halten. 1915 wurde Segeltuchgewebe durch Cordgewebe ausgetauscht. So wurden die Reifen leistungsfähiger, aber die limitierenden Eigenschaften lagen nun im Gummi. Zu dieser Zeit wurde die Verwendung von Ruß eingeführt; er verdoppelte die Lebensdauer von Reifen, die nun immerhin 6000 Kilometer liefen. Nachdem die Entwicklung des Gummis fortgeschritten war, gab es Nachholbedarf beim Gewebe. Dieses Problem wurde durch die Verwendung von einer relativ neuen Faser, Reyon (ein Cellulose-Regenerat), gelöst. Aber das führte zu einem neuen Problem. Es wurde zum ersten Mal eine andere Faser als Baumwolle benutzt. Bis dahin war die mechanische Adhäsion vom Gummi zur textilen Einlage stets gut gewesen, da sich die feinen Faserenden in Gummi einbinden ließen. Die künstlichen Fasern sind aber kontinuierliche Filamente mit nur wenigen Faserenden. Daher musste die Forschung neue Systeme konzipieren, die eine angemessene Adhäsion von der Faser zum Gummi erzeugen. Dies führte zur Entwicklung der ersten Klebstofflösung. Ursprünglich basierte diese auf Naturkautschuk und Casein, aber die Casein-Komponente wurde schon sehr bald durch ein Resorcin-Formaldehyd-Harz ersetzt. Es erwies sich, dass mit jeder neuen Faser speziell abgestimmte Klebstoffsysteme entwickelt werden mussten, um die optimale Leistung des Gummi-Textil-Verbundkörpers zu erhalten. So entwickelten sich beide Technologien, Gummi- und Textiltechnologie, parallel. Heutzutage sind Verbundwerkstoffe verfügbar, die auch die stringentesten Anforderungen unter diversen feindlichen Umgebungen, sei es im Weltraum, in der Tiefsee oder bei arktischen Temperaturen, erfüllen [55].

8.10.2
Der Anteil der Textilfasern am Lebensstandard der Industriegesellschaft

In fast allen Bereichen des täglichen Lebens verwendet man Produkte, die bei ihrer Herstellung oder Anwendung auf das Kleben von Textilien zurückgreifen. Bekleidung (nicht nur aktuelle Mode, sondern auch Funktions- und Schutzbekleidung), Heimtextilien (Teppiche, Tapeten) sowie textile Reinigungsprodukte (Putztücher, Filter für Dunstabzugshauben) sollen hier stellvertretend für umfangreiche weitere Anwendungen stehen. In welchem Umfang die Chemiefasern in technischen Textilprodukten den Alltag bereichern, soll der nächste Abschnitt in Grundzügen zeigen.

8.10.3
Sektor »Technische Textilien«

Die Nutzung der Chemiefasern in technischen Textilprodukten hat gerade in den letzten Jahren einen stürmischen Verlauf genommen und zu Fortschritten geführt, die in direkter oder indirekter Weise das tägliche Leben in den verschiedensten Sektoren bereichern, vom Verbraucher aber kaum als »textilbedingt« wahrgenommen werden.

Die wenigsten wissen etwa, dass die Sicherheit und Stabilität von Dämmen, Deichbefestigungen, Wegen, Straßen und Autobahnen oft nur durch den Einsatz gezielt entwickelter textiler Armierungsbahnen, der »Geotextilien«, in Form von Spinnvliesen, Gelegen, Geweben oder Gewirken aus hochfesten Synthesefasern zum Filtern, Trennen, Bewehren und Stabilisieren von Erd- und Gesteinsschichten erzielt werden. Ebenso wenig beachtet wird der »Faserzement«, also die Verstärkung von Betonbauteilen, z. B. von Brückenpfeilern mit vorgespannten Hochleistungsfilamenten, die die gefährliche Rissbildung verhindern, oder bitumierte Spinnvliesstoffe, die als Dachabdeckungen das verzinkte Blech verdrängen. In ungezählten anderen Bereichen äußert sich der bautechnische Fortschritt mit textilem Material, vom künstlichen Rasen und Outdoor-Textilbelag über Planen, Zelte und Traglufthallen bis hin zur künstlerisch anspruchsvollen Textilarchitektur (z. B. Überdachung der Stiftsruine Bad Hersfeld).

Dank moderner Hochleistungsfasern und gezielt entwickelter Texturen wurde ein Fortschritt möglich, der eine augenfällige Ausprägung z. B. in der Luft- und

Raumfahrttechnik findet. Die textile Armierung der Kunststoffbauteile im und am Fluggerät, welche zudem spezifisch leichter als Aluminium sind, kann ergometrisch genau auf das Koordinatensystem der jeweils angreifenden Kräfte ausgelegt werden. Eine besondere aerodynamische Leistungsfähigkeit ist die Folge [56].

Alle angeführten Beispiele haben eines gemeinsam: Sie werden auf wenigstens einer Prozessstufe mit sich selbst oder anderen Komponenten »verklebt«, wobei die vielfältigsten Klebstoffsysteme zum Einsatz kommen.

Auch wenn alle anderen Textilien »adhäsiv gefügt« werden (bei Bekleidungstextilien sind hier insbesondere Hot Melts in Pulverform zu nennen), soll hierauf an dieser Stelle nicht weiter eingegangen werden, sondern der Fokus auf Gummi-Textil-Verbundwerkstoffe gelegt werden.

8.10.4 Kleben von textilem Verstärkungsmaterial für die Kautschukindustrie

In einem modernen Mittelklassewagen findet man heutzutage ungefähr 250 kg Chemiewerkstoffe. Dazu steuern allein die Kunststoffe bis zu 125 kg bei. Polyurethane, von denen jährlich ca. 900 000 Tonnen in die Automobilproduktion eingehen, werden vorzugsweise für Sitze, Kotflügel und Seitenverkleidungen gebraucht. Für Behaglichkeit im Innenraum sorgen Textilien und Teppiche, für das ansprechende Äußere und den Korrosionsschutz des wertvollen Gefährts Lacke und Unterbodenschutz. Zweitwichtigster Werkstoff (mengenmäßig) ist der Gummi, auch Kautschuk genannt, ein Elastomer, welches allerdings seine hohe Leistungsfähigkeit in den allermeisten Fällen erst durch eine textile Verstärkung erreicht. Einige Beispiele für den Einsatz zwirnverstärkter Kautschukbauteile in modernen Automobilen sind Fäden und Zwirne für Klima-, Servolenkungs-, Brems-, Hydraulik- und Kraftstoffschläuche sowie Corde, also Mehrfachzwirne für Zahn- und sonstige Antriebsriemen.

Riemen und Schläuche sind wichtige flexible Verbindungselemente. Sie übertragen enorme Kräfte bzw. fördern Medien, die unter hohem Druck stehen. Betrachtet man Festigkeitsträger auf Gewebebasis, so werden auch hier technische Gewebe entsprechend den spezifischen Kundenanforderungen an marktgerechte Produkte veredelt. Wichtige Anwendungsgebiete sind Luftfedern, Förderbänder, Membranen, die eingangs erwähnten Reifen sowie Sondergewebe.

Bei textilverstärkten Kautschukbauteilen beobachtet man häufig eine Synergie zwischen Textil und Gummi. Dabei kann man nach den wesentlichen Kriterien der Einzelbestandteile des Verbundwerkstoffes Eigenschaften unterscheiden, die in Tabelle 31 aufgeführt sind.

Moderne und leistungsfähige Garne und Gewebe müssen höchsten Ansprüchen hinsichtlich physikalischer Parameter wie Dehnungseigenschaften, Festigkeit, Schrumpf, Temperaturbeständigkeit, Chemikalienbständigkeit sowie Haftung zu allen Kautschuk-Mischungen aufweisen. Entsprechend dem spezifischen Anforderungsprofil haben sich die verschiedene Fasertypen für Anwendungen durchgesetzt, die in Tabelle 32 zusammengefasst sind.

Tabelle 31 Eigenschaftsprofil textilverstärkter Verbundkörper

Eigenschaften, die der Gummi wesentlich bestimmt	Eigenschaften, die der Festigkeitsträger wesentlich bestimmt
Lösemittelresistenz	Adhäsion
Flexibilität bei tiefen Temperaturen Ozonresistenz Gas- und Flüssigkeitsdichtigkeit Alterungseigenschaften (thermisch und chemisch) Abrasionsresistenz	Größenänderung bei Arbeitsbedingungen Zugfestigkeit und Dehnung in Längsrichtung Widerstand gegen Über- und Unterdruck Berstfestigkeit
Entflammbarkeit Druckverlust	

Tabelle 32 Einsatzgebiete nach Faserarten

Artikel	Besondere Anforderung	Garntyp
Kühlmittelschläuche	Chemikalienbeständigkeit, hoher Druck im Zulauf	Aramid
Bremsschläuche	Geringe Dehnung, kaum Heißschrumpf	Reyon
Servolenkungsschläuche	Hohe Dehnung	Nylon
Hydraulikschläuche	Hohe Festigkeit	PES, Aramid, PVA
Kraftstoffschläuche	antistatisch	Modal, Stahl
Keil- und Zahnriemen	Hohe Festigkeit, hohe Schrumpfkraft, niedrige Dehnung	PES, Glas

8.10.4.1 Generelle Eigenschaften von Elastomeren (Gummi)

Elastomere unterscheiden sich durch ihre Eigenschaften wesentlich von anderen Werkstoffen, insbesondere im Hinblick auf ihre Entropieelastizität, ihre Viskoelastizität sowie ihren chemischen Strukturaufbau als Makronetzwerk.

Aufgrund des dreidimensionalen chemischen Netzwerks fließen Elastomere nicht und sind unlöslich, jedoch quellbar; bei Temperaturerhöhung schmelzen sie bis zur Zersetzung nicht.

Die Eigenschaften der Elastomere können durch die Auswahl der Rezeptbestandteile über einen großen Bereich variiert werden. Die Glasübergangstemperatur bestimmt die viskoelastischen Eigenschaften, aktive Füllstoffe bewirken die typischen Nichtlinearitäten (Verformungsabhängigkeit). Hervorzuheben ist auch die hohe Versagenstoleranz der Elastomere gegen Lösungsmittel und Temperaturspitzen, die auf dem chemischen Netzwerk beruht.

Der Schwachpunkt der Elastomere ist die geringe Festigkeit und bei manchen Anwendungen auch der niedrige Modul. Durch Kombination mit Festigkeitsträgern (Stahl-, Textil-, Glasfasern) kann dieser Mangel beseitigt werden. Die chemische Vernetzung erfolgt im Zuge der Formgebung und ermöglicht auch die chemische Anbindung an verschiedene Substrate (Fasern, Drähte, Metallteile). Darüber hinaus erlaubt die Kombination von starren Werkstoffen mit Elastomeren die Herstellung anisotroper Bauteile, die in einer oder mehreren Richtungen hohe Festigkeit und elastisches Verhalten zeigen, in anderen Richtungen hohe Verformbarkeit und viskoelastisches Verhalten. Diese einmalige Kombination von Eigenschaften wird bei der Herstellung einer Vielzahl von Produkten, die etwa 90% der Gesamtmenge repräsentieren, angewandt. Die meisten Verbundprodukte sind dynamischen Beanspruchungen und korrosiven Bedingungen ausgesetzt. Daher ist bei allen Anwendungen eine feste und dauerhafte Verbindung des Elastomerwerkstoffes mit dem Festigkeitsträger erforderlich, um den mechanischen und chemischen Belastungen standzuhalten. Eine feste Haftung ist nur durch chemische Bindungen zu erzielen.

Verbundprodukte bestehen aus drei Komponenten: dem Festigkeitsträger, dem Haftsystem und dem umgebenden Elastomer. Als Festigkeitsträger für Elastomerverbunde eignen sich anorganische Fasern, organische Fasern und Metalle. Festigkeitsträger können aus Fäden oder aus Flächengebilden bestehen. Filamente und Garne verwendet man zur Kraftübertragung in eine Vorzugsrichtung (z. B. Zugträger in Keilriemen), Flächengebilde (Gewebe, Gewirke, Metallteile) werden zur zweidimensionalen Kraftaufnahme (Förderbänder, Schläuche) oder zur Dehnungsbegrenzung (Luftfedern, Reifen) eingesetzt.

Fasern und Garne sind gegen Stauchungen/Querkräfte empfindlich. Ihre Anwendung sollte nur unter Zug erfolgen. Um dies zu gewährleisten ist es wichtig, dass die Covulkanisation der Festigkeitsträger mit der Matrix unter Vorspannung erfolgt.

Haftsysteme für textile Festigkeitsträger Bei dynamischer Belastung und unter korrosiven Bedingungen ist eine chemische Bindung zwischen Faser und Matrix erforderlich. Hierzu müssen die Festigkeitsträger notwendigerweise in einem weiteren Arbeitsschritt mit einem geeigneten Haftvermittler versehen werden. Für wenig beanspruchte Produkte (Niederdruckschläuche, der »typische« Gartenschlauch) ist eine mechanische Verankerung der Faser ausreichend. Bei offenen Geflechten genügt für bestimmte Produkte die Verbindung der Matrix durch die Zwischenräume des Festigkeitsträgers (Durchgriffhaftung). Aus kurzen Fibrillen bestehende Fasern wie z. B. Baumwollgarne können sich über die Fibrillen im Elastomer verankern.

An dieser Stelle sei kurz auf die Vorgehensweise bei der Ausrüstung von Textilien für eine verbesserte Haftung zu Gummi eingegangen. Diese erfolgt ganz allgemein mit folgenden Arbeitsschritten: Das Textil wird unter definierter Spannung abgerollt, gedippt (die Mischungsapplikation erfolgt normalerweise in einem Tauchbad), wobei Spannung, Drehung und Viskosität die Eindringtiefe steuern (Trockenaufnahme: Reifencord: 4–6%, Förderbandgewebe: 6–8%, Glascord (Zahnriemen): bis 20%), und anschließend getrocknet (Konvektion/Heißluft, IR, MW, HF). Im anschließenden Arbeitsgang wird das Harz kondensiert, der Zwirn thermofixiert und auf Präzisionswicklern aufgewickelt.

Für die Herstellung einer chemischen Bindung zwischen Festigkeitsträger und Elastomer haben sich folgende Systeme bewährt [57]:

- Tränken mit Lösungen bifunktioneller Haftmittel (Zement)
- Imprägnierung der Garne mit wässrigen Harzhaftsystemen (RFL-Systeme)
- Zusatz des Haftmittels zur Kautschukmischung (Direkthaftung).

Polyfunktionelle Haftmittel Di- und Triisocyanate verwendet man als Haftvermittler für Fasern, die nur über eine geringe Anzahl reaktiver Gruppen verfügen oder eine geringe Reaktivität besitzen wie Polyethylenterephthalat (Polyester) oder Polyphenylenterephthalamid (Aramid). Die Aufbringung erfolgt entweder durch Tränken der Fäden bzw. des Gewebes in einer Haftmittellösung oder durch Beschichten mit einem Streichteig, der den Haftvermittler enthält. Wegen der ausgeprägten Reaktivität müssen isocyanatbeschichtete Fasern oder Gewebe rasch weiterverarbeitet oder mit einer Kautschukschicht abgedeckt werden. Als Haftmittel für Polyester eignen sich auch Epoxidharze.

Resorcin-Formaldehyd-Latex-Haftsystem (RFL-Dip) Im Allgemeinen erfolgt eine Imprägnierung mit einer Haftmischung aus Latex und einem Kondensat aus Resorcin und Formaldehyd.

Im Regelfall besteht die gummifreundliche Ausrüstung aus einem Latex (meist Styrol-Butadien-Vinylpyridin-Terpolymer oder Chloropren, selten Naturkautschuk (erhöhte Konfektionsklebrigkeit!) und einem Resorcin-Formaldehyd-Vorkondensat sowie gelegentlich Wachsen oder Tackifiern.

Das Reaktionsprodukt dieser Substanzen ist entscheidend für die Eigenschaften des Dips wie Viskosität, Beständigkeit, Haftfestigkeit und Flexibilität. Erfahrungsgemäß erhält man die beste Verträglichkeit zwischen dem Polymer des Festkautschuks und dem Polymer im Latex bei den in Tabelle 33 aufgeführten Kombinationen.

Die Herstellung des Haftvermittlers erfolgt im Zweistufenverfahren. In der ersten Stufe wird ein Resorcin-Formaldehyd-Vorkondensat hergestellt, das anschließend mit Latex versetzt wird. Das Vorkondensat kann auch im Handel bezogen werden. Es besteht aus Mono-, Di- und Trimethylolresorcinen. Als Kautschukkomponente verwendet man SBR-Latex im Verschnitt mit Vinylpyridin-Latex. Nach einer Reifezeit von etwa sechs Stunden wird der wässrige Dip auf die Fasern aufgebracht, bei 100–130 °C vorgetrocknet, um schließlich im Haupttrockner bei Temperaturen von 150–230 °C mit der Faser zur Reaktion gebracht zu werden. Die

Tabelle 33 Universelle Verträglichkeiten zwischen Kautschuk und Latex

Polymer des Festkautschuks	Polymer im Latex
Styrol-Butadien-Kautschuk (SBR), Isopren-Kautschuk (IR)	Vinylpyridin-Kautschuk (VP und/oder SBR)
Naturkautschuk (NR), Butylkautschuk (BR)	VP
Chloropren-Kautschuk (CR)	CR
Acrylnitril-Butadienkautschuk (NBR)	NBR
Ethylen-Propylen-Dien-Kautschuk (EPDM)	(bis heute keine universelle Lösung)

Anbindung an die Faser erfolgt über eine Kondensationsreaktion der Methylolgruppen des Harzes mit aktiven Wasserstoffatomen der Faser. Gleichzeitig reagiert das Harz auch mit der Kautschukkomponente des Latex. Die Verbindung mit der Matrix erfolgt durch Covulkanisation mit der Latexkomponente. Für polaren Kautschuk wird die Verwendung von Nitrilkautschuklatices empfohlen.

Polyesterfasern haben nur eine geringe Anzahl reaktiver OH-Gruppen. Sie werden vom Hersteller mit einem Predip vorbehandelt und können dann ebenfalls mit einem RFL-Dip beschichtet werden. Der Predip für Polyesterfilamente besteht aus einem wasserlöslichen Epoxid (z. B. Glycerin-diglycidether) und einem geblockten Isocyanat, z. B. phenolgeblocktem Methylen-bis-(4-phenylisocyanat), das erst bei höheren Temperaturen reagiert. Die Komponenten werden in Form einer Dispersion aufgebracht und bei etwa 220 °C zur Reaktion gebracht.

Aramidfilamente sind ebenfalls reaktionsträge. Sie werden mit einem Predip, bestehend aus einem Epoxid und ε-Caprolactam, ausgerüstet. Glasfasern kommen immer mit Haftvermittler beschichtet in den Handel (s. Abschnitt 5.10.2).

8.10.5 Besonderheiten des Klebstoffauftrages in Abhängigkeit von der Faser

Auch wenn die generelle Vorgehensweise beim gummifreundlichen Ausrüsten von Textilien immer wieder gleich ist, haben sich im Laufe der Zeit doch einige beachtenswerte Besonderheiten herausgestellt, die unter anderem von der Faser abhängen. Das verwendete Klebstoffsystem wird im Wesentlichen von der Fasertype bestimmt; einige Modifikationen am Basisrezept sind aber oft vonnöten, um eine ideale Haftfestigkeit zu den Spezialelastomeren zu ergeben. Der Klebstoffauftrag ist in der Regel mit dem Thermofixieren des Textils verbunden.

8.10.5.1 Reyon

Mit der Fortentwicklung des Reyonproduktionsprozesses hin zu hochfesten Typen beobachtete man, dass die Haftfestigkeit der bis dahin benutzten SBR-Latices nicht mehr ausreichte, und entwickelte die VP-Typen. In Tabelle 34 ist eine typische For-

Tabelle 34 Typische Zusammensetzung von RFL-Systemen auf Resol- bzw. Novolakharzbasis

Komponente	Resolsystem (Massenanteile, nass)	Novolaksystem (Massenanteile, nass)
Resorcin	18,8	
Novolak (75 %)		35,8
Natronlauge (50 %)	2,8	1,6
Formaldehyd (37 %)	27,6	18,6
Ammoniakwasser (28 %)		9,8
Latex	424	405
Wasser	526,8	529,2
Summe	1000	1000

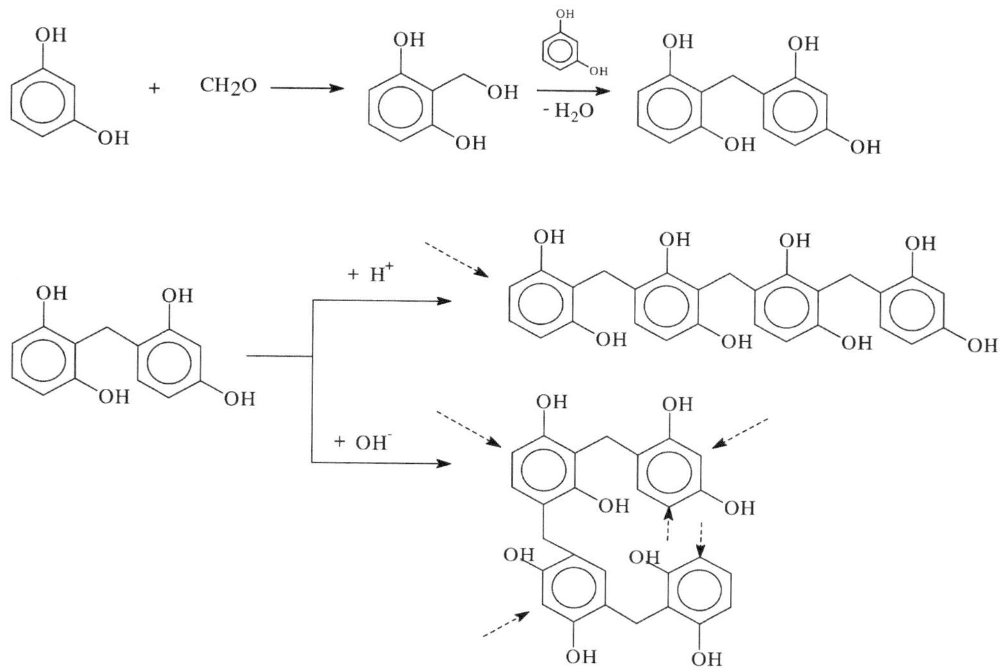

Abbildung 243 Saure Kondensation führt zu annähernd linearen Novolaken, basische Kondensation zu dreidimensional vernetzten Resolen

mulierung eines RFL-Dips angegeben, die bei hochfesten Reyontypen bis zu 80 % VP-Anteil enthält.

Das Harz kann als basisch katalysiertes Resol oder als säure-vorkondensierter Novolak eingesetzt werden. Novolak ist im Wesentlichen ein eindimensionales, nicht quervernetztes Harz, da die Säurekatalyse zur Aktivierung der orthoständigen Protonen führt, während das Resol Quervernetzungen trägt (sowohl ortho- als auch para-Stellung sind aktiviert; s. Abbildung 243). Aus diesem Grunde muss eine Rezeptur, die auf einem Novolak basiert, immer mehr Formalin zum weiteren Quervernetzen enthalten als andere Rezepturen, die auf Resolen aufbauen (s. Abschnitt 5.4).

Beide Rezepturen führen im Normalfall zu vergleichbaren Ergebnissen, allerdings sollte man bei dynamisch hochbeanspruchten Teilen eher zu Rezepturen greifen, die ohne Natronlauge als basischem Katalysator auskommen, da die dynamische Leistungsfähigkeit etwas unter dem höheren Modul des resultierenden Films leidet.

8.10.5.2 **Polyester**

Wie schon erwähnt, erreicht man bei dieser Fasergattung mit Standard-RFL-Systemen keine hinreichende Haftung. Da funktionierende Lösemittelsysteme aus umwelt- und brandschutztechnischen Gründen nicht favorisiert werden, gab es alternative Entwicklungsrouten, die auf wässrigen Systemen beruhen. Dies führte zu Systemen mit dispergierten, blockierten Isocyanaten, welche unter Temperaturbeanspruchung (ca. 230 °C) wieder zum freien Isocyanat aufspalten und chemisch abreagieren. Diese werden als Pre-Dip vor dem RFL-Dip aufgetragen und ausreagiert. Die Haftergebnisse sind nur unwesentlich schlechter als bei Lösemittelsystemen. Eine Zugabe des Predips in den RFL-Dip ist ebenso möglich. Beides wird bei z. B. bei Weichcorden und Förderbändern weit verbreitet eingesetzt. Im Gegensatz dazu stehen Steifcorde für die Riemenindustrie (flankenoffene Riemen). Diese dürfen an der Schnittkante nicht »ausfransen«, d. h. man muss eine hohe, interfilamentäre Haftung erreichen. Dies geht bis heute nur mit lösemittelhaltigen Isocyanatsystemen, die aufgrund ihrer Penetrationsfähigkeit in der Lage sind, zwischen den Filamenten eine hochfeste polymere Matrix aufzubauen. Trotz intensiver Entwicklungen hat sich bis heute auf dem Markt kein wasserbasiertes System durchsetzen können.

8.10.5.3 **Aramide**

Obwohl chemisch dem Nylon (aliphatisches Polyamid) nahe verwandt, zeigen die Aramide (aromatisches Polyamid) mit Standard-RFL-Systemen keine befriedigende Haftung. Die etablierten Vorbehandlungssysteme für PES können auch hier Anwendung finden, haben allerdings manchmal nachteilige Effekte für die dynamische Beständigkeit des Textils. Nutzt man als Vordip den dispergierten Diglycidylether des Glycerins, gefolgt von einem Standard-RFL in der zweiten Stufe, so sollte man beachten, dass eine genügend lange Verweilzeit bei hohen Temperaturen notwendig für optimale Haftergebnisse ist (ca. 60 s bei 240 °C).

Am Markt sind aber zumindest von einem Anbieter auch haftungsaktivierte Typen erhältlich, die diesen Zweistufenprozess nicht mehr benötigen. Allerdings liefert die Inhouse-Zweibadveredlung bei komplexen Systemen doch meist tendenziell bessere Haftergebnisse, da wie beim PES kleine Änderungen an der Gummimischung größere Änderungen am Haftniveau hervorrufen können. Dies kann in Einzelfällen durch die Zugabe von Ruß zum Dip nivelliert werden.

Besonders beim Aramid sollte die Latexkomponente des Dips besonders sorgsam auf die Mischbarkeit mit dem Gummi abgestimmt werden, was solange kein Problem darstellt, wie der Latex kommerziell verfügbar ist (CR, NBR etc.) Dies ist zum Beispiel bei Butylkautschuk (IIR) und EPDM nicht der Fall, denn hier sind nur Polymeremulsionen verfügbar, die aber nicht die gleichen Haftergebnisse liefern.

8.10.6 **Haftsysteme in der Kautschukmischung (Direkthaftung)**

Der aufwendige Dipprozess lässt sich vermeiden, wenn die Bestandteile des Haftsystems (Resorcin und Formaldehydspender) der Kautschukmischung zugesetzt werden. Zur Aktivierung der Reaktion benötigt man hochdisperse Kieselsäure. Als Formaldehydspender eignen sich Hexamethylentetramin oder Methylolaminderivate. Die Reaktion zwischen Faser und Matrix verläuft nach dem später angeführten Mechanismus. Von Nachteil ist, dass sich das Haftmittel in der gesamten Matrix befindet und eventuell mechanische und dynamische Eigenschaften ungünstig beeinflusst.

Sind die Anforderungen an das Haftniveau extrem hoch, so hat sich eine Kombination von haftungsfreundlich vorbehandelten Textilien im Verbund mit haftungsaktivierten Gummimischungen immer wieder als besonders günstig erwiesen, sofern andere gewünschte Eigenschaften wie dynamische- und Alterungsbeständigkeit hierdurch nicht zu sehr eingeschränkt werden [58].

8.10.7
Mechanismen der Adhäsion

Grundsätzlich ist bei den Mechanismen der Adhäsion zwischen den Grenzschichten Dip/Gummi sowie Dip/Textil zu unterscheiden.

Betrachtet man zunächst die Grenzschicht Dip/Gummi, so entsteht die Haftung durch direkte Quervernetzung von Bestandteilen (Doppelbindungen, Hydroxylgruppen etc.) mit der Matrix des Kautschuks und hier im Wesentlichen den Schwefelbestandteilen. Dies erklärt den Einfluss von Vernetzungsmitteln auf die Haftfestigkeit und auch, dass schwefelarme oder gar schwefelfreie Systeme nur schwer hohe Haftungsniveaus erreichen.

Ein Teil der Haftung rührt von dem verwendeten Harzsystem her, sei es durch Reaktionen der aktiven H-Atome oder durch Bildung von Chromanstrukturen (Abbildung 244)). Aufgrund des relativ geringen Anteils des Harzes am Gesamtsystem (nur ca. 20% bezogen auf den Festkörperanteil) und der kleinen Reaktionsgeschwindigkeiten kann aber nur ein vergleichsweise geringer Teil der Gesamthaftung auf das Harz zurückgeführt werden. Es wird angenommen, dass der größere Anteil durch die Ausbildung eines interpenetrierenden Netzwerkes zustande kommt.

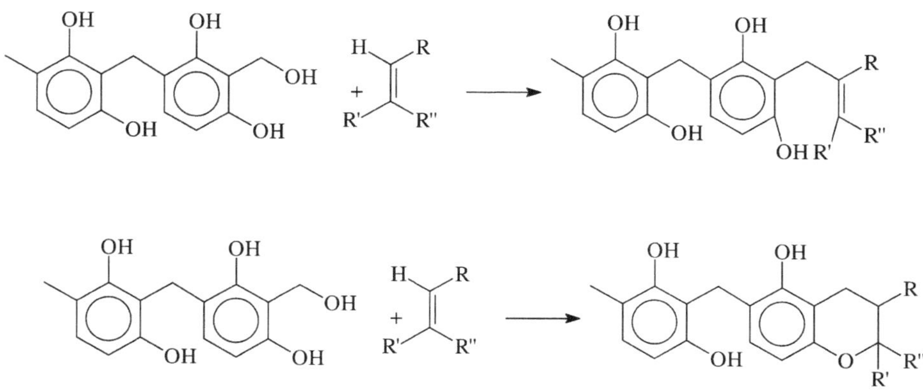

Abbildung 244 Vorstellbare Kondensation bzw. Addition vom Vorkondensat mit aciden H-Atomen an Latexdoppelbindungen direkt unter Ausbildung von Chromanstrukturen

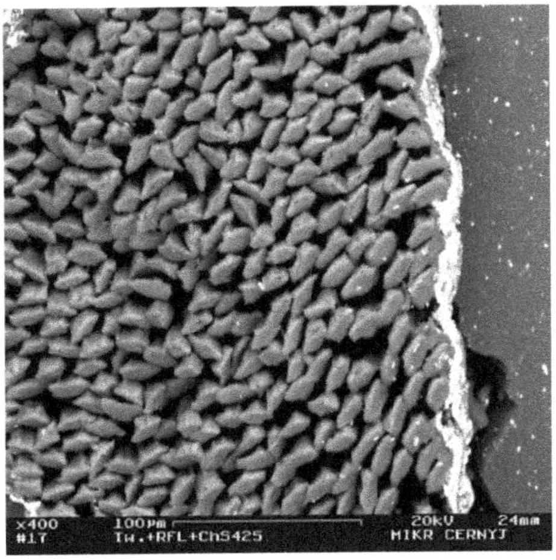

Abbildung 245 Mikroskopischer Schnitt, der die Dicke einer RFL-Schicht veranschaulicht (Aramid, dtex 840x1)

Betrachtet man die andere Seite der Grenzschicht (Dip/Textil), werden die wissenschaftlich nachgewiesenen Erklärungsmöglichkeiten eher noch spärlicher. Es gibt in der frei zugänglichen Literatur nur wenige schlüssige und moderne Argumente für die genauen Gründe der Haftung. Allgemein anerkannt ist folgendes: Ein Teil der Haftung rührt offenbar von einer mechanischen Verankerung des Harzes durch die Penetration zwischen die Filamente her, obwohl mikroskopisch gezeigt werden kann, dass der Dip nur 2–3 Filamentlagen tief in den Zwirn eindringt (Abbildung 245).

Mag dies auch für auf mikroskopischer Ebene relativ raue Oberfläche von Reyonfasern anschaulich sein, so sind doch die »reinen« Kunstfasern Nylon, PES oder Aramid sehr »glatt«. Dann verbleiben noch die chemischen Bindungen. Wie die Abbildungen 246 und 247 zeigen, ist bei cellulosischen Fasern und eventuell auch Nylon

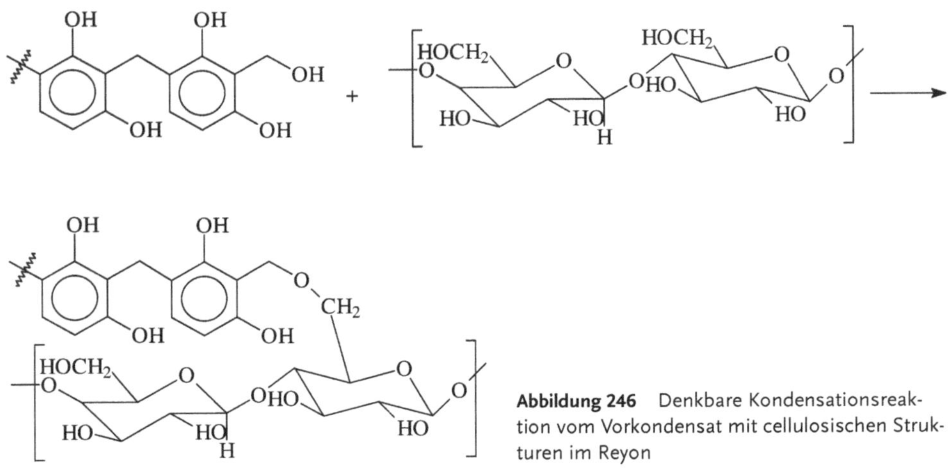

Abbildung 246 Denkbare Kondensationsreaktion vom Vorkondensat mit cellulosischen Strukturen im Reyon

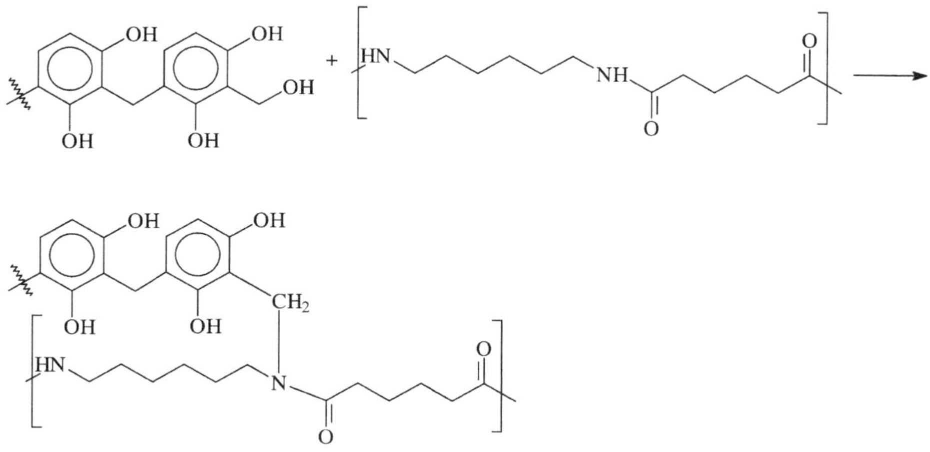

Abbildung 247 Denkbare Kondensationsreaktion vom Vorkondensat mit dem »aciden« H-Atom der Amidgruppe im PA 6.6

noch nahe liegend, dass kovalente Bindungen aufgebaut werden können; schließlich scheinen »einfache« Kondensationsreaktionen zwischen den Methoxygruppen des Harzes und aktiven H-Atomen bzw. Amidgruppen in der Polymerkette möglich.

Betrachtet man PES oder gar Aramid, so sind diese Erklärungen eigentlich nicht mehr akzeptabel: Chemisch resistent, haben diese Polymere nur sehr wenige freie OH-Gruppen (PES) bzw. gar keine chemischen Bindungen, an denen die Reaktion zum Harz unter den gegebenen Bedingungen möglich sein könnte. Ein Erklärungsansatz für die Wirksamkeit des Pre-Dips liegt in der Ausbildung von Polyurethanstrukturen auf der Faseroberfläche, die aufgrund von ähnlichen Löslichkeitsparametern einen Diffusionsmechanismus ermöglichen könnten [59].

8.10.8
Alterungserscheinungen von RFL-gedippten Textilien

Aufgrund der Reaktivität der RFL-Systeme ist nur mit einer gewissen Mindesthaltbarkeit zwischen Herstellung und Weiterverarbeitung zu rechnen. Werden die allgemein üblichen Lagerbedingungen für solche Textilien (kühl, dunkel und trocken) eingehalten, so erhalten die gedippten Textilien ihre höchste Haftfestigkeit über einen erstaunlich langen Zeitraum von in Einzelfällen mehr als 24 Monaten [60]. Anderenfalls kann es sehr schnell zu einem Verlust der Haftfähigkeit kommen, da einige Umweltbedingungen für RFL-Systeme sehr schädlich sind. Dazu gehören insbesondere UV- und Sonnenlicht, Ozon sowie Feuchtigkeit. Hier reichen teilweise wenige Stunden der Exposition aus, um bedeutende Verluste der Haftfähigkeit zu erleiden. Eigene Arbeiten haben gezeigt, dass ein Belichten mit Tageslicht für 100 Stunden zu einem Verlust der Haftfestigkeit um 60 % führt und dass der Abbau bei »normaler« Lagerung ohne schützende schwarze Folie nach 100 Stunden bei 50 % liegt.

Andere Labors beobachteten die teilweise dramatischen Effekte von Ozon und UV-Strahlung [61]. Aus den Ergebnissen der Studien kann geschlossen werden, dass diese Medien zu einem Abbau der Doppelbindungen an der Oberfläche des Dipfilmes führen, sodass ein gemeinsames Aushärten während der Vulkanisation mit der Gummimatrix drastisch reduziert bzw. unmöglich gemacht wird. Das Bruchbild wechselt dabei von adhäsiv zu kohäsiv.

Feuchtigkeit als solche hat keinen großen Einfluss auf den Abbau der möglichen Haftfestigkeit über die Zeit, wirkt aber synergistisch degradierend in Anwesenheit von Ozon. Während der Vulkanisation kann es bei zu feuchten Textilien natürlich zu Problemen mit Blasen kommen, die zwar schädlich für das Produkt sein können, aber nicht die Haftung selbst beeinflussen. Aufgrund der hohen Feuchtigkeitsaufnahme von Reyon (bis zu 13 %) ist hier das Problem am gravierendsten, gefolgt von Nylon mit einer Aufnahme von bis zu 4 %. Die Hälfte hiervon wird sehr schnell (innerhalb von 30 min nach Verlassen des Ofens) erreicht, der volle Gehalt nach ca. 15 Stunden.

Sollte bei Überlagerung eine Nachprüfung ergeben, dass die Haftung aufgrund von oxidativen Degradationen abgefallen ist, kann das Textil im Regelfall erneut gedippt werden, um größeren wirtschaftlichen Schaden abzuwenden, da noch genügend reaktive Komponenten im Harz vorhanden sind, um das ursprüngliche Haftniveau wieder zu erreichen.

Das Veredeln von technischen Textilien zur Kautschukverstärkung ist ein seit vielen Jahrzehnten bewährtes und benötigtes Verfahren, um technische Einsatzgebiete aller Art erst mit Hochleistungsfasern realisieren zu können. Dennoch sind die zugrunde liegenden Adhäsionsmechanismen, wohl auch wegen der Komplexität der eingesetzten Reaktionskomponenten, bis heute nicht vollständig aufgeklärt. Auch aus diesem Grund gibt es in der Literatur zwar veröffentlichte Standardrezepturen und RFL-Systeme sowie entsprechende Gummimischungen, die in der Praxis tatsächlich eingesetzten Mischungen sind jedoch Betriebsgeheimnisse, da sie entscheidend zur hohen Leistungsfähigkeit eines Gummi-Textil-Verbundkörpers und somit zum wirtschaftlichen Erfolg der beteiligten Unternehmen beitragen. Die ständige Arbeit an Weiterentwicklungen zur Lösung bestehender Probleme ist daher unabdingbar, um die ständig wachsenden Anforderungen an die Gummi-Textil-Verbundsysteme weiter steigern zu können. Hierbei gerät heutzutage natürlich auch der Umweltschutz immer mehr in den Mittelpunkt mit dem Ziel, in den Rezepturen vorhandene, potenziell schädliche Chemikalien wie Formaldehyd eliminieren zu können.

8.11 Schuhindustrie

Seit Anfang des 19. Jahrhunderts bis zum 2. Weltkrieg wurde im Schuhbereich nur mit Nitrocelluloselösungen geklebt. Ab ungefähr 1949 wurden erstmalig Polychloroprenlösungen eingesetzt. Polychloropren ist in der Lage, chemisch verschiedenenartigste Materialien zu verkleben. Neben dem bis dahin gebräuchlichen Leder wurden nun Gummi und synthetische Materialien im Schuhbereich eingesetzt, wodurch eine stürmische Entwicklung neuer Techniken begann. Klebtechnisch basierte Techniken fanden Eingang in spezielle Fertigungsmaschinen und vereinfachten die Herstellprozesse.

Um 1970 wurden in der Schuhindustrie Polyurethanklebstoffe eingeführt, wodurch eine weitere Entwicklung der Klebtechnik einsetzte.

In der heutigen Zeit wird im Schuhbereich eine Vielzahl von Klebstoffen verwendet, die zum größten Teil lösungsmittelhaltig sind. Die Gesetzgebung in Europa wird mit der VOC-Verordnung ab 2005 den Lösungsmittelverbrauch erschweren und verteuern. Große Schuhhersteller suchen deshalb nach lösungsmittelfreien Alternativen, um den sich verändernden gesetzlichen Rahmenbedingungen Rechnung zu tragen, ihren Ruf als ökologisch orientierte Unternehmen zu festigen, Kosten zu sparen und Prozesse zu optimieren.

Eingesetzt werden lösemittelbasierte Systeme auf der Basis von Gummi, SBS- oder SIS-Block-Copolymeren, Dispersionen von Polyacrylaten und Polyvinylacetaten, Latices, Haftklebstoffe und Schmelzklebstoffe. Wenn höhere Festigkeiten der Klebung gefordert werden, zum Beispiel zum Ersatz der genähten Säume, lassen sich diese Forderungen durch 2K-Kontaktklebstoffe oder durch HF-schweißbare Klebstoffe erfüllen. Ethylen-Vinylacetat-Heißklebstoffe werden für Futter und Versteifungselemente bzw. Polyamid-Heißklebstoffe für Falten und Eckenbindungen eingesetzt. Die zu verbindenden Komponenten, Futter, Zwischenfutter und andere Verstärkungen, auch Zehenfutter und Versteifungselemente können mit Klebstoffen geprimert und durch Heißsiegeln verbunden werden.

Der so genannte Leistenprozess ist der Bindungsprozess in der Schuhfertigung mit den höchsten strukturellen Anforderungen. Er besteht aus der Fixierung des Obermaterials über die Begrenzung der Brandsohle. Das Obermaterial ist dabei erheblichem Stress ausgesetzt. Hier ist normalerweise kein zusätzliches Nähen oder Heften üblich. Ein typisches Leistensystem ist eine Kombination von Überziehen und Fixieren mit einer automatischen Injektion eines Heißklebstoffs. Dieser ist meist ein schnell erstarrendes Polyester oder ein flexibles Polyamid. Beide Heißklebstoffe werden in Stabform oder als Granulate verwendet. Der Leistenprozess durch Kontaktkleben mit Polychloroprenklebstoffen (oder in leichten Schuhen mit natürlichen Gummilösungen oder Latices) ist begrenzt auf einzelne Konstruktionen.

Die Sohlenklebung wird mit Lösemittelklebstoffen auf Polychloropren- und Polyurethanbasis durchgeführt. Verschiedene Vorbehandlungen zur Verbesserung der Klebbindung werden eingesetzt: Absorbierende Oberflächen werden mit einem dünnen Film des Klebstoffs geprimert. Vulkanisiertes Gummi und thermoplastische Gummisohlen werden halogeniert oder sulfoniert [62, 63]. Versuche zur Adhäsionsverbesserung am Gummi mit einer Coronabehandlung wurden auch durchgeführt [64]. Nylon und andere synthetische Polymere werden mit einer Grundierung geprimert [65, 66].

Zur Kontaktklebung mit einkomponentigen Klebstoffen wird dieser in einer dünnen Schicht auf die Sohle aufgebracht. Die beschichteten Sohlen werden staubfrei bis zur Fertigung gelagert. Wird ein zweikomponentiger Isocyananatklebstoff mit Härter eingesetzt, muss das Kleben unter Berücksichtigung der offenen Zeit durchgeführt werden.

Das Kleben mit Wärmeaktivierung erfolgt durch IR-Bestrahlung der beschichteten Sohle über wenige Sekunden, bis die Oberflächentemperatur zwischen 55 °C und 80 °C liegt. Da die Sohle selber wesentlich kälter bleibt, wird die Festigkeit der Klebbindung in relativ kurzer Zeit aufgebaut. Weiche Sohlen, die zur Deformation neigen, können bei Raumtemperatur mit Klebstoffen mit geringer Aktivierungsenergie verklebt werden.

Andere Fertigungsprozesse sind der direkte Spritzguss von thermoplastischem Gummi oder PVC, das Aufvulkanisieren von Gummi und der Niederdruck-Reaktionsguss von Integralschaumhaut-Polyurethan. Hier wird der fixierte Rahmen mit einem zweikomponentigen Polyurethanklebstoff beschichtet, oft zusätzlich mit einem latenten Härter, oder mit einer selbst vulkanisierenden synthetischen Gummilösung [67].

Der Einsatz von Heißklebstoffen basierend auf Ethylen-Vinylacetat ist beschränkt auf leichte Schuhe oder textile Obermaterialien.

Klebstoffe werden auch bei der Schuhreparatur eingesetzt. Die hierfür verwendeten Klebstoffe müssen universell für verschiedenste Schuhtypen, Materialien und Materialkombinationen geeignet sein. Man greift fast ausschließlich zu einkomponentigen polychloroprenbasierten Lösemittelklebstoffen. Für PVC und Plastikmaterialien sind Polyurethanklebstoffe üblich.

Die Bindungsfestigkeiten im Bereich der Schuhklebung werden üblicherweise nach den »European Testing Methods for Footware Materials and Footware Adhesives« und »Specification and Testing of Adhesives and Materials for Shoe Production« bestimmt. Die Spezifikationen und Methoden sind durch die European Association of Adhesives Manufacturers (FEICA) akkreditiert.

8.12
Straßenwesen

Jedes Jahr sterben mehr als 40 000 Menschen bei Verkehrsunfällen auf den Straßen der EU; 9000 Verletzte werden täglich gezählt. Verkehrsunfälle sind die Haupttodesursache bei den unter 45-Jährigen – und sie fordern mehr Menschenleben als Herzerkrankungen oder Krebs. Die Kosten, die jährlich dadurch entstehen, werden auf 160 Mrd. € geschätzt. Das ist mehr als 2 % des Bruttoinlandsprodukts der EU.

In den 1930er Jahren führte eine Kundenanregung dazu, dass der spätere Präsident der US-amerikanischen 3M Company, Harry Heltzer, an einer neuen Beschichtungsaufgabe zu forschen begann. Es ging um die Entwicklung eines selbstklebenden reflektierenden Materials für die Straßenmarkierung. Der Mittelstreifen sollte zur besseren Orientierung bei Nacht besser sichtbar sein als weiße oder gelbe Farbe. Die Beschichtung eines Trägermaterials mit winzigen Glaskügelchen brachte die Lösung des Problems – und die Erkenntnis, dass man auch Verkehrsschilder auf diese Art ausstatten konnte: So wurden 1939 in Minneapolis im US-

Bundesstaat Minnesota die ersten retroreflektierenden Verkehrsschilder mit der neuen selbstklebenden Reflexfolie aufgestellt.

Es entwickelte sich eine große Familie selbstklebender Reflexprodukte, die den Markt im Flug eroberte. Mit der zunehmenden Mobilität und der schnellen Ausbreitung von privaten Kraftfahrzeugen weltweit wuchs auch der Bedarf an Lösungen, die den Straßenverkehr weniger gefährlich machten. Diese Reflexmaterialien leisten seit Jahrzehnten einen wichtigen Beitrag zur Verkehrssicherheit. Bald wurden neben den Verkehrszeichen auch Kraftfahrzeug-Kennzeichen sowie Orts- und Straßennamensschilder mit selbstklebenden Reflexfolien ausgestattet. Zu den neueren Sicherheitstrends gehört die reflektierende Konturmarkierung von Lastkraftwagen.

»Mehr Sicherheit durch mehr Sichtbarkeit« ist seit Jahren auch das Motto bei funktioneller Freizeit- und Berufsbekleidung. Vom Schulkind über den Sportler bis hin zum Straßenarbeiter oder Feuerwehrmann – reflektierende Elemente bei Kleidung und Accessoires haben sich längst nicht nur in Sachen Sicherheit, sondern auch in punkto Design und Optik durchgesetzt.

In extremen Gefahrensituationen, wie zum Beispiel bei Unfällen auf See, entscheidet die Sichtbarkeit manchmal über Leben oder Tod. Durch die Ausstattung von Seenotrettungsmitteln mit Reflexfolien können die Rettungschancen Schiffbrüchiger auch bei Nacht und schlechter Witterung um ein Vielfaches erhöht werden.

Die Entwicklung einer zukunftsweisenden Technologie, der Mikroreplikation, konnte die Leistungsfähigkeit von Reflexmaterialien in den letzten Jahren noch einmal deutlich erhöhen. An die Stelle von Glaskügelchen tritt hier eine strukturierte Oberfläche, die aus winzigen, exakt gleichen Mikroprismen besteht (Abbildung 248). Deren Reflexionswerte übertreffen die von herkömmlicher Reflexmaterialien bei weitem.

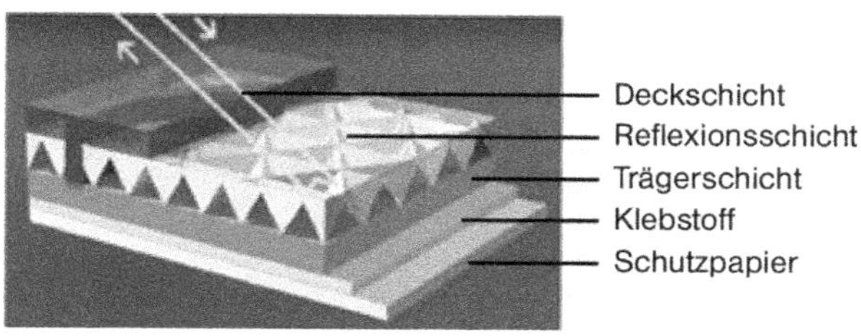

Abbildung 248 Aufbau einer selbstklebenden Reflexfolie basierend auf Mikroprismen

8.12.1 Verkehrszeichen

Ein höheres Sicherheitsbedürfnis im Straßenverkehr erfordert hochwertige Verkehrszeichen. Die Entwicklung der letzten Jahre zieht eine drastische Steigerung des Verkehrsaufkommens nach sich. Besonders im innerstädtischen Bereich werden die Verkehrsteilnehmer durch zusätzliche Lichtquellen geblendet bzw. abgelenkt. Gleichzeitig nimmt die Zahl älterer Verkehrsteilnehmer mit eingeschränktem Sehvermögen stetig zu. Hier sind hohe Ansprüche an die Sichtbarkeit und Lesbarkeit von Verkehrszeichen und Verkehrseinrichtungen gestellt, die rechtzeitig und eindeutig warnen oder informieren sollen.

Selbstklebende retroreflektierende Folien gewährleisten infolge ihrer hohen Rückstrahlwerte auch bei ungünstigen Sichtverhältnissen eine frühzeitige und damit sichere Informationsübermittlung (Abbildung 249). Wissenschaftliche Studien und Feldversuche im In- und Ausland haben ergeben, dass durch gezielten Einsatz von Verkehrszeichen mit einem hohen Qualitätsniveau die Sicherheit im Straßenverkehr signifikant steigt.

Auffällig gelb fluoreszierende Verkehrszeichen (Abbildung 250) können von Verkehrsteilnehmern besser wahrgenommen werden und helfen so, Unfälle zu vermeiden.

Abbildung 249 Verkehrszeichen mit selbstklebenden Reflexfolien

Abbildung 250 Fluoreszierende Verkehrszeichen

Unfälle an mangelhaft beschilderten Gefahrenpunkten im Straßenverkehr gibt es in der Bundesrepublik tagtäglich. Allein von den etwa 25 000 Bahnübergängen sind beispielsweise mehr als die Hälfte lediglich durch ein herkömmliches Andreaskreuz gesichert. Die Folge: Bei jedem vierten Unfall am Gleis kommt ein Mensch zu Tode, im Jahr 2000 beispielsweise 74 Personen. Als besonders gefährlich gelten zudem Baustellen oder Schulen. Auch diese stehen viel zu oft im Mittelpunkt von dramatischen Unfällen, wie die Zahl von bundesweit 106 getöteten Schulkindern im Jahr 2001 unterstreicht. Verschiedene Studien im In- und Ausland konnten mittlerweile zeigen, dass fluoreszierende gelbe Folien die Sichtbarkeit der Verkehrszeichen deutlich erhöhen. Der ADAC fordert daher ihren Einsatz an Bahnübergängen.

Selbstklebenden Reflexfolien für Verkehrszeichen werden mit Hilfe von Gummirollern, Druckwalzen oder Rakeln auf den meistens aus Aluminiumlegierungen oder Kunststoffen bestehenden Untergrund aufgebracht. Bei der Verklebung auf Kunststoffen ist es notwendig, die Haftung der Folie vorher zu prüfen. Eine haftungsfördernde Vorbehandlung durch Primer ist nicht erforderlich, leichtes Anschleifen der Bleche ist jedoch vorteilhaft. Der Untergrund muss unmittelbar vor der Verklebung absolut sauber, trocken und fettfrei sein. Die Verklebungstemperatur sollte mindestens 18 °C betragen, ab 25 °C erhält man eine erhöhte Anfangshaftung der Folie.

8.12.2
Fahrbahnmarkierung

Die Sichtbarkeit von Fahrbahnmarkierungen bei Dunkelheit ist problematisch: Etwa 40 % der Markierungen sind unzureichend sichtbar, bei Dunkelheit und Nässe sind sogar die meisten Fahrbahnmarkierungen nicht zu sehen. Damit ist ihre verkehrsführende Wirkung aufgehoben. Markierungen mit erhöhter Nachtsichtbarkeit bei Nässe (Abbildung 251) erhöhen zweifellos die Sicherheit erheblich und sollten flächendeckend eingesetzt werden.

Abbildung 251 Selbstklebende Fahrbahnmarkierungen auf der Autobahn

Eindeutige Erkennbarkeit bei Tag, nicht nachlassende Retroreflexion bei Nacht und Nässe sowie gute Griffigkeit über die gesamte Gebrauchszeit zeichnen eine qualitativ hochwertige Markierung aus. Von den Herstellern werden haltbare, hochleistungsfähige selbstklebende Reflexfolien angeboten, die so gut wie jedem Verkehr und Wetter auf allen Straßen gewachsen sind.

Selbstklebende Dauermarkierungsfolien enthalten Glaskugeln und keramische Partikel, die in einer harten Polyurethan-Oberbeschichtung eingebettet sind. Darunter befindet sich eine elastische Kautschuk- und eine für die Fahrbahnoberfläche geeignete Haftklebstoffschicht. So erhält man Markierungsfolien mit höchsten Retroreflexions- und Griffigkeitswerten und langer Nutzungsdauer.

Vorübergehende Markierungsfolien Wenn es an Baustellen eng wird, geraten viele Kraftfahrer in Stress. Verkehrszeichen und Tempolimits müssen beachtet werden, Lkws kommen bedrohlich nah, und vom entgegenkommenden Verkehr ist man manchmal nur durch die Fahrbahnmarkierung getrennt. Eine Situation, die schon bei guter Sicht höchste Konzentration und fahrerisches Können erfordert, sich bei Dunkelheit und Regen aber noch zusätzlich verschärft.
Hier spielt vor allem die übersichtliche Gestaltung der gefährlichen Baustellenbereiche eine große Rolle. Dies gilt insbesondere für die Fahrbahnmarkierung, die dem Kraftfahrer eine eindeutige visuelle Führung vermitteln sowie helfen soll, sicher die Spur zu halten.

Mit Hilfe von hochwertigen Markierungsfolien kann ein bedeutender Risikofaktor an Baustellen, nämlich die Gefährdung durch schlecht sichtbare oder gar fehlende Fahrbahnbegrenzungen, wirkungsvoll gemindert werden (Abbildung 252).

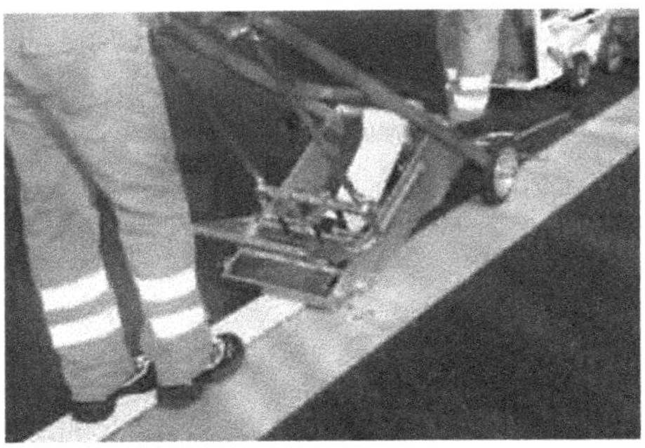

Abbildung 252 Verlegung von selbstklebenden Fahrbahnmarkierungen für den Baustellenbereich

Auf Weichaluminium basierende selbstklebende Reflexfolien werden als gut sichtbare Markierungen für Arbeitsstellen von kürzerer Dauer, Umleitungen, Parkplätze, Werkhallen, Bodenverkehrszeichen und auch als Dauermarkierung eingesetzt. Diese Folien passen sich allen Unebenheiten des Untergrundes an und sind wie alle Markierungsfolien sofort befahrbar.

Markierungsfolien mit einer Kautschuk-Trägerschicht und einem eingearbeiteten Verstärkungsnetz können als vorübergehende Markierungen für Arbeitsstellen von längerer Dauer und Winterbaustellen für vorläufige, wieder zu entfernende Verkehrsführungen verwendet werden.

Neue Produkte zeigen neben guter Tagessichtbarkeit und exzellenter Griffigkeit erhöhte Nachtsichtbarkeit bei Regen. Durch den Einsatz dieser Folie ist sichergestellt, dass die gelbe Verkehrsführung ihre vorrangige Sichtbarkeit auch bei Regen behält.

8.12.3 Kraftfahrzeugkennzeichen

Mit der Geschichte des Kraftfahrzeugs begann auch die Geschichte des Kfz-Kennzeichens. Zunächst als einfaches, mit Farbe bedrucktes Nummernschild produziert, wurde es im Laufe der Jahre zu einem technologisch anspruchsvollen Mittel zur Identifizierung von Kraftfahrzeugen. Unter anderem wurde die Farbe durch selbstklebende reflektierende Folien ersetzt (verbindlich vorgeschrieben seit 1989). 1995 wurde das grafische Euro-Kennzeichen eingeführt; seit November 2000 ist es in Deutschland verbindlich.

8.13 Oberflächendesign

8.13.1 Oberflächendesign und Oberflächenschutz

Häufig werden selbstklebende Folien für das Design und den Schutz von Oberflächen eingesetzt. Sie müssen für die Applikation auf flachen und unebenen Untergründen, mit oder ohne Nieten und Vertiefungen, entwickelt sein und sich Unebenheiten anpassen, ohne zu große Rückstellkräfte auszuüben. Dieses wird durch die gezielte Einstellung der Rheologie des Systems bestehend aus Folie, Oberflächenbeschichtung und Haftklebstoff erreicht.

Moderne selbstklebende Folien lassen sich mühelos und innerhalb kürzester Zeit blasen- und faltenfrei verkleben. Hierfür sorgen mikrofeine Luftkanäle im Klebstoff, durch die Luft während der Applikation entweichen kann. Gleichzeitig ermöglichen winzige Glaskugeln in der Klebstoffschicht ein problemloses Positionieren selbst großer Folienflächen. So gelingt auch ungeübten Anwendern die fehlerlose und schnelle Verklebung. Die Produktion von Ausschuss kann so erheblich reduziert werden.

Von speziellen, auf die Außenflächen von Bus oder Bahn applizierten Graffitischutz-Folien lassen sich Verunreinigungen durch Sprühfarben, Faserschreiber oder Schuhcreme mit handelsüblichen Reinigungsmitteln innerhalb kürzester Zeit problemlos beseitigen. Im Gegensatz zur Reinigung von Lacken bleibt kein Schatten zurück und es entfällt die sonst übliche zeit- und kostenaufwendige Vorbehandlung der Flächen. Ein weiterer Vorteil: Sprayer erkennen Kunststofffolie und nehmen bevorzugt Wagen mit lackierten Flächen ins Visier, die sich nur schwer reinigen lassen.

Nicht nur im Außenbereich, sondern auch im Inneren der Fahrzeuge tragen Folien zu einem sauberen Erscheinungsbild bei. Kratzschutzfilme verhindern ein Zerkratzen der Fensterscheiben von innen, für Verkehrsbetriebe ein wachsendes Ärgernis. Besonders im Nahverkehr eingesetzte neue Straßenbahnen sind ohne entsprechenden Schutz häufig binnen kürzester Zeit in einem desolaten Zustand.

8.13.2
Fahrzeugwerbung

In vielen Unternehmen gibt es eine größere Anzahl von Fahrzeugen; bei einigen sind es PKW, bei anderen Transporter oder gar LKW. Diese eignen sich ausgezeichnet für die Markenkommunikation, ihr Potenzial wird aber oft nicht genutzt. Vom »einfachen« Logo bis hin zur grafischen Gestaltung, z. B. einer Produktabbildung, ist alles möglich.

Mit zunehmender Verlagerung des Schwertransportverkehrs in die Nacht häufen sich die Unfälle auf Deutschlands Autobahnen. Häufige Ursache: mangelnde Sichtbarkeit. Dass Autofahrer nur »schwarz sehen«, muss jedoch nicht sein. Ausgestattet mit selbstklebenden retroreflektierenden Folien heben sich die Lkws auch nachts deutlich von den übrigen Verkehrsteilnehmern ab. Nach einer Studie der TU Darmstadt könnten so Nachtunfälle mit Lkw-Beteiligung so um über 90 % gesenkt werden. Bislang sind jedoch weniger als 1 % aller Lkw mit Reflexfolien ausgestattet.

Ein Autofahrer nimmt bei Nacht nur rund 5 % der Tagesinformation wahr. Er ist daher auf zusätzliche optische Reize, wie beispielsweise eine Lkw-Heckkonturmarkierung, angewiesen. Diese ist bereits aus einer Entfernung von über 100 Metern deutlich sichtbar. Bei den selbstklebenden retroreflektierenden Folien sorgen in eine Reflexionsschicht eingebettete Glaskugeln oder Prismen dafür, dass alle auftreffenden Lichtstrahlen im gleichen Winkel zu ihrer Quelle zurückgelenkt werden. Neben dem Sicherheitsaspekt verwandeln reflektierende Folien die Fahrzeuge immer häufiger auch in attraktive Werbeträger. Auf den Seitenflächen der Lkw aufgebrachte Werbemotive haben einen hohen Erinnerungswert und sorgen

Abbildung 253 Reflektierende Fahrzeugwerbung

für eindrucksvolle Blickfänge. Durch retroreflektierende Folien sind Werbekampagnen rund um die Uhr sichtbar. Das bedeutet eine deutliche Erhöhung der Kontaktchancen und eine Verbesserung der Verkehrssicherheit.

8.13.3 Öffentliche Verkehrsmittel

Eine Studie von Infratest hat ergeben, dass Verkehrsmittelwerbung (Traffic Advertising) eine Werbereichweite von 60 % erzielt. Die bewegliche Außenwerbung hat einen hohen Erinnerungswert: 73 % der Verkehrsteilnehmer erinnern sich an sie, 31 % sogar noch an Einzelheiten. Busse und Bahnen verkehren dort, wo ihre Zielgruppe ist. Kreativ gestaltete Fahrzeuge beleben das Straßenbild und tragen neben klassischen Plakaten zum Unterhaltungswert bei. Gerade im Zusammenspiel mit Plakatkampagnen entstehen wertvolle Synergien.

Die gesamte Fahrbahnseite des Busses in Abbildung 254, einschließlich der Fenster, ist mit einer selbstklebenden Folie bedeckt. Die Fensterfläche ist mit einer speziellen Folie versehen; dadurch ist die Sicht von innen nach außen fast uneingeschränkt möglich. Für den Betrachter bietet sich von außen ein einheitliches Gesamterscheinungsbild des Motivs.

Aufgrund ihrer geringen Schaltkosten eignen sich Traffic Boards besonders für kurzfristige Werbekampagnen. Vor allem in den Innenstädten, wo Großflächen nur in begrenzter Menge zur Verfügung stehen, eignet sich das Traffic Board hervorragend zur Ansprache der jeweiligen Zielgruppe. Studien haben ergeben, dass Verkehrsmittelwerbung vor allem mobile, junge und dynamische Zielgruppen anspricht.

Abbildung 254
Moderne Verkehrsmittelwerbung

Abbildung 255
Folien für die Dekoration von Verkehrsflugzeugen

Abbildung 256 Expo-Logo auf einem Lufthansa-Flugzeug

Werbung auf Flugzeugen wird immer interessanter (Abbildung 255). Wo sonst will man so aufmerksamkeitsstark in einem internationalen Umfeld werben? Als spektakuläres Highlight für die Weltausstellung Expo ließ die Deutsche Lufthansa eine Boeing 747-400 mit einem 800 m^2 großen Expo-Logo dekorieren, das so rund um den Globus für die erste Weltausstellung in Deutschland warb (Abbildung 256). Das Motiv wurde aus 270 Folienstücken zusammengesetzt. Die Montage und Verklebung der Folie bewerkstelligten 30 Lufthanseaten in zweieinhalb Tagen, in denen rund um die Uhr gearbeitet wurde.

Die mit einer Mikroperforierung ausgestattete Spezialfolie ist extrem witterungsbeständig und verfügt über eine horizontale und vertikale Dehnbarkeit, die verhindert, dass sich während des Fluges Risse in der Folie bilden. Generell nicht verklebt werden besonders exponierte Flugzeugteile wie Tragflächen, Leitwerkskanten und Stellen, an denen Benzin oder Hydraulikflüssigkeit austreten kann. Die Folie wird digital bedruckt und anschließend im Siebdruck mit einem Zweikomponenten-Klarlack versiegelt. Auf die Kanten wird abschließend manuell ein Schutzlack aufgetragen, um ein Ablösen der Folie und damit eine Gefährdung der Flugsicherheit zu verhindern.

Moderne Folientechnologie bietet den Fluggesellschaften einige Vorteile gegenüber dem Lackieren. Zum einen werden immer mehr Maschinen gechartert. Mittels Folie lässt sich das Erscheinungsbild der Flugzeuge unkompliziert und schnell an das Corporate Design der jeweiligen Fluggesellschaft anpassen. Zum anderen lassen sich zeitlich begrenzte Marketingaktionen problemlos visuell umsetzen. Ein weiterer Pluspunkt: Es wird keine speziell vorbereitete Halle benötigt, da die Verklebung nicht wie das Lackieren an staubfreie Räume gebunden ist. Die Applikation der Folien ist wesentlich schneller im Vergleich zur Lackierung – ein wichtiger Punkt, da der Zeitfaktor aufgrund der enormen Ausfallkosten eine entscheidende Rolle spielt.

8.13.4 Gebäude und Fassaden

Je größer ein Gebäude ist, desto besser ist es geeignet für eine auffällige Fassadengestaltung. Es wäre schade, wenn solche gut sichtbaren Flächen nicht für die Werbung genutzt würden. Täglich fahren Tausende von Menschen an Gebäuden vorbei, die mit speziellen Werbebotschaften erreicht werden könnten.

Unübersehbar beherrschte für eine Zeit der holländische Fußballer und Superstar Edgar Davids die Skyline von Rotterdam. Ein gigantischer Gebäudeprint verwandelte das höchste Bauwerk der Niederlande in eine Aufsehen erregende Riesen-Litfasssäule (Abbildung 257). Der »Delftse Poort«, Hauptsitz der Versicherungsgesellschaft Nationale-Nederlanden, überragt mit 150 m Höhe alle umliegenden Bürogebäude. Das Riesenposter, bisher die größte Volldekoration eines Gebäudes, war aus einer perforierten Spezialfolie gefertigt, die neben einer spektakulären Außenansicht weiterhin einen freien Blick nach draußen bot.

Für Europas führende Spezialisten in Sachen digitaler Großformatdruck war die Grafikinstallation ein gigantisches Puzzle: 4500 selbstklebende Einzelteile mit einem Gesamtgewicht von 3000 kg mussten zusammengefügt werden. Vorder- und Rückseite des Hauptturms sowie ein kleineres, angrenzendes Gebäude wurden mit einem speziellen so genannten Window Marking Film verklebt. 25 Tage dauerte es, die farbenprächtige Grafik im britischen Reading zu drucken. Damit die Einzelteile sich perfekt zu einem Ganzen fügten, wurde eigens ein Team nach Rotterdam entsandt, um vor Ort detaillierte Zeichnungen des Gebäudes zu erstellen. Jedes einzelne Teil wurde nummeriert und mit einem den Fenstern im Gebäude entsprechenden Code gekennzeichnet. Nur so konnte gewährleistet werden, dass jedes Teil an der richtigen Stelle landete. Insgesamt 30 Tage benötigte das achtköpfige Team für die Installation der 9500 m^2 großen, sechzigfach vergrößerten

Abbildung 257 Folien für die Fassadengestaltung

Grafik im Zentrum von Rotterdam. Gearbeitet wurde paarweise, wobei Gerüste für die Fensterreinigung eingesetzt wurden, um an dem Bürogebäude nach oben und unten zu fahren. Die Arbeit fand unter ungewöhnlichen Bedingungen statt. So musste das Verklebeteam nicht nur gegen Wind und Wetter kämpfen, sondern auch auf die üblichen Werkzeuge wie Messer verzichten, um Schäden an den Glaswänden zu vermeiden, welche die Baustruktur gefährdet hätten. Das atemberaubende Motiv in Größe der Freiheitsstatue, das bereits aus kilometerweiter Entfernung ins Auge stach, sorgte in ganz Europa für Furore. Dieses erstaunliche Projekt zeigt, was man mit innovativer Folientechnologie und modernen Haftklebstoffen alles erreichen kann.

Für eine besondere Art der Außenwerbung entschied sich US-Konsumgüterriese Procter & Gamble anlässlich der Einführung seines neuen Reinigungstuchs »Swiffer«. Neben klassischen Medien wie TV, Print und Funk setzte der Markenartikler erstmalig auf plakative Bodenwerbung. Rutschfeste selbstklebende Spezialfolien, so genannte »FloorMinders«, wurden zu überdimensionalen Hinguckern auf Bahnsteigen, Treppen und Säulen deutscher S-Bahnhöfe. Die bunten Grafiken hoben sich effektvoll von der Masse herkömmlicher Werbung ab und hinterließen bleibenden Eindruck.

Die begehbaren Grafiken sind auf nahezu jedem Bodenbelag einsetzbar und lassen sich nach der Werbeaktion rückstandsfrei wieder entfernen. Spezielle Versionen für den Außenbereich erlauben neben dem Einsatz im Handel nun auch die Nutzung der begehbaren Werbeflächen während zielgruppenspezifischer Events wie Musik- oder Sportveranstaltungen.

8.14 Medizin

Der Einsatz von Klebstoffen im Medizinsektor ist sehr vielseitig. Unterschieden werden muss hier zwischen Einsatzfällen mit zeitweisem oder dauerndem Kontakt der Klebstoffe mit dem menschlichen Körper. In allen Fällen ist für die eingesetzten Klebstoffe größtmögliche Qualität und Zuverlässigkeit gefordert. Die in der Medizin eingesetzten Klebstoffe lassen sich nach ihrer Kontaktzeit zum menschlichen Körper unterteilen, was im Folgenden näher erläutert wird.

8.14.1 Medizinprodukte mit kurzzeitigem, oberflächlichem Körperkontakt

Medizinische Instrumente oder Produkte haben nur einen kurzzeitigen Kontakt zum menschlichen Körper. Die vielen in der Medizintechnik eingesetzten Produkte wie Injektionsspritzen, Kanülen, Katheter, Ventile, Filter, Atemmasken, MIC-Instrumente, Endoskope und kieferorthopädische Hilfsmittel verlangen die Last übertragende Verbindung von sehr unterschiedlichen und zum Teil schwer verklebbaren Materialien wie beispielsweise Metalllegierungen aus Aluminium, medizinischem Edelstahl, Titan, Nickel (Nitinol), Kunststoffen wie Polyethylen

(PE), Polypropylen (PP), Polyetheretherketon (PEEK), Polyphenylsulfon (PPSU), Polycarbonat (PC), Polyvinylchlorid (PVC) und oxidischen Materialien wie Gläsern oder Keramiken. Für diese nur schwer zu verbindenden Werkstoffe ist die Klebtechnik oft die einzige Verbindungsmethode.

Acrylat-Systeme werden zur Herstellung von sterilen Einwegartikeln wie beispielsweise Kathetern, Infusionssystemen und Einwegspritzen und von nicht sterilen Mehrwegartikeln wie Rehabilitationshilfen und orthopädischen Geräten verwendet. Entscheidend ist für die Fertigung eine kurze Aushärtungszeit der Klebstoffe. Acrylatbasierte Systeme können mit Hilfe von Feuchtigkeit, Katalysatoren, Wärme, UV- oder sichtbarem Licht ausgehärtet werden. Cyanacrylate werden in der Regel durch Feuchtigkeit auf dem Substrat polymerisiert oder ausgehärtet.

Epoxidharz-Klebstoffe werden für sterilisierbare Mehrwegartikel wie Operationsinstrumente und Endoskope eingesetzt. Die für die Herstellung dieser Artikel genutzten Werkstoffe und natürlich auch die verwendeten Klebstoffe müssen biologisch inert, korrosions- und temperaturbeständig sein. Wichtig ist für die Klebung zudem die Dauerbeständigkeit gegenüber Reinigungs- und Desinfektionsmitteln sowie Wasserdampfsterilisation, ebenso eine definierte Festigkeit, um nach der Aufbereitung eine einwandfreie Funktion zu gewährleisten [68, 69].

8.14.2 Medizinprodukte mit Körperkontakt bis zu 30 Tagen

Selbstklebende Produkte wie Heft- und Wundpflaster sind die ältesten und häufigsten Einsatzfälle für Klebstoffe in der Medizin. Als Klebstoffe mit einigen Tagen Kontakt zum menschlichen Körper kommen hier Haftklebstoffe auf Kautschukbasis zum Einsatz. Weite Verbreitung haben auch Pflaster aus Acrylatklebstoffen, die durch Aufsprühen auf die gereinigte Wunde als Ersatz für Heftpflaster benutzt werden können. Neu entwickelte Transparentverbände aus einem Polyurethanfilm und einem Acrylatklebstoff können selbst bei zentralen Venenkathetern bis zu sieben Tagen auf der Einstichstelle verbleiben. Aufgrund ihrer Transparenz lässt sich die Wundentwicklung durch den Verband beobachten. Der Verband lässt Wasserdampf und Sauerstoff durch, hält aber Mikroorganismen und Wasser von der Wunde fern [70].

8.14.3 Medizinprodukte mit Körperkontakt über 30 Tage

Dauerhafte Kontakte der Klebstoffe mit dem menschlichen Organismus findet man bei der Zahnbehandlung. Hier werden als Füllmaterialien schnell härtende, gefüllte lichthärtende Methacrylatklebstoffe eingesetzt, da andere Aushärtereaktionen nicht zum Einsatz kommen können. Bei kieferorthopädischen Therapien mit Molarenbändern und Brackets sind lichthärtende Glas-Ionomer-Zemente gebräuchlich [71].

Zum Befestigen von Endoprothesen wie beispielsweise von Hüftgelenken werden seit vielen Jahren Knochenzemente auf der Basis von Methylmethacrylat verwendet. Medizinisch zugelassene Polyurethane und neutral härtende Silicone werden für implantierbare Vorrichtungen eingesetzt [69].

Mehrmonatige direkte Kontakte der Klebstoffe zum Menschen finden sich auch bei der direkten Gewebeklebung. Voraussetzung für diese Klebstoffanwendung sind eine ausreichende Beständigkeit im feuchten Milieu und eine Verträglichkeit mit dem körpereigenen Gewebe. Als Gewebeklebstoffe werden natürliche und synthetische Materialen verwendet.

Verschiedene medizinisch zugelassene Cyanacrylate (2-Octylcyanacrylat, n-butyl-2-Cyanacrylat) ersetzen bei der medizinischen Versorgung von Fleischwunden die traditionelle Naht, ebenso bei der plastischen Chirurgie [72, 73].

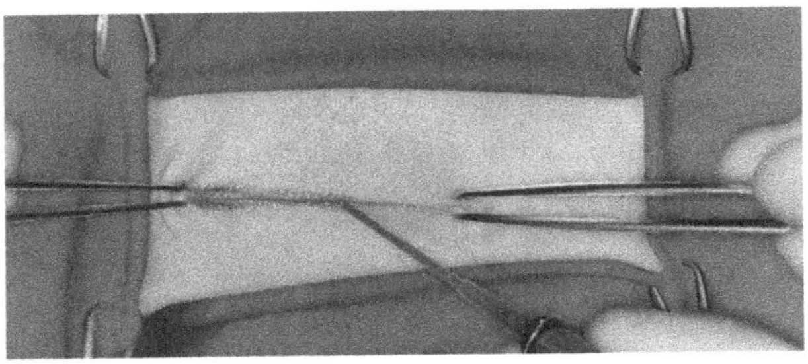

Abbildung 258 Applikation des Gewebeklebstoffs Histoacryl (mit Genehmigung der Firma B. Braun)

Der Gewebeklebstoff Histoacryl blau besteht aus n-Butyl-2-Cyanoacrylat, welches in Gegenwart von Gewebefeuchtigkeit in kürzester Zeit polymerisiert. Anhand der Farbtiefe kann die aufgetragene Schichtdicke beurteilt werden (Abbildung 258) [74].

Cyanacrylate werden auch zur Reparatur der Mittelohrmembran, zur Embolieverhinderung bei arteriovenösen Hirnfehlbildungen, zur Netzhautreparatur, zur Knochenstabilisierung und zur Reparatur von Lederhaut- und Hornhautperforationen eingesetzt [75]. Weitere Einsatzmöglichkeiten sind die Behandlung von Leberwunden, von Hernien (Geweberissen in der Leiste) und von Damm- und Trokarschnitten [76]. Der Klebstoff wird primär durch Hydrolyse metabolisiert zu Formaldehyd und Alkylcyanaten, die später ausgeschieden werden. Zur Anwendung von Cyanacrylatklebstoffen werden vom Chirurgen spezielle Ampullen [71] oder elektronische Pumpen eingesetzt. Der Klebstoff bildet innerhalb von 60 s eine feste Bindung zum Gewebe [76].

Der körpereigene Klebstoff Fibrin entsteht bei der Blutgerinnung durch Kombination von Fibrinogen und Thrombin in der Gegenwart von Faktor XIII und Calcium. Der Faktor XIII ist dem Fibrinogen zugesetzt. Wenn beide Substanzen gemischt werden, wird unmittelbar die Blutgerinnungskaskade ausgelöst. Die Fibrinogen- und Thrombin-Komponenten werden typischerweise in lyophilisierter Form geliefert und für die Behandlung wieder hergestellt. Die Einzelkomponenten gelangen mittels einer Doppelspritze mit stumpfer Kanüle auf die Wunde. Nach der Aufbringung wird das Dichtmittel viskos, haftet auf der Wunde oder dem

Schnitt und bildet sofort ein Fibrin-Netzwerk [77]. Bei größeren Flächen wird zur Applikation des Dichtmittels ein Spray benutzt. Bei schwereren Blutungen kommen ein Schwamm oder ein Vlies mit dem Dichtmittel zum Einsatz [78]. Fibrin wird in der Thorax- und Kardiovaskulär-Chirurgie (Behandlung von Lungen- und Speiseröhren-Leckagen sowie von Milz-, Leber- und Nierenschäden), der Neurologie (bei zerebrospinalen Flüssigkeitslecks) und der Ophthalmologie zur Unterbindung von Blutungen eingesetzt [75, 79].

Gelatine-Resorcin-Formaldehyd-Klebstoff (GRF) wird aus Gelatine, Resorcin und Wasser in Gegenwart von Formaldehyd und Glutaraldehyd gebildet. GRF wurde zur Klebung von Aorten-Dissektionen eingesetzt [80]. GRF kann auch die Blutstillung bei der Resektion der Leber- und der Nierenvene fördern [75].

Gelatine-Resorcin-Pentandial-Ethandial-Klebstoff (GR-DIAL) wird aus Gelatine, Resorcin und Wasser in Gegenwart von Pentandial und Ethandial gebildet. Pentandial und Ethandial bestimmen als Härter die Abbindegeschwindigkeit des Klebstoffs. GR-DIAL wurde zur Klebung von Aorten-Dissektionen eingesetzt [80].

Ein synthetisches resorbierbares Hydrogel auf Polyethylenglycol-Basis findet Anwendung zum Abdichten von Gefäßen bei einer Vielzahl von Indikationen. Zu nennen sind hier die Abdichtung von peripheren Bypass-Transplantaten, von Dialyse-Transplantaten, von Aorten-Aneurysmen [81] und von Luft-Leckagen in der Lungenchirurgie [76].

Ein Collagen-Gel kann als Dichtmittel alle Arten von Blutungen in der Herz-, Gefäß- und Rückgratchirurgie unterbinden. Collagen und Thrombin – Suspensionen in Mischung mit patienteneigenem Plasma – können Blutungen stillen. Eine Mischung aus Collagen, Thrombin und patienteneigenem Fibrinogen lässt sich zum Dichten von zerebrospinalen Flüssigkeitslecks bei der Schädel- und Rückgratchirurgie einsetzen [81].

Die Miesmuschel bildet 50 bis 100 Haftfäden (so genannte Byssusfäden) aus, die an der Spitze eine Adhäsionsplaque aus Proteinen besitzen. Hauptbestandteil der Proteine ist das Muschel-Adhäsions-Protein Mefp-I (Mytilus edulis foot protein) [82] (Abbildung 259 und Abschnitt 8.15). Das biologisch abbaubare Protein besteht aus siebzehn Aminosäuren und kann zum Fixieren von Chondrozyten und Osteoblasten verwendet werden [75].

Das Prolamin-Gel ist ebenfalls ein biologisch abbaubares Protein. Es wird eingesetzt für den intravaskulären Arterienverschluss bei der Tumorentfernung und

Abbildung 259 Miesmuschel (Mytulis edulis) mit Byssusfäden und Fuß an der Glasscheibe eines Aquariums; Durchmesser der Muschel ca. 1,5 cm (mit Genehmigung des IFAM)

für den temporären Verschluss der Pankreas (Bauchspeicheldrüse) während der Transplantation [75].

Ein Rinderserumalbumin in Verbindung mit Glutaraldehyd ist in der Lage, zerebrospinale Flüssigkeitslecks bei der chirurgischen Behandlung von Hirnanhangsdrüsen-Tumoren abzudichten und Blutungen beim Einsatz von ventrikulären Vorrichtungen zu unterbinden [83]. Eine weitere Einsatzmöglichkeit des Rinderserumalbumins ist der Einsatz bei der chirurgischen Behandlung von Aorten-Dissektionen [79].

Das Gebiet der medizinischen Kleb- und Dichtstoffe ist derzeit stark in Entwicklung, wobei fortwährend neue Produkte für den Gebrauch zugelassen werden.

8.15
Kleben in der Natur

8.15.1
Aufbauprinzipien biologischer Haft- und Verklammerungsstrukturen

Natürliche Haftstrukturen haben die Funktion, temporäre oder permanente mechanische Verbindungen zwischen einem Organismus und einer Substratoberfläche, zwischen zwei Organismen oder zwischen Körperteilen innerhalb eines Organismus herzustellen. Viele Tier- und Pflanzenarten sind mit unterschiedlichen, evolutionär teilweise unabhängig voneinander entstandenen Haftstrukturen ausgestattet. Ihre Morphologie hängt von der Artenbiologie und von besonderen Funktionen der Strukturen in Anpassung an bestimmte Habitate und Lebensweisen ab [84].

Bekannt sind acht grundsätzliche Aufbauprinzipien biologischer Kleb-, Haft- und Verklammerungsstrukturen (Abbildung 260): Haken, Verschluss, Klemme,

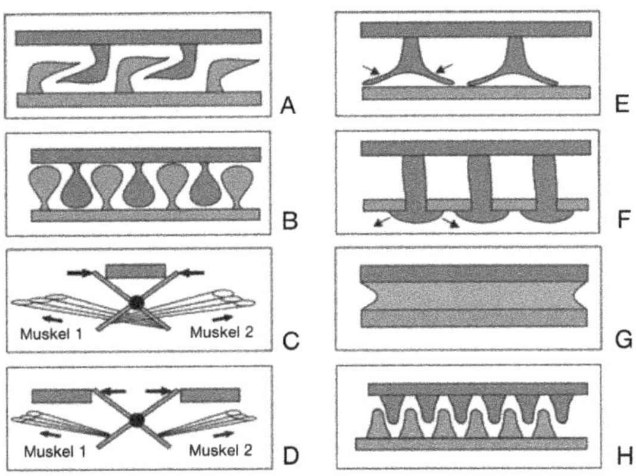

Abbildung 260 Grundprinzipien der in der Natur gefundenen Haft- und Verklammerungsstrukturenstrukturen: (A) Haken, (B) Verschluss, (C) Klemme, (D) Spreize, (E) Saugnapf, (F) Expansionsanker, (G) haftende Sekretion (Klebstoff), (H) Reibung

Spreize, Saugnapf, Expansionsanker, haftende Sekretionen (Klebstoff) sowie Reibung. Diese Prinzipien treten auch in Kombinationen auf. Die von biologischen Klebstoffen erzeugten Haftkräfte können unterschiedlichen Ursprungs sein, wobei die Klebwirkung durch eine mechanische Verzahnung zwischen Unregelmäßigkeiten der Kontaktoberflächen unterstützt werden kann.

8.15.2
Kleben bei Lebewesen im Wasser

Viele Meeresorganismen können Klebstoffe absondern, die auch in aquatischer Umgebung Wirkung zeigen (Abbildung 261 und Tabelle 35). Würmer beispielsweise weisen dazu Drüsenorgane (so genannte Duodrüsen) auf, die aus drei Zell-

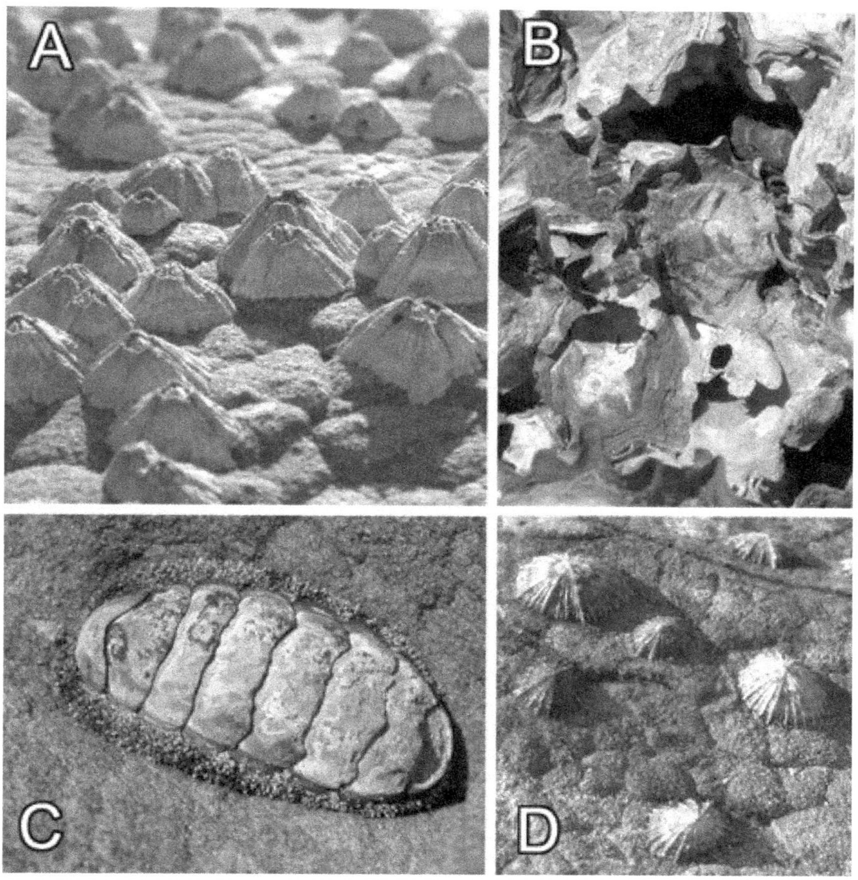

Abbildung 261 Kleben unter Wasser: Seepocken (A) und Muschel (B–D) auf Steinsubstrat. (A) Seepocken Tesseropora rosea, (B) Steinauster Saccostrea glomerata, (C) Chiton Acanthopleura gaimardi, (D) Napfschnecke Cellana tramoserica

Tabelle 35 Haftfähigkeit von einigen Meereswirbellosen auf glattem Glas [85]

Tiergruppe	Haftstruktur	Typ der Adhäsion	Haftfähigkeit ($\times 10^5$ N/m^2)
Cnidaria	Fuß	verschiebbar	0,43
Anthozoa	Fuß	verschiebbar	0,19
Mollusca, Gastropoda	Fuß	verschiebbar	2,28
Mollusca, Bivalvia	Byssus-Platte	permanent	3,16–7,50
Crustacea, Cirripedia	Antennula	zeitlich begrenzt	0,98
Crustacea, Cirripedia	Basis	permanent	2,30
Crustacea, Cirripedia	Basis	permanent	5,20
Echinodermata, Asteroidea	Füße	zeitlich begrenzt	1,70
Echinodermata, Holothuroidea	Füße	permanent	6,00

arten zusammengesetzt sind (zwei Drüsenarten sowie spezialisierte Epidermiszellen, s. Abbildung 261) [86]. Dieser Satz von Strukturen ist bei den meisten Meeresorganismen bekannt und erfüllt drei Aufgaben: Haftung, Ablösung und Widerstand gegen mechanische Spannung.

Manche marinen Organismen haften durch Sekretion polykationischer Substanzen, die an der Substratoberfläche insbesondere an anionische Positionen binden [87]. Der individuelle Haftmechanismus hängt von den chemischen Eigenschaften des artspezifischen Sekrets ab. Larven von Vielborstern (Polychaeten) sondern Lektine ab, die meisten anderen Arten Glycane (Glycoproteine, Proteoglycane, Polysaccharid-Eiweiß-Komplexe). Systeme mit der Fähigkeit zur permanenten Haftung, wie Miesmuscheln und Seepocken (Abbildung 260), basieren auf Eiweißen und polyphenolischen Substanzen (Abbildung 261) [88 bis 92]. Polyphenole spielen eine Rolle beim Gerben von Eiweißkomponenten des Sekrets.

Bei Organismen, die haftende Substanzen als eine Art viskoelastisches Schmiermittel (Schleim) für die Fortbewegung verwenden, bilden Glycane die Hauptkomponente des Sekrets (Abbildung 262). Derartige Klebstoffe wurden bei Mollusken- und Seeigelfüßen gefunden [94]. Aufgrund seiner Viskoelastizität verhält sich Schleim bei schnell einwirkenden Kräften wie ein elastischer Festkörper (haftende Funktion), bei langsam wirkenden Kräften hingegen wie eine fließende Flüssigkeit (schmierende Funktion) [93]. Haftsysteme mit Zweikomponentenhaftung sind vielfältig, woran man sehen kann, dass der Duodrüsen-Mechanismus in der Natur keineswegs universell ist [86].

Byssus-Haftung in Mollusken Zweischalige Mollusken sind die wahrscheinlich am besten untersuchten haftenden Meeresorganismen. Durch ihre Haftfähigkeit können die Mollusken nährstoffreiche Meereszonen mit ausgeprägten Turbulenzen besiedeln.

Austern befestigen sich durch Sekretionen von Zementdrüsen permanent am Substrat (Abbildung 261). Miesmuscheln hingegen haften nicht unbedingt permanent, sondern können sich von der Unterlage ablösen und an einen neuen

Standort bewegen. Möglich ist dies durch Byssus, eine extrazelluläre, aus Fasern (0,05–0,20 mm Durchmesser, 2–4 cm Länge) bestehende Struktur, deren Enden am Tier bzw. am Substrat befestigt sind (Abbildung 263) [95, 96]. Ein zusätzlicher Vorteil des Byssus sind seine mechanischen Eigenschaften, die für eine effektive Dämpfung der Wellenwirkung sorgen.

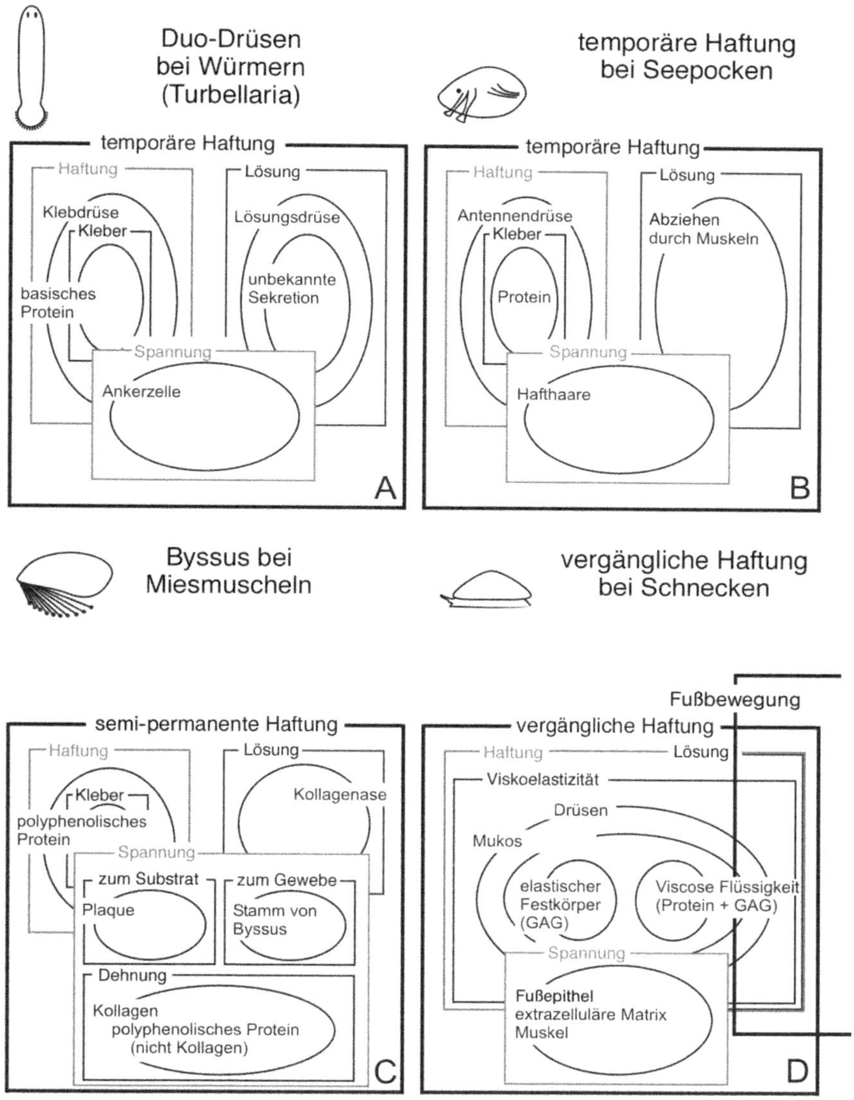

Abbildung 262 Schematischer Vergleich von funktionellen Elementen der Haftorgane von Würmern aus der Gruppe Turbellaria (A), Seepocken (B), Miesmuscheln (C) und Schnecken aus der Gruppe Gastropoda (D). Die Funktionen werden von Kästen markiert, entsprechend verantwortliche Strukturen von Ovalen.

Byssus wird vom Fuß produziert; die Verbindung zum Tier befindet sich an der ventralen Fußbasis. Die Fasern enden am Stamm, einem wurzelähnlichen Auswuchs, der tief in die Basis des Fußes eingebettet ist. An den anderen Enden der Fasern befinden sich ovale Platten, so genannte Plaques, von 2,6 mm Länge und 2,0 mm Breite.

Haftstärken der Byssusfasern eines Tiers erstrecken sich artabhängig von etwa 10–12 N in Mytilus edulis bis zu 90 N in Septifer bifurcatus [95]. Dabei handelt es sich um die Summe aller Kräfte, die das Tier an seinem Standort festhalten: die Haftverbindung der Plaque zum Substrat, die Faserverbindung zur Miesmuschel und die Zugfestigkeit der Fasern. Normalerweise ist die Zugfestigkeit der Fasern größer als die Festigkeit der Verbindungen zwischen Plaque und Substrat. Zum Versagen der Verbindung kommt es meist im Proximalbereich und an der Plaque [97].

Byssusfasern bestehen aus hochgeordneten Kristallpolymeren (Eiweiße mit Collagen- und Faltblattstruktur). Die Collagenfasern sind von einer Eiweißhülle umgeben [98]. Gelegentlich handelt es sich auch um gestreifte Fasern.

An der Byssusproduktion sind fünf Zell- bzw. Drüsengruppen beteiligt. In der Regel bestehen die Byssusfasern aus mindestens vier wesentlichen Komponenten (saure Mucopolysaccharide, Hafteiweiß, Fasereiweiße und Polyphenoloxidase, ein Oxidationsenzym); die Chemie der Byssussekretion ist noch nicht vollständig aufgeklärt.

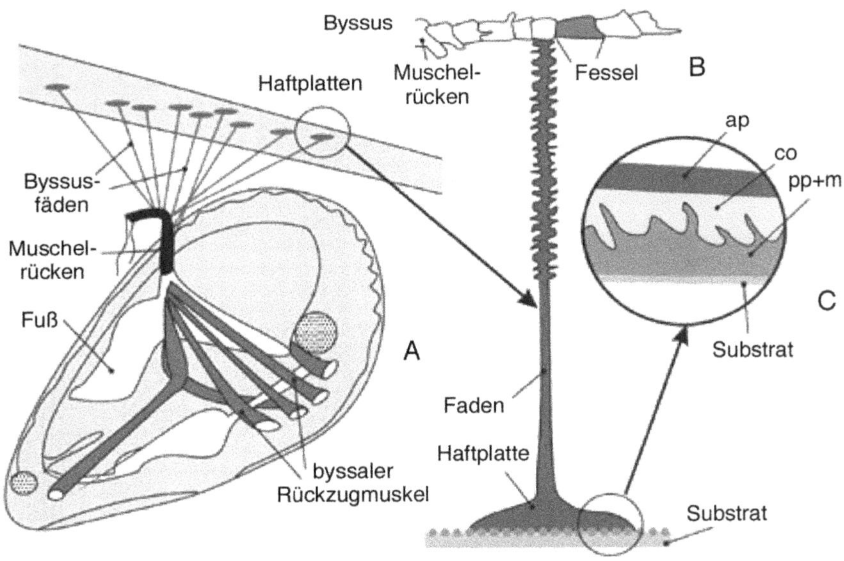

Abbildung 263 Miesmuschelbyssus ist ein Bündel aus extrazellulärem Material bestehenden Fasern. Die Muschel steuert die Spannung der Befestigung, indem sie sich an den Fasern hinaufzieht. Die distalen Spitzen der Fasern enden in kleinen Haftplatten (Plaque). (A) Miesmuschel, durch Byssus befestigt; (B) Aufbau einer Byssusfaser; (C) Haftschicht zwischen Plaque und Substrat mit muköser Substanz (m), Collagen (co) und polyphenolischem Eiweiß (pp)

Wie die Plaque ausgebildet wird, ist in der Literatur ausführlich nachzulesen [95]. Wesentlich sind folgende Schritte:

1. Phenolische Granulen und eine muköse Sekretion, vermutlich vermischt, werden unter einem Kontaktwinkel von etwa 6° mithilfe paddelförmiger Zilien in ca. 50 nm dünnen Filmen auf die Substratoberfläche abgesondert und bilden dort eine fortlaufende Verknüpfungsfläche.
2. Als dritte Komponente wird Collagen über die längsverlaufenden Drüsenausgänge abgegeben. Dadurch wird die Sekretion zunehmend heterogen mit zellularer (trabekulärer) Struktur. Die Zwischenräume zwischen den aus phenolischem Material bestehenden Trabekeln sind mit muköser Substanz gefüllt. Durch Wechselwirkung mit dem Phenolmaterial dringt das Collagen bis zu einer Tiefe von ca. 3 µm in die trabekuläre Architektur ein.
3. Fasern und Plaque werden von einer dichten Substanz, möglicherweise einem Eiweiß mit Faltblattstruktur, umgeben.

Die Haftplaque fügt zwei verschiedene Materialien, Meeresboden und Haftfasern, zusammen.

Röhrenfüße des Seesterns Meerestiere aus der Gruppe der Echinodermata (Seestern, Seeigel, Seegurken) besitzen Röhrenfüße oder Podia, die durch chemische Wechselwirkung an der Unterlage haften (Abbildung 264). Mithilfe dieses Mechanismus können sich die Organismen bewegen [99, 100] oder Röhren im Boden bauen. Die Füßchen gehören zum Ambulakralsystem (Wassergefäßsystem) und werden teils von Muskeln, teils vom hydraulischem Druck getrieben [101]. Man unterscheidet folgende Arten von Füßchen: absteigend, verzweigt, knopfförmig, flach und fingerförmig [102].

Histologisch sind die Füßchen aus vier Gewebeschichten aufgebaut: Zwischen Innenepithel und Außenepithel befinden sich eine Bindegewebsschicht und ein Nervenplexus. Die Bindegewebsschicht besteht aus einer amorphen Substanz, die Collagenfaserbündel und verschiedenartige Zellen enthält. Man unterscheidet eine diffuse äußere und eine kompaktere innere Schicht, in welcher die Collagenfasern kreisförmig angeordnet sind. Bei Seesternen und Seegurken können in die äußere Bindegewebsschicht Calciumcarbonat-Nadeln eingebettet sein [103, 104]. Außen ist die Epidermis von einer aus 3–5 Schichten aufgebauten Cuticula bedeckt [102], die aus faserigem, manchmal auch körnigem Material besteht.

An der Haftung sind nur die Endbereiche der Röhrenfüße (Knöpfe, Scheiben) beteiligt, wobei mechanische und chemische Mechanismen einen Beitrag liefern. Die Füße weisen zwei Arten sekretorischer Zellen auf, die das haftende bzw. das lösende Sekret abgeben. In der Fußepidermis findet man drei spezialisierte Zelltypen, sekretorische, neurosekretorisch-ähnliche und Sinneszellen. Die Zellen von Füßen mit der Funktion, andere Teile zu bewegen (Handhabungsfunktion) sind eng angeordnet und bilden sensorisch-sekretorische Komplexe (Abbildung 265) [102]; bei Füßen mit Fortbewegungsfunktion schließen sich alle drei Zelltypen mit Stützzellen zu einer homogenen Schicht zusammen (Abbildung 264). Diese Organisation der

Haftoberfläche entspricht der jeweiligen Funktion der Füße: Eine größere Oberfläche haftet stärker während der Fortbewegung, eine kleinere Haftoberfläche scheint für die Handhabung kleiner Substratpartikel effizienter zu sein.

Haftende und lösende Sekrete werden von den sekretorischen bzw. den lösenden Zellen abgesondert. Die sekretorischen Zellen enthalten meist saure Mucopolysaccharide, gelegentlich Proteine und manchmal beide Substanzen. Vermutlich richtet sich die erforderliche Haftstärke und damit die Zusammensetzung des Sekrets nach der Funktion des Fußes. Ein grobes molekulares Modell für Haftung in Stachelhäutern beruht auf einem Eiweiß-Polysaccharid-Komplex mit artspezifisch variierender Zusammensetzung [102].

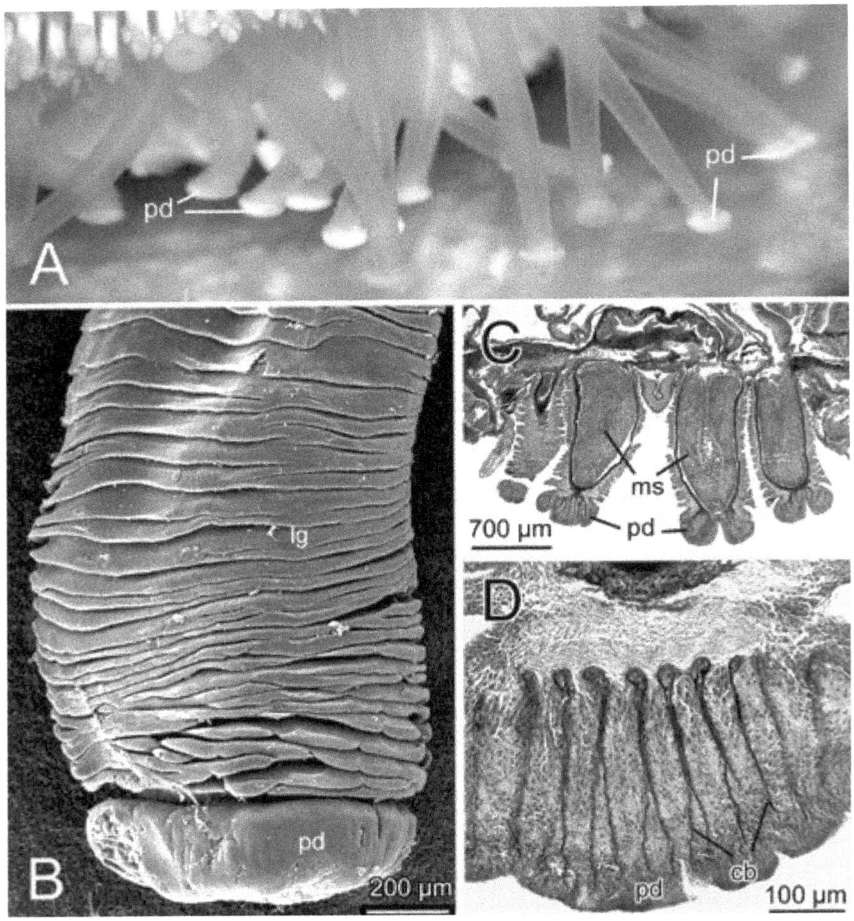

Abbildung 264 Podia (Fußchen) vom Seestern Asterias rubens. (A) Seestern an Glasoberfläche haftend, (B) Seitenansicht des Podiums (Rasterelektronenmikroskop), (C–D) Längsschnitte: cb Collagenbündel, lg Fuß, ms Muskeln, pd Endplatte

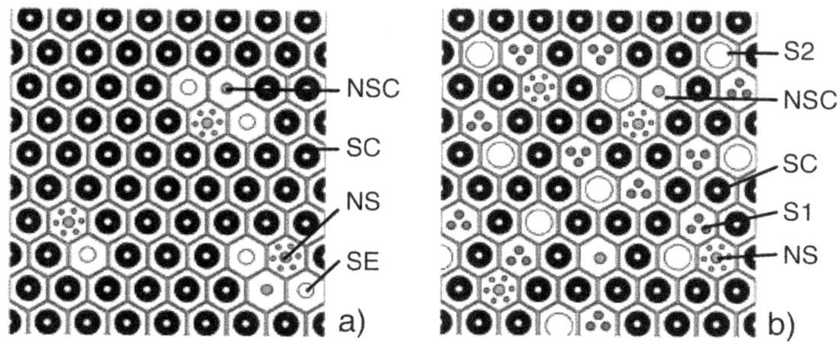

Abbildung 265 Schematische Darstellung der Haftbereiche von Füßchen der Echinodermata. (A) Fuß mit Handhabungsfunktion von Asteronyx loveni (Ophiuroidea), (B) Fuß mit Fortbewegungsfunktion von Holothuria forskali (Holothuroidea). NS – Zellen mit lösender Funktion, NSC – Sinneszelle, S1, S2 und SE – sekretorische Zellen, SC – Stützzelle

Die neurosekretorisch-ähnlichen Zellen, welche lösende Substanzen absondern, lassen sich interessanterweise mit keiner der klassischen histochemischen Methoden färben. Der Mechanismus der Ablösung ist nicht vollständig geklärt. Zur Diskussion stehen im Wesentlichen zwei Hypothesen:

- Die enthaftende Substanz mischt sich in die elektrostatischen Bindungen zwischen der haftenden Schicht und der äußeren Schicht der Cuticula.
- Die enthaftende Substanz wirkt als Enzym und löst eine Oberschicht der Cuticula von darunter liegenden Schichten.

Nicht ausgeschlossen wird auch ein zusätzlicher Saugnapfeffekt: Möglicherweise kann sich die Fußplatte zu einer Art Sauger formen, dessen Wirkung durch die chemische Haftung ergänzt wird. Verantwortlich für die Saugkraft ist wahrscheinlich der Levatormuskel in der Fußscheibe. Leider wurden die mechanischen Eigenschaften der Röhrenfußplatten bislang nicht untersucht.

Haftung in Seepocken Bei diesen Krebstieren kennt man zwei Arten der Haftung: temporäre Haftung, wie sie für die Larven beschrieben wurde, und permanente Haftung der adulten Tiere. Das Antennenhaftorgan erkundet vor der dauerhaften Anheftung zunächst das Substrat und hält die Larve auf dem Substrat. Durch die temporäre Haftung kann die Larve den Wellen widerstehen und sich bewegen.

Der so genannte Antennensaugnapf erzeugt keine Saugwirkung; die Haftung kommt durch ein Sekret aus der Haftscheibe zustande, das von zahlreichen (etwa 20) Drüsen produziert wird, die sich im zweiten Antennensegment befinden. Diese Drüsen sind in zwei konzentrischen Ringen auf der Oberfläche der Haftscheibe angeordnet [105]. Infolge ihrer hohen Flexibilität passen sich die Haftscheiben dem Substratsprofil mühelos an.

Für die permanente Haftung sind zwei Zelltypen A und B verantwortlich. Zellen vom Typ A reagieren positiv auf histochemische Tests für Eiweiße, Phenole und Polyphenoloxidase, Zellen vom Typ B nur auf Tests für Eiweiße. Hinter den zusammengesetzten Augen der Larven befinden sich zwei Zementdrüsen, deren Ausgänge sich vereinigen und an mehreren Stellen der Antenne Öffnungen besitzen. Bei der Absonderung ist der Zement relativ flüssig, aber die Gerbung setzt sofort ein. Der flüssige Zement füllt die mikroskopischen Vertiefungen der Oberfläche. Während des allmählichen Gerbens nimmt die Haftkraft als Funktion der Zeit asymptotisch zu. Dieser natürliche Klebstoff könnte zukünftig medizinische Verwendung finden, muss aber zuvor noch gründlich erforscht werden [106].

Temporäre Haftung bei Krebstieren Bestimmte kleine Krebstiere (Unterordnung Cladocera, Wasserflöhe) heften sich mithilfe von Ankern, die mit der Cuticula verbunden sind, an Substrate an. Sida crystallina trägt drei Ankerorgane an der Rückseite des Kopfs, wobei die Anheftung zunächst mit dem vorderen, anschließend mit den beiden beweglichen hinteren Organen erfolgt. Für die Haftung sorgt vermutlich ein zementierendes Sekret; fadenförmige Strukturen bleiben am Substrat haften, auch nachdem sich das Tier befreit hat [107]. Die Natur des Sekrets und die Stärke der Bindung sind weit gehend unerforscht.

Haftung bei Larven von Fischen und Ascidien Larven von Fischen aus der Familie der Buntbarsche (Cichlidae) können sich durch ein artspezifisches Sekret an Substrate heften. Auf diese Weise bleiben sie für mehrere Tage nach dem Schlüpfen ortsfest und unter elterlicher Bewachung. Auf der Rückseite des Larvenkopfs befinden sich sechs paarweise angeordnete tassenförmige Drüsen, die eine faserige Substanz absondern und später ihre Funktion einstellen [108, 109, 110]. Das Sekret reagiert positiv auf einen histochemischen Polysaccharid-Test [111].

Larven von Ascidien (Seescheiden) weisen am vorderen Körperende drei haftende Papillen auf, mit deren Hilfe sie sich unmittelbar vor der Metamorphose an ein Substrat heften. Früher vermutete man, dass es sich um Saugnäpfe handelt. In neueren Studien [112] fand man in den Papillen jedoch zwei Zelltypen (A und B) mit typisch sekretorischer bzw. (wahrscheinlich) sensorischer Funktion [113]. Die A-Zellen produzieren Eiweiße und Mucopolysaccharide, die in Haftungssystemen von Meeresorganismen häufig auftreten

8.15.3
Kleben bei landlebenden Insekten

Permanente Haftung bei Insekten und Spinnen Vertreter der Insektenfamilie Machilidae (Archaeognatha) weisen Coxalbläschen auf, deren Sekret zur Zementierung der alten Cuticula während des Häutens dient. Der Zement, dessen Zusammensetzung nicht exakt bekannt ist, lässt sich weder mit Wasser noch mit Salzlösungen oder Aceton von Oberflächen entfernen.

Parasitäre Insekten wie Läuse oder Fliegen aus der Unterfamilie Oestridae (Hypodermatinae) besitzen Drüsen, mit deren Hilfe sie ihre Eier an Haaren des Wirts ankleben. Die Eier selbst sind spezialisierte Haftstrukturen, aufgebaut aus einem flexiblen »Stiel« und einer auffälligen Haftklemme, welche wiederum aus einer mit Haftsubstanz gefüllten Rille und einem Paar klebstoffbeschichteter seitlicher Flansche besteht [115]. Das Wirtshaar wird zunächst in der Rille »verriegelt« und dann von Klebstoff umgeben. Auch viele andere Insektenarten befestigen ihre Eier mithilfe von Klebstoffen aneinander oder an geeigneten Substraten (Abbildung 266).

Radnetzspinnen verwenden Haftsubstanzen zum Beutefang. Mit einem Drüsensekret bedecken sie eine klebrige Spirale im Zentrum des Netzes. Die wesentlichen Komponenten des Klebstoffs sind Glycoproteine [86, 116]. Spinnenseiden verschiedener Arten unterscheiden sich durch die Haftfähigkeit unter trockenen, feuchten und staubigen Bedingungen [117]. Eine besonders gute Haftfähigkeit zeigt Seide von Filistata insidiatrix und Tegenaria atrica (2,3–2,7 mN/cm^2). Staub in der Umgebungsluft setzt die Haftfähigkeit in der Regel herab.

Abbildung 266 Eiablage des Nachtfalters Malacosoma neustria (Familie Lasiocampidae). (A) Eier an einem Zweig haftend, (B) eng aneinander geklebte Eier

8.15.4
Haftung und Verklammerung bei Pflanzen

Nicht nur in der Tierwelt, auch in der Pflanzenwelt haben sich zahlreiche Haftmechanismen für verschiedenste Funktionen entwickelt. Ein besonders anschauliches Beispiel ist die Verbreitung von Samen und Früchten, die an Tieren festkleben und fortgetragen werden, bis sie entweder von selbst abfallen oder der Träger sie bemerkt und entfernt. Die beiden wichtigsten Haftmechanismen für Pflanzenteile sind die mechanische Verzahnung (84 %) und das Anheften klebriger Früchte (13 %) [118]. Klebrige Früchte können in drei Typen unterteilt werden:

- Früchte, die nur im nassen Zustand kleben,
- teerige Früchte und
- Früchte mit Haaren, die auch ohne Feuchtigkeit klebrig sind.

Außerdem unterscheidet man haftfähige Früchte und Samen mit klebriger Cuticula (calyx), mit zähflüssigen Haaren, mit zähflüssigem Samenkörper sowie in Form zähflüssiger Beeren oder Kernfrüchte.

Zur Verbreitung können sich die klebrigen Samen an das Gefieder von Vögeln heften, die den saftigen weichen Teil der Frucht konsumieren, oder sie können an Federn haften bleiben, nachdem sie den Darm eines Vogels passiert haben und mit dem Kot ausgeschieden wurden. Manche Samen bleiben nach dem Aufplatzen von Früchten bis über 10 Minuten lang klebrig und haften an Vögeln, die in der Umgebung nach Futter suchen. Mithilfe klebriger Sekrete dichten viele Pflanzenarten Verletzungen ab und reparieren Gewebeschäden. Fleisch fressende Pflanzen fangen mit Klebstoffen Insekten (Abbildung 267). Hafteigenschaften und die chemische Zusammensetzung von Pflanzenklebstoffen wurden bislang nur selten untersucht.

Abbildung 267 Fleisch fressende Pflanze (Sonnentau, Drosera spatulata). Die mit einem klebrigen Sekret bedeckten Haare dienen zum Insektenfang. Die Pflanzen wachsen auf nährstoffarmen Böden und benötigen ihre Beute als zusätzliche Nährstofflieferanten.

8.15.5
Haftung durch Oberflächenreplikation

Ein interessanter Mechanismus ist die Haftung durch Nachbildung eines Oberflächenprofils. Eine zentrale Eigenschaft lebender Gewebe ist die Wachstumsfähigkeit. Pflanzengewebe können ein Oberflächenprofil exakt replizieren, indem sie in die Vertiefungen hineinwachsen. Durch dieses Auffüllen des Oberflächenprofils, das mit einer Verdickung der Zellwände einhergeht, versteift sich das lebende Gewebe. Das Prinzip ist weder als reiner Haft- noch als reiner Reibmechanismus zu klassifizieren. Nach dem Abbinden und Aushärten des Profils ist eine feste mechanische Verbindung zwischen Pflanzenoberfläche und Substrat entstanden, die in gewisser Hinsicht einer Klebverbindung analog ist. Mithilfe dieses Mechanismus klettern beispielsweise Lianen an Steinen oder anderen Pflanzen empor (Abbildung 268).

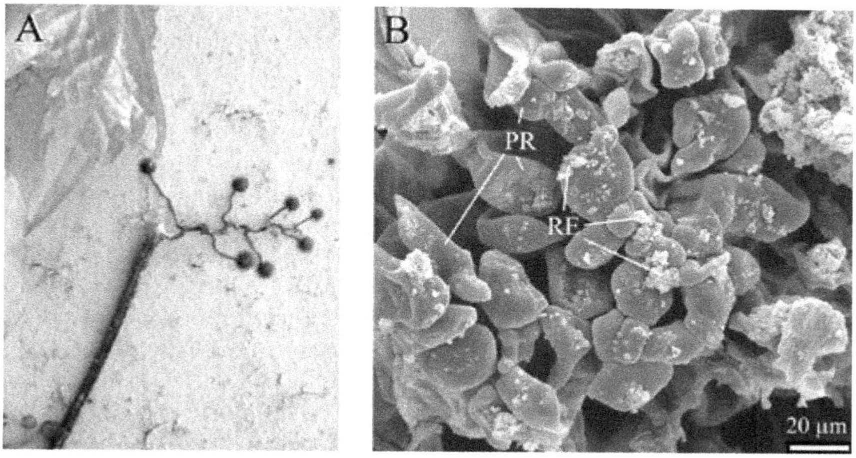

Abbildung 268 Haftstrukturen der Liane Parthenocissus tricuspidata. (A) Haftstrukturen an einer Wand, (B) rasterelektronenmikroskopische Aufnahme einer abgelösten Haftstruktur; RE – Reste des Steinmaterials, PR – Pflanzengewebe, die in die Unregelmäßigkeiten der Steinfläche eingedrungen sind.

8.16
Wenig bekannte Klebanwendungen

8.16.1
Folien für Windkraftrotoren

Immer mehr Strom wird durch Windenergie gewonnen. Mit der innovativen Entwicklung von Haftklebstofffolien-Kombinationen werden die bestehenden Anlagen nicht nur geschützt, sondern auch deren Windenergienutzung weiter verbessert.

Karies ist eine Krankheit der Zähne. So beschreiben es zumindest derzeit noch alle gängigen Lexika. Mit dem gleichen Begriff bezeichnen Experten aber auch die Probleme, die durch Erosionen an Windkraftanlagen entstehen. Dazu muss man wissen, dass die Rotorblätter dieser Anlagen an den Spitzen Geschwindigkeiten bis zu 300 km/h erreichen. Ursache für die Erosion sind Regen, Stäube, Insekten oder andere in der Luft befindliche Partikel.

8.16.1.1 Schutzfolie gegen Erosion

Mit modernen Produktionsmethoden wird das größte in Serie gefertigte Rotorblatt der Welt mit einer Länge von 37,5 Metern gefertigt. Dabei stellt der Hersteller nicht nur höchste Anforderungen an die Qualität seiner Mitarbeiter, sondern auch an die aller eingesetzten Materialien. Diese gehen grundsätzlich erst nach einer selbst durchgeführten Wareneingangskontrolle und zusätzlichen Zwischentests in die Produktion.

Ständig weiter entwickelt wurde darüber hinaus die Qualität des fertigen Produkts. So werden die Rotorblätter heute mit einer so genannten Erosionsschutzfolie, einem speziellen selbstklebenden Polyurethanfilm, beschichtet. Dieser wird als letzter Arbeitsschritt aufgebracht. Die Blätter bestehen aus zwei schalenförmigen Hälften aus Glasfasern und Epoxidharz, die zunächst zusammengefügt und dann lackiert werden. Durch einen im Jahre 1998 abgeschlossenen ersten Langzeittest hat sich beweisen lassen, dass durch die Anwendung einer Schutzfolie die Wartungsintervalle der beklebten Fläche auf mindestens vier Jahre verlängert werden können. Aufgrund der ohne Beschichtung schneller auftretenden Kariesprobleme war bisher normalerweise im Turnus von zwei bis zweieinhalb Jahren eine Überholung der Rotorblätter notwendig. Obwohl diese Beschichtung zusätzliches Geld kostet, ergibt sich für die Hersteller erst so ein Qualitätsstandard, den sie mit ihrem Namen verbinden können. Über die Verlängerung der Wartungsintervalle hinaus ist damit auch eine Imageverbesserung für die Hersteller der Windenergieanlage verbunden.

Auf dem deutschen Markt konstruieren mittlerweile alle namhaften Hersteller ihre Rotorblätter mit Erosionsschutzfolien. So wird bei den Herstellern zum Beispiel ein 300 mm breiter Polyurethanfilm von der Spitze aus mittig auf einer Länge von 22 m aufgesetzt und dann zu beiden Seiten hin verklebt. Die Kombination aus einem besonders zähen, thermoplastischen Polyurethan-Elastomer-Film mit einem hochwertigen Acrylatklebstoff bietet dem Rotorblatt den gewünschten Schutz vor Erosionen.

Wichtig für die Anwendung in der Fertigung von Rotorblättern ist aber auch, dass sich der Film an leicht verformte Oberflächen gut anpasst. Eingesetzt werden solche selbstklebenden Polyurethanfilme schon länger in der Luftfahrtindustrie und in der Automobilindustrie. Hier schätzen die Hersteller vor allem, dass sich das Material nachträglich mit hochwertigen Einbrenn- oder Polyurethanlacken beschichten lässt. Das für die Rotortechnik eingesetzte Material ist 0,36 mm dick, hochtransparent und zudem UV-beständig. Es zeigt auch nach längerer Belastung durch Umwelteinflüsse keine oder nur kaum wahrnehmbare Verfärbungen.

8.16.1.2 Folien zum Blitzschutz und zur Steigerung der Effizienz

Zum Schutz vor Blitzen wurde eine neue Folie entwickelt, die den entstehenden Strom entweder zu eingebauten Rezeptoren oder direkt zum Tower ableitet. Das Ergebnis ist ein gleichmäßiges Energiepotenzial über der gesamten Blattlänge. Möglich wird diese Blitzableitung durch in Harz eingebettete Kupfermaschen, die sich zwischen dem Polyurethan- oder Fluorpolymerfilm und dem Klebstoff der Folie befinden.

Benötigt eine Windkraftanlage normalerweise für einen wirtschaftlichen Betrieb eine Windgeschwindigkeit von etwa vier Metern pro Sekunde in zehn Metern Höhe, kann sie mit Hilfe einer speziellen selbstklebenden Haifischhautfolie auch bei niedrigeren Werten noch Strom erzeugen. Das in den neunziger Jahren bereits auf dem Rumpf von Flugzeugen erfolgreich eingesetzte Produkt besteht aus einem mit Klebstoff beschichteten Polyurethanfilm sowie aus einer mikrostrukturierten Fluorpolymer-Struktur. Parallel zur Strömungsrichtung angeordnet, reduziert es den Luftwiderstand um etwa 8 %. Dadurch erhöht sich die Leistung der Anlage, gleichzeitig nehmen die Laufgeräusche ab.

8.16.2 Adhäsive Elastomerverbunde

Elastomerverbunde begegnen uns in vielfältiger Form im täglichen Leben. Die Fähigkeit, mechanische Beanspruchungen federnd durch elastische Deformation aufzunehmen, macht elastomere Werkstoffe zu heute unverzichtbaren Konstruktionselementen. Dabei spielt die Adhäsion als stoffschlüssiges Verbindungsverfahren eine zentrale Rolle, weil die klassischen mechanischen Metallfügetechniken zur direkten Lasteinleitung in Elastomere naturgemäß nicht eingesetzt werden können. Historisch haben sich verschiedene Klebverfahren für und mit Elastomeren entwickelt, die auf unterschiedliche Adhäsionsmechanismen zurückzuführen sind.

Klebstoffe auf Naturkautschukbasis gehören neben klebenden Bitumenmassen und Leimen auf Protein- und Stärkebasis zu den ältesten Klebmitteln des Menschen. Die Gummimilch der Gummibaumgewächse (eine Dispersion von Naturlatex in Wasser) wurde bereits vor ca. 8000 Jahren zur Herstellung von elastischen Verbunden bei der Werkzeugherstellung und später zum Verbinden von textilen Materialien oder deren Imprägnierung eingesetzt.

Der Beginn der technischen Nutzung dieser Materialien als Klebstoffe datiert auf das Jahr 1840 zurück. Im gleichen Jahr, in welchem dem Amerikaner Goodyear die Vulkanisation von Naturkautschuk mit Schwefel gelang, beobachtete der Arzt Horace H. Day, dass eine Mischung von Naturkautschuk mit Harz, in einem bestimmten Verhältnis aus einer Lösung auf eine textile Unterlage gebracht, nach dem Verdunsten des Lösungsmittels sehr klebrig war. Er erkannte die Möglichkeit, ein solches Produkt als Heftpflaster einzusetzen. 1845 wurde ihm dafür das U.S. Patent 3965 erteilt (s. Kapitel 2).

Die Entwicklung der heutigen technischen Bedeutung der Elastomerverbunde beruhte einerseits auf der Entdeckung der Heißvulkanisierung zur Erhöhung der

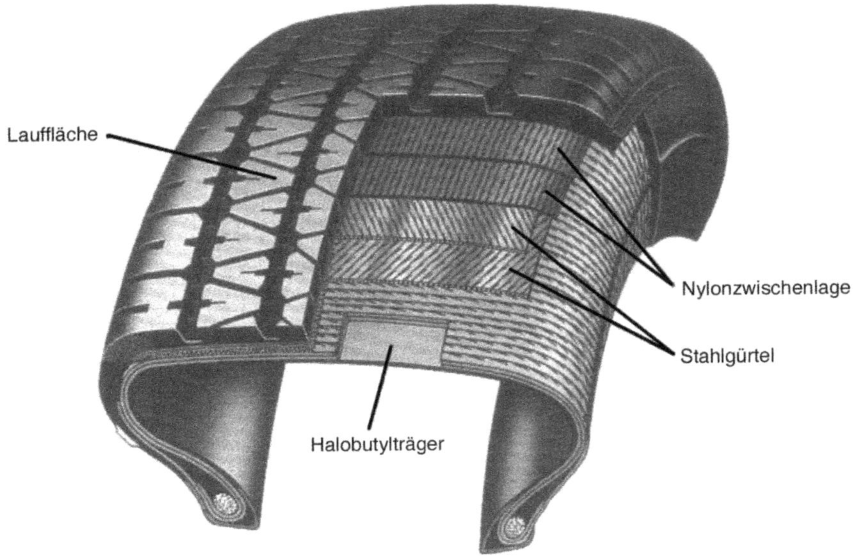

Abbildung 269 Aufbau eines PKW-Reifens. Quelle: »Firestone Tires Report«

Festigkeit und Beständigkeit von Elastomeren, andererseits auf der hohen Verbundfestigkeit, die durch die Schwefelvulkanisierung auf messingbeschichteten Stahlteilen erreicht werden kann. Diese bildet noch heute die Grundlage für die Reifenherstellung, bei der die Adhäsion zwischen den messingbeschichteten Stahlfasern und dem schwefelvernetzten Elastomer selbst den extremen mechanischen und thermischen Belastungen im Fahrbetrieb moderner, immer leistungsstärkerer Fahrzeuge gewachsen sein muss.

Die Messingbeschichtung ist hier nicht nur als Ziehmittel bei der Herstellung der Stahlfasern hilfreich, sondern spielt auch eine zentrale Rolle bezüglich der Adhäsion zwischen Elastomer und Metall.

Während der Schwefelvulkanisierung entsteht an der Messingoberfläche eine komplexer Schichtaufbau mit CuS-Dendriten, die in das Elastomernetzwerk ragen und chemisch über Schwefelbrücken mit diesem vernetzt sind. Durch einen geringen Cobaltgehalt der Messingschicht wird diese Haftschicht stabilisiert bzw. die Bildung von adhäsionsmindernden Zinkverbindungen reduziert [119].

Die sehr gute Adhäsion dieses Vulkanisierungsverbundes konnte bisher mit keinem anderen Vernetzungsmittel erreicht werden. Jedoch sind die Möglichkeiten zur Modifizierung der Eigenschaften des Elastomeren durch die Verwendung von Schwefel als Vernetzer eingegrenzt.

Während es bei der Herstellung von Gummi-Metall-Verbunden (Abbildung 270) in anderen Bereichen gelungen ist, durch den Einsatz von speziellen Klebstoffen in Kombination mit haftvermittelnden Verbindungen wie beispielsweise Silanen auch ohne die Ausbildung von Schwefelbindungen ausreichende Klebfestigkeiten

Abbildung 270 Schwingmetall® -Element

und Beständigkeiten zu erreichen, bildet die Vulkanisierung immer noch einen unverzichtbaren Schritt bei der Herstellung des Reifenverbundes.

8.16.3 Glühbirnen

Eine Vielzahl von Klebproblemen können mit Klebstoffen auf der Basis organischer Polymere nicht gelöst werden, z. B. das Einkleben von Halogenbirnen in Glasreflektoren. Die geforderten Dauertemperaturbeständigkeiten von 300 °C bis zu 1500 °C sind nur mit anorganischen Klebstoffen möglich (Abbildung 271).

Abbildung 271 Halogenbirne (20 W), mit einem anorganischen Klebstoff in einen Glasreflektor eingeklebt

Die anorganischen lufttrocknenden Klebstoffe basieren in der Regel auf Wasserglasformulierungen mit oxidischen Füllstoffen (Aluminiumoxid, Siliciumoxid, Zirconiumoxid, Magnesiumoxid, Glimmer usw.). Der Ausgangsstoff für die Herstellung von Wasserglas ist Kieselsäure. Dazu wird Quarz in einer Alkalicarbonatschmelze gelöst. Aus der Schmelze wird Wasserglas als wässrige Auflösung gewonnen (2–4 mol SiO_2 auf 1 mol Natrium- oder Kaliumoxid) [120].

Die gefüllten Wassergläser härten durch Verdunsten des Wassers aus. Der Prozess ähnelt der physikalischen Härtung bei organischen Klebstoffen. Die Aushärtung kann durch Erwärmen bis maximal +60 °C und Umluft gefördert werden. Höhere Temperaturen zu Beginn der Aushärtung führen wegen des erhöhten Dampfdrucks des Wassers zu Schäden der Klebschicht wie Poren oder Rissen. Für großflächige Verklebungen sind anorganische Klebstoffe nicht geeignet. Produkte mit besser wasserlöslichen Bestandteilen kristallisieren bei der Härtung und bilden im Laufe des Härtungsprozesses immer größere Kristalle aus. Dieser Vorgang kann bei Raumtemperatur mehrere Wochen dauern.

Kolloidal vorliegende oxidische Füllstoffe härten durch Bildung von hydratisierten Gelen. Die Härtung erfolgt wesentlich schneller als bei der kristallinen Härtung.

Chemisch abbindende anorganische Klebstoffe enthalten in der Regel Phosphate und Alkali- bzw. Alumosilicate. Je nach Klebstofftyp kann die Härtung durch Erwärmen auf 150 °C beschleunigt werden [121]. Aus wasserlöslichen, niedermolekularen Kieselsäuren entsteht im sauren Medium in einer Kondensationsreaktion unter Abspaltung von Wasser wasserunlösliches amorphes SiO_2 mit Raumnetzstruktur.

Die Eigenschaften eines anorganischen Klebstoffs werden im Wesentlichen vom Füllstoff, von der Reinheit und von der Korngrößenverteilung bestimmt. Verunreinigungen im Füllstoff können z. B. die elektrischen Eigenschaften beeinträchtigen. Eine ungleichmäßige Kornverteilung kann zu Störungen der räumlichen Struktur führen und damit die mechanischen Eigenschaften verschlechtern.

Hochtemperaturbeständige Klebstoffe werden nur von wenigen Herstellern angeboten, die über entsprechende Spezialkenntnisse verfügen .

8.16.4
Kleben in der Kunst, Schmuckherstellung und Archäologie

Nur wenige Besucher, die auf dem Neustädter Markt in Dresden den so genannten Goldenen Reiter, ein 1736 aufgestelltes Standbild Augusts des Starken, bewundern, wissen, dass sie auch ein klebtechnisches Wunderwerk betrachten: Dieses aus Kupfer getriebene Denkmal ist mit 0,1 µm dickem Blattgold belegt, das mithilfe eines so genannten Legelackes oder auch Anlegeöls befestigt wird. Die vorletzte Vergoldung stammte aus dem Jahr 1965 und strahlte trotz ihres fast vierzigjährigen Kampfes mit der Umwelt in frischem Glanz bis 2002.

Blattvergoldungen kannten schon die alten Ägypter, die als Bindemittel unter anderem Wachs verwendeten. Das Anlegeöl, das auch Restauratoren anderer vergoldeter Bauten bis in unsere Zeit benutzen, ist ein Firnis, der aus mehrfach unge-

Abbildung 272 Blattvergoldete Statuette aus Thailand

sättigten Monocarbonsäuren besteht, die durch Einwirkung von Luftsauerstoff und der dann ablaufenden Autooxidation radikalisch polymerisieren und damit zu festen, hochmolekularen Harzen werden. Die langsame Reaktion wird im Firnis durch Zugabe von 1–5 % Sikkativen, z. B. Cobalt-, Mangan- oder Bleisalzen der Linol- oder Harzsäure, beschleunigt.

Blattvergoldungen umgeben uns in vielfältiger Form als goldene Ränder an Trinkgläsern, in Inschriften auf Denksteinen, etwas anders aufgebracht auf Einbänden von Büchern oder, klassisch verlegt, auf Statuetten, die man aus Asien als Souvenir mitbringt (Abbildung 272).

Besonders an der oberen Spitze der Figur in Abbildung 271 kann man erkennen, dass es nicht ganz einfach ist, das empfindliche Material vollkommen flächig auf dem Untergrund zu platzieren. Hier finden sich Falten, die auf einer größeren Fläche nicht vorkommen dürfen. Die handwerkliche Vorgehensweise bei der Blattvergoldung, die auch Restauratoren nutzen, besteht darin, zunächst auf den sauberen und glatten Untergrund das Anlegeöl gleichmäßig aufzubringen und geduldig über Stunden »trocknen« zu lassen. Dann legt man das auf Seidenpapier liegende Blattgold direkt mit dem Papier als Träger auf die Ölschicht, drückt es vorsichtig an und zieht dann das Papier vom Gold ab. Anschließend kann dieses auf dem Anlegeöl mit Watte oder einem ganz weichen Haarpinsel vollständig geglättet werden. Damit wird klar, dass die Lohnkosten bei der Vergoldung den eigentlichen Goldwert in den meisten Fällen bei weitem übersteigen. Auf August dem Starken befinden sich insgesamt 38 g Gold (23 Karat entsprechend 995 Reinheit); ein Gramm Gold kostet zur Zeit etwa 10 Euro, als Blattgold natürlich etwas mehr.

Blattvergoldungen sind aus der Sicht der Adhäsionsforschung ein Phänomen (s. Kapitel 3), da sie sehr hohe Lebensdauern auch unter widrigen Bedingungen erreichen und außerdem einen vorzüglichen Schutz gegen Lochfraßkorrosion auf anderen Metallen bieten, den galvanische Goldschichten erst gewährleisten, wenn sie dicker sind als 10–20 µm. Ursache dafür ist vermutlich die elektrochemische

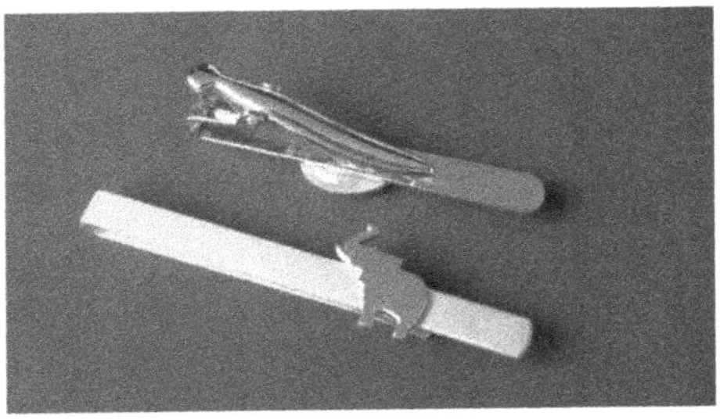

Abbildung 273 Geklebte Krawattenklammern

Entkopplung des edlen Goldes vom unedleren Untergrund durch das Legeöl. Lediglich bei mechanischer Beanspruchung zeigt das Blattgold Schwächen, da es wegen seiner relativ hohen Reinheit weich ist und mechanischem Verschleiß nur geringen Widerstand entgegensetzen kann.

Edle Metalle verarbeitet auch die Schmuckindustrie. Miteinander und untereinander hat man sie früher meistens verlötet, was aber aufwendige Nacharbeiten zur Entfernung von Flussmittelresten oder Verfärbungen der Oberflächen durch die Temperatur zur Folge haben kann. Kleben ist hier also aus wirtschaftlichen Gründen eine attraktive Alternative (Abbildung 273).

An der Rückseite der in Abbildung 273 oben gezeigten Krawattenklammer aus vergoldetem Messing ist der aus der Klebfuge ausgetretene Klebstoffrest klar erkennbar, während die Klebung zwischen dem kleinen Elefanten aus Massivgold und der Klammer aus Sterlingsilber unten unerkannt bleibt, bis sie bei starker mechanischer Beanspruchung, etwa beim Aufschlag auf eine Steinplatte, versagt. Der Besitzer ist enttäuscht, nicht weil das Kleben »eben ein billiger Ersatz ist« sondern weil der Juwelier den falschen Klebstoff eingesetzt hat, der sich entweder mit der empfindlichen Silberoberfläche nicht vertrug (Anlaufeffekt des Silbers) oder zu spröde war.

Trotzdem ist es natürlich ratsam, Klebungen in schmückenden Gebilden, zu denen ja auch Orden und Ehrenzeichen zählen, nicht so auszuführen wie bei den Beispielen in Abbildung 274: Nach 25 Jahren Mitgliedschaft verdrießen der Klebstoffrest links zwischen goldenem Mittelstück und dem Edelweiß ebenso wie der zwischen Edelweiß und Grundplatte links gegenüber dem »M« nach 40 Jahren zahlender Treue.

Abbildung 274 Geklebte Ehrenzeichen

Restauratoren und nicht zuletzt Archäologen können auf die Klebtechnik nicht verzichten, weil der Fügevorgang die oft empfindlichen Fügeteile nicht beeinträchtigt und die unterschiedlichsten Materialien miteinander verbunden werden können. Ob man als Klebstoffe die originalen Rezepturen anwendet oder auch moderne, ist eine oft nicht ganz einfache Entscheidung. Wie sich die alten Bindemittel mit den Fügeteilwerkstoffen auch über lange Zeiträume »vertragen«, ist gut bekannt. Was neue Formulierungen über Hunderte oder Tausende von Jahren in den restaurierten Dingen anrichten können, ist nur unter Anwendung kostspieliger Analyseverfahren erahnbar. Als man den Tempel in Abu Simbel wegen des Stauseebaus versetzen musste, blieb nur ein Auftrennen der massiven Steinmasse und nachheriges Zusammenfügen mit modernen Klebstoffen, was man heute nicht mehr erkennen kann (und in 2000 Jahren hoffentlich auch nicht).

Ein fast kurioses Beispiel mag diese Betrachtungen beschließen. Die um 310 n. Chr. erbaute Palastaula Kaiser Konstantins des Großen in Trier, ein klassischer Backsteinbau, der ursprünglich verputzt und bemalt war, wurde im 19. Jahrhundert in großem Umfang auf den aus römischer Zeit verbliebenen Mauerresten auf Wunsch und Kosten des preußischen Königs Friedrich Wilhelm IV wieder aufgebaut und später als Kirche verwendet. Anstelle des ursprünglichen Ziegelwerks verwendete man Sandstein und modernen Mörtel. Im zweiten Weltkrieg zerstörten Bomben die Aula zu größeren Teilen. In den 1950er Jahren erzählte ein Archäologe, der die erneute Restaurierung nun in Ziegelbauweise offenbar begleitet hatte, dass das ursprünglich vorhandene römische Mauerwerk die Angriffe fast unbeeinträchtigt überstanden habe und die Hauptschäden im Bereich der Restauration des 19. Jahrhunderts eingetreten seien. Erinnert man sich daran, dass die alten Römer ihren Mörtel mit Rindermilch und Rinderblut (Casein und Blutalbumin) zu verstärken pflegten (s. Kapitel 2), was im Mittelalter noch, im 19. Jahrhundert aber nicht mehr üblich war, dann wird die Erzählung noch glaubhafter: Der römische Mörtel ist auch im ungeschützten Zustand – ohne Putz – nach 2000 Jahren selbst mit einem scharfen Taschenmesser nicht ankratzbar, während man modernen schon nach fünfzig Jahren leicht zerkleinern kann. Eine werkstoffgerechte Rekonstruktion hätte also zumindest im Sinne »bombenfester« Fugen vielleicht den Restauratoren des 20. Jahrhunderts Arbeit erspart (s. Abschnitt 8.3).

8.16.5
Lösbare Klebverbindungen

Gemeinhin ordnet man das Kleben in der Systematik der Fügeverfahren den nicht lösbaren Verbindungen zu. Dies trifft für viele, insbesondere strukturelle Kleverbindungen bis heute zu, ist generell aber auch dann nicht richtig, wenn man die Nichtlösbarkeit dadurch definiert, dass die Trennung (und Wiederherstellung) der Verbindung ohne irreversible Veränderung ihrer Komponenten (oder Hinzufügung neuer Komponenten) nicht möglich ist. Zwei Beispiele mögen das verdeutlichen. Schon in alten Zeiten klebte man Messerklingen mit ihrem Schaft in die Griffe, wenn diese aus kostbaren Materialien, etwa Silber, bestanden. Als Klebstoff war Kolophonium üblich. Musste die Klinge wegen Korrosion oder sonstigen Beschädigungen ersetzt werden, erwärmte man den Griff vorsichtig mit einer Flamme, bis das Kolophonium schmolz, zog sie mit ihrem Schaft behutsam aus dem Griff und setzte sofort und, wenn man geschickt vorging, ohne Zugabe neuen Klebstoffs eine neue Klinge ein. Und fast allen Zeitgenossen sind die vom Unternehmen 3M unter dem Namen »Post it« hergestellten und vertriebenen Notizzettel bekannt, die sich von ihrem Block zumindest makroskopisch rückstandsfrei lösen und dort oder auf anderen Oberflächen mehrmals wieder angeklebt werden können (s. Abschnitt 8.16.5.1).

Weitere knifflige Diskussionen von Begriffsbestimmungen, die die Entwicklung eher behindern als der Technik nützen, sollen hier unterbleiben und die mögliche Lösbarkeit von Klebungen auf eine gezielte, leichte und rückstandsarme Trennbarkeit begrenzt werden, die insbesondere unter den Aspekten der Reparatur und der Recyclingfähigkeit von großem Interesse sein kann. Dies verdeutlicht nicht zuletzt ein Studium der Patentliteratur der letzten Jahre. Einige Angaben dazu finden sich in [122, 123, 124].

8.16.5.1 Handelsübliche lösbare Klebsysteme

Die derzeitig im Handel verfügbaren lösbaren Klebsysteme basieren auf Haftklebstoffen unterschiedlicher Art. Einerseits ist hier das bereits erwähnte Klebzettelsystem »Post it« von 3M zu nennen, das in ähnlicher Art auch von anderen Herstellern geliefert wird, andererseits die verstreckbaren doppelseitigen Klebebänder, die in Deutschland vom Unternehmen Beiersdorf unter dem Namen »Power-Strip« und neuerdings auch von 3M als »Scotch Command« angeboten werden.

Grundsätzlich kann man Haftklebstoffe so formulieren, dass sie sich, wie das beispielsweise mit einem einfachen transparenten »Tesafilm« auf Glas gelingt, von einem festeren Untergrund makroskopisch rückstandslos vor allem unter schälender Beanspruchung entfernen lassen. Bei Papier allerdings gelingt das oft nicht, weil dessen Eigenfestigkeit senkrecht zur Fläche sehr niedrig sein kann. Würde man die Klebkraft des Haftklebstoffs soweit verringern, dass dieser sich zuverlässig und ohne Schäden im Papier entfernen lässt, käme man zu einer praktisch nicht belastbaren und damit unzuverlässigen Klebung. Durch gezielten Aufbau der Klebschicht (Abbildung 275) erreicht man allerdings einen guten Kompromiss.

Die beschreibbare Seite des Zettels ist speziell beschichtet; auf der Rückseite wird zunächst ein Haftvermittler aufgebracht, der dafür sorgt, dass der nachfol-

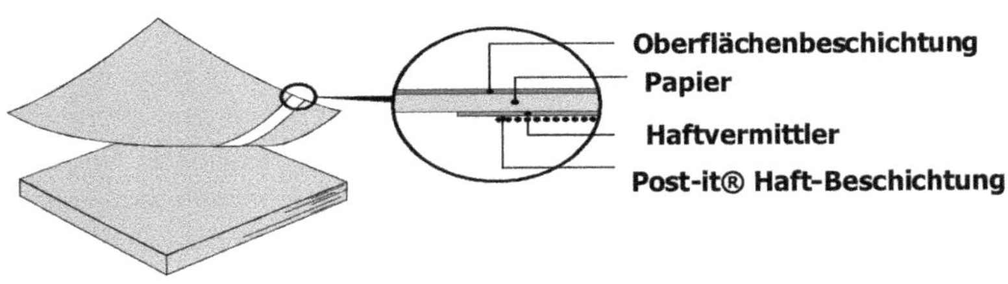

Abbildung 275 Aufbau des Klebsystems »Post it«. Werkbild 3M

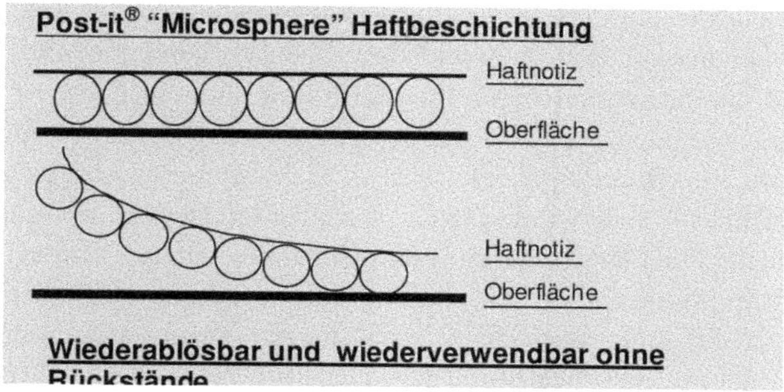

Abbildung 276 Klebschichtaufbau; Werkbild 3M

gend aufgetragene Haftklebstoff sich hier nicht ablösen kann; schließlich wird dieser nicht, wie sonst üblich, flächenhaft, sondern punktartig appliziert (Abbildung 276).

Abbildung 276 verdeutlicht den Schichtaufbau, der sehr kontrolliert erfolgen muss und sicherstellt, dass zur nachfolgenden Oberfläche nur ein räumlich eng begrenzter Kontakt entsteht und beim Abschälen an den einzelnen Kügelchen extrem hohe Schälspannungen entstehen, die zur guten Ablösbarkeit beitragen. Der Klebstoff muss so formuliert werden, dass die noppenartige Oberflächenstruktur, die in der rasterelektronenoptischen Aufnahme in Abbildung 277 erkennbar ist, langzeitig erhalten bleibt.

Das unscheinbare Bürohilfsmittel, das in Deutschland schon 1981 eingeführt wurde, basiert also nicht einfach auf einem »schlechten Klebstoff«, sondern auf ausgefeilter Technologie.

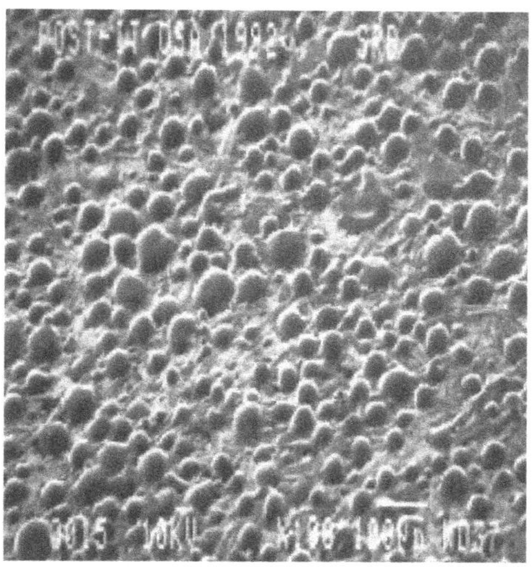

Abbildung 277 Rasterelektronenoptische Aufnahme der »Post it«-Klebschicht, Werkbild 3M; Vergrößerung 60:1

Allerdings ist dieses System nicht beliebig auf höherfeste Klebungen übertragbar. Daher nutzt man in den erwähnten verstreckbaren Klebebändern einen anderen Effekt, der bereits 1974 in einem wenig beachteten US Patent beschrieben wurde, das sich mit der Befestigung von Linsen in der Schleifmaschine befasste (s. Abschnitt 8.8.2) und den man leicht nachvollziehen kann. Klebt man einen transparenten einseitigen Klebfilm, wie er in jedem Haushalt vorhanden ist, z. B. auf eine Kunststoff- oder Glasoberfläche, lässt beidseitig Klebeband überstehen und verstreckt dieses an den freien Enden parallel zur Klebschichtebene, kann man sehen, dass das Bindemittel sich im Endbereich der Oberfläche zur freien Lasche und auch längs der Bandränder zu lösen beginnt. Dann allerdings reißt oft das Band außerhalb der Klebfläche. Wählt man aber als Träger für den Klebstoff ein hochverstreckbares Material (System 3M) oder benutzt dickere Klebstoffschichten aus einem hochverstreckbaren Haftklebstoff ohne Träger (System Beiersdorf), so lässt sich mit der herausragenden Klebstofflasche auch beidseitig klebendes Bindemittel, das zwei starre Fügeteile fest verbindet, durch Streckung parallel zur Klebfläche von den Oberflächen ablösen. Förderlich für diesen Vorgang ist die Querkontraktion des Klebebandes beim Verstrecken, die Schäleffekte in der Klebschicht quer zur Zugrichtung verursacht. Ganz exakt ist dieser frappierende Ablösungsvorgang bisher nicht erfasst. Denkbar wäre als Erklärung nämlich auch, dass die extreme Verstreckung der Klebstoffmoleküle deren Fähigkeit zu Rotationsschwingungen einschränkt, die eine wichtige Voraussetzung für ihre Fähigkeit zur »dynamischen Adhäsion« sind (s. Kapitel 3).

Die durch Verstreckung lösbaren Haftklebstoffe könnten neben den bisherigen Anwendungen technisch zu großen Fortschritten führen. Würde man mit ihnen beispielsweise den normalerweise angeschraubten Ventildeckel von Kolbenmotoren der Kraftfahrzeuge befestigen und damit vom Motor akustisch entkoppeln, ließe sich die Geräuschemission, an der der Ventildeckel zu über 20% beteiligt ist, deutlich reduzieren. Da Ventile heute nicht mehr ständig gewartet werden müssen, wäre der gegenüber der geschraubten Version etwas erhöhte Aufwand beim Wiedereinbau des Deckels verkraftbar.

8.16.5.2 Höherfeste lösbare Klebungen

Die beschriebenen Systeme basieren auf Haftklebstoffen, deren Tragfähigkeit und Kriechwiderstand begrenzt sind (s. Abschnitt 5.1). Für höherfeste Klebstoffe müssen daher andersartige Lösungsmechanismen gefunden werden, von denen drei wesentliche genannt werden. Einmal führt extreme Nachversprödung des Bindemittels in der Klebschicht erfahrungsgemäß zu Schwächungen des Verbundes oder auch zur totalen Delamination. Das lernte man in den 1960er Jahren am Beispiel von lösungsmittelhaltigen Kontaktklebstoffen auf Neoprenbasis, denen man aus Gründen der Langzeitbeständigkeit kleine Mengen niedermolekularen Phenolharzes zusetzte. Gut gemeinte Vergrößerungen der Phenolharzanteile hatten die Folge, dass Klebungen beispielsweise in Türen nach etwa 10 Jahren delaminierten, was man auf eine langsame Nachvernetzung der nun dominanten Phenolharzanteile zurückführen konnte, die den Klebstoff langsam versprödete. Versuche, solche Nachvernetzungsprozesse gezielt zu initiieren, eine Nachvernetzungsmöglichkeit also in den Klebstoff gewissermaßen einzubauen, sind bisher noch nicht gelungen [125]. Der Weg sollte aber weiter verfolgt werden. Auch die zweite Möglichkeit, gezielt zerstörbare Haftvermittler zu entwickeln, was zu einer nahezu idealen Trennfunktion führen würde, ist bisher noch nicht realisiert worden [125].

Als dritter intelligenter Weg bleibt dann (neben den weniger intelligenten der thermischen Schwächung oder der Kaltversprödung) die gezielte mechanische Zerstörung der Klebschichten durch eingelagerte Zusatzstoffe, die unter bestimmten, im normalen Einsatz nicht auftretenden Einflüssen von außen stark expandieren und damit den Verbund auflösen. Erste Versuche mit Toluolsulfonsäurehydrazid, das bei erhöhten Temperaturen niedermolekulare Anteile abspaltet, scheiterten. Wählt man dagegen als Expansionsverursacher verkapselte Schaumbildner, die durch physikalische Veränderung ihres Füllmittels (etwa die Verdampfung bei bestimmten Temperaturen) expandieren, gelingt eine klar erkennbare Schwächung von Klebfugen mit Dispersionsklebstoffen, wie sie beispielsweise zur Verlegung von PVC-Fußböden genutzt werden (Patent angemeldet). Die Expansion wurde durch Mikrowelleneinstrahlung initiiert. Versuchsergebnisse dazu enthält Abbildung 278 [126].

Unterschiedliche Zugabemengen des expandierenden Füllstoffs Micropearl F-30 der Fa. Follmann beeinflussen in gewissem Umfang die Schälfestigkeit bereits ohne Aktivierung, was auf bruchmechanische Effekte zurückzuführen ist. Aktiviert man die Zusätze in der Klebschicht durch Mikrowelleneinwirkung, stellt

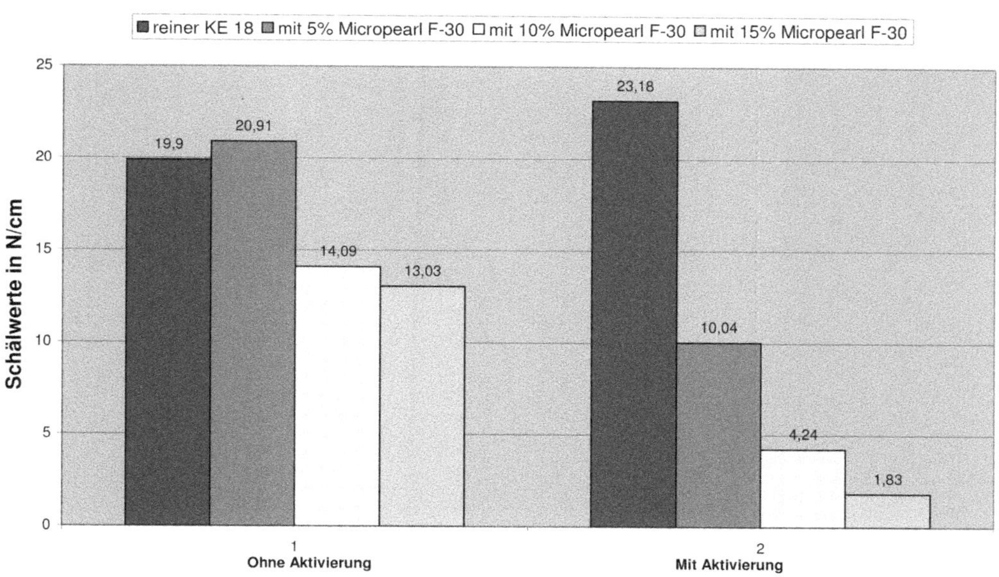

Abbildung 278 Schälfestigkeit von PVC-Holzklebungen mit ungefülltem und verschiedenartig gefülltem Dispersionsklebstoff ohne und mit Mikrowellenaktivierung

sich in den meisten Fällen ein drastischer Einbruch der Schälfestigkeit ein, und der Klebstoff verbleibt zu großen Teilen am Holz, was gewünscht ist. Eine mehrmonatige Lagerung des Klebstoffs mit den Füllstoffen schränkte die Aufschäumwirkung nicht ein. Allerdings bleibt offen, ob dies auch über lange Lebenszeiten der Klebschichten in der baulichen Anwendung gilt.

Versuche, mit diesen Füllstoffen auch vernetzte Klebstoffe gewissermaßen aufzusprengen, waren bisher nicht erfolgreich [127]. Damit bleibt zunächst offen, welchen der genannten Methoden (oder auch anderen) in Zukunft Aufmerksamkeit geschenkt werden sollte. Sicher ist, dass lösbare Klebungen als wesentlicher Fortschritt zu werten sind, auch dann, wenn sie mit einfachen Mitteln nur selten realisiert werden können.

9
Zukunftstrends

9.1
Wirtschaftliche Trends

Laut Industrieverband Klebstoffe e.V. in Düsseldorf soll der Weltmarkt Klebstoffe bis zum Jahre 2006 um 4 % pro Jahr wachsen. Im Jahre 2002 betrug der weltweite Umsatz mit Klebstoffen und Dichtstoffen 28 Mrd. Euro. Abbildung 278 zeigt die Aufteilung des Weltmarktes 2002 nach den Regionen.

Mengenmäßig wird in Europa der größte Anteil Klebstoff im Baugewerbe und Handwerk eingesetzt, dicht gefolgt von der Papier- und Verpackungsindustrie.

In Deutschland gibt es 116 Hersteller, die im Jahre 2002 mit insgesamt 10 500 Mitarbeitern 2,5 Mrd. Euro umgesetzt haben. 100 Mio. Euro, das sind 4 % vom Umsatz, wurden für Forschung und Entwicklung aufgewendet. Der Industrieverband Klebstoffe sieht Deutschland als Technologieführer bei den Klebrohstoffen. Eine wichtige Rolle für die weiterhin positive Entwicklung der Klebstoffindustrie spielen die führenden Maschinenhersteller, deren Innovationen oft Ausgangspunkt für weltweite Standards sind. Bedingt durch den Produktivitätszwang am Standort Deutschland sieht man die Produktionsstätten maßgeblicher Klebstoff-

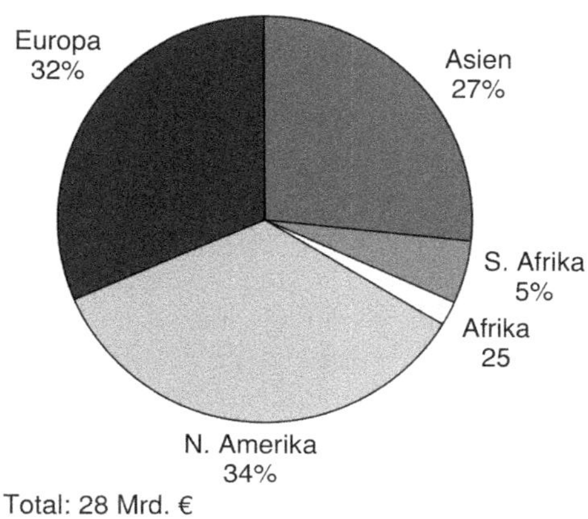

Abbildung 279 Weltmarkt 2002 der Kleb- und Dichtstoffe (mit Genehmigung des Industrieverbandes Klebstoffe e. V.)

Klebtechnik. W. Brockmann, P. L. Geiß, K. Klingen und B. Schröder

ISBN: 3-527-31031-6

anwender als eine wichtige Quelle für den technischen Fortschritt in der deutschen Klebstoffindustrie.

Die Zukunftsaufgabe liegt in der Sicherung des technologischen Vorsprungs durch die Pflege und Koordination der vorhandenen Wissensbasis, der Weiterentwicklung des Wissens, eines praxisorientierten Technologietransfers sowie eines verstärkten personellen Austauschs zwischen Wissenschaft und Wirtschaft. Diese Aussage wird auch vom Industrieverband Klebstoffe gestützt.

Aufgabe der Forschungspolitik wird es sein, eine leistungsfähige Infrastruktur in Forschung und Ausbildung zu schaffen, Forschung und Entwicklung, insbesondere die Grundlagenforschung, auszubauen und Projekte in Innovationsfeldern mit hoher Nachhaltigkeit gezielt zu fördern.

9.2
Technische Trends

Unglücklicherweise herrscht im Bereich der Klebtechnik heute noch ein erhebliches Maß an Empirie. Dies äußert sich nicht zuletzt darin, dass normenartige und allseits anerkannte Regelwerke zur Gestaltung, Berechnung, Ausführung und Qualitätssicherung von Klebungen, wie sie beispielsweise in der Schweißtechnik ganz selbstverständlich existieren, für den Bereich des Klebens noch nicht vollständig vorhanden sind. Dies gilt auch für Kriterien zur Klebstoffauswahl und die Festlegung bestimmter Verfahrensparameter wie beispielsweise die Oberflächenvorbehandlung der Fügeteile, die fast immer gefordert, keineswegs aber immer gebraucht wird.

Der Trend in der Klebstoffentwicklung wird mit wenigen Ausnahmen vermutlich nicht in Richtung weiterer Festigkeitssteigerungen gehen, was meistens auch nicht erforderlich ist. Wenn auch die Langzeiteigenschaften vielfach als verbesserungsfähig erscheinen, wird die Entwicklung in Zukunft vermutlich von den Aspekten einfacher Verarbeitbarkeit bei hoher Sicherheit des Fertigungsergebnisses sowie von Umweltaspekten bzw. Anforderungen an die physiologische Verträglichkeit bestimmt sein.

Lösungskonzepte bestehen darin, die zur Herstellung einer Klebung notwendigen chemischen Reaktionen nicht beim Anwender, sondern so weit wie möglich beim Hersteller ablaufen zu lassen, das heißt, die Klebstoffe so hochmolekular wie irgend möglich zu gestalten. Als Stichwort sei hier nochmals an die Schmelzklebstoffe erinnert, aber auch Dispersionen spielen bei diesen Überlegungen eine wesentliche Rolle. Nicht zuletzt sind auch die bereits erwähnten Haftklebstoffe von Bedeutung, die sich heute in vielen Fällen problemlos bis in den halbstrukturellen oder auch strukturellen Bereich einsetzen lassen. Verkleidungen von Omnibuskarosserien können ebenso gut mit Haftklebstoffen auf die Rahmen geklebt werden wie sich Versteifungsprofile in Lastwagen-Fahrerkabinen einfügen oder so genannte Kassettenhimmel in Autodächern in einem einfachen Arbeitsgang positionieren lassen. Haftklebstoffe sind oftmals durch sehr hohe Langzeitbeständigkeit gekennzeichnet. Ihre mechanische Beanspruchbarkeit, insbesondere durch linienförmige Spannungsverteilungen im Fall der Schälbelastung, muss noch verbessert werden.

Ein interessanter Aspekt ist die Schaffung gezielt lösbarer Klebungen. Im medizinischen Bereich existieren solche Klebungen bzw. Klebstoffe bereits, im Bürobereich kennt man die »Post-it«-Haftnotizen. Einige Haftklebebänder lassen sich durch Verstrecken aus der Fuge ziehen. Weiterentwicklungen sind hier bereits in Arbeit und werden neue Märkte erschließen.

Allgemein wird die Leistungsfähigkeit der heute noch weit gehend im nichtstrukturellen Bereich eingesetzten Klebstoffe unterschätzt, weil der Ingenieur dazu neigt, wie eingangs erwähnt, die Produktauswahl unter Festigkeitsaspekten vorzunehmen. Um diese Denkweise zu verdeutlichen, mag die zweifellos provokative Frage gestellt sein, welche Festigkeit eigentlich tatsächlich von einem Klebstoff in einem Längsnahtdoppler eines Verkehrsflugzeuges verlangt wird, um unkontrollierte Rissbildungen wirkungsvoll verhindern zu können, oder welche tatsächlichen Festigkeitseigenschaften ein Karosserieklebstoff eigentlich haben muss, um die Ermüdungsfestigkeit einer zusätzlich punktgeschweißten Klebkonstruktion, wie oftmals beobachtet, drastisch zu erhöhen.

Es ist also unzweifelhaft, dass die Klebtechnik weit über ihre heutigen Einsatzbereiche hinaus ein kaum erahnbares hohes Zukunftspotenzial besitzt, auch wenn bis heute eine Klebverbindung am Reißbrett anhand von Regelwerken mit entsprechenden Vorschriften der Fertigungstechnik nur in ganz wenigen Fällen realisiert werden kann. Das wird sich in Zukunft im Sinne einer noch verbesserten Fertigungstechnologie mit hoher Kalkulierbarkeit ihrer Leistungsfähigkeit bzw. verbesserter Kalkulierbarkeit des Einsatzrisikos ändern. Die Aspekte, unter denen heute Produkte neu zu gestalten oder optimieren sind, haben sich gegenüber früheren Zeiten verändert. Fragen knapper Rohstoffe, des Energiegehaltes eines Produktes insgesamt und einer verträglichen Vernichtung oder Wiederverwendung treten vernünftigerweise immer mehr in den Vordergrund. Wir müssen diese Gegebenheiten akzeptieren und können trotzdem versuchen, zwar unsere Lebensgewohnheiten zu ändern, die Lebensqualität allerdings dabei nicht zu verschlechtern. Eine Karosserie braucht nicht viele Hunderte von Schweißpunkten, um haltbar zu sein. Ein Schredder muss sie mühselig wieder zerrupfen und zerkleinern. Noch unlösbar eingeklebte Windschutz- und Heckscheiben, die beim Recycling erhebliche Probleme machen, könnten einfach entfernbar sein. Darüber kann und muss man nachdenken.

10
Forschung und Entwicklung in der Klebtechnik: Eine Übersicht

Tabelle 36 Zusammenstellung der in der Klebtechnik aktiven Forschergruppen

Name und Adresse	Ansprechperson	Themen
AWOK TU Kaiserslautern Arbeitsgruppe Werkstoff- und Oberflächentechnik Kaiserslautern Erwin-Schrödinger-Straße 67653 Kaiserslautern	Prof. als Juniorprofessor Dr. *Paul L. Geiss* http://www.awok.de	• Leichtbau - Fügetechnik, Kleben von Glas • Fügen mit strukturellen und elastischen Klebstoffen • Haftklebstoffe • Berechnung und Simulation von Klebverbindungen • Langzeitbeständiges Kleben von Aluminum • Klebstoff- und Polymeranalytik
IdM-Institut für dynamische Materialprüfung an der Universität Ulm Helmholtzstr. 20 89081 Ulm	Prof. Dr. *W. Pechhold* http://www.uni-ulm.de/institute/idm/	• Viskoelastische Echtzeitspektroskopie im Frequenzbereich von 10^{-3} bis 10^{7} Hz
IFF-Institut für Fügetechnische Fertigungsverfahren GmbH Krausstraße 22a 85737 Ismaning	Dr. *Christian Lammel* http://www.klebtechnik.de	• Kleben, Klebberatung, Induktion, Prüftechnik
Institut für Fügetechnik und Werkstoffprüfung gGmbH Prof. Dr.-Ing. habil. G. Köhler Otto-Schott-Str 13 07745 Jena	Dr. *U. Basler*, Bereich Sonderfügeverfahren http://www.ifw-jena.de	• Kleben von Glas, Keramik, Glaskeramik, Metall • Hochtemperaturkleben mit anorganischen Klebstoffen (Einsatztemperatur >1000 °C) • Kleben mit angepassten thermischen Ausdehnungskoeffizienten • Erstellung von Eigenschaftsprofilen von Klebstoffen

Klebtechnik. W. Brockmann, P. L. Geiß, K. Klingen und B. Schröder

ISBN: 3-527-31031-6

Tabelle 36 Zusammenstellung der in der Klebtechnik aktiven Forschergruppen (Fortsetzung)

Name und Adresse	Ansprechperson	Themen
Fachhochschule Münster Fachbereich Maschinenbau Stegerwaldstr. 39 48565 Steinfurt	Prof. Dr.-Ing. *G. Kötting* http://www.fh-muenster.de/fb3/personal/html/P012.HTM	• Erstellung von Eigenschaftsprofilen von Klebstoffen: Härtungs- und Abkühleigenspannungen in Klebschichten • Beständigkeit /Korrosionsschutz: Oberflächenvorbehandlung von Stählen und Leichtmetallen vor dem Kleben • Beständigkeit: Methoden und Prüfungen zur Beurteilung der Beständigkeit von Klebungen • Punktschweißkleben: Einfluss des Schweißprozesses auf die Klebschicht/Einfluss der Klebschicht auf den Schweißprozess
Fachhochschule Hannover Ricklinger Stadtweg 118 30459 Hannover	Prof. Dr. *Manfred Rasche* http://www.serv1.rz.fh-hannover.de/mbau/personen/profs/rasche/rasche.htm	• Klebtechnische Woche
Fraunhofer Institut für Fertigungstechnik und Angewandte Materialforschung – IFAM Bereich Klebtechnik und Oberflächen Wiener Str. 12 28359 Bremen	Prof. Dr. *Otto-Dietrich Hennemann* http://www.ifam.fhg.de	• Entwicklung und Charakterisierung von Polymeren • Netzwerkpolymere • Formulierung von Klebstoffen • chemische und physikalische Analytik • Grundlagen der Adhäsion • Entwicklung von Spezialpolymeren • Struktur- und Funktionspolymere • Kleb-, Dicht- und Beschichtungswerkstoffe • Laminier- und Gießharze • Elektrisch/optisch leitfähige Kontaktierungen • Eigenschaften von Polymeren in dünnen Schichten
ift – Institut für Fenstertechnik e.V Theodor-Gietl-Str. 7-9 83026 Rosenheim	*Ingo Leuschner* http://www.ift-rosenheim.de	• Entwicklung von Bemessungsvorschlägen zur aussteifenden Wirkung der Verglasung von Holz-Glas-Konstruktionen im statisch wirksamen Verbund • Ansätze zur Berücksichtigung und Entwicklung von Bemessungsvorschlägen zur aussteifenden Wirkung der Verglasung bei Wintergärten

Tabelle 36 Zusammenstellung der in der Klebtechnik aktiven Forschergruppen (Fortsetzung)

Name und Adresse	Ansprechperson	Themen
		• Einsatz von geklebten Glaselementen in Holztragwerken • Klimabelastung von Isolierglas bei Structural Glazing • Innovative Verbundfensterkonstruktionen mit geklebten Glaselementen • Innovative Rahmenverbindungen für Holzfenster • Holzfenster der Zukunft • Konstruktionsgrundlagen für Fenster, Türen und Fassadenelemente aus Verbundwerkstoffen und Holz
ISF Institut für Schweißtechnische Fügeverfahren Pontstrasse 49 52062 Aachen	Dr. *Anette Brandenburg* http://www.isf.rwth-aachen.de/news/iastk04/iastk04.html http://www.isf.rwth-aachen.de/arbeitsg/forschung/mikro/mikro.html#mikrokleben	• Rheologische Charakterisierung von Klebstoffen • Bestimmen der Oberflächenspannungen von Fügeflächen • Reinigen von Oberflächen • Plasmamodifikation von Oberflächen • Abscheidung von funktionellen Schichten zum Kleben • Optimierung von Kapillaren zum Klebstoffauftrag • Entwicklung geeigneter Mikro-Dosiertechnik • Modellierung und Berechnung des Klebstoffauftragvorgangs • Maßnahmen zur Prozessbeobachtung von Klebstoffauftragvorgängen • Untersuchung der Fließvorgänge beim Klebstoffauftrag und während des Aushärtens • Bestimmen der mechanischen Eigenschaften von Mikroklebverbindungen und Bruchbildanalyse
Institut für Holzbiologie u. Holztechnologie Lehrbereich Holzchemie u. Holztechnologie Büsgenweg 4 37077 Göttingen	Prof. *Edmone Raffael* http://www.gwdg.de	• Verhalten von Spänen aus Splint- und Kernholz obligatorisch verkernter Baumarten gegenüber synthetischen Bindemitteln • Aspekte der Tanninverleimung • Herstellung von emissionsarmen tanningebundenen Spanplatten

Tabelle 36 Zusammenstellung der in der Klebtechnik aktiven Forschergruppen (Fortsetzung)

Name und Adresse	Ansprechperson	Themen
Institut für Polymerforschung Dresden e.V. Hohe Str. 6 01069 Dresden	Dr. rer.nat. *Rüdiger Häßler* http://www.ipfdd.de	• Glastemperaturbestimmung in Klebfugenschichten • AFM-Technik: Grenzschicht-charakterisierung von Klebfugen • Reaktionsverfolgung vernetzender Systeme mittels thermischer Analyse • Einfluss der Teilevorbehandlung auf den Verlauf der Klebstoffhärtung • Aushärtereaktionen • Klebverbindungen unter thermischer Belastung
Werkstoff- und Fügetechnik LWF Pohlweg 47–49 33098 Paderborn	Prof. Dr.-Ing. *Ortwin Hahn* http://www.lwf.uni-paderborn.de	• Einsatz hochfrequenter Wechsel-felder zur Aushärtung von Reaktionsklebstoffen • Fügen von Welle-Nabe-Verbindungen unter Anwendung des Klebens • Strukturelle Schädigungen in den Klebschichtelementen durch Kleb-stoffschwindung • Kleben von Knotenelementen für Spaceframe-Konstruktionen
NMI Naturwissenschaftliches und Medizinisches Institut an der Universität Tübingen Markwiesenstraße 55 72770 Reutlingen	Dr. *Bernhard Schröder* http://www.nmi.de	• Grenzflächencharakterisierung von Fügeteilen • Festigkeit und Beständigkeit von Klebverbindungen • Kleben in der Medizintechnik
Prüf- und Forschungsinstitut für die Schuherstellung e.V. Hans-Sachs-Str. 2 66955 Pirmasens	Dr. rer. nat. *Gerhard Nickolaus* http://www.pfi-pirmasens.de	• Kleben von Schuhkomponenten mittels plastischem Film
TH Aachen RWTH-Aachen Lehr- und Forschungsgebiet Klebtechnik Pontstr. 51/53 52062 Aachen	http://www.rwth-aachen.de/klebtechnik/	• Integration der Klebtechnik in den Produktionsablauf einer modernen Fertigung: • Erstellung von Expertensystemen, sowie von Berechnungs- und Simulationsprogrammen • Eigenschaften von Klebschichten bei statischer und (hoch-)dyna-mischer Belastung • Beschleunigung der Klebstoff-aushärtung: • Bestimmung der Alterungsbestän-digkeit von Klebverbindungen

Tabelle 36 Zusammenstellung der in der Klebtechnik aktiven Forschergruppen (Fortsetzung)

Name und Adresse	Ansprechperson	Themen
TU Braunschweig Institut für Füge- und Schweißtechnik Langer Kamp 8 38106 Braunschweig	Prof. Dr.-Ing. *Klaus Dilger* Prof. Dr.-Ing. *Stefan Böhm* http://www.ifs.ing.tu-bs.de/	• Kleben technischer Textilien, Kleben am Bau, Kleben in der (Zahn-)Medizin • Anwendungsnahe Prüfverfahren und zerstörungsfreie Prüfmethoden • Automatisierung, Fertigungs-integration • Schnellhärtung, Alterung, Ober-flächenvorbehandlung • Polymerschäume, Haftklebstoffe, Computergestützte Methoden • Mikrokleben, Einsatz nicht-viskoser Klebstoffe, Auftragstechniken, Mikrodosierverfahren, Kleben in Batchtechnologie
TU Dresden Institut für Produktionstechnik Professur Fügetechnik 01062 Dresden	Prof. Dr. rer. nat. Dr.-Ing. *Horst Kleinert* http://www.mciron.mw.tu-dresden.de/	• Oberflächenbehandlung von Fügeteilwerkstoffen • Festigkeit und Beständigkeit von Klebverbindungen • Gestaltung von Klebprozessen • Hybrid-Fügeverfahren
Universität Kassel Institut für Werkstofftechnik Verbundwerkstoffe/Werkstoff-verbunde Mönchebergstraße 3 34125 Kassel	Prof. Dr.-Ing. *Michael Schlimmer* http://www.hrz.uni-kassel.de/	• Fertigung von Klebverbindungen, Prozessentwicklung • Kennwertermittlung für Klebver-bindungen bei Kurzzeit-, Langzeit- und Schwingbeanspruchung sowie hydrothermischer Beanspruchung • Auslegung von Klebverbindungen • Berechnungsmethoden von Kleb-verbindungen
Universität Kiel Lehrstuhl für Materialverbunde Kaiserstr.2 24143 Kiel (Gaarden)	Prof. Dr. *Franz Faupel* http://www.uni-kiel.de/tt/Leistungsangebote/deutsch/0079.htm	• Keimbildung und Wachstum von Metallfilmen auf Polymerober-flächen • Diffusion von Metallen in Polymer-oberflächen und -volumina • Glasübergang auf Polymerober-flächen • Metal/lPolymer Grenzfläche und Grenzflächenchemie • Korrelation zwischen mikrosko-pischen Parametern und Adhäsion • Ionenstrahl- Modifikation von Polymeroberflächen • Behandlung der Grenzfläche zur Optimierung der Adhäsion

Tabelle 36 Zusammenstellung der in der Klebtechnik aktiven Forschergruppen (Fortsetzung)

Name und Adresse	Ansprechperson	Themen
Universität des Saarlandes Arbeitsgruppe Strukturforschung, Polymere, Grenzschichten (ASPG) Geb. 22, 6. Etage Postfach 151150 66041 Saarbrücken	Prof. Dr. *Wulff Possart* http://www.uni-saarland.de/fak8/wwthd/anschrift.ger.html	• Grundlegende Mechanismen der Adhäsion • Übermolekulare Struktur und makromolekulare Beweglichkeit an Phasengrenzen • Chemische Reaktionen und Alterung in Interphasen, in Polymer-Metall-Verbunden, an Polymeroberflächen und in Polymerfilmen
FH Rosenheim Hochschulstraße 1 83024 Rosenheim	Internet: www.fh-rosenheim.de/live/fachbereiche/ht/ha/faecher/016_FeVer.htm	• Press- und Klebtechnik • Überblick über die Techniken des Zusammenfügens von Holz und Holzwerkstoffbauteilen mit Hilfe von Klebstoffen • Kenntnisse über die Herstellung von Holzleimbauteilen (Brettschichthölzer, Fensterkanteln, Mehrschichthölzer) • Kenntnisse über die Herstellung von Holzwerkstoffen für den baulichen Bereich • Kenntnisse über die Herstellung von Leimverbindungen im Holzbau und Ausbau
Otto-Graf–Institut (FMPA) der Universität Stuttgart Pfaffenwaldring 4O 70569 Stuttgart (Vaihingen)	Prof. Dr.-Ing. *H.-W. Reinhardt* http://www.fmpa.de	• Geklebte Glaskonstruktionen (Structural Sealant Glazing), geklebte, hinterlüftete Fassaden) • Untersuchungen zur Tragfähigkeit und Dauerhaftigkeit von tragenden Verklebungen • Überwachung, Durchführung von Eignungsnachweisen • Untersuchung von Schadensfällen
Hinterwaldner Consulting & Partner GbR Dipl. Chemiker & Dipl. Kaufmann Marktplatz 9 85614 Kirchseeon bei München	*Rudolf Hinterwaldner* *Stephan Hinterwaldner*	• Beratung zum Einsatz von Kleb- und Dichtrohstoffen • Beratung für die Klebstoff- und Dichtstoffentwicklung einschließlich Kleb- und Dichtsysteme
Fachhochschule Gelsenkirchen Abt. Recklinghausen Fachbereich Angewandte Naturwissenschaft Labor für Organische Chemie und Polymere August-Schmidt-Ring 10 45665 Recklinghausen	Prof. Dr. *Klaus-Uwe Koch* http://www.chemat.re.fh-gelsenkirchen.de/menschen/Koch/koch.html	• Haftvermittler • Klebstoffformulierung • Klebstoffprüfung • Reaktionsharze • Polymersynthese

Tabelle 36 Zusammenstellung der in der Klebtechnik aktiven Forschergruppen (Fortsetzung)

Name und Adresse	Ansprechperson	Themen
Fachhochschule München Studiengang »Verfahrenstechnik Papier-Kunststoff« Bereich Klebstoffe und Veredelung Lothstraße 34 80335 München	Prof. Dr. *Dirk Burth* http://www.fhm.edu/home/fhm/studiengaenge/FB05/Verf-Tech/d_Welcome.html	• UV- und ESH- härtbare Klebstoffsysteme
Fogra-Forschungsgesellschaft Druck e.V. Streitfeldstraße 19 81673 München	Dipl.-Ing. *Thomas Kuen* http://www.fogra.org	• Methoden zur Verbesserung der Verbundfestigkeit bei ID-Karten mit hoher Farbbelegung • Anwendbarkeit von Randwinkel- und Polaritätsmessungen sowie alternativer Methoden zur Vorhersage der Lack- und Folienhaftung auf Offsetdrucken • Delaminationserscheinungen an Broschurenumschlägen bei der Hochfrequemztrocknung in Klebebindemaschinen
Fraunhofer-Institut für Holzforschung Wilhelm-Klauditz-Institut, Wki Bienroder Weg 54E 38108 Braunschweig	Prof. Dr. *Rainer Marutzky* http://www.wkl.fraunhofer.de	• Bindemittel und Bindemittelzusätze für Holzwerkstoffe aus biogenen Rest- und Abfalistoffen • Klebstoffe zur Flächenverleimung auf der Basis modifizierter Fettsäuren • Anwendungsorientierte Klebstoffprüfung bei Sperrhölzern • Optimierung des Klebstoffauftrags auf Span- und Faserplatten mittels Thermosensorik • Entwicklung neuartiger Haftvermittler für thermoplastische Klebstoffe
NRW Technologie-Centrum Kleben TC-Kleben GmbH Carlstraße 50 52531 Übach-Palenberg	*Julian Band* http://www.tc-kleben.de	• Expertisen und Marktrecherchen • Anwendungstechnische Versuche (Klebstoffauswahl, Langzeitbeständigkeit etc.) • Anwendungsnahe und normkonforme Bauteilprüfung • Oberflächenvorbehandlung, speziell von Kunststoffen • Oberflächenanalyse • Auftragsfertigung (kleine Serien, Prototypen) • Konzeptplanungen für Automatisierungslösungen etc.

Tabelle 36 Zusammenstellung der in der Klebtechnik aktiven Forschergruppen (Fortsetzung)

Name und Adresse	Ansprechperson	Themen
IWB-Anwenderzentrum Augsburg Beim Glaspalast 5 86153 Augsburg	Dipl.-Ing. *T. Mosandl* http://www.iwb.tum.de	• Simulation Klebfügung • Untersuchungen des Prozessverhaltens • Weiterentwicklung der Anlagentechnik • Zerstörungsfreie Qualitätssicherung beim flexibel automatisierten Kleben und Dichten
Studiengesellschaft Stahlanwendung e.V. Sohnstraße 65 40237 Düsseldorf	Dipl.-Ing. *Franz-Josef Heise* http://www.stahlforschung.de	• Kleben im Fahrzeugbau und im Bauwesen
TU Berlin Fügetechnik/Beschichtungstechnik Straße des 17. Juni 135, Sekr. EB5 10623 Berlin	Prof. Dr.-Ing. Dr. h.c. *Lutz Dorn* http://www.tu-berlin.de/fak5/fuegetechnik/	• Umweltfreundliche Vorbehandlungstechniken für schwer klebbare Kunststoffe (Niederdruckplasma, Corona, Beflammung) • Untersuchung von Kunststoff-Metall-Klebverbindungen (Spannungszustand, statische und dynamische Festigkeit, Zeitstands- und Alterungsverhalten, Gestaltung und Dimensionierung) • Kombinierte Metall-Klebverbindungen, z. B. mit Punktschweißen
FMPA (Forschungs- und Materialprüfung Baden-Württemberg Zulassungsstelle für tragende Holzleimverbindungen) Pfaffenwaldring 40 70569 Stuttgart (Vaihingen)	*Borimir Radovic* http://www.mpa.uni-stuttgart.de/	• Bestimmung organischer Komponenten u.a. in Klebstoffen, Dichtungsmaterialien, Fußbodenbelägen und Hilfsstoffen • Bestimmung flüchtiger, schwer flüchtiger und partikelgebundener organischer Stoffe in Raumluft • Bestimmung der Emission organischer Verbindungen aus Bauprodukten • Dichtungsmaterialien und Klebstoffe im Glasbau
EMPA (eidgenössische Material-Prüfanstalt) Überlandstraße 129 CH-8600 Dübendorf	http://www.empa.ch	• Allgemeine Klebtechnik

Tabelle 36 Zusammenstellung der in der Klebtechnik aktiven Forschergruppen (Fortsetzung)

Name und Adresse	Ansprechperson	Themen
SWIBOTECH GmbH P.O. Box 35 CH-8180 Bülach	Ac. Prof. *Ed. Schindel-Bidinelli* VDI/HTL http://www.swissbonding.ch	• Jährliche Tagungen »Swiss Bonding« • Grundlagen der Klebtechnik, Vorbehandlung, Chemie der Klebstoffe • Praktische Anwendungen, Prüftechnik, Umweltfragen, Recycling
ofi Institut für Klebetechnik Österreichisches Forschungsinstitut für Chemie u. Technik Franz Grill-Str.5, Arsenal, Objekt 213 A-1030 Wien	Dr. *Werner Preusser* http://www.ofi.co.at/	• Allgemeine Klebtechnik
Gesellschaft zur Förderung Angewandter Verbindungstechnik e.V. Am Jägersteig 15 40724 Hilden	Dipl. Ing. *Lothar Müllenberg*	• Seminare: Neuere Entwicklungen in der Kleb- und Dichttechnik

11 Literatur

Kapitel 2 Geschichtliche Entwicklung der Klebtechnik

1 G. S. Plinius, sen.: Historiae Naturalis, Bd. 23, Kap. 43, Teubner Verlag, Leipzig 1857
2 Professional Uses of Adhesive Tapes, Third edition, Johnson & Johnson, New Brunswick, N.J., 1972
3 W. H. Shecut; H. H. Day: U.S. Patent 3, 965 (1845)
4 R. G. Drew: U.S. Patent 1, 760, 820 (1930)
5 O. J. Hendricks, C. A. Dahlquist: Pressure Sensitive Tapes, in: R. Houwing, G. Salomon (Hrsg.): Adhesion and Adhesives, Vol. 2, Elsevier, Amsterdam, 1967, 387–408
6 A. Matting (Hrsg.): Metallkleben, Springer Verlag, Heidelberg-New York, 1969
7 J. A. Bishopp: The History of Redux and the Redux Bonding. Int. J. Adhes. Adhes. Springer 1997, 17(49), 287–301
8 E. Preiswerk: Die Bindefunktion der Äthoxylin-(Epoxi-) Harze, Technica 1965, (4, 5), 247 ff. und 355 ff.
9 O. Gerngross, E. Goebel (Hrsg.): Chemie und Technologie der Leim- und Gelatinefabrikation, Verlag Th. Steinkopf, Dresden, Leipzig, 1933

Kapitel 3 Adhäsion

1 T. Young: Cohesion of Fluids Transactions, Royal Soc. London 95 (1805), S. 65
2 A. Dupré: Théorie méchanique de la chaleur, Gauthier-Villars, Paris 1896
3 D. D. Eley: Adhesion, Oxford University Press, London 1961
4 R. N. Wenzel: Surface Roughness and Contact Angle, Journal of Physical and Colloid Chemistry, 53 (1949) S. 1466
5 K. Tingey: Surface Restructuring of Polyurethanes and its Control by Plasma Treatment in : Th. Ward, Ed., Proc. of the 19th Ann. Meet. of Adhesion Society, Myrtle Beach, USA 1996, p. 436/7
6 N. A. de Bruyne: Klebtechnik – Die Adhäsion in Theorie und Praxis, Berliner Union, Stuttgart 1957
7 P. W. Atkins und J. A. Beran: Chemie – einfach alles, VCH-Verlagsgesellschaft, Weinheim New York, Basel, Cambridge, Tokyo 1996
8 W. Possart und A. Röder: Measurement of Electrical Potential Distribution in a Polymer near the Contact of a Metal by Means of SEM, phys. stat. sol (a) 84 (1984), S. 319–325
9 W. Brockmann und P. Geiß: Neue Erkenntnisse bezüglich der Fraktoemission bei Haftklebstoffen durch Kopplung von Autografie und Ladungsmessung beim Schälversuch in: Kleben – SWISS BONDING '94 Hrsg. E. Schindel-Bidinelli, Print Service Mülheim 1994
10 W. Brockmann und R. Hüther: Natur der Adhäsionsbindungen von Haftklebstoffen in: EURADH '92 – Tagungsband DECHEMA, Frankfurt, 1992, S. 444–451

Klebtechnik. W. Brockmann, P. L. Geiß, K. Klingen und B. Schröder

ISBN: 3-527-31031-6

11 S. S. Voyutskii: Autohesion and Adhesion of High Polymers, Interscience Publ., Div. of John Wiley and Sons, New York, 1963
12 J. W. McBain und W. B. Lee: Adhesives and Adhesion: Gums, Resins and Waxes between polished Metal Surfaces, J. Phys. Chem. 31 (1927) S. 1644–1680
13 G. Sandstede, E. Robens u. G. Walter: Über die Bindung von aliphatischen Carbonsäuren an Metalloberflächen, untersucht durch gravimetrische Gassorptionsmessung, Intern. Kongress für grenzflächenaktive Stoffe Bd. III, Universitätsdruckerei Mainz 1960, S. 409–414
14 G. J. Kautsky und M. R. Barusch: Adsorption and Desorption of a Surface Active Aminoamide on an Oxidized Iron Surface, Ind. Eng. Chem. Prod. Res. 4 (1965), Nr. 4, S. 233–236
15 H. Dunken: Über physikalische und chemische Adhäsion, Plaste und Kautschuk 9 (1962) H. 7, S. 314-317
16 L. Dimter und K. Thinius: Zur Kenntnis der duroplastischen Komponente in Kombinationsklebstoffe, Plaste und Kautschuk 11 (1964) Nr. 6, S. 328–331
17 A. F. Lewis und L. J. Forrestal: Chemical Nature of Polymer to Metal Adhesion In: Adhesion, ASTM Special Technical Publication Nr. 360 ASTM, Philadelphia 1964, S. 59–75
18 I. Langmuir: The Constitution and Fundamental Properties of Solids and Liquids, J. Americ. Chem. Soc. 38 (1916) S. 2221–2295
19 W. Brockmann: Über Haftvorgänge beim Metallkleben, Adhäsion 13 (1969), H. 9, S. 355, H. 11, S. 448–460, Adhäsion 14 (1970), H. 2, S. 52–56, H. 7, S. 750–752
20 W. Brockmann: Untersuchung zu Adhäsionsvorgängen zwischen Kunststoffen und Metallen, Adhäsion 19 (1975) H. 1, S. 4–14, H. 2, S. 34–39
21 W. Brockmann: Interface Reactions and their Influence on the Long-Term Properties of Metal Bonds, Adhesives Age 20 (1977) H. 6, S. 30–34
22 S. Lotz: Untersuchungen zur Festigkeit und Langzeitbeständigkeit adhäsiver Verbindungen zwischen Fügepartner aus Floatglas, Dissertation Universität Kaiserslautern 1995
23 M. Brémont: Verbesserung der Beständigkeit von Klebverbindungen aus verzinktem Stahl und einem Epoxidharzklebstoff, Dissertation Universität Kaiserslautern 1994, Hinterwaldner-Verlag, München 1994
24 R. Hüther: Ein Beitrag zur Klärung der Adhäsionsmechanismen von Haftklebstoffen, Dissertation Universität Kaiserslautern 1995, Verlag Shaker, Aachen 1995
25 T. Neeb: Adhäsionsmechanismen an mechanisch vorbehandelten Oberflächen, Dissertation Universität Kaiserslautern 1999
26 C. Bockenheimer, Valeske, B. und W. Possart: Network Structure in Epoxy Aluminium Bonds after Mechanical Treatment, J. Adhesion & Adhesives 22 (2002), S. 349–59
27 H. Jopp: Ein Beitrag zum besseren Verständnis der Wirkungsweise des Strahlens auf die Festigkeit und Beständigkeit von Metallklebungen, Dissertation Kaiserslautern 1995, Verlag Shaker, Aachen 1995
28 S. Emrich: Untersuchungen zum Einfluss von Oberflächenchemie und –morphologie auf die Langzeitbeständigkeit geklebter Aluminiumverbunde, Dissertation Universität Kaiserslautern 2003
29 W. Brockmann, P. L. Geiß und A. Wagner: Selbstheilungseffekte der Adhäsion in Klebverbindungen in: Schindel-Bidinelli, Hrsg.: 18. Int. Symp. Swissbonding, Rapperswil 2004, S. 17–25

Kapitel 4 Übersicht über Klebstoffe und Primer

1 D. Satas: Handbook of Pressure Sensitive Adhesive Technology, Satas and Ass., Warwick, R. I., 1999
2 W. Brockmann und R. Hüther: Adhesion mechanisms of pressure sensitive adhesives, Int. J. Adhes. Adhes. 1996, 16, 81–86
3 G. Habenicht: Kleben – Grundlagen, Technologie, Anwendungen, Springer-Verlag Berlin-New York, 2002

Kapitel 5 Aufbau und Eigenschaften der Klebstoffe und Primer

1 Pressure Sensitive Tape Council: Test Methods for Pressure Sensitive Adhesive Tapes, Chicago, 1994
2 A. V. Pocius: Adhesion and Adhesive Technology, Carl Hanser Verlag, München, 2002
3 W. Bauer: U.S. Patent 1.982.946.1934
4 E. W. Ulrich: U.S. Patent 2.884.126.1959
5 J. A. Schlademann, in D. Satas (Hrsg.): The Handbook of Pressure Sensitive Adhesive Technology, Van Nostrand Reinhold, New York, 1989
6 Sung Gun Chu, in D. Satas (Hrsg.): The Handbook of Pressure Sensitive Adhesive Technology, Van Nostrand Reinhold, New York, 1989
7 C. A. Dahlquist: Tack, adhesion, fundamentals and practice, McLaren and Sons Ltd., London, 1966
8 H. Baumann: Leime und Kontaktkleber, Springer-Verlag, Berlin-Heidelberg-New York, 1967
9 H. Elsner: Schmelzkleben, Adhäsion Kleben und Dichten, 2002, 3, 34–35
10 H. F. Huber, N. Vollkommer, in O.-D. Hennemann, W. Brockmann, H. Kollek (Hrsg.): Handbuch Fertigungstechnologie Kleben, Hanser Verlag, München-Wien, 1992, 67–68
11 Die Schmelzklebstoffproduktion wächst weiter, Adhäsion Kleben und Dichten, 1998, 1–2, 20–24
12 R. Jordan: Schmelzklebstoffe, Band 4a, Rohstoffe und Herstellung, Hinterwaldner Verlag, München, 1985/1986
13 G. Habenincht: Kleben: Grundlagen, Technologie, Anwendungen, Springer-Verlag, Berlin-Heidelberg-New York, 2002, 199
14 H. F. Huber: Dauerhaft kleben: Eine Einführung für den Praktiker, Vincentz Verlag, Hannover, 1995
15 P. Hoessel, H. Schupp, K. Lienert, H. Lehmann: Schmelzklebelacklösung für hitzebeständige Beschichtungen, Deutsche Patentoffenlegung, DE 39 17 197 Al, 1990
16 H. F. Huber, N. Vollkommer, in O.-D. Hennemann, W. Brockmann, H. Kollek (Hrsg.): Handbuch Fertigungstechnologie Kleben, Hanser Verlag, München-Wien, 1992, 69–71
17 G. Habenicht: Kleben: Grundlagen, Technologie, Anwendungen, Springer-Verlag, Berlin-Heidelberg-New York, 2002, 88
18 A. Groß, P. Theuerkauff, H. Kollek, H. Brockmann, Nachvernetzende Epoxidharz-Schmelzklebstoffe, Adhäsion Kleben und Dichten 1988, 11, 6-24
19 H. Onusseit: Trends in der Hot Melt Entwicklung, Adhäsion Kleben und Dichten 2002, 4, 27-27
20 B. Schröder, P. Pfizenmaier: Verschluss zum Verschließen eines Beutels sowie Verwendung eines derartigen Verschlusses, DE Pat. PE 44 18 877 C2, 1998
21 F. Nerdel: Organische Chemie, Walter de Gruyter u. Co., Berlin, 1964
22 W. Brockmann, H. Brockmann jr., H. Buddziekiewicz: Die Konstitutionsermittlung eines Phenol-Formaldehydharzes, Kautsch. Gummi Kunstst. 1968, 12, 679-683
23 N. A. de Bruyne: My Life, Midsummer Books, Cambridge, 1996
24 W. Brockmann, O.-D. Hennemann, H. B. Kollek, C. Matz, Adhäsion in Aluminiumklebungen des Fahrzeugbaus, Adhäsion 1986, 7–8, 9, 10, 31–38, 24f., 20–35
25 A. Ravve: Principies of Polymer Chemistry, Plenum Press, New York, 1995
26 W. F. Gum (Hrsg.): Reaction Polymers: Polyurethanes, Epoxies, Unsaturated Polyesters, Phenolics, Special Monomers and Additives; Chemistry, Applications, Markets, Hanser, München, Oxford University Press, Oxford, 1992
27 G. Habenicht: Kleben: Grundlagen, Technologie, Anwendungen, Springer Berlin-New York-Tokio, 2002, 82
28 A. Groß: Modellreaktionen zum Aushärtungsverhalten von Epoxidharzklebstoffen, Dissertation Universität Bielefeld, 1987
29 K. C. Frisch, L. P. Rumao, J. Macromol. Sci., Rev. Macromol. Chem., C-5 1970, 103
30 J. W. Baker: 1 B. Haldsworth, J. Chem. Soc. 1974, 713
31 J. W. Baker, J. Gaunt, J. Chem. Soc. 1949, Bände 9, 19, 24, 27
32 K. N. Edwards (Hrsg.): Urethane Chemistry and Applications. ACS Symp. Ser. 72, Washington, D.C., 1981

33 P. C. Briggs Jr. und L. C. Muschiatti, U.S. Patent 3, 890, 407 (1975)
34 W. J. Owston: U.S. Patent 3, 725, 504 (1973)
35 A. G. Bachmann: U.S. Patent 4, 429, 088 (1984)
36 Glasübergangstemperaturen von Monomeren, Übersicht von Sartomer, verfügbar unter www.sartomer.com
37 Charles W. Boeder, Adhesives, Coatings and Sealers Division, 3M, St. Paul, MN 55144
38 Methacrylatklebstoffe werden von vielen Klebstoffherstellern angeboten, einige Beispiele sind die Firmen 3M, Bondmaster (National Starch & Chemical), Dymax, Loctite, Lord
39 Organische Peroxide, Broschüre der Peroxid-Chemie GmbH, Pullach
40 Produktbeispiele unter www.wellomer.com, www.delo.de, www.panacol.com, www.dymax.com
41 Firmenbroschüre der Hönle AG, www.hoenle.de.
42 H. Beyer und W. Walter: Lehrbuch der organischen Chemie, S. Hirzel Verlag Stuttgart 1984
43 H. Baumann: Leime und Kontaktkleber, Springer-Verlag, Berlin, Heidelberg, New York 1967
44 H. Onusseit: Klebstoffe auf Basis natürlicher Rohstoffe, Phänomen Farbe 23 (2003) H. 9/10, S. 14/19
45 O. Gerngross, E. Goebel (Hrsg.): Chemie und Technologie der Leim und Gelatinefabrikation, Verlag Th. Steinkopf, Dresden, Leipzig, 1933
46 E. P. Plueddemann: Silane Coupling Agents, 2nd Edition, Plenum, New York 1991
47 M. Brémont: Verbesserung der Beständigkeit von Klebverbindungen aus verzinktem Stahl und einem warmhärtenden Epoxidharzklebstoff, Hinterwaldner-Verlag, München 1994
48 W. Brockmann: Interface Reactions and their Influence on the Long-Term Properties of Metal Bonds, Adhesives Age 20 (1977), H. 6, S. 30–34
49 H. Brockmann: Zusammenhang von Adhäsion – Kohäsion und molekularer Struktur, in: Tagungsband Swissbonding'92, Rapperswil 1992, S. 62–70
50 B. Wixmerten: Primer für Edelstahlklebungen mit Polyurethan- und Epoxidharzklebstoffen, Dissertation Universität Bielefeld 2001

Kapitel 6 Gestaltung, Herstellung und Qualitätssicherung von Klebverbindungen

1 W. A. Lees: »Adhesives in Engineering Design«, Springer Verlag, 1984, S. 48–65
2 R. J. Schliekelmann: »Metallkleben – Konstruktion und Fertigung in der Praxis«, DVS Verlag, 1971, S. 37
3 W. Brockmann; Fauner, G.: »Fügen durch Kleben«, in Spur, G,: »Handbuch der Fertigungstechnik. Band 5, Fügen, Handhaben, Kleben«, Hanser Verlag, 1986, S. 476
4 H. Degner: Berechnung von Klebverbindungen (Schweißtechnik 25 (1975), H. 3, S. 117–121
5 F. Mittrop: Metallklebverbindungen und Ihr Festigkeitsverhalten bei Verschiedenen Beanspruchungen, Schweißen und Schneiden 14 (1962), H. 9, S. 394–401
6 W. Brockmann: Grundlagen und Stand der Metallklebtechnik, Düsseldorf: VDI-Verlag 1971
7 D. Schlottmann: Konstruktionslehre, Grundlagen. 2. Aufl. Wien, New York: Springer 1983
8 A. Matting: Metallkleben. Berlin, Heidelberg, New York: Springer 1969
9 W. Althof, Klinger, G. Neuman, G.; Schlothauer, J.: »Klimaeinfluß auf die Kennwerte des elasto-plastischen Verhaltens von Klebstoffen in Metallklebungen«, DFVLR Deutsche Forschungs- und Versuchsanstalt für Luft- und Raumfahrt, Institut für Strukturmechanik, Forschungsbericht 7763, Braunschweig. 1977
10 H. Kollek: Reinigen und Vorbehandeln, Vincentz Verlag, 1996
11 Hugo Kern-Liebers GmbH & Co., »Kern-Liebers Dosier-Kompendium«, Schramberg, 2001

Kapitel 7 Prüfverfahren und Eigenschaften von Klebverbindungen

1 Th. Neeb: Adhäsionsmechanismen an mechanisch vorbehandelten Metalloberflächen, Dissertation Universität Kaiserslautern 1999

2 P. L. Geiß: Verarbeitungskonzepte und Belastungskriterien für Haftklebstoffe, Dissertation Universität Kaiserslautern 1998, Hinterwaldner-Verlag, München 1998

3 W. Brockmann: Grundlagen und Stand der Metallklebtechnik, VDI Taschenbücher Bd. T22, VDI-Verlag GmbH, Düsseldorf 1971

4 W. Althof und G. Neumann: Verfahren zur Ermittlung von Schubspannungs-Gleitungs-Diagrammen von Konstruktionsklebstoffen, Mater. Prüf. 16 (1974) H. 10, S. 387/88

5 G. Habenicht: Kleben, Grundlagen, Technologien, Anwendung 4. Aufl., Springer-Verlag, Berlin, Heidelberg, New York 2002

6 W. Brockmann et al.: Klebbarkeit von Edelstahl rostfrei im Automobilbau, FOSTA-Forschungsbericht P 553, im Druck

7 W. Brockmann et al.: Adhesion in Bonded Aluminium Joints for Aircraft Construction, Int. J. Adhes. and Adhesion 6 (1986), No. 3, S. 115/143

8 W. Brockmann und H. Kollek: Durability Assessment and Life Prediction for Adhesive Joints, in: Engineered Materials Handbook Vol. 3, ASM International Materials Park, 1991, S. 663/672

9 W. Brockmann und S. Emrich: Wie lange halten vorbehandelte Aluminiumklebungen Teil 1 und 2, Adhäsion Kleben und Dichten (2002) H. 5, S. 34–39, H 7/8, S. 36–41

10 H. Kleiner, Gehrke, J. und H. Zschipke: Mit Trockenschmierstoff beschichtete Aluminiumbleche erfolgreich kleben, Adhäsion Kleben und Dichten (2001), Nr. 11, S. 32/35

11 D. Altenpohl: Aluminium und Aluminiumlegierungen, Springer-Verlag (1965)

12 J. Kinloch, Smart N. R.: Bonding and Failure Mechanisms in Aluminium Alloy Adhesive Joints, J. Adhesion, Vol. 12, (1981) S. 23–35

13 W. Brockmann und Emrich, S.: Model studies of the influence of enlarged surface areas due to increased adherend macroroughness on the adhesive strength and long-term-durability of aluminium-epoxide joints, Proceedings EURADH 2000 Société Francaise du Vide, Le Vide Science, Technique et applications Paris, No. 296-2/4-2000, S. 311–319 (2000)

14 W. Brockmann, S. Emrich, C. Eicher und P. L. Geiß: Dominant effects of nano scale surface structuring onto long-term-durability of bonded metal joints in: Tagungsband EURADH 2004, DECHEMA Frankfurt 2004, S. 156/160

15 M. Graf: Die Langzeitbeständigkeit von Klebverbindungen aus Floatglas, Dissertation Technische Universität Kaiserslautern 2004-09-29

16 Jun Qu: Untersuchung zur Langzeitbeständigkeit adhäsiver Verbindungen aus Floatglas und Kunststoffen, Dissertation Technische Universität Kaiserslautern 2000

Kapitel 8 Anwendungen der Klebtechnik

1 K. Hoffer: Systemoptimierte Verbindungen im Flugzeugbau, in: Systemoptimierte Verbindungen VDI-Berichte Nr. 360, Düsseldorf 1980, S. 31-43

2 J. A. Bishop: The History of Redux and the Redux Bonding, Int. J. Adhes. Adhesives Vol. 17 (1997) H. 4, S. 287–301

3 P. Allbericci: Aerospace Applications, in : Kinloch, A. J. ed.: Durability odf Structural Adhesives, Appl. Science Publ., London 1983, Kapitel 8

4 R. J. Schickelmann: Metallkleben – Konstruktion und Fertigung in der Praxis, Fachbuchreihe »Schweißtechnik« Band 60,

Deutscher Verlag für Schweißtechnik, Düsseldorf 1972

5 Chr. Matz: Alterungs- und Chemikalienbeständigkeit von strukturellen Klebverbindungen im zivilen Flugzeugbau, Aluminium 61 (1985) H. 6, S. 118–121

6 W. Brockmann, O.-D. Hennemann, H. Kollek und Chr. Matz: Adhesion in Bonded Aircraft Structures, Int. J. Adhes. And Adhesives Vol 6 (1986) S. 115–143

7 E. W. Thrall: PABST-Programm, Test Results, Adhes. Age 22 (1979) H. 10, S. 22–33

8 K.-H.Brück (Hrsg.): Fahrzeugverglasung, Vieweg, 1990

9 D. Symietz, D., Walterspiel, B.: Moderne Scheibenklebstoffsysteme zur Erhöhung von Fahrkomfort, Sicherheit und Anwenderfreundlichkeit, in: Fahrzeugverglasung, expert verlag, 1995

10 D. Symietz, D.: Fügetechnik Kleben bei der Fahrzeugverglasung – Status und Trends, in: Glas im Automobil, expert verlag, 2001

11 H. Flegel, H.: The Future of Adhesive Bonding as a Joining Technique, AutoTechnology, 5/2002,64–67

12 A. Lutz, Symietz, D.: Innovative Structural Adhesive Approach for Car Manufacturing, AutoTechnology, 5/2003,42–46

13 bmbf-Forschungsergebnisse Meerestechnik 1994–1998, 14

14 R. Peterle: »Technisches Wissen – Klebstoffe«, www.uzin-utz.com, Uzin Utz AG, 2000

15 A. Dayton; Minge, H.; Rydl, V.; Voigt, D.: »Verputzen, streichen, tapezieren: kunterbunt und gesund«, Hobbytip Nr. 341, WDR, 2003

16 K. R. Wisser, J. Kunz, P. L. Geiß: »Behavior and Design of Adhesive Anchors under Tensile Load«, Proceedings of the 23rd Annual Meeting of the Adhesion Society, Myrtle Beach, 2000

17 R. Eligehausen; Mallée, R.; Rehm, G.:«Befestigungstechnik«, Betonkalender 1997, Verlag Ernst & Sohn, 1997

18 »Verstärkung von Konstruktionsbeton mit Klebelamellen aus Stahl und CFK«; Stahlton AG, 1995

19 M. Dunky, Niemz, P.: (2002) Holzwerkstoffe und Leime. Springer-Verlag Berlin Heidelberg

20 M. Dunky, Pizzi, T., Leemput, M.: (2002) COST Action E14, Wood Adhesion and Glued Products, Working Group 1: Wood Adhesives

21 J. Gabriel, Stoffel, F., Peng Hong, T.: (2004), 7th Pacific Rim Bio-Based Composites, Nanjing, P. R.

22 C. J. Johansson, Pizzi, T., Van Leemput, M. : (2001) COST ActionE13, Wood Adhesion and Glued Products, Working Group 2: Glued Wood Products

23 M. Kemmsies: (1998) Swedish Testing Institute, report 97B2, 2063-1

24 B. Radovic, Rothkopf, C.: Eignung von 1K-PUR-Klebstoffen für den Holzbau unter Berücksichtigung von 10-jähriger Erfahrung, bauen mit Holz 6/2003

25 K. Richter: Feuchtebeständige Verklebung von Brettschichtholz durch Einsatz eines Haftvermittlers, www.empa.ch

26 H. Onusseit: Trends in der Verpackung – Eine Herausforderung für Verpackungsklebstoffe, Adhäsion kleben & dichten, (2004), Nr. 9, S. 21–25

27 H. Onusseit: Trends bei Verpackungsklebstoffen, Adhäsion kleben & dichten, 47, April 2003, S. 20–24

28 P. Roier: Planlage in der Wellpappe, H. Mensing Allgemeine Papierrundschau, 04, 2004, S. 16–21

29 G. Henke: Vier Typen, die sich ergänzen, Pack Aktuell, 15, 11, 1996, S. 18–20

30 H. Onusseit: Maßgeschneiderte Klebstoffe für jede Verpackung, Farbe & Lack, 105, 1999, S. 160–167

31 H. Onusseit: Klebeverschlüsse für Fruchtsaftverpackungen, Flüssiges Obst, 10, Oktober 2001, S. 611–614

32 E. Pürkner: Palettensicherung mit Antislipmitteln, H. Onusseit: Nicht immer, aber immer häufiger, Packung & Transport, 10, 1992, S. 30–32

33 H. Onusseit: Trends bei der Etikettierung, Flüssiges Obst, 8, 2003, S. 475–477

34 Van Halteren: Vom Knochenleim zum Sekundenkleber, Naturwissenschaft im Unterricht Chemie, 80, 2004, S. 44

35 H. Onusseit: Etikettierung im Wandel – Etikettierklebstoffe für PET Flaschen, Getränkeindustrie, 56, 2002, S. 20–23

36 M. Dietz: Klebstoffe und Applikationstechnik, Bauindustrie, 2, 2004, S. 31–33

37 D. Liebau: Industrielle Buchbinderei, I. Heinz Verlag Beruf + Schule 2001

38 H. Onusseit: Klebstoffsysteme, Bindereport, 1, 1990, S. 26–29

39 H. Onusseit: Dispersionsklebstoffe für die Klebebindung, Bindereport 6, 1997, S. 373–381

40 H. Onusseit: PUR-Schmelzklebstoffe, Bindereport 11, 2003, S. 36

41 H. Onusseit: Klebebinden mit mehrschichtigem Klebstoffauftrag, Bindereport 11, 2000, S. 38–39

42 P. Steinbach: Proteinklebstoffe – Nach dem Vorbild der Natur, Bindereport 11, 2003, S. 34–35

43 CEPI Special Recycling 2002 Statistics, October 2003

44 A. Ackermann: Herkunft und Gehalt klebender Verunreinigungen im grafischen, H.-J. Putz Altpapier, L. Göttsching Wochenblatt für Papierfabrikation, 124, 1996, S. 508–516

45 H. Onusseit: Klebstoffe für die Papier- und Verpackungsindustrie – wie beeinflussen sie das Papierrecycling?, Allgemeine Papierrundschau, 1999, S. 945–951

46 Verbundvorhaben 4332.62-N 597.7 »Neue Klebtechniken«, Wirtschaftsministerium Baden-Württemberg, 1994

47 W. Gruber, W.: Hightech-Industrieklebstoffe: Grundlagen und industrielle Anwendungen, Verlag Moderne Industrie, Landsberg, 2000

48 www.loctite-europe.com/de/literature.htm.

49 A. Groß, O.-D. Hennemann, J. Bischoff, in Hennemann, O.-D., W. Brockmann, H. Kollek (Hrsg.):Handbuch Fertigungstechnologie Kleben, Hanser Verlag, München-Wien, 1992, 332–383

50 W. Brockmann, u. R. Lüschen: Das Kleben von Stahl und Edelstahl rostfrei, Merkblatt 382, Stahlinformationszentrum Düsseldorf, 1998

51 R. Lüschen, O.-D. Hennemann, K. Wienbeck, in O.-D. Hennemann, W. Brockmann, H. Kollek (Hrsg.): Handbuch Fertigungstechnologie Kleben, Hanser Verlag, München-Wien, 1992 , 577–608

52 U. Giersch, U. Kubisch: Gummi – Die Elastische Faszination, Dr. Gupta Verlag, 1995

53 J. Schnetger: Lexikon der Kautschuktechnik, 2. Aufl., Hüthig Verlag, 1991

54 R.W. Thomson, GB Patent 10990, 1845

55 D. B. Wootton: The Application of Textiles in Rubber, Rapra Technology Limited, 2001

56 W. Loy: Die Chemiefasern, Schiele & Schön, Berlin, 1997

57 Eigene Messungen im Labor der Mehler Engineered Products GmbH in Fulda

58 H. M. Wenghoefer: Rubber Chemistry and Technology, 1974, 47, 5, 1066

59 M. Fahrig: Rubber Technology International, 1998, 139

60 Y. Lyengar: Journal of Applied Polymers Science, 1975, 5, 1950, 514

61 V. Morin: Michelin, persönliche Mitteilung

62 C. M. Cepeda-Jiménez, M. M. Pastor-Blas, T.P. Ferr ndiz-Gómez, J. M. Martin-Matinez: Surface modifications on thermoplastic styrene-butadiene rubber treated with sulfuric acid, Polymer Surface Modifications: Relevance to Adhesion, Volume 2. pp. 305–334, VSP, Zeist (2000)

63 C. M. Cepeda-Jiménez, M. M. Pastor-Blas, T. P. Ferr ndiz-Gómez, J. M. Martin-Martinez: Influence of the styrene content of thermoplastic styrene-butadiene rubbers in the effectiveness of the treatment with sulfuric acid, International Journal of Adhesion & Adhesives, 21, (2001) 161–172

64 M. D. Romero-Sanchez, M. M. Pastor-Blas, J. M. Martin-Martinez, P. A. Zhdan, J. M. Watts: Surface modifications in a vulcanized rubber using corona discharge and ultraviolet radiation treatments, Journal of Materials Science, 36(24), (2001) 5789–5799

65 M. D. Romero-Sanchez, M. M. Pastor-Blas, J. M. Martin-Martinez: Chlorination of vulcanized SBR rubber by immersion or brushing in TCI solutions, Journal of Adhesion Science and Technology, 15(13), (2001) 1601–1620

66 M. D. Romero-Sanchez, M. M. Pastor-Blas, J. M. Martin-Martinez: Improved peel strength in vulcanized SBR rubber roughened before chlorination with trichloroisocyanuric acid, The Journal of Adhesion, 78, (2002) 15–38

67 J. M. Martin-Martinez: Rubber base adhesives, Adhesion Science and Engineering – 2. Surfaces, Chemistry and Applications, Chapter 13 pp 573–675, Elsevier, Amsterdam (2002)

68 S. M. Tavakoli: Adhesive Bonding of Medical and Implantable Devices, Medical device technology 2002, 11, 32–36
69 B. Schröder, M. Kopf, R. Reichl, W. Brockmann. J. Jopp: Klebstoffeinsatz bei der Herstellung medizinischer Instrumente, Kleben und Dichten, Adhäsion 1998, 42, 16–21
70 Professional Use of Adhesive Tapes, Johnson & Johnson, New Brunswick, N.J. 1972
71 N. Ewoldsen, R.S. Demke, A review of orthodontic cements and adhesives, American Journal of Orthodontics and Dentofacial Orthopedics, 120 (1, 2001) 45–48
72 H. F. Huber: Dauerhaft kleben, Vicentz Verlag, Hannover 1995
73 Tissure Adhesives & Sealants, MedProMonth, 1999, IX (3) 75–76
74 Biomedical Materials 2003, 2, 6, www.intnews.com
75 W. D. Spotnitz, in d. h. Sierra, R. Saltz (Hrsg.): Surgical Adhesives and Sealants, Technomic Publishing Company Inc., Lancaster, Pennsylvania, 1996, 3–7
76 Polymeric Sealants, MedProMonth 1998, VIII (3), 85
77 Fibrin Glues & Surgical Sealants, MedProMonth 1997, VII (1) 21f
78 W. D. Spotnitz: Use of surgical glue takes hold at Temple. Temple Times 2002, 32 (16) www.temple.edu/temple-times/5-18-00/glue.html
79 Surgical Glues & Sealants, MedProMonth 2000, X (3), 86–87
80 J. Ennker: Gewerbeklebstoffe in der Thorax- und Kadiovaskularchirurgie, Steinkopff Verlag, Darmstadt, 1994
81 Progress in Surgical Sealants, Biomaterials & Surgery 1999 (11, 12) 171
82 K. Rischka, Hartwig, A., Wiegemann, M., Adhäsion (2004), 9, S. 12–17
83 Biomedical Materials 2003, 3, 9, http://www.internews.com
84 W. Nachtigall: (1974) Biological Mechanisms of Attachment. Berlin, Heidelberg, New York: Springer-Verlag
85 S. N. Gorb (2001): Attachment Devices of Insect Cuticle. Dordrecht, Boston, London: Kluwer Academic Publishers
86 S. Tyler (1988): Fortschritte der Zoologie 36, 331–347
87 L. A. Thomas und C.O. Hermans (1985): Biol. Bull. 169 (3) 675–688
88 D. P. DeVore und R. J. Gruebel (1978): Bioch. Biophys. Res. Comm. 80 (4) 993–999
89 N. Maruyama, Etoh, H., Sakata, K. und K. Ina (1991) Agric. Biol. Chem. 55 2887–2889
90 J. Pardo, Gutierrez, E., Saez, C., Brito, M. und L. O. Burzio (1990) : Protein Expression and Purification 1 147–150
91 J. H. Waite, Hansen D. und K. T. Little (1989): J. Comp. Physiol. B 159, 517–525
92 H. Yamamoto, Yamauchi, S. und S. Ohara (1992): Biomimetics 1, 219–238
93 M. W. Denny (1980): Diss. Abstr. Int. B Sci. Eng. 40 5166–5167
94 M. Scherge und S. N. Gorb (2001): Biological Micro- and Nanotribology. Berlin: Springer Verlag
95 J. H. Waite (1983): Biol. Rev. 58 (2), 209–231
96 J. H. Waite (1991): Chemistry and Industry 17 607–611
97 E. C. Bell und J. M. Gosline (1996): J. Exp. Biol. 199, 1005–1017
98 J. E. Smeathers und J. F. V. Vincent (1979): Journal of Molluscan Studies 45, 219–230
99 H. M. Feder (1955): Ecology 36 (4), 764–767
100 M. E. Lavoie (1956): Biol. Bull. 111, 114–122
101 V. L. Paine (1929): Am. Nat. 62, 517–529
102 P. Flammang (1996): Echinoderm Studies 5, 1–60
103 J. D. McKenzie (1987): Cell Tiss. Res. 248 (1), 187–199
104 P. Flammang und M. Jangoux (1993): Zoomorphology 113, 47–60
105 A. B. Yule und G. Walker (1987): Crustacean Issues 5, 389–402
106 D. Lacombe und V. R. Liguori (1969): Biol. Bull. 137, 170–180
107 H. Günzl (1978): Zoomorphologie 90, 197–204
108 E. Braum, Peters, N. und M. Stolz (1996): Int. Rev. Ges. Hydrobiol. 81, 101–108
109 H. M. Peters (1965): Zool. Jb. Physiol. 71, 287–300
110 H. M. Peters und S. Berns (1983): Zool. Jb. Anat. 109, 59–80
111 R. Bennemann und I. Pietzsch-Rohrschneider (1978): Cell Tiss. Res. 193, 491–501

112 X. Turon (1991) : Cahiers de Biologie Marine 32,295–309

113 M. Gianguzza und G. Dolcemascolo (1994): Eur. Arch. Biol. 105, 51–62

114 J. S. Edwards (1992): Int. J. Insect Morphol. Embryol. 21 (4), 369–371

115 T. P. Cogley, Anderson, J. R. und J. Weintraub (1981): Int. J. Insect Morphol. Embryol. 10 7–18

116 E. K. Tillinghast (1981): Naturwissenschaften 68 (10) 526–527

117 T. Strohmenger und W. Nentwig (1987): Zool. Anz. 218 (1–2) 9–16

118 A. E. Sorensen (1986): Annu. Rev. Ecol. Syst. 17: 443–463

119 W. J. van Ooij, J. Giridhar and J.H. Ahn, Kautsch. Gummi Kunst. 44, (1991) S. 348–354

120 Polytec GmbH, Polytec-Platz 1–7, 76337 Waldbrunn

121 Panacol Elosal GmbH, Obere Zeil 6–8, 61440 Oberursel

122 G. Habenicht: Kleben – Grundlagen, Technologien, Anwendung, 4. Auflage, Springer-Verlag, Berlin, Heidelberg, New York 2002

123 A. Hartwig und O.-D. Hennemann: Recycling geklebter Materialverbunde, VDI-Berichte 1072 (1993), S. 225/35

124 G. Manivannan und S. P. Saran: Unglueing by Supercritical Fluids, Adhesives Age 38 (1995), H. 9, S. 34/36

125 W. Brockmann et al.: Entwicklung industriell anwendbarer gezielt lösbarer Klebstoffe zum umweltgerechten Recycling und Verbesserung der Ökobilanzen, Abschlußbericht über ein Entwicklungsprojekt der Deutschen Bundesstiftung Umwelt, Az: 15418, 2004-09-29

126 B. Schröder et al.: Investigations for the development of a controlled removable dispersion adhesive for the building industry, Book of Abstracts EURADH 2004, Vol. 2, S. 433/438, DECHEMA, Frankfurt 2004

127 Y. Nishiyama und C. Sato: Expansion Behaviour of Thermally Expansive Microcapsules for Dismantable Adhesives, Book of Abstracts EURADH 2004, Vol 1, S. 319/324, DECHEMA; Frankfurt 2004

Register

Klebtechnik. W. Brockmann, P. L. Geiß, K. Klingen und B. Schröder

ISBN: 3-527-31091-6